统计理论的气象应用

——丁裕国论文选集

主编　江志红

内容简介

本书是为纪念丁裕国教授(1941—2012)而出版的，全书内容是从丁裕国教授已发表的论文中精选、汇编而成。主要涉及气候统计理论和应用、短期气候预测、极端气候事件、陆气相互作用等气候研究主要领域。

本书可供气象、气候、水文、统计应用及其他相关学科的科研与业务人员参考，也可供高等院校有关专业的师生阅读。

图书在版编目(CIP)数据

统计理论的气象应用：丁裕国论文选集 / 江志红主编. —北京：气象出版社，2015.7

ISBN 978-7-5029-6152-7

Ⅰ. ①统… Ⅱ. ①江… Ⅲ. ①统计学－应用－气象学－文集 Ⅳ. ①P4-53

中国版本图书馆 CIP 数据核字(2015)第 138909 号

Tongji Lilun de Qixiang Yingyong—Dingyuguo Lunwen Xuanji

统计理论的气象应用——丁裕国论文选集

江志红 主编

出版发行：气象出版社

地　　址：北京市海淀区中关村南大街 46 号　　邮政编码：100081

总 编 室：010-68407112　　发 行 部：010-68409198

网　　址：http://www.qxcbs.com　　E-mail：qxcbs@cma.gov.cn

责任编辑：齐　翟　　终　　审：黄润恒

封面设计：易普锐创意　　责任技编：赵相宁

印　　刷：北京中新伟业印刷有限公司

开　　本：787 mm×1092 mm　1/16　　印　　张：27.25

字　　数：698 千字　　彩　　插：2

版　　次：2015 年 8 月第 1 版　　印　　次：2015 年 8 月第 1 次印刷

定　　价：110.00 元

《统计理论的气象应用
——丁裕国论文选集》
编辑委员会名单

序　言

我与丁裕国教授是差不多同时代的人，我们都是学气象的，也都从事气候学方面的研究，在几十年的工作中我们有过很多交流与合作。丁裕国教授的离去是我国气候学，尤其是统计气候学研究的损失和遗憾。在丁裕国教授离开我们的日子里，他的同事、学生精心整理、编辑出版其论文选集，既是对他很好的纪念，也让我们作为同行感到十分欣慰。

丁裕国教授 1964 年从南京大学毕业后，就一直在南京信息工程大学（原南京气象学院）任教。他长期从事气候学理论及其应用方面的研究，是我国著名的气象统计学家，在统计气候学理论、气候变化、短期气候预测与诊断等学科领域做出了重要贡献，也在南京信息工程大学这一中国气象界的重镇，为学校气候学科的发展、相关学位点的建立以及后续人才的培养做出了重要贡献。

1996—2000 年，我主持了国家“九五”攻关重中之重项目“我国短期气候预测系统的研究”。这个项目研制了一套有物理依据的短期气候异常监测、预测和影响评估系统，这个系统是把动力气候模式和统计方法综合在一起应用的。丁裕国教授带领相关团队承担了其中近百年气候变化事实以及 ENSO 预测的统计方法研究，项目部分成果直接用于国家气候中心的 ENSO 预测业务系统，为我国第一代业务短期气候预测系统的建立做出了重要贡献。在我们合作的过程中，丁裕国教授对气象事业高度的责任感、使命感，以及求真务实、锐意创新的科学精神给我留下了深刻的印象。

除了承担并完成国家“八五”“九五”攻关课题，多年来，丁裕国教授还在国内外刊物发表研究论文数百篇，出版学术专著和教科书 7 部，并承担了国家重点基础研究课题、国家自然科学基金项目及省部级重点课题、省自然基金项目等数十项。尤其是从 1981 年起，他受么枕生教授委托，花了整整 10 年时间，全部依靠手算手写，补充修订完成了 75 万字的巨著《气候统计》(修订版)，系统全面地总结了 1963 年以后的 20 多年气候统计学领域国内外最新研究成果，在么枕生教授奠定的我国统计气象学科基础上，进一步发展了新的内涵，开拓了新的应用，使气候统计的学科体系更加完整。20 世纪 90 年代后期，丁裕国教授又与江志红教授合著了《气象数据时间序列信号处理》一书，这是一本专门叙述气象数据时间序列分析方法的重要参考书，至今一直受到国内统计气象学界的重视。退休后，虽然丁裕国教授长期经受心脏病的折磨，但仍笔耕不辍，新作不断，在区域尺度气候异常及其强信号的诊断分析、中国区域极端气候事件预估方法研究、陆气相互作用及地理信息系统等方面又有新建树。尤其值得提及的是他深入研究和总结了马尔科夫(Markov)过程和马尔科夫链，并出版了相应的专著。这是在《气象数据时间序列信号处理》一书的基础上，由平稳随机过程过渡到马尔科夫随机过程和马尔科夫链理论，以能更实际地描述大气变化和运动的过程，明显扩大了随机过程理论的应用范围。

丁裕国教授在提携后学方面始终不遗余力，投入了大量精力。他不仅在科学网的博客中与青年气象人探讨交流，为他们释疑解惑，还专门出版了多部关于当代科学理念的著述。在这些著述中，他结合自身经验和体会，畅谈了对当代科学领域的重要基础观念的个人认识，对于想跟上科学前沿的青年，无疑是深层的专业基础教育。

同样，这本文集，对于有志于从事气候研究和气候业务的青年，也是一份难得的好教材。这本文集从丁裕国教授已发表的论文中精选、汇编而成，主要涉及气候统计理论和应用、短期气候预测、极端气候事件、陆气相互作用等四部分内容。论文具有很高的学术水平，不仅是丁裕国教授在气候研究领域诸多成果的代表，也是编者为同行们精心准备的一本统计气候及其应用领域的重要文献汇编。相信读者们能从中感受到丁裕国教授踏实严谨的治学精神和对气象研究的执着热爱。

丁一汇

2015年6月28日

前　言

丁裕国教授(1941—2012)是我国著名的气象统计学家,他长期从事气候学理论及其应用方面的研究,在统计气候学理论、气候变化、短期气候预测与诊断等学科领域颇有建树。在丁裕国教授离开我们两周年的日子,我们怀着崇敬与缅怀的心情,整理、编辑出版丁裕国教授论文选集,以志纪念。

丁裕国教授1964年从南京大学毕业后,就一直在南京信息工程大学(原南京气象学院)任教,作为气候变化研究领域的带头人,他担任学校气候教研室负责人近20年,为气候学科的发展以及相关学位点的建立做出了重要贡献。多年来,丁裕国教授在国内外刊物发表研究论文数百篇,出版学术专著和教科书7部,承担并完成"八五""九五"攻关课题、国家重点基础研究课题、国家自然科学基金项目及省部级重点课题、省自然科学基金项目等数十项。尤其是在丁一汇院士牵头的国家"九五"重中之重项目中,丁裕国教授带领相关团队承担了十分重要的气候预测方法研究,为我国短期气候预测业务的发展做出了重要贡献。丁先生还长期讲授《气候统计学》《气候变化》《气象时间序列谱分析》《气候诊断与预测》等课程,指导和培养研究生40多人,其中有不少已成为海内外知名专家学者。

丁裕国教授为气象教学和研究事业辛勤耕耘近50年,他怀着高度的事业心和责任感,刻苦钻研,硕果累累,并形成了自己的学术特色。1964年初,他就在《功率谱分析及其在上海降水资料分析中的应用》一文中,最早在国内气象研究中引入谱分析方法,紧跟国际前沿。1973年,丁裕国教授经过3年的努力,查阅了大量中外文献,并深入基层台站熟悉业务,完成了《十万个为什么(地球史)》中的"古气候史"部分写作。1981年起,他又受么枕生教授委托,花了整整10年时间,全部依靠手算手写,补充修订完成了75万字的巨著《气候统计》(修订版),该著作系统全面地总结了1963年以后的20多年气候统计学领域国内外最新研究成果,在么枕生教授奠定的我国统计气象学科基础上,进一步发展了新的内涵,开拓了新的应用,使气候统计的学科体系更加完整,该书至今仍是大气科学工作者的重要参考书之一。1990年代后期,丁裕国教授与江志红教授合著了《气象数据时间序列信号处理》一书,这是一本专门叙述气象数据时间序列分析方法的重要参考书,至今一直受到国内统计气象学界的重视。近年来,在极端气候研究中,他们又完成了另一部专著《极端气候研究方法导论》。自1979年以来,丁裕国教授曾荣获省部级以上奖励8项,1993年起享受政府特殊津贴(由国务院颁发证书)。

进入新世纪以来，丁裕国教授虽然长期经受心脏病的折磨，但仍退而不休，新作不断，在区域尺度气候异常及其强信号的诊断分析、中国区域极端气候事件预估方法研究等方面不断求实创新，并拓展到陆气相互作用及地理信息系统等新兴领域。直到去世前的几天，他还在致力于动力数值预报模式中非均匀地表陆面过程参数化及卫星遥感(RS)和地理信息系统(GIS)在地表过程参数化中的应用等研究。

自与气象结缘，无论世道沧海桑田，还是人生曲折坎坷，丁裕国教授始终甘之如饴、孜孜以求，投入了毕生精力，用一生诠释了对这门学科的热爱，也用一生践行了求真务实的科学精神。他从不拘泥于对前人研究成果的生搬硬套，而常常对最新文献成果兼收并蓄，融会贯通，提出自己的新观点、新方法、新思想。他信奉的科学格言是:创见是一切科学研究的生命线，没有创见，科学事业就不可能前进。对待学生、青年教师，丁裕国教授和蔼宽厚，传道授业，从无保留，并在生活中给予热情的帮助和鼓励;而退休后，他也一直心系校院，关心大气科学特别是气候学科的发展，多次向学校提出宝贵意见和建议，不遗余力地奉献才智。

这本论文集遴选了丁裕国教授在气候统计理论和应用，特别是在短期气候预测、极端气候事件、陆气相互作用等多个领域应用方面的创见性成果和前沿性工作，期望为后来者提供参考与借鉴，也希望从一个侧面帮助大家了解我国相关学科的发展历史和研究轨迹。本书的出版得到了南京信息工程大学、南京大学、中国气象科学研究院等单位的大力支持。本书编制过程中李蕾、韩薇、赵灿、施逸、沈雨辰、周莉等研究生参与了大量工作。同时丁裕国教授家人丁峰、丁晓涛、范家珠老师给予了大力的积极配合，在此一并表示感谢！

本文集的收集、编制过程也是再一次梳理丁裕国教授学术思想、追忆先生音容笑貌的过程。丁裕国教授执着求索的工作状态仍历历在目，先生的谆谆教诲犹在耳畔，谨以此文集告慰先生在天之灵，并祝丁裕国教授的家人健康安乐！

本书编辑委员会

2014 年 12 月

目　录

序言
前言

第一部分　气候统计理论和应用

气象要素的多频振动对相关性影响的初步探讨 ………… 丁裕国(3)
气象时间序列的自相关性对抽样相关系数的影响 ………… 丁裕国(13)
气象变量间相关系数的序贯检验及其应用 ………… 丁裕国(21)
A Statistical Model for Investigating Climatic Trend Turning Points ………… Ding Yuguo, Tu Qipu, Wen Min (27)
超长波波谱参数持续和转折规律的统计研究 ………… 丁裕国　柳又春　戴福山(37)
诊断天气气候时间序列极值特征的一种新方法 ………… 丁裕国　金莲姬　刘晶森(44)
降水量概率分布的一种间接模式 ………… 丁裕国(53)
降水气候特征的随机模拟试验 ………… 丁裕国　张耀存(60)
干、湿月游程的 Markov 链模拟 ………… 丁裕国　牛　涛(68)
降水量概率分布的一种 Γ 型通用模式 ………… 张耀存　丁裕国(79)
降水量 Γ 分布模式的普适性研究 ………… 丁裕国(84)
气象场经验正交函数不同展开方案收敛性问题的探讨 ………… 丁裕国　施　能(92)
气象场相关结构对 EOFs 展开稳定性的影响 ………… 丁裕国　江志红(99)
经验正交函数展开气象场收敛性的研究 ………… 丁裕国　吴　息(108)
非均匀站网 EOFs 展开的失真性及其修正 ………… 丁裕国　江志红(118)
SVD 方法在气象场诊断分析中的普适性 ………… 丁裕国　江志红(124)
奇异交叉谱分析及其在气候诊断中的应用 ………… 丁裕国　江志红　施　能　朱艳峰(131)
EOF/PCA 诊断气象变量场问题的新探讨 ………… 丁裕国　梁建茵　刘吉峰(140)
一种新的气候分型区划方法 ………… 丁裕国　张耀存　刘吉峰(151)
非正态分布的天气气候序列极值特征诊断方法研究 ………… 程炳岩　丁裕国　汪　方(160)
重建历史降水量场的统计模拟方法 ………… 丁裕国　冯燕华(168)
用统计模式重建热带太平洋环流场资料的可行性试验 ………… 丁裕国　冯燕华　袁立新(175)
一种基于 SVD 的迭代方法及其用于气候资料场的插补试验 ………… 张永领　丁裕国　高全洲　王兆礼(183)

第二部分　短期气候预测

具有门限的一种非线性随机－动力模式 ………… 丁裕国　江志红(193)
基于 Bayes 准则的时间序列判别预报模式 ………… 丁裕国　江志红(200)

单站气温信息传递及其可预报性研究 ………………………… 丁裕国　冴雪源(205)
Study On Canonical Autoregression Prediction of Meteorological Element Fields …………
…………………………………………… Ding Yuguo, Jiang Zhihong (210)
Nino 海区 SSTA 短期气候预测模型试验 ………………… 丁裕国　江志红　朱艳峰(222)
Theoretical Relationship between SSA and MESA with Both Application …………
…………………………………………… Ding Yuguo, Jiang Zhihong (230)
MSSA-SVD 典型回归模型及其用于 ENSO 预报的试验 … 丁裕国　程正泉　程炳岩(243)
Nino 区 SST 与 SOI 的耦合振荡信号及其预测试验 ………………… 余锦华　丁裕国(254)
用于 ENSO 预测的一种广义典型混合回归模式及其预报试验 ……………………
…………………………………………… 江志红　丁裕国　周琴芳(262)

第三部分　极端气候事件

A Newly-Discovered GPD-GEV Relationship Together with Comparing Their Models of Extreme Precipitation in Summer …… Ding Yuguo, Cheng Bingyan, Jiang Zhihong (273)
基于多状态 Markov 链模式的极端降水模拟试验 ………… 丁裕国　张金铃　江志红(288)
未来极端降水对气候平均变暖敏感性的蒙特卡罗模拟试验 … 江志红　丁裕国　蔡　敏(298)
极值统计理论的进展及其在气候变化研究中的应用 ………………………………
…………………………………… 丁裕国　李佳耘　江志红　余锦华(308)
基于概率加权估计的中国极端气温时空分布模拟试验 …… 丁裕国　刘吉峰　张耀存(314)
极端气候对平均气候变化的非线性响应及其敏感性试验 ………………………
…………………………………… 程炳岩　丁裕国　郑春雨　申红艳(326)

第四部分　陆-气相互作用

Land Surface Hydrology Parameterization over Heterogeneous Surface for the Study of Regional Mean Runoff Ratio with Its Simulations ……………………
…………………… Liu Jingmiao, Ding Yuguo, Zhou Xiuji, Wang Jijun (341)
地表非均匀性对区域平均水分通量参数化的影响 ………………………………
…………………………………… 刘晶淼　丁裕国　周秀骥　汪　方(355)
基于降水气候强迫的一种地表径流估计方法 …… 刘晶淼　丁裕国　周秀骥　李　云(363)
地形非均匀性对网格区地面长波辐射通量计算的影响 …… 张耀存　丁裕国　陈　斌(374)
湿润气候区非均匀地表平均蒸散发率参数化方案研究 ……………………………
…………………………………… 刘晶淼　丁裕国　周秀骥　汪　方(386)
非均匀地表陆面过程参数化研究 ………………… 陈　斌　丁裕国　刘晶淼　张耀存(395)
降水气候强迫下非均匀地表区域平均径流的一种参数化方案 ……………………
…………………………………… 刘晶淼　丁裕国　周秀骥　李　云(408)

论著目录 ………………………………………………………………………… (416)

第一部分

气候统计理论和应用

气象要素的多频振动对相关性影响的初步探讨

丁裕国

（南京气象学院，南京　210044）

摘　要：本文据随机过程的互谱理论，通过若干实例的统计计算，初步讨论研究了序列的多频振动对相关性的影响。气象要素相关性大小，取决于两个序列中各种频率分量共振涨落的总效果，即共谱总和；由于大气运动在时间域上的多频特点，相关系数具有相对阶段性，且相关性概念应与大气振动尺度相联系相对应；由于大气过程的非定常性，采用互谱变动来反映各频率分量的变动，进而说明在各种分量中有较稳定性因素与不稳定性因素，何者占优势，则构成相关系数具有何种时变特点。

引　言

文献[1]指出，大气运动在空间上是多尺度的，在时间上是多频率的，亦即大气中存在各种波长和各种周期的波动运动。就以时域上的多频振动而言，由于各频率振动并非在指定时段内定常存在，而总是有它们的生消涨落，构成极为复杂的大气过程。这种复杂性必然反映在作为大气运动状态的某一物理属性——气象要素的历史演变中。故通常从统计学观点出发，将要素（按时序）记录视为具有时变特点的多频振动。另一方面，当我们考察两个变量（包括非气象的）相关性时，这些变量的记录，往往总是按时序排列的。因此，它们的相关性从另一种意义上说，也是两个序列的相关性。而事实证明[2]，气象要素之间的相关系数在时域上是具有明显波动的，这就使我们联想到，相关波动的原因是否与样本序列的多频振动有关。本文就此问题，在若干统计事实的基础上进行了初步探讨。由此出发或许能对进一步分析相关的物理成因有所帮助。

1　共谱密度与相关系数的统计联系

根据随机过程理论[3]，两个序列的互相关函数系数（又称标准化互协方差函数）可定义为

$$\rho_{xy}(t,t')=\frac{C_{xy}(t,t')}{\sqrt{R_x(0)R_y(0)}} \tag{1}$$

式中 $C_{xy}(t,t')$ 为两序列在 t 与 t' 时刻的互协方差函数，$R_x(0)$，$R_y(0)$ 分别为两序列各自的方差。在平稳性条件下，若两序列的均值皆为零，上式又可写为

$$\rho_{xy}(\tau)=\frac{R_{xy}(\tau)}{\sqrt{R_x(0)R_y(0)}} \tag{2}$$

(2)式中 τ 表示两个序列的时间后延。显然，由上式，当 $\tau=0$ 时，有

$$\rho_{xy}(0)=\frac{R_{xy}(0)}{\sqrt{R_x(0)R_y(0)}} \tag{3}$$

(3)式的统计意义正是一般线性相关系数。由相关函数的谱理论知，互相关函数与互谱密度可相互傅里叶变换，且有

$$G_{xy}(f)=C_{xy}(f)-iQ_{xy}(f)=2\int_{-\infty}^{\infty}R_{xy}(\tau)\mathrm{e}^{-i\pi f\tau}\mathrm{d}\tau \tag{4}$$

$$R_{xy}(\tau)=\int_0^{\infty}[C_{xy}(f)\cos2\pi f\tau+Q_{xy}(f)\sin2\pi f\tau]\mathrm{d}f \tag{5}$$

上两式中$G_{xy}(f)$为互谱密度，其中$C_{xy}(f)$为共谱，$Q_{xy}(f)$为重谱(又称协谱)，$R_{xy}(\tau)$为互相关函数。显然，当$\tau=0$时，(5)式可写为

$$R_{xy}(0)=\int_0^{\infty}C_{xy}(f)\mathrm{d}f \tag{6}$$

式(6)表明，两个平稳随机过程的零后延互相关函数，其值等于各谐和分量共谱密度按频率积分。相应于离散时间序列，则有

$$R_{xy}(0)=\sum_{k=0}^{\infty}C_{xy}(f_k) \tag{7}$$

由式(3)知，当两序列的方差$R_x(0)$，$R_y(0)$均不等于1时(即非标准化时)，就有

$$\rho_{xy}(0)=\frac{R_{xy}(0)}{\sqrt{R_x(0)R_y(0)}}=\frac{1}{\sqrt{R_x(0)R_y(0)}}\sum_{k=0}^{\infty}C_{xy}(f_k) \tag{8}$$

由此可见，两个气象要素(假定它们各自的取样按时序)的线性相关程度，从随机时间序列的观点来看，实质上可以看作为两个序列各自相应的谐和分量相关性的总和，各谐和分量对相关的贡献(以共谱$C_{xy}(f)$为标志)总和表征了相关的程度。除由式(6)—(8)从理论上说明这一点外，实际计算也表明这一事实。在表1中，分别列举南京与上海旬降水量；太阳黑子相对数与上海年降水量；上海1月气温与7月降水量等三对序列的各种不同抽样相关系数值与相应共谱累积值$\sum_{k=0}^{\infty}C_{xy}(f_k)$，由表1可见，共谱累积值与相关系数值具有相当好的对应关系。这些对应关系在图1中反映得更为清楚。

表1 样本相关系数与累积共谱值

相关系数	累积共谱 $\sum C_{xy}$	相关系数	累积共谱 $\sum C_{yy}$
−0.167 2	−0.147 2	0.672 9	0.712 2
−0.291 7	−0.267 9	0.477 0	0.502 3
−0.032 1	−0.026 1	0.787 0	0.792 7
0.234 2	0.201 8	0.737 3	0.794 1
0.156 8	0.155 8	0.852 9	0.976 1
0.425 2	0.399 2	0.502 8	0.501 8
0.354 1	0.330 0	0.409 5	0.466 8
0.295 8	0.279 3	0.7181	0.686 3
0.256 2	0.261 3	0.109 5	0.101 3
0.083 9	0.091 4	0.304 1	0.371 8
…	…	…	…
…	…	…	…

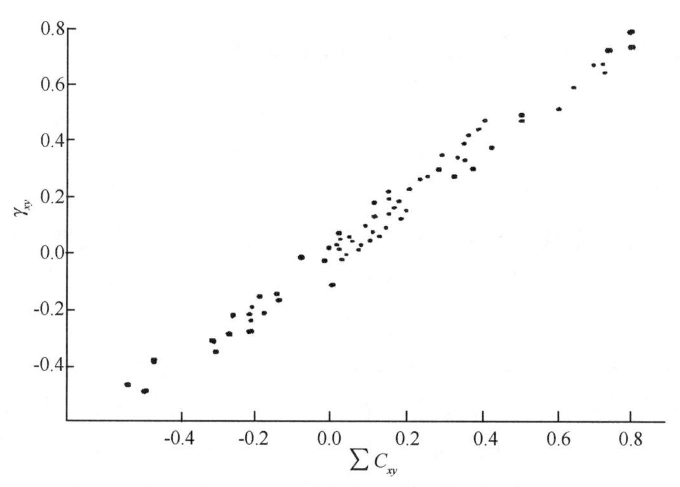

图 1　当 $n=20$ 时，共谱累积值与相关系数的对应关系

以上事实有力地证明(见图 1)，按时序排列样本所计算得的相关系数，可视为两个序列各谐和分量耦合振动的结果，即有一个相关系数必对应一组共谱密度 $C_{xy}(f_k)(k=0,1,2,\cdots,m)$。

一般，由于抽样的随机性，实际样本共谱 $C_{xy}(f_k)$ 仅仅是一个估计值[4]，因此，以上列举的实例只是非常好的统计关系。尽管相关系数是两序列各谐和分量耦合的结果，但各频率对总相关的贡献却并不相同，其中必有主有次，有强有弱，有正有负，这是不难想象的。以上海年降水量与上一年太阳黑子相对数(1873—1972 年)之间的共谱为例(见图 2)，可以明显地看到，在这一对相关序列中，其对应共谱密度 $C_{xy}(f_k)$，以 11～22 年周期分量对相关的贡献最大。可见，两个序列共谱密度的配置和它的累积值对于相关有直接的影响，而通过对共谱结构的研究分析，自然也可间接地研究相关。

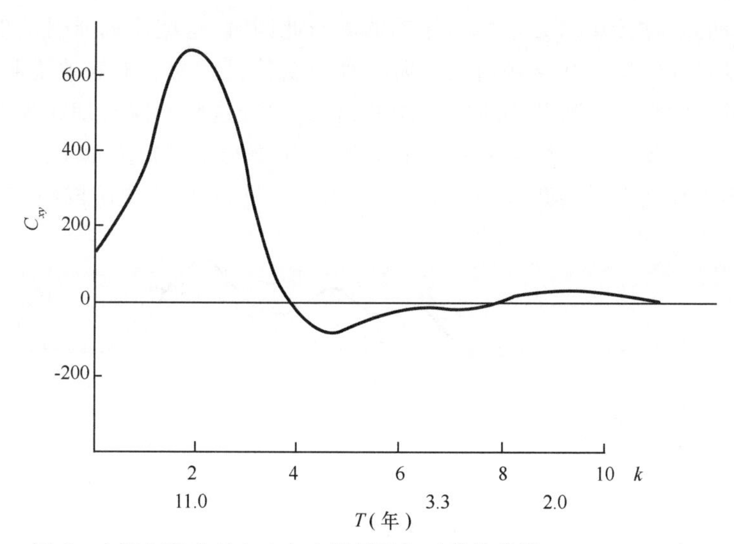

图 2　上海年降水量与上年太阳黑子相对数的共谱(1873—1972 年)

2 共谱密度的变动与相关系数的波动

林学椿[2]曾以统计事实说明气象要素相关系数随着时间推移而具有明显的波动性，他的这些工作无疑是十分有益的。我们认为不仅要揭示相关系数的波动性，还要研究造成相关随时间推移而波动的原因。

据式(6)—(8)，相关系数与频域上的共谱密度总和有关，不难设想，当一定频域范围内各谐振分量共谱结构发生变化时，相关系数也将有相应的变化。事实证明，随着相关系数的波动，共振涨落现象此起彼伏，各谐和分量或相互耦合或相互抑制，表现在共谱结构的配置则具有遥相呼应的变动。以下仅就一些统计事实所反映的这种规律性加以讨论。

以上海7月降水量与上一年太阳黑子相对数(图2)，上海年降水量与当年太阳黑子相对数，上海1月气温与7月降水量以及上海与南京逐旬降水量等4对序列分别取不同时段的滑动样本(n=20,30,40,50,n为序列长度)计算相关系数的结果，绘制相关系数随时间的变化图(见图3、4)。

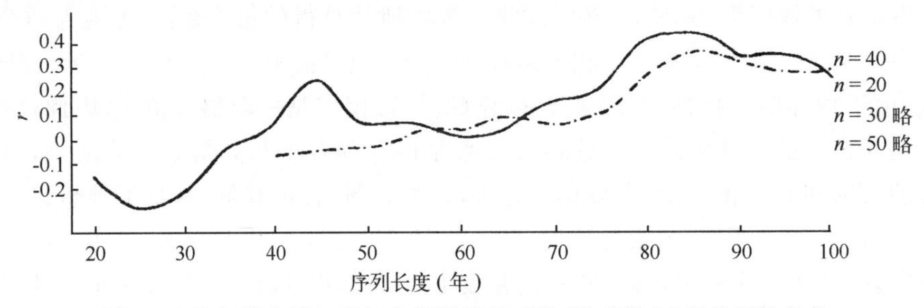

图3 上海年降水量与当年太阳黑子相对数(滑动样本)相关系数变化

由图3、4可见，所有不同时段的滑动样本相关系数都具有明显的波动性，即在不同时期(序列的不同区间)取样计算相关是各不相同的。与此同时，这些序列所对应的共谱特征在相关系数的演变过程中也恰好反映出某些阶段性演变特征。为了更好地说明这一事实，我们取不同时期的平均相关系数及相应的平均共谱，并比较这些不同时期相关系数的差异及谱差异。现以上海年降水量与当年太阳黑子相对数，上海与南京旬降水量两对序列为例，分别绘制取不同样本长度下平均共谱(见图5、6)。由图可见，不同历史阶段(时期)相关系数的

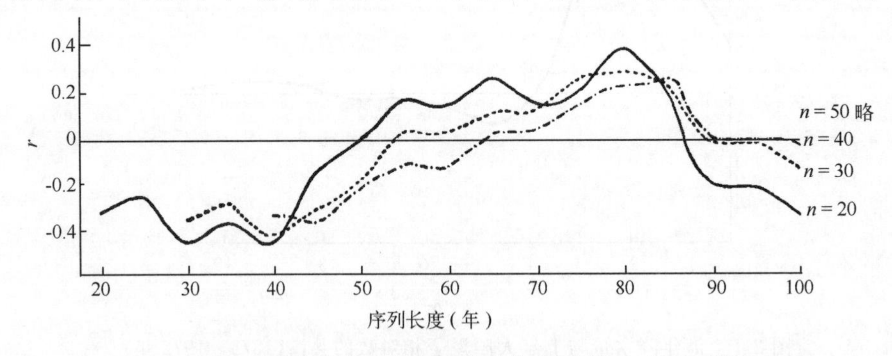

图4 上海7月降水量与上年太阳黑子数(滑动样本)相关系数变化

演变是与共谱的演变密切相关的。尤其明显的是，当相关系数由负转正或由正转负时，各频段上共振谱的变化则常由低频负贡献转为正贡献或者相反，而高频则也有类似的变动。这说明两序列各谱和分量的耦合与抑制是随着序列取不同时期而变动的。若按抽样检验方法[5]考察两序列的总体相关，其结论则常因所取时段不同而异，例如，当年太阳黑子数与上海年降水量（滑动样本 $n=20$ 和 $n=40$）相关系数平均分别为 0.114 1 和 0.129 4，它们是不显著的，但分段统计其前后若干年的相关系数，则发现，有的时期相关显著，如 $n=20$ 的前 35 年相关系数为 0.389 8（$\alpha=0.10$），当 $n=40$ 的后 60 年相关系数为 0.305 8（$\alpha=0.05$）；又如南京与上海旬降水量（滑动样本 $n=20$）时，其第 16～50 旬间相关系数平均为 0.730 6（统计显著），而在第 40～70 旬间相关系数却降为 0.051 9（统计不显著），上述事实说明，相关系数具有不同时期的相对性，另一方面，由于它与序列共谱结构有密切关系，其相对高值或低值完全是由于两序列共谱结构变动而造成的（见图 5、6）。

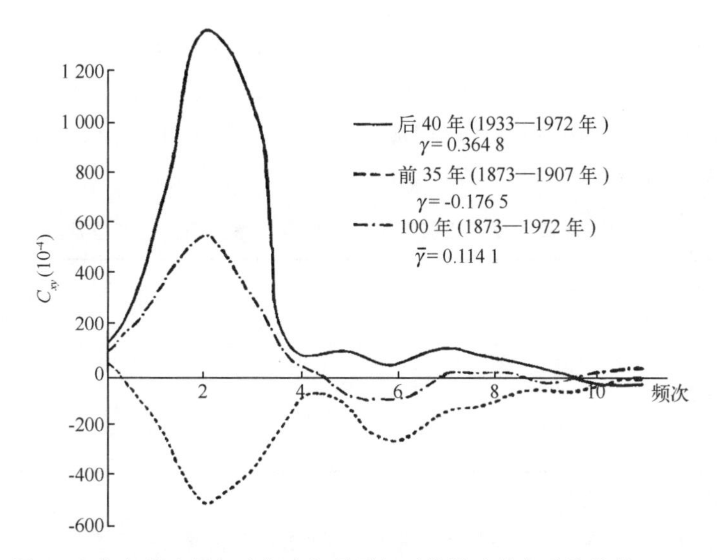

图 5　上海年降水量与当年太阳黑子相对数滑动样本平均共谱（$n=20$）

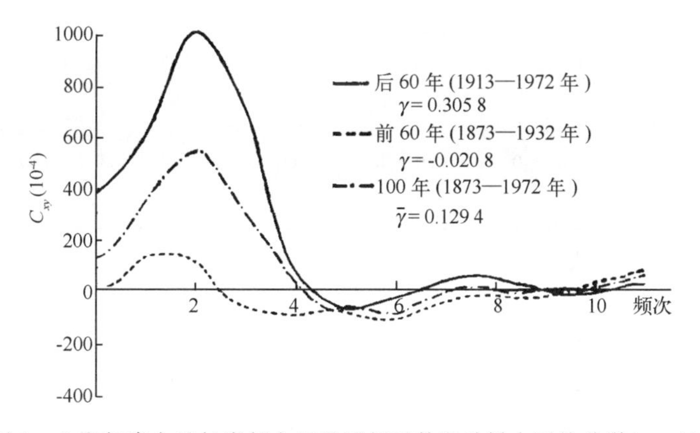

图 6　上海年降水量与当年太阳黑子相对数滑动样本平均共谱（$n=40$）

3 相关的稳定性因素与不稳定性因素

从多频振动的观点来讨论相关系数的变化与各频率分量共谱结构的关系，势必要导出下列问题：哪些因素造成相关的变动，哪些因素使得相关稳定？从前述的一些统计事实来看，某一时段相关基本稳定，某一时段变动较大，归根结底是共谱结构变化的结果。若将各频率分量视为影响相关的诸因素，则可以设想，当那些主要频率分量对相关的贡献稳定少变时，相关的变化势必会小一些，而当那些主要频率分量变动剧烈时，相关的变化势必会大一些。

为了度量各频率分量共谱的稳定性，我们分别计算了不同情况下共谱各频率分量的均方差和变差系数[5]讨论其特点。在表 2 中列出上海年降水量与太阳黑子(n=20，n=40)共谱各频率上的变差系数，由表可见，各频率上共谱的变差系数 C_v 值大于 1.00 的频率约占 83%或 67%，但在相关系数变化较小的阶段如(n=20)取前 35 年，(n=40)取后 60 年，共谱变差系数 C_v 相对都有减小，其中 C_v 值小于 1.00 的频率分量占 50%(表 3)，可见，在相关系数相对稳定阶段各频率分量稳定性有所增加，不稳定性有所减小。反之，若在相关不稳定时期，其共谱各频率 C_v 值较大，即稳定性因素减小，不稳定因素增加。

表 2　上海年降水量与太阳黑子相对数各频率共谱值的变差系数

频周	序期	0	1 22.0	2 11.0	3	4	5	6	7 3.3	8	9	10	11 2.0	$C_v \geqslant 1.00$ 百分比
n=100	20 年	4.35	1.52	1.51	2.21	8.77	1.62	0.94	33.5	5.98	2.21	16.6	2.57	83%
n=100	40 年	1.54	0.73 *	0.75 *	1.27	5.39	0.81 *	0.60 *	3.88	10.0	1.42	1.60	1.10	67%

表 3　上海年降水量与太阳黑子相对数各频率共谱值的变差系数

频周	序期	0	1 22.0	2 11.0	3	4	5	6	7 3.3	8	9	10	11 2.0	$C_v \leqslant 1.00$ 百分比
n=20	前 35 年	4.31	0.65 *	0.26 *	0.54 *	1.00 *	0.89 *	1.69	0.57 *	1.25	7.71	2.30	2.87	50%
n=40	后 60 年	0.34 *	0.25 *	0.09 *	0.08 *	1.20	0.76 *	1.52	0.92 *	1.35	50.00	4.00	4.86	50%

注：表 2、3 中 * 号表示小于 1.00。

上述共谱各频率 C_v，反映的变动性又由什么而引起？可以下例说明：因太阳黑子有明显的 11～22 年周期(谱图略)，在不同时期各频段的自功率谱变动性极小，而上海年降水量在不同时期自功率谱变动性却很大(图 7)，以致两者共谱变动很大，可见两序列中有一个序列本身谱变动很大，可能导致共谱变动。这就意味着，倘若两序列本身各自多频振动保持恒定(振幅、周期不随时间而变)，其共谱亦不会有多大变化，相关自然也稳定少变，倘若两序列中只要有一个序列的谱随时间而变，则相关系数也跟着改变。当然，若两序列的谱均有变动其相关性的变化就更为复杂了。类似的例还可举出一些。

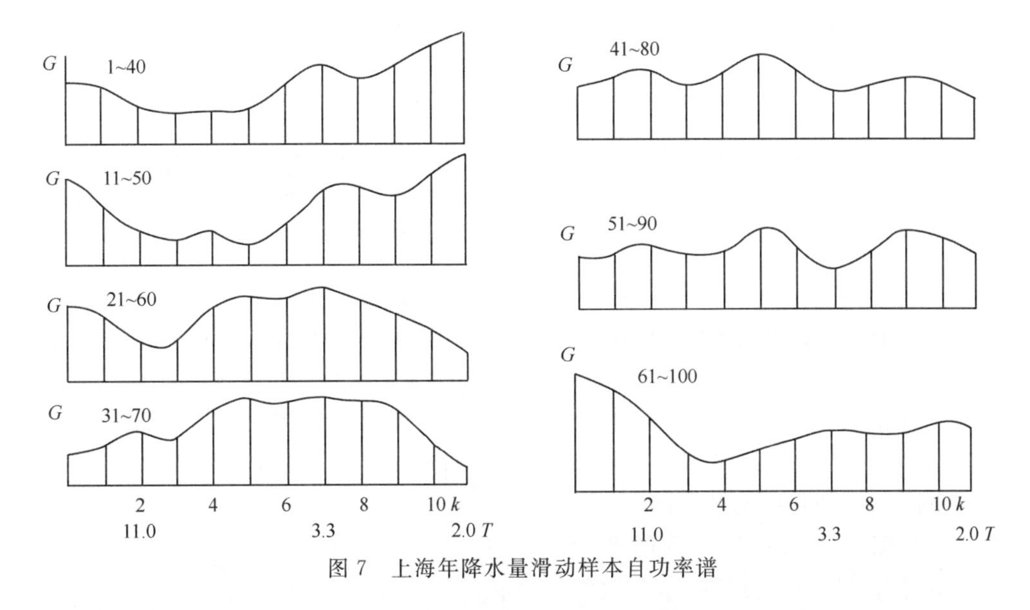

图 7　上海年降水量滑动样本自功率谱

4　相关系数与大气过程的振动尺度

相关与多频振动的统计联系，还可直观地示意如下：假定 $x(t)$，$y(t)$两序列有同步基频（正弦波）T，若在$(0,t)$时段上计算的相关很小，则当 $t\to T$ 时，由于长周期分量贡献增大，相关会逐渐增大（见图 8），又若在$(0,t)$时段上相关系数具有波动，则当长周期 T 稳定，而 $t\to nT$ 时，由于两序列中稳定而强大的低频共振抑制了高频和噪声干扰，致使相关系数的稳定性增加。实际资料统计也表明了这一点。例如，当序列长度 $n\geqslant 360$ 以上时，上海与南京逐旬降水量或距平之间相关系数趋于稳定，而当 $n<50$ 时，相关系数却具有明显的波动，可能就是这个原因。同理，假如两序列实际基本频率较低，而所取序列样本短于基本频率，则可能由于高频分量中没有控制性因子，使得序列相关系数呈现相对的不稳定状态。

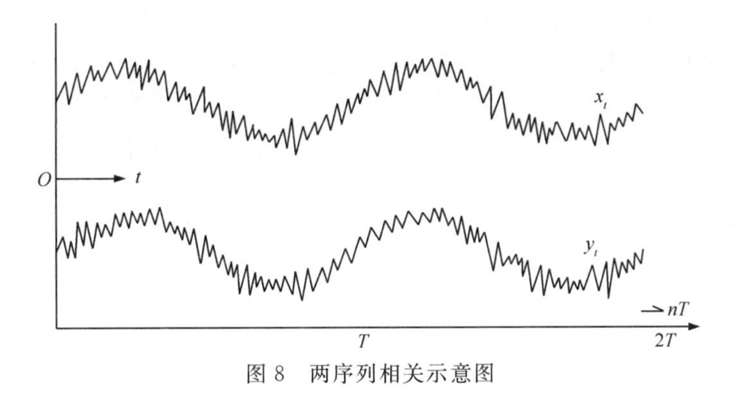

图 8　两序列相关示意图

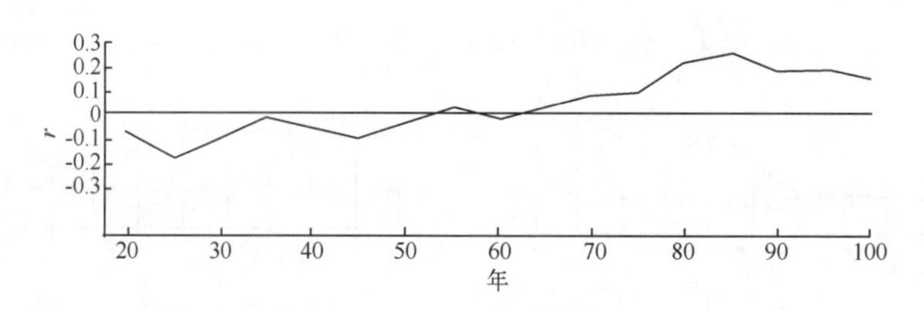

图 9　上海年降水量与上年太阳黑子相对数相关系数随序列长度 n 的变化

为了印证上述推测，我们以序列增加样本长度为例说明其相关系数及相应谱特征的演变情况。图 9 是序列长度增加时，上海年降水量与上年太阳黑子相对数的相关系数演变实况，可以看到，其相关系数是波动上升的，与此同时，其共谱图的演变表明(见图 10)，低频的负贡献随着样本的长度加大(即序列加长)而逐渐演变为低频正贡献，相反，在高频部分其正贡献亦随着序列长度增加逐渐减小。然而，这一变动归根结底乃是由于两序列各自功率谱本身(周期振动)的变化引起的。图 11、12 表明，由于太阳黑子相对数序列的低频(11～22 年周期)相当稳定而强大，共谱的变动主要则是由于上海年降水量序列自谱变动所引起的。这可能是因上海年降水量在序列较短(如 $n=25$)时，其高频分量较为突出，随着序列长度的增加，低频振动分量的贡献越来越大，而高频分量则相形见绌的缘故。因此图 11、12 中各频率分量的贡献调整是由于年降水量序列低频分量作用加强的结果。而低频作用加强正是由于序列长度增加，长周期振动的贡献比重越来越大的缘故。这或许能使我们得到这样的印象：相关系数的演变归根到底是序列本身起主要作用的振动尺度演变的结果。换句话说，相关系数与大气过程的振动尺度具有对应性。因而，相关系数具有相对阶段性。

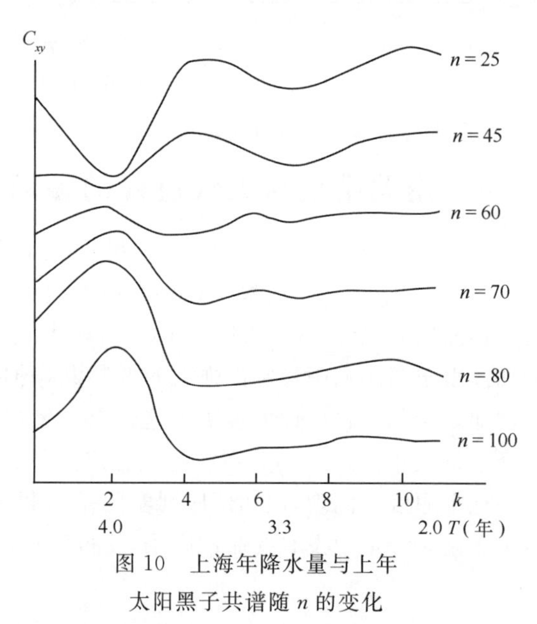

图 10　上海年降水量与上年太阳黑子共谱随 n 的变化

从理论上说，假定两个序列完全符合平稳性条件，即其统计特性不随时间改变(包括具有严格固定周期的序列)，则它们的相关系数一般也不会有太大的波动。可是，实际气象时间序列一般并不符合平稳性假定，而具有频率与振幅时有变更的多频振动，从这个意义上说，共谱结构必然有变动调整和相对稳定交替出现的过程。因此笼统地分析任意年限的两变量的相关性，并由此作为挑选预报因子的依据，看来是难免要出问题的。

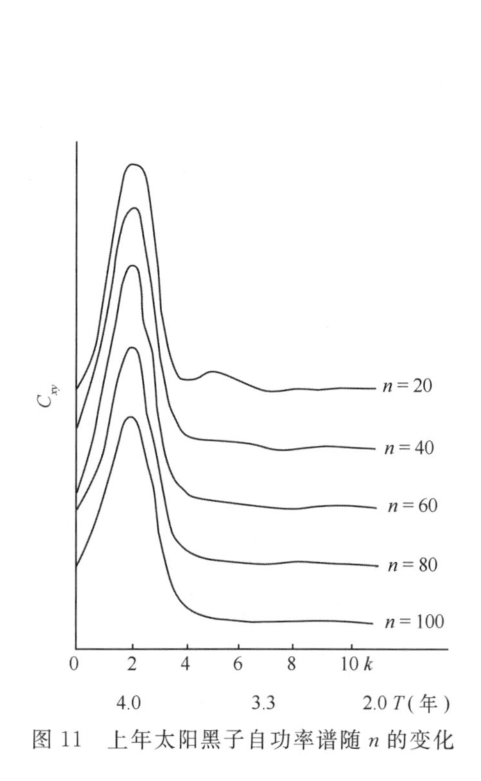

图 11　上年太阳黑子自功率谱随 n 的变化

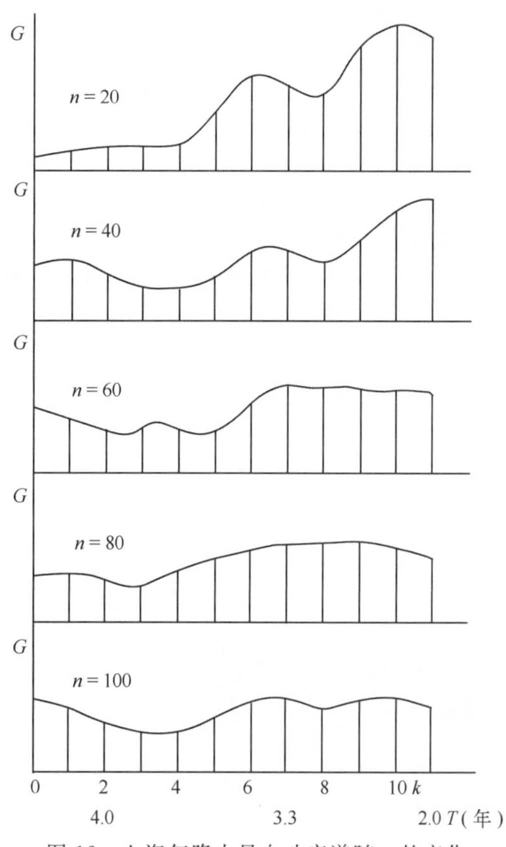

图 12　上海年降水量自功率谱随 n 的变化

5 小　结

(1)从多频振动的观点分析相关性,对于了解相关的成因也许有一定意义。相关系数的大小,从某种意义上说,取决于两个序列中各种频率成分共振涨落的总效果,即共谱总和 $\sum_{k=1}^{\infty} C_{xy}(f_k)$。

(2)对于气象序列,相关系数具有相对意义,不同历史阶段,样本相关系数可能会有较大差异,因此不加任何条件笼统地讨论两序列的相关性,可能并不恰当。这是因为,就时域来说,大气中存在着各种不同周期的振动尺度,长至几百年的气候振动,短至几十天或几天的天气尺度,以年为单位来说,往往长期天气和气候变化的各种振动尺度互相混杂,异常复杂。正如预报天气或气候的时效与因子之间在时间尺度上应当对应一样[6],相关性的概念必须与大气运动的振动尺度相对应。

(3)共谱变动可能反映了各频率分量对相关的贡献有所变动,而各频率分量中有稳定性和不稳定因素,究竟何种占优势,构成相关系数的变化特点。

(4)若进一步引入滤波技术,根据影响相关性的主要频率分量,如能分离出所需的振动分量来,或许有可能改善现有的相关分析。

参考文献

[1] 章基嘉. 长期天气预报的若干基本问题. 气象科学,1980,(Z1):117-126.

[2] 林学椿. 统计天气预报中相关系数的不稳定性问题. 大气科学,1978,**2**(1):55-63.

[3] 贝达特 J S,皮尔索 A G. 凌福根译. 随机数据分析方法. 北京:国防工业出版社,1976.

[4] Panofsky H A, Wolff P. Spectrum and cross-spectrum analysis of hemispheric westerly index. *Tellus*, 1957,(9):195-220.

[5] 克拉美 H. 统计学数学方法. 北京:科学出版社,1966:381-384.

[6] 张家诚. 气候变迁及其原因. 北京:科学出版社,1976:263.

气象时间序列的自相关性对抽样相关系数的影响

丁裕国

（南京气象学院，南京 210044）

摘　要：本文论证了气象序列存在自相关情况下，样本相关系数抽样分布发生变形。在各种总体相关条件下，其抽样方差都叠加着自相关和后延互相关的影响。理论和实例表明，当序列有自相关时，按时间顺序截取一段记录作为样本计算相关，并不符合简单随机抽样的假定。因此，现行的相关计算由于自相关性（尤其是强自相关性）的影响，其抽样方差在不同程度上比原有的抽样分布加大。文中提出滑动样本相关系数呈正弦波动时，其抽样分布应为U型概率分布，从而再次证明自相关对于计算相关系数的影响。为了消除自相关对抽样的影响，文中还提出改进了的抽样方案。

关键词：气象时间序列　自相关性　抽样相关系数　抽样方差

引　言

相关系数是气象上用得最多的统计指标之一。通常不可能获得表征变量之间总体相关系数的全部信息，而只能据有限样本（简单随机抽样）计算相关系数的估计值——样本相关系数，根据简单随机抽样假定，样本中 n 个元素是相互独立并服从同一分布的随机变量。因为，总体中每一元素具有同样被抽取的机会。但是，通常计算气象变量的相关系数时是取一段按时间顺序排列的记录组成样本，这种抽样方法并不符合简单随机抽样。因为序列记录本身可能存在自相关性，在一段记录中，前一个记录的取值可能对以后若干记录的取值有影响。这种情况在气象、水文、地震等一切具有时空依赖性的自然现象观测记录中都不同程度地存在着。正如文献[1]指出，仅由气象记录所固有的年、日变化就可使记录序列很不符合随机抽样理论的要求，更何况在实际资料中，年际、日际变化也有一定的自相关性。

根据上述观点，本文从自相关的抽样理论出发，论证相关系数的抽样与自相关性的关系，并探讨消除自相关的抽样方案，以利客观反映真实的气候相关及改进统计预报。

1　自相关性与相关系数抽样分布

Bartlett 曾推证两个时间序列互相关系数的抽样协方差近似式[2]

$$\begin{aligned}\mathrm{Cov}(R_{12}(s),R_{12}(s+t))\approx\frac{1}{n-s}\sum_{-\infty}^{+\infty}\Big\{&\rho_{11}(\tau)\rho_{22}(\tau+t)+\rho_{21}(\tau)\rho_{12}(\tau+t+2s)\\&+\rho_{12}(s)\rho_{12}(s+t)\Big[\rho_{12}{}^{2}(\tau)+\frac{1}{2}\rho_{11}{}^{2}(\tau)\\&+\frac{1}{2}\rho_{22}{}^{2}(\tau)\Big]-\rho_{12}(s)\big[\rho_{11}(\tau)\rho_{12}(\tau+s+t)\end{aligned}$$

$$+\rho_{21}(\tau)\rho_{22}(\tau+s+t)]-\rho_{12}(s+t)[\rho_{11}(\tau)\rho_{12}(\tau+s)$$
$$+\rho_{21}(\tau)\rho_{22}(\tau+s)]\Big\} \tag{1}$$

式中 $R_{12}(s)$，$R_{12}(s+t)$分别为后延 s，$s+t$ 的样本互相关系数；$\rho_{12}(s)$，$\rho_{12}(s+t)$分别为后延 s，$s+t$ 的总体互相关系数；$\rho_{11}(\tau)$，$\rho_{22}(\tau)$分别为序列$\{x_t\}$、$\{y_t\}$的总体自相关系数。

在式(1)基础上，本文进一步假定，当 $s=t=0$ 的特殊情形，就可得到

$$\begin{aligned}\mathrm{Var}(R_{12})\approx\frac{1}{n}\sum_{-\infty}^{+\infty}\Big\{&\rho_{11}(\tau)\rho_{22}(\tau)+\rho_{21}(\tau)\rho_{12}(\tau)\\&+\rho_{12}{}^2\Big[\rho_{12}{}^2(\tau)+\frac{1}{2}\rho_{11}{}^2(\tau)+\frac{1}{2}\rho_{22}{}^2(\tau)\Big]\\&-\rho_{12}[\rho_{11}(\tau)\rho_{12}(\tau)+\rho_{21}(\tau)\rho_{22}(\tau)]\\&-\rho_{12}[\rho_{11}(\tau)\rho_{12}(\tau)+\rho_{21}(\tau)\rho_{22}(\tau)]\Big\}\end{aligned} \tag{2}$$

很明显，式(2)代表了普通样本相关系数的抽样方差。为了方便，假定两变量序列$\{x_t\}$、$\{y_t\}$分别都有 q 阶自相关，上式可化简为

$$\begin{aligned}\mathrm{Var}(R_{12})\approx\frac{1}{n}\Big\{&1+2\sum_1^q\rho_{11}(\tau)\rho_{22}(\tau)+\rho_{12}{}^2\\&+2\sum_1^q\rho_{21}(\tau)\rho_{12}(\tau)+\rho_{12}{}^2\Big[\rho_{12}{}^2+\sum_1^q\rho_{12}{}^2(\tau)\\&+\sum_1^q\rho_{21}{}^2(\tau)+1+\sum_1^q\rho_{11}{}^2(\tau)+\sum_1^q\rho_{22}{}^2(\tau)\Big]\\&-2\rho_{12}\Big[2\rho_{12}+\sum_1^q\rho_{11}(\tau)\rho_{21}(\tau)+\sum_1^q\rho_{22}(\tau)\rho_{21}(\tau)\\&+\sum_1^q\rho_{11}(\tau)\rho_{12}(\tau)+\sum_1^q\rho_{22}(\tau)\rho_{12}(\tau)\Big]\Big\}\end{aligned} \tag{3}$$

进一步化简并略去高次项，式(3)变为

$$\begin{aligned}\mathrm{Var}(R_{12})\approx&\frac{(1-\rho_{12}{}^2)^2}{n}+\frac{2}{n}\sum_1^n\rho_{11}(\tau)\rho_{22}(\tau)\\&+\frac{2}{n}\sum_1^n\rho_{21}(\tau)\rho_{12}(\tau)\end{aligned} \tag{4}$$

于是得到一个简化的普通相关系数抽样方差近似式。式(4)表明，两个变量的样本序列所计算的相关系数其抽样方差不但取决于两者的总体相关系数，而且还受到序列中存在的各阶自相关和后延互相关的影响。尤其在小样本时，这种影响更明显。

在特别情况下，若序列完全不存在自相关性，即抽样完全符合简单随机抽样，则式(4)成为

$$\mathrm{Var}(R_{12})\approx\frac{(1-\rho_{12}{}^2)^2}{n}=\frac{(1-\rho^2)^2}{n} \tag{5}$$

不难看出，这就是在二维正态分布下，相关系数的渐近方差[1]。可见，当我们消除自相关影响后，两组按时间顺序抽样的序列计算的相关系数才真正符合一般随机抽样的要求，否则其抽样方差就有畸变，相应的抽样分布也会发生变形。

另一方面，若两序列来自相互独立过程，式(4)又可化为

$$\mathrm{Var}(R_{12}) \approx \frac{1}{n}\left[1+2\sum_{1}^{q}\rho_{11}(\tau)\rho_{22}(\tau)\right] \tag{6}$$

这一结果正与文献[2]所推得的相互独立过程后延互相关的抽样方差公式一致。

显然,如果变量之间既相互独立,又无自相关性,则式(4)或(6)便可直接化为

$$\mathrm{Var}(R_{12}) \approx \frac{1}{n} \tag{7}$$

Jolliffe 曾指出[1]早年 Yule(1926)所提出的独立正态随机变量的 n 对观测值(x_1,y_1),(x_2,y_2),…,(x_n,y_n)所计算的相关系数 R_{12} 的抽样分布为

$$f(R)=\frac{1}{B\left[\frac{1}{2},\frac{(n-2)}{2}\right]^{(1-r^2)}}(1-R^2)^{\frac{n-4}{2}} \qquad 0\leqslant|R|\leqslant 1 \tag{8}$$

其均值 $E(R)=\rho=0$,而方差 $\mathrm{Var}(R)=\frac{1}{n}$,且在小样本下为 $\mathrm{Var}(R)=\frac{1}{n-1}$,(7)式表示的结果与此是吻合的。

Jolliffe 在文献[3]仅引用公式(6)说明在两变量不相关情况下,相关系数的抽样方差要比无自相关影响时大得多,尤其当自相关很强时如此。本文导出式(4)实际上已包括式(6),因而具有更广的意义:在序列存在自相关因而不符合简单随机抽样条件时,不论两序列总体相关大小(包括总体相关为零在内),都会附加因序列存在自相关或后延互相关所带来的抽样误差。上述推证表明,当序列未消除自相关时,相关系数的抽样方差是畸变的。

众所周知,两个相邻气候记录之间自相关多为正值,当序列具有趋势或较长周期的循环振动时,在时距较大的记录之间也往往表现为正自相关,且前几阶自相关数值较大,只有在序列具有高频循环振动时才会有自相关符号的剧烈变化。据此,若仅仅考虑前几阶自相关,则一般说来,式(4)中 $\rho_{11}(\tau)$,$\rho_{22}(\tau)$或 $\rho_{12}(\tau)$,$\rho_{21}(\tau)$越大,$\mathrm{Var}(R_{12})$也越大。换言之,在自相关影响下,相关系数 R_{12} 的抽样方差由两部分组成。一部分为随机抽样方差((4)式第一项):另一部分为自相关或后延互相关积和引起的扰动方差((4)式第二、三项)。

现以一阶自相关的简单马尔可夫序列为例,考察该情况下抽样方差所受的影响大小。假定两序列分别为 $AR(1)$序列,即有

$$\begin{cases} x_t=\alpha_1 x_{t-1}+\varepsilon_t \\ y_t=\alpha_2 x_{t-1}+\eta_t \end{cases} \tag{9}$$

$\{\varepsilon_t\}$与$\{\eta_t\}$分别为白噪声序列,α_1,α_2 处分别为自回归系数。可证明,上述模式有

$$\begin{cases} \rho_{11}(\tau)=\alpha_1{}^{\tau} \\ \rho_{22}(\tau)=\alpha_2{}^{\tau} \end{cases} \qquad \tau=0,1,2,\cdots \tag{10}$$

当 τ 很大时,在(4)式中,仅利用第一、二两项(不考虑各阶互相关影响)就有

$$\mathrm{Var}(R_{12}) \approx \frac{(1-\rho_{12}{}^2)^2}{n}+\frac{1}{n}\frac{2\alpha_1\alpha_2}{1-\alpha_1\alpha_2} \tag{11}$$

在一定的 n 下,结合式(10)可以看出,相关系数的抽样方差不但与 ρ_{12} 本身有关,还受到 $\rho_{11}(1)$和 $\rho_{22}(1)$这两个一阶自相关的影响。表 1 就以上述 AR(1)模式为例列出在不同总体相关值 ρ_{12}下,由于自相关存在所造成的抽样方差变化。这些典型情况表明,在一定的 n 下,抽样方差所受影响随自相关增大而成倍地增长,尤其是当两个序列总体相关并不太大而自

相关又比较大，甚至只要其中一个序列存在强自相关时就可出现上述结果。

表 1　不同总体相关值 ρ_2 下的方差变化

	$\rho_{12}=0$					$\rho_{12}=0.1$				
	0.1	0.3	0.5	0.7	0.9	0.1	0.3	0.5	0.7	0.6
0.1	1.02	1.06	1.11	1.15	1.20	1.00	1.04	1.09	1.13	1.18
0.3		1.20	1.35	1.53	1.74		1.18	1.33	1.51	1.72
0.5			1.67	2.08	2.63			1.65	2.06	2.61
0.7				2.92	1.41				2.90	1.39
0.9					9.35					9.51
	$\rho_{12}=0.5$					$\rho_{12}=0.9$				
0.1	0.58	0.62	0.67	0.71	0.76	0.06	0.10	0.15	0.19	0.24
0.3		0.76	0.91	1.09	1.30		0.24	0.39	0.57	0.78
0.5			1.23	1.64	2.19			0.71	1.12	1.67
0.7				2.48	3.97				1.96	3.45
0.9					9.09					8.57

以上仅仅考虑简单自回归模式作为一个典型印证，至于高阶自相关的影响，也与上述简单情况相仿。不过由于各种阶数的自相关与互相关叠加在一起，其影响更为复杂。

关于高阶自相关，Yule 早在 1927 年就提出过各阶自回归过程可以代表叠加随机噪声的谐波序列组成的过程[4]。他曾推证出 AR(1)所代表的一种周期序列，AR(2)所代表的双周期序列。Jolliffe(1983)也证明[5]，气候序列的准周期性可以视为二阶自回归序列。么枕生[4]进一步证明了每当自回归模式增加一项，且其系数很大时，就意味着拟合记录中增加了一个谐波项。他并且发展了 Yule 的思想，推导出一至四阶自回归模式的相应特征方程，由此论证各组成周期的相应谐波振幅与各阶自回归系数大小有关，逐阶自回归模式中最后一个自回归系数决定着相应周期振幅的大小及周期的显著性。可见，在序列中如具有高阶自相关，实质上就是各种谐波组合在一起的多频振动序列。若周期、振幅及位相均受随机扰动，则表现为准周期性。因此，高阶强自相关序列计算的样本相关系数其抽样方差所受的影响实质上来自序列中隐含周期的影响。

2　实测资料的验证

利用三对序列分别计算滑动样本相关系数和随机排列记录次序的样本相关系数，然后比较它们的抽样分布特征。这三对序列计算结果分别列成表 2—4。为便于比较，都取样本容量 $n=10$ 进行试验。无论是按原记录顺序滑动取样还是随机排列记录次序的取样，都计算足够数量的样本相关系数(30～50 个)。

表 2　上海历年 7 月雨量与年雨量

相关系数分组	−0.4～−0.2	−0.2～0.0	0.0～0.2	0.2～0.4	0.4～0.6	0.6～0.8	0.8～1.0	C_v
滑动样本	0 (0)	4 (10)	9 (23)	8 (20)	8 (20)	8 (20)	3 (8)	0.738 0
随机样本	1 (3)	2 (5)	3 (8)	9 (23)	12 (30)	10 (25)	2 (5)	0.634 1

表 3　上海历年 1 月平均气温与太阳黑子相对数

相关系数分组	−0.8～−0.6	−0.6～−0.4	−0.4～−0.2	−0.2～0.0	0.0～0.2	0.2～0.4	0.4～0.6	0.6～0.8	C_v
滑动样本	4 (8)	3 (6)	11 (22)	7 (11)	8 (16)	12 (24)	1 (8)	1 (2)	12.631 7
随机样本	3 (6)	14 (28)	11 (22)	8 (16)	5 (10)	5 (10)	3 (6)	1 (2)	1.907 4

表 4　重庆冬季逐日平均气温与前一日平均气压

相关系数分组	−1.0～−0.8	−0.8～−0.6	−0.6～−0.4	−0.4～−0.2	−0.2～0.0	0.0～0.2	0.2～0.4	0.4～0.6	C_v
滑动样本	3 (10)	4 (13)	7 (23)	1 (3)	5 (17)	6 (20)	1 (3)	2 (10)	2.050 6
随机样本	7 (23)	7 (23)	8 (27)	4 (13)	2 (7)	1 (3)	0 (0)	1 (3)	0.614 4

注：表 2—4 中括号内为各组频率，单位为％，C_v 为抽样变差系数。

由表可见，滑动抽样与随机抽样所得的样本相关系数频数分布一般都有明显的变化。随机排列次序的抽样分布（简称随机抽样）有集中于单峰的趋势，而滑动取样所得的抽样分布则有单峰削减而向均匀分布或 U 型分布演变的趋势。

抽样分布的这种变化还可从频数分布曲线看出。如图 1 所示上海历年 7 月雨量与年雨量的相关系数抽样频数分布就很典型。分布的变化也正好证实抽样方差因自相关影响所产生的畸变。在表 2—4 中还列出了抽样变差系数 C_v 来比较抽样方差受自相关影响的相对程度，采用 C_v 的意义在于克服因经验分布本身的随机性以及平均相关值的影响，因而比较它们的相对均方误差。

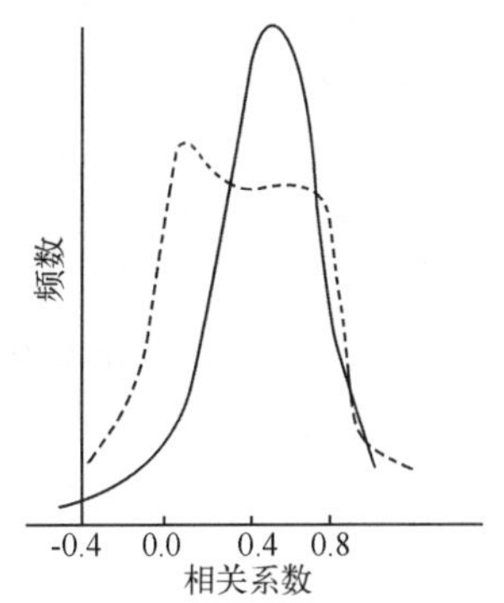

图 1　上海历年 7 月雨量相关系数抽样频数分布
实践为随机抽样，
虚线为滑动抽样

表 5 中列出上述三例在两种不同抽样情况下，变差系数 C_v

的差值，总体相关 ρ_{12} 的近似值 $\bar{R}_{12}$，以及作为 $\rho_{11}(1)$ 和 $\rho_{22}(1)$ 的近似值 $\hat{\rho}_{11}(1)$ 和 $\hat{\rho}_{22}(1)$（大样本估计值）。

表 5　三例抽样分布受自相关影响的比较

例	$\rho_{12}\approx\bar{R}_{12}$	$\hat{\rho}_{11}(1)$	$\hat{\rho}_{22}(1)$	滑动抽样 C_v	随机抽样 C_v	两种抽样 C_v 的差值
1	0.4	0.17	−0.05	0.738 0	0.634 1	0.101
2	−0.1	−0.04	0.831	2.631 7	1.907 4	10.724
3	0.5	0.60	0.57	2.050 6	0.614 4	1.436

由表可见，两要素自相关值越大（或至少一个较大），其抽样分布变动也越大，若两要素总体相关越小，则它受自相关影响也越大。这一结果与表 1 中的理论模式计算结论是吻合的。

3　消除自相关影响的抽样方案

设样本相关系数在滑动取样计算时有明显的正弦波动（见文献[6,7]的实际资料），则可从理论上给出其概率分布模式。

假定波动振幅为常数，即样本相关系数偏离它的中值（所有可能相关取值的中位数）的最大距离，以 R 代表。若波动频率 f_0 为常数，初始相角 θ 为服从均匀分布的随机变量，则因有概率密度函数[8]

$$p(\theta)=\begin{cases}\dfrac{1}{2\pi} & 0\leqslant\theta\leqslant 2\pi\\ 0 & \text{其他}\end{cases} \tag{12}$$

而

$$r_0=R\sin(2\pi f_0 t+\theta) \tag{13}$$

或

$$r_0=r-R_m=R\sin(2\pi f_0 t+\theta) \tag{14}$$

式(13)和(14)表示按上述假定所构造的相关系数正弦型波动（随时间 t 的推移，样本现实的集合为正弦波过程）。式中 r_0 表示相关系数对于中值 R_m 的偏差，r 表示相关系数的可能取值，R 为对中值的最大偏差（振幅）。

据式(12)，利用随机变数函数与随机变数之间的关系，得到相关系数 r 的取值有如下概率密度函数[8]

$$p(r)=\begin{cases}\dfrac{1}{\pi\sqrt{R^2-(r-R_m)^2}} & |r-R_m|<R\\ 0 & |r-R_m|\geqslant R\end{cases} \tag{15}$$

可以看出，这一概率分布模式实际为 U 型分布。例如，若 r 在中值 $R_m=0$ 上下呈正弦波动，则相关系数各种可能取值的机会，可由式(15)计算得出结果，详见表 6。

表 6　滑动样本相关系数理论频率分布

r	−1.0～−0.8	−0.8～−0.6	−0.6～−0.4	−0.4～−0.2	−0.2～0.0	0.0～0.2	0.2～0.4	0.4～0.6	0.6～0.8	0.8～1.0
$p(r)$	0.205	0.091	0.074	0.067	0.064	0.061	0.067	0.074	0.091	0.205

注：设 $R=1$，$r\leqslant 1.0$。

又若 r 在中值 $R_m=0.3$ 上下呈正弦波动，且振幅 $R=0.4$，则相关系数各种可能取值机会，计算如表 7。

表 7　滑动样本相关系数理论频率分布

r	−0.10～−0.09	−0.09～0.0	0.0～0.1	0.1～0.2	0.2～0.3	0.3～0.4	0.4～0.5	0.5～0.6	0.6～0.69	0.09～0.071
$p(r)$	0.071	0.159	0.104	0.086	0.080	0.080	0.086	0.104	0.159	0.071

注：设 $R=0.4$，$-0.1<r<0.7$。

表 7 中，除首末区间为开区间外，其余全为半开闭区间，即有概率

$$P(r_1\leqslant r<r_2)=\int_{r_1}^{r_2}\frac{\mathrm{d}r}{\pi\sqrt{R^2-(r-R_m)^2}} \tag{16}$$

如前所述，滑动样本相关系数抽样分布（实际资料见表 6、7）确有削减单峰向均匀分布甚至向 U 型分布演变的趋势（实例中表 3 最为典型），这与（15）式计算的理论分布很为一致。当然，由于两样本序列本身也有随机干扰，滑动样本序列只能保持序列总体自相关的部分特征，因而相关系数的波动也不可能完全为谐波，只是近似地符合谐波模式，即实际的滑动样本相关系数概率分布模式为正弦波概率叠加随机噪声。假如序列内部自相关性随时间推移而又有变动，则往往使滑动样本相关系数的正弦波动波长有所变化。实际资料计算结果确有上述复杂情况存在（文献[6,7]）。这也从另一侧面说明了自相关对于抽样相关系数的影响。

相关系数抽样分布因受序列自相关影响而产生较大变形所造成的后果是不言而喻的。因为它使原为单峰型分布的抽样分布转化为 U 型或均匀分布，势必使一系列关于相关系数总体的统计推断受到歪曲和造成偏差。例如显著性检验中置信度或置信限失真，区间估计的可靠性降低，等。

为消除自相关对抽样相关系数的影响，作者认为，至少可采用三种办法加以克服：(1)用滤波的办法直接从序列中消除自相关影响，然后按时序取整段记录为样本计算相关；(2)随机排列记录顺序后再计算相关（如本文三例）；(3)采用间隔抽取记录，尽可能减少相邻时间间隔记录的自相关影响。后者尤其用于气候分析和较长时间尺度的统计预报。

值得指出的是，人们常常发现某一时期记录计算的相关系数偏于高值，而另一时期又偏于低值，同时又发现记录中的特大值或特小值常常起了主导作用。假如间隔抽取而不依次取一段记录，就可避免上述影响，而且能反映两个气象变量真正的较长时期的统计相关。当然，彻底的办法就是在有自相关的序列中首先设法消去自相关或者随机排列记录。

在日常天气气候分析和预报中，有人以逐日气温、气压或其他要素作为计算相关的因子，或以类似于太阳黑子相对数这种具有强自相关的序列作为计算样本相关的记录，假如不采取措施消除强自相关的影响，看来是不妥的。

4　结论

(1)论证表明，当两样本记录序列存在自相关时，对于不同的总体相关系数来说，样本相关系数的抽样分布都有畸变，尤其是抽样方差，在不同程度上都叠加了自相关和后延互相关

的影响。

(2)理论和实例证明，按时间顺序抽取一段记录作为样本计算相关，其抽样分布与真正的随机抽样分布不但抽样方差 $\mathrm{Var}(R_{12})$ 有差异，而且分布模式亦有差异。前者的典型概率分布模式为U型，后者一般为单峰分布。

(3)文中提出了三种消除自相关影响的抽样方案。

参考文献

[1] 么枕生. 气候统计学基础. 北京：科学出版社，1984：322-345.

[2] Bartlett M S. An introduction to stochastic process with special reference to methods and applications. London：Cambridge University Press，1955：289.

[3] Jolliffe I T. Why do we get spurious correlations in climatology：Some explanations，Ⅱ *International Meeting on Statistical Climatology*，1983，**16**(4)：1-6.

[4] 么枕生. 自回归模式. 中长期水文气象预报文集(二). 北京：水利电力出版社，1981：8-21.

[5] Jolliffe I T. Quasi-periodic meteorological series and second-order autoregressive processes，1983，**3**(1)：413.

[6] 林学椿. 统计天气预报中相关系数的不稳定性. 大气科学，1978，**2**(1)：55.

[7] 丁裕国. 气象要素的多频振动对相关性影响的初步探讨. 南京气象学院学报，1980，**2**：157-167.

[8] 贝达特 J S，皮尔索 A G. 著，凌福银译. 随机数据分析方法. 北京：国防工业出版社，1976：76.

气象变量间相关系数的序贯检验及其应用

丁裕国

（南京气象学院，南京 210044）

摘 要：本文引进序贯抽样的思想，提出气象变量相关系数的一种序贯检验方法。指出序贯检验具有“动态”检验的优点，较一次抽样检验提高了精度和可靠性，并节省样本量，在相关稳定性研究中有一定的意义。这种方法推广至偏相关，还可对回归方程中各因子的相关稳定性和可靠性加以鉴别。

引 言

现行的相关统计检验及其区间估计是在给定样本容量 n 下的一次抽样。这种以个别试验为基础的统计检验有一定的局限性。例如对原假设 $H_0:\rho=0$，构造统计量 $t=r\sqrt{n-2}/\sqrt{1-r^2}$，在一定信度 α 下，对 H_0 作 t 检验，或者对原假设 $H_0:\rho=\rho_0$（ρ_0 可不为），作 r 的 Fisher 变换 $Z=\frac{1}{2}\ln\frac{1+r}{1-r}$，在一定信度 α 下，对 H_0 作正态变量的 u 检验。通常对 r 所进行的检验只是一种显著性检验，即一次抽样而作拒绝或接受 H_0 的决定。但是，从理论意义上说，这种检验实质上只能作出一方面的判断，即给定第一类错误的概率 α 的限值，根据一次抽样，若检验统计量 $|u|\geqslant u_\alpha$，拒绝 H_0；但若 $|u|<u_\alpha$ 并不能真正由此决定接受 H_0，而只能说观测结果与 H_0 无矛盾[1]。这是由于通常我们并未给定第二类错误的概率 β 的限值之缘故。换言之，只做一次抽样就接受 H_0，便有可能产生第二类错误。

本文提出一种序贯检验方法用以改进现行的相关检验，它既考虑第一类错误概率 α，又考虑第二类错误概率 β，通过序贯抽样（多次抽样），从“动态”观点考察相关的总体特性。

1 原理与方法

设有任意一对变量 X,Y 的观测序列 $\{x_t\},\{y_t\},t=1,2,\cdots,n$。计算样本容量为 n 的相关系数 r，并作 Fisher 变换[1]

$$Z=\frac{1}{2}\ln\frac{1+r}{1-r} \tag{1}$$

则有

$$\left.\begin{aligned} E[Z]&=\frac{1}{2}\ln\frac{1+\rho}{1-\rho}=\mu \\ D[Z]&=\frac{1}{n-3}=\sigma^2 \end{aligned}\right\} \tag{2}$$

在 $H_0:\rho=\rho_0$ 下，若考虑备选假设 $H_1:\rho=\rho_1(\rho_1>\rho_0)$，变量 Z 分别有正态分布密度 $f(\mu_1,\sigma^2)$ 和 $f(\mu_0,\sigma^2)$，取两者的概率比

$$T=\ln\frac{f(\mu_1,\sigma^2)}{f(\mu_0,\sigma^2)}=\frac{1}{\sigma^2}\left[(\mu_1-\mu_0)Z+\frac{1}{2}({\mu_0}^2-{\mu_1}^2)\right] \tag{3}$$

式中统计量 T 是相关系数 r 的函数。现对总体 Z 进行一系列随机抽样，可得独立同分布变量序列 $Z_1,Z_2,\cdots,Z_i,\cdots,Z_m$，其联合概率比值为

$$\begin{aligned}T_m&=\ln\frac{\prod_{i=1}^{m}f({\sigma_i}^2,\mu_1)}{\prod_{i=1}^{m}f({\sigma_i}^2,\mu_0)}\\&=\frac{1}{\sigma^2}\left[(\mu_1-\mu_0)\sum_{i=1}^{m}Z_i+\frac{m}{2}(\mu_0+\mu_1)(\mu_0-\mu_1)\right]\\&=\sum_{i=1}^{m}t_i\end{aligned} \tag{4}$$

式中 T_m 表明在 H_0 和 H_1 下，经 m 次抽样所得联合统计量。序贯检验的基本想法是，对总体 Z，并不预先指定 m，而在每抽一个新元素 Z_i 时即考察其属性，按一定的检验规则判断应接受或拒绝所要验证的假设，在未作决定时可继续抽样，直至决定为止。

在给定第一、二类错误概率 α,β 时，可确定相应临界值[2]

$$A_0=\ln A=\ln\frac{1-\beta}{\alpha} \tag{5}$$

$$B_0=\ln B=\ln\frac{\beta}{1-\alpha} \tag{6}$$

当抽取到第 m 个元素后，考虑下列检验规则：如果 $T_m=\sum_{i=1}^{m}t_i\geqslant A_0$，则对 H_1，我们拒绝 H_0；如果 $T_m=\sum_{i=1}^{m}t_i\leqslant B_0$，则对 H_1，我们接受 H_0；而如果

$$B_0<T_m<A_0 \tag{6$'$}$$

则再作第 $m+1$ 次抽取，并重新按如上规则决定，直到 $T_m\geqslant A_0$ 或 $T_m\leqslant B_0$ 为止。研究表明，在有限步抽样后对所提假设能做出决定的概率为 1，即只要做有限次抽取必能做出决定[1]。

为计算方便，作者将(1)和(2)式代入(4)式得

$$\begin{aligned}T_m=&\frac{1}{\sigma^2}\left[\left(\frac{1}{2}\ln\frac{1+\rho_1}{1-\rho_1}-\frac{1}{2}\ln\frac{1+\rho_0}{1-\rho_0}\right)\sum_{i=1}^{m}\frac{1}{2}\ln\frac{1+r_i}{1-r_i}\right.\\&\left.+\frac{m}{2}\left(\frac{1}{2}\right)^2\left(\ln\frac{1+\rho_0}{1-\rho_0}+\ln\frac{1+\rho_1}{1-\rho_1}\right)\left(\ln\frac{1+\rho_0}{1-\rho_0}-\ln\frac{1+\rho_1}{1-\rho_1}\right)\right]\end{aligned} \tag{7}$$

经整理后，有

$$T_m=(n-3)\left\{\frac{1}{4}(c_1-c_0)\left[\sum_{i=1}^{m}d_i-\frac{m}{2}(c_0+c_1)\right]\right\} \tag{8}$$

式中 $c_0=\ln\frac{1+\rho_0}{1-\rho_0}$，$c_1=\ln\frac{1+\rho_1}{1-\rho_1}$，$d_i=\ln\frac{1+r_i}{1-r_i}$，$i=1,2,\cdots,m$。

又可写为递推形式

$$T_m=T_{m-1}+\Delta T_m\qquad m=2,3,\cdots \tag{9}$$

式中

$$\Delta T_m=(n-3)\left\{\frac{1}{4}(c_1-c_0)\left[d_m-\frac{1}{2}(c_0+c_1)\right]\right\} \tag{10}$$

显然,(9)式表明经 m 次抽样后,Z 变量的概率比值等于经 $m-1$ 次抽样的概率比值与增量 ΔT_m 之和,ΔT_m 是与第 m 次抽样有关的增量。在 $m>1$ 时,可直接用(10)式作递推计算。

由上可见,相关系数 r 的序贯检验间接地运用了对 Z 变量的序贯抽样,其中每个 Z_i,对应着变量 X,Y 的一组记录对(容量为 n 的样本),故对 Z 的序贯抽样,等价于在给定 n 下,对相关总体作一系列独立抽样。在应用中,可据记录序列的性质或需要选用不同的抽样方法,以保证抽样的随机性。例如,对于相互独立随机序列可采用样本长度为 n 的一系列滑动相关计算,而对于那些序列内部自相关性很大的记录,则必须改变抽样方法,消除自相关影响,以保证每次抽样相关计算的随机独立性[3]。在这样的前提下,便可间接对 r 的推断(接受 H_0 或拒绝 H_0)。显然,序贯法具有"动态"检验的性质,它比单独一次抽样的"静态"相关检验法更为客观和优越。由于同时给定 α,β 的限值,它比普通相关检验提高了精度和可靠性。

2 计算实例

为了说明相关系数的序贯检验步骤,以上海 7 月降水量与年降水量之间的相关性为例。取 $n=20$ 的样本,计算 r,对 $H_0:\rho=0.3$,$H_1:\rho=0.6$,在 $\alpha=\beta=0.05$ 下作序贯检验。根据序贯法的基本思想,首先,任取 $n=20$ 的一段记录(如 1873—1882 年)计算 $r_1=0.523\ 9$,按(9)式得

$$T_1=(n-3)\left\{\frac{1}{4}(c_1-c_0)\left[d_1-\frac{1}{2}(c_0+c_1)\right]\right\}=0.523\ 9$$

对比由(5)、(6)定出的临界值

$$A_0=\ln\frac{1-0.05}{0.05}=2.944$$

$$B_0=\ln\frac{0.05}{1-0.05}=-2.944$$

有

$$B_0<T_1<A_0$$

故须继续抽样。由于年际记录序列(尤其是降水量)的自相关性很小[4]可近似视为相互独立随机序列。为了讨论方便,新的抽样可在时域上作滑动。本例假定相隔两年作一次 $n=20$ 的抽样相关计算,得到 $r_2,r_3\cdots$运用(9)和(10)递推相应统计量 $T_2,T_3\cdots$直到 $m=5$ 时,终有 $T_5>A_0$。表 1 中,详细列出整个计算和决策过程。由表可见,在给定的 α 和 β 下,序贯相关检验实质上是对假设 H_0 和 H_1 作两方面的判别或分辨。本例中实际所用原记录共 28 年(1873—1900 年),结果表明在此期间 20 年相关性主要表现为正相关且接近于 $\rho=0.6$ 左右。

如按普通一次抽样检验对 $H_0:\rho=0.3$ 做出决择,不妨取上述五次抽样的总样本的相关系数来代表该段时期的相关值,经计算 $r=0.519\ 3$,作 Z 变换,$Z=0.575\ 4$,按照 $u=\frac{Z-\mu_0}{1/\sqrt{n-3}}$计算得 $u=-1.096\ 25$,结果 $|u|<u_\alpha=1.96$ 未能拒绝 H_0。可见,用一次抽样检验 H_0,在 $n=20$ 时,分辨能力还是较低的。计算表明,在上述相关水平上,只有当 $n=57$(年)

时，一次抽样才能拒绝 $H_0:\rho=0.3$。而本例中序贯法却比一次抽样检验法，在同样目的下能节省样本量。这一结果与文献[1]的理论证明相吻合。换言之，相关的序贯检验效果等价于增加了样本容量，这对于研究小样本相关性是有益的。

表 1　计算和决策过程

m	r_m	d_m	ΔT_m	T_{m-1}	T_m	与 A_0,B_0 比较	判断	
1	0.523 9	1.163 4	0.523 9		0.523 9	$B_0<T_1<A_0$	未定	$A_0=2.944$
2	0.491 5	1.076 1	0.239 3	0.523 9	0.763 2	$B_0<T_2<A_0$	未定	$B_0=-2.944$
3	0.578 5	1.320 4	1.034 3	0.763 2	1.797 5	$B_0<T_3<A_0$	未定	$\alpha=\beta=0.05$
4	0.587 9	1.348 9	1.128 3	1.797 5	2.926 3	$B_0<T_4<A_0$	未定	
5	0.519 3	1.150 8	0.482 9	2.926 3	3.409 2	$T_5>A_0$	拒绝 H_0	

必须指出，只有当相关系数的抽样值（等价于 $Z_1,Z_2,\cdots,Z_m$）是 m 次独立观测时，才有(8)式的结果。对于按时间顺序记录的各种气象要素来说，滑动样本抽取相关是有条件的，即应在基本符合相互独立或序列无自相关性的前提下，否则应考虑用随机抽取记录或消除自相关的抽样方法才能进行这一检验。

3　考察相关系数稳定性的应用

相关系数 r 的波动性，已有不少学者作过有益的探讨[6]。但仍有许多尚未解决的问题。例如，在一段很长的记录序列中（通常指年际序列），如何来检测各个时期 r 的稳定性和变动性；在一段时期内，r 的某一取值域至少应维持多久才算是稳定的。序贯检验有助于这个问题的解决。

首先，由(9)和(10)式，统计量 T_m 是 c_0,c_1 与 $d_i(i=1,2,\cdots,m)$ 等参数的函数。它等价于 H_1,H_0 和 $r_i(i=1,2,\cdots,m)$ 的函数。图 1 绘出抽样相关系数 r 呈线性递增时，不同的 c_1-c_0（对应于 $\rho_1-\rho_0$）情况下，T_m 随抽样次序的变化。由图可见，H_1 与 H_0 差值越大（图中Ⅰ），T_m 上升速率越快；但若 H_1 与 H_0 差值越小（图中Ⅱ），T_m 上升速率越慢。不难设想，当抽样相关系数维持在某一常数时，ΔT_m 为常量（见(10)式），T_m 将呈线性递升或递降，只要 r 的持续性达到一定的程度，终能进行决断。相反，当相关系数 r 升降交替时，必然使 T_m 递增或递降速率减慢而徘徊波动，因而延迟进行决断的时间。由此可计算持续相关下，达到一定的 α,β 临界值的最少抽样次数。

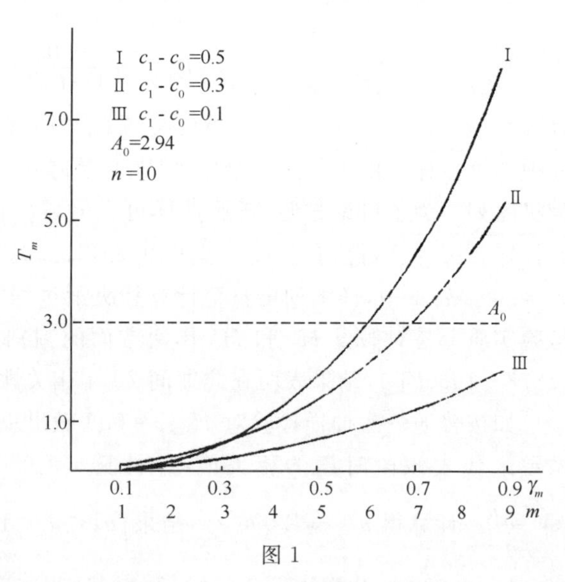

图 1

表 2、3 中分别列出不同的假设差值(以 c_1-c_0 表示)达到 $\alpha=\beta=0.05$ 时各种相关水平至少要持续多少次抽样才能拒绝或接受 H_0。从表 2 和表 3 显见,差值 c_1-c_0 越大,要求 r 的持续性越小,而 c_1-c_0 越小,要求 r 的持续性越大。例如,在表 2b 中,30 年样本相关系数一般需一至两次抽样达到或接近 c_0(或 c_1),即可拒绝 H_0(或接受 H_0)。以 $H_1:\rho_1=0.42$, $H_0:\rho_0=0.0$ 为例,相应地有 $c_1=0.9$, $c_0=0.0$。若一次抽样 r 达到或接近 0.42,即可否定 $\rho_0=0.0$ 的假设,而一次抽样 r 达到或接近 0.0 时,即可接受 $\rho_0=0.0$ 的假设。虽然,对照相应的普通 t 或 u 检验,其临界样本略大些,但因有 $\alpha=\beta=0.05$ 的临界值,提高了检验的可靠性。因为在上述情形下,u 检验 $H_0:\rho=0.0$,第二类错误的概率 β 竟达 0.36(当 $\alpha=0.05$ 时),这比序贯检验的效率低得多。

表 2 c_1 与 c_0 差 0.5 时各种相关的最少抽样次数

	拒绝域			接受域		
d \ n	c_1 $c_0+0.5$	$c_1-0.1$ $c_0+0.4$	$c_1-0.2$ $c_0+0.3$	$c_1-0.3$ $c_0+0.2$	$c_1-0.4$ $c_0+0.1$	$c_1-0.5$ c_0
5	47	78	235	235	78	47
10	14	22	67	67	22	14
15	8	13	39	39	13	8
20	6	9	28	28	9	6
25	4	7	21	21	7	4
30	4	6	17	17	6	4

注:①c_1 与 c_0 差 0.5 等价于 ρ_1 与 ρ_0 差 0.23~0.25;②d 表示样本相关系数的等价值(以 c_0 或 c_1 为基数),n 为样本容量。

表 3 c_1 与 c_0 差 0.9 时各种相关的最少抽样次数

	拒绝域			接受域		
d \ n	c_1 $c_0+0.90$	$c_1-0.18$ $c_0+0.72$	$c_1-0.36$ $c_0+0.54$	$c_1-0.54$ $c_0+0.36$	$c_1-0.72$ $c_0+0.18$	$c_1-0.90$ c_0
5	15	24	72	72	24	15
10	4	7	21	21	7	4
15	3	4	12	12	4	3
20	2	3	9	9	3	2
25	1	2	7	7	2	1
30	1	2	5	5	2	1

注:①c_1 与 c_0 差 0.5,等价于 ρ_1 与 ρ_0 差 0.37~0.42;②d 表示样本相关系数的等价值(以 c_0 或 c_1 为基数),n 为样本容量。

仿表 2、3,若制备更为详细的查算表,就可直接在实际工作中应用。这对于普查预报因子、分析气象要素之间的相关性、估计滑动样本相关的可靠性都有一定意义。此外,在气候分析中常需了解多长的资料序列所计算的相关系数可靠性好、最有代表性,这类问题也可通过上述序贯相关理论,制备形如表 2、3 的表格得到解答。

其次，偏相关的变化影响到多元线性回归方程的稳定性。文献[5]指出，若将 Fisher 提出的双曲正切变换用于偏相关，只要将 Z 的方差改为

$$\sigma_Z{}^2=\frac{1}{n-l-3}$$

即可。其中 l 为被扣除的自变量个数。在 k 元线性回归中，偏相关 $r_{i_1 y\cdot i_2 i_3\cdots i_k}$ 的 Z 变量方差为

$$\sigma_Z{}^2=\frac{1}{n-(K-2)-3}=\frac{1}{n-K-1}=\frac{1}{n-k-2}$$

由(8)式至(10)式，相应地得到 k 元线性回归方程中偏相关系数的序贯统计量

$$T_m=(n-K-1)\left\{\frac{1}{4}(c_1-c_0)\left[\sum_{i=1}^{m}d_i-\frac{m}{2}(c_0+c_1)\right]\right\}$$

$$\Delta T_m=(n-K-1)\left\{\frac{1}{4}(c_1-c_0)\left[d_m-\frac{1}{2}(c_0+c_1)\right]\right\}$$

$$T_{m-1}=(n-K-1)\left\{\frac{1}{4}(c_1-c_0)\left[\sum_{i=1}^{m-1}d_i-\frac{m-1}{2}(c_0+c_1)\right]\right\}$$

式中各符号意义同前，但此处 $K=k+1$ 为包括依变量 Y 在内的全体变量个数。此外，序贯检验思想还可用于相关系数 ρ 的区间估计(另文讨论)。

最后指出，相关的波动与稳定可从时间序列的频域特性来考察[7]。一般说，确定性系统，其相关必较稳定；随机性系统，其相关必较波动。而实际大气介于两者之间，既有稳定性的一面，又有波动性的一面。序贯检验就可对两个序列所在系统作出判断。

4 小结

(1)相关系数序贯检验既能同时考虑两类错误率 α 和 β 值，又能节省样本容量，比一般经典显著性检验提高了精度和可靠性。这种检验法对于短序列记录(小样本)尤其适合。

(2)回归方程中，因子的稳定性主要取决于它与预报量的偏相关系数。当样本记录较短时，序贯检验可用来鉴别回归方程中因子的稳定性。

参考文献

[1] 费史 M 著[波兰]，王福保译. 概率论及数理统计. 上海：上海科学技术出版社，1978：485-524.
[2] Hald A. Statistical theory with engineering applications. New York：John Wiley (2nd)，1955：750-751.
[3] 丁裕国. 气象时间序列的自相关性对抽样相关系数的影响. 南京气象学院学报，1986，(3)：239-248.
[4] 么枕生. 气候统计学基础. 北京：科学出版社，1984：322.
[5] 么枕生. 气候统计. 北京：科学出版社，1963：47.
[6] 朱盛明. 近年来多元分析在气象中应用的进展. 气象科学，1982，(1－2)：123.
[7] 丁裕国. 气象要素的多频振动对相关性影响的初步探讨. 南京气象学院学报，1980，(2)：157-167.

A Statistical Model for Investigating Climatic Trend Turning Points

Ding Yuguo(丁裕国), Tu Qipu(屠其璞) and Wen Min(温敏)

(*Nanjing Institute of Meteorology*, *Nanjing* 210044, *China*)

Abstract: A two-phase trend model is presented to investigate the turning-point signals of evolution trend in long-term series of a climatic element. Based on nonlinear fitting, the revised model brings out more evident improvement of the linear model proposed by Solow *et al*[1]. Both theoretical deduction and case calculation show that our version can search the turning point and period accurately and objectively. In particular it is fit for computer exploring the turning points in long-range records from stations covering a large area, thus avoiding subjective judgement by a usual drawing method.

Key words: Climatic change, Climatic trend turning point, Statistical model

Introduction

In long-term climatic sequences there exist three types of turning: run turning[2,3], sudden jump turning[4] and trend turning. The first two have been intensively addressed and will not be dealt with here. The focus of this paper is on trend turning and the technique for finding it.

The simplest and visual way to identify the trend turning point (TTP) is by fitting the related series to a smooth line, e. g., a straight line or a quadratic curve, followed by examining the variations in all phases, e. g., rise, drop or mere advance so as to determine TTP's. Take for example the northern mean temperature trend in this century. It is generally accepted that the trend has gone through such turning periods as the phase of little changed mean climatic state prior to the 1920s, of subsequent sudden warming from the 1920s, of monotonous drop from late 1930s to mid 1960s and of remarkable rise from early 1970s up to the present[5]. However, this type of empirical recognition is largely subjective, thereby leading to poor accuracy, to which data fitting error contributes as well. As a result, the division of climatic phases and determination of TTP's may differ from person to person, from data to data or from method to method. It is no doubt of significance in theoretical and practical aspects how to search TTP in climatic sequence by an objective scheme. Encouraging TTP results have been shown in the work of Solow[1] through a two-phase regression technique. The present study is its extension which consists of a *bi*-phase quadratic curve trend model and piecewise running search of TTP's for objective diagnosis of long-term climatic trend turning based on the series from multiple stations scattered over an extensive area.

1 Two-phase Trend Model

Assume a climatic time series Y_t, $t=1,2,\cdots,n$ and its trend model is established in the form

$$Y_t=\begin{cases}a_0+b_0t+c_0t^2+e_t & t=1,\cdots,d\\ a_1+b_1t+c_1t^2+e_t & t=d+1,\cdots,n\end{cases} \tag{1}$$

where e_t denotes the white noise with mean zero and equi-variance σ^2; a_0,b_0,c_0,a_1,b_1 and c_1 are parameters to be specified. Eq. (1) is also called a *bi*-phase quadratic curve trend model. Generally, with no visible turning of trend, $a_0=a_1$, $b_0=b_1$, and $c_0=c_1$ should occur in a theoretical context, under which condition Eq. (1) is degraded to show a single phase quadratic curve trend; if the trend of Y_t experiences change over the domain $(d,d+1)$, then a change point is bound to be, a point that is referred to as a TTP[1]. In practice, however, it is normal to investigate turnings at scattered time (e. g., year-to-year) points. Therefore Eq. (1) can be used to search the turning signal of a long-range climatic trend for a given d.

If the series Y_t is a mere sample record, then, for any specified d only a fitting expression of Eq. (1) in the sense of minimum residual square sum (RSS) is constructed. To facilitate the model establishment and statistical inference, Eq. (1) is rewritten as a combined form

$$Y_t=a_0+b_0t+c_0t^2+b(t-d)IND(t)+c(t^2-d^2)IND(t)+e_t \tag{2}$$

where

$$b=b_1-b_0,\ c=c_1-c_0,\ IND(t)=\begin{cases}0 & t\leqslant d\\ 1 & t>d\end{cases}$$

Evidently, Eq. (2) is a multivariate (4 variables) linear regression model in a usual sense. Thus, the search of TTP $d=\hat{d}$ amounts to the consideration of the following statistical test. Assume a series trend to have no conspicuous change and pose the null hypothesis $H_0: b=c=0$ versus the alternative $H_1: b\neq 0, c\neq 0$. In a similar way to Hinkley[6], a statistic of likelihood ratio of Eq. (2) for H_0 takes the form

$$U=[(Q_0-Q)/5]/[Q/(n-6)] \tag{3}$$

It can be proved[6] that U obeys the F distribution with freedom degree $(5, n-6)$. In Eq. (3), Q_0 represents the RSS from fitting the model related to H_0 and Q the RSS from model (2) fitting for a given $d=\hat{d}$. Obviously, given a confidence level $1-\alpha$, we have the critical value $F_\alpha(5,n-6)$ of the F distribution.

For

$$U_{\text{real}}\geqslant F_\alpha(5,n-6) \tag{4}$$

H_0 is rejected, indicating that Y_t has an appreciable TTP at $d=\hat{d}$, and vice versa, Note that

U_{real} is U coming from the sample estimation.

The above model establishment with the consequent inference means the running search of the turning point of $d=\hat{d}$ with minimum RRS and satisfying Eq. (4) for significance test with all time points in $Y_t, t=1,2,\cdots,n$ to be examined one by one. Following regression analysis theory, we find the related normalized expression in terms of the least-square method and thus corresponding RSS. For convenience, letting $x_1=t, x_2=t^2, x_3=(t-d)IND(t)$ and $x_4=(t^2-d^2)IND(t)$, we put Eq. (2) into the form of general multivariate linear regression

$$Y_t = a_0 + b_0 x_1 + c_0 x_2 + b x_3 + c x_4 + e_t \tag{5}$$

and, correspondingly, the augmented matrix of correlation coefficients of (5) is given[7] as

$$R^{(0)} = \begin{bmatrix} r_{11} & r_{12} & r_{13} & r_{14} & r_{15} \\ r_{21} & r_{22} & r_{23} & r_{24} & r_{25} \\ \cdots & \cdots & \cdots & \cdots & \cdots \\ r_{51} & r_{52} & r_{53} & r_{54} & r_{55} \end{bmatrix} \tag{6}$$

in which matrix elements r_{ij} (i and $j=1,2,\cdots,5$) are the correlation coefficients between the variables involved, separately. After two and four steps of transformation based on Gauss-Jordan algorithm, we get Q_0 and Q, respectively, viz.,

$$\left.\begin{aligned} Q_0 &= r_{55}^{(2)} S_{55} \\ Q_0 &= r_{55}^{(4)} S_{55} \end{aligned}\right\} \tag{7}$$

where S_{55} is the total sum of squares of deviations of Y_t, and $r_{55}^{(2)}$, $r_{55}^{(4)}$, are the related elements coming from transformation, separately, with which the statistic U is found out.

The two-phase regression model was first introduced into biological studies by Hinkley[6,8] who made allowance only for its linear aspect, i. e., the special case $c_1=c_0=0$ of (1) and (2). Solow[1] revised Hinkley's model for climatic change, but with its straight line nature unchanged. The models (1) and (2) in this study represent *bi*-phase quadratic ones as a version of the Hinkley's prototype which offers universality in theoretical and practical aspects, especially in detecting TTP features of an intricate climatic sequence.

The TTP $d=\hat{d}$ is generally no more than estimate from the *bi*-phase trend model fitting. The confidence interval of a real TTP has to be examined on account of statistical sampling vibration. From the perspective of actual climatic evolution, its trend change does not happen just at a certain time but in some period. For this reason, it is necessary to determine the confidence interval.

By setting a series to have a TTP $d=d_0$, we formulate the statistic[1]

$$U' = \frac{Q'-Q}{2} / [Q/(n-6)] \tag{8}$$

It can be proved the U' follows the $F_{2,n-6}$ distribution. Q is the RSS from model (2) fitting at $d=d_0$. And the confidence limit may be obtained at confidence level $1-\alpha$ under both accepting $H_0: d=d_0$ and satisfying

$$U' \leqslant F_\alpha(2, n-6) \tag{9}$$

It can be easily achieved by finding the lower limit d_L and the higher limit d_H in relation to Q' of (8). And from Eqs(8) and (9) we have

$$Q' = Q[1 + \frac{2}{n-6} F_\alpha(2, n-6)] \tag{10}$$

and then correspondingly, we have

$$Q' = Q'(d) \tag{11}$$

with whose aid we get the year d_L and d_H corresponding to Q' which represent the confidence interval of the TTP under consideration. In other words, the estimate of a turning phase can be inferred at a given confidence level.

2 A Case Study

2.1 Data

The 1881—1980 climatic sequences consisting of annual, January and July mean temperatures from Shanghai, Harbin, Beijing and Yichang Stations are adopted for testing TTP's with the aid of model (2).

2.2 Methodology

The methodology has the following steps; according to (2) through (7), each of the sample sequences is given an initial time $t=d^{(0)}$, and a model is built up based on (5), (7) and (4) alongside the estimates of the regression parameters and RSS; the procedure is repeated with respect to $t=d^{(0)}+1, t=d^{(0)}+2, \cdots, t=d^{(0)}+n^{(0)}$ (It is required that the terminal $t=d^{(0)}+n^{(0)}<n$ in such a way that the trend equation after the terminal has a sufficiently long sample size); a minimum RSS is sorted out (denoted as Q_m); if passing F-text as given in (3) and (4), in will be used to determine a significant TTP $d=\hat{d}_1$ where d means the first found and probably the series has more than on TTP's.

In searching other such points of the same sequence two techniques are employed. One is by looking for others that pass F-test represented by (3) and (4) than the minimum RSS relative to $\hat{d}_1$ to be specified as $\hat{d}_2, \hat{d}_3$, etc. And the other is by separating at d_1 the series into two subseries and searching $\hat{d}_2$ and $\hat{d}_3$ in them with the specified procedure. And further points $\hat{d}_n$ can be obtained in the same way. Note that, as demonstrated in our study, the first approach would be advantageous if the TTP's were relatively significant and frequent whereas the second is useful when the TTP is feeble and only one minimum RSS available. Figs. 1 a, b give the time-dependent variations in RSS and U of the 1901—1960

Shanghai annual mean temperature subsequence fitted by model (2) and Solow's prototype, respectively. And Fig. 2 presents the corresponding 1881—1980 results. From Figs. 1 and 2 it follows that the most remarkable TTP occurred around 1946—1948. And as will be seen later, significant TTP's are not altogether identical and some may contrast widely in subsequences (intervals).

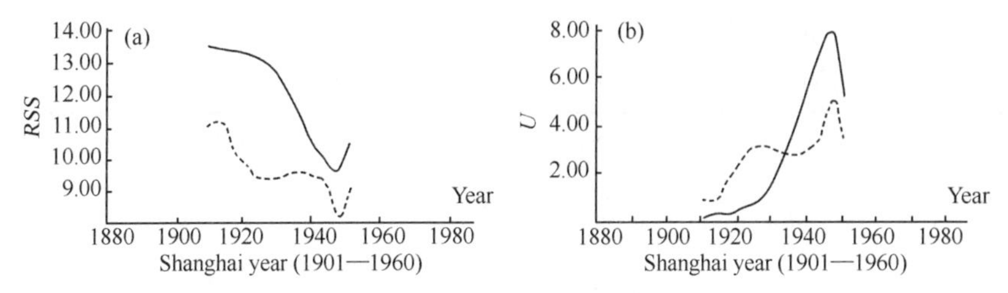

Fig. 1 Time(yt)-dependent variation during 1901—1960 in RSS(a) and U(b) derived from Shanghai annual mean temperature series with the aid of our model (dashed line) and Solow's prototype (solid line).

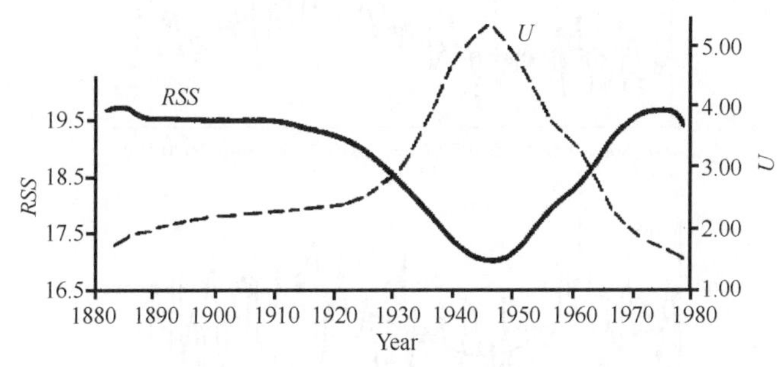

Fig. 2 As in Fig. 1 but U (dashed line), RSS(solid line)

2.3 Calculation Scheme

To reduce computational cost and internal storage it is important to develop an appropriate calculation scheme in probing TTP's fast and accurately for a given series. These scenarios are many, for instance, the algorithm of Solow for a larger sample size, the scheme of a combination of point-to-point search and piecewise running search as adopted in the present work, an optimization scenario (e. g. , the 0.618 optimum seeking method), etc. As for turning confidence interval, it can be easily found from (11).

2.4 Result Analysis

Table 1 illustrates the strongest TTP (denoted by the year) with its related parameters b_0, b_1, c_0, c_1 and the corresponding RSS and U from the series of the four stations. One can see that except for Harbin with the significance level $\alpha=0.05$, the others reach $\alpha=0.01$. Comparing to the interannual variations in the yearly series of these stations shown in Figs. 3a—d, it is clear that the TTP's occurring in the respective years are in agreement with the results of Fig. 3. Again therefrom we see that the year when the maximum turning

Table 1 A Summary of the 1901—1960 Strongest TTP's with Related Parameters, RSS, U and Their Significance Levels

Station	TTP	b_0	b_1	c_0	c_1	RSS	U	Sig. Lev.
Shanghai	1948	−0.033 5	−3.051 3	0.000 7	0.019 7	8.106 1	5.141 0	* *
Harbin	1910	0.868 3	−0.712 8	−0.0201	0.018 8	22.5473	2.898 1	*
Beijing	1943	−0.105 3	−0.688 5	0.001 5	0.003 5	12.439 7	4.737 0	* *
Yichang	1931	9.686 6	−9.617 2	−0.103 4	0.102 9	6.948 2	5.565 6	* *

Note: * * and * denote $\alpha=0.01$ ($F_\alpha=3.380$) and $\alpha=0.05$ ($F_\alpha=2.385$), separately.

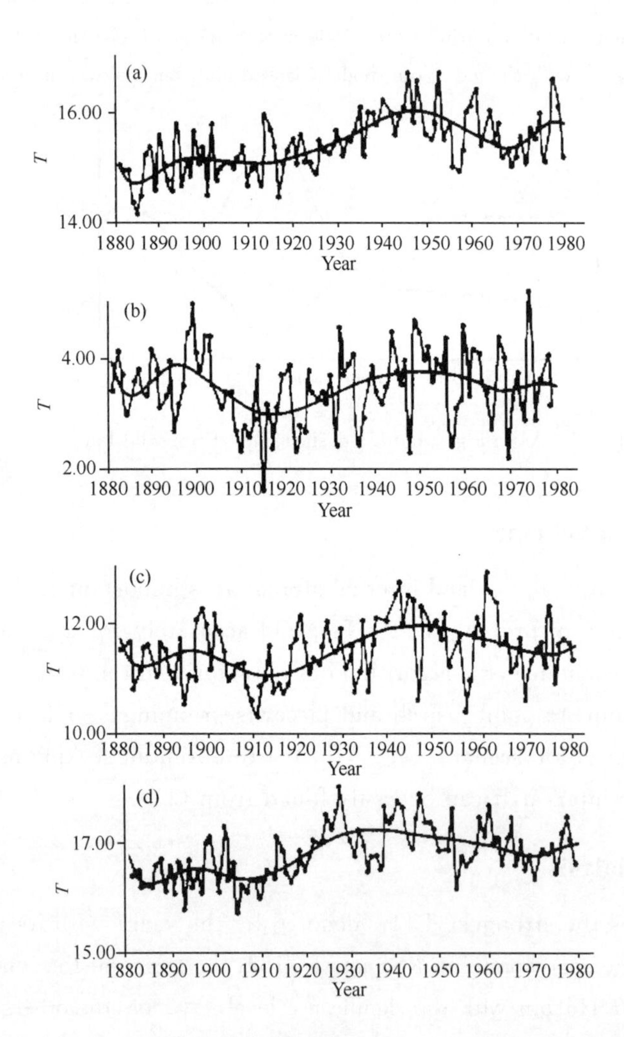

Fig. 3 Interannual temperature variation of Shanghai (a), Harbin (b), Beijing (c) and Yichang (d) with the principal trend line indicated by a smooth curve from spline function.

appeared on the principal trend line produced by spline function generally falls on the strongest TTP. Result from our study shows that these TTP's of the four sequences are concentrated from the turn of this century to the 1940s, an outcome in some accord with the general trend turning and analysis of northern mean temperature evolution[9], except for small difference in the year of turning. Table 2 presents the years of remarkable TTP's with their significance level for the stations under research in the 1901—1960 period obtained by our model and Solow's prototype, respectively. Also, this table shows the proportion of the cases passing the significance test to the total. Evidently, the quadratic model (11/12) is optimal, much better than Solow's (6/12) and higher than Solow's version with data subjected to running mean (8/12). Inspection of TTP searching accuracy shows that all but Harbin case are in rough agreement with the recorded events. Yet comparison of the cases of our model to those of Solow's linear model indicates some differences, which is attributed to the Solow's model based on linear trend fitting, thereby leading to the inability to describe the complicated nature of the long-term evolution, and thus lowered significance for part of d_t.

Table 2　Comparison of 1901—1960 Remarkable TTP's Given by Models A, B and C, Along with the Number of the Cases Passing Significance Test (NCPST)

Model	Shanghai			Harbin			Beijing			Yichang			NCPST
	d_1	d_2	d_3	d_1	d_2	d_3	d_1	d_2	d_3	d_1	d_2	d_3	
A	1948**	1897*	1967**	1910*	1901*	1950*	1943**	1895*	1911*	1931**	1899*	1939^{A}	11/12
B	1946**	1928*	1969^{A}	1913^{A}	1902*	1949*	1961^{A}	1911^{A}	1966*	1942*	1908*	1954^{A}	6/12
C	1949**	1916*	1958^{A}	1917*	1902^{A}	1949^{A}	1952*	1919*	1967*	1938*	1906*	1953^{A}	8/12

Note: ** and * denote $\alpha=0.01$ ($F_\alpha=3.380$) and $\alpha=0.05$ ($F_\alpha=2.385$), separately, in contrast to $\alpha=0.01$, indicating the failure to pass the test at $\alpha=0.05$, and the models A, B and C denote the present model, Solow's prototype and the version with data treated by running average, separately.

To illustrate the difference in remarkable TTP search between the linear and quadratic trend models, Table 3 is made with the number of such TTP's and the relative frequency of the points attaining $\alpha=0.05$ in examining the annual, January and July mean temperature series that is dealt with every decade in a running subsequence ($n=60$). It is evident that the quadratic model has significance slightly lower than the linear analog, suggesting that the latter is suitable for a shorter series and has no part to play in a longer one. Based on a great deal of computation, the present study indicates that the quadratic *bi*-phase model has a much wider range of adaptability or application than the linear counterpart that serves only as the special case of the former[10].

Table 3 Number of Significant TTP's in a $n=60$ Running Subseries with Relative Frequency (RF). For Details See Text

Shanghai	Harbin	Beijing	Yichang	RF at $\alpha=0.05$
TTP's by *bi*-phase quadratic model				
3	6	7	5	21/60
TTP's by Solow's linear model				
3	7	9	7	21/60

Also, analysis is performed of TTP search for stations over large areas of the country. Results show that the long-range climatic TTP has in the last century been marked by certain regionality, the salient characteristics being extratropical strong turning, particularly in the 1940s with the TTP prior or subsequent to the extratropical event for other regions due to the effect of local climate. Viewed on a seasonal basis, the lag seems to be in the interannual evolution trend with July mean temperature change lagging behind January regime, i. e., the former showed substantial drop by the mid 1960s while the latter kept steady rise from the late 1920s—1940s, followed by slow drop or another rise. Since the annual mean comes from the superimposition of variations of all the months the interannual trend reflects actually the general feature of each of the months on an interannual basis. It is shown by the quadratic model used in search of TTP's of the series from 40 stations that TTP concentration lies in the turn from the 19th to 20th centuries and also in the 1930s—1940s, as compared to Solow's model results indicating that the concentration lies predominantly in the 1930s—1940s and also prior to the 1920s and by the end of the last century (Table 4). The difference suggests, to some extent, that the trend turning period found by the quadratic model is longer than that by the linear model which is capable of trapping a short-term turning span. Further, the revised Solow's model reveals only large-scale turning periods in the main because short-term fluctuation has been removed. It is noted that the intervals of TTP high frequency are found to be chiefly from the 1880s to 1920s as given by the three models, a conclusion that is in agreement with that reported by many researchers.

Table 4 TTP Frequency (%) Distribution in all Decades of 1881—1980 for 40 Stations of China Given by the Quadratic Model (Denoted at A), Solow's Prototype (B) and its Version with Data Treated by Running Mean (C)

Model	Period									
	1881—1890	1891—1900	1901—1910	1911—1920	1921—1930	1931—1940	1941—1950	1951—1960	1961—1970	1971—1980
A	19*	14*	11	11	8	14*	18*	2	1	2
B	14*	11	14*	14*	9	15*	21*	1	1	0
C	6	21*	31*	21*	11	5	5	1	0	0

Note: Asterisk denotes the perod of high frequency.

3 Discussion And Conclusions

(1)The bi-phase quadratic trend model has the following merits:

a. it possesses high suitability for describing long-range trend turning, especially to the fitting of an intricate trend;

b. it is not influenced by extremely anomalous values, thus resulting in high adaptativeness and accuracy, such that quite often the significant TTP with fall upon the year of maximum curvature on the principal trend line of a sequence, a situation that plays as an intuitive role as that of a drawing technique;

c. adopted is the Gauss-Jordan algorithm that allows the model to appear through flexible combinations. For example, with the assumption $H_0: b=b_1-b_0=0, c_0\neq 0$ and $c_1=0$, the model

$$Y_t=\begin{cases} a_0+b_0t+c_0t^2 & t=1,\cdots,d \\ a_1+b_1t & t=d+1,\cdots,n \end{cases}$$

can be represented in matrix form. As a consequence, the bi-phase quadratic model has ability to include in itself a linear trend model insomuch as its variance contribution of the quadratic term can be adjusted perse in accordance with the sample size applied, leading to the fact that linear trend, if any, would be treated as a special case. The present work demonstrates that the linear trend model is applicable to a shorter series fitting. On the other hand, long-period trend turning tends to be long-term rise or drop accompanied by shorter-range (>10 a) fluctuations, making for irregular superimposition, the example being the Harbin case (Fig. 3b), wherein the result would have been poorer had the linear trend model been used. What is more, the variance of the series is great and significance low due to RSS influenced by extremely anomalous magnitudes so that the quadratic model is advantageous over the linear counterpart.

(2)Experiments are undertaken to make TTP diagnosis more reasonable. Despite the higher objectiveness of the quadratic model-derived TTP's, the complication of the trend evolution in the climatic sequence to which are added interannual variability and climate noise does not exclude the indeterminacy of the result. We claim that the so-called turning has relativeness on a temporal basis. For instance, the time scale as a constraint, if included in a two-phase trend model, will improve the outcome. In this work experiments are carried out on $n=60$ running subseries for TTP searching, from which the points of highest significance and frequency are selected, leading to a situation in good accord with reality. Figs. 1 a, b are the examples of such TTP's found with the 1901—1960 RSS and U. One can see that the evolution is in rough agreement with that in the last 100-year record (Fig. 2), the 1901—1960 turnings being the most noticeable. Evidently, for subsequences at different intervals the significant TTP's may not completely identical and vary widely in some cases.

But for a given time scale the strongest TTP, if any, can be determined.

(3) Conclusions.

a. The bi-phase quadratic trend model proposed for searching TTP's is an improved and intended version of Solow's linear prototype that serves only as the special case of our model.

b. The quadratic model has been shown theoretically and by a case study to be of higher universality, unaffected by extreme anomalies, convenient for calculations and particularly applicable to contrast study for multi-station climatic evolution on a large scale.

References

[1] Solow A R. Testing for climatic change: An application of the two-phase regression model. *J Climate and Applied Meteor*, 1987, **26**: 1401-1405.

[2] Yao C S. Techniques for turning points and runs for climate analysis and forecasting. *Geograph Research*, 1986, **5**(11): 1-11 (in Chinese).

[3] Yao C S. Run-turning points and turning periods of flood and drought years. *Theor Appl Climatol*, 1989, **40**: 111-118.

[4] Yan Z W, Ji J J, Ye D Z. The climatic jump change of Northern summer during 1960's: Ⅰ. The change of precipitation and temperature. *Scientia Sinica* (**Ser. B**), 1990, (1): 97-103 (in Chinese).

[5] Houghton J T, *et al*. Climate Change (the IPCC Sci. Assess.). Cambridge: Cambridge University Press, 1990: 206-207.

[6] Hinkley D V. Inference about the intersection in two-phase regression. *Biometrika*, 1969, **56**: 495-504.

[7] Tu Q P, Ding Ya, *et al*. Applied Probability Statistics in Meteorology. Beijing: China Meteor Press, 1984 (in Chinese).

[8] Hinkley D V. Inference in two-phase regression. *J Amer Stat Assoc*, 1971: 736-743.

[9] Tu Q P. On the effects of greenhouse effect, solar activities and southern oscillation on the climatic change in China. *J Natural Disasters*, 1992, (No. 1, No. 2): 47-58 (in Chinese).

[10] Li Y H, *et al*. A preliminary analysis on abrupt climatic change in Shanghai and Beijing for the last 100 years. *J Meteor*, 1991, **10**: 15-20 (in Chinese).

超长波波谱参数持续和转折规律的统计研究

丁裕国[1]　柳又春[1]　戴福山[2]

（1. 南京气象学院，南京　210044；2. 中国人民解放军空军气象学院　211101）

摘　要：本文以游程理论和 Markov 链模型探讨北半球中纬度 500 hPa 超长波（2，3 波）波谱参数的时变规律，获得各个分波波幅增衰及位相进退的持续性和转折性的有关信息，从而为中长期天气预报提供一种统计气候学背景。

关键词：超长波　Markov 链　波谱参数　统计气候学

引　言

大型天气过程的演变和发展始终处于一种相对静止和相对变动交替循环的往复变化之中。换言之，天气由一种状态持续之后往往转变为另一种状态的持续，这种天气状态之间的转折往往具有突变性。根据大量研究分析表明，超长波是构成长期天气过程的主导系统，而长波则是中期天气过程的主要系统[1]。从这个意义上说，大型环流的持续与转折是由超长波和长波的活动所决定的。因此，为提高中长期预报的准确率，把握天气持续时间和转折时间，有必要掌握超长波的持续与转折特征。

关于超长波或长波的活动规律，已有许多有益的探讨[2-4]。一般说来，超长波活动（如波数或振幅）的变化常常受大气的斜压性、冷热源和大地形的影响。因此，可从动力和热力学方面研究其形成、维持的机制。但由于超长波对于长期地面天气过程具有直接的联系，揭示各波振幅增衰及位相进退所表现出的持续与转折规律很有意义。故本文用统计学方法探讨中纬度（30°～50°N）500 hPa 超长波（2，3）波振幅、位相的持续和转折规律。

1　资料与方法

据文献[5]提供的 500 hPa 波谱参数资料，选取 30°N 和 50°N（代表中纬度地区）的 2 波和 3 波逐候振幅、位相记录组成多年候际波幅、位相资料序列。为研究方便，取逐候距平序列作为研究的基础资料。

假定任一波数的波振幅距平序列为两状态（正距平与负距平）一阶 Markov 链，则由文献[6]的推导可求得波振幅正距平持续 k（候）的概率，就是从正距平（候）开始经过 k（候）转移，首次出现负距平（候）的概率。因而有

$$\begin{cases} P\{H_r=k\}=(1-P_{H/H})P_{H/H}^{k-1} \\ P\{L_r=k\}=(1-P_{L/L})P_{L/L}^{k-1} \end{cases} \tag{1}$$

式中 $k=1,2,\cdots,H_r$ 和 L_r 分别表示超长波波振幅正距平和负距平游程长度（即持续时间），

$P_{H/H}$表示前1候为正距平，后1候仍为正距平的条件概率；$P_{L/L}$则表示前1候为负距平，后1候仍为负距平的条件概率。同样，也可由高阶 Markov 链推得关于长度为 k(候)的正、负游程概率分布公式(见文献[7])。

游程的概率分布表明各种不同长度的正(负)距平持续时间出现的可能性。从气候意义上说，最为关心的是游程的平均长度以及它们的方差。例如，对于逐候不同波数的超长波，我们尤其关心其振幅或位相持续正距平在一段时间中的平均状况，因此有必要进一步引入与上述概率分布有关的统计参数，其表达式为

$$\begin{cases} RL_H = \dfrac{1}{1-P_{H/H}} \\ RL_L = \dfrac{1}{1-P_{L/L}} \end{cases} \tag{2}$$

$$\begin{cases} RV_H = \dfrac{P_{H/H}}{(1-P_{H/H})^2} \\ RV_L = \dfrac{P_{L/L}}{(1-P_{L/L})^2} \end{cases} \tag{3}$$

$$\begin{cases} T_H = 1 + \dfrac{P_{L/H}}{P_{H/L}} \\ T_L = 1 + \dfrac{P_{H/L}}{P_{L/H}} \end{cases} \tag{4}$$

$$\begin{cases} \mu_c = \dfrac{1}{1-P_{H/H}} + \dfrac{1}{1-P_{L/L}} \\ \sigma_c^2 = \dfrac{P_{H/H}}{(1-P_{H/H})^2} + \dfrac{P_{L/L}}{(1-P_{L/L})^2} \end{cases} \tag{5}$$

式中 RL_H，RL_L 分别为波参数(振幅或位相，下同)正、负距平逐候游程平均长度(单位：候)；RV_H，RV_L 分别为它们的正、负距平逐候游程长度的方差(单位：候)；T_H，T_L 分别为它们的正、负距平逐候游程的平均返回时间；μ_c，${\sigma_c}^2$ 则分别为它们的正、负距平逐候循环平均长度和方差。

利用 Markov 链模拟正、负距平游程有一个最基本的前提，即转移概率矩阵的稳定性。在文献[8]中，作者曾提出转移概率稳定性问题，并证明10年某月份逐日降水转移概率矩阵已趋稳定，实质上在文献[9]中也已证明30年以上逐月干湿转移概率矩阵趋于稳定，表明样本容量达到300以上时，转移概率矩阵已趋稳定。本文根据同样的理由，选取5年(1971—1975年)北半球500 hPa高度场(30°N 和 50°N)各个分波逐候资料进行游程计算，以保证满足转移概率矩阵稳定的大样本。

此外，利用 Markov 链的遍历性，可分析波幅或位相正、负距平转移矩阵的极限分布。根据正则 Markov 链理论，设 P 为正则转移矩阵，当 $n\to\infty$时，$P^a \to P^*$，其中 P 具有

$$\lim_{n\to\infty} P_{i_k}^{(n)} = \alpha_k \quad \alpha_k \text{ 与 } i \text{ 无关} \tag{6}$$

上式中 P^* 称为 P 的极限转移矩阵，α_k 为与 i 无关的概率向量。理论上可以证明，转移概率矩阵的极限概率就是气候概率。

本文除应用上述方法以外，还进一步引用马氏链无后效性定义多种状态转移概率，类似于文献[10]考虑前期状态演变的历史连续性，讨论波振幅和位相的持续性特征。

2 波参数正、负游程统计特征

利用公式(1)—(5)分别计算30°N和50°N地带2波和3波振幅、位相正、负距平(候)游程统计特征，这里我们选择纬带和波数是任意的，类似的工作也对其他波数或纬带适用。只不过本文是考虑中纬度地带超长波2波与3波作为代表。从计算结果来看，发现不少有意义的信息。表1列出了50°N的2波、3波游程统计量，表2列出了30°N的2波、3波游程统计量。由表可见，50°N和30°N的2波、3波振幅负距平游程平均长度略比正距平游程平均长度长。例如，50°N的2波振幅正游程为2.08候，约10.4天，而负游程为3候，约15天；30°N的2波振幅正游程为2.32候，约11.6天，而负游程为2.48候，约12.4天。综观表1和表2，不难看出所有波参数(振幅、位相)的正、负游程都有2～3候的持续时间，这种持续性特征明显地反映出超长波振幅增衰具有4～5候的准循环性，即通常所谓准2～3周振荡。就位相来说，它的正、负距平恰好反映超长波的东进与西退，例如，表1与表2中，50°N 2波位相持续西退(即负游程)的平均时间长度比持续东进(即正游程)的平均时间长度要长一些；但3波位相则与其相反即持续西退平均要短于持续东进的时间。而30°N情况正好相反。

表1 50°N的2波,3波游程统计量(候)

项目 \ 参数	2波		3波	
	振幅	位相	振幅	位相
RL_H	2.08(1.50)	2.27(1.70)	2.30(1.10)	2.96(2.41)
RL_L	3.00(2.45)	3.17(2.62)	3.16(2.61)	2.14(1.57)
T_H	2.44	2.39	2.44	1.72
T_L	1.69	1.72	1.70	2.38
μ_c	5.08(2.87)	5.44(0.12)	5.36(2.83)	5.10(2.87)

注：项目符号同(2)和(3)式，括号内数字为相应标准差。

表2 30°N的2波,3波游程统计量(候)

项目 \ 参数	2波		3波	
	振幅	位相	振幅	位相
RL_H	2.32(1.75)	3.67(3.13)	2.46(1.90)	2.23(1.65)
RL_L	2.48(1.92)	2.21(1.64)	2.58(2.02)	2.53(1.96)
T_H	2.07	1.60	2.05	2.13
T_L	1.94	2.66	1.95	1.88
μ_c	4.80(2.59)	5.88(3.53)	5.04(2.77)	4.76(2.56)

注：项目符号同(2)和(3)式，括号内数字为相应标准差。

根据游程理论[6]，波振幅和位相的正、负游程平均返回时间标志着超长波的波参数从某种状态(如正距平)开始直至后来首次回复到该种状态为止的加权时间平均值。例如表2，

30°N 2 波振幅的正游程平均返回时间为 2.07(候),表明由振幅正距平状态首次回复到正距平状态所需要的平均时间大约 10 天,即从 2 波的高振幅状态到下一次最早的高振幅状态,平均需经 2 候左右。而它的负游程平均返回时间则仅有 1.94(候),这也表明由振幅负距平(低振幅)首次回复到负距平(低振幅)平均间隔大约不到 10 天的时间。这正好与表 1 和表 2 中列出的天气气候循环长度相吻合。这也恰好代表了一次天气气候意义下的循环(见表 1、2)。由表可见,无论在中纬或是偏低纬(30°N),各波(2,3 波)振幅、位相都具有约 5 候左右的循环。显然,这种超长波波参数的同步性循环变化,正是大气环流指数循环的另一种反映。因为大气环流的中期演变主要表现为纬向环流阶段与经向环流阶段的相互转换和交替出现,这种交替出现的周期,据实际资料统计的结果表明[2],一个循环(即高—低—高或低—高—低)的平均长度约为 5.5 候,最长为 9 候,最短为 4 候,最多的循环为 5 候,最少的循环为 7～9 候。这里所说高、低指数环流,实质上表现为纬向环流盛行(波幅减小)、西风强大,或者为经向环流盛行(波幅增大)、西风减弱。因此,从另一侧面证明了超长波参数状态转移的概率统计特征和天气气候意义。

值得指出的是,指数循环变化只能从超长波波幅(即槽脊振幅)的增衰来揭示大气环流状况的变化,并不能揭示槽脊振幅在什么经度上变化(参见文献[2]),而这个问题却对预报至关重要。本文对位相资料所计算的正、负游程统计特征,就可从多方面揭示出有关特征,例如,表 1 和表 2 所列的位相的天气气候循环长度与振幅的天气气候循环长度具有一定的同步性,大体上相匹配。位相的正游程意味着超长波的持续东进或偏东,位相的负游程则意味着超长波的持续西退或偏西。因此,从表 1 和表 2 所得的位相信息可大致识别各个纬度上超长波峰谷位置的东西摆动状况。

3　波参数转移概率的极限分布

对振幅、位相的正、负距平状态分别记正距平为“0”状态,负距平为“1”状态,考察它们各自的时间序列一阶转移概率。

例如 50°N 的 2,3 波振幅一阶转移矩阵和极限矩阵分别为(相应的位相转移矩阵从略):

(1)2 波振幅

$$P=\begin{pmatrix}0.5192 & 0.4808\\0.3333 & 0.6667\end{pmatrix}$$

$$P^{*}=P^{(6)}\begin{pmatrix}0.4094 & 0.5906\\0.4094 & 0.5906\end{pmatrix}$$

(2)3 波振幅

$$P=\begin{pmatrix}0.5455 & 0.4545\\0.3166 & 0.5834\end{pmatrix}$$

$$P^{*}=P^{(8)}=\begin{pmatrix}0.4106 & 0.5805\\0.4106 & 0.5895\end{pmatrix}$$

用相同的方法求得30°N各波参数的转移矩阵和极限矩阵(见表3和表4)。

表3 30°N各波振幅转移概率及其极限分布

2波振幅				3波振幅			
P		p^*		P		p^*	
p_{00}	0.5690	$p_{00}{}^*$	0.4833	p_{00}	0.5908	$p_{00}{}^*$	0.4981
p_{01}	0.4310	$p_{01}{}^*$	0.5167	p_{01}	0.4062	$p_{01}{}^*$	0.5118
p_{10}	0.4022	$p_{10}{}^*$	0.4833	p_{10}	0.3874	$p_{10}{}^*$	0.4881
p_{11}	0.5968	$p_{11}{}^*$	0.5167	p_{11}	0.6126	$p_{11}{}^*$	0.5118

表4 各波波参数极限转移步数与预报时效

纬度	项目	2波		3波	
		振幅	位相	振幅	位相
50°N	转移步数 k	6候	4候	8候	6候
	预报时效 $k-1$	25天	35天	35天	25天
30°N	转移步数 k	8候	8候	8候	6候
	预报时效 $k-1$	35天	35天	35天	25天

由表3可见,不论初始状态如何,其后持续出现同种状态的概率一般都大于转为另一状态的概率,即有 $P_{ii}>P_{ij}(i,j=0,1)$。可见各波波参数持续性都大于转折性。特别值得注意的是,不论是50°N或30°N,2波、3波的波幅正距平的极限概率都小于出现负距平的极限概率,而位相却没有明显的规律。在表4中,归纳上述两个纬度带各波波参数极限转移的步数并标出相应的预报时效,可供中长期环流预报的参考。根据Markov链理论,极限分布的到达步数 k 描述了初始状态的影响时效,于是,初始状态仅对 $k-1$ 步以内状态提供较多信息。因此它可作为超长波振幅增衰、位相进退的预报背景。

4 超长波转折性的Markov链模拟

为了更好地模拟转折规律,尤其是超长波波谱参数所反映的超长波强度增衰和位相进退的转折特点,我们进一步对超长波波谱参数"状态"作如下规定:记正距平为状态"0",正距平后第一个负距平为状态"1",第二个负距平为状态"2",依此类推,第 n 个负距平则记为"n"。于是,对各个纬带上各波振幅和位相距平序列就可分别得到特殊的多状态一阶Markov链转移概率矩阵,例如

(1)50°N 的 2 波振幅转移矩阵为

$$P=\begin{bmatrix} 0.5192 & 0.4808 & 0 & 0 & 0 & 0 & 0 & 0 & 0 & 0 & 0 \\ 0.3676 & 0 & 0.6324 & 0 & 0 & 0 & 0 & 0 & 0 & 0 & 0 \\ 0.1724 & 0 & 0 & 0.8276 & 0 & 0 & 0 & 0 & 0 & 0 & 0 \\ 0.2083 & 0 & 0 & 0 & 0.7917 & 0 & 0 & 0 & 0 & 0 & 0 \\ 0.5263 & 0 & 0 & 0 & 0 & 0.4737 & 0 & 0 & 0 & 0 & 0 \\ 0.3333 & 0 & 0 & 0 & 0 & 0 & 0.6667 & 0 & 0 & 0 & 0 \\ 0.3333 & 0 & 0 & 0 & 0 & 0 & 0 & 0.6667 & 0 & 0 & 0 \\ 0.0000 & 0 & 0 & 0 & 0 & 0 & 0 & 0 & 1.0 & 0 & 0 \\ 0.7500 & 0 & 0 & 0 & 0 & 0 & 0 & 0 & 0 & 0.2500 & 0 \\ 0.0000 & 0 & 0 & 0 & 0 & 0 & 0 & 0 & 0 & 0 & 1.0 \\ 1.0 & 0 & 0 & 0 & 0 & 0 & 0 & 0 & 0 & 0 & 0 \end{bmatrix}$$

由 P 可见,500 hPa 2 波振幅由持续负距平突然转折变为持续正距平的第一个转折点是在持续 4 候以后第 5 候转为正距平的可能性为 0.5263(它大于出现振幅正距平的气候概率 0.4094)。换言之,若 2 波振幅持续减弱 4 候以后,则第 5 候发生转折性增强的可能性很大;若已持续 8 候振幅减弱,则第 9 候发生转折的可能性极大,其转移概率为 0.75。

(2)30°N 的 2 波振幅转移矩阵为

$$P=\begin{bmatrix} 0.5690 & 0.4310 & 0 & 0 & 0 & 0 & 0 & 0 & 0 & 0 & 0 \\ 0.4667 & 0 & 0.5333 & 0 & 0 & 0 & 0 & 0 & 0 & 0 & 0 \\ 0.3250 & 0 & 0 & 0.6750 & 0 & 0 & 0 & 0 & 0 & 0 & 0 \\ 0.2963 & 0 & 0 & 0 & 0.7037 & 0 & 0 & 0 & 0 & 0 & 0 \\ 0.3158 & 0 & 0 & 0 & 0 & 0.6842 & 0 & 0 & 0 & 0 & 0 \\ 0.4615 & 0 & 0 & 0 & 0 & 0 & 0.5385 & 0 & 0 & 0 & 0 \\ 0.1429 & 0 & 0 & 0 & 0 & 0 & 0 & 0.8571 & 0 & 0 & 0 \\ 0.6667 & 0 & 0 & 0 & 0 & 0 & 0 & 0 & 0.3333 & 0 & 0 \\ 0.000 & 0 & 0 & 0 & 0 & 0 & 0 & 0 & 0 & 1.000 & 0 \\ 0.5000 & 0 & 0 & 0 & 0 & 0 & 0 & 0 & 0 & 0 & 0.5000 \\ 1.0 & 0 & 0 & 0 & 0 & 0 & 0 & 0 & 0 & 0 & 0 \end{bmatrix}$$

由 P 可见,500 hPa 的 2 波位相由持续负距平(西退)突然转为正距平(东进)的第一个转折点是在持续 11 候以后,第 12 候转折为正距平(东进)其可能性为 0.666 7(它大于出现位相正距平的气候概率 0.560 0),即 2 波持续西退时,一般在第 11 候以后转为东进的可能性很大;而 2 波位相一般不大可能持续西退 12 候以上的时间。

类似地,亦可对波参数状态作相反的规定,并计算其转移矩阵。这样就可描述由持续正距平突变为负距平的可能期限和最可能期限。表 5 中分别列出各波波参数状态的最可能转折点及其概率。表中除 2 波振幅为持续负距平转为正距平的转折外,其余均为持续正距平转为负距平的转折。对位相,除 30°N 3 波为持续东进转为西退外,全为持续西退转为东进的转折期限。

表 5　超长波波参数的转折期限和转折概率*

		50°N		30°N	
		转折期限	转折概率	转折期限	转折概率
2 波	振幅	5 候 9 候	0.526 3 0.750 0 (0.409 4)	8 候	0.666 7 (0.483 3)
	位相	9 候	0.666 7 (0.417 8)	9 候	0.666 7 (0.624 1)
3 波	振幅	7 候 8 候	0.600 0 0.666 7 (0.410 5)	7 候	0.666 7 (0.488 2)
	位相	5 候	0.700 0 (0.579 9)	5 候 9 候	0.571 4 0.666 7 (0.468 5)

注：括号内为气候概率。

5　小　结

(1)波参数的正、负游程特征，揭示了超长波主要分波的持续增衰和进退的天气气候信息。这些信息与以往天气和气候研究结果吻合，例如波参数(振幅、位相)正、负游程平均长度一般都有 2～3 候，而它们的循环长度为 4～5 候，恰好从一个侧面表明中高纬度大气环流具有准 2～3 周振荡的物理特性。

(2)波参数的转移概率极限分布，从统计意义上表明波参数初始状态的影响时效和可预报时效，因而可作为 500 hPa 波参数预报的气候背景。

(3)利用有限状态一阶 Markov 链模拟超长波波参数的转折特征，充分表明某一波状态维持的最可能期限(即转折时间)以及转折的最大可能性，这对中长期预报是有应用意义的。

参考文献

[1] Palmeu E，Newton C W. Atmospheric circulation systems. Pittsburgh：Academic Press，1968.
[2] 章基嘉，葛玲. 中长期天气预报基础. 北京：气象出版社，1983.
[3] 章基嘉. 超长波活动规律的定性分析. 大气科学. 1979，**3**(2)：99-108.
[4] 黄忠恕. 波谱分析在水文气象学中的应用. 北京：气象出版社，1990.
[5] 陈新强，许展海. 500 毫巴波谱资料. 北京：气象出版社，1979.
[6] 么枕生. 应用转折点与游程的气候分析与预报. 地理研究. 1986，**5**(3)：1-10.
[7] 丁裕国，牛涛. 干、湿用游程的 Markov 链模拟. 南京气象学院学报. 1990，**13**(3)：288-297.
[8] 丁裕国，张耀存. 降水气候特征的随机模拟试验. 南京气象学院学报. 1989，**12**(2)：146-155.
[9] 么枕生. 气候统计学基础. 北京：科学出版社，1984.

诊断天气气候时间序列极值特征的一种新方法

丁裕国[1]　金莲姬[1]　刘晶淼[2]

(1. 南京气象学院，南京　210044；2. 中国气象科学研究院，北京　100081)

摘　要：将平稳过程的交叉理论用于天气气候极值分析，提出了一种诊断大气气候时间序列极值特征量的新方法，在正态假设下，推证出天气气候记录中，极值出现频数，持续时间和等待时间的估计公式，论证了极值出现频数与其频谱结构的对应关系及其相互推算方法。实例应用表明，其理论计算值与实测值相当一致，这种方法对于气候变化诊断与预测和天气预报具有很强的实用价值。

关键词：气候极值　天气气候时间序列　平稳过程交叉理论　气候诊断

引　言

在天气和气候状态变化过程中，有关极值的形成原因，至今尚无定论，因此，各种天气气候的极端事件总是难以预报。Hunt[1]曾指出，气候统计中“典型”的百年一遇或五百年一遇的异常，可能是由非线性相互作用引起的。气候系统中普遍存在着非线性行为及其特征，意味着它们具有相当明显的随机性，这可能就是气候方程中难以处理的不可预报的“非线性项”。事实上，仅仅以年际振动为例，即可发现它们具有高度复杂的变率，其中就包括极端值的变化。预报失败的原因，往往就是对某种振动的极值变化规律一无所知。从统计意义上说，各地各种气候要素观测记录中都可能出现极端值(或极端事件)，然而，气候记录中极端值出现的机会却很少，且无周期性或循环性规律可循，这正是极值在时间序列中的固有特性。尽管极值的这种“不确定性”比一般的随机变量更为特殊，但毕竟它仍有某种规律可循。

交叉理论是研究时间序列的另一种有力工具，它特别适合于描述极值的变化规律。自从 Rice[2]对交叉理论完成开创性工作以来，关于时间序列的交叉理论，早已在随机过程理论中就有所发展并不断完善。Cramer 和 Leadbetter[3]对正态交叉理论及其应用做出了贡献；20 世纪 80 年代以来，Kedem[4]将交叉理论与游程理论及(0,1)两值时间序列理论三者相结合，作过详尽的总结；20 世纪 90 年代初，Desmond 和 Guy[5]指出，交叉理论最早的应用是水电工程设计(20 世纪 60 年代末)，其后有人研究了各种水平的交叉数和游程总数对模式偏度系数的敏感性问题，20 世纪 80 年代以后不少学者提出了关于非正态交叉理论及其应用，例如 Rodriguez-Iturbe 将其应用于水文学中研究河流水位序列的各种规律性。一般说来，将非正态交叉理论用于水文学，主要是研究河水流量的下列特性：(1)在时间段 T 内，流量上升超过某值 u 的平均次数；(2)流量超过某值 u 的平均持续时间；(3)连续两次上升超过某值 u 的平均时间间隔。并用于比较利用正态和非正态分布研究流量交叉特性时的优劣[5]。20 世纪 90 年代以来，交叉理论已被引入气象研究，如 Waylen 用交叉理论研究了冻结的初终期及其长度的变化规律，取得了良好效果[6]。作者早在20世纪80年代就介绍过(0,1)两值序列及其气象应用，其后又将交叉理论引进气候变化研究中[7,8]，初步探讨了正态交叉理论下的天气气候状态转折性规律，推证出相应的状态转折公式。与此同时，在20世纪90年代初的第五次国际统计气候会议上，这一领域已颇受气候研究的重视，与会者曾提出了多篇有关论文。尽管如此，目前国内有关交叉理论及其气象应用的研究尚不太普遍。

本文目的旨在从理论上探讨用正态或非正态交叉理论诊断气象极值特性的某些方法，并推广应用。例如，研究极值出现频数、等待时间以及极值过程持续时间等各种特征量的变化规律。气候序列中往往隐含着各种频率的振动信号，它们彼此对极值特性的贡献是有差异的，本文一方面从理论上推证了两者间的对应关系，另一方面，则尝试将其应用到气候诊断中用以研究气候序列中“超过或低于某值的事件”发生的频率、强度等参数的变化规律。

1 理论公式推导与论证

1.1 正态平稳过程

设 $X(t)$ 为零均值正态平稳连续参数过程，根据二阶矩过程的平稳正态均方可微性，Rice曾推导出著名的交叉次数期望公式[2]

$$N(u)=\frac{\sigma_{x'}}{\pi\sigma_x}\exp\left(-\frac{u^2}{2\sigma_x^2}\right) \tag{1}$$

式中 $N(u)$ 表示单位时间内 $X(t)$ 与水平线 $X=u$ 的平均交叉次数，σ_x 为 $X(t)$ 的标准差，$\sigma_{x'}$ 为 $X(t)$ 的一阶导数的标准差，根据二阶矩过程理论[5]，应有 $\sigma_{x'}^2=-R''(0)$ 和 $\sigma_x^2=R(0)$，这里 $R(\tau)$ 为 $X(t)$ 过程的自协方差函数，$R''(0)$ 是其在 $\tau=0$ 时的二阶导数，显然应有 $\rho''(0)=R''(0)/R(0)$，其中 $\rho''(0)$ 为 $X(t)$ 的自相关函数 $\rho(\tau)$ 在 $\tau=0$ 处的二阶导数。所以(1)式又可化为

$$N(u)=\frac{1}{\pi}\sqrt{-\rho''(0)}\exp\left(-\frac{u^2}{2\sigma_x^2}\right) \tag{2}$$

在文献[7]中，笔者所讨论的 $u=0$ 的平均交叉次数正是(2)式的特例。现将 u 进一步取为不同的临界值便可推得相应于某临界值的平均交叉次数公式。例如，令 $u=\sigma_x$，则(2)式可化为

$$N(\sigma_x)=\frac{1}{\pi}\sqrt{-\rho''(0)}\exp\left(-\frac{1}{2}\right) \tag{3}$$

同理，当 $u=2\sigma$，$u=3\sigma_x$ 时，就有

$$N(2\sigma_x)=\frac{1}{\pi}\sqrt{-\rho''(0)}\exp(-2) \tag{4}$$

$$N(3\sigma_x)=\frac{1}{\pi}\sqrt{-\rho''(0)}\exp\left(-\frac{2}{9}\right) \tag{5}$$

对于天气气候序列而言，其距平值超过 σ_x，$2\sigma_x$，$3\sigma_x$ 意味着各种相应的较小概率的天气气候事件发生。考虑到天气气候序列中的极值一般不连续，为了方便起见，本文规定当超越某水平轴 u 的点数成串时，可认为是一次极大值过程，并记为“出现一次极大值”，所以，在 u

值较大的情况下，每两次交叉点之间可假设为"一次极大值"过程，于是，单位时间内平均极大值频数[记作 $\mu(u)$]即为

$$\mu(u)=\frac{N(u)}{2}=\frac{1}{2\pi}\sqrt{\rho''(0)}\exp\left(-\frac{u^2}{2\sigma_x^2}\right) \tag{6}$$

本文主要讨论极大值特性，至于极小值，可采用类似方法推导，这里不再赘述。为了进一步描述极值的"时间跨度"，定义某极大值过程超过 u 值的持续时间为 L_u，则其"极大值平均持续时间"可记为 $E(L_u^+)$，据文献[4]，在平稳各态历经假定下，有[3]

$$E(L_u^+)=P[x(0)>u]/\mu(u) \tag{7}$$

式中符号 L_u 表示极值过程(超过临界值 u)的持续时间，而+号则为极大值过程。

类似地，令 $X(t)$ 值连续两次上升超过 u 水平的时间间隔记为 B_u^+，则定义"极大值平均时间间隔"为 $E(B_u^+)$，可证其为

$$E(B_u^+)=\frac{1}{\mu(u)} \tag{8}$$

显然，若设 $X(t)$ 为严平稳各态历经，则当 u 为临界极值时，可将 $E(L_u^+)$，$E(B_u^+)$ 视为超过 u 的极大值平均持续时间和相邻极大值的时间间隔。例如，考察某地降水量序列，可规定旱涝发生的临界降水量值，从而应用上述公式估计各级旱涝出现频率、持续时间、间隔时间等特征量及其变化规律性。

1.2 对数正态平稳过程

若对正态平稳过程 $X(t)$(均值 m、方差 σ^2、自相关函数 $\rho(\tau)$)取指数变换，即可得

$$Y(t)=\mathrm{e}^{X(t)} \tag{9}$$

则 $Y(t)$ 为对数正态平稳过程，同样，可推导出关于 $Y(t)$ 在单位时间内平均极大值频数 $\mu(u)$、平均持续时间 $E(L_u^+)$ 及平均时间间隔 $E(B_u^+)$ 的公式，

$$\mu(u)=\frac{1}{2\pi}\sqrt{-\rho''(0)}\exp\left[-\frac{(\ln u-m)^2}{2\sigma^2}\right] \tag{10}$$

$$E(L_u^+)=\frac{1}{\mu(u)}\left[1-\Phi\left(\frac{\ln u-m}{\sigma}\right)\right] \tag{11}$$

$$E(B_u^+)=\frac{1}{\mu(u)} \tag{12}$$

式中 $\rho''(0)$ 是 $\rho_x(\tau)$ 在 $\tau=0$ 处的二阶导数，$\Phi(X)$ 为 $N(0,1)$ 的分布函数。

2 具有不同频率结构的时间序列极值统计特征

将上述理论用于具有不同频率结构的时间序列就可导出实用的各种诊断极值统计特征的公式。

2.1 谐波序列

设有离散化序列 $x_t(t=1,2,\cdots,n)$ 服从谐波模式

$$x_t=\sum_{i=1}^{k}A_i\cos(\omega_i t+\varphi_i) \tag{13}$$

式中 $k,\{A_i\},\{\omega_i\}$ $(i=1,2,\cdots,k)$为常数,而$\{\varphi_i\}$ $(i=1,2,\cdots,k)$为独立随机变量,且 φ_i 为均匀分布的随机位相,A_i 为振幅,ω_i 为角频率。不失一般性,段定 $E(X_t)=0$,易知 X_t 为一平稳序列,且可证其自协方差函数为

$$R(\tau) = \sum_{i=1}^{k}\left(\frac{1}{2}A_i^2\right)\cos\omega_i\tau \tag{14}$$

显然,

$$\sigma_x^2 = R(0) = \sum_{i=1}^{k}\frac{1}{2}A_i^2 \tag{15}$$

根据(6)式,考虑(14)式的二阶导数,就可推求出下列公式

$$\mu(u) = \frac{1}{2\pi}\sqrt{\sum I_i^2\omega_i^2}\exp\left(-\frac{u^2}{\sum A_i^2}\right) \tag{16}$$

上式表明,序列 X_t 包含有 k 个谐波时,超过临界值 u 的平均极大值频数依赖于各谐波频率的某种线性叠加,这种线性叠加是以各谐波振幅在总方差中的贡献为权重的。这里,$I_i^2=A_i^2/\sum A_i^2$,显然,I_i^2 为各谐波振幅的相对贡献。由此可见,在一个序列中,振幅相对越大的谐波对极值的贡献越大,反之,振幅相对越小的谐波对极值的贡献越小。对于(16)式,也可从通常谐波分析的角度加以推导。

因为 x_t 的一阶导数可近似地表示为一阶差分,故令 $\Delta x_t=x_t-x_{t'}=x_t'$,则有

$$\Delta x_t = \sum_{i=1}^{k}2A_i\sin\frac{\omega_i}{2}\cos\left(\omega_i t'+\varphi_i+\frac{\pi}{2}\right)=\sum_{i=1}^{k}A_i'\cos(\omega_i t'+\varphi_i') \tag{17}$$

式中 $A_i'=2A_i\sin\frac{\omega_i}{2}$为 x_t'的谐波振幅,其相应角频率为 ω_i,而 $t'=t-\frac{1}{2}$为新的序列 $x_{t'}$ 的时间坐标,$\varphi_i'=\varphi_i+\frac{\pi}{2}$为相应的位相。

据谐波分析理论,序列总方差可写为 $\sigma_x^2=\sum_{i=1}^{k}\frac{1}{2}A_i^2$,而差分序列 X_i'的总方差亦为 $\sigma_{x'}^2=\sum_{i=1}^{k}\frac{1}{2}A_i'^2$,所以(1)式就可具体写为

$$N(u) = \frac{1}{\pi}\sqrt{\frac{\sum A_i'^2}{A_i^2}}\exp\left(-\frac{u^2}{\sum A_i^2}\right) \tag{18}$$

代入上面推得的振幅 A_i'与 A_i 的关系式,于是有

$$N(u) = \frac{1}{\pi}\sqrt{\frac{\sum\left(2A_i\sin\frac{\omega_i}{2}\right)^2}{\sum A_i^2}}\exp\left(-\frac{u^2}{\sum A_i^2}\right) \tag{19}$$

利用无穷小近似 $\sin\frac{\omega_i}{2}\approx\frac{\omega_i}{2}$,得到

$$N(u) = \frac{1}{\pi}\sqrt{\frac{\sum A_i^2\omega_i^2}{\sum A_i^2}}\exp\left(-\frac{u^2}{\sum A_i^2}\right) \tag{20}$$

于是,上式又可写为

$$\mu(u)=\frac{1}{2\pi}\sqrt{\frac{\sum A_i^2\omega_i^2}{\sum A_i^2}}\exp\left(-\frac{u^2}{\sum A_i^2}\right) \tag{21}$$

由此可见，(21)式即为(16)式。

2.2 自回归序列

离散谐波序列仅仅是最简单的时间序列，进一步可将(16)式推广到更一般的具有有理谱密度的连续参数或离散参数模式如白噪声序列、自回归序列（记为 AR(p)）、自回归滑动平均序列（记为 ARMA(p,q)）等。

根据有理谱密度定义，对 $AR(p)$，我们有标准化谱密度[9]

$$f_x(\omega)=\frac{1}{2\pi}\cdot\frac{1}{|1+\alpha_1\exp(-\mathrm{i}\omega)+\cdots+\alpha_p\exp(\mathrm{i}p\omega)|^2} \tag{22}$$

由于标准差 $\sigma_{x'}$ 与相应的谱密度有如下关系[7]：

$$\sigma_{x'}^2=\int_{-\infty}^{\infty}\omega^2 f_x(\omega)\mathrm{d}\omega \tag{23}$$

(16)式又可化为单边谱密度表达式

$$\mu(u)=\frac{1}{2\pi}\sqrt{2\int_0^{+\infty}\frac{\omega^2}{\sigma^2}f_x(\omega)\mathrm{d}\omega}\exp\left(-\frac{u^2}{2\sigma^2}\right) \tag{24}$$

(24)式表明，对于具有有理谱密度的平稳连续过程，单位时间平均的极大值频数取决于其谱密度加权线性和的数值大小，而权重则为频率的函数。由此式可见，低频谱的贡献相对地受到抑制，而高频谱的贡献相对地得以增益，这就最终构成极值频数由上述两种相反的累积作用叠加而成，这是与实际情况相符合的。由此可见，任一平稳过程的极值频数都可通过(24)式，由其谱密度加权计算，无论谱密度是否具有解析形式，原则上都可归结为用(24)式来估计极大值的出现频数。

类似地，也可求得不同频率结构下，极大值的平均持续时间 $E(L_u^+)$ 和极大值的平均时间间隔 $E(B_u^+)$。

3 应用实例

3.1 估计正态平稳序列的极值特征

以南方涛动指数(I_{SO})的年平均序列(1900—1998 年)资料为研究实例，首先对其进行正态性和平稳性检验。由直方图(图 1)可见，其偏度很小，而计算所得偏态系数、峰态系数的绝对值都较小（分别为−0.02,0.37），初步断定年均 I_{SO} 记录服从正态分布。采用文献[10]介绍的 A^2 和 W^2 检验法对其进行严格正态性检验，计算结果表明，修正的 $W^2=0.074$，$A^2=0.428$。在信度 $\alpha=0.05$ 的显著水平下，应接受正态性假设。对序列的平稳性则采用逆序法[11,12]进行检验，结果同样表明，在信度 $\alpha=0.05$ 的显著水平下，接受平稳性假设。由此可见，年均 I_{SO} 序列可看作正态平稳序列。于是，由式(6)、(7)、(8)即可分别计算单位时间内超过临界值 u 的极大值，其平均频数 $\mu(u)$、平均持续时间 $E(L_u^+)$ 及其平均时间间隔 $E(B_u^+)$。

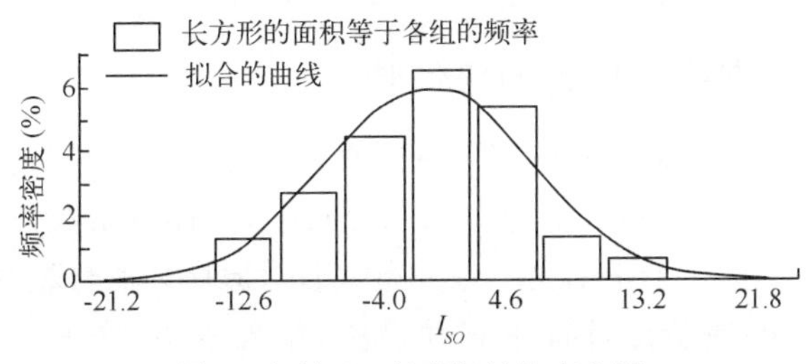

图 1　年均 I_{SO} 序列资料的直方图

为了方便，其临界值 u 不妨分别取为 σ_x，$2\sigma_s$，$3\sigma_x$，并用下列近似公式计算 $\rho''(0)$，即有

$$\rho''(0)=2\rho(1)-2 \tag{25}$$

式中 $\rho(1)$ 为一阶自相关系数，它可由样本估计。上述计算结果见表 1(其中 $T_\mu(u)$ 表示 T 时段内超过 u 的极大值出现次数的数学期望，这里 T 取 99 年)。由表 1 可见，在 99 年内，年均 I_{SO} 超过 σ_x，$2\sigma_x$，$3\sigma_x$ 的极大值平均出现次数分别为 12.530，2.796，0.229。由于假定序列为正态平稳，故在 99 年内小于 $-\sigma_x$，$-2\sigma_x$，$-3\sigma_x$ 的极小值出现次数也分别为以上数值。实测序列(图 2)可作为其一次现实考察，实测序列表明，序列中小于 $-\sigma_x$，$-2\sigma_x$，$-3\sigma_x$ 的极小值(在这 99 年内)确实分别出现了 12，2，0 次，恰好在上述数值附近，显然，它表明计算结果可靠。这正好可以分析厄尔尼诺事件的一些特性。事实上，目前对于厄尔尼诺出现频率、持续时间、时间间隔尚未形成一致看法，以致尚未有一个公认的厄尔尼诺年表可供国际通用参考[13]。有鉴于此，本文规定当 $-2\sigma < I_{SO} < -\sigma$ 时，对应着偏强的厄尔尼诺年；当 $I_{SO} < -2\sigma$ 时，对应着强的厄尔尼诺年。根据表 1 计算结果表明，大致可认为，厄尔尼诺事件平均每 10 年出现 1.27 次(见表 1)，其中，偏强的 0.99 次，强的 0.28 次；持续时间平均为 1.25 年；平均每 7～8 年出现 1 次厄尔尼诺事件。值得指出的是，本文并非专门探讨 ENSO 事件定义问题，这里仅从研究极值在气候时间序列中的统计规律性的角度，作为实例以说明方法而已。在实际计算中还可更具体、更灵活地加以应用。

表 1　I_{SO} 极值特性计算结果

u	$\mu(u)$	$T_\mu(u)$	$E(L_u^+)$	$E(B_u^+)$
σ	0.127	12.530	1.254	7.901
2σ	0.028	2.796	0.806	35.411
3σ	0.002	0.229	0.582	431.390

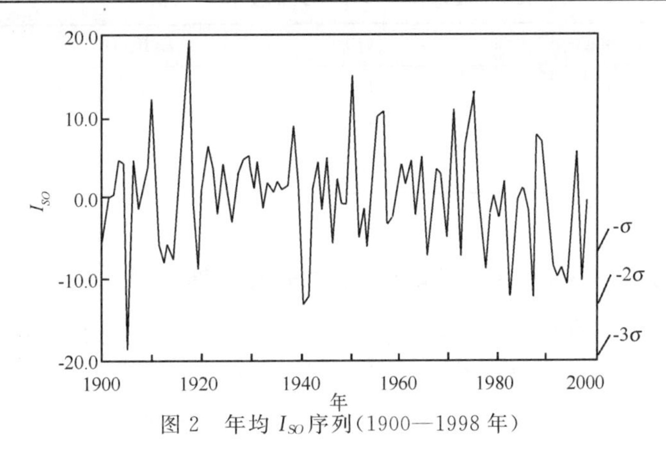

图 2　年均 I_{SO} 序列(1900—1998 年)

3.2 估计对数正态平稳序列的极值特征

采用南京1951—1998年夏季(6—8月)总降水量资料,首先验证它是否属于对数正态平稳序列。由直方图(图3)可见,降水量为正偏态分布型,其偏态系数计算结果为1.02,而峰态系数则等于1.57,可见其属于正偏尖峰态分布。若对原序列取自然对数,则其直方图变换为图4,对其用 W^2 和 A^2 检验法进行正态性检验,结果表明,修正的 $W^2=0.0575$,$A^2=0.3721$,在信度 $\alpha=0.05$ 的显著水平下接受正态性假设。同样,对取对数后的降水量序列作逆序检验,也证明其为平稳序列。因此,可以认为,该序列为对数正态平稳序列。

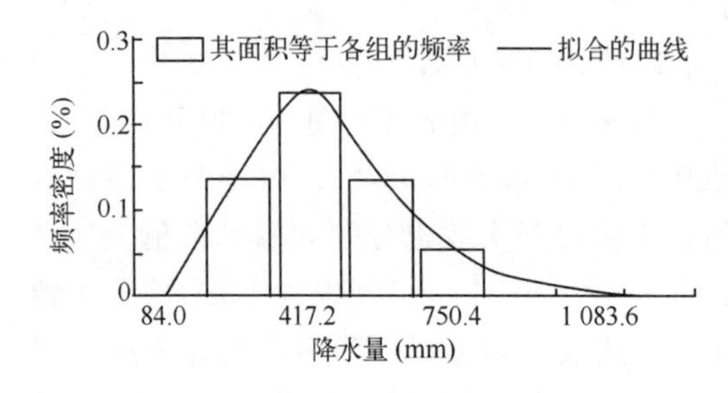

图3 南京夏季降水量直方图

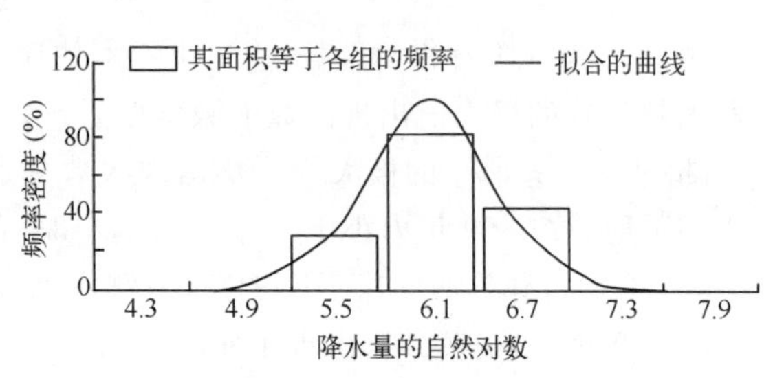

图4 南京夏季降水量之对数直方图

由此利用(10)、(11)、(12)式计算极大值特征量,其中 $\rho''(0)$ 同样可用式(25)估计,而 $\rho(1)$,m,σ 则由样本序列估计,并分别取 $u=\sigma_x,2\sigma_x,3\sigma_x$,计算结果见表2。这里 $T=48$,与前类似,$T_\mu(u)$ 表示计算所得48年内出现超过 u 的极大值平均次数。由表2可见,48年内超过 $\sigma_x,2\sigma_x,3\sigma_x$ 的极大值出现的平均次数分别为6.187,2.594,0.966,同样,降水量实测序列(图5)可看作一次现实,在这一现实中,大于 $\sigma_x,2\sigma_x,3\sigma_x$ 的极大值(在48年内)则分别出现了7,1,1次,基本上是在相应平均次数附近,这表明计算结果可信。

根据计算结果,就可分析洪涝特征。例如,设降水量为 R,平均降水量为 R_m,约定当 $R_m+\sigma\leqslant R<R_m+2\sigma$,为偏涝;当 $R_m+2\sigma\leqslant R<R_m+3\sigma$,为涝;当 $R>3\sigma$,为特涝。于是由表2并结合上述旱涝标准,可推得,南京夏季每100年出现2次特涝,出现3.4次涝,出现7.5次偏涝,平均而言,涝年仅持续1年。

表2 南京夏季降水序列的极值特征量

u	$\mu(u)$	$T_\mu(u)$	$E(L_u^+)$	$E(B_u^+)$
σ	0.129	6.187	1.153	7.759
2σ	0.054	2.594	0.859	18.506
3σ	0.020	0.966	0.707	49.713

3.3 利用功率谱密度函数或谱图估计序列极值特性

根据谱份分析结果,利用(24)式,不难估计计算其极值统计特征量。在某些特殊情况下,我们仅仅已知某时间序列的谱图,一般无法显示它的时域特征,然而根据本文推导的公式(24),可利用谱图粗略地估计出序列的极值频数、持续时间、时间间隔等极值特性,这就等

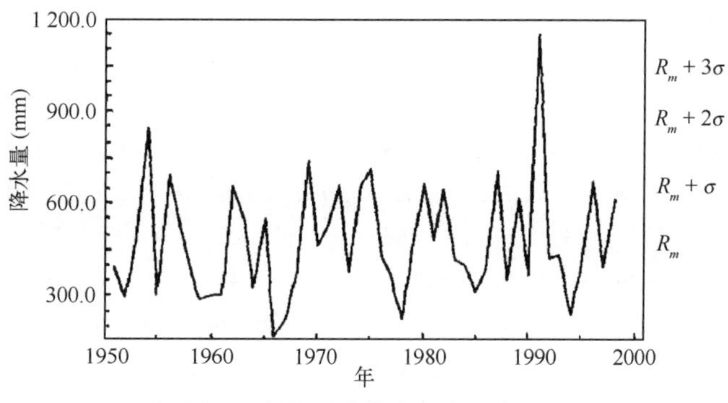

图 5　南京夏季降水量实测序列

价于(24)式的功能。

现以年均 I_{SO} 序列的功率谱图为例,说明由谱图估计序列极值特性的方法(图略)。首先,将其频率区间$[0,\pi]$划分为若干小区间,对(24)式中的被积函数,由谱图读取相应的 $f(\omega)$,采用梯形公式进行近似计算,从而由公式(24)估计出单位时间内超过 u 的极值出现的平均频数。至于其他极值特性如平均持续时间、平均时间间隔等,则用公式(7)、(8)进行计算,其中的 u 分别取 σ_x,$2\sigma_x$,$3\sigma_x$,其结果列于表 3。由表可见,在 99 年内,大于相应临界值的极值平均次数分别为 12.041,2.687,0.221,将这一结果与实测的 I_{SO} 序列对照,两者非常一致(图 2)。验证其他实例也都取得满意结果。

表 3　谱图估计极值特性计算结果

u	$\mu(u)$	$T_\mu(u)$	$E(L_u^+)$	$E(B_u^+)$
σ	0.122	12.041	1.304	8.222
2σ	0.027	2.687	0.838	36.847
3σ	0.002	0.221	0.606	448.880

4　结论与评述

理论推导和实例计算表明,本文提出用交叉理论诊断天气气候序列的极值特征量的方法,具有较好的可行性与可靠性,无论是否已知时间序列的时域特征或是其频域特征(如谱图),都可用此方法进行极值特性分析。由于极端天气气候事件预报最困难而又至关重要,对极值规律的分析必有助于提高其预报水平,因此,本文给出的分析方法对天气气候诊断与预报的应用具有重要价值。

在正态假设下,作者推导出极值出现次数、持续时间、间隔时间等统计特征的计算公式以及序列中极值出现次数与序列中隐含的各种准周期振动频率之间的对应关系式,这对于理论研究和应用均有重要意义,例如,作者将在另文从理论上推广为一般非正态情况下的极值统计特征诊断表达式,并对极端天气气候事件的统计特征长期变率作诊断,也许更有实用价值。

参考文献

[1] Hunt B G. Nonlinear influences—A key to short-term climatic perturbations. *J Atmos Sci*,1988,**45**(3):387-395.

[2] Rice S O. Mathematical analysis of random noise. *Bell Sys Tech J*,1945,**24**:24-156.

[3] Cramer H, Leadbetter M R. *Stationary and Related Stochastic Processes*. New York:John Wilcy,1967:1-20.

[4] Kedem B. Binary Time Series. Marcel Dekker Inc,1980:1-33.

[5] Desmond A F, Guy B T. Crossing theory for non-Caussian stochastic processes with application to hydrology. *Water Resour Res*,1991,**27**:2791-2797.

[6] Waylen P R. Deriving the characteristics of cold spells from crossing theory,5th International Meeting on Statistical Climatology. Canada:Toronto,1992:301-306.

[7] 丁裕国.(0,1)两值时间序列分析及其气象应用. 广西气象,1987,(5.6 合期):7-10.

[8] 丁裕国.天气气候状态转折规律的统计学探讨. 气候学研究—统计气候,北京:气象出版社,1991:40-49.

[9] Priestley M B. *Spectral Analysis and Time Series*. London:Academic Press,1981,(1):280-290.

[10] 方开泰,许建伦.统计分布. 北京:科学出版社,1987:302-309.

[11] 么枕生.应用游程与转折点的气候分析与预报.地理研究,1986,**5**(3):1-10.

[12] 丁裕国,江志红.气象数据时间序列信号处理.北京:气象出版社,1998:40-45.

[13] 格兰茨 M H(美)著,王绍武,周天军等译.变化的洋流——厄尔尼诺对气候和社会的影响.北京:气象出版社,1998:19-24.

降水量概率分布的一种间接模式

丁裕国

（南京气象学院，南京　210044）

摘　要：本文提出一种相邻测站月（年）降水量 Γ 分布的间接估计模式。根据该模式，借助长序列（大样本）测站资料可间接估计短序列（小样本）测站的理论分布。推证表明，间接模式比直接由本站短序列记录估计理论分布提高了有效率并简化拟合分布模式的计算。

引　言

许多学者曾验证过月（年）降水量的理论分布模式[1-3]。指出，月降水量适合 Γ 分布，而年降水量部分地适合正态分布，在不少地区也有偏态性。作者也曾验证我国除个别地区和月份外绝大部分地区的月降水量服从 Γ 分布，即 Γ 分布普遍适合于我国各地月雨量。

估计分布模式的参数，不论是矩法或似然法及其他方法，为了提高精度和有效性，唯一的办法是增大样本信息。因此，要获得一个地方的降水概率分布的精确估计必须尽可能多地利用大样本（长记录）测站所提供的信息。我国幅员辽阔，气候差异显著，同一要素在不同季节不同气候区的理论分布模式往往不尽相同，但在同一气候区的一些测站，其局地气候差异又有相对稳定性（具有气候上的某种相似性）。我国许多台站现有气候记录大多不足 50 年，仅少数有长于 50 年甚至 100 年的记录。这些长记录测站主要位于各大自然区内，恰好被短记录测站所包围。因此，本文提出利用这些长记录测站资料推算广大短记录测站降水概率分布的间接模式（邻站降水量的 Γ 分布订正模式）。该模式可广泛用于推求各地月（年）降水的理论保证率及分位数（理论降水量），对于资料短缺地区，其效果等价于延长记录或统一基本时期。

1　相邻测站 Γ 分布的间接模式

一般认为，平原或地形起伏不大的地区，不但两相邻测站的年雨量比值稳定，而且月雨量的比值也相当稳定[4]，通常有近似关系

$$y = kx \tag{1}$$

式中 y 为 Y 站月（或年）雨量，x 为 X 站月（或年）雨量。为叙述方便，以下称 X 为基本站，Y 为订正站。

设 x 具有 Γ 分布，其密度函数为[2]

$$f(x) = \frac{\beta^{\alpha}}{\Gamma(\alpha)} x^{\alpha-1} \mathrm{e}^{-\beta x} \qquad x > 0 \tag{2}$$

式中 α 为形状参数，β 为尺度参数。由（1）式，利用线性函数密度公式[5]，立刻得到 Y 站具有密度函数

$$f(y)=\frac{\beta^{\alpha}}{\Gamma(\alpha)}(y/k)^{\alpha-1}e^{-\beta(y/k)}\cdot\frac{1}{|k|} \tag{3}$$

若设 $k>0$，则有

$$f(y)=\frac{\beta'^{\alpha}}{\Gamma(\alpha)}y^{\alpha-1}e^{-\beta' y} \qquad y>0 \tag{4}$$

式中形状参数 α 仍为基本站的形状参数，而尺度参数 β' 则为原基本站尺度参数 β 的 $1/k$ 倍（$\beta'=\beta/k$）。可见，在近似关系(1)的前提下，订正站 Y 的降水量概率分布可用基本站 X 的分布参数予以估计。

推广到一般情形，设基本站与订正站具有线性回归方程

$$\hat{y}=a+bx \tag{5}$$

类似于(3)，可以推得 y 的近似分布密度

$$f(y)=\frac{\beta^{\alpha}}{\Gamma(\alpha)}\left(\frac{y-a}{b}\right)^{\alpha-1}e^{-\beta((y-a)/b)}\cdot\frac{1}{|b|} \tag{6}$$

若 $b>0$，则有

$$f(y)=\frac{\beta'^{\alpha}}{\Gamma(\alpha)}(y-a)^{\alpha-1}e^{-\beta'(y-a)} \qquad y>a \tag{7}$$

式中尺度参数为 $\beta'=\beta/b$，它比基本站 X 的尺度参数 β 缩小 b 倍，而形状参数 α 即原基本站形状参数，a 为位置参数。可见，在 X 与 Y 站具有近似关系(5)的情况下，Y 站的概率分布为三参数 Γ 分布，其形状参数 α 和尺度参数 β' 都可用 X 站（两参数 Γ 分布）的参数间接估计。但(7)式比(4)式增加了位置参数，此参数 a 即回归直线的截距。由于降水量负值无意义，在(2)、(4)、(7)式中，均不考虑 $x\leqslant 0$ 或 $y\leqslant 0$、$y\leqslant a$ 的分布密度，后文仍以同样方法处理。

从理论上说，相邻测站处于同一环流系统的可能性较大，因而降水记录具有一定的同步性，其分布模式的形状参数 α 大致相同。但由于各站所处地形或地理位置上的某些差异，造成降水在量级上有系统性差异（即尺度参数 β 的差异）。这一点不难从下列关系看出

$$\sigma^2=\alpha/\beta^2 \tag{8}$$

由于各站方差不一，虽有相同的变化趋势（形状参数 α 相同），但尺度参数 β 却有一定差异。

上述订正模式是在(1)或(5)式近似函数基础上建立的，它并不涉及线性回归方程本身的理论，但在特别情形下，也可考虑完整的回归模式对上述订正模式加以修正。另一方面，Flueck 与 Mielke(1975)[5]曾推求过二维 Γ 分布模式，并指出其边际分布仍为 Γ 分布而条件分布所对应的也是线性回归函数。不过二维 Γ 分布所得的线性回归方程的相关系数仅有 $\rho\geqslant 0$，正与本文的情况一致，因相邻测站气候相似性实质应为正相关。

2 模式的有效性和精度

建立相邻测站降水量 Γ 分布的间接模式，其主要目的是：(1)用相邻基本站资料估计的参数经间接模式所建立的理论分布要求比原站本身小样本建立的直接 Γ 分布模式精度高，有效性好；(2)因无须估计订正站本身的 α，β 参数而简化了计算。显然，(1)为关键性要求。以矩估计为例，通常一个估计量的有效性，可用下列指标度量[5]。

$$E=\mathrm{Var}\hat{\theta}/\mathrm{Var}\,\hat{\theta}_m$$

式中 E 为有效率，$\hat{\theta}$ 为有效估计量，$\hat{\theta}_m$ 为被估计量。同样，对于间接模式(4)式 $=n$ 或(7)式，也有有效率的问题。因为两参数 Γ 分布的矩估计有

$$\mathrm{Var}(\hat{\alpha})=2\alpha(\alpha+1)/n,\quad \mathrm{Var}(\hat{\beta})=\beta^2(2\alpha+3)/n\alpha$$

根据一般估计理论，假定由间接模式得到的参数估计量为 $\hat{\alpha}_{yN}$，$\hat{\beta}_{yN}$，而用该站短序列(小样本)直接模式得到的估计量为 $\hat{\alpha}_{yn}$，$\hat{\beta}_{yn}$，则要使间接模式优于直接模式，必须有

$$\mathrm{Var}\hat{\alpha}_{yN}<\mathrm{Var}\hat{\alpha}_{yn} \tag{9}$$

$$\mathrm{Var}\hat{\beta}_{yN}<\mathrm{Var}\hat{\beta}_{yn} \tag{10}$$

式中下标 N 代表以基本站 N 年样本所估计的参数，n 则代表以订正站原有的 n 年样本所估计的参数。由(4)或(7)式，在间接模式中有 $\alpha_y=\alpha_x$，$\beta_y=\beta_x/k$ 或 $\beta_y=\beta_x/b$，结合(9)、(10)式，就有

$$2\alpha_x(\alpha_x+1)/N<2\alpha_x(\alpha_x+1)/n \tag{11}$$

$$\beta_x{}^2(2\alpha_x+3)/N_{\alpha_x}k^2<\beta_y{}^2(2\alpha_x+3)/n_{\alpha_x} \tag{12}$$

显然，(11)式的不等式仅取决于样本容量 N 和 n，即应有 $n/N<1$ 或 $N>n$，而基本站 N 年资料总可选得比订正站 n 年长。

同理，由(12)和(8)式，并考虑 k(等价地，也可用 b)与 ρ 的关系 $k=\rho\sigma_y/\sigma_x$，立刻得到

$$n/N\rho^2<1 \tag{13}$$

式中 ρ 为 Y 与 X 站降水量的总体相关系数，σ_y，σ_x 分别为它们各自的标准差。从(13)式可见，订正模式是否有效，取决于：(i)样本量 N 与 n 的比值；(ii)相关系数 ρ 的大小，只要 n/N 足够小，且 ρ^2 足够大，订正模式就有一定的效率。

为了度量间接模式(7)或(4)的精度，本文构造如下的有效率指标：

$$E=1-\frac{\mathrm{Var}\hat{\beta}_{yN}}{\mathrm{Var}\hat{\beta}_{yn}} \tag{14}$$

当应用间接模式估计的参数 $\hat{\beta}_{yN}$ 的方差并无任何改善时(即 $\mathrm{Var}\hat{\beta}_{yn}$ 与 $\mathrm{Var}\hat{\beta}_{yn}$ 相近或相等)，则 $E\to0$，表明该模式无效。而当 $\hat{\beta}_{yN}$ 的方差比原订正站 y 的直接模式参数 $\hat{\beta}_{ya}$ 的方差缩小很多，则 $E\to1$，表明模式最有效。在一般情形，有 $0<E<1$。若 n 一定，基本站资料长度 N 并不一样，而订正站与基本站之间的线性相关程度也不尽相同，因此，由(12)—(14)式，又可推得

$$E=1-(n/N\rho^2) \tag{15}$$

式中，上述间接模式的有效率也是 n,N,ρ 的函数。换言之，在一定的 n 和 N 条件下，两站相关程度越大，间接模式的有效率越高。由此，我们可制备各种有效率 E 要求下，不同 n 和 ρ 所需基本站最少样本 N 的查算表，或不同有效率 E 情况下，n 和 N 所需相关系数 ρ 值表。在实用中，当 E 达到一定的精度要求时，ρ 值表示在一定精度下的临界相关值，标志着间接模式效果的优劣程度。表 1、2 中分别列出 $E=0.0$ 和 $E=0.5$ 时，不同小样本 n 和基本站大样本 N 情况下 ρ 的临界值。由表可见，当相关系数 ρ 达到一定的临界值以上时，间接模式才有相应的效率，否则无意义。例如，对于 $n=20$ 的订正站，要想用具有 $N=80$ 的大样本站(基本站)建立间接模式，至少应有相关系数 $\rho>0.500$(见表 1)，此模式才达一定有效率，而

要使间接模式的有效率达到 0.5 以上，则至少应使这两站相关系数 ρ=0.707 以上(见表 2)。

表 1　E=0.0 时，ρ 的临界值

n \ N	20	30	40	50	60	70	80	90	100
10	0.797	0.577	0.500	0.447	0.408	0.378	0.354	0.333	0.316
20	—	0.816	0.707	0.632	0.577	0.535	0.500	0.471	0.447
30		—	0.866	0.775	0.707	0.654	0.612	0.577	0.548
40			—	0.894	0.816	0.756	0.707	0.667	0.632

表 2　E=0.5 时，ρ 的临界值

n \ N	20	30	40	50	60	70	80	90	100
10	1.000	0.816	0.707	0.632	0.577	0.535	0.500	0.471	0.447
20		—	1.000	0.894	0.816	0.756	0.707	0.667	0.632
30			—	—	1.000	0.926	0.866	0.816	0.772
40				—	—	—	1.000	0.943	0.894

在应用中，还可根据需要制备其他意义下的查算表。

3　实例计算

以上海、北京为基本站，分别对杭州、天津两个订正站建立 1 月份降水概率分布的 Γ 间接模式。

首先，以一定的小样本(如 n=32)计算上海与杭州，北京与天津两对测站的线性回归方程。结果得到下列近似关系

$$y_{杭州}=2.4731+1.3609x_{上海},\ y_{天津}=0.4761+0.8929x_{北京}$$

据模式(7)，计算有关参数(见表 3)并由此计算理论频数分布(见表 4、5)。为了对比，同时也计算直接模式(2)所需参数及其频数分布，其结果见表 3、表 4 和表 5。

表 3　模式参数计算结果

参数 \ 模式	杭州		天津	
	间接模式	直接模式	间接模式	直接模式
偏度 C_s	1.443 1	1.619 7	3.7216	3.428 2
标准差 s	33.727	44.059 0	6.700 0	4.894 0
形状参数 α	1.920 7	1.524 7	0.288 8	0.340 4
尺度参数 β	0.030 2	0.028 0	0.098 9	0.119 2
样本容量 N	110		119	
样本容量 n		32		32
相关系数 r (ρ 的估计值)	0.852 4		0.882 5	

表 4　杭州间接模式(I. M.)与直接模式(D. M.)拟合效果

组　　限	组中值	D. M. 频数	I. M. 频数	D. M. 频率	I. M. 频率	实测频数	D. M. 歧度	I. M. 歧度
0.1～30.0	15.0	26.6	18.5	0.391 7	0.272 9	16	4.224	0.338
30.0～60.0	45.0	20.4	21.9	0.300 9	0.322 1	16	0.949	1.589
60.0～90.0	75.0	11.4	13.9	0.168 0	0.204 4	19	5.067	1.871
90.0～120.0	105.0	5.9	7.6	0.087 4	0.111 9	8	0.747	0.021
120.0～150.0	135.0	2.9 ⎫	3.9 ⎫	0.043 1	0.057 2	7 ⎫		
150.0～180.0	165.0	1.39 ⎬ 4.9	1.9 ⎬ 6.7	0.020 5	0.028 2	1 ⎬ 9	3.431	0.790
180.0～210.0	195.0	0.65 ⎭	0.9 ⎭	0.009 6	0.013 6	1 ⎭		

表 5　天津间接模式(I. M.)与直接模式(D. M.)拟合效果

组　　限	组中值	D. M. 频数	I. M. 频数	D. M. 频率	I. M. 频率	实测频数	D. M. 歧度	I. M. 歧度
0.0～1.0	0.50	50.3	44.4	0.547 1	0.482 2	43	1.059	0.044
1.0～2.0	1.50	10.9	13.2	0.118 2	0.143 6	14	0.882	0.048
2.0～4.0	3.00	11.5	12.2	0.125 1	0.132 1	15	1.065	0.643
4.0～6.0	5.00	6.5	6.7	0.070 4	0.072 9	4	0.962	1.088
6.0～8.0	7.00	4.1	4.3	0.044 4	0.047 0	4	0.024	0.021
8.0～12.0	10.00	4.5	5.0	0.049 1	0.054 8	7	1.389	0.800
12.0～16.0	14.00	2.2 ⎫	2.7 ⎫	0.024 4	0.029 8	2 ⎫		
16.0～20.0	18.00	1.2 ⎬ 4.4	1.6 ⎬ 5.9	0.012 8	0.017 3	0 ⎬ 5	0.082	0.137
20.0～24.0	22.00	0.6 ⎪	1.0 ⎪	0.007 0	0.010 4	1 ⎪		
24.0～28.0	26.00	0.4 ⎭	0.6 ⎭	0.003 9	0.006 5	2 ⎭		

上述计算系采用矩法估计，在实际工作中亦可用极大似然估计。需要指出的是，为了模拟短记录测站的间接模式估计理论分布，本例仅仅取了杭州、天津两站的小样本 $n=32$，作为直接模式估计和建立间接模式的线性回归方程的基础。实际上，两站现有资料年代并不太短，杭州为 68 年、天津为 92 年。因此，在表 4 和表 5 中比较直接模式和间接模式拟合效果时，其验证资料分别用这两站现有资料年代为总频数。

由表 4 可见，用上海(110 年)长记录资料估计间接模式建立的理论分布要比由杭州本站(32 年)小样本所估计的直接模式建立的理论分布拟合程度高。根据拟合优度的 χ^2 检验，从表 4 的结果计算得

$$\text{D. M. } \chi^2 = \sum_{i=1}^{5} \frac{(v_i - np_i)^2}{np_i} = 14.418$$

$$\text{I. M. } \chi^2 = \sum_{i=1}^{5} \frac{(v_i - np_i)^2}{np_i} = 4.609$$

式中 v_i 为第 i 组实测频数，np_i 为第 i 组理论频数，$(v_i - np_i)^2/np_i$ 即为第 i 组的歧度(如表 4 或表 5)。若取信度 $\alpha=0.05$，则有 $\chi_\alpha{}^2=7.815$，可见间接模式在给定信度上符合实测分布，即有 $\chi^2<\chi_\alpha{}^2$，而直接模式与实测频数分布有显著差异，即有 $\chi^2>\chi_\alpha{}^2$。由此可见，间接模式拟合效果优于直接模式。

同样，天津站计算结果亦有类似效果(表5)。其歧度(理论与实测频数)统计量分别为

$$\text{D. M. }\chi^2=\sum_{i=1}^{7}\frac{(v_i-np_i)^2}{np_i}=5.463$$

$$\text{I. M. }\chi^2=\sum_{i=1}^{7}\frac{(v_i-np_i)^2}{np_i}=2.781$$

当 $\alpha=0.05$ 时，${\chi_\alpha}^2=9.488$(自由度为4)从而使两个模式虽然都符合实测分布，但其中仍以间接模式拟合度更好。

需指出，天津和北京1月降水量频数分布偏度 c_s 较大，实测频数及理论频数均呈逆J型。在计算间接模式与直接模式时，由于曲线端点陡峭度大，不能采用通常(分组矩形求积)近似方法计算理论频数，因而改用梯形求积公式计算第一区间组表(表5第一、二行)的理论频数。其他区间组则仍沿用通常近似方法计算。

由(15)式，可对上述两站间接模式计算有效率，结果得到

$$E_{杭州}=1-(n/Nr^2)=1-(32/110\times0.8524^2)\approx0.60$$

$$E_{天津}=1-(n/Nr^2)=1-(32/119\times0.8929^2)\approx0.66$$

这一结果与上述 χ^2 检验结果完全吻合，即 $\chi^2_{天津}$ 优于 $\chi^2_{杭州}$，而有效率也是 $E_{天津}$ 优于 $E_{杭州}$。当然，由于估计理论分布是从样本出发，所得参数(包括一切与间接模式有关的 r,c_s,s,a,b 等)都不可避免地具有抽样误差，因而只能大体符合表1和表2所反映的规律(即不同的 E 对应着不同的 ρ 临界值，随着 E 的增大，ρ 临界值也相应增大)。

4 结论与讨论

间接模式(7)是在(1)或(5)式所表示的经验关系基础上得到的。严格地说，(7)为近似模式。从两站降水量线性回归模式出发，它们应有

$$y=kx+\varepsilon=\hat{y}+\varepsilon \tag{16}$$

或

$$y=a+bx+\varepsilon=\hat{y}+\varepsilon \tag{17}$$

式中 ε 为随机误差，$\hat{y}$ 为回归估计量(即理论上的条件平均值)。模式(7)的近似性就在于它略去了 ε 对 y 的影响，仅用 $\hat{y}$ 的概率分布来近似代替 y 的分布。根据回归理论，给定依变量 y 的总方差，当相关系数 ρ 越大时，剩余方差越小，反之，ρ 越小时，剩余方差则越大。这就表明，只要相关系数 ρ 足够大，在一定的精度要求下，可略去随机误差(剩余量 ε 对 y 的影响)，而采用间接模式(7)。因此，在两站相关系数 ρ 足够大的前提下：

(1)根据邻近台站之间的这种近似线性关系—回归方程，可以建立以基本站(大样本记录的测站)参数为基础的间接 Γ 分布模式，用来估计资料短缺的订正站(邻近的小样本记录测站)的降水量概率分布模式。

(2)一般地说，这种间接模式比直接由订正站的短序列(小样本)记录所估计的理论分布提高了有效率并简化了计算，其效果等价于延长了订正站资料，这一点本文已从理论上与实例中进行了说明。

值得指出的是，在相关系数 ρ 不大的情况下，模式有效率不高(见表1、2)。根据经验，在

环流系统不稳定的季节如春末夏初，即使两站相距甚近，其回归方程的剩余方差仍很大，甚至可达总方差的20%～50%。在此情况下，强行建立间接模式(7)，其有效率显然不会太高，因而失去了延长订正站资料、提高概率分布模式精度的意义。为弥补这个缺陷，也为完善或改进模式的近似性，不妨可利用 ε 的信息，从(16)式或(17)式出发考虑 y 的概率分布模式。换言之，可将订正站降水量 y 视为基本站 x 的回归估计量与随机误差 ε 的线性组合，借以推求修正的间接概率分布模式。关于在不同假设下，ε 对间接模式的影响及考虑这些影响后，修正模式的计算和实际拟合效果，将在另文探讨。

参考文献

[1] Ison N T, Feyerherm A M, Bark L D. Wet period precipitation and Gamma distribution. *J Appl Met*, 1971, **10**: 658-665.
[2] Mooley D A. Gamma distribution probability model for Asian summer monsoon monthly rainfally. *Mon Wea Rev*, 1973, **101**: 160-175.
[3] Oztürk A. On the study of a probability distribution for precipitation totals. *J Appl Met*, 1981, **20**: 1 499-1 505.
[4] 么枕生. 气候统计. 北京：科学出版社，1963：138.
[5] 么枕生. 气候统计学基础. 北京：科学出版社，1984：165.

降水气候特征的随机模拟试验

丁裕国[1]　张耀存[2]

（1. 南京气象学院，南京　210044；2. 南京大学大气科学系，南京　210093）

摘　要：本文利用多状态一阶 Markov 链，根据随机模拟理论建立一种用以产生单站逐日降水量模拟记录的随机模式。由该模拟模式可推求降水的各种长年气候统计特征，因而这种模拟模式可为缺少逐日资料的地区提供获取足够长年代资料的有效途径。利用该模式对我国上海、北京、广州、沈阳、荆州 5 站不同月份逐日降水的试验结果表明，模拟记录与历史资料所统计的气候特征如累年平均月降水量及其方差、累年平均日降水量及其方差、累年平均各月雨日数、最大日降水量等气候统计参数十分吻合，且具有相当的稳定性和可靠性。由于试验站点分属不同气候区域，因而该模拟方法具有普适性。

引　言

在农业生产和水资源开发利用的研究中，为了更好地了解各地区的气候状况，特别是水资源状况，在制定某些生产规划或设计某项水利工程时，常常需要充分考虑各地干湿气候条件，这就需要足够长的连续均一的逐日降水记录序列。对于水利工程设计来说，不但要求较长系列的雨量资料，还需要相应的流量、水位等记录，作为设计工程的依据。因此，寻求产生足够长日降水量记录序列的方法，模拟逐日天气变化的长年特征具有实用意义。

Monte-Carlo 随机模拟方法是一种十分有用的统计试验方法。目前，它已普遍应用于物理学、生物学、通信工程、控制论、管理科学、数值计算和水文学等各门学科。气象上应用随机模拟方法的历史不长，已有的工作[1-4]表明，利用随机模拟方法可以产生符合一定概型或模式的模拟气象资料，这对于研究气候特征及其变化规律有很大的意义。例如在气候影响研究中估算极端温度发生的概率，可通过随机方法模拟各种不同参数下的极端温度时间序列，从而计算其发生的概率。而不同参数组则可以模拟气候背景条件的改变。同样，利用随机模拟方法产生各种气候背景条件下的日降水量模拟记录序列，推估其各种统计特征，不但对农业、水利有重要价值，而且对研究不同地理环境背景下降水气候特征或气候变化条件下降水的变异都有重要意义。

本文利用 Monte-Carlo 方法，研究建立一种以多状态 Markov 链为基础的随机模式，以便为缺乏逐日降水长年资料的地区提供获得资料的有效途径。

1　模拟模式的建立

逐日降水过程的内部规律包括两个方面，其一是干湿日序列的时间分布即承替规律，其二是每一湿日降水量的总体概率分布形式。因此，模拟逐日降水可从这两个方面入手。文献[5-10]曾充分研究过逐日降水过程的干湿日演变 Markov 链概型。但这些概型的前提都是两状态链,即对每一湿日并未考虑降水量的多少。为此,将湿日按降水量大小首先分成若干等级,并规定成 n 个湿日状态 $s_1,s_2,\cdots,s_n$,显然,连同干日 s_0,就可组成降水过程较为完整的状态空间($s_0,s_1,\cdots,s_n$)。这种状态划分更加有利于客观模拟真实逐日降水过程。

设状态转移符合一阶 Markov 链,且记转移概率矩阵为

$$P=\begin{pmatrix} p_{00} & p_{01} & \cdots & p_{0n} \\ p_{10} & p_{011} & \cdots & p_{1n} \\ \cdots\cdots & \cdots\cdots & \cdots\cdots & \cdots\cdots \\ p_{n0} & p_{n1} & \cdots & p_{m} \end{pmatrix} \tag{1}$$

其中 $p_{ij}=P\ (x_t\in s_j\,|\,x_{t-1}\in s_i)$表示在第 $t-1$ 时刻(日期),天气处于状态 s_i,经一步转移在第 t 时刻(日期),天气处于状态 s_i 的条件概率,即转移概率。进一步假定 p_{ij} 与转移发生的时间坐标位置 t 无关,而仅与其前后两个时刻之差值有关,即具有平稳转移的均匀 Markov 链。

由干湿状态 $s_1,s_2,\cdots,s_n$ 各自对应于不同的降水量级,因而每个 $s_i(i=1,2,\cdots,n)$必对应于一种概率分布。在文献[11]中已指明,日降水量符合 Γ 分布,作者曾详细研究逐日降水的 Γ 分布拟合问题[12]。很明显,由于 Γ 型逐日降水量的正偏性,出现小量日降水或较少降水量的机会较大,而出现极端日降水量的机会却很少。因此,降水状态的划分应以递增区间由小到大划分为宜,即对于小量的降水区间应小,随着降水量增大,日降水量等级区间可逐步扩大。经过各种数值试验,本文采用近似几何级数作为划分湿状态的量级界限,例如,表 1 所列为上海 1,4,7,10 月份湿日降水等级标准。由表可见,尽管各月降水量平均状况有差异,但基本上都符合几何级数的等级区间。为了计算方便,对所划等级区间也可适当作些调整(见表 1)。此外,为了考虑总体概率分布的正偏态拖尾状特点,作者假设状态 s_0 为两点分布,s_1-s_{n-1} 为均匀分布,而 s_a 则定义为位移指数分布。考虑上述假设的根据在于日降水量符合 Γ 分布,尤其在冬季更显示其逆 J 型,而夏季则为单峰正偏拖尾状,因而除 s_0 和 s_n 外,其各状态所对应的概率密度可用直方图形逼近,故取为均匀分布,而 s_n 则取指数函数逼迫其概率密度。换言之,s_0 状态的概率分布为

$$p_0=\begin{cases} P(X=0.0)=q_{0\cdot 0} & \text{无降水} \\ P(X=0.1)=q_{0\cdot 1} & \text{数量降水} \end{cases} \tag{2}$$

表 1　上海逐日状态划分标准　　(单位:mm)

月份 \ 状态	s_0	s_1	s_2	s_3	s_4	s_5	s_6	s_7
1	≤0.1	≤0.8	≤1.6	≤3.3	≤6.5	≤13.0	≤26.1	>26.1
4	≤0.1	≤1.1	≤2.2	≤4.5	≤8.9	≤17.8	≤35.7	>35.7
7	≤0.1	≤2.2	≤4.4	≤8.7	≤17.5	≤35.0	≤70.0	>70.0
10	≤0.1	≤3.0	≤5.9	≤11.9	≤23.8	≤47.5	≤95.0	>95.0

s_1 至 s_{n-1}状态近似服从均匀分布

$$f(x)=\frac{1}{m_i-m_{i-1}} \qquad m_{i-1}<x\leqslant m_i,i=1,2,\cdots,n-1 \tag{3}$$

式中 m_i 为 $x\in s_i$ 的上限,而 s_n 状态近似服从下列指数分布

$$F_n(x)=\lambda e^{-\lambda(x-c)} \qquad x\in s_n \tag{4}$$

式中 $F_n(x)$ 为位移指数分布函数，λ 为分布参数，而 c 为状态 s_{n-1} 的上限。

根据给定的历史资料首先可估计 $s_0,\cdots,s_n$ 的转移概率矩阵，求得(1)式，然后利用这些历史资料分别估计各 s_i 所对应的概率分布。显然，实际上只要知道各状态区间界限，均匀分布即可确定，而指数分布则主要估计参数 λ。在上述基础上，利用离散随机变量的模拟方法[11]即可产生模拟逐日降水记录。

2 模拟计算方法

根据均匀 Markov 链的平稳转移循环公式即 Chapman-Колмогоров 方程[13]，当给定初始状态及其概率向量 $p(0)$ 时可推求任何 k 步转移概率矩阵。因此，结合(1)式，我们有

$$P^k = PP^{k-1} = \begin{pmatrix} p_{00}^{(k)} & p_{01}^{(k)} & \cdots & p_{0n}^{(k)} \\ p_{10}^{(k)} & p_{11}^{(k)} & \cdots & p_{1n}^{(k)} \\ \cdots & \cdots & \cdots & \cdots \\ p_{n0}^{(k)} & p_{n1}^{(k)} & \cdots & p_{nn}^{(k)} \end{pmatrix} \qquad k=1,2,\cdots \tag{5}$$

将行向量记为 $p_{ij}^{(k)}=(p_{i0}^{(k)},p_{i1}^{(k)}\cdots p_{in}^{(k)})$，若已知初始向量 $p(0)=(p_0(0),p_1(0),\cdots,p_n(0))$，则逐日降水过程在 k 步以后转移到各个状态($s_0,s_1,\cdots,s_n$)的概率向量必为

$$P(k)=p(0)P(0,k)=p(0)P^k \qquad k=1,2,\cdots \tag{6}$$

式中 $P(0,k)$ 表示从时刻为 0 到时刻为 k 的转移概率矩阵。或者写为

$$p_j^{(k)}=p(0)P^k \tag{7}$$

式中 $p_j^{(k)}$ 就是(5)式中的行向量，而 $p(0)$ 则是初始向量，并有 $p_j(0)=1$，而其余为 0，j 可为 $0,1,\cdots,n$ 中任一序号。例如初始状态为 s_1，则 $p(0)=(0,1,0,\cdots,0)$。

在模拟计算中，可根据一地气候季节的年内变化将一年的逐日演变划分成若干阶段，便消除季节对模拟结果的影响。本文则采用按月计算的方案，即对于各月分别依上述模型产生模拟记录。由公式(1)—(7)，原则上可采用两种算法确定逐日状态。

(1)对历史观测记录，在干湿多状态划分的基础上计算一阶转移矩阵 P，根据给定的初始日状态 $s_i(i=0,1,\cdots,n)$，利用(7)式并据概率行向量中的最大转移概率确定下一日(最可能)状态 $s_j(j=0,1,\cdots,n)$，又由该日状态 s_j 为新的初始日状态，重复利用一阶转移矩阵 P 和(7)式推求再下一日状态，如此重复运算，逐次求得全部各日所处状态。

(2)对历史观测记录计算一阶转移矩阵 P，根据给定的初始概率向量，利用式(6)或(7)，推求任意 k 步的概率向量，从而一次确定全部各日所处(最可能)状态，其中 $k=1,2,\cdots,K$。

在推得逐日状态的基础上，利用两点分布、均匀分布和位移指数分布产生各状态相应的随机数，从而得到逐日模拟记录。

为了使模拟记录更加符合实测记录，对初始状态的选择应考虑其代表性和客观性。一种简单的方法是假定初始日状态在历年均匀出现，因而可按均匀概率随机选取初始状态，另一种客观的方法是统计样本资料中初始状态的频数分布，例如某站初始日状态频率分布为单峰铃形分布，则模拟程序中对初始日的选取即可按这种分布产生初始日状态，本文试验结果表明，采用后者更符合实况。

3 实例计算及模拟效果分析

应用(1)—(7)式的模拟模式，在 M-360R 大型电子计算机上分别对北京、上海、沈阳、广州、荆州 5 个代表站全年各月进行降水量模拟试验。在试验中，首先要确定干湿状态数 n 这一参数以及状态区间的划分，其次要估计各站各月逐日转移概率矩阵 P 及位移指数分布参数 λ。

状态划分试验结果表明，当 n 从 6 增至 15，并以等差级数和几何级数不同分级区间进行随机模拟效果比较后，发现取状态数 8 或 9 时用几何级数作分级区间界限最为理想。因此，本文初步得到状态划分的经验公式为

$$m_L = \frac{(x_{M1} + x_{M2})}{2^{n-1}} \cdot 2^{(L-3)} \tag{8}$$

式中 $L=3,4,\cdots,n$，x_{M1} 和 x_{m2} 分别为日降水量的样本极大和次极大值，n 为分界点数。例如，上海 1 月份状态划分，除 0.0 和 0.1 mm 指定为 s_0 外，s_1 的上界、s_2 的上界、……、直到 s_{n-1} 的上界均可用(8)式估计。这里假定 n 取 8，已经 $X_{M1}=55.8$，$X_{M2}=48.5$，则 $m_3=\frac{55.8+48.5}{2^7}\times 2^0=0.8$，同理 $m_4=\frac{55.8+48.5}{2^7}\times 2=1.6$，以此类推，结果如表 1 中相应的第一行数值。其他任意测站任意月份逐日状态分界数值均可参照公式(8)得到。当然，这里之所以由 $L=3$ 开始，是因为干日状态皆由降水量 $\leqslant 0.1$ mm 定义，因此，$L=1$，$L=2$ 属例外。

为了获得稳定的模拟降水记录，对上海等 5 代表站分别产生 5 次模拟记录，然后求其平均，并分别统计这些模拟降水记录的各月平均月总量及其方差，平均日降水量及其方差以及模拟记录序列的干(湿)日数、干(湿)日概率、干(湿)日游程平均值等气候统计特征。表 2 中分别列出 5 个代表站 100 年模拟记录(5 次平均)气候统计特征与实测记录的气候统计特征。由表 2 清楚地看到，模拟记录与实测记录非常一致。其他统计特征虽不及累年平均月降水量与实测值的符合程度，但都在一定的精度上相当吻合，这些统计量包括月降水量方差、日平均降水量及其方差、月雨日数和干湿游程等。以上海站为例，选列一些结果在表 3 中。

表 2 各站模拟产生的累年平均月降水量及实际观测值 (单位：mm)

资料年限	台站	项目＼月份	1	2	3	4	5	6	7	8	9	10	11	12
96	上海	模拟	48.3	60.8	84.6	98.8	109.0	190.0	145.1	137.9	138.7	67.9	54.6	37.7
		观测	48.4	60.5	84.1	95.4	104.1	178.1	148.6	135.0	132.6	69.3	54.6	38.0
80	北京	模拟	2.5	5.2	6.5	17.6	33.6	86.8	236.9	178.4	51.4	15.1	10.0	3.2
		观测	2.7	5.2	6.4	18.1	32.5	76.6	227.4	180.8	53.5	16.4	8.5	2.9
66	广州	模拟	39.0	64.8	83.4	159.2	249.8	271.7	235.8	229.8	143.3	53.4	40.4	29.2
		观测	38.3	63.2	85.4	157.6	244.9	269.1	231.3	224.3	146.7	54.6	40.4	28.4
40	沈阳	模拟	7.0	5.6	14.6	35.1	63.0	97.3	204.0	183.2	83.5	38.6	22.9	8.8
		观测	6.6	6.2	15.1	33.3	62.7	95.1	194.5	181.7	80.9	39.6	21.9	10.4
38	荆州	模拟	29.9	48.3	89.7	132.2	150.7	173.3	175.6	138.8	82.9	84.9	52.2	24.1
		观测	30.7	47.3	84.6	123.2	153.1	170.6	176.2	137.8	78.9	84.8	55.9	26.3

表 3 上海站各种气候统计量模拟结果

项　目	1月	4月	7月	10月	均方误差
月降水量方差	(1 247.2) 885.8	(1 788.9) 1 748.5	(7 160.2) 6 561.4	(4 254.0) 4 035.2	13.54
日平均降水量(mm)	(1.6) 1.5	(3.2) 3.3	(4.8) 4.6	(2.2) 2.2	0.12
日平均降水量方差	(19.69) 17.71	(48.94) 53.18	(178.82) 167.83	(72.21) 48.39	13.32
月平均雨日数(天)	(9.1) 8.9	(12.4) 12.3	(10.8) 10.0	(8.3) 7.9	0.46
极大日降水量(mm)	(55.8) 63.6	(73.3) 84.2	(148.2) 154.8	(199.9) 194.5	3.74
干日游程平均长度(天)	(5.2) 5.3	(3.1) 3.0	(4.5) 4.4	(5.7) 5.0	0.47
湿日游程平均长度(天)	(2.4) 2.1	(2.4) 2.3	(2.5) 2.4	(2.3) 2.1	0.22

注:括号内为实测值。

由表 3 可见,除月降水量方差和日平均降水量方差对于实测值的均方误差较大外,其余各种气候统计特征与实测值几乎十分一致,均方误差都很小。由此可见,如能模拟产生逐日降水量记录序列,则在此基础上就可推求各种有关降水的气候统计特征。假如能在一定信度下以较短年代样本也可产生任意长年代的模拟记录,实际上等价于延长了气候资料。

4　模拟结果的稳定性探讨

随机模拟的最终目的,一方面可用于产生任意长年代的逐日降水记录序列,另一方面可研究不同气候背景条件下降水特征的改变。关于后者,我们将另文加以研究。而就产生模拟序列来说,通常有实际意义的是,能否以较短的实际观测记录作为建模样本,产生长年代模拟记录序列,以便推断若干气候统计特征。为此,进一步考察模拟结果的稳定性。根据本文建模的基本出发点,很明显,模拟结果的稳定性首先取决于 Markov 转移概型的稳定性。在大样本情况下,转移矩阵趋于稳定是不言而喻的,但在多大样本情况下转移矩阵即趋于稳定从而控制整个降水过程的状态转移,是值得探讨的关键性问题。

设 P 为 96 年某月逐日记录所估计的转移矩阵,分别以各种短年代样本记录重新统计 P^*,于是可求得 10,20,…,90 年不同样本下的转移矩阵序列 $P_{10}^*,P_{20}^*,\cdots,P_{90}^*$,以这些样本矩阵分别与 P(可假设为总体)比较其相似性或误差即可判定转移矩阵的稳定性。作者在试验中则采用各个 $P_i^*\ (i=10,20,\cdots,90)$ 与 P 的均方误(即平均平方误差)来度量其相似程度。图 1 就是上海 1—8 月转移概率矩阵在不同样本容量下的均方误变化曲线。由图 1 可见,即使在样本为 10 年的情况下,转移矩阵的稳定性已相当好,且各月都稳定。由此证明,利用短年代资料通过多状态 Markov 链随机模拟，产生长年代逐日降水记录序列，从而推求相应的累年气候统计特征，具有可行性基础。为了进一步证实这一论断，作者以上海为例，任选最近 20 年逐日降水记录进行如前的随机模拟试验，结果发现，仅用 20 年短记录产生两次 100 年模拟记录序列，其统计量的精度即已基本上达到了用 96 年资料模拟产生 5 次 100 年记录序列所推求的气候统计特征值。例如图 2a 为模拟产生的降水记录推求的月降水量累年平均值与实际资料(96 年)统计结果的比较。由图 2a 可见，除个别月份(如 8 月份和 4,5 月份)有稍大的差异外，基本上用 20 年记录已能相当好地模拟出长年的月平均降水量(气候值)，况且我们仅进行了两次随机试验，而 96 年记录所模拟的则用了 5 次随机试验的平均，所以，这种差异是可以理解的。这正说明了用 20 年记录这样短的年代进行模拟是完全可行的，例如，图 2a 中大部分月份都拟合得较好。再看图 2b 所绘各月雨日数的模拟值，基本上与长年代(96 年)模拟的月雨日数相差不大，其最大差异均不超过两天，绝大多数月份仅仅只有一天之差或不到一天。可见用 20 年记录模拟产生逐日降水长年代记录序列是可行的。此外，用 20 年样本模拟生成的其他气候统计特征如各月日平均降水量、干(湿)日游程的平均长度、天气循环周期等也都达到相当的精度(图表略)。

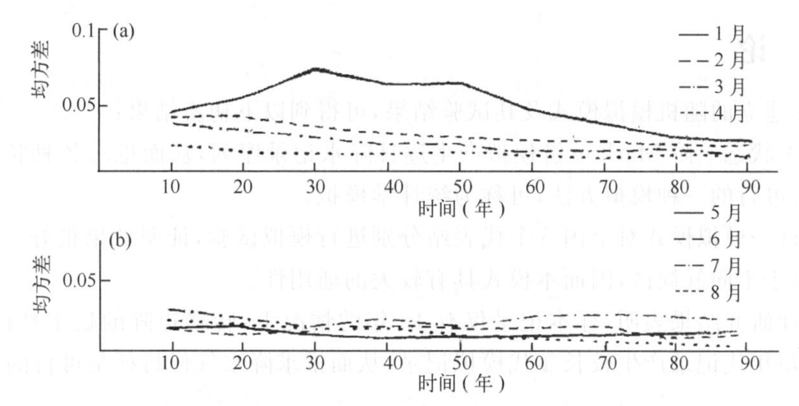

图 1　上海(1—8 月)转移概率矩阵均方误差变化曲线

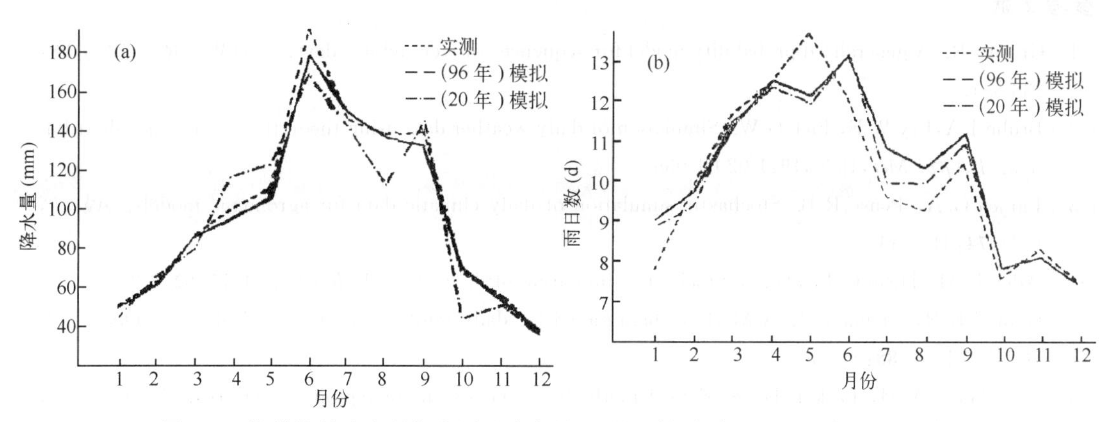

图 2　上海模拟月降水量与实测月降水量(a)的比较，与实测月雨日数(b)的比较

事实上，所谓短年代记录，就逐日降水过程而言，其样本容量并不很小，以 10 年记录的某月份来说，已有统计样本 $n=300$ 左右，即使 5 年记录，其样本容量 $n=150$ 左右也并非是

小样本，因此上述短年代随机模拟在很大程度上是可行的。

最后指出，随机模拟结果如此有效的原因可从两方面加以理论解释。其一，在气候背景无显著变化的前提下，某季节（或月份）逐月天气演变就是所谓天气振动，这些天气振动在某种意义下的平均状况就是气候，因而天气振动所产生的噪声在大量平均的基础上具有减少或消失的可能，因而只要用一定样本容量的逐日天气估计出逐日状态转移概率矩阵，在大量模拟记录中推求气候平均值必然具有稳定性。况且在模拟计算中对初始日状态并不任意给定，而是由其概率分布产生，这就从概率意义上更加符合一地气候总体的实况。其二，对某一固定地点来说，影响该地的基本气候因子（辐射、环流、地理）综合反映于逐日天气过程的各种统计特性之中，尽管对某一特指的年份我们无法模拟其实况，但根据概率论中的大数定律，大量重复的随机试验结果中，必然使来自各方面的随机因素相互抵消而呈现出规律性，这正是进行状态推算后用产生随机数的办法产生逐日降水量的理论前提，即认为逐日状态的随机性小，而逐日降水量的随机性大（影响因素多），所以常年平均总量就趋于稳定。

5 结 论

根据本文建立的随机模拟模式及其试验结果，可得到以下初步结果：

(1)利用多状态一阶 Markov 链模拟产生逐日降水记录序列，从而推求各种长年气候统计特征是切实可行的一种模拟方法，可称为统计学模拟。

(2)利用这一模拟模式对全国 5 个代表站分别进行模拟试验，证明效果很好。由于 5 个代表站分别位于不同气候区，因而本模式具有较大的通用性。

(3)稳定性研究结果表明，样本记录仅有 10 年的情况下，转移矩阵的稳定性已相当好。由此证明，用短年代记录产生较长年代模拟记录，从而推求降水气候特征是可行的。

参考文献

[1] Green J R. A generalized probability model for sequences of wet and dry days. *Mon Wea Rev*,1970,**98**:238-341.

[2] Bruhn J A,Fry W E, Fick G W. Simulation of daily weather data using theoretical probability distribution. *J Appl Met*,1980,**19**:1 029-1 036.

[3] Larsen G A, Pense R B. Stochastic simulation of daily climatic data for agronomic models. *Agr J*,1982,**74**:510-514.

[4] Allen D M, Haan C T, *et al.*, Stochastic simulation of daily rainfall. *Res Rep*,1975,**82**:2-21.

[5] Gabriel K R, Neumann J. A Markov chain model for daily rainfall occurence at Tel Aviv. *Quart J R Met Soc*,1962,**88**:90-95.

[6] Feyerherm A M, Bark L D. Statistical methods for persistent precipitation patterns. *J Appl Met*,1985,**4**:320-328.

[7] Wiser E M. Modified Markov chain probability models of sequences of precipitation events. *Mon Wea Rev*,1965,**93**:511-516.

[8] Nord J. Some applications of Markov chains. Fourth Conf on Prob and Stat in Atm Sci,1975:125-130.

[9] Gates P, Tong H. On Markov chain modeling to some weather data. *J Appl Met*, 1976, **15**: 1 145-1 151.

[10] Katz R W. Estimating the order of a Markov chain-another look at the Tel Aviv rainfall data. Sixth Conf on Prob and Stat in Atm Sci, 1979.

[11] 徐钟济. 蒙特卡罗方法. 上海:上海科学技术出版社, 1985.

[12] 张耀存, 丁裕国. 降水量概率分布的一种 Γ 型通用模式. 气象学报, 1991, **49**(1): 80-84.

[13] 么枕生. 气候统计学基础. 北京:科学出版社, 1984: 516-517.

干、湿月游程的Markov链模拟

丁裕国　牛　涛

(南京气象学院,南京　210044)

摘　要:本文以文献[1]中提出的游程和转折点的概念,利用Markov链研究我国各大气候区若干代表测站干、湿月游程的统计特征,得到许多有实际应用意义的气候统计信息。此外,文中还对干、湿月转移概率矩阵的稳定性及其极限分布作了计算和讨论,其结果可直接提供长期预报的气候背景。

引　言

长期预报或气候预报的一个至关重要的问题就是,一种气候类型或状态(或天气状态)在何时发生转折,从一种状态转至另一种状态有多长的持续时间。例如干、湿时期的持续与转折,某种环流模态的持续与转折等,都是气候预报或长期预报的关键。所谓游程,是指在离散(时间)序列中,同类性质的元素持续出现所占据的一个阶段,例如,某气候要素持续出现一段时间的正距平可称为正游程,共持续时间长度就称为正游程长度;反之,负距平持续时间长度就称为负游程长度。显然,在不同性质的游程之间必有转折点(在时间轴上即为转折时间)。游程理论最早由Mood(1940)创立[2],其后Wald等人,Feller(1957)[3],Yevjevich(1972)[4],Hunter(1983)[5]都曾做过许多研究。杨鉴初早在1951年就曾从实践预报经验总结出有关气象要素历史曲线演变的规律性,指出在长期气候记录中存在着循环过程,在循环过程中必有转折点[6]。么枕生早就注意到长期气候预报的统计学理论,对于游程转折点规律做过许多研究。在文献[7]中,曾将Markov链理论结合到游程计算中。又从不同的角度推导出干、湿游程转折点间的等待时间T_i所具有的概率分布、游程转折时间的平均数和方差、转折周期(干湿循环)长度的理论公式[8-11]。对于统计气候预报来说,研究气候序列的游程和转折点统计规律并寻求其统计预报模式具有理论和应用价值。

从统计学观点来看,若将记录的数值时间序列按某一临界值划分为性质不同的游程二分序列(如正、负距平序列),则可使序列内部的非线性变化所造成的影响减小[1]。对这种简化时间序列(即游程序列)不但可以建立线性自回归(AR(p))模式,也可建立各种非线性自回归模式。同时,研究游程长度的概率分布,游程转折周期的概率分布以及研究不同环流背景或前期天气气候条件下的游程随时间的转折规律,无疑也是非常有意义的。

本文将Markov链理论应用于游程转折点研究中,对我国不同气候区的主要代表性测站计算干、湿月游程概率及其分布,利用经验拟合选配各站游程概率分布模式,进一步讨论了各地转移概率矩阵的极限分布和稳定性规律。

1 资料和方法

为了全面了解我国各大气候区域逐月干、湿演变的统计规律，选取哈尔滨、北京、宜昌、南通、上海、杭州、成都、兰州、银川、南宁等10个代表测站(1951—1980年)近30年逐月降水资料，其中上海站还另外选取1881—1950年逐月降水资料作为研究长短样本的对比资料。所以选取有限的代表站，一是为了研究本方法的可行性，二是为了减少计算量。因此，本文不作有关统计参数在地理空间分布的探讨，而仅针对各站本身或各站之间统计规律的对比分析。

首先，对降水记录作如下的预处理：凡月降水量大于该站该月累年平均值，定为湿月，记为“1”；凡月降水量小于、等于该站该月累年平均值，定为干月，记为“0”。这样就得到以“0～1”标记的干、湿月游程序列。如图1绘出10个代表站干、湿月气候概率在不同地区的分布。由图可见，湿润气候区湿月气候概率大于干旱气候区，而干旱气候区不但干月气候概率较大，且干湿月气候概率差值也较大。

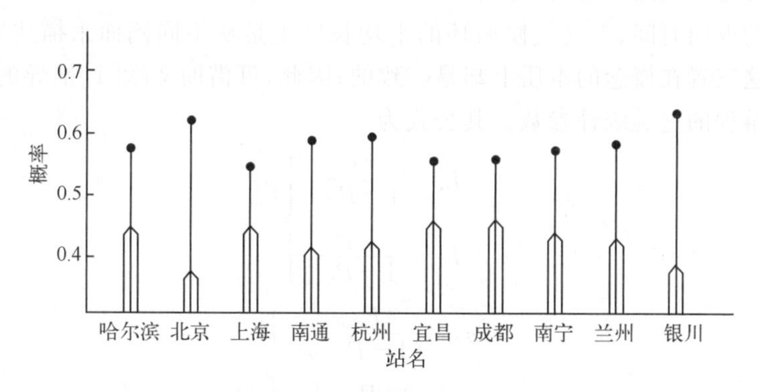

图1 各站干、湿月气候概率

图中单实线表示干月，双实线表示湿月

从Markov链的观点来看，游程长度就是游程转折点之间的等待时间，即所谓首次通过时间，因此，游程长度的分布就是首次通过时间的分布。就两状态一阶Markov链而言，长度为k的干、湿月游程出现概率就是从干、湿月出发经过k步转移，首次到达湿、干月的概率，因而有

$$\left.\begin{aligned} P\{D_\tau=k\}&=(1-P_{d|d})P_{d|d}^{k-1} \\ P\{W_\tau=k\}&=(1-P_{w|w})P_{w|w}^{k-1} \end{aligned}\right\} \tag{1}$$

式中D_r和W_r分别表示干月和湿月游程长度，$P_{d|d}$表示前1月为干月，后1月仍为干月的条件概率，$P_{w|w}$表示前1月为湿月，后1月仍为湿月的条件概率。根据[10]的研究，利用高阶Markov链，也可推得长度为k的干、湿月游程概率分布，它们分别为*

* 文献[10]中未给出推导过程，但公式有误，作者在本文除引用其思路外，重新推导出(2)式(3)式(4)式。

$$
\left.\begin{aligned}
P\{D_\tau=k\}&=(1-P_{d|dd})P_{d|wd}P_{d|dd}^{k-2}\\
P\{W_\tau=k\}&=(1-P_{w|ww})P_{w|dw}P_{w|ww}^{k-2}
\end{aligned}\quad k\geqslant 2\right\}\tag{2}
$$

$$
\left.\begin{aligned}
P\{D_\tau=k\}&=(1-P_{d|ddd})P_{d|wd}P_{d/|wdd}P_{d|ddd}^{k-3}\\
P\{W_\tau=k\}&=(1-P_{w|www})P_{w/dw}P_{w|dww}P_{w|www}^{k-3}
\end{aligned}\quad k\geqslant 3\right\}\tag{3}
$$

……

$$
\left.\begin{aligned}
P\{D_\tau=k\}&=(1-P_{d|d\cdots d})P_{d|wd}P_{d/|wdd}\cdots P_{d|d\cdots d}^{k-s}\\
P\{W_\tau=k\}&=(1-P_{w|w\cdots w})P_{w/dw}P_{w|dww}\cdots P_{w|w\cdots w}^{k-s}
\end{aligned}\quad k\geqslant s\right\}\tag{4}
$$

式(2)—(4)分别代表在 2,3,…,s 阶 Markov 链意义下，干、湿月游程的理论分布模式。不难看出，它们都是(1)式的推广，而(1)式正是文献[9]和[3]从不同观点推导的一致结果。在上述公式中概率 $P_{d|dd}$ 表示前 2 月为干月，后 1 月仍为干月的条件概率，而 $P_{d|wd}$ 表示初始月为湿月，第 2 月为干月，第 3 月又为干月的概率，类似地，对于湿月也有相应条件概率 $P_{w|ww}$，$P_{w|dw}$……，其余类推之。

任何气候要素的全部统计特征都可通过概率分布来描述，而其主要统计特征如平均值和方差，则常常是人们最关心的，它们在一定的程度上代表了一地气候的主要特征。游程的平均长度、平均返回时间、天气气候循环的平均长度正是从不同侧面来描述干、湿月转折的平均状态，而这三者在概念的本质上却是一致的；因此，可借助文献[1]推导的相应公式计算各地干、湿月游程的这类统计参数。其公式为

$$
\left.\begin{aligned}
L_d&=\frac{1}{1-P_{d|d}}\\
L_w&=\frac{1}{1-P_{w|w}}
\end{aligned}\right\}\tag{5}
$$

$$
\left.\begin{aligned}
\sigma_d^2&=\frac{P_{d|d}}{(1-P_{d|d})^2}\\
\sigma_w^2&=\frac{P_{w|w}}{(1-P_{w|w})^2}
\end{aligned}\right\}\tag{6}
$$

$$
\left.\begin{aligned}
T_d&=1+\frac{P_{w|d}}{P_{d|w}}\\
T_w&=1+\frac{P_{d|w}}{P_{w|d}}
\end{aligned}\right\}\tag{7}
$$

$$
\left.\begin{aligned}
\mu_c&=E[c]=\frac{1}{1-P_{d|d}}+\frac{1}{1-P_{w|w}}\\
\sigma_c^2&=\mathrm{Var}[c]=\frac{P_{d|d}}{(1-P_{d|d})^2}+\frac{P_{w|w}}{(1-P_{w|w})^2}
\end{aligned}\right\}\tag{8}
$$

式(5)、(6)分别为干、湿月游程平均长度和方差的计算公式，式(7)、(8)分别为干、湿月平均返回时间的计算公式和天气气候循环平均长度和方差计算公式。其中 L_d，L_w 分别为干月和湿月游程平均长度，$c_d{}^2$，$\sigma_w{}^2$ 分别为干月游程和湿月游程长度的方差，T_d 和 T_w 分别为干月和湿月的平均返回时间，μ_c 和 $\sigma_c{}^2$ 则为天气气候循环平均长度和其方差。

2 计算结果

2.1 干、湿月游程概率分布

对哈尔滨、北京、宜昌、上海、杭州、成都、兰州、银川、南宁等十个站分别应用(1)—(4)式，计算在1～4阶Markov链假设下的干、湿月游程概率(理论值)与干、湿月游程频数(实测值)。表1中给出几个站(1～4阶链假设下)游程长度的理论频数与实测频数分布。由表1、2可见，各地游程长度的理论分布与实测分布基本吻合，其特点是大多呈 L 型偏态分布，

表1 干月游程长度频数分布表 (单位:次)

项目	游程长度(月)	1	2	3	4	5	6	7	8	9	10	11	12	13	14	15	16
北京	一阶	31.9	19.8	12.3	7.6	4.7	2.9	1.8	1.1	0.7	0.4	0.3	0.2	0.1	0.1	0.0	0.0
	二阶	31.9	17.8	11.4	7.3	4.7	3.0	1.9	1.2	0.8	0.5	0.3	0.2	0.1	0.0	0.0	0.0
	三阶	31.9	16.8	12.3	7.4	4.8	3.1	1.8	1.1	0.5	0.4	0.2	0.3	0.1	0.0	0.1	0.0
	四阶	31.9	17.8	12.1	8.5	5.2	3.1	1.9	1.2	0.7	0.4	0.3	0.2	0.1	0.0	0.0	0.0
	实测	34.0	17.0	11.0	8.0	4.0	4.0	4.0	4.0	2.0	0.0	0.0	0.0	0.0	0.0	0.0	0.0
哈尔滨	一阶	35.9	20.9	12.2	7.1	4.1	2.4	1.4	0.8	0.5	0.3	0.2	0.1	0.1	0.0	0.0	0.0
	二阶	35.9	22.5	12.8	7.2	4.1	2.3	1.3	0.7	0.4	0.2	0.1	0.1	0.0	0.0	0.0	0.0
	三阶	35.9	21.0	11.9	7.3	3.6	2.2	1.5	0.8	0.5	0.4	0.1	0.1	0.0	0.0	0.0	0.0
	四阶	35.9	22.5	12.4	5.8	3.6	2.2	1.3	0.5	0.4	0.3	0.2	0.1	0.0	0.0	0.0	0.0
	实测	34.0	23.0	14.0	6.0	2.0	1.0	5.0	0.0	1.0	0.0	0.0	0.0	0.0	0.0	0.0	0.0
银川	一阶	24.7	16.6	11.1	7.5	5.0	3.4	2.3	1.5	1.0	0.7	0.5	0.3	0.2	0.1	0.1	0.0
	二阶	24.7	19.8	12.7	8.15	5.2	3.3	2.1	1.4	1.0	0.6	0.4	0.2	0.1	0.0	0.0	0.0
	三阶	23.5	19.8	13.8	8.4	5.1	3.3	2.1	1.3	1.0	0.5	0.4	0.2	0.1	0.0	0.0	0.0
	四阶	24.7	19.8	17.2	8.5	5.2	3.2	2.0	1.2	0.7	0.4	0.3	0.2	0.1	0.0	0.0	0.0
	实测	21.0	17.0	19.0	9.0	3.0	2.0	5.0	2.0	0.0	0.0	0.0	0.0	0.0	0.0	0.0	0.0
兰州	一阶	26.5	17.0	10.9	7.0	4.5	2.9	1.9	1.2	0.8	0.5	0.4	0.2	0.0	0.0	0.0	0.0
	二阶	26.5	16.0	9.9	6.6	4.4	2.9	1.9	1.2	0.8	0.6	0.4	0.2	0.0	0.0	0.0	0.0
	三阶	26.4	16.0	10.9	6.6	4.4	2.9	1.9	1.2	0.7	0.4	0.4	0.2	0.0	0.0	0.0	0.0
	四阶	26.5	15.0	12.2	10.3	5.8	3.3	1.9	1.0	0.6	0.3	0.3	0.1	0.0	0.0	0.0	0.0
	实测	30.0	13.0	9.0	10.0	7.0	1.0	1.0	1.0	0.0	1.0	0.0	0.0	0.0	0.0	0.0	0.0
宜昌	一阶	47.8	24.2	12.3	6.2	3.2	1.6	0.8	0.4	0.2	0.1	0.0	0.0	0.0	0.0	0.0	0.0
	二阶	47.8	26.0	12.7	6.2	3.1	1.5	0.7	0.4	0.1	0.0	0.0	0.0	0.0	0.0	0.0	0.0
	三阶	47.8	26.1	14.7	7.2	2.9	1.5	0.7	0.4	0.1	0.0	0.0	0.0	0.0	0.0	0.0	0.0
	四阶	47.8	26.0	17.2	7.2	2.9	1.2	0.5	0.2	0.1	0.0	0.0	0.0	0.0	0.0	0.0	0.0
	实测	47.0	21.0	17.0	6.0	4.0	2.0	0.0	0.0	0.0	0.0	0.0	0.0	0.0	0.0	0.0	0.0

表 2 湿月游程长度频数分布 (单位:次)

项目	游程长度(月)	1	2	3	4	5	6	7	8	9	10	11	12	13	14	15	16
北京	一阶	53.5	19.8	7.3	2.7	1.0	0.4	0.1	0.1	0.0	0.0	0.0	0.0	0.0	0.0	0.0	0.0
	二阶	53.5	16.2	6.8	2.9	1.2	0.5	0.2	0.1	0.0	0.0	0.0	0.0	0.0	0.0	0.0	0.0
	三阶	53.5	17.2	7.0	2.9	1.1	0.5	0.1	0.0	0.0	0.0	0.0	0.0	0.0	0.0	0.0	0.0
	四阶	53.5	16.2	9.3	3.6	1.0	0.5	0.1	0.0	0.0	0.0	0.0	0.0	0.0	0.0	0.0	0.0
	实测	56.0	15.0	9.0	4.0	0.0	1.0	0.0	0.0	0.0	0.0	0.0	0.0	0.0	0.0	0.0	0.0
哈尔滨	一阶	47.8	20.0	9.2	4.0	1.8	0.8	0.3	0.1	0.1	0.0	0.0	0.0	0.0	0.0	0.0	0.0
	二阶	47.8	18.1	8.6	4.1	2.0	0.9	0.4	0.2	0.1	0.0	0.0	0.0	0.0	0.0	0.0	0.0
	三阶	47.8	19.0	10.1	4.1	1.9	0.9	0.2	0.2	0.0	0.0	0.0	0.0	0.0	0.0	0.0	0.0
	四阶	47.8	18.1	13.6	4.0	2.0	0.6	0.2	0.1	0.0	0.0	0.0	0.0	0.0	0.0	0.0	0.0
	实测	51.0	14.0	14.0	3.3	2.0	0.0	0.0	0.0	0.0	0.0	0.0	0.0	0.0	0.0	0.0	0.0
银川	一阶	42.4	18.1	7.7	3.3	1.4	0.6	0.3	0.2	0.1	0.0	0.0	0.0	0.0	0.0	0.0	0.0
	二阶	42.4	15.9	7.4	3.4	1.6	0.7	0.3	0.1	0.1	0.0	0.0	0.0	0.0	0.0	0.0	0.0
	三阶	42.4	15.9	7.4	3.3	1.7	0.7	0.3	0.1	0.0	0.0	0.0	0.0	0.0	0.0	0.0	0.0
	四阶	42.4	15.9	7.4	3.3	1.7	0.7	0.3	0.1	0.0	0.0	0.0	0.0	0.0	0.0	0.0	0.0
	实测	44.0	16.0	7.0	3.0	3.0	1.0	0.0	0.0	0.0	0.0	0.0	0.0	0.0	0.0	0.0	0.0
兰州	一阶	36.5	18.5	9.4	4.7	2.4	1.2	0.6	0.3	0.2	0.1	0.0	0.0	0.0	0.0	0.0	0.0
	二阶	36.5	22.4	10.2	4.6	2.1	1.0	0.5	0.2	0.1	0.0	0.0	0.0	0.0	0.0	0.0	0.0
	三阶	36.5	22.4	10.2	6.2	2.3	0.9	0.5	0.2	0.0	0.0	0.0	0.0	0.0	0.0	0.0	0.0
	四阶	36.5	22.4	10.3	6.2	2.3	1.0	0.5	0.1	0.0	0.0	0.0	0.0	0.0	0.0	0.0	0.0
	实测	32.0	23.0	9.0	7.0	1.0	1.0	1.0	1.0	0.0	0.0	0.0	0.0	0.0	0.0	0.0	0.0
宜昌	一阶	57.5	23.1	9.3	3.7	1.5	0.6	0.2	0.1	0.0	0.0	0.0	0.0	0.0	0.0	0.0	0.0
	二阶	57.5	28.2	9.5	3.2	1.1	0.4	0.1	0.0	0.0	0.0	0.0	0.0	0.0	0.0	0.0	0.0
	三阶	57.5	28.2	10.1	3.4	1.3	0.4	0.1	0.0	0.0	0.0	0.0	0.0	0.0	0.0	0.0	0.0
	四阶	57.5	28.2	13.0	1.8	0.7	0.3	0.1	0.0	0.0	0.0	0.0	0.0	0.0	0.0	0.0	0.0
	实测	53.0	26.0	14.0	2.0	0.0	1.0	0.0	0.0	0.0	0.0	0.0	0.0	0.0	0.0	0.0	0.0

即游程长度在3～4个月以内的机会为最多,但各站频数曲线的陡度并不一样。经用 χ^2 拟合度检验,结果表明1～4阶链均能达到95%的置信水平。可见,利用1～4阶Markov链是能拟合干、湿月游程频数分布的,为简便起见,作为示例,我们仅取一阶链所拟合的频数点绘几个测站频率分布曲线(如图2所示)。根据各站频率分布形状,还可配合如下的经验指数曲线,作为离散型概率分布的一种近似:

$$P_i(r)=k_i e^{\alpha_i r} \qquad i=1,\cdots,10;\ r=1,2\cdots$$

式中 k_i,α_i 分别为第 i 站的两个待定参数。表3中列出各代表站参数值(根据最小二乘法拟合计算结果)。

表 3　各代表站参数值

站		哈尔滨	北京	上海	宜昌	南宁	成都	南通	兰州	银川
干月	k_i	0.715 9	0.611 5	0.745 5	0.970 2	0.764 7	1.492 9	0.660 8	0.556 6	0.490 2
	α_i	−0.539 6	−0.477 1	−0.557 0	−0.678 2	−0.558 9	−0.913 5	−0.501 2	−0.442 9	−0.398 9
湿月	k_i	1.283 9	1.699 8	0.964 9	1.492 9	0.694 5	0.781 7	1.188 4	0.973 8	1.339 5
	α_i	−0.825 9	−0.993 2	−0.675 5	−0.913 5	−0.504 3	−0.557 4	−0.783 3	−0.679 9	−0.849 9

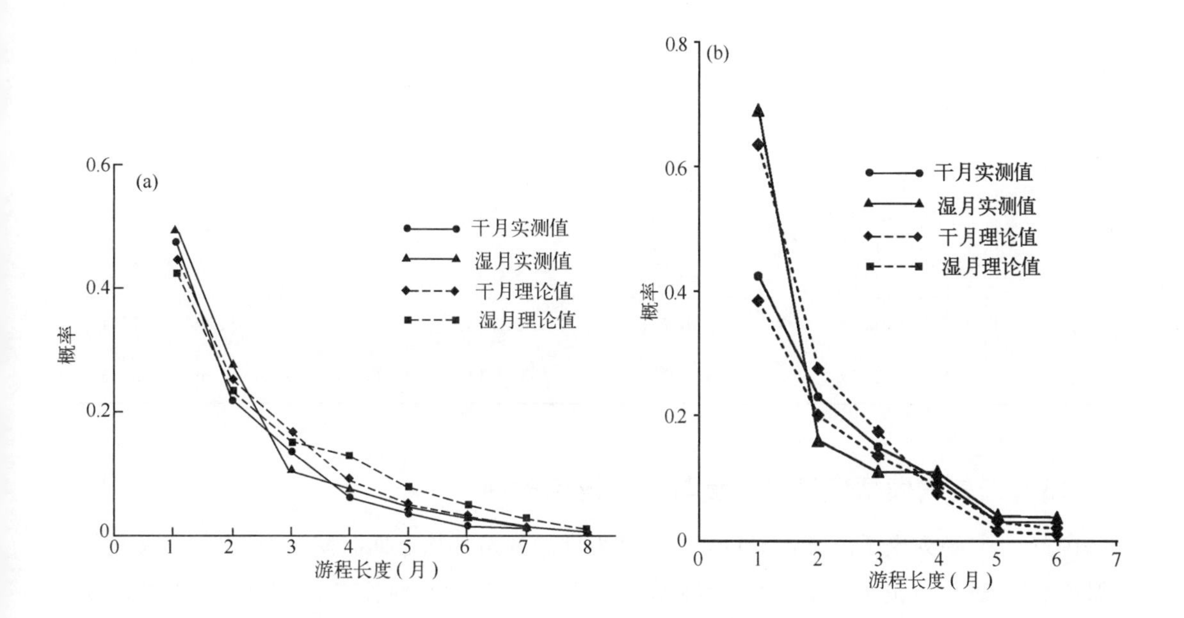

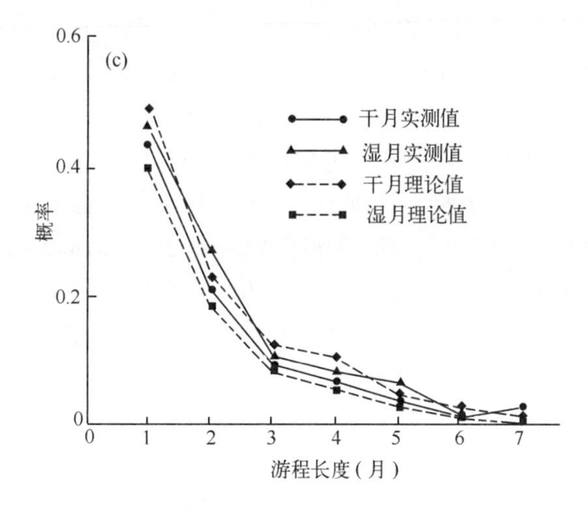

图 2　上海(a)、北京(b)、兰州(c)干、湿月游程概率分布曲线

2.2 干、湿月游程平均长度及其方差

表 4 中已经列出各站干、湿月游程平均长度及其均方差，这些结果由公式(5)和(6)算得。由表 4 可见，银川、兰州、杭州无论干或湿月游程长度都较长，而宜昌、南宁则相对较短。

表 4　干、湿月游程统计特征理论计算值　（单位：月）

项目		北京	哈尔滨	银川	兰州	宜昌	成都	南通	上海	杭州	南宁
干月	L_d	2.64	2.40	3.04	2.80	2.03	2.28	2.54	2.34	2.74	2.29
	σ_d	2.08	1.83	2.49	2.24	1.45	1.71	1.98	1.77	2.18	1.72
	T_d	1.60	1.75	1.55	1.72	1.82	1.83	1.73	1.87	1.70	1.72
湿月	L_w	1.59	1.78	1.75	2.03	1.67	1.90	1.84	2.04	1.92	1.72
	σ_w	0.97	1.18	1.14	1.44	1.06	1.30	1.25	1.45	1.33	1.15
	T_w	2.66	2.35	2.74	2.38	2.22	2.20	2.38	2.15	2.42	2.33
μ_c		4.22	4.18	4.79	4.82	3.70	4.18	4.33	4.38	4.66	4.01
σ_c		2.29	2.17	2.74	2.67	1.79	2.14	2.34	2.29	2.56	2.05

2.3 天气气候循环平均长度与平均返回时间

在表 4 中，还列出了由公式(7)和(8)计算得到的各站平均返回时间 T_d 或 T_w 和天气气候循环平均长度 μ_c（见表 3 下部）。这些结果与干、湿月游程平均长度 L_d 或 L_w 是互相匹配的。例如，银川、兰州、杭州三站干、湿月游程相对较长，其天气气候循环的平均长度也相应较长；反之，如宜昌、南宁干、湿月游程相对都较短，其天气气候循环周期也较短。这与表 4 倒数第二行所列计算结果(μ_c)恰好相符。另一方面，从表 5 给出的各站天气气候循环频数分配也可找到同样的佐证。在表 5 中，列出各站天气气候循环的理论频数和实测频数分配。由表可见，宜昌、南宁两地天气气候循环长度集中在 3 个月以下，换言之，两地月际干湿交替大约在 3 个月以内循环的机会为最多。例如，宜昌 4 个月以下的天气气候循环实测频率约占 72.7%，南宁则占 62.5%；银川、兰州、杭州分别只有 36.7%，41.5%，45.7%。这种比例关系说明宜昌、南宁两地干湿游程平均较短，而银川、兰州两地天气气候循环的干湿游程平均来说比上述两地稍长。再以表 4 中干月游程频数来看，也与前面分析的结论一致，例如宜昌长度为 1 个月的干湿月游程频数比其他站都高，而其次为南宁，相反，频数最少的三个站为兰州、杭州、银川，这一事实表明，宜昌、南宁干湿月转移频繁，而兰州、杭州、银川的干湿月转移相对较少。从气候学观点来看，反映出宜昌、南宁出现持续性旱涝的机会不多，而其余三个站则持续出现旱涝的可能性相对较大。干、湿月游程的各种统计特征(含其概率分布)，从平均意义上反映了各地旱涝气候特点。尽管这些统计参数本身因受抽样的影响而具有抽样振动，但其气候学意义却仍十分清楚。

表 5　天气气候循环长度的频数分布(%)

站名与项目	循环长度(月)	1	2	3	4	5	6	7	8	9	10	11	12	13	14
北　京	理论值	0.0	20.1	19.9	15.1	10.4	6.8	4.4	2.8	1.7	1.1	0.7	0.4	0.0	0.0
	实测值	0.0	22.4	15.4	15.9	10.4	7.5	3.5	5.0	0.5	3.0	0.5	0.0	0.0	0.0
银　川	理论值	0.0	13.9	15.3	12.8	9.7	7.0	4.9	3.4	2.3	1.6	1.0	0.7	0.5	0.3
	实测值	0.0	13.9	12.4	10.4	13.4	8.9	6.5	4.0	3.5	0.0	0.5	0.0	0.5	0.0
哈尔滨	理论值	0.0	19.9	20.4	15.1	10.8	7.0	4.4	2.7	1.6	1.0	0.6	0.3	0.0	0.1
	实测值	0.0	17.4	19.4	13.9	7.5	5.5	4.0	5.0	0.0	1.0	0.5	1.0	0.0	0.0
兰　州	理论值	0.0	13.1	15.0	13.0	10.0	7.3	5.1	3.5	2.4	1.6	1.0	0.7	0.4	0.3
	实测值	0.0	13.5	13.5	14.5	6.5	13.0	4.0	4.0	1.5	1.0	0.5	0.5	0.5	0.0
宜　昌	理论值	0.0	28.0	25.7	17.6	10.8	6.2	3.4	1.9	1.0	0.5	0.3	0.1	0.1	0.0
	实测值	0.0	22.4	26.4	23.9	10.9	8.5	2.5	1.0	0.0	0.5	0.0	0.0	0.0	0.0
成　都	理论值	0.0	19.7	20.3	15.8	10.9	7.1	4.5	2.7	1.6	1.0	0.6	0.3	0.2	0.1
	实测值	0.0	24.9	15.4	15.4	10.4	4.5	8.5	1.5	2.5	0.0	1.0	0.0	0.5	0.5
南　通	理论值	0.0	17.3	18.4	14.8	10.6	7.2	4.7	3.0	1.9	1.2	0.7	0.4	0.3	0.1
	实测值	0.0	17.4	14.9	19.4	11.4	7.0	4.5	2.5	2.0	0.5	0.5	0.0	0.0	0.0
上　海	理论值	0.0	17.0	18.4	14.9	10.8	7.3	4.8	3.0	1.9	1.2	0.7	0.4	0.1	0.0
	实测值	0.0	17.9	17.4	18.4	7.5	5.0	5.5	4.0	1.0	1.0	2.5	0.0	0.0	0.0
杭　州	理论值	0.0	14.4	16.1	13.5	10.2	7.2	5.0	3.3	2.2	1.4	0.9	0.6	0.6	0.2
	实测值	0.0	12.4	12.4	20.9	10.9	7.0	3.0	4.5	1.0	1.5	0.0	1.5	0.0	0.0
南　宁	理论值	0.0	25.5	22.2	16.5	10.9	6.9	4.2	2.5	1.4	0.8	0.5	0.3	0.1	0.0
	实测值	0.0	25.5	20.5	16.5	9.0	10.5	5.5	3.5	0.5	0.5	0.0	0.0	0.0	0.0

此外，干、湿月游程长度的方差以及天气气候循环长度的方差，则从另一侧面反映一地月际干湿交替的稳定程度。由表 3 可见，北京干月游程平均长度为 2.64 月，而其均方差则达到了 2.08 月，它表明北京持续干月的变动幅度也是很大的。相反，北京湿月游程平均长度为 1.59 月，而其均方差仅为 0.97 月，它表明该地持续湿月不但时间不长，而且变动幅度也不大。由此就可大致描述北京月际降水正负距平的演变特点，即偏旱的月份持续性强，且持续月数变化性也大，而偏涝的月份持续性弱，且持续月数的变化性小。类似的情况还可从其他地区看出。

2.4　干、湿月转移概率矩阵的稳定性及其极限分布

由于涉及游程分布模式及其参数的所有计算都必须首先计算转移矩阵

$$P=\begin{pmatrix} P_{d|d} & P_{w|d} \\ P_{d|w} & P_{w|w} \end{pmatrix} \tag{9}$$

式中 $P_{d|d}$代表由干月转干月的概率,$P_{w|d}$代表由干月转湿月的概率,$P_{d|w}$为由湿月转干月的概率,$P_{w|w}$为由湿月转湿月的概率。若各站转移矩阵随样本增大到达稳定状态,则计算结果较为可靠,否则,因转移概率抽样波动太大会造成计算结果出现较大误差。为了论证转移矩阵的稳定性,本文以上海资料为例,计算了样本为 25 年(25×12 月)、30 年(30×12 月)和 100 年(100×12 月)的转移矩阵如下:

$$P_{25年}=\begin{pmatrix} 0.6848 & 0.3152 \\ 0.5703 & 0.4297 \end{pmatrix}$$

$$P_{30年}=\begin{pmatrix} 0.5729 & 0.4271 \\ 0.4910 & 0.5090 \end{pmatrix}$$

$$P_{100年}=\begin{pmatrix} 0.5708 & 0.4292 \\ 0.5455 & 0.4545 \end{pmatrix}$$

由上可见,当样本达到 30 年以上时,转移矩阵已基本稳定,这一结果与文献[12]所计算的逐日降水转移概率矩阵的稳定样本基本上是一致的。在那里,作者曾证明 10 年(某月)逐日降水转移矩阵已趋于稳定,因为 10 年即指 10×30 日,亦即样本容量达到 300 以上。本文针对逐月降水转移矩阵,实质上 30×12 月,也恰好达到样本容量为 300 以上。由此可见,这并非是一种偶然的巧合。作者在最近所做的其他研究中也发现有类似的规律。本文所计算的各站样本均已达到上述要求,因此,我们可以粗略地认为抽样引起的随机误差较小。

遍历性是 Markov 链的重要性质。对于本文所涉及的干湿月游程模拟来说,遍历性表明无论初始状态如何,在相当长时间以后,过程可转移到任何状态。一般说来,天气气候状态的随机转移过程可用所谓正则 Markov 链来描述,正则链就是一种各态遍历链。对于模拟干、湿月转移规律来说,转移矩阵的极限分布是指,当转移步数 $n\to\infty$时,干、湿月状态的转移概率是否收敛于一组极限概率 P^*,而 P^* 与初始状态无关。文献[7]已经证明当满足一定条件时,这样的极限概率总是存在的,即有

$$P^* \parallel P^* P \tag{10}$$

式中 $P=\begin{pmatrix} P_{00} & P_{01} \\ P_{10} & P_{11} \end{pmatrix}$为两状态 Markov 链转移概率矩阵。上式给出一组矩阵方程组

$$\left.\begin{aligned} P_0{}^* &= P_{00}P_0{}^* + P_{10}p_1{}^* \\ P_1{}^* &= P_{01}P_0{}^* + P_{11}p_1{}^* \end{aligned}\right\} \quad (当\ P_0{}^* + P_1{}^* = 1) \tag{11}$$

从理论上说,稳定状态的极限概率 $P_0{}^*$,$P_1{}^*$ 将等于气候概率。计算表明,这两者是十分接近的(见表 6)。本文对所选测站求得的极限分布,一般都经过几步转移后,干、湿月状态的概率就已收敛于某一极限 P^*,而与初始状态无关。根据柯尔莫哥洛夫方程,我们可以求得各步转移矩阵,例如

上海：$\begin{pmatrix} 0.5729 & 0.4271 \\ 0.4910 & 0.5090 \end{pmatrix} \xrightarrow{(2)} \begin{pmatrix} 0.5379 & 0.4621 \\ 0.5317 & 0.4683 \end{pmatrix} \xrightarrow{(3)} \begin{pmatrix} 0.5348 & 0.4652 \\ 0.5348 & 0.4652 \end{pmatrix}$

北京：$\begin{pmatrix} 0.6205 & 0.3795 \\ 0.6295 & 0.3705 \end{pmatrix} \xrightarrow{(2)} \begin{pmatrix} 0.6239 & 0.3761 \\ 0.6238 & 0.3762 \end{pmatrix}$

兰州：$\begin{pmatrix} 0.645 & 0.3575 \\ 0.4934 & 0.5066 \end{pmatrix} \xrightarrow{(2)} \begin{pmatrix} 0.5899 & 0.4101 \\ 0.5700 & 0.4300 \end{pmatrix} \xrightarrow{(3)} \begin{pmatrix} 0.5799 & 0.4201 \\ 0.5799 & 0.4201 \end{pmatrix}$

宜昌：$\begin{pmatrix} 0.5076 & 0.4924 \\ 0.5988 & 0.4012 \end{pmatrix} \xrightarrow{(2)} \begin{pmatrix} 0.55258 & 0.4475 \\ 0.5443 & 0.4557 \end{pmatrix} \xrightarrow{(3)} \begin{pmatrix} 0.5488 & 0.4512 \\ 0.5488 & 0.4512 \end{pmatrix}$

表 6　各站极限概率与转移步数临界值

站		北京	哈尔滨	银川	兰州	宜昌	成都	南通	上海	杭州	南宁
干月	气候概率	0.63	0.57	0.63	0.58	0.55	0.55	0.58	0.53	0.59	0.56
	极限概率	0.63	0.57	0.63	0.58	0.55	0.55	0.58	0.56	0.59	0.56
湿月	气候概率	0.38	0.43	0.37	0.42	0.45	0.45	0.42	0.47	0.41	0.44
	极限概率	0.38	0.43	0.37	0.42	0.45	0.45	0.42	0.47	0.41	0.44
临界转移步数		2	2	3	3	3	3	3	3	3	3

类似地，求得哈尔滨、银川、成都、南宁的极限分布，其转移步数除哈尔滨外，均需 3 步转移达到极限概率。表 6 中列出各站极限概率及其转移步数。由表可见，一般说来，华北、东北地区的临界转移步数约为 2 步，其他地区约为 3 步。这就意味着，对华北、东北而言，干、湿月预报应考虑到前 1 个月的干、湿状态，而其他地区干、湿月预报，则应考虑到前两个月的干、湿演变。

2.5　上海近百年干、湿月游程演变特点

对上海近百年(1881—1980)月降水量资料，按上述方法详细分析计算，得到如下有意义的结果：

(1)百年平均而言，干、湿月游程长度几乎不超过 10 个月，且短游程出现机会多。若将年景状况加以划分，以年降水量累年均值为基准，正负一个标准差上下为界划分旱、涝和正常年三种年景状况，计算干、湿月游程及其统计量，有如下特点：1)在旱年中，干月持续 4 个月以上的概率为 0.39；2)而在涝年中，湿月持续 3 个月以上的概率为 0.41；3)在旱年中，天气气候循环平均长度为 4.961(方差为 2.941)而涝及正常年中分别为 4.459(方差为 2.359)，4.4043(方差为 2.060)。这些特点表明，一旦出现旱、涝异常年，约有 40%的可能出现持续旱、涝月，且旱月持续往往比涝月更长(平均约 4 个月以上)；而所有旱涝异常年的天气气候循环长度都比正常年长，平均几乎将近 5 个月时间。这正是长江中下游地区常见的一个天气气候事实，它与我们的实践经验非常吻合。

(2)从旱、涝年的转移矩阵来看，干、湿月转移的极限分布其临界步数约为 3 步，而正常年仅为 2 步，表明在异常年干、湿月转移较慢，所以预报应充分考虑前两个月的影响。这一点与上面分析的特点也是一致的。

3 小 结

(1)本文用 Markov 链模拟各地干、湿月游程统计特征,所得结果可作为气候背景参考。

(2)分析和计算结果表明,在一阶链假设下,已知转移概率矩阵,就可从理论上计算出一地干、湿月游程的统计特征:平均干、湿月游程长度及方差、天气气候循环平均长度、平均返回时间、达到极限分布(与初始状态无关)的临界步数等,这些指标,从统计气候的观点,全面描述了一地月际降水演变的特征,对于中长期天气预报有参考意义。

(3)所选站点干、湿月游程的具体特点,已在文中评述。

参考文献

[1] 么枕生.应用转折点与游程的气候分析与预报.地理研究,1986,**5**(3):1-10.

[2] Mood A M. The distribution theory of runs. *Ann of Math Stat*,1940,**11**:367.

[3] Feller W. An introduction to Probability theory and its applications, Ⅰ—Ⅱ. New York: Wiley and Sons,1957—1971.

[4] Yevjevich V. Stochastic processes in hydrology. Fort Collins,1972.

[5] Hunter J J. Mathematical techniques of applied probability. Pittsburgh:Academic Press,1983.

[6] 杨鉴初.运用气象要素的历史变化作一年以上的长期天气预报.天气月刊,1951,**13**.

[7] 么枕生.气候统计学基础.北京:科学出版社,1984.

[8] Yao Z S. Ⅱ International meeting on Stati. *Climatology*,1983.

[9] 么枕生.湿润期、干旱期与干湿气候循环的概率.南京大学学报(气象学),1962,**2**:1-18;高校自然科学学报,1964.

[10] Berger A, Goossens C. Persistance of wet and dry spells at Uccle (Belgium). *J Climate*,1983,**8**:21-34.

[11] Lowry W P, Guthrie D. Markov chains of order greater than one. *Mon Wea Rev*,1968,**96**(11):798-801.

[12] 丁裕国,张耀存.降水气候特征的随机模拟试验.南京气象学院学报,1989,**2**:146-155.

降水量概率分布的一种 Γ 型通用模式

张耀存[1]　丁裕国[2]

(1. 南京大学大气科学系,南京　210093;2. 南京气象学院,南京　210044)

引　言

研究不同统计时段内降水量总体统计特征对于农业生产的合理布局、水资源的有效开发和利用以及大型水利工程的设计具有重要的指导意义,通过建立概率分布模式来研究一定时段内降水量总体统计分布特征不失为一条有效的途径。国外学者从 20 世纪 50 年代开始在此领域做了大量工作,提出了多种模型,得到了一些有意义的结论。与国外相比国内在这方面虽然做些工作[1-4],但还存在着一定的差距,所做的工作还不够深入全面,因此进一步开展降水量概率分布模式的理论和应用研究是十分必要的。为此,本文利用我国东部地区的上海、北京、广州、沈阳和荆州等 5 个代表站历年逐日降水资料(各站资料起讫年限见表 1),建立不同统计时段内降水量 Γ 分布模式,提出一种 Γ 分布参数的改进极大似然估计法,求得各月不同天数内降水量的理论分布模式参数,并对求得的参数进行经验拟合,探讨模式参数与统计时段之间的经验关系,分析参数季节变化规律,所得结果较好地反映了我国季风气候所特有的干湿特征。

表 1　各代表站的资料记录年限及年代长度

台　站	上　海	北　京	广　州	沈　阳	荆　州
起止年限	1875—1970	1875—1883 1889—1895 1915—1937 1940—1980	1908—1973	1921—1950 1951—1970	1906—1911 1913—1919 1918—1972
合计(年)	96	80	66	40	38

1　Γ 分布参数的改进极大似然估计方法

在降水量的理论分布模式研究中,气象学家和统计学家提出了多种不同的函数形式,在这些模式中 Γ 分布函数得到了广泛的应用,可用来拟合不同时段降水量的概率分布,并且只用两个参数表示其分布特征,这两个参数具有明确的物理意义。Γ 分布是皮尔逊Ⅲ型的一个特例,其概率密度函数为

$$f(x)=\begin{cases}\dfrac{1}{\beta^{\alpha}\Gamma(\alpha)}\,x^{\alpha-1}\mathrm{e}^{-x/\beta} & x>0\\ 0 & x\leqslant 0\end{cases}\tag{1}$$

式中 α,β 分别为形状参数和尺度参数，而且都为正值。

建立降水量理论分布模式最主要的统计学问题就是如何从实测样本记录估计模式中的参数，对此问题许多学者做过研究，并提出了几种参数估计方法，在这些方法中或者计算结果精度较低，或者求解步骤繁琐，计算方法的通用性也并不理想。为此我们在前人工作的基础上做些改进，提出一种能够求解任意时段降水量 Γ 分布模式参数的极大似然估计方法。

由(1)式可得参数估计的极大似然方程：

$$\bar{x}/\hat{\beta}=\hat{\alpha} \tag{2}$$

$$\ln\hat{\beta}+\frac{\partial}{\partial\hat{\alpha}}\ln\Gamma(\hat{\alpha})-\frac{1}{n}\sum\ln x_i=0 \tag{3}$$

取(2)式的对数并代入(3)式，可有

$$\ln\hat{\alpha}-\varphi(\hat{\alpha})-\ln(\bar{x}/g)=0 \tag{4}$$

式中的 $\bar{x},g$ 分别表示降水量样本的算术平均值和几何平均值，$\varphi(\hat{\alpha})=\frac{\partial}{\partial\hat{\alpha}}\ln\Gamma(\hat{\alpha})$ 为双 Γ 函数。

(4)式是形状参数 $\hat{\alpha}$ 的超越方程，不易求得其精确解，只能采用近似方法求解[5-7]，本文利用 Γ 函数的递推性质改进极大似然方程的求解方法。根据 Γ 函数自然对数的 Stirling 公式[8]，可有

$$\ln\Gamma(\alpha)=(\alpha-\frac{1}{2})\ln\alpha-\alpha+\frac{1}{2}\ln2\pi+\frac{1}{12\alpha}-\frac{1}{360\alpha^3}+\frac{1}{1260\alpha^5}-\cdots \tag{5}$$

当上式一致收敛时可进行求导运算，因此有

$$\varphi(\alpha)=\frac{\partial}{\partial\alpha}\ln\Gamma(\alpha)=\ln\alpha-\frac{1}{2\alpha}-\frac{1}{12\alpha^2}+\frac{1}{120\alpha^4}-\frac{1}{252\alpha^6}+\frac{1}{240\alpha^8}-\cdots \tag{6}$$

该式当 $\alpha\leqslant1$ 时并不收敛，为此首先利用 Γ 函数的递推关系式

$$\Gamma(1+\alpha)=\alpha\Gamma(\alpha) \tag{7}$$

递推直至使 Γ 函数自然对数的展开式收敛。由文献[8]知道，为了保证获得 10 位有效数字，当 Γ 函数的自变量大于或等于 7 时，只要取展开式的前 7 项就可以了。因此当自变量小于 7 时先重复利用(7)式递推直至自变量大于或等于 7，即

$$\Gamma(\alpha)=\frac{1}{\alpha(1+\alpha)\cdots(7+\alpha)}\Gamma(8+\alpha) \tag{8}$$

这样为保证 Γ 函数自然对数的展开式收敛，利用(7)式就把展开 $\ln\Gamma(\alpha)$ 转化为展开 $\ln\Gamma(8+\alpha)$，由此得

$$\begin{aligned}\ln\Gamma(\alpha)&=-\ln\alpha-\ln(1+\alpha)-\cdots-\ln(7+\alpha)+\ln\Gamma(8+\alpha)\\&=-\ln\alpha-\ln(1+\alpha)-\cdots-\ln(7+\alpha)+(X-\frac{1}{2})\ln X\\&\quad-X+\frac{1}{2}\ln2\pi+\frac{1}{12X}-\frac{1}{360X^3}+\frac{1}{1260X^5}-\cdots\end{aligned} \tag{9}$$

式中 $X=8+\alpha$。由此可以得到

$$\varphi(\alpha)=\frac{\partial}{\partial\alpha}\ln\Gamma(\alpha)$$

$$=-\frac{1}{\alpha}-\frac{1}{1+\alpha}-\cdots-\frac{1}{7+\alpha}+\ln X$$
$$-\frac{1}{2X}-\frac{1}{12X^3}+\frac{1}{120X^4}-\frac{1}{252X^6}+\cdots \tag{10}$$

以此代入(4)式，利用数值方法求解即可得到 Γ 分布的参数极大似然估计值。

根据以上方法编制计算程序我们求得了上海、北京、广州、沈阳和荆州 5 个代表站各月不同统计时段内降水量 Γ 分布模式的形状参数和尺度参数，并与矩估计法、Thom 方法（文献[5]）求得的结果进行了对比，结果发现该方法适用于求解在其定义域内的任意参数值，并能达到任意所要求的精度，而且容易在计算机上实现。已有的几种计算方法求解步骤繁琐，精度较低，而且需对计算结果进行订正，本文提出的方法克服了这些不足之处。

求得 Γ 分布参数之后利用柯尔莫哥洛夫—斯米尔诺夫统计检验法进行了拟合适度检验，结果发现对于所选各站用 Γ 分布模式拟合不同统计时段内的降水量概率分布绝大多数都能通过置信水平 0.05 的统计检验，由此可以认为用 Γ 分布拟合降水量的理论分布是可行的。

2 Γ 分布参数与统计时段之间的经验关系

根据本文第 1 节提出的方法我们对各代表站降水量 Γ 分布模式参数进行了计算，求得各月 1～30 天降水量 Γ 分布模式参数的极大似然估计量。分析计算结果发现，Γ 分布模式的形状参数和尺度参数与统计时段（天数）之间具有较好的二次曲线关系，即

$$\alpha=a_1+b_1n+c_1n^2 \tag{11}$$

$$\beta=a_2+b_2n+c_2n^2 \tag{12}$$

式中 $a_i,b_i,c_i(i=1,2)$ 为经验系数，n 为统计时段即天数。图 1、2 分别为各代表站 7 月份降水量 Γ 分布模式形状参数和尺度参数的经验拟合曲线，由图可见，经验拟合曲线与实际计算所得参数连成的曲线吻合得比较好。形状参数和尺度参数的拟合残差平方和的计算结果除个别测站的个别月份外绝大多数都很小，因此可以认为用二次曲线关系拟合 Γ 分布模式的形状参数和尺度参数与统计时段之间的经验关系是可行的。

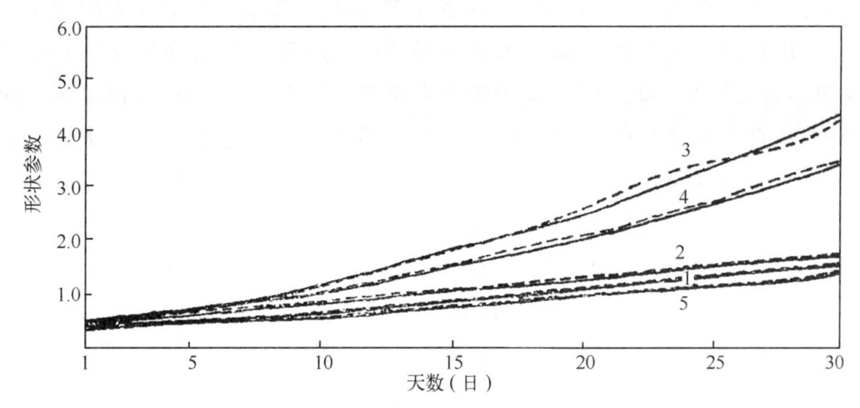

图 1 各代表站形状参数与统计时段之间的经验关系图

实线：经验函数曲线；虚线：计算所得参数曲线；1，2，3，4，5 分别代表上海、北京、沈阳、广州、荆州站

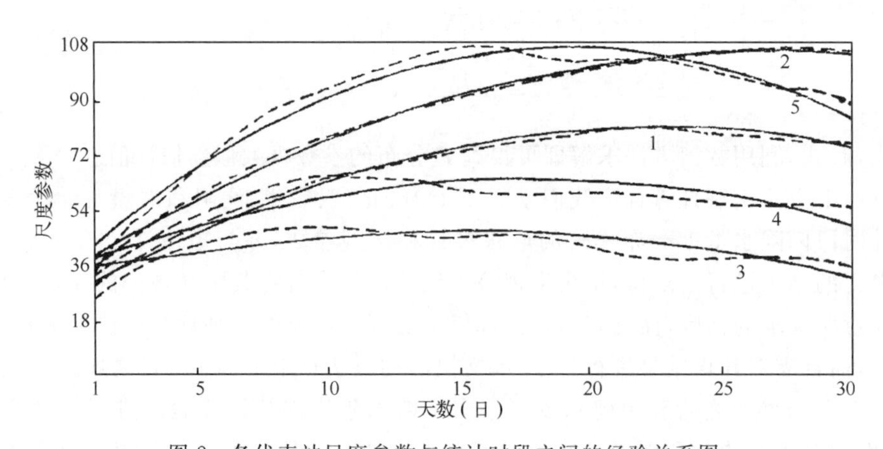

图 2　各代表站尺度参数与统计时段之间的经验关系图

实线:经验函数曲线;虚线:计算所得参数曲线;1,2,3,4,5 分别代表上海、北京、沈阳、广州、荆州站

根据降水量 Γ 分布模式和参数的经验关系式,求得其中的经验系数以后即可得到任意时段降水量概率分布模式,由此可进一步推求相应的降水保证率,从而可为农业、水资源开发和利用部门提供必要的气候依据。

3　模式参数的季节变化及其气象意义

根据计算结果作者分别绘制了各代表站不同统计时段内降水量 Γ 分布模式形状参数和尺度参数的季节变化图(略),从中可以发现,日降水量 Γ 分布模式的形状参数年变化幅度较小,起伏不很明显,这说明日降水量概率分布型在各月份基本上没有变化(一般都呈 L 型),但其尺度参数在雨季和干季变化较大,季节变化显著。随着统计时段的增加模式参数季节变化逐渐明显,其最大值出现在雨季月份,最小值出现在干季月份,两参数呈同步变化趋势。另外还可发现,Γ 分布模式参数在北方测站呈单峰型(沈阳、北京),南方测站一般呈双峰甚至多峰型(上海、荆州、广州)。以上特征正是我国季风气候特征在降水量分布模式参数上的反映。事实上形状参数的大小反映了降水量概率分布型式,尺度参数的大小反映了降水量取值的变化范围。而我国各地降水量的多少主要取决于冬夏季风来去迟早及强弱变化,降水量的季节分配极不均匀,季节变化非常明显,冬季干旱少雨,全国绝大部分地区的降水量都集中在夏季风盛行的季节。在雨量充沛的季节一般总有较多的大雨、暴雨过程,且在一定时段内的降水量也较多,因而尺度参数的最大值必然出现在这一季节,同时由于降水量集中在数值较大的范围内,且分布较为均匀,偏态性逐渐不明显,渐趋于正态分布,形状参数也取较大的数值。在降水过程较少的干季与雨季情况相反,形状参数和尺度参数都取较小的数值,分布型式呈现较强的偏态性。对于不同统计时段,由于该时段内的降水量是逐次降水过程的累加,因而其分布参数的季节变化必然呈同步变化趋势,其差异只体现在数值大小上。

4 小 结

综上所述，对于所选几个代表站不同统计时段内的降水量可用两参数 Γ 分布模式拟合，其参数可用改进的极大似然估计法精确求得。降水量 Γ 分布模式的形状参数和尺度参数与统计时段之间具有较好的二次曲线关系。此外模式参数具有明显的季节变化，这种变化正是我国季风气候特征在分布模式参数上的反映。

参考文献

[1] 徐尔灏. 论年雨量之常态性. 气象学报，1950，**21**(1-4)：17-34.

[2] 杨观竹. 陕西省年、月降水量的理论频数. 高原气象，1983，**2**：(2)36-41.

[3] 丁裕国. 降水量概率分布的一种间接模式. 南京气象学院学报，1987，**10**(4)：407-416.

[4] 施能，陈辉. 论我国季、月降水量的正态性和正态化. 气象，1988，**14**(3)：9-13.

[5] Thom H C. A note on the Gamma distribution. *Mon Wea Rev*，1958，**86**：117-122.

[6] Shenton L R, Bowman K O. Comments on Gamma distribution and uses in rainfall data. *Third Conf on Prob and Stat in Atm Sci*，1973：122-127.

[7] Meiike P W. Simple interative procedures for two parameter Gamma distribution maximum likelihood estimates. *J Appl Meteor*，1976，**15**：181-183.

[8] 中国科学院沈阳计算技术研究所等. 电子计算机常用算法. 北京：科学出版社，1983：472.

降水量 Γ 分布模式的普适性研究

丁裕国

（南京气象学院，南京　210044）

摘　要：本文应用概率论中著名的多项分布结合统计物理学观点证明降水量频数的最可几分布必然为 Γ 分布。文据实测资料验证降水量频数分布的最佳模式为 Γ 分布。从而提出适用于各地任意时段和任意月份的降水量 Γ 分布通用模式。文中还就有关问题进行了有益的讨论。

关键词：降水量　Γ 分布　统计物理学　最可几分布

引　言

降水观测记录和降水资料的统计分析对于经济、国防和人民生活极为重要。关于降水理论（概率）分布模式，历来为许多气候学家和统计学家所重视。国外学者很早就研究过一些地区的降水量概率分布型，特别对 Γ 分布拟合降水量已取得不少成果，文献[1-3]曾作详细总结。文献[4-9]是国内近十年来部分工作成果的代表。目前有关降水概率分布的研究国际上仍很活跃，在近十年内所举行的四次国际统计气候会议上，分布模式的研究论文占有重要地位。直到近年，Wilks 又将 Weibull 分布用于推算土壤水分和降水、径流之间的关系[10]。可见，关于降水的统计分布模式还有许多研究内容。

降水的时空分布极为复杂，从成因来看，虽然已有一些物理、动力过程的解释，但要很好地描述降水的时空分布却较为困难。在某种意义上说，目前采用某些统计数值模式研究降水的气候特征和演变规律仍具有一定的可信度，它在一定程度上可弥补物理、动力学方法的不足。由于许多学者都曾采用 Γ 分布拟合降水量，虽然其参数估计方法已作了多方面探讨，但从理论上论证何种概率分布模式拟合降水量最佳，其普适性如何，还有待深入。本文试图在作者以往工作的基础上，进一步论证这些问题。

1　降水量频数的最可几分布

Γ 分布，记为 $\Gamma(\alpha,\beta)$，通常是指具有两个参数 α 和 β 的形如

$$f(x)=\frac{\beta^{\alpha}}{\Gamma(\alpha)}x^{\alpha-1}\mathrm{e}^{-\beta x}\qquad x>0 \tag{1}$$

为其分布密度的偏斜分布。其中 α 为形状参数，β 为尺度参数。Γ 分布的密度函数也有另一些写法[1]。许多研究业已表明，Γ 分布是描述降水量频数分布的适宜模式，因而它在气候统计学中占有重要地位。

张学文（1985）曾从统计力学观点，证明降水场的时面深基本分布为指数型，并加以推广，这对于从理论高度来研究降水量统计分布是一个重要贡献[1]。本文从降水的气候统计问题出发，应用概率论和统计物理相结合的观点，推导和论证降水量的最可几分布必然是 Γ

分布，其理论依据更加充分。

设任一地点的一次降水过程所产生的降水量必落入数值区间$[x_0,x_1)$，$[x_1,x_2)$，…，$[x_k,x_{k+1})$中的某一个，这里$x_0\geqslant 0.0$ mm。为叙述方便，顺次将区间记为$A_0,A_1,\cdots,A_k$。若给定降水落入区间$A_i(i=0,1,2,\cdots,k)$的概率为$p_i=p(A_i)$，则由于每次观测中落入区间$A_0,A_1,\cdots,A_k$的为互斥事件，必有

$$A_0+A_1+\cdots+A_k=U \quad 且\ A_iA_j=0 \quad (i\neq j) \tag{2}$$

U为必然事件，相应地，则有

$$p_0+p_1+\cdots+p_k=1 \tag{3}$$

对上述事件作N次独立观测，其中A_0出现n_0次，A_1出现n_1次，…，A_k出现n_k次，且有

$$n_0+n_1+\cdots+n_k=N \tag{4}$$

显然，上述$n_0,n_1,\cdots,n_k$实质上是随机变量$\tilde{n}_0,\tilde{n}_1,\cdots,\tilde{n}_k$的一次取值。因此，可以认为，任一地点的一次降水过程所产生的降水量落入各种数值区间的频数是一组随机变量$(\tilde{n}_0,\tilde{n}_1,\cdots,\tilde{n}_k)$，其联合概率为[1]

$$\begin{aligned} P(n_0,n_1,\cdots,n_k) &= P(\tilde{n}_0=n_0,\tilde{n}_1=n_1,\cdots,\tilde{n}_k=n_k) \\ &= \frac{N!}{n_0!n_1!\cdots n_k!}p_0^{n_0}p_1^{n_1}\cdots p_k^{n_k} \\ &= \frac{N!}{\prod\limits_{i=0}^{k}n_i!}\prod_{i=0}^{k}p_i^{n_i} \end{aligned} \tag{5}$$

上式即为概率论中著名的多项分布，它是二项分布的推广。对于给定的$p_0,p_1,\cdots,p_k$来说，(5)式中$P(n_0,n_1,\cdots,n_k)$是落入降水量各种数值区间的频数$n_0,n_1,\cdots,n_k$的函数。我们希望寻求一组频数$(n'_0,n'_1,\cdots,n'_k)$，对于雨量分配来说是最可能出现的数值，即寻求具有最大似然性的频数分配。这就等价于给定$p_0,p_1,\cdots,p_k$，在某些条件下求解函数$P(n_0,n_1,\cdots,n_k)$的极大值。

显然，对于(5)式所描述的问题，有两个约束条件：其一是，$\sum\limits_{i=0}^{k}n_i=N$，已如(4)式给出；其二是，$\sum\limits_{i=0}^{k}n_ix_i=N\bar{x}$，这里$x_i$是各相应数值区间的中值(亦可以区间均值代之)，当区间$[x_i,x_{i+1})$无限缩小，x_i可理解为区间的代表值；$\bar{x}$则表示N次降水过程的平均值，这两个约束条件实际上客观存在。因此，寻求降水量频数的最可能分布归结为求解下列条件极值的数学问题。

为推导方便，对(5)式两边取对数，得对数频数函数

$$\ln P(n_0,n_1,\cdots,n_k)=\ln N!-\sum_{i=0}^{k}\ln n_i!+\sum_{i=0}^{k}n_i\ln p_i \tag{6}$$

又据 Lagrange 乘子法，构造修正函数

$$W=\ln P+\lambda_1\left(\sum_{i=0}^{k}n_i-N\right)+\lambda_2\left(\sum_{i=0}^{k}n_ix_i-N\bar{x}\right) \tag{7}$$

令$\partial W/\partial n_i=0$，$i=0,1,2,\cdots,k$，并求解之，于是有方程组

$$\frac{\partial W}{\partial n_i}=-\ln n_i+\ln p_i+\lambda_1+\lambda_2 x_i=0, \qquad i=0,1,\cdots,k \tag{8}$$

统计物理学表明[11]，若一个孤立体系处于平衡，它就等概率地出现在每一个可到达态中，假如它不是等概率地处于每一个可到达态中，这个体系就不处于平衡，因而它就会随时间变化，直至最终到达以相等概率处于每一可到达态的平衡状况。从气候平衡态的观点来看，任一地点的降水量落入各种区间 $A_0,A_1,\cdots,A_k$ 的概率 p_i，实际上应是相等的。换言之，大自然在某一次降水过程中洒向某一地点的水量可能集中于某一区间，但从长远累计看，落入各种取值区间的可能性是随机的。因此，对(8)式进一步假定各个 p_i 相等，并令常数因子

$$c_i=\lambda_1+\ln p_i \qquad i=0,1,\cdots,k$$

对全部 i 相等，于是(8)式简化为

$$\ln n_i+c+\lambda x_i=0, \qquad i=0,1,\cdots,k \tag{9}$$

式中 c,λ 又均为待定参数。由(9)式，可推得

$$n_i=\alpha \mathrm{e}^{-\lambda x_i} \qquad i=0,1,\cdots,k \tag{10}$$

其中 $\alpha=\mathrm{e}^{-c}$ 为常数。由此可见，(10)式就是在特殊情况($p_0=p_1=\cdots=p_k$)下的多项分布概率 $P(n_0,n_1,\cdots,n_k)$ 的条件极大值解式。由(10)式并考虑(4)式，又可得

$$\sum_{i=0}^{k} n_i = N = \alpha \sum_{i=0}^{k} \mathrm{e}^{-\lambda x_i} \tag{11}$$

于是，对全部 i，相对频数 n_i/N 的最可几值(概率最大)即为

$$\frac{n_i}{N} = \frac{\exp(-\lambda x_i)}{\sum\limits_i \exp(-\lambda x_i)} \tag{12}$$

上式左端为降水量落入区间 $x_i \leqslant X < x_{i+1}$ 的相对频数。根据概率论的基本定义，当 $N\rightarrow\infty$，而区间 $[x_i,x_{i+1})$ 无限缩小，必有极限

$$\lim_{\substack{N\rightarrow\infty \\ x+\Delta x\rightarrow 0}} \frac{n_i}{N} = \lim_{\Delta x\rightarrow 0} \frac{P(x \leqslant X < x+\Delta x)}{\Delta x} = \frac{\exp(-\lambda x)}{\int_0^{\infty} \exp(-\lambda x)\mathrm{d}x} \tag{13}$$

上述极限正是降水量 X 的频数密度函数，即有

$$f(x) = \frac{\exp(-\lambda x)}{\int_0^{\infty} \exp(-\lambda x)\mathrm{d}x} = \lambda \mathrm{e}^{-\lambda x} \qquad (x>0) \tag{14}$$

(14)式右端分母的积分为常数 $1/\lambda$，故(14)式就是通常所谓的指数分布。它表明，在极大似然意义下，降水量的最可能分布应为指数分布。如所知，指数分布就是 Γ 分布的特例[1]。而任一地点的一次降水过程实际上是形成气候统计降水量(如日、候、旬、季和年降水量)的基础，可以证明，任何指数分布变量之和数的分布为 Γ 分布。例如，若设日降水量 x_i 为指数分布，现有 N 个降雨日(不一定为连续日序)，则其降水总量记为

$$S_N = \sum_{i=1}^{N} x_i \tag{15}$$

假定各日降水量 x_i 相互独立且服从(14)式的同一指数分布，则可导出 S_N 的分布密度。

记 S_N 变量的特征函数为 $\varphi(t)$，x_i 变量的特征函数为 $\varphi_i(i)$，根据随机变量特征函数的性质[1]，立刻得到

$$\varphi(t) = \prod_{j=1}^{N} \varphi_j(t) = [\varphi_j(t)]^N \tag{16}$$

而形如(14)式的变量相应特征函数为

$$\varphi_j(t) = \frac{1}{\left(1 - \frac{it}{\lambda}\right)} \qquad j = 1, 2, \cdots, N \tag{17}$$

故有变量 S_N 的相应特征函数

$$\varphi(t) = \frac{1}{\left(1 - \frac{it}{\lambda}\right)^N} \tag{18}$$

仍据文献[1],反演出其分布密度为

$$f_{S_N}(x) = \frac{\lambda^N}{\Gamma(N)} x^{N-1} e^{\lambda x} \tag{19}$$

上式即是 Γ 分布密度(见(1)式),不过这里变量 x 代表 S_N(N 日总降水量),参数 λ 为尺度参数,N 为形状参数。上述例子中,若令 $N=1$,则特征函数即为指数分布的特征函数,而(19)式即可化简为(14)式的指数分布密度,可见两者是吻合的。

将上面的思路推广到任意时段(含有可数个独立降水过程),我们总可以用 Γ 分布来拟合降水量的频数分布。值得指出的是,年降水量或较长时期(如季节)总降水量为什么往往近于正态分布或对称分布。这是因为,对于 Γ 分布来说,当形状参数 α 增大时,其偏度趋向于零,因而趋于正态或对称。如(19)式,形状参数 $\alpha=N$,只要 N 足够(即包含的独立降水过程足够多),它必然趋于无偏的正态分布。文献[1]曾证明,在气候统计应用中,通常当形状参数 $\alpha>100$ 时就可认为变量服从正态分布。这也就是年降水量(在多雨地区)往往趋近于正态分布的物理基础。

2 Γ 分布最佳拟合实例验证

对我国东部地区 20 多个测站月降水量的频数分布型作拟合试验表明,在多种概率分布模式中,以 Γ 分布拟合效果为最佳,而其他分布如 Weibull 分布、对数正态分布、正态分布以及 Kappa 分布等其拟合效果都不及 Γ 分布。这一事实绝不是偶然的,它与上面的理论推证恰好相互印证。表 1 列出上海 1873—1982 年 6 月降水量的五种分布模式拟合效果比较就是一例。

由表 1 可见,在五种分布模式拟合中,χ^2 值(歧度)最小者为 Γ 分布,仅为 0.991 2;而其相对误差也仅为 0.141,明显优于其他四种分布的拟合效果。虽然,Weibull 分布和对数正态分布也有较好的效果(χ^2 拟合度检验,达信度 0.05),但与 Γ 分布相比,后者的信度更高。至于正态分布和 Kappa 分布基本上不能用于该月份降水量的拟合,尤其是 Kappa 分布,一般只能用于短历时降水如日雨量的拟合[2]。但是,作者曾试验用 Kappa 分布拟合我国冬季各站 1 月份降水量,发现约有 56%的台站通过拟合检验。这是因为冬季 1 月降水量有许多站是呈 L 型而不呈单峰正偏态型分布,因而这部分台站是适合 Kappa 分布的,但这不具有普遍性。而其他一些分布虽也可拟合某些月份或某些地区的降水,但都不具有普遍性。唯

有 Γ 分布不但适用于各季的不同月份，且几乎所有降水量指标均适宜(见文献[2])。

表 1　上海 6 月(1873—1982 年)降水量概率分布拟合效果比较

组距(mm)	实测频数	理论频数分布				
		Γ	对数正态	Weibull	Kappa	正态
0～50	4	4.4	2.9	3.9	18.1	9.4
50～100	11	10.5	10.8	10.6	17.3	11.5
100～150	17	18.2	19.7	18.7	16.5	17.1
150～200	24	22.0	23.4	24.1	16.5	21.0
200～250	18	19.8	19.9	23.2	15.2	20.1
250～300	20	17.6	14.5	16.6	13.7	15.3
300～350	7	7.7	8.8	8.5	9.0	9.4
350～400	7	5.5	4.7	3.1	3.8	4.4
400～450	1	1.3	2.0	0.5	0.3	0.5
450～500	1	1.0	0.8	0.3	0.2	0.1
χ^2 值(歧度)		0.991 2	3.865 5	2.990 9	20.663 3	8.901 0
相对误差		0.141	0.552	0.498	2.952	1.113

3　Γ 分布模式的普适性

根据上述理论推导和实例验证，任意时段降水量拟合 Γ 分布必然有较好效果。一般说来，任意较长时段降水量 S_n 总可分解为若干个较短时段降水量 x_i，$i=1,2,\cdots,n$ 的和数，即 $S_N=\sum_{i=1}^{n}x_i$。假定这些短时段相互独立且服从 $\Gamma(\alpha_i,\beta_i)$ 分布，则类似于(19)式的推导，可以证明总降水量 S_n 的分布密度为

$$f_{S_n}(x)=\frac{\beta^{\sum\alpha_i}}{\Gamma(\sum\alpha_i)}x^{\sum\alpha_i-1}\mathrm{e}^{-\beta x}=\frac{\beta^{\alpha^*}}{\Gamma(\alpha^*)}x^{\alpha^*-1}\mathrm{e}^{-\beta x}\tag{20}$$

式中 $\alpha^*=\sum\alpha_i$ 为形状参数，$\beta=\beta_i$ 为尺度参数。根据分布函数的生成函数理论[1]，不难得到(20)式。换言之，S_n 的概率分布若以 Γ 分布拟合，其形状参数 α^* 为各时段降水量 Γ 分布形状参数之和，而尺度参数 β 即为各时段尺度参数本身(假定各时段尺度参数不变)。

(20)式可用于拟合若干候或旬、月等自然时段组成的较长时期(如季节)降水量。尤其当 S_n 为 n 个独立降水日所构成的同一个月份或季节内的降水量时，(20)式可简化为

$$f_{S_n}(x)=\frac{\beta^{n\alpha}}{\Gamma(n\alpha)}x^{n\alpha-1}\mathrm{e}^{-\beta x}=\frac{\beta^{\alpha^*}}{\Gamma(\alpha^*)}x^{\alpha^*-1}\mathrm{e}^{-\beta x}\tag{21}$$

上述形式仅在各日降水量 x_i 相互独立且同为 $\Gamma(\alpha,\beta)$ 分布的理想假定下成立。

由于实际降水日往往并非完全相互独立，尤其是对于连续降水日，若具有自相关或持续性(例如符合 Markov 过程)，则不能单纯用(21)式。不过，作者认为，形状参数可能是降水日数的某种函数。例如，各不同时段的降水量 Γ 分布的形状参数和尺度参数实际上会随年

内季节或时间的推移而变化。这是因为降水量本身具有均值和方差的年变化，而它们与Γ分布两参数直接有关。根据矩和特征函数的关系，有

$$\alpha=\frac{\mu^2}{\sigma^2} \tag{22}$$

$$\beta=\frac{\mu}{\sigma^2} \tag{23}$$

式中α为形状参数，β为尺度参数，μ和σ^2分别为变量的总体均值和方差。若设年内时间坐标为t（它可代表逐日、逐旬、逐月等不同单位），则可有$\alpha=\alpha(t)$，$\beta=\beta(t)$。

实际资料表明，上述推论是合理的。本文进一步统计了Γ分布参数α，β与时段长度（日数）的关系以及各不同月份1，5，10，15，30日降水量形状参数α和尺度参数β的变化，结果发现：参数α，β确为时段长度的函数。验证7个代表站均具有较好的二次曲线或近似线性关系。而参数α，β的逐日变化也具有明显的谐波特征。图1为上海等五站7月份形状参数α随日数的变化曲线。图2a，b分别绘出南京、石家庄1月和7月形状参数随日数的变化曲线。

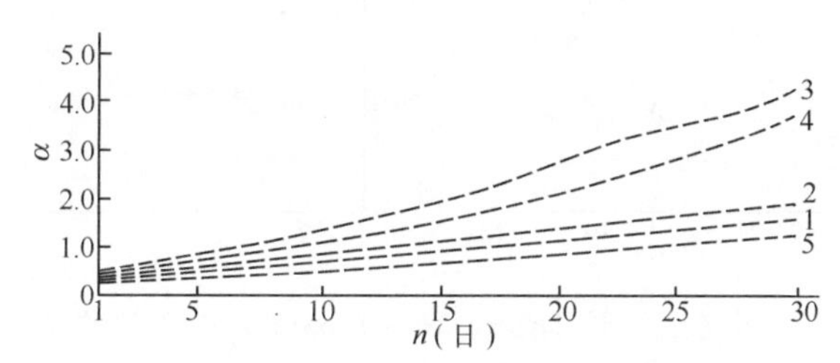

图1　上海等五站7月形状参数α随日数n的变化

图中序号1，2，3，4，5分别代表上海、北京、沈阳、广州、荆州

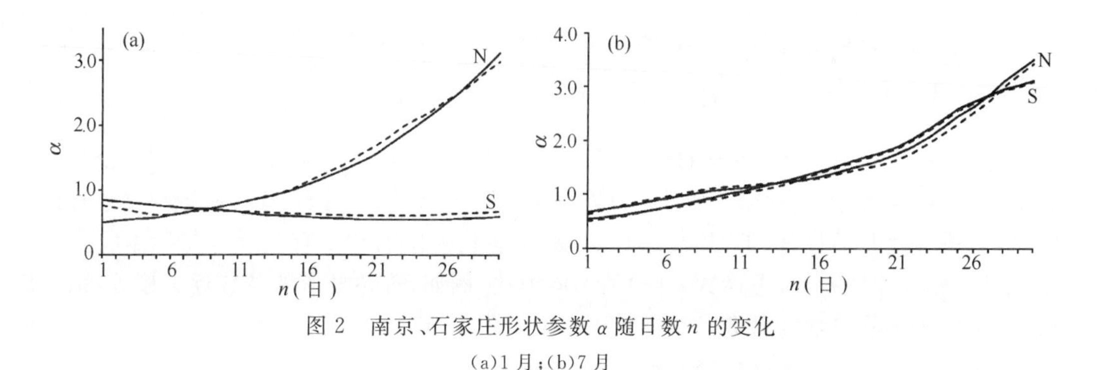

图2　南京、石家庄形状参数α随日数n的变化

(a)1月；(b)7月

图中N为南京，S为石家庄；实线为拟合曲线，虚线为实测曲线

在图3和图4中我们选出以上海、南京为例的逐月10日和15日累计降水量形状参数α、尺度参数β在年内变化的曲线（其他统计时段如1日、5日、30日累计降水量的α，β其变化情况类似）。

可见，考虑统计时段和年内变化这两个方面，就能建立描述一地全年各月不同日数降水量的通用Γ分布模式。设$S_n(t)$为第t个月的n日降水量，作为随机变量，其概率分布函数为

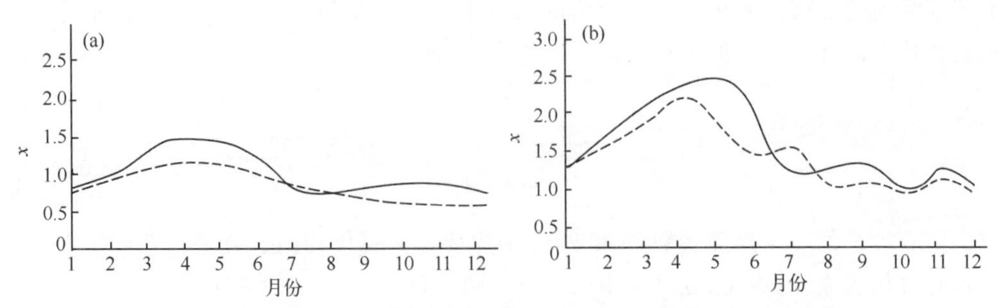

图 3　上海、南京各不同时段((a)10 天;(b)15 天)参数 α 的逐月变化

图中上海为实线;南京为虚线

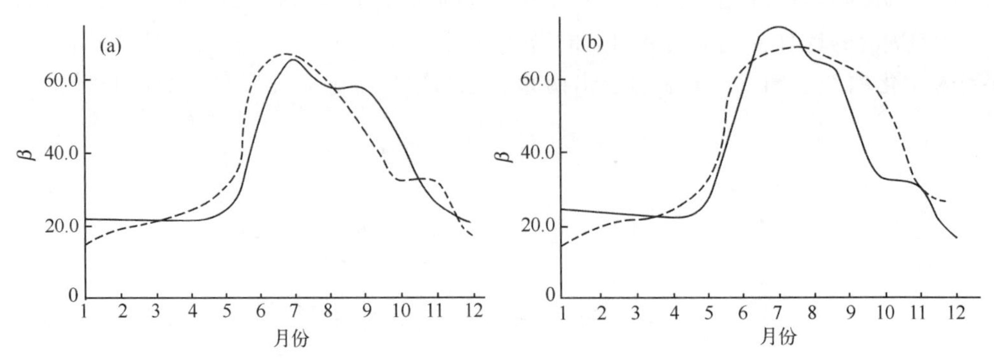

图 4　上海、南京各不同时段((a)10 天;(b)15 天)参数 β 的逐月变化

图中上海为实线;南京为虚线

$$F(x) = P[S_n(t) < x] = \int_0^x f_{s_n(t)}(x)\mathrm{d}x \tag{24}$$

假定上式中分布密度服从 Γ 分布,则有

$$f_{S_n(t)}(x) = \frac{[\beta_t]^{\alpha_t(n)}}{\Gamma[\alpha_t(n)]} x^{\alpha_t(n)-1} \mathrm{e}^{-\beta_t x} \tag{25}$$

这里 $f_{S_n(t)}(x)$代表第 t 个月的 n 日(累计)降水量 Γ 分布密度。右端 $\alpha_t(n)$表示第 t 个月 n 日降水量的形状参数;β_t 表示第 t 个月 n 日降水量的尺度参数。一般由于 β 参数在 1 个月份内不同日数的变化并不显著(类似于(20)式),故仅假设它随月份 t 有变化。在具体应用(25)式时,还可据实测资料,考虑参数 $\alpha_t(n)$的不同模式,例如,若各日形状参数近于相等,则采用 $\alpha_t(n) = n\alpha_t$;若形状参数与日数呈线性关系,则采用 $\alpha_t(n) = A_t + B_t n$ 等形式,作为两类不同的情况来具体应用(25)式配合降水量的 Γ 分布模式。

4　讨论与结论

本文所研究的 Γ 分布通用模式原则上都是指时间域而言的。我们同样可证降水量在空间域也符合指数分布或 Γ 分布。尤其对于短时段降水量,如某一区域 24 小时降水量,往往就是同一天气系统侵入所产生的一次降水过程。按照多项分布与统计物理的推导思路同样可证其服从指数分布。这里仅就两个有关问题讨论如下:

(1)基于单站短时段降水为指数分布或 Γ 分布，利用随机变量之和的分布理论，在一定的假设下，必然可推得同期 k 个测站降水总量为 Γ 分布（其证明可仿效(19—21)式）；此外，由图 3 和图 4 可推论，相邻测站彼此的形状和尺度参数较接近或具有比例关系，因而它们随时间的变化具有同步性。这就为进一步探讨区域降水量（k 个测站总降水量）的两参数 α,β 与各单站降水量参数 $\alpha_i,\beta_i,i=1,2,\cdots,k$ 之间的关系提供了依据。

(2)在文献[5]中，作者曾提出相邻测站 Γ 分布模式的间接估计问题。已有一些台站直接应用该方法取得有益的效果。本文进一步研究发现，全年各不同月份都可运用这一方法。除图 3、图 4 中参数在相邻测站各月具有同步性外，作者试验若干代表测站都有类似结果。关于间接估计模式还可作进一步推广，例如，由两个以上测站可建立精度更高的间接估计模式（另文详述）。

综合全文，可得出以下结论：

(1)理论上可证明，任意时段降水量概率分布必然以 Γ 分布为最可几分布。

(2)实际资料验证表明，Γ 分布拟合气候降水量如月降水量确是最佳分布模式。

(3)由于各短时段降水量可组成总时段降水量，利用 Γ 分布特征函数可推得各种通用 Γ 分布模式。这种思想还可推广到区域降水量或相邻测站降水量概率分布计算中。

致谢：辛若桂、贾天清同志参加了部分计算工作，特此致谢。

参考文献

[1] 么枕生. 气候统计学基础. 北京：科学出版社，1984，**61**：516pp.

[2] 么枕生，丁裕国. 气候统计. 北京：气象出版社，1990：156-256.

[3] Suzuki E. 1980. Statistical climatology. *Developments in Atmos Sci*，1980，**13**：1-20.

[4] 丁裕国，张耀存. 降水气候特征的一种随机模拟方法. 南京气象学院学报，1989，**12**(2)：146-155.

[5] 丁裕国. 降水量概率分布的一种间接模式. 南京气象学院学报，1987，**10**(4)：407-416.

[6] 张耀存，丁裕国. 我国东部几个代表测站逐日降水序列统计分布特征. 南京气象学院学报，1990，**13**(2)：194-204.

[7] 张耀存，丁裕国. 任意时段降水量概率分布的一种 Γ 型通用模式. 气象学报，1991，**49**(1)：80-83.

[8] 丁裕国，程炳岩. 中国夏季月降水量概率分布模式的研究. 气候学研究——统计气候学，北京：气象出版社，1991：94-103.

[9] 曲延禄等. 三参数 Weibull 分布的参数估计. 气象学报，1987，**45**(3)：374-377.

[10] Wilks D S. Rainfall insensity，the Weibull distribution，and estimation of daily surface runoff. *J Appl Meteo*，1989：**28**：1，52-58.

[11] Reif F. 统计物理学.《伯克利物理学教程》第五卷（中译本），北京：科学出版社，1979：153-157.

气象场经验正交函数不同展开方案收敛性问题的探讨

丁裕国　施　能

（南京气象学院，南京　210044）

摘　要：本文从理论上证明 EOFs（经验正交函数）用于气象场时，三种不同计算方案特征值的相互关系，指出利用原始场积和矩阵展开的特征值 λ_j 等于用协方差阵展开的特征值 λ_j^* 加上平均场方差引起的特征值 $\overline{\lambda_j}$。进而论证了收敛速度差异的原因，最后又以实例表明，不同展开方案的典型场意义及其与时间权重系数的对应关系。

关键词：经验正交函数　气象场　特征值　收敛性

引　言

在气象场的数学描述方面，许多学者都曾作过有益的探讨[1-5]。在各种正交函数用于场的数学逼近时，差不多都存在着两个至关重要的问题——稳定性与收敛性，就经验正交函数（EOFs）来说，Preisendorfer 和 Barnett[6] 以及 Overland 和 Preisendorfer[7] 曾分别给出了检验随机特征值的方法；Gray 和 North[8] 等曾证明小样本所估计的特征向量为不稳定结构；章基嘉等[9] 曾讨论 EOFs 特征向量的稳定性问题；作者[10] 曾就 EOFs 展开气象场的收敛速度建立了经验关系。除上述问题外，实际应用的普遍性也促进人们对 EOFs 方法及其理论意义作深入探讨。例如，对同样一种气象场来说，往往可以有三种不同的 EOFs 计算方案：一是直接用样本场空间各点的积和组成积和矩阵求解相应的特征值和特征向量；二是用样本场空间各点的协方差组成协方差矩阵求解相应的特征值和特征向量；三是用样本场空间各点的相关系数组成的相关矩阵求解相应的特征值和特征向量。二种计算 EOFs 方案的特征值收敛性和稳定性差别很大，产生这些差异的原因及其应用意义是一个值得探讨的问题，而 EOFs 算法不同，不但对特征向量（即典型场）有影响，而且对时间权重系数也有影响。此外，样本场序列长度 n 和空间站点数 p 的大小对收敛性和稳定性究竟有什么影响，也是一个重要问题。

特别应指出的是，大范围气象场历史序列的重建和恢复，常常借助于 EOFs 或以它为基础的多元统计方法（如典型相关、因子分析等），所有这些都涉及一个重要的理论前提，即在何种情况下，样本协方差阵与相应的特征值和特征向量是稳定的。只有从理论上解决这类问题，恢复气象场历史序列才更有可靠的基础。

本文正是针对上述一系列理论问题，着重探讨气象场 EOFs 不同计算方案的收敛性问题。

1　EOPS 不同计算方案的特征值收敛性

设有气象场序列 $x=(x_1,x_2,\cdots,x_p)$，其中下标 p 为空间点（或网格点）数目。若以矩阵

表示，可描述为

$$X=\begin{pmatrix} x'_{(1)} \\ x'_{(2)} \\ \vdots \\ x'_{(n)} \end{pmatrix}=(x_{ij}),\qquad \begin{matrix} i=1,2,\cdots,n \\ j=1,2,\cdots,p \end{matrix} \tag{1}$$

上式 n 为时间点数(样本容量)，且约定 x_{ij} 的均值不等于零，方差不等于 1，即非标准化资料，则协方差阵可写为

$$S=\frac{1}{n}X'\left(I-\frac{1}{n}J\right)X \tag{2}$$

式中"′"表示矩阵的转量，I 为单位矩阵，J 为全 1 方阵，显然 $S=S'$ 为 $p\times p$ 对称阵。若存在 S 的 p 个特征向量 $u_1,u_2,\cdots,u_p$，利用正交变换，必有

$$S=U\Lambda U'=U\Lambda U'=U\mathrm{diag}(\lambda_1^*,\lambda_2^*,\cdots,\lambda_p^*)U' \tag{3}$$

其中 $U=(u_1,u_2,\cdots,u_t)$，$\Lambda=\mathrm{diag}(\lambda_1^*,\lambda_2^*,\cdots,\lambda_p^*)$。换言之，有下列关系式

$$U'SU=\Lambda=\mathrm{diag}(\lambda_1^*,\lambda_2^*,\cdots,\lambda_p^*) \tag{4}$$

引入(2)式，应有

$$U\left[\frac{1}{n}X'\left(I-\frac{1}{n}J\right)X\right]U=\mathrm{diag}(\lambda_1^*,\lambda_2^*,\cdots,\lambda_p^*) \tag{5}$$

为推导方便，令积和矩阵为

$$A=\frac{1}{n}X'X \tag{6}$$

于是(5)式又可写为

$$U'AU=U'\left(\frac{1}{n^2}X'JX\right)U+\mathrm{diag}(\lambda_1^*,\lambda_2^*,\cdots,\lambda_p^*) \tag{7}$$

上式右端第二项对角阵元素 $\lambda_1^*\geqslant\lambda_2^*\geqslant\cdots\geqslant\lambda_p^*$ 为相应于协方差阵 S 的谱分解的谱，也即为相应的特征值[11]。而右端第一项则可化简为

$$U'\left(\frac{1}{n^2}X'JX\right)U=U'\left[\frac{1}{n^2}(\sum_i x_{ij})(x_{ij})\right]U=U'\overline{A}U \tag{8}$$

其中

$$\overline{A}=\begin{pmatrix} \overline{x}_1^2 & \overline{x}_1\overline{x}_2 & \cdots & \overline{x}_1\overline{x}_p \\ \overline{x}_2\overline{x}_1 & \overline{x}_2^2 & \cdots & \overline{x}_2\overline{x}_p \\ \cdots & \cdots & \cdots & \cdots \\ \overline{x}_p\overline{x}_1 & \overline{x}_p\overline{x}_2 & \cdots & \overline{x}_p^2 \end{pmatrix}$$

在(8)式中，$\overline{A}$ 表示以 $\overline{x}_1,\overline{x}_2,\cdots,\overline{x}_p$ 交叉乘积为元素的实对称矩阵。由于 U 为正交向量，故(8)式仍为一个实对称方阵，因此，对于矩阵 $\overline{A}$ 经相似变换必有

$$V'\overline{A}V=\mathrm{diag}(\overline{\lambda}_1,\overline{\lambda}_2,\cdots,\overline{\lambda}_p) \tag{9}$$

式中 V 为相应于 $\overline{A}$ 的特征向量，式中右端对角阵元素 $\overline{\lambda}_1\geqslant\overline{\lambda}_2\geqslant\cdots\geqslant\overline{\lambda}_p$ 分别代表相应于 $\overline{A}$ 的特征值. 又由(2)和(8)式可知矩阵

$$A=\overline{A}+S \tag{10}$$

根据矩阵理论[11]，上式两端矩阵之迹应满足下列关系：$\mathrm{tr}A=\mathrm{tr}\overline{A}+\mathrm{tr}S$，又因矩阵之迹等价于

其相应特征值之和，故有

$$\sum_i A_{it} - \sum_j \lambda_j = \sum_j \bar{\lambda}_j + \sum_j \lambda_j^* \tag{11}$$

式中 λ_j，$(j=1,2,\cdots,p)$即为相应于矩阵 A 的特征值，并规定有 $\lambda_1 \geqslant \lambda_2 \geqslant \cdots \geqslant \lambda_p$；而 $\bar{\lambda}_j$ 和 λ_j^* 已如前面定义。考虑到(4)和(9)式的结果，根据相似变换和矩阵的谱分解，(11)式又可写成等价形式

$$\mathrm{diag}(\lambda_1,\lambda_2,\cdots,\lambda_p) = \mathrm{diag}(\bar{\lambda}_1,\bar{\lambda}_2,\cdots,\bar{\lambda}_p) + \mathrm{diag}(\lambda_1^*,\lambda_2^*,\cdots,\lambda_p^*) \tag{12}$$

(11)和(12)式的意义表明，气象场积和矩阵的谱分解实际上包含两个独立的组成部分：(i)由平均场引起的方差对场的总平方和的贡献；(ii)由距平场引起的方差(见(4)式)对场的总平方和的贡献。

就某一特征向量场(即典型场)而言，据(12)式，一般应有

$$\lambda_j = \bar{\lambda}_j + \lambda_j^*, \qquad j=1,2,\cdots,p \tag{13}$$

式中 λ_j 即为积和矩阵 EOFs 的第 j 个典型场方差。可见，一个典型场的方差也可认为是由平均场引起的方差 $\bar{\lambda}_j$ 与由距平场引起的方差 λ_j^* 叠加而成。由(13)式的关系，若已知 A 阵的 EOFs 展开的特征值 λ_j 以及平均场的离差阵 $\bar{A}$ 与相应的特征值 $\bar{\lambda}_j$，就可推算出协方差阵 S 的 EOFs 展开的特征值 λ_j^*。由此可见，两种不同的 EOFs 展开方案其特征值 λ_j 与 λ_j^* 可互相推算。另外指出，对应于(12)式的各相应特征向量是不一定相同的。后文实例计算已说明这一事实。

类似于上述推导，也可求得原始场相关矩阵 R 的 EOFs 与积和矩阵的 EOFs 的关系。由(2)式可令

$$S = \frac{1}{n} X' \left(I - \frac{1}{n} J \right) X = DRD \tag{14}$$

或

$$R = D^{-1} S D^{-1} = \frac{1}{n} D^{-1} X' \left(I - \frac{1}{n} J \right) X D^{-1} \tag{15}$$

式中 $D^{-1} = \mathrm{diag}(S_{11}^{-\frac{1}{2}}, S_{22}^{-\frac{1}{2}}, \cdots, S_{pp}^{-\frac{1}{2}})$。

只要令 $Y = XD^{-1}$，则 $Y' = D^{-1}X'$，于是(15)式就可写为

$$R = \frac{1}{n} Y' \left(II - \frac{1}{n} J \right) \gamma \tag{16}$$

利用(2)—(12)式的方法，就可得到类似于(11)和(12)式的表达式

$$\sum_i B_{ii} = \sum_j \tilde{\lambda}_j = \sum_j \bar{\lambda}'_j + \sum \lambda'^*_j \tag{17}$$

$$\begin{aligned} Q'BQ &= \mathrm{diag}(\bar{\lambda}_1,\bar{\lambda}_2,\cdots,\bar{\lambda}_p) \\ &= \mathrm{diag}(\bar{\lambda}'_1,\bar{\lambda}'_2,\cdots,\bar{\lambda}'_p) + \mathrm{diag}(\lambda'^*_1,\lambda'^*_2,\cdots,\lambda'^*_p) \\ &= \mathrm{dag}(\bar{\lambda}'_1+\lambda'^*_1,\bar{\lambda}'_2+\lambda'^*_2,\cdots,\bar{\lambda}'_p+\lambda'^*_p) \end{aligned} \tag{18}$$

上式中 $B = \frac{1}{n} Y'Y$ 为原始场资料经尺度缩减后的相对量 $Y = XD^{-1}$ 的积和矩阵。Q 为相应于 B 阵的特征向量，$\bar{\lambda}_i$，$(i=1,2,\cdots,p)$和 λ'^*_i，$(i=1,2,\cdots,p)$分别为相应于(经尺度缩减后的)平均场和距平场特征值。(14)～(16)式中 R 就是标准化协方差阵即相关矩阵。因而，(18)式仅是(12)式的特例。

2 实例验证

以上海、南通、杭州3站某月降水量年际序列为例，作EOFs展开。分别用A,S,$\bar{A}$矩阵作EOFs计算，求得相应的特征值和方差贡献见表1。

$$A=\begin{pmatrix} 12794.66 & 8807.56 & 13818.57 \\ 8807.56 & 15954.09 & 8194.96 \\ 13818.57 & 8194.96 & 18054.86 \end{pmatrix}$$

$$S=\begin{pmatrix} 2570.77 & -1123.77 & 2822.17 \\ -1123.77 & 6306.92 & -2486.76 \\ 2822.77 & -2486.76 & 6227.57 \end{pmatrix}$$

$$\bar{A}=\begin{pmatrix} 10223.89 & 9931.33 & 10996.40 \\ 9931.33 & 9647.17 & 10681.72 \\ 10996.40 & 10681.72 & 11827.29 \end{pmatrix}$$

表1 上海、南通、杭州3站某月降水量场*EOFs*展开结果

序号	A		$\bar{A}$		S	
i	λ_i	方差%	$\bar{\lambda}_i$	方差%	λ_i^*	方差%
1	36 455.67	77.9	26 602.55	83.92	9 853.12	65.2
2	9 237.41	19.7	5 012.18	15.81	4 225.23	28.0
3	1 110.48	2.4	83.62	0.26	1 026.86	6.8
Σ	46 803.56	100	31 698.35	100	15 105.21	100

表1的结果验证了(11)—(13)式的正确性。从表1还可看出，正如预期的那样，用A阵展开时收敛速度比用S阵展开得快，而A阵EOFs收敛快的原因正是由于平均场的A阵引起的。在表1中，由于$\bar{\lambda}_j=26\ 602.55$相对集中了平均场的绝大部分信息，因而当$S$阵展开时，$\lambda_1^*-\lambda_2^*$仅为37.2%方差百分比，而$A$阵展开时，$\lambda_1-\lambda_2$却为58.2%方差百分比。当然，本文仅从讨论$A$阵收敛快的原因提出上述看法，并不表明作者赞成用积和矩阵A来作EOFs展开。特别是由于通常EOFs展开所提取的信息主要是各典型场的权重系数随时间的变化特征，从时变特征的意义上说，平均场不一定能提供多少信息，因此，用积和矩阵A作EOFs展开时，收敛快是一种表面现象，后文还要从实例证明，描述场的变动性，还是以距平场或标准化变量场的EOFs为好。很显然，假如我们消除了平均场的影响，则A与S阵的EOFs展开当然就没有收敛速度方面的差异了。例如，众所周知的是气温场的大尺度特征要比降水场明显很多，文献[5]以及类似的许多计算都表明，气温场的收敛速度比降水场快得多，这个结果同样适用于平均场$\bar{A}$的空间结构。如果p个空间点均值几乎相同(大尺度特征明显)，则$\bar{A}$的第一特征值特别大(对$\bar{A}$作EOFs展开时收敛快)。从而使得我们用积和矩阵A进行EOFs展开时收敛速度明显比用S阵快。反之，若p个空间点几乎独立(或不相关)，这时A收敛很慢。用A与用S展开的收敛速度差异也不会太大。换言之，平均场的空间均匀性特征是影响EOFs收敛速度的一个因素。

3 不同展开方案时的特征向量场及其时间权重系数的相互关系

EOFs 展开的不同方案不但特征值显示出收敛速度的差异，而且特征向量及其权重系数之间在不同展开时也有相应的意义。

文献[5]已经指出，用积和矩阵 A 作自然正交展开时，第一特征向量场代表平均场。它与实测平均场之间的相似系数达到 0.99 以上，这与上述推证是一致的，这个结果实际上具有普遍意义。换言之，用积和矩阵 A 展开时，第一典型场是平均场的主要信息（与平均场均匀性有关），而第二、三、…典型场则分别以不同的时间权重系数叠加到距平场上。下面给出一个例子进一步证明不同展开方案时，时间权重系数的关系。表 2 是用 $p=2, n=11$ 时三种不同展开方案的 EOFs 结果（取两位小数）。其积和矩阵 A，协方差阵 S 和相关矩阵 R 以及对应的特征向量矩阵 U（行向量为特征向量）列于表 3 中。由表可见，(1)用 A 阵计算的第一特征向量的各分量几乎与 $\bar{x}_1, \bar{x}_2$ 成正比，即有 $\bar{x}_1/\bar{x}_2=\frac{35}{41}=\frac{0.6371}{0.7708}$。这就表明，用 A 阵展开时，第一特征向量代表空间平均场的分布特征。(2)用 S 阵（协方差矩阵）展开的第一特征向量的时间权重系数 T_1 与用 A 阵展开的第二特征向量时间权重系数 T_2 的符号重合率达 11/11，其相关系数也已达到 0.9 以上，这就再次证明，积和矩阵 A 的第一特征向量代表了平均场的主要信息，而第二特征向量（及以后各特征向量）才为距平场信息。因此，对应的 S 阵展开时，由于它本身就是空间距平场展开结果，故其第一特征向量所反映的大尺度距平形势在时间上的演变特点即时间系数必然与 A 阵的第二特征向量（代表距平场）的时间系数相一致。作者计算的许多实例均表明以上结果具有普遍性。

表 2 原始场资料及不同展开方案的时间权重系数（$p=2, n=11$）

序号	x_1	x_2	A		S		R	
			T_1	T_2	T_1	T_2	T_1	T_2
1	20	50	51.28	−16.44	−16.14	−6.75	−1.68	−0.62
2	26	45	51.25	−8.63	−8.55	−4.88	−0.93	−0.45
3	27	60	63.45	−17.42	−20.05	4.81	−1.74	0.51
4	28	50	56.38	−10.27	−11.40	−0.31	−1.07	−0.01
5	31	46	55.21	−5.41	−6.40	0.26	−0.60	−0.01
6	33	55	63.42	−9.61	−12.46	6.68	−0.98	0.67
7	39	35	51.82	7.76	7.20	−0.33	0.66	−0.05
8	41	25	45.39	15.67	16.44	−4.64	1.40	−0.49
9	42	33	52.19	11.34	10.59	0.90	1.01	0.06
10	48	24	49.08	21.71	21.40	0.40	2.00	−0.01
11	50	28	53.44	20.70	19.36	4.38	1.92	0.38
平均	35	41	53.90	0.86	0.0	0.0	0.0	0.0
方差	84.91	143.09	27.88	200.13	211.71	16.28	1.85	0.15

表 3 对应于表 2 中 A,S,R 阵的特征向量(行向量)

种类 \ 项目	矩阵		对应的特征向量	
A	1 309.91	1 341.72	0.637 1	0.770 8
	1 341.73	1 824.09	0.770 8	−0.637 1
S	84.91	−93.27	0.592 6	−0.805 5
	−93.27	143.09	0.805 5	0.592 6
R	1.00	−0.85	0.707 1	−0.707 1
	−0.85	1.00	0.707 1	0.707 1

(3)由于 R 阵仅仅是原始资料阵经尺度缩减后所得的协方差阵(即标准化协方差阵),它是相对量。所以,用 R 阵 EOFs 展开所得时间系数在符号上与 S 阵展开保持一致。由表 2 可见,R 阵 EOFs 与 S 阵 EOFs 展开的第一时间系数符号重合率也是 11/11,而第二时间系数的符号重合率则为 9/11。至于数值大小,因受尺度缩减影响,一般说来,对应不一定很好,否则失去了尺度缩减的意义。尺度缩减(即标准化处理)尤其在 p 个变量单位不一致时很有必要。例如,对一些数值较小的变量来说,只有尺度缩减才能显示它对展开结果的影响。换句话说,如果我们将变量标准化,各变量就可消除因尺度(量纲)不同对 EOFs 产生的影响,而只显示各变量本身的作用。确定采用何种 EOFs 计算方案,一般应就具体问题而异,以上仅仅说明不同展开方案之间在本质上的联系。

顺便指出,当用 S 阵或 R 阵作 EOFs 展开时,时间权重系数实际上就是主成分分析中的主成分或主分量。因其平均值为 0,而方差等于相应的特征值 λ_j^*(见表 2)。但是,用积和矩阵 A 作 EOFs 展开时,时间权重系数并非代表主成分,因它的均值既不为 0,方差也不为 λ_j。

4 小 结

(1)本文从理论上证明,气象场 EOFs 展开的不同算法所得特征值的相互关系表明,积和矩阵 A 的 EOFs 展开实质上包含距平场协方差阵 S 的 EOFs 展开与平均场交叉乘积矩阵 $\overline{A}$ 的 EOFs 展开两部分,其特征值也等于这两部分之和。

(2)由于平均场叠加在距平场上而造成积和矩阵 A 的 EOFs 收敛速度增大。而平均场本身空间均匀性程度又直接影响积和矩阵 A 的 EOFs 收敛速度增大的幅度。场的空间均匀度越大,A 阵 EOFs 收敛速度增加越大。

(3)用 A 阵展开时,第一特征向量代表了平均场的主要信息,第二特征向量及其后则代表了大尺度距平场的信息,而实际资料计算表明,用协方差阵 S 展开时的第一时间系数在数值与符号上恰好与用积和矩阵 A 展开的第二时间系数相接近,说明理论与实际的一致。

(4)上述论证尚可推广到气象向量场的经验正交函数展开问题上,关于这一点,我们将另文讨论。

(5)综上,可认为采用何种 EOFs 方案,应视具体问题而定。用积和阵 A 展开,其第一典型场代表平均场信息,而从第二典型场开始的所有典型场线性叠加构成距平场;用协差阵 S

展开,其全部典型场线性叠加构成距平场。因此,若在展开区域中没有距平意义的平均场(旱、涝;冷、暖)空间分布对未来有较大指示意义时,还是宜用积和阵展开,而若平均场空间分布(旱、涝;冷、暖)均匀一致,对未来无多大影响,则可用距平场的协差阵展开。至于展开区域上空间点的标准差差别很大时,一般应用标准化变量(尺度缩减),从而以相关矩阵 R 作为 EOFs 展开的基础。

参考文献

[1] 周家斌.不规则格点上的车贝雪夫多项式展开问题.科学通报,1981,**26**(9):548-550.

[2] Storch H V. Statistical aspects of EOFs based on small sample sizes,2nd International meeting on statistical climatology. *Lisboa Portugal*,1983,**4**(5):1-4,5,7

[3] Richman M B. Rotation of PCs in climatological research,Preprints Eighth conference on probability and statistics. *Atm Sci*,*Amer Meteo Soc*,1983,115-124.

[4] 丁裕国.EOFs展开气象场的几个问题.广西气象,1985,(1):5-9.

[5] 施能.我国秋冬月降水、气温场的时空结构特征及其在我国初夏降水预报中的应用.大气科学,1988,**12**(3):283-291.

[6] Preisendorfer R W, Barnett T P. Significance tests for EOFs,Fifth conference on Probability and statistics. Las Vegas:*Am Meteorol Soc*,1977:169-172.

[7] Overland J E, Preisendorfer R W. A significance test for PCs applied to a cyclone climatology. *Mon Wea Rev*,1982,**110**(1):1-4.

[8] North G,Bell T L,Cahalan R F,*et al*. Sampling errors in the estimation of EOFs. *Mon Wea Rev*,1982.**110**(7):699-706.

[9] 章基嘉,孙照勃,陈松军.论自然正交函数的稳定性.南京气象学院学报,1979,(2):89-98.

[10] 丁裕国,吴息.经验正交函数展开气象场收敛性的研究.热带气象,1988,**4**(4):316-325.

[11] 张尧庭,方开泰.多元统计分析引论.北京:科学出版社,1982:23-27.

气象场相关结构对 EOFs 展开稳定性的影响

丁裕国　江志红

（南京气象学院，南京　210044）

摘　要：本文从矩阵扰动理论出发，提出利用矩阵的范数（norm）作为度量气象场随机扰动的稳定性指标，并由此间接推估 EOFs 展开的稳定性。经理论论证、数值试验和实例计算表明，气象场的相关性越好，达到稳定相关结构所需样本越小，由此得到的 EOFs 稳定性也越好，反之则不然。上述规律又直接受样本大小 n 和站点数目 p 的影响。对于不同的气象场来说，达到稳定 EOFs 的样本临界值不同，必须警惕 EOFs 展开有可能不是稳定的。

关键词：经验正交函数　矩阵扰动　抽样分布　气象场

引　言

经验正交函数（EOFs）展开气象场的稳定性直接影响其应用的可靠性。无论是采用 EOFs 作诊断分析和外推预报，或是采用 EOFs 分量对气象场作某些区域资料的插补、延长，人们都希望 EOFs 展开的特征向量具有稳定性。很难设想一个特征向量随样本变化并不稳定的气象场能有较为可靠的外推外延效果。因此，从实际和理论两个方面来论证 EOFs 展开气象场的稳定性条件，探讨在何种情况下气象场 EOFs 属于稳定展开，何种情况下气象场 EOFs 属于不稳定展开，很有必要。

文献[1]曾从真实数据场附加随机场的观点针对特征向量的抽样误差问题进行数值试验，提出一种简单的抽样误差估计方法；文献[2]针对实际气象场讨论过 EOFs 稳定的条件；文献[3]和[4]都曾由实际气象场序列的分段计算中寻求历史时期不同阶段特征向量的稳定性规律，论证了 EOFs 展开的稳定性问题。但是，从理论的高度，寻求广泛意义下的 EOFs 稳定性条件尚缺少深入研究。

本文基于上述目的，试图结合相关系数随机抽样理论和矩阵扰动理论，探讨 EOFs 展开气象场的稳定性影响因素，以便建立 EOFs 展开气象场稳定性的理论基础。

1　相关矩阵的随机扰动

设有气象场 $X=(x_1,x_2,\cdots,x_p)'$，其样本量为 n 的相关矩阵记为

$$R_n=\begin{pmatrix} r_{11}^{(n)} & r_{12}^{(n)} & \cdots & r_{1p}^{(n)} \\ r_{21}^{(n)} & r_{22}^{(n)} & \cdots & r_{2p}^{(n)} \\ \cdots & \cdots & \cdots & \cdots \\ r_{p1}^{(n)} & r_{p2}^{(n)} & \cdots & r_{pp}^{(n)} \end{pmatrix} \tag{1}$$

若有

$$\lim_{n\to\infty} r_{ij}^{(n)}=\rho_{ij} \qquad (i,j=1,2,\cdots,p) \tag{2}$$

则称相关矩阵序列$\{R_n\}$有极限$R=(\rho_{ij})\in c^{p\times p}$(实对称矩阵集合),又称$R_n$收敛到$R$,并记为

$$\lim_{n\to\infty} R_n=R \tag{3}$$

根据矩阵扰动理论[5],对$\{R_n\}$取极限R,等价于对它们的范数取极限,记为

$$\lim_{n\to\infty} \upsilon(R_n-R)=0 \tag{4}$$

式(4)表明,当$n\to\infty$时,R_n与极限R的差阵的范数趋于零。式中$\upsilon(\cdot)$代表范数符号。由于其表达式有多种,本文为讨论方便仅取其中的一种[5],即α范数

$$\| R_n \|_{\alpha}=\frac{1}{p}\sum_{i,j=1}^{p} | r_{ij}^{(n)} | \tag{5}$$

对于$\{R_n\}$,实际应视为随机矩阵序列,由于R_n的元素$r_{ij}^{(n)}$有其抽样分布[6],所以若设R为其总体相关矩阵,并假定R_n与R具有相同的选站,且p为定值,则式(4)应推广为均方意义下的极限[7]。即当$n\to\infty$时,R_n满足

$$\lim_{n\to\infty} P\{\upsilon(R_n-R)\leqslant\varepsilon\}=1 \tag{6}$$

上式表明,当n充分大时,由r_{ij}组成的样本矩阵$(r_{ij}^{(n)})=R_n$与由ρ_{ij}组成的总体矩阵$(\rho_{ij})=R$之间的差值的范数小于任一给定微量的可能性随n增大而增大直至概率为1。因此称R_n有均方极限R。

众所周知,在给定ρ_{ij}的情形下,r_{ij}的抽样分布仅与n的大小有关[6]。因此,各个元素$r_{ij}^{(n)}$的抽样振动必引起整个相关矩阵R_n的随机扰动。虽然实际气象场序列的相关矩阵还可能受气候变化所导致的总体相关特征改变的影响,不过,为了研究的方便,本文暂不考虑这种影响,而仅限于讨论资料来自同一总体这一特殊情况。至于长期气候趋势对气象场所造成的影响,作者将做另外的探讨。

就相关矩阵的抽样分布而论,许多精确分布或渐近分布如Wishat分布、Wilks统计量、T^2统计量以及χ^2,F分布等都可用于数学描述[8]。但由于大多数多元抽样分布并不便于数学处理,有的分布又十分复杂,对于解决本文提出的理论问题有一定难度。而从文献[5]出发,结合相关系数抽样分布的整体效应,从另一种途径讨论EOFs稳定性及其有关问题,则具有明显的优点。

2 谱改变量与EOFs稳定性度量

据式(1)至(3)的约定,设其相应特征值分别为$\lambda(R_n)=\{\lambda_i\}$,$\lambda(R)=\{\mu_i\}$,$i=1,2,\cdots,p$,并以$d(\lambda(R_n),\lambda(R))$表示$R_n$和$R$的特征值差异的某种度量。因为实对称阵的谱分解有$R_n=\sum_{i=1}^{p}\lambda_i u_i u'_i$,其特征值$\lambda_i$又称为$R_n$的谱,故将$d(\lambda(R_n),\lambda(R))$又称为谱的改变量。若记$D(R_n,R)$表示$R_n$和$R$之间的某种差距,则通常有下列关系成立[5]

$$d(\lambda(R_n),\lambda(R))\leqslant F(D(R_n,R)) \tag{7}$$

或

$$f\{d(\lambda(R_n),\lambda(R))\}\leqslant D(R_n,R) \tag{8}$$

式中 $F(\cdot)$或 $f(\cdot)$分别为某种简单函数。公式(7)或(8)表明,矩阵 R 因受随机扰动而使其谱(即特征值)发生某种改变,它一般与矩阵 R 所受的扰动程度有关。根据文献[5],关于 $d(\lambda(R_n),\lambda(R))$可具体引用多种谱改变量公式,为研究方便,本文仅引用下列公式:

$$S_R(R_n)\equiv\max_{1\leqslant i\leqslant p}\{\min_{1\leqslant i\leqslant p}|\lambda_i-\mu_i|\} \tag{9}$$

由于 R_n 或 R 为实对称非负定阵,其特征值通常总有 $\lambda_i\geqslant 0$,因此,式(9)实质上表明两个矩阵 R_n 和 R 的由大到小排列的特征值之差的某种函数,它代表了特征值的变动水平。

由式(7)至(9),利用文献[5]提供的理论公式就可估计相关矩阵 R_n 因抽样扰动而引起的特征值(谱)可能最大改变量,其理论公式为

$$S_R(R_n)\leqslant R^{1/p}(2m)^{1-1/p}\parallel R_n-R\parallel^{1/p} \tag{10}$$

式中 $m=\max\{\parallel R_n\parallel,\parallel R\parallel\}$,$\parallel R_n-R\parallel$ 为两矩阵差值的范数。

另一方面,从实际问题出发,我们希望提供达到 EOFs 稳定展开的最少样本量 N,使得当 $n\rightarrow N$ 时,样本相关矩阵 R_n 近似于总体相关矩阵 R。根据矩阵理论和二阶矩随机性,由均方极限的性质知,只要式(4)成立,必有式(3)成立。但是,我们不可能得到无限大样本的抽样,而只能得到有限样本的抽样。换言之,当样本量 n 达到某一临界值 N 时,总可定义一个近似于均方收敛状态的条件,即有

$$\lim_{n\rightarrow N}\upsilon(R_n-R)\leqslant\varepsilon(\text{小量}) \tag{11}$$

并称满足式(11)的相关矩阵 R_n 为在给定精度 ε 下,达到均方意义下的稳定性或均方稳定。显然,在式(11)中,ε 越小,R_n 越稳定。

又由式(7)和(8),气象场相关矩阵越稳定,则其范数 $\upsilon(R_n-R)$越小,相应的 EOFs 谱改变量也越小。由式(5)知,$\upsilon(R_n-R)$实质上代表一个气象场的平均相关状况的差异,当样本量 n 增大时,由于相关系数抽样方差减小,而且据相关系数抽样分布理论[6],平均相关高的场比平均相关低的场其抽样方差减小更为明显。因此,我们可以定性地推论,凡气象场平均相关水平越高,其 EOFs 随样本增大越容易达到稳定;反之,凡气象场平均相关水平越低,其 EOFs 随样本增大越不容易达到稳定。事实上,文献[9]中提出的协方差行列式(即广义方差)的抽样矩正是相关矩阵行列式的函数,这与式(5)定义的 α 范数是一致的,因此,上文的推论与文献[9]的提法也是吻合的。联系到作者曾在文献[10]中论证 EOFs 收敛性的影响因素也与场内相关结构有关,更可推论,收敛快的 EOFs 在一定的前提条件下其稳定性也越好。

3 相关结构对 EOFs 稳定性影响的数值试验

3.1 不同临界值 ε 对应的 EOFs 谱的可能最大变动

利用式(10)和(11),可以考察 ε 和 p 值所对应的 EOFs 谱变动情况。例如,给定不同的 ε,则由式(11)就可相应地获得大样本(很大 n 值)前提下,R_n 和 R 两者差值的范数最大允许限(即式(11)中 $\upsilon(R_n-R)$),又由式(10),不难给出各种 ε 和 p 组合下的 EOFs 谱的可能最大变动 $S_R(R_n)$。在表 1 中,我们列出一些典型结果,以便比较不同的 ε 和 p 值对于 EOFs 谱变动的影响。由表 1 可见,当气象场相关结构的变动很小时(ε 小),其特征值的可能最大变动

也很小，相对而言，当相关结构的变动很大时，其特征值的可能最大变动增大。与此同时，由表1还可看到，气象场空间站点数 p 越大，相关矩阵扰动所造成的影响也越大，例如，当 $p=3$，$\varepsilon=0.001$ 时，EOFs谱改变量仅只为0.228 9，但当同样的 ε 下，$p=30$ 时，EOFs谱改变量竟高达1.738 7，可见在相关矩阵发生同样扰动的情况下，站点数 p 越大，EOFs谱所受到的影响也越大。此外，当相关矩阵扰动较大时，站点数 p 的影响随 p 的增大而减小。换言之，站点数 p 越少，相关矩阵扰动所引起的谱变动越明显，而 p 很大时，其造成的影响比 p 很小时要小得多。例如，当 $p=3$，$\varepsilon=10.0$ 时，谱改变量上限达到4.932 5，而在同样的 p 值下，$\varepsilon=0.1$ 时，谱改变量仅只有1.062 7；相反，当 p 增高到30时，$\varepsilon=0.1$ 和 $\varepsilon=10.0$ 其相应的谱改变量差异很小（前者2.027 2，后者2.363 6），可见，气象场的站点数越少，由相关矩阵扰动引起的EOFs谱变动的敏感性越高，而站点数越多，则EOFs谱变动的敏感性降低。这正如通常我们考察个别测站气象观测值与气象场（多个测站）整体气象观测值两者的变动情况一样，前者对某种扰动的响应一般总是比后者更为敏感。

表1　不同 ε 和 p 值对应的EOFs谱变动可能最大值

ε	p				
	3	5	10	20	30
0.001	0.228 9	0.603 4	1.177 4	1.588 7	1.738 7
0.01	0.493 2	0.956 4	1.482 3	1.782 5	1.877 4
0.1	1.062 7	1.515 7	1.866 1	2.000 0	2.027 2
0.2	1.338 9	1.741 1	2.000 0	2.070 5	2.074 6
0.3	1.532 6	1.888 2	2.082 8	2.112 9	2.102 8
0.4	1.686 9	2.000 0	2.143 5	2.143 5	2.123 1
0.5	1.817 1	2.091 3	2.191 9	2.167 5	2.138 9
0.6	1.930 9	2.168 9	2.232 2	2.187 4	2.152 0
0.7	2.032 8	2.236 9	2.266 9	2.204 4	2.163 1
0.8	2.125 5	2.297 4	2.297 4	2.219 1	2.172 7
0.9	2.210 4	2.352 2	2.324 6	2.232 2	2.181 3
1.0	2.289 5	2.402 2	2.349 2	2.244 0	2.188 9
2.0	2.884 5	2.759 5	2.517 8	2.323 2	2.240 1
3.0	3.301 9	2.992 5	2.622 0	2.370 8	2.270 6
4.0	3.634 4	3.169 8	2.698 6	2.405 1	2.292 5
5.0	3.914 9	3.314 5	2.759 5	2.432 1	2.309 6
6.0	4.160 2	3.437 5	2.810 2	2.454 4	2.323 7
7.0	4.379 6	3.545 2	2.853 9	2.473 3	2.335 6
8.0	4.578 9	3.641 1	2.892 2	2.489 9	2.346 0
9.0	4.762 3	3.727 9	2.926 5	2.504 6	2.355 3
10.0	4.932 5	3.807 3	2.957 5	2.517 8	2.363 6

在式(10)或(11)中,R_n 与 R 差值的范数实质上就是平均相关水平的某种改变量(见式(5)定义),因此,气象场相关结构的变动实际上就可用其平均相关为度量。显然,若 ε 大,则等价于场的平均相关有很大变动幅度,在此情况下,站点数 p 越少,EOFs 展开的特征值(谱)可能变动越大,反之,站点数 p 越多,EOFs 展开的特征值(谱)的可能变动越小。由此可见,当气象场的站点数 p 较大时,只要平均相关水平变化不大,其 EOFs 特征值(谱)可能最大变动也不会很大。

3.2 给定置信水平($1-\alpha$),气象场 EOFs 谱的可能变动随样本量 n 的变化

由 Fisher 变换[6],计算不同总体相关系数 ρ 值的置信区间,从而可给出相应样本容量 n(气象场序列长度)下,EOFs 谱变动的估计值。根据 Fisher 变换,可估算出不同 n 所对应的相关系数置信区间限界以及它们与真值 ρ 的差异。例如,当 $\rho=0.90$,可计算得表 2。由表 2 可见,不同 n 所对应的 $\rho=0.90$ 置信限随 n 增大而缩减。

表 2 不同 n 对应 $\rho=0.90$ 的置信度($1-\alpha=0.95$)

界限	n									
	10	20	30	40	50	60	70	80	90	100
上限	0.98	0.96	0.95	0.95	0.94	0.94	0.94	0.94	0.94	0.93
下限	0.62	0.76	0.80	0.82	0.83	0.84	0.84	0.85	0.85	0.85
最大扰动量	0.28	0.14	0.10	0.08	0.07	0.06	0.06	0.05	0.05	0.05

注:“最大扰动量”由实际相关置信限与总体相关 ρ 的最大差值的绝对值表示。

由于范数本身的意义可等价于相关矩阵的平均相关水平(见式(5)),因此,假定气象场总体的平均相关水平(如表 2)为 $\rho=0.90$,那么,可进一步以表 2 中不同 n 所对应的样本相关置信限和最大扰动量代表气象场实际相关水平的随机扰动状况,由此计算出表 3。显然,表 3 是不同样本量 n 值所对应的相关矩阵范数改变量上限的一种估计。即由表 2 计算的最大扰动量近似作为相关矩阵中非主对角元素的平均差值,利用式(5)的定义,按 $\| R_n-R \|$ 估计范数的可能最大改变量,这就构成表 3。由表 3 可进一步应用表 1 的结果来估计出 EOFs 谱的可能最大变动。例如,当 $p=30$,$n=30$ 时,据表 2 和表 3 知道它的范数改变量为 2.9,而从表 1 可查得相对应的 EOFs 谱最大可能改变量约为 2.27 左右。这个例子仅表明高相关水平($\rho=0.9$)的气象场的情况,因其相关矩阵抽样振动一般都较小,所以相应的谱变动也不大;但是,不难想象,若气象场总体的平均相关水平较低,例如,某气象场接近于白噪声场,其抽样方差必然增大,因而导致相关矩阵的随机扰动必然也增大,以致其 *EOFs* 谱的改变量也将增大。例如,假定某气象场总体的平均相关 $\rho=0.3$,比照类似的表 2,可估计得表 4。由表 4 可见,气象场的总体平均相关水平如果比较低,抽样扰动上下限必然加大,因而使相关矩阵改变量的范数也必然加大。我们也可类似于表 3,由表 4 估算出相应的范数改变量上限。很显然,表 4 中相关系数为 $\rho=0.3$,其置信限幅度远比表 2 中 $\rho=0.9$ 时要大得多,不难想象其相应的相关阵变动幅度及其范数改变量也较大。这就意味着,气象场的总体相关水平较低时,倘若样本场序列较短(n 小),且站点数较少(p 小),则相关矩阵变动的范数也较大。再据表 1 的规律不难推知,它们的 EOFs 谱改变量也必将会较大。例如,同是 $p=5$,

$n=10$ 的气象场，如为高相关场(平均相关水平，以 $\rho=0.90$ 代表)，它的谱改变量仅为 2.3 左右(指有随机扰动而言)，但若为低相关场(平均相关水平，以 $\rho=0.3$ 代表)，它的谱改变量按式(10)计算，可推得为 4.39。相比之下，可见：气象场总体相关小，而取样本场序列又较短时，其 EOFs 特征值(谱)的稳定性必然较差，反之则不然。并且，随着 p 的增大或 n 的增大，相关结构因随机扰动而引起变动的影响将会减小，从而使 EOFs 谱的稳定性少受影响。这一点不难从表 1 中得到验证。

表 3　对应于表 2 的范数改变量上限

n	p				
	3	5	10	20	30
10	0.56	1.12	2.52	5.32	8.12
20	0.28	0.56	1.26	2.66	4.06
30	0.20	0.40	0.90	1.90	2.90
40	0.16	0.32	0.72	1.52	2.32
50	0.14	0.28	0.63	1.33	2.03
60	0.12	0.24	0.54	1.14	1.74
70	0.11	0.22	0.54	1.14	1.45
80	0.10	0.20	0.45	0.95	1.45

表 4　不同 n 对应 $\rho=0.3$ 的置信限($1-\alpha=0.95$)

界限	n									
	10	20	30	40	50	60	70	80	90	100
上限	0.781 9	0.655 5	0.595 9	0.559 2	0.533 8	0.514 7	0.499 7	0.487 6	0.477 1	0.468 8
下限	−0.406 4	−0.164 3	−0.025 6	−0.012 6	0.023 6	0.049 8	0.070 0	0.086 1	0.099 1	0.110 1
最大扰动量	0.706 4	0.464 3	0.325 6	0.312 6	0.276 4	0.250 2	0.230 0	0.213 9	0.200 9	0.189 9

注："最大扰动量"由实际相关置信限与总体相关 ρ 的绝对值表示。

4　计算实例

选取长江中下游地区(29°～33°N，111°～122°E)逐月平均气温和降水量距平场序列进行 EOFs 展开，其站点数 $p=14$，样本总量 $n=412$。分别计算不同 n 值所对应的气温距平场和降水距平场的相关矩阵改变量的范数变化值。在本例中，我们近似地以大样本 $n=412$ 所对应的相关矩阵 R 作为总体相关矩阵，以下凡涉及 R 和 R_n 时均按此近似处理。

图 1 给出了气温、降水场 $\| R_n-R \|$ 的两种范数(α，F 范数)[5]随样本量 n 大小的变化趋势。显然，图 1 表明，式(11)所定义的均方意义下近似收敛性或稳定性是有实际基础的。进一步利用图 2a、b 绘制气温场和降水场前三个特征值随样本量 n 的变化(图中纵坐标以 $\lambda_i \Big/ \sum\limits_i \lambda_i$ 百分比作为度量)。由图可见，在一定的样本量 n 下，特征值 λ_1，λ_2，λ_3 各自趋于

稳定状态,但随着特征值序号的增大,其达到稳定的临界样本量 $n \geq N$ 略有变动,似有后移的趋势。显然,从图 1 与图 2 可见,$\| R_n - R \|_a$ 及 $\| R_n - R \|_F$ 与特征值稳定域基本上是互相匹配的。尤其是 λ_1 与范数的变化配合最佳。如在图 1a 中,气温场相关矩阵差值的范数大约在 $n>45$ 时渐近稳定,而相应特征值 λ_1 也大致如此(见图 2a);而在图 1b 中,降水场相关矩阵差值的范数则大约在 $n>100$ 时渐近稳定,而相应特征值 λ_1 也大致如此(见图 2b)。综上可见,对任一气象场 EOFs 展开来说,假如仅考虑抽样引起的随机扰动,则当样本量(场的序列长度)n 超过某一定临界值时,EOFs 必将趋于稳定。当然,由于不同的气象场其随机扰动的程度有所不同,相关结构也各有差异,因而它们各自都可有不同的样本量临界值。如前所证,这一临界值 N 的大小往往取决于气象场总体相关水平的高低(即相关矩阵范数)。例如,气温场相关性优于降水场,其范数大于降水场,所以气温场相关阵差值的范数较之降水场相关阵差值的范数更易达到稳定。图 1 和图 2 中的曲线所反映的规律就是典型例证。相反,当样本场序列长度 n 达不到某一临界值 N 时,EOFs 展开具有不稳定状况,因此,当人们借助于 EOFs 展开来研究气象场序列的插补、延长或外推预报时,必须注意保持足够的样本量 n,以免出现不稳定的 EOFs 展开。

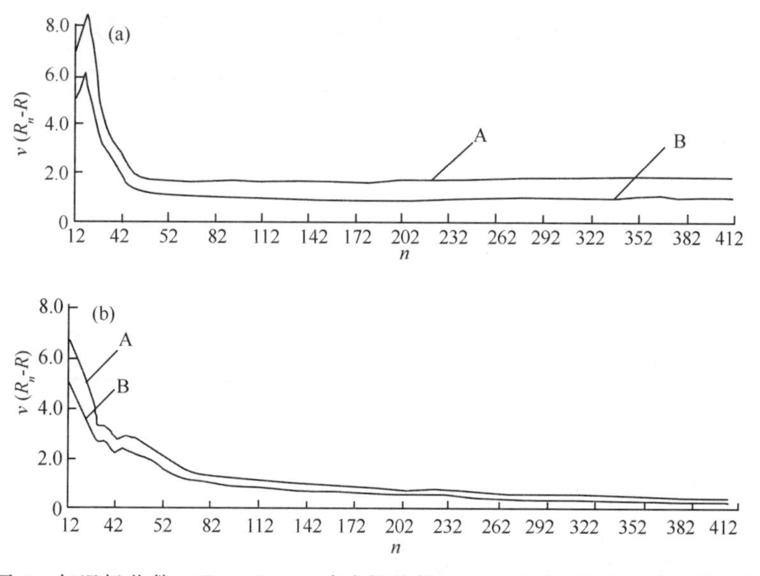

图 1　气温场范数 $\upsilon(R_n - R)$(a)、降水场范数 $\upsilon(R_n - R)$(b)随样本量 n 的变化

(A 为 $\| R_n - R \|_a$,B 为 $\| R_n - R \|_F$)

就一个气象场而言,EOFs 各不同特征值及其特征向量达到某稳定值的样本量 $n \geq N$(临界样本量)的大小并不相同。例如图 3 绘制了各不同 n 值所对应的特征向量与总体特征向量(用大样本 $n=412$ 的特征向量近似代表)之间的相似系数随样本量 n 的变化趋势。由图 3a 可见,当 $n=N=42$ 时,第 1 特征向量即趋于稳定,而由图 3b、c 可见,当 $n=N=70$ 时,第 2 特征向量趋于稳定,当 $n=N=200$ 左右时,第 3 特征向量才趋于稳定。显然,这一特点与图 2a 的相应特征值的稳定样本量也是相当吻合的。关于这一点,又恰恰与文献[4]对旱涝指数 EOFs 展开的稳定性的探讨所证实的规律相一致。

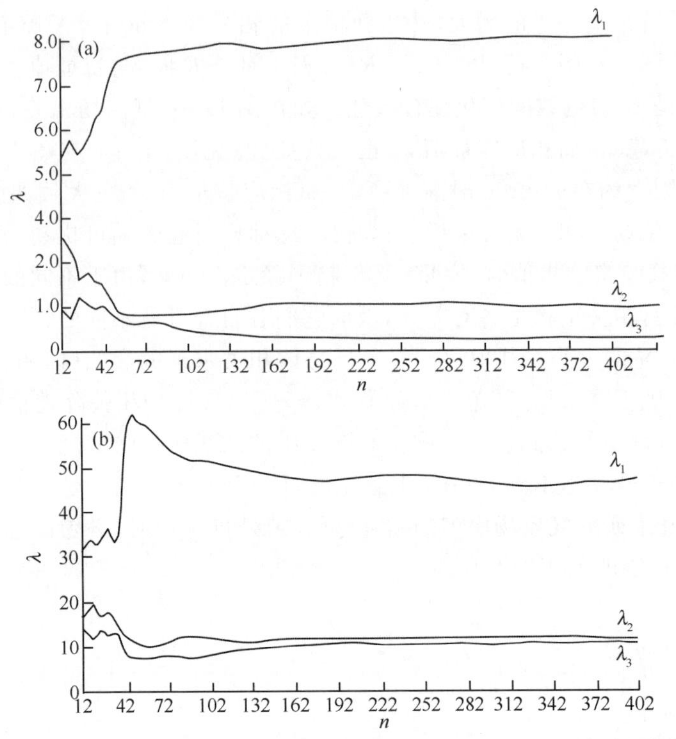

图 2　气温场(a)、降水场(b)EOFs 的前三个特征值随样本量 n 的变化

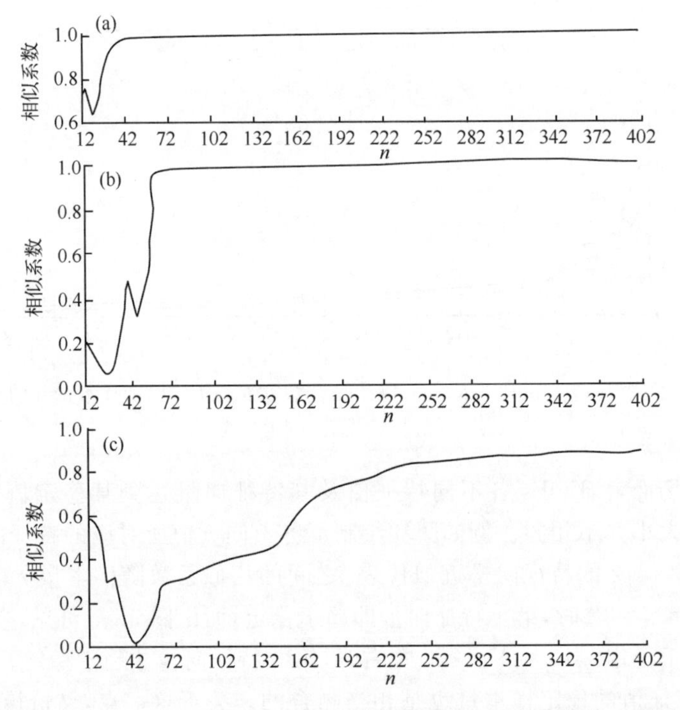

图 3　气温场第 1 特征向量与总体第 1 特征向量相似系数(a)、气温场第 2 特征向量与总体第 2 特征向量相似系数(b)、气温场第 3 特征向量与总体第 3 特征向量相似系数(c)随 n 的变化

5 结 论

(1)利用矩阵范数度量相关矩阵稳定性,间接推估 EOFs 稳定性,从理论上证明是行之有效的。

(2)气象场相关结构及其扰动对 EOFs 稳定性的影响是多方面的。当站点数 p 较大,只要场的平均相关水平变化不大,其特征值(谱)可能最大变动不会很大,但当 p 较小时,相关矩阵随机扰动引起的 EOFs 谱变动的敏感性增高;一般来说,平均相关水平越高,相关矩阵随机扰动越小,其 EOFs 越近于稳定,而平均相关水平越低,相关矩阵随机扰动越大,其 EOFs 越不易稳定;上述规律又直接受样本量即气象场序列长度 n 和站点数 p 的影响。

(3)数值试验和实例计算都证明上述结论。而实例尤其表明,不同气象场相关结构下达到稳定 EOFs 展开的样本长度 n 的临界值不同。当样本达不到某一临界值 N 时($n \geqslant N$ 时,EOFs 稳定),必须警惕 EOFs 展开有可能不是稳定的。

参考文献

[1] North G,Bell T L,Cahala R F,*et al*. Sampling errors in the estimation of EOFs. *Mon Wea Rev*,1982,**110**:699-706.
[2] 章基嘉,孙照渤,陈松军. 对自然正交函数稳定性条件的讨论. 气象学报,1981,**39**(1):82-89.
[3] Gray B M. On the stability of temperature eigenvector patterns,Sixth conference on Prob and statis. Los Vegas:Atm Sci,1979.
[4] 屠其璞. 旱涝指数经验正交展开的稳定性分析. 南京气象学院学报,1990,**13**(3):266-273.
[5] 孙继广. 矩阵扰动分析. 北京:科学出版社,1987.
[6] 么枕生. 气候统计学基础. 北京:科学出版社,1984.
[7] 复旦大学. 概率论(第三册). 北京:人民教育出版社,1981.
[8] Muirherd R J. Aspects of multivariate statistical theory. New York: John Wiley & Sons Inc,1982.
[9] 肯德尔 M. 多元分析. 中科院计算中心概率统计组译. 北京:科学出版社,1983.
[10] 丁裕国,吴息. 经验正交函数展开气象场收敛性的研究. 热带气象,1988,**4**(4):316-326.

经验正交函数展开气象场收敛性的研究

丁裕国　吴　息

（南京气象学院，南京　210044）

摘　要：本文从理论上证明，一个气象场的总方差可分解为代表气象场基本特征的信号场方差和代表随机干扰的随机场方差两部分。研究表明，若给定气象场总方差，则当噪声场方差强时，信号场方差必较弱，反之亦然。在此基础上，论证了经验正交函数（记为 EOFs）收敛速度的影响因素，指出 EOFs 用于气象场时，其收敛于原始场的速度取决于场的联合熵及场内各站点的个别熵敛两方面因素，并以前者为主。在标准化情况下，上述因素等价于气象场本身的相关结构和场内空间分布变动程度对收敛速度的影响。文中提出对任一气象场资料应用 EOFs 方法时，预估其收敛速度的几种经验性判据。分析表明，这些判据的应用效果很好。

引　言

经验正交函数（记为 EOFs）展开气象场实质上是对多变量（或指标）所组成的向量空间进行主成分分析（记为 PCA）。从统计学观点看，EOFs 不仅仅是正交函数逼近的问题，而且是从具有随机噪声干扰的气象场提取主要信号特征，排除随机干扰的统计分析方法。事实上，任何一种气象场或地学资料场（如气温、气压、降水、河流水位、径流等）都可视为附加随机噪声的随机场。

早在 20 世纪 50—60 年代，Bartlett 和 Anderson 就曾研究过 EOFs 特征值的显著性检验，用以鉴别 EOFs 提取的信号与噪声[1,2]。20 世纪 70 年代以来，Preisendorfer、Barnett 等分别用蒙特卡洛方法研究特征向量的显著性检验，他们曾指出当 $n<p+3$（n 为观测样本容量，p 为站点数）时，随机场特征值并不符合经典的非渐近理论，而一般若 $n-3<p$，存在着 $n-3$ 个非退化的最可能特征值和 $p-(n-3)$ 个退化的（即 $\lambda=9$）最可能特征值[3-5]。此外，曾研究样本特征值的抽样误差，指出 EOFs 的抽样误差是由协方差受到随机扰动而形成的。章基嘉等（1979）[6]也曾对气象场 EOFs 展开的稳定性作过有益的探讨。

作者认为，除上述问题外，还有一些值得研究的问题。例如，不同要素场或不同的时（空）尺度场所展成的 EOFs，其收敛于原始场的速度常不一样，有的场往往只需取其前一、二个典型场（特征向量）就可逼近原始场总方差的 80％以上；而有的却要多达十余项才能收敛到一定的精度，可见 EOFs 的收敛速度因所取气象场性质而各异。然而，值得指出的是，当前盲目运用 EOFs 展开来分析各种气象场的现象较为普遍，有些场的 EOFs 展开收敛很慢，本来就不宜用 EOFs 方法来分析，也勉强使用。有的气象场由于资料序列很短，EOFs 展开后尽管收敛很快，但还存在其特征向量场是否稳定的问题。基于上述情况，本文目的在于探讨影响 EOFs 收敛速度的原因，以便寻求 EOFs 收敛速度的判据。

1 EOFs 收敛速度的影响因素

设有气象场向量 $X=(x_1,x_2,\cdots,x_p)'$，其中每一 x_i 均为容量为 x 的第 i 站观测变量或推广为第 i 个变量。假定 x 中混有随机不相关噪声 $\varepsilon=(\varepsilon_1,\varepsilon_2,\cdots,\varepsilon_p)'$，则有

$$X=G+\varepsilon \tag{1}$$

式中 $G=(g_1,g_2,\cdots,g_p)'$ 代表原始场 X 所包含的信号场。因此，随机不相关噪声 ε 又称为随机噪声场。根据白噪声性质，显然有

$$\begin{aligned} &E(\varepsilon)=0 \\ &\mathrm{cov}(G,\varepsilon)=0 \\ &E(\varepsilon\varepsilon')=\begin{bmatrix} \sigma^2 & & & 0 \\ & \sigma^2 & & \\ & & \ddots & \\ 0 & & & \sigma^2 \end{bmatrix}=\sigma^2 I \end{aligned} \tag{2}$$

不失一般性，若令 $E(X)=0$，则由(1)和(2)式可得

$$E(XX')=E(GG')+\sigma^2 I \tag{3}$$

式中 $E(XX')$ 为原始场协方差阵，$E(GG')$ 为信号场协方差阵。为方便，令 $\phi=E(XX')$，$\Gamma=E(GG')$，则据二次型正交变换，有下列关系成立

$$A'\phi A=\begin{bmatrix} \lambda_1 & & & 0 \\ & \lambda_2 & & \\ & & \ddots & \\ 0 & & & \lambda_p \end{bmatrix} \tag{4}$$

因此就有

$$A'\phi A=A'(\Gamma+\sigma^2 I)A=A'\Gamma A+\sigma^2 A'A \tag{5}$$

式中 $A=(a_1,a_2,\cdots,a_p)'$ 为正交向量，即有 $A'A=1$，$\lambda_1\geqslant\lambda_2\geqslant\lambda_3\geqslant\cdots\geqslant\lambda_p>0$ 为 ϕ 的特征值。

若假定信号场协方差阵 Γ 为满秩正定矩阵，就有

$$A'\Gamma A=\begin{bmatrix} \lambda_1^* & & & 0 \\ & \lambda_2^* & & \\ & & \ddots & \\ 0 & & & \lambda_p^* \end{bmatrix} \tag{6}$$

于是(5)式可写为

$$A'\phi A=\begin{bmatrix} \lambda_1^* & & & 0 \\ & \lambda_2^* & & \\ & & \ddots & \\ 0 & & & \lambda_p^* \end{bmatrix}+\sigma^2 I=\begin{bmatrix} \lambda_1 & & & 0 \\ & \lambda_2 & & \\ & & \ddots & \\ 0 & & & \lambda_p \end{bmatrix} \tag{7}$$

可见，对于 $\phi=E(XX')$，应有

$$\sum_{i=1}^{p}\varphi_{it}=\sum_{i=1}^{p}\lambda_i=\sum_{i=1}^{p}\lambda_1^*+p\sigma^2 \tag{8}$$

因此，ϕ 的相应特征值

$$\lambda_i=\lambda_i^*+\sigma^2 \qquad i=1,2,\cdots,p \tag{9}$$

显然(8)、(9)两式表明，一个气象场总方差 $\sum_i \varphi_{ii}$ 可分解为信号场方差 $\sum_i \lambda_i^*$ 与噪声场方差 $p\sigma^2$ 两部分。

若假定 Γ 为非负定，并设 $rk(\Gamma)=q<p$，即有非零特征值 $\lambda_1^*\geqslant\lambda_2^*\geqslant\cdots\geqslant\lambda_q^*>0$ 时，公式(7)也可写为

$$A'\phi A=\begin{bmatrix}\lambda_1^* & & & 0\\ & \lambda_2^* & & \\ & & \ddots & \\ 0 & & & \lambda_q^* \\ 0 & & & 0\end{bmatrix}+\sigma^2 I=\begin{bmatrix}\lambda_1 & & & 0\\ & \lambda_2 & & \\ & & \ddots & \\ 0 & & & \lambda_q\end{bmatrix} \tag{10}$$

相应地，(8)式便成为

$$\sum_{i=1}^{p}\varphi_{ii}=\sum_{i=1}^{p}\lambda_i=\sum_{i=1}^{q}\lambda_i^*+p\sigma^2 \tag{11}$$

对于 ϕ 的相应特征值，则有

$$\lambda_i=\begin{cases}\lambda_i^*+\sigma^2 & i=1,2,\cdots,q\\ \sigma^2 & i=q+1,\cdots,p\end{cases} \tag{12}$$

纵观(8)、(9)、(11)、(12)式，不论信号场协方差阵 Γ 的特征位是否全部或部分为非零气象场的总方差 $\sum_i \varphi_{ii}$ 总可以分解为两部分：一部分为代表气象场主要特征的信号场方差，另一部分为随机噪声场方差。由此可见，对一个气象场来说，即使其全部特征值为非零（如(8)式）也并不表明它们全部代表信号场；相反，仅有部分特征值与随机噪声有显著差异。至于当仅有前 $q(<p)$ 个特征值为非零时，则更是如此（如(11)式）。

在给定场的总方差 $\sum_i \varphi_{ii}$ 前提下，上述方差分解式(7)、(8)或(10)、(11)更表明，如果一个气象场混杂的噪声场越强（即 $p\sigma^2$ 较大），则其信号场必然较弱（即 $\sum_i \lambda_i^*$ 较小），反之亦然。为了考虑 EOFs 收敛速度，不妨假定 λ_i^* 与 λ_i 均按降序线性递减。显然，随着噪声场的增强，λ_i 的递减率必有减小。图 1 中示意性地给出了相应的说明。

在图 1 中，实线下的面积代表累积方差，虚线下的面积为相应噪声方差。当 $\sigma^2=0$ 时，λ_i 之间的差异为最大，而当 $\sigma^2=\frac{1}{p}\sum_i \varphi_{ii}$ 时，λ_i 之间完全无差异，这时气象场全部为噪声所覆盖。由图示，在一般情况下，λ_i 之间差异越大，收敛于某一方差百分比定值的速度越快（图中相应面积示意）；反之亦然。换言之，噪声和信号在气象场中的比重或信噪比，是 EOFs 收敛速度的重要因素。因此，对于给定的 P（变量个数或空间站点数），不同气象场之所以收敛速度不一样，本质上是因各气象场所混杂的随机噪声成分不同所致。

为鉴别原始场包含噪声的强弱，对场的协方差阵可作如下假设检验。

设样本原始场序列为 $X_{i(1)},X_{i(2)},\cdots,X_{i(n)},i=1,2,\cdots,p$ 服从正态总体 $N_p(0,\phi)$，检验原假设 $H_0:\phi=\phi_0=1_p$（假定白噪声标准差为 1）[7]，有似然函数

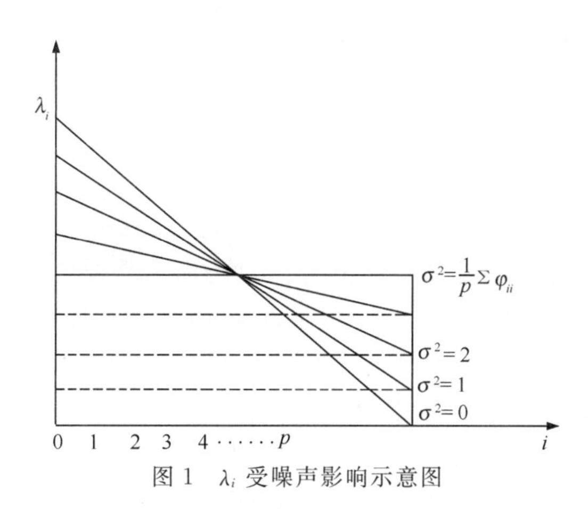

图 1 λ_i 受噪声影响示意图

$$L(0,\phi)=(2\pi)^{-pn/2}|\phi|^{-n/2}\exp\{-\frac{1}{2}\sum_{t=1}^{n}(x(t)\phi^{-1}x(t))\}$$

式中 ϕ 为(3)式所定义的协方差阵，$\phi_0=I_p$ 为标准化白噪声协方差阵即单位阵。于是似然比统计量为

$$Q=\frac{\max L(0,I_p)}{\max L(0,\phi)} \tag{13}$$

式中极大似然函数可写为

$$\max L(0,I_p)=(2\pi)^{-pn/2}\mathrm{e}^{-\frac{1}{2}trs} \tag{14}$$

$$\max L(0,\phi)=(2\pi)^{-pn/2}|S|^{-n/2}\mathrm{e}^{-\frac{1}{2}pn} \tag{15}$$

式中 S 为 ϕ 的样本协方差，即

$$S=\frac{1}{n-1}\sum_{t=1}^{n}X_{(t)}X'_{(t)} \tag{16}$$

将(14)、(15)、(16)式代入(13)式中，并取对数，则有

$$L_1=2\ln Q=pn+n\ln|s|-trs \tag{17}$$

若考虑标准化变量，样本场序列服从 $N_p(0,R)$，其中 R 为场序列的(总体)相关矩阵，则(13)式又可写为

$$L_1{}'=2\ln Q=pn+n\ln|\hat{R}|-tr\hat{R} \tag{18}$$

式中 $\hat{R}$ 为场序列的样本相关阵，$tr\hat{R}$ 为其迹。(17)或(18)式表明，反映协方差阵与白噪声阵差异的统计量 L_1 或 L'_1 与下列函数因素有关：协方差阵 S 的主对角线元素之和，即(rs)；协方差行列式$|S|$(即广义方差)；站点数 p 与场序列长度 n(样本容量)。由(17)或(18)式，在右端第一项给定为常数时，统计量取决于第二、三两项。这就表明，若场的总方差(即 trs)一定，则 EOFs 的收敛速度显然仅由 $\ln|S|$ 或 $\ln|\hat{R}|$ 决定。在(17)式中，$|S|$ 越大，必然使统计量 L_1 越大，表明协方差阵与噪声阵差异小，即噪声成分在原始场中较强；反之，若$|S|$越小，必然使统计量 L_1 越小，表明协方差阵与噪声阵差异大，即噪声成分在原始场中较弱。

在上述多元正态假设下，引入熵的概念，可推得气象场联合统计熵和各站(变量)个别统计熵分别为

$$\begin{cases} H_{x_1,x_2,\cdots,x_p} = \ln[(2\pi e)^p |S|]^{-\frac{1}{2}} \\ H_{x_i} = \ln[2\pi e S_{ii}]^{\frac{1}{2}} \end{cases} \qquad i=1,2,\cdots,p \tag{19}$$

将(19)式代入(17)式,并经整理,得

$$L_1 = -pn\ln 2x + 2nH_{x_1,x_2,\cdots,x_p} - \frac{1}{2\pi e}\sum_{i=1}^{p} e^{2H_{xi}} \tag{20}$$

由(20)式可见,在给定原始场样本资料的情况下,协方差阵是否与白噪声阵有显著差异主要取决于两方面因素:原始场的联合熵,即场的不肯定性程度;场内各站的个别熵,即各站气象序列本身的不肯定性程度。换言之,若整个场的熵值大,即场的变动不肯定程度高,则有利于增大统计量 L_1((20)式右端第二项),反之,若整个场的熵值小,即场的变动不肯定程度低,则有利减小统计量 L_1。另一方面,场内各站个别熵反映了各站((20)式右端第三项)本身的变动性,它又制约着 EOFs 的收敛性,因而这两方面的综合作用就构成了收敛速度。不过,相对而言,右端第二项作用较小,稍后可见,实际资料验证结果完全与此一致。

2 收敛速度的判据

EOFs 收敛速度可从不同角度来度量,一般说来,收敛快的气象场 EOFs 确能将天气气候变化的空间分布特征浓缩于前几个主要典型场,而收敛慢的气象场 EOFs 往往其前三个特征向量方差贡献很小,甚至需要很多个典型场才能达到给定的方差百分比。因此,本文选用以下三种度量气象场 EOFs 收敛速度的指标。

(1)达到给定方差百分比所需相对典型场数,记为 $l=PH/P$,式中 PH 为达到给定方差百分比的场数,P 为全部典型场数。

(2)第一特征向量(相应特征值)方差百分比,记为 $\alpha_1=\lambda_1\Big/\sum_{i=1}^{P}\lambda_i$,式中 λ_1 为第一特征值,$\sum_{i=1}^{P}\lambda_i$ 为全部特征值之和。

(3)前三个特征向量所达方差百分比,记为 $\alpha_3=\sum_{i=1}^{3}\lambda_i\Big/\sum_{i=1}^{P}\lambda_i$。

根据(17)、(18)和(20)式,针对这三种指标,原则上就可作出收敛速度的判断(或可借助于另一些统计量[8])。但是,由前知,这类统计量中均涉及气象场广义方差 $|S|$ 或 $|\hat{R}|$ 的计算,实际应用很不方便。况且,我们的目的并不在于检验协方差阵与噪声阵是否有显著差异,而在于以(17)、(18)和(20)式为基础,寻求 EOFs 收敛速度的判据。为此,考虑应用性,提出鉴别 EOFs 收敛速度的几种半经验判据。

2.1 定义场的相关结构指数

$$D_1 = \ln\frac{1}{p}\sum_{i=1}^{p}\sum_{j=1}^{p} r_{ij}^{\ 2} \qquad (i \neq j) \tag{21}$$

式中 $r_{ij}^{\ 2}$ 为场的相关矩阵元素平方值。由(18)式,$|\hat{R}|$ 实质上反映了场的相关结构。从直观

意义看，场内各站相关密切，必然使整个场的随机性减小，即联合熵小；相反，场内各站相关较差，必然使整个场的随机性增大，即联合熵大。因此，用 D_1 就可大致反映场的不肯定程度。

一般来说，单站多变量所组成的向量场（如各月气温、降水等）EOFs 即主成分分析原则上可与空间气象场的 EOFs 属同一类问题处理。因此，为了验证 EOFs 收敛性与结构指数 D_1 的关系，不妨广泛选取各种代表性气象场，例如气温，降水、气压、湿度、风、天气现象日数等各种不同时空尺度场都可作为验证对象。其中既有地理空间分布的气象场，又有按同一测站同一要素不同月份或不同时段组成的多元变量场。总之，尽最大可能对各种类型的气象场作 EOFs 展开以检验其收敛性。

验证表明，D_1 与收敛速度的三个指标 I,α_1,α_3 均有较好的线性相关，相关系数达 0.91 左右。图 2 为 D_1 与 α_1 的相关散布图。由于相关密切，这就有可能根据 D_1 的值预测收敛速度（如 α_1），从而避免盲目进行 EOFs 运算。

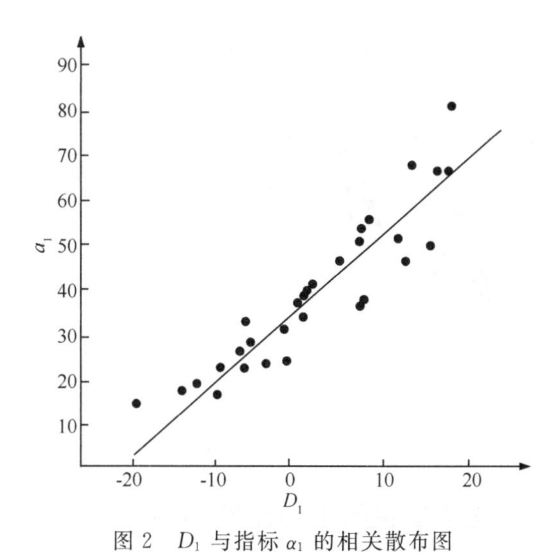

图 2　D_1 与指标 α_1 的相关散布图

2.2　定义场的平均相关指数

$$D_2=\frac{2}{p(p-1)}\sum_{i=1}^{p}\sum_{j=i+1}^{p}r_{ij} \tag{22}$$

式中 r_{ij} 为相关阵中非主对角元素。因 $\hat{R}$ 为对称阵。故只取上三角的两两相关系数 r_{ij} 即可。由前知，D_1 以相关系数平方值 r_{ij}^2 表示。它本质上代表整个场的相关数值大小，而不考虑其正负号。但是，从天气气候意义来看，空间范围不太大的场其正相关的机会较多，而空间范围较大的场，其相关结构就较复杂，往往既有正相关，又有负相关同时存在。这是因为大范围天气气候状况常常受制于多种环流系统，而小范围天气气候状况则常受同一环流系统支配，因而表现为变化趋势的一致性或不一致性。根据(20)式的物理意义，场的空间分布型变动的剧烈程度（即联合熵）是影响场 EOFs 收敛性的重要因素，因此为表明正负相关交错存在的相关结构，定义 D_2 为收敛速度的另一判据。

验证表明，D_2 与指标 I,α_1,α_3 的相关最为密切，相关系数分别达到$-0.82,0.95,0.88$。图3绘出 D_2 与 α_1 的相关散布图，图中点聚几呈一一对应的线性关系。而与 D_2 与 I、α_3 也有较稳定的相关(图从略)。D_2 与1之所以为负相关，恰恰表明了(20)式的物理意义，当场的正相关性较强时，必然使达到给定方差的相对场数较少(即 I 小)。反之，必然使达到给定方差的相对场数较多(即 I 大)。前者反映了场的不肯定程度较低，收敛快，后者反映了场的不肯定程度较高，收敛慢。所谓不肯定程度则主要表现为场的分布型变动性。从场相关结构来看，各站(变量)记录变化趋势之间是否有稳定的相似性即正相关性，恰恰反映出变动的剧烈程度。显然，若相似性强(正相关大)，必有场的分布型(如高、低值中心)变动小；反之，若相似性弱甚至有相反变化趋势(负相关大)，必有场的分布型变动大。这就是 D_2 能够较准确地预测 EOFs 收敛性的原因。

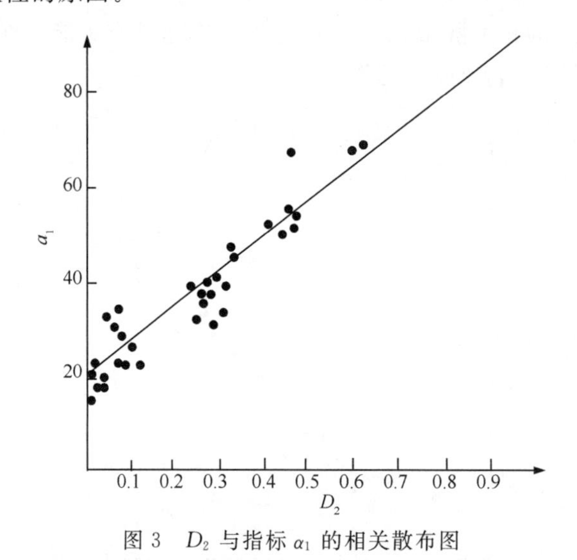

图3　D_2 与指标 α_1 的相关散布图

2.3　定义相关阵中显著相关的平均比率(简称显著相关率)

$$T_r=\frac{2}{p(p-1)}\cdot t_r \tag{23}$$

式中 t_r 为矩阵 $\hat{R}$ 中达到显著相关的次数，而显著相关是指达到信度为0.05的相关系数。为方便，仅统计 $\hat{R}$ 中上三角区内显著相关次数，T_r 正是 D_1 与 D_2 的一种简化判据。

验证表明，T_r 与 α_1 的相关系数达到0.93左右。图4绘出 T_r 与 α_1 的相关散布图，T_r 与其他两个收敛性指标 α_3，I 同样也有较高的相关。

值得指出的是，上述三种经验判据 D_1,D_2,T_r 在实际工作中很有使用价值。由于 EOFs 程序设的关键是求解协方差阵或相关阵的特征值和特征向量，通常的迭代算法或Jacobi方法其计算机耗时较多(尤其对那些具有较高阶数(p 很大)相关矩阵的问题更是如此)，若在 EOFs 从程序中加入上述经验判据的(任何一种判据)计算，就可根据事先给定的临界标准(如 α_1,α_3 或 I 值)预估 EOFs 的收敛速度，在尚未求解特征值之前决定是否有必要作 EOFs 展开。由于这些判据(21)、(22)、(23)的计算十分简便，因而颇具实用性。这对于大范围气象场或很多变量的 EOFs 尤其适合。

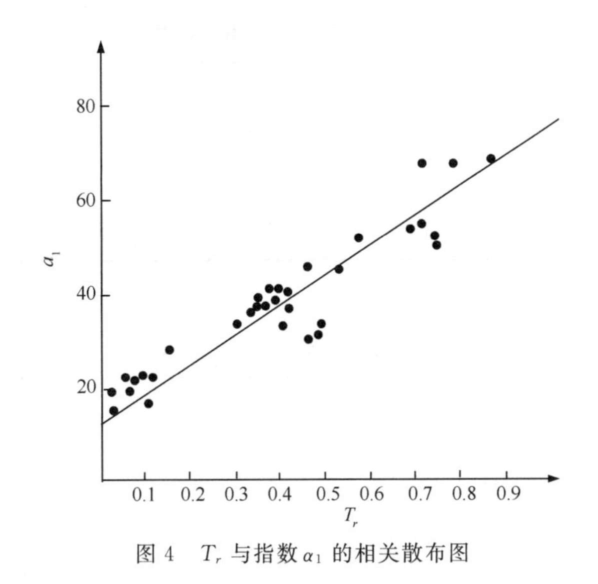

图 4 T_r 与指数 α_1 的相关散布图

2.4 判据 D_1, D_2, T_r

仅表明(20)式中第二项的物理意义(即场的联合熵),而并未考虑第三项(即各站个别熵)。但实际上这一项对收敛性也有一定的影响,因此,作者又提出以各站平均变差系数 c_v 来表示场内个别熵总和效应。分析发现,c_v 与 EOFs 收敛性有一定的相关,不过,它比前三种判据逊色,c_v 与 α_1 的相关系数仅有 0.60 左右。所以,c_v 可作为收敛性的辅助判据,与上述三种判据配合使用。

3 收敛性预测效果

利用任选的 40 种气象场样本序列,根据上述四种判据分别采用随机抽样方法建立 EOFs 收敛性的判据预测方程,预测各种气象场 EOFs 实际收敛性。现列举对 α_1 的预测方程如下:

$$\hat{\alpha}_1 = 34.7600 + 16.8351D_1 \tag{24}$$

$$\hat{\alpha}_1 = 19.5231 + 74.5611D_2 \tag{25}$$

$$\hat{\alpha}_1 = 12.6720 + 60.8870T_r \tag{26}$$

$$\hat{\alpha}_1 = 18.3521 + 78.8748D_2 - 7.8804C_v \tag{27}$$

这些回归预测方程都是在大样本基础上建立的,表 1 列出了各种判据与收敛性指标之间的大样本($n=40$)相关系数。

上述四种预测模式(24)—(27)的拟合误差和预测误差一般都很小(见表 2)。所谓拟合误差和预测误差是在全部样本场(共 40 个气象场)中随机抽取 30 个(即 $N=30$)建立(24)—(27)方程,而由其余 10 个样本场的收敛性预测值与实际值计算预测误差。

表 1　收敛性判据的相关系数

判断	D_1	D_2	T_r	C_v
α_1	0.906 3	0.952 5	0.934 6	−0.592 7
α_3	0.903 7	0.887 0	0.859 6	−0.489 8
I	−0.913 6	−0.823 5	−0.752 2	0.348 7

表 2　四种判据预测 α_1 的误差比较

模式	剩　余 标准差	拟合平均 相对误	预测平均 相对误	拟合平均 均方误	误差值 小于10%比例	误差值 小于5%比例
(24)	6.470 0	11.0%	8.1%	0.20	60%	25%
(25)	4.663 9	1.1%	2.7%	0.18	60%	38%
(26)	5.447 5	1.0%	2.9%	0.16	55%	30%
(27)	4.574 9	7.0%	2.0%	0.18	58%	45%

由表 2 可见，(25)模式预测 α_1 较准确方便，(26)模式虽也较准确但计算 C_v 较繁琐。从执行 EOFs 程序的观点看，(25)和(26)模式中 D_2 和 T_r 计算最为方便，在程序中只要加进几个语句就可以预测和评估 EOFs 收敛速度。

顺便指出，D_1，D_2，T_r 三种判据与收敛指标之间不但具有高相关，且相关稳定。分析表明，当样本场数 $N=20$ 以上时，它们的相关系数波动极小，基本上稳定于某一常数值附近(见图 5)。可见，用 D_1，D_2，T_r 预测 EOFs 收敛性有相当的可靠性。表 3 中列举了一些预测收敛性的实例，由表可见，这些预测具有较好的效果。

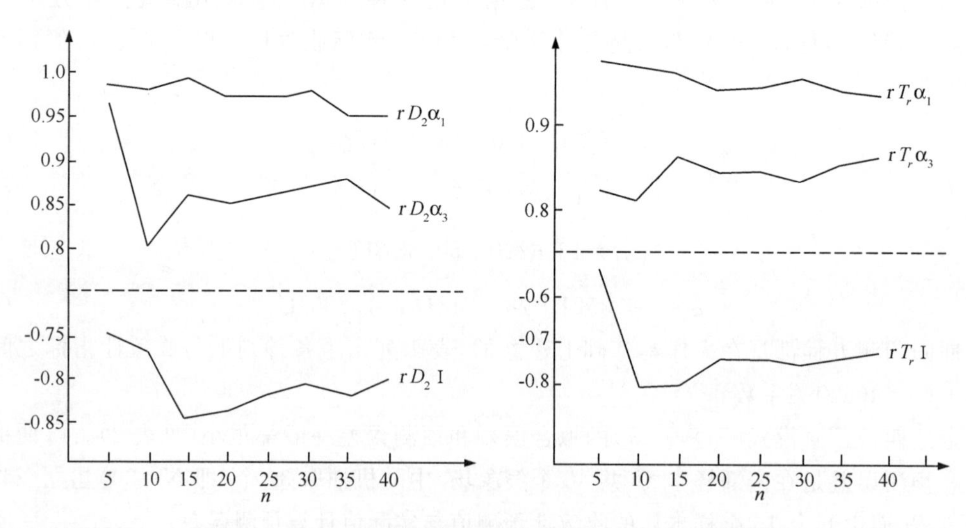

图 5　D_2，T_r 与收敛性指标的相关随样本(场)数的变化

表 3 预测气象场 EOFs 收敛性实例(α_1 单位:方差百分比)

项目 \ EOF 展开	α_1	由 D_1 的预测	由 D_2 的预测	由 T_r 的预测	由 D_2,C_v 的预测	平均相对误
全国 16 站年降水场	23.6	24.1	23.4	24.5	20.4	2.04
华东 16 站年降水场	50.8	57.2	53.1	58.9	52.9	6.87
全国 16 站年均温场	35.9	47.5	39.1	38.5	39.1	12.77
华东 16 站年均温场	66.1	64.7	63.5	61.4	64.6	0.76
西北 10 站 1 月气温场	67.2	56.9	67.1	66.3	65.7	2.42
华南 10 站 7 月降水场	53.1	48.1	53.7	55.9	53.7	1.19
南京全年各月降水量(历年)	16.6	20.1	19.4	19.1	14.9	10.61
北京全年各月降水量(历年)	14.9	14.1	16.0	14.5	11.2	7.07

4 结 论

(1)论证表明,EOFs 收敛性取决于场的联合熵(与相关结构有关)与个别熵(与各站方差有关)两方面因素,并以前者为主。

(2)预测收敛性的目的在于评价 EOFs 的有效性,当预先给出控制标准(如 α_1,α_3 的值)时,通过判据 D_1,D_2,T_r 等确定是否有必要作 EOFs 展开,以避免盲目地将一些收敛慢的场作 EOFs 展开。

(3)四种经验性判据预测方程效果较好,且相关稳定,具有普适性。

(4)本文主要讨论给定 n 和 p 的气象场 EOFs 收敛性。由(17)—(20)式,原则上 n 和 p 对收敛性也有重要影响,因篇幅所限,将另文详细探讨。

参考文献

[1] Bartlett M S. A note on the multiplying factors for various approximations. *J Roy Statist Soc B*,1954,**16**:296.

[2] Anderson T W. A symptotic theory for principal component analysis. *Ann Math Statist*,1963,**34**:122-148.

[3] Barnett T P. The principal time and space scales of the Pacific Trade wind fields. *J Atm Sci*,1977,**34**:221-236.

[4] Barnett T P. Multifield analog prediction of short—term climate fluctuations using a climate state vector. *J Atm Sci*,1978,**35**(10):1 771-1 787.

[5] Preisendorfer R W, Barnett T P. Significance tests for EOFs ,Fifth conference on probability and statistics. Las Vegas:*Am Meteorol Soc*,1977:169-172.

[6] 章基嘉,孙照勃,陈松军. 论自然正交函数的稳定性. 南京气象学院学报, 1979,(2):89-98.

[7] 张尧庭,方开泰. 多元统计分析引论. 北京:科学出版社,1982:322.

[8] M. 肯德尔(英)著. 中国科学院计算中心概率统计组译. 多元分析. 北京:科学出版社,1983.

非均匀站网 EOFs 展开的失真性及其修正

丁裕国　江志红

（南京气象学院，南京　210044）

摘　要：从理论上证明，非均匀站网 EOFs 展开有不同程度的失真。在同等条件下，均匀站网与非均匀站网 EOFs 展开结果有明显差异。提出了一种附加面积权重的修正方案用以弥补非均匀站网 EOFs 展开的失真现象。实例计算表明，中国气温场(160 站)经修正 EOFs 展开后，其气温变化主分量趋势与特征能更加客观地揭示中国地区增暖效应的局地差异。

关键词：经验正交函数(EOFs)　非均匀站网　面积权重　气温场变化

引　言

通常 EOFs 展开是在任意选站的非均匀分布站网区域上进行的。这种非均匀性对于 EOFs 展开结果是否有影响，理论上是否合理，值得推敲。对此，许多学者都曾作过有益的探讨，例如：Fortus[1]，Buell[2,3]，Karl 等[4]，Preisendorfer[5]先后指出，选点的任意性，对 EOFs 结果有影响；通常对空间点离散的场作 EOFs 可视为对空间上连续的场进行正交分解的特例；非均匀网点必须内插成等面积网点后再作 EOFs 展开才能避免产生失真的特征向量场。文献[6]对北半球平均表面温度序列资料处理时，也考虑了站网分布的非均匀性订正问题。文献[7]提出了一种考虑面积因素的平均气温计算方案用以客观反映中国区域气温真实变化情况。

本文欲从理论上证明非均匀站网 EOFs 展开结果的失真性，比较均匀站网与非均匀站网 EOFs 展开的差异。由此出发，提出一种附加面积权重的 EOFs 修正方案，并以实例证明其可行性。

1　理论推导

设任一区域的气象场表为 $X(w,t)$，将其视为复杂的随机过程，其中 w 代表样本空间的现实(它等价于事件，如 $w=n$ 则为第 n 次观测的事件或取值)；t 代表过程的载体参数，例如时间或空间上的参数，这里约定，t 代表空间变量，特别是 $t=(x,y)$ 代表二维空间的坐标。一般，对函数 $X(w,t)$ 可作如下正交分解

$$X(w,t)=\sum_k Z_k(w)\varphi_k(t) \tag{1}$$

通常视函数 $\varphi_k(t)$ 为非随机函数，它依所选积分域 (a,b) 而定，又称为特征函数，它满足解析正交性，即有

$$\int_a^b \varphi_k(t)\varphi_j(t)\,\mathrm{d}t=\delta_{kj}\lambda_k \tag{2}$$

而 $Z_k(w)$ 则为统计上正交或不相关，它满足

$$E|Z_j(w)Z_k(w)|=\delta_{kj}\lambda_k \tag{3}$$

上两式中，δ_{kj}气为狄拉克函数，λ_k 为随下标 k 变化的常数。对式(1)，系数 $Z_k(w)$可反演为

$$Z_k(w) = \int_a^b X(w,t)\varphi_k(t)\mathrm{d}t \tag{4}$$

式中函数 $Z_k(w)$就是各现实 $X(w,t)$在第 k 个特征函数 $\varphi_k(t)$上的投影。根据随机函数理论，定义相关函数

$$R(t,t')=E|X(w,t)X(w,t')| \tag{5}$$

对 $\varphi_k(t)$构造积分函数

$$\int_a^b R(t,t')\varphi_k(t')\mathrm{d}t' = \int_a^b E \mid X(w,t)X(w,t') \mid \varphi_k(t')\mathrm{d}t \tag{6}$$

在“均方意义”下，借助于式(4)，可推得

$$\int_a^b R(t,t')\varphi_k(t')\mathrm{d}t' = E \mid X(w,t)Z_k(w) \mid \tag{7}$$

利用式(1)，将式(7)改写为

$$\int_a^b R(t,t')\varphi_k(t')\mathrm{d}t' = E \mid \sum_j Z_j(w)\varphi_j(t)Z_k(w) \mid \tag{8}$$

根据式(3)的正交性，当 $k=j$ 时，$E|E_k^2(w)|=\lambda_k$，而当 $k\neq j$ 时，$E|Z_j(w)Z_k(w)|=0$，故有

$$\int_a^b R(t,t')\varphi_k(t')\mathrm{d}t' = \lambda_k\varphi_k(t) \qquad a \leqslant t \leqslant b \tag{9}$$

上式称为 Fredholm 积分方程(简记为 Fr 方程)，其中 $R(t,t')$又称为半正定对称相关核，而 $\varphi_k(t)$称为它的特征函数，λ_k 为其特征值。

根据积分方程理论[8]，具有对称核的齐次 Fr 方程的特征函数为正交函数，且它的特征值亦为实数。由于方程(9)恰好为齐次 Fr 方程，并有式(2)和(3)成立，所以，从式(1)出发所获 $\varphi(t)$正是式(9)所表示的 Fr 方程之解。通常这个函数并非唯一，它依赖于相关核 $R(t,t')$与 t 的域(a,b)，例如，在一维情况下，它可为一个线性区间，在二维情况，它可为一个闭合区域，本文讨论二维情况。显然，若式(9)经离散化抽样后，可有近似积分式，一般说来，方程(9)的积分近似可有各种形式，式(10)仅是其一种近似表示。

$$\sum_{j=1}^{p} R(t^i,t^j)\varphi_k(t^j)\Delta t^j = \lambda_k k_k(t^i) \tag{10}$$

式中 Δt^j 就表示位于 $t^j(=x_j,y_j)$的测站的面积元。广义地说，气象场序列可视为时空域连续的随机过程 $X(w,t)$的离散化取样结果，一般说，时间上的离散化都以等间隔观测值表示，对于空间上的离散化，式(9)就可化为式(10)，假定测点为均匀网格分布，其面积元 Δt^j 可视为单位常量。

众所周知，通常 $EOFs$ 展开气象场是将包含有 P 个空间点(变量)的场序列资料作时空正交分解，即对资料阵 $X_{p\times n}$作正交分解，使任一空间点 j 和任一时间点 i 的观测值(或距平观测值)X_{ij}分解为 P 个时间函数 T_{ik}和空间函数 ψ_{jk}的线性组合

$$X_{ij} = \sum_k T_{ik}\psi_{jk} \qquad i = 1,2,\cdots,n \quad j = 1,2,\cdots,p \tag{11}$$

对于时间函数，其反演式为

$$T_{ik} = \sum_{j=1}^{p} x_{ij}\psi_{jk} \qquad i = 1,2,\cdots,n \quad j = 1,2,\cdots,p \tag{12}$$

而空间函数则可由式(13)求得

$$\sum_{j=1}^{p} R_{jl}\psi_{jk} = \lambda_k \psi_{lk} \qquad k,l = 1,2,\cdots,p \tag{13}$$

式(13)中 R_{jl} 表示任一空间点 j 和 l 之间的协方差函数，对照式(1)，(4)，(9)不难看出，式(11)，(12)，(13)正是它们的特例。尽管EOFs展开的推导是基于矩阵理论，但它本质上是考虑时间上离散、空间上离散情形下气象场函数的时空正交分解。因此EOFs展开可视为式(1)—(9)所代表的理论模型的特例。换言之，按照式(9)或式(10)，则式(13)应为在均匀站网假定下求解特征向量的特例。然而，通常EOFs推导，实际上只对时间域作了等距限制，而对空间点的选取并无任何均匀性限制(空间点选取是任意的)，这样势必会产生失真性[5]。作者认为，弥补这一问题的办法，一是将非均匀站网转换成均匀站网，二是附加面积权重来消除非均匀站网的影响。但前者运算量大，特别是在站网严重分布不均情况下，处理困难；后者虽不如前者精确，但毕竟运算方便。因此，本文提出一种简单的面积加权修正EOFs展开方案。

设已知自然区域总面积为 Q，它由各子区域(如省、市、县)构成。若每个子区域面积为 $Q_r(r=1,\cdots,R)$，一般地说，每个子区域选站数并不相等，设为 m_r，则全区域内总共有站点数 m，即 $m=\sum_{r=1}^{R} m_r$，对每个子区域，第 i 个测站的面积权重 a_i，$(i=1,\cdots,m_r)$可定义为

$$a_i = \frac{Q_r/Q}{m_r/m} = \frac{mQ_r}{m_r Q} \qquad i=1,\cdots,m, \quad r=1,\cdots,R \tag{14}$$

上述定义实际上是假定了各个子区域内站点为均匀分布，当然这是一种近似。区域划分愈小，其误差愈小。在一定程度上，它对于修正站网分布上的非均匀性是有效的。不难证明，经面积加权修正后，气象场EOFs展开结果将有明显改善。

对某子区域记录 x_{ij}，面积加权后写为

$$y_{ij} = a_j x_{ij} \tag{15}$$

这里下标 j 对不同子区域其 a_j 不同，而同一子区域中 a_j 为相同。据此，若令对角阵

$$A = \mathrm{diag}(a_1, a_2, \cdots, a_p) \tag{16}$$

则有经面积订正后的资料阵

$$Y = XA \tag{17}$$

对 $\overline{Y}$ 阵施以EOFs展开，可得

$$Y = \widetilde{T}\,\widetilde{\psi} \tag{18}$$

$$\widetilde{T} = Y\,\widetilde{\psi}' \tag{19}$$

根据矩阵理论的同时对角化定理[9]，可以证明，它与由原资料阵 x 的EOFs展开结果(特征向量 ψ，时间函数 T)具有一定的差异，即 Y 与 X 的特征向量场实际上是相差某一比例系数向量，它在很大程度上反映出因站点分布不均匀性所产生的效应，已由相应的不同比例系数(或放大系数)得到弥补，因而使特征向量场有一定的差异。此外，由文献[10]借助矩阵扰动理论亦可证明上述事实。由此可见，非均匀站网情况下，EOFs展开结果必然失真。

2 实例计算与结果比较

以中国境内(160 站)近 40 年(1951—1990 年)年平均气温场为例。分别采用上述修正和不修正 EOFs 展开。修正后的 EOFs 第 1 主分量曲线(即时间函数)其长期趋势总振幅明显加大(见图 1b),而未修正的 EOFs 第 1 主分量虽有增暖趋势,但幅度比修正后的 EOFs 小(见图 1a),尤其是 20 世纪 70 年代中期以后增暖趋势比修正前更明显。这表明经面积加权后,使得西北部面积权重增大,而东南部面积权重减少(见附表),实际上等价于对站网分布均匀性作了重新调整,因而使西北部的增暖信息较充分地反映出来,其结果与许多研究结论是吻合的[11,12]。例如,研究表明,中国近 40 年平均温度变化的倾向率分布不均匀,其主要特点是:东北、华北及广大西部地区有明显增暖趋势,而 35°N 以南,青藏高原东侧的部分地区是逐渐变冷的。若采用 EOFs,由于西北地区面积占中国大部分,但站点密度小,如不考虑面积因子则必然使广大的西北部增暖信息的比重下降,而使东部(站点密度大)的比重加大,但东部一部分地区有降温趋势,因而使全国增暖总趋势不能如实地反映。采用修正 EOFs 展开恰好可弥补这一缺陷,使 EOFs 结果更为合理。图 2b 所绘修正后第 1 特征向量场的西北部地区荷载明显地大于修正前的 EOFs(图 2a)正好与上述分析十分一致,确为佐证。

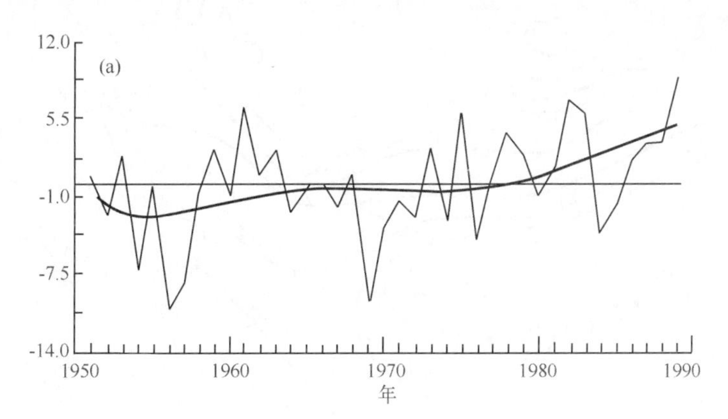

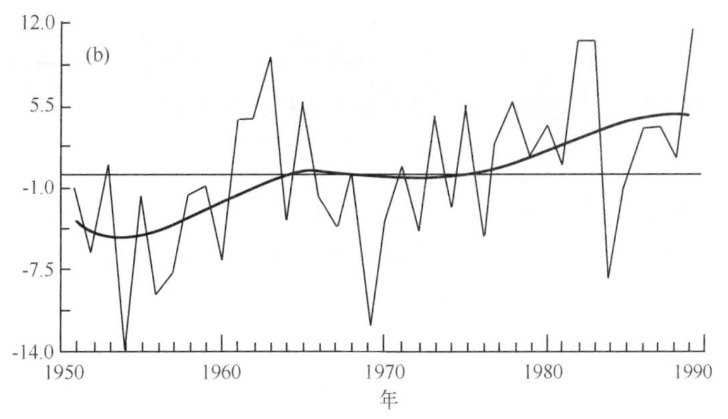

图 1　面积修正前后 EOFs 第 1 主分量曲线

(a)修正前;(b)修正后

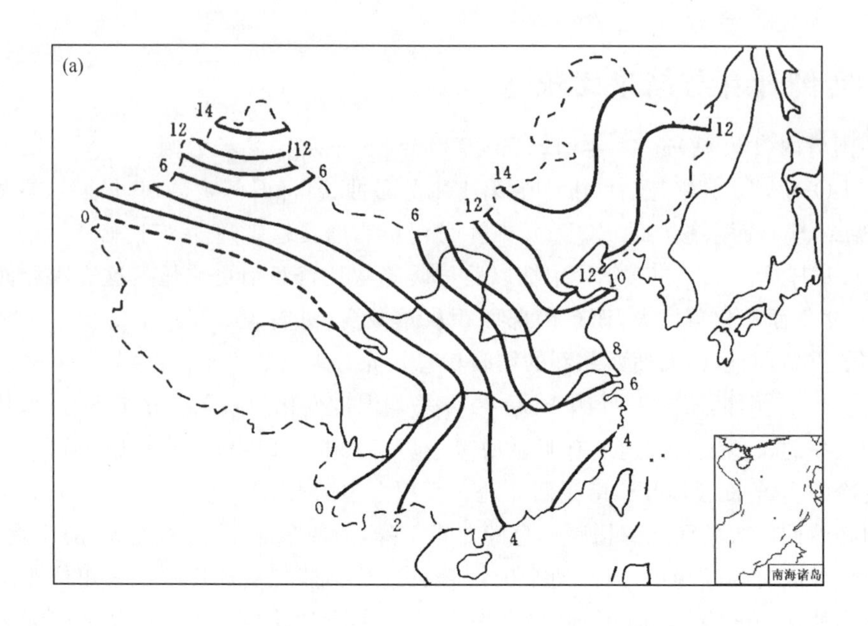

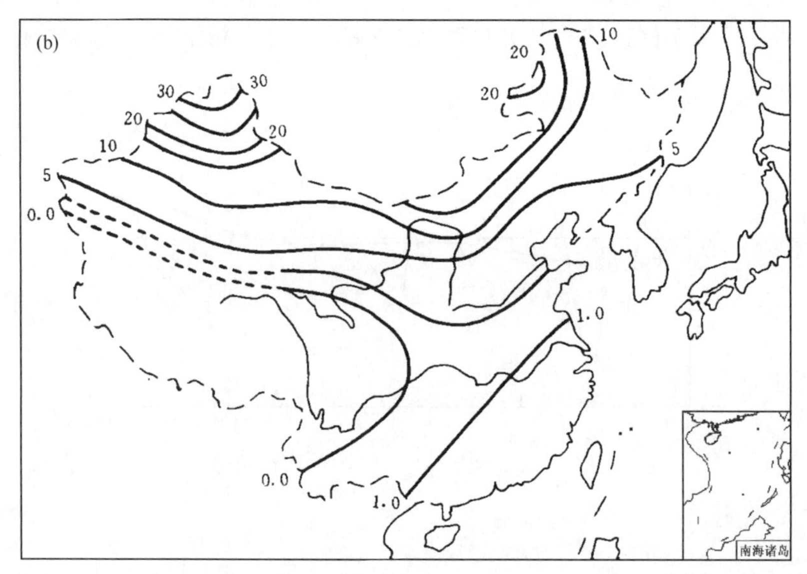

图 2　EOFs 第 1 特征向量场(荷载场)

(a)修正前;(b)修正后

除第 1 主分量有明显差异外,经面积加权后,EOFs 第 2,3 主分量的调整就更为显著(图略)。例如,修正后 EOFs 第 2 主分量趋势由下降变为上升,尤以 20 世纪 80 年代最为显著。这可能是由于减少了南方局部地区变冷趋势的负效应,而使西北部增暖信息的正效应重新显示的缘故。第 3 主分量也有类似的差异,且在 20 世纪 80 年代最突出。这充分表明,近十多年来北半球增暖明显的趋势在中国西北部表现尤为显著,因而 EOFs 展开经面积加权修正后所揭示的气象场特征更为客观合理。

附表　中国各子区域面积(单位:10^4 km^2)权重及站点数

子区域	面积	站数	面积权重	子区域	面积	站数	面积权重	子区域	面积	站数	面积权重
黑龙江	46.0	12	0.66	浙江	10.0	4	0.43	云南	38.0	8	0.82
吉林	18.0	3	1.03	江西	16.0	6	0.46	陕西	19.0	5	0.65
辽宁	15.0	5	0.52	湖北	18.0	5	0.62	甘肃	39.0	9	0.75
内蒙古	110.0	10	1.89	湖南	21.0	7	0.52	山西	15.0	3	0.86
河北*	21.78	6	0.62	福建	12.0	4	0.52	宁夏	6.6	2	0.57
河南	16.0	4	0.69	广东*	21.5	8	0.46	青海	72.0	3	4.13
山东	15.0	7	0.37	广西	23.0	6	0.66	新疆	160.0	12	2.29
江苏*	10.58	6	0.30	贵州	17.0	5	0.58	西藏	120.0	2	
安徽	13.0	5	0.45	四川	56.0	13	0.74	台湾	3.6	0	

* 其中江苏子区域含上海市,河北子区域含北京、天津市,广东与海南合为广东子区域。

3 小　结

(1)非均匀站网 EOFs 展开并不能客观地提取场的不同尺度时空信息特征;广义上说,通常 EOFs 仅是 Fredholm 积分方程求解的一个特例。

(2)采用面积加权修正 EOFs 方案可大大改善站网的非均匀性,从而使 EOFs 展开结果更接近客观实际。例如对中国气温场增暖趋势的描述,采用修正 EOFs 能更加合理地揭示中国西北部地区对增暖总趋势的贡献。

参考文献

[1] Fortus M I. Statistically orthogonal functions for a random field specified in a finite region of plane. *Izv Acad Sci USSR Atmos Oceanic Phys*, 1975, **11**:1 107-1 112.

[2] Buell E C. Integral equation representation for factors analysis. *J Atmos Sci*, 1972, **28**:1 502-1 505.

[3] Buell E C. The number of significant proper functions of two-dimensional fields. *Appl Meteo*, 1978, **17**:717-722.

[4] Karl T R, Koscielny A J, Diaz H F. Potential error in the application principal component (eigenvector) analysis to geophysical data. *J Appl Meteor*, 1982, **21**:1 183-1 186.

[5] Preisendorfer R W. PCA in meteorology and oceanography. Amsterdan B V: Elsevier Sci Publishers, 1988.

[6] Jones P D, Wigley T M L, Kelly P M. Variations in surface air temperatures: Part Ⅰ, Northern Hemisphere, 1881—1980. *Mon Wea Rev*, 1982, **110**(2):59-70.

[7] 祝昌汉. 我国气温变化诊断方法探讨. 应用气象学报,1992,**3**(增刊):112-118.

[8]《数学手册》编写组. 数学手册. 北京:人民教育出版社,1979:750-761.

[9] Rao C R. Linear statistical inference and its applications. New York: John Wiley Sons, Inc, 1965: 36-37.

[10] 丁裕国,江志红. 气象场相关结构对 EOFs 展开稳定性的影响. 气象学报,1994,**4**:448-456.

[11] 张先恭,李小泉. 本世纪我国气温变化的某些特征. 气象学报,1982,**40**(2):198-208.

[12] 林学椿,于淑秋. 近四十年我国气候趋势. 气象,1990,**16**(10):16-23.

SVD方法在气象场诊断分析中的普适性

丁裕国　江志红

（南京气象学院，南京　210044）

摘　要：本文首次从理论上推导证明两个气象场的奇异值分解（SVD）在气象场时空分布耦合信号的诊断分析中具有普适性。结果表明，两个场的SVD求解准则不同于典型相关分析（CCA），且CCA模型可视为SVD之特例，尤其当各个场经PCA滤波后，其CCA完全与SVD等价。SVD分析的结果不但可完全代替CCA，且计算更简便，所得耦合信号的物理解释更清晰，特别适合于大尺度气象场的遥相关型研究。

关键词：奇异值分解　典型相关分析　气象场分解　诊断分析

引　言

EOFs（或PCA）用于提取气象场时空变化的优势信号特征具有明显的优点，它们已成为单个气象场诊断分析的主要工具[1,2]。对两个（或以上）气象场提取两者耦合的优势信号特征，应用CCA方法也已相当普遍。但CCA方法计算量较大，且解释物理意义不够清晰[3]。由矩阵理论引入的奇异值分解（简记为SVD），被用于研究两个气象场的遥联问题已取得显著效果[4,5]。自从Prokaska首次用于气象场分析以来，SVD方法在国际上已受到气象学者的重视，但对其进一步应用的理论探讨尚不够活跃，国内尚很少见到有关SVD应用理论的研究成果。

本文试图从理论上论证SVD模型的普适性，以便说明气象场EOFs及CCA类型的正交分解方法都可纳入SVD模型的框架。因此，一切气象场正交分解都可用SVD作为其普适性工具。

1　两个气象场的SVD

设有两个气象场 $X_{(1)}(t)=(x_1^{(1)}(t),\cdots,x_{p_1}^{(1)}(t))'$ 和 $X_{(2)}(t)=(x_1^{(2)}(t),\cdots,x_{p_2}^{(2)}(t))'$，$t=1,\cdots,n$，它们分别由 p_1 和 p_2 个网格点（或测站）构成。为叙述方便，假定它们已零均值化，并简记为 $X_{(1)}=(x_1^{(1)},\cdots,x_{p_1}^{(1)})'$ 和 $X_{(2)}=(x_1^{(2)},\cdots,x_{p_2}^{(2)})'$，上述写法为矩阵的行（或列）分块写法即向量写法[6]。

为了表征两个气象场变量之间的整体关联性，可计算两个场的交叉协方差矩阵

$$\Sigma=\begin{pmatrix}\Sigma_{11} & \Sigma_{12}\\ \Sigma_{21} & \Sigma_{22}\end{pmatrix} \tag{1}$$

式中 $\Sigma_{11}=<X_{(1)}X'_{(1)}>$，$\Sigma_{12}=<X_{(1)}X'_{(2)}>$，$\Sigma_{21}=<X_{(2)}X'_{(1)}>$，$\Sigma_{22}=<X_{(2)}X'_{(2)}>$，式中符号 $<\cdot>$ 表示求平均，$X'_{(1)}$，$X'_{(2)}$ 代表矩阵转置。显然，Σ_{11} 和 Σ_{22} 代表各个场内部变量的协方差阵，而 Σ_{12} 和 Σ_{21} 为两个场之间各变量的交叉协方差阵。

为叙述方便，令 $X_{(1)}$ 为左气象场（简称左场），$X_{(2)}$ 为右气象场（简称右场）。类似于 CCA 模型，构造线性组合

$$u=\sum_{i=1}^{p_1} l_i x_i^{(1)} \qquad v=\sum_{j=1}^{p_2} m_j x_j^{(2)} \tag{2}$$

式中 u,v 分别为左场变量和右场变量的任意一个线性组合，这里 $x_i^{(1)}$ 即 $x_i^{(1)}(t)$；$x_j^{(2)}$ 即 $x_j^{(2)}(t)$，而 $l_i(i=1,2,\cdots,p_1)$ 和 $m_j(j=1,2,\cdots,p_2)$ 为任意实数，相应于 $x_i^{(1)}$（左场变量）和 $x_i^{(2)}$（右场变量）的组合权重。若记为矩阵式，就有

$$U=(l_1,\cdots,l_{p_1})\begin{pmatrix} x_1^{(1)} \\ \vdots \\ x_{p_1}^{(1)} \end{pmatrix}=L'X_{(1)} \tag{3}$$

$$V=(m_1,\cdots,m_{p_2})\begin{pmatrix} x_1^{(2)} \\ \vdots \\ x_{p_2}^{(2)} \end{pmatrix}=M'X_{(2)} \tag{4}$$

由式(3)和(4)可见，$X_{(1)}$ 和 $X_{(2)}$ 为左右气象场实测资料记录，只要按某种规则确定向量 $(l_1,\cdots,l_{p_1})$ 和 $(m_1,\cdots,m_{p_2})$，也就确定了一组新变量 U 和 V。众所周知在 CCA 中，提出的准则是：求解 U 和 V 及其相应系数向量 $(l_1,\cdots,l_{p_1})$ 及 $(m_1,\cdots,m_{p_2})$，要求 U 和 V 之间的线性相关系数达到极大值，且使它们满足各自在时间域上不相关的条件（即 U,V 向量本身各自正交）。若放宽上述限制，仅要求 U 与 V 之间有极大化协方差，且向量 $(l_1,\cdots,l_{p_1})$ 和 $(m_1,\cdots,m_{p_2})$ 各自为正交向量。换言之，并不要求新变量 U 和 V 两者各自在时间域上不相关。基于这种修正准则，就构成另一类模型。其数学表达式为求取 L 和 M 的准则是，使得

$$\mathrm{cov}(U,V)=\langle L'X_{(1)}X'_{(2)}M\rangle=L'\textstyle\sum_{12}M=\max \tag{5}$$

且满足条件

$$LL'=I, \qquad M'M=I \tag{6}$$

利用 Lagrange 乘数法求上述条件极值，不难得到

$$\begin{cases} \sum_{12}M-\lambda L=0 \\ \sum_{21}L-\mu M=0 \end{cases} \tag{7}$$

式中常数 λ,μ 为 Lagrange 乘数，可以证明，

$$\lambda=\mu \tag{8}$$

于是，由式(7)得到

$$L'\textstyle\sum_{12}M=M\sum_{21}L=\lambda \tag{9}$$

且由此推得下列性质：对任一个序号 k，可有

$$\begin{cases} \sum'_{12}l_k=\lambda_k m_k \\ \sum_{12}m_k=\lambda_k l_k \end{cases} \quad k=1,2,\cdots,p \quad p\leqslant\min(p_1,p_2) \tag{10}$$

在式(9)和(10)中，常数 λ_k 就称为矩阵 $\sum_{12}$ 或 $\sum_{21}$ 的奇异值。根据矩阵理论[6]，式(9)又可写成矩阵式

$$L'\textstyle\sum_{12}M=\begin{pmatrix} \Lambda & 0 \\ 0 & 0 \end{pmatrix} \tag{11}$$

上式正是所谓奇异值分解（简记为 SVD）。因此，$\Lambda=\mathrm{diag}(\lambda_1,\cdots,\lambda_p)$，$p\leqslant\min(p_1,p_2)$ 即是奇

异值全体。显然，式(11)实际上是对非方阵或非对称的一般矩阵的一种广义对角化运算。对于气象场来说，SVD 方法比通常的对称方阵谱分解更为广义。

据式(7)和(10)，求解 SVD 运算并不困难。首先，对式(7)，分别左乘Σ'_{12}和Σ_{12}，并考虑式(10)的关系，就可得到

$$\begin{cases}(\Sigma_{12}\Sigma'_{12}-\lambda^2 I)L=0\\(\Sigma'_{12}\Sigma_{12}-\lambda^2 I)M=0\end{cases}\tag{12}$$

式中$\Sigma_{12}\Sigma'_{12}$或$\Sigma'_{12}\Sigma_{12}$乃是对称方阵。故式(12)化简为求解对称阵的特征值问题。由式(12)相应的特征方程可得特征值

$$\lambda_1^2\geqslant\lambda_2^2\geqslant\cdots\geqslant\lambda_p^2\geqslant 0\tag{13}$$

它们相应的特征向量 L 和 M 也不难解得。

2 SVD 模型的广义性和普适性

由式(7)—(12)求解 SVD 形式及其意义可见，它比通常的 CCA 计算方便，尤其是将它引入气象场诊断分析则具有更强的普适性，以下举例证明之。例如

(1)广义 CCA

由 CCA 方法，当两个气象场协方差阵有矩阵式

$$T=\Sigma_{11}^{-\frac{1}{2}}\Sigma_{12}\Sigma_{22}^{-\frac{1}{2}}\tag{14}$$

时，CCA 可化为求解方程

$$(TT'-\lambda^2 I)\widetilde{L}=0\tag{15}$$

它等价于对特征方程

$$|TT'-\lambda^2 I|=0\tag{16}$$

求解特征值$\lambda_1\geqslant\lambda_2\geqslant\cdots\geqslant\lambda_p\geqslant 0$，这里$\lambda_i$即为典型相关系数。而$\widetilde{L}=(\widetilde{l}_1,\widetilde{l}_2,\cdots,\widetilde{l}_p)$或$\widetilde{M}=(\widetilde{m}_1,\widetilde{m}_2,\cdots,\widetilde{m}_p)$则为相应的特征向量。它实质上就是典型相关变量在各个气象场上的荷载系数向量(只不过与原荷载向量相差某种比例因子，$L_i=\Sigma_{11}^{-\frac{1}{2}}\widetilde{L}_i$，$M_i=\Sigma_{22}^{-\frac{1}{2}}\widetilde{M}_i$)。将式(15)和(16)与式(12)对照，不难看出 CCA 本质上就是 SVD 模型的特例。若记为数学变换或某种运算系统，于是有 SVD($\Sigma_{11}^{-\frac{1}{2}}\Sigma_{12}\Sigma_{22}^{-\frac{1}{2}}$)与 CCA($\Sigma_{12}$)的等价性。换言之，对两个气象场的交叉协方差矩阵 CCA，等价于对矩阵$T=\Sigma_{11}^{-\frac{1}{2}}\Sigma_{12}\Sigma_{22}^{-\frac{1}{2}}$的 SVD。所以，SVD 是一种广义的 CCA。

(2)基于 PCA 的 CCA 与 SVD 完全等价

为减少气象场维数(当有大量网格点或站点)，可对气象场先行 PCA，再以变换变量(主分量)作为相应的新变量场进行 CCA，这即是文献[7]所称的 BP 方法。即对于左场$X_{(1)}$和右场$X_{(2)}$分别作主分量分析，就有$A(t)=P'X_{(1)}$和$B(t)=Q'X_{(2)}$，其中$A(t)=[a_1(t),\cdots,a_s(t)]$，$B(t)=[b_1(t),\cdots,b_s(t)]$为左右场的主分量，而向量$P=(\widetilde{p}_1,\cdots,\widetilde{p}_s)'$和$Q=(\widetilde{q}_1,\cdots,\widetilde{q}_s)'$为其荷载(特征向量)，$S\leqslant\min(p_1,p_2)$。以这 S 个主分量$A(t)$和$B(t)$，作为各自的新变量场，进行 CCA，就等价于对矩阵

$$\widetilde{T}=\widetilde{\Sigma}_{11}^{-\frac{1}{2}}\widetilde{\Sigma}_{12}\widetilde{\Sigma}_{22}^{-\frac{1}{2}}=\begin{bmatrix} r_{11} & r_{12} & \cdots & r_{1s} \\ r_{21} & r_{22} & \cdots & r_{2s} \\ \cdots & \cdots & \cdots & \cdots \\ r_{s1} & r_{s2} & \cdots & r_{ss} \end{bmatrix} \tag{17}$$

进行 SVD 运算。这里 $\widetilde{\Sigma}_{11}=<\widetilde{X}_{(1)}\widetilde{X}'_{(1)}>=\mathrm{diag}(\mu_1,\cdots,\mu_s)$ 和 $\widetilde{\Sigma}_{22}=<\widetilde{X}_{(2)}\widetilde{X}'_{(2)}>=\mathrm{diag}(\beta_1,\cdots,\beta_5)$ 分别为新变量场内部协方差阵。因为主分量为正交向量。故有对角化结果。而矩阵

$$\widetilde{\Sigma}_{12}=<\widetilde{X}_{(1)}\widetilde{X}_{(2)}>=\begin{bmatrix} \sigma_{11} & \sigma_{12} & \cdots & \sigma_{1s} \\ \sigma_{21} & \sigma_{22} & \cdots & \sigma_{2s} \\ \cdots & \cdots & \cdots & \cdots \\ \sigma_{s1} & \sigma_{s2} & \cdots & \sigma_{ss} \end{bmatrix} \tag{18}$$

则是两个新变量场的交叉协方差阵，式中元素 σ_{ij} 就是两组主分量的时间协方差 $<a_i(t)b'_j(t)>$，$i,j=1,\cdots,s$。显然，式(17)中矩阵元素 $r_{ij}=\dfrac{\sigma_{ij}}{\sqrt{\mu_i}\sqrt{\beta_j}}$ 正是左右新变量场之间的标准化交叉协方差。所以，$\widetilde{T}$ 实质是两个新变量场的交叉相关矩阵。对照式(14)并将式(17)写为 $\widetilde{T}=\widetilde{\Sigma}_{11}^{-\frac{1}{2}}\widetilde{\Sigma}_{12}\widetilde{\Sigma}_{22}^{-\frac{1}{2}}=\widetilde{R}_{12}$，于是，求解 CCA 的方程(15)又可化为

$$(\widetilde{R}_{12}\widetilde{R}'_{12}-\lambda^2 I)\widetilde{L}^*=0 \tag{19}$$

或

$$(\widetilde{R}_{12}\widetilde{R}'_{12}-\lambda^2 I)\widetilde{M}^*=0 \tag{20}$$

由上可见，经 PCA 的场 $\widetilde{X}_{(1)}$ 和 $\widetilde{X}$ (2)进行 CCA 完全等价于对它们的交叉相关矩阵 $\widetilde{R}_{12}$ 进行 SVD。另一方面，从式(15)出发，也可证明上述结果。

因取前 s 个主分量构成新变量场，在一定程度上是左右场 $X_{(1)}$ 和 $X_{(2)}$ 的近似场或滤波场。故有

$$\widetilde{\Sigma}_{12}=<A(t)B'(t)>\approx P'X_{(1)}X'_{(2)}Q=P'\Sigma_{12}Q$$

换言之，$\Sigma_{12}\approx P\widetilde{\Sigma}_{12}Q'$，同理可证 $\widetilde{\Sigma}_{11}^{-\frac{1}{2}}\approx P\Sigma_{11}^{-\frac{1}{2}}P'$；$\Sigma_{22}^{-\frac{1}{2}}\approx Q\widetilde{\Sigma}_{22}^{-\frac{1}{2}}Q'$。这里 P,Q 分别为左右场主分量的荷载向量。根据式(14)和(17)的定义，代入上述关系，则有

$$T'=\Sigma_{11}^{-\frac{1}{2}}\Sigma_{12}\Sigma_{22}^{-\frac{1}{2}}\approx P\widetilde{\Sigma}_{11}^{-\frac{1}{2}}P'\cdot P\widetilde{\Sigma}_{12}Q'\cdot Q\widetilde{\Sigma}_{22}^{-\frac{1}{2}}Q'=P\widetilde{\Sigma}_{11}^{-\frac{1}{2}}\widetilde{\Sigma}_{12}\widetilde{\Sigma}_{22}^{-\frac{1}{2}}Q' \tag{21}$$

和

$$T=\Sigma_{22}^{-\frac{1}{2}}\Sigma_{21}\Sigma_{11}^{-\frac{1}{2}}\approx Q\widetilde{\Sigma}_{22}^{-\frac{1}{2}}Q'\cdot Q\widetilde{\Sigma}_{21}P'\cdot P\widetilde{\Sigma}_{11}^{-\frac{1}{2}}P'=Q\widetilde{\Sigma}_{22}^{-\frac{1}{2}}\widetilde{\Sigma}_{21}\widetilde{\Sigma}_{11}^{-\frac{1}{2}}P' \tag{22}$$

于是，$TT'\approx\widetilde{PR}_{12}\widetilde{R}'_{12}P'$ (23)

根据 SVD 的存在性定理，必有

$$\widetilde{L}'TT'\widetilde{L}=\Lambda^2 \tag{24}$$

因此有

$$\widetilde{L}'\widetilde{PR}_{12}\widetilde{R}'_{12}P'\widetilde{L}\approx\Lambda^2 \tag{25}$$

$$\widetilde{R}_{12}\widetilde{R}'_{12}\approx P'\widetilde{L}\Lambda^2\widetilde{L}'P \tag{26}$$

令

$$P'\widetilde{L}=\widetilde{L}^*\ \cdot 或\ \widetilde{L}'P=\widetilde{L}^{*\prime} \tag{27}$$

则有方程

$$(\widetilde{R}_{12}\widetilde{R}'_{12}-\lambda^2 I)\widetilde{L}\cdot \approx 0 \tag{28}$$

对照式(15),因有$\widetilde{L}=\sum_{11}^{\frac{1}{2}}L$,在上式中就有$\widetilde{L}\cdot=P'\sum_{11}^{\frac{1}{2}}L$,可见,在近似场的意义上,由CCA的求解方程,同样可得到与式(19)和(20)完全等价的结果,即在PCA基础上对左右场所做的近似的CCA就是对它们的相关矩阵$\widetilde{R}_{12}$作SVD,只不过,它们的左右奇异向量$\widetilde{L}^*$和$\widetilde{M}^*$与原始场的左右奇异向量L和M相差一个比例因子。

3 SVD广义模型的应用特色

采用SVD方法一般都针对两个气象场的遥联问题。其目的就是要寻求不同的奇异值λ_k, $k=1,\cdots,p$所对应的特征向量l_k和m_k,以揭示两个场之间的各种典型关联特征。现将式(3)、(4)分别写为逆变换式,即有

$$\begin{cases} X_{(1)} \rightarrow \widetilde{X}_{(1)} \equiv \sum_{k=1}^{P} U_k(t) l_k \\ X_{(2)} \rightarrow \widetilde{X}_{(1)} \equiv \sum_{k=1}^{P} V_k(t) m_k \end{cases} \quad k=1,\cdots,p \quad p \leqslant \min(p_1, p_2) \tag{29}$$

显然,式(29)是原左右场的近似场。如前所述,$U_k(t)$和$V_k(t)$为展开系数,而向量l_k和m_k(左右奇异向量)称为分布型(Pattern),每一对分布型及其相应展开系数就确定了两个场耦合信号的一种模态(Mode)。SVD方法有许多优点是通常CCA所不及的:

(1)它可最大限度地从左右场分离出相互独立的耦合分布型l_k和m_k(它们各自满足正交性),从而揭示出两个气象场所存在的时域相关性的空间联系,并由此找到真正的遥相关型或关键区。而CCA中代表空间特征的权重系数向量l_k和m_k并非为正交向量,但其代表时间分量的典型变量U_t和V_t却为正交化向量,这就使得诊断气象场耦合信号的物理解释并没有SVD意义清晰;

(2)两个场在空间分布上联系的紧密程度如何,则由代表耦合分布型的时间分量$U_k(t)$和$V_k(t)$之间的关系来确定。例如,模态相关系数$r_k=\dfrac{<U_k(t)V_k(t)>}{<U_k^2(t)>^{1/2}<V_k^2(t)>^{1/2}}$可表明第$k$个模态两个场的遥联程度大小(类似于$CCA$中典型相关系数),定义"同性相关系数"$R_{1k}=\dfrac{<X_{(1)}(t)U_k(t)>}{<x_{(1)}^2)>^{1/2}<U_k^2(t)>^{1/2}}$及$R_{2k}=\dfrac{<X_{(2)}(t)U_k(t)>}{<x_{(2)}^2)>^{1/2}<V_k^2(t)>^{1/2}}$来表明第$k$个模态在自身气象场的贡献;定义"异性相关系数"$H_{1k}=\dfrac{<X_{(1)}(t)V_k(t)>}{<X_{(1)}^2(t)>^{1/2}<V_k^2(t)>^{1/2}}$及$H_{2k}=\dfrac{<X_{(2)}(t)U_k(t)>}{<x_{(2)}^2)>^{1/2}<U_k^2(t)>^{1/2}}$来表明第$k$个模态在另一气象场的贡献。可以证明,同性相关系数$R_{1k}$或$R_{2k}$是一种非正交的向量,它的大小不但取决于该模态在给定场的贡献,还与气象场自身相关结构有关,而异性相关系数H_{1k}或H_{2k}则表明模态系数与另一气象场的交叉相关。可以证明,它的空间分布与相关奇异向量场一致。因此,它就定量化地标明了各个模态在给定气象场的重要性,且H_{1k}或H_{2k}各自正交。此外,为了度量各模态对两个场的交叉协方差阵的贡献,可引入第k个模态对平方协方差阵的贡献率

$$SCF_k = \frac{<U_k V_k>^2}{\| \Sigma_{12} \|_F^2} = \frac{\lambda_k^2}{\sum_{i=1}^{P} \lambda_i^2}$$

及累积平方协方差贡献率

$$CSCF_k = \sum_{i=1}^{k} \lambda_i \Big/ \sum_{i=1}^{p} \lambda_i^2 \qquad k \leqslant p$$

现以中国区域(160站)降水量场与北太平洋(286格点)SST场(1951—1989年间)SVD分析为例。计算结果如下:对每一耦合分布型(模态)及其同性、异性相关分别给出空间分布图,逐一分析各种遥相关模态及相应指标,就可较好地认识两者遥相关的特点。在图1、2中,绘出两场第1对耦合分布($U_1(t)$,$V_1(t)$)与左右场的同性相关系数的空间分布状况。它们的奇异值$\lambda_1=0.672$。由图1、2可见,第1对耦合分布的敏感区(高相关)分别位于我国华南和东南沿海以及东北北部、四川盆地一带,对应的海温敏感区在赤道东太平洋及中太平洋和黑潮以东区域(中心值分别高达−0.8,0.4,−0.5)。这些遥联特征在一些研究中曾被证实[9,10],例如,长江流域最为突出的敏感区,在图1中也有所反映。我们在另文将有详细探讨。

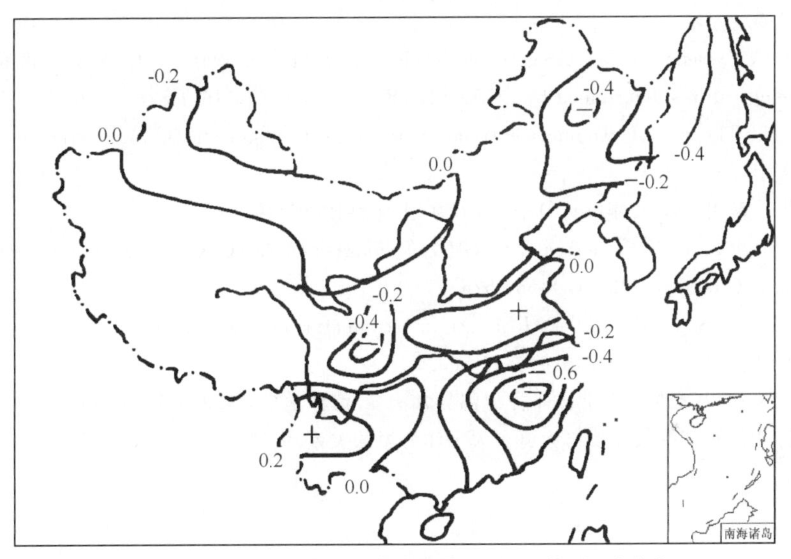

图1　第1模态与中国年降水量场(左场)同性相关分布

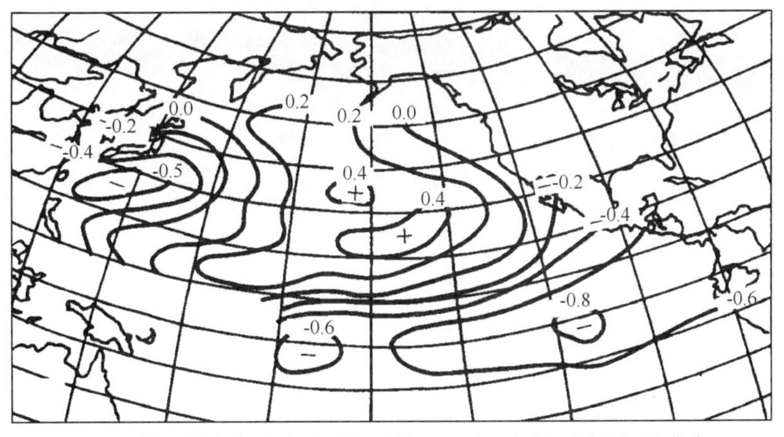

图2　第1模态与北太平洋年平均SST场(右场) 同性相关分布

4 小 结

(1)SVD 模型是一种普适性强的气象场诊断工具,本文从理论上作了详细推导证明。

(2)SVD 特别有益于分析遥相关型,它比 CCA 不但计算简便,而且更能从多方面解释物理意义。

(3)SVD 的应用前景广阔,分析内容丰富。

参考文献

[1] Presendorfer R W. *Principal components analysis in meteorology and oceanography*. B V Amsterdan:Elsevier Sci Publishers,1988.

[2] 丁裕国. EOF 在大气科学研究中的新进展. 气象科技,1993,**3**:10-19.

[3] 丁裕国,冯燕华,袁立新. 用统计模式重建热带太平洋环流场资料的可行性试验. 热带气象,1992,**8**(4):297-305.

[4] Barnett T P, Presendorfer R. Oregins and levels of monthly and seasonal forecast skill for U. S. surface air temperatures determined by CCA. *Mon Wea Rev*, 1987,**115**:1 826-1 850.

[5] Nicholls N. The use of canonical correlation to study teleconnections. *Mon Wea Rev*, 1987,**115**:393-399.

[6] 斯图尔特 G W(中译本). 矩阵计算引论. 上海:上海科技出版社,1980.

[7] Wallace J M, Smith C, Betherton C S. SVD of wintertime sea surface temperature and 500mb height anomalies. *J Climate*,1992,**5**(6):567-576.

[8] Bretherton C S, Smith C, Wallace J M. An intercomparison of methods for finding coupled patterns in climate data. *J Climate*, 1992,**5**(6):541-560.

[9] 吴仪芳,李麦村. 江淮旱涝时北太平洋海温异常演变. 海洋学报,1983,**5**(1):19-27.

[10] 李麦村等. 中国东部季风降水与赤道东太平洋海温的关系. 大气科学,1987,**11**(4):365-372.

奇异交叉谱分析及其在气候诊断中的应用

丁裕国　江志红　施　能　朱艳峰

（南京气象学院，南京　210044）

摘　要：提出了一种新的用于气候诊断的奇异交叉谱分析方法（记为 SCSA）。从理论上证明，它是一类时频域相结合的广义交叉谱分析，也是奇异谱分析（SSA）的一个推广。SCSA 可获得比经典交叉谱更为强化的耦合振荡信号，并在时域上描述两个系统之间各种耦合振荡信号的时变特征，因而可将频域上的耦合振荡信号在时域上加以合成和分解，包括非线性耦合振荡的弱信号，这对短期气候预报十分有益。文中实例证明，SCSA 比经典交叉谱分析有更为优良的特性。

关键词：奇异值分解　交叉谱分析　气候诊断　奇异交叉谱分析　耦合振荡

引　言

研究气候系统内外各种因子在不同时间尺度上的耦合振荡，是气候诊断的重要内容。目前，人们更为关注气候系统内部各子系统之间耦合振荡行为的时变特征。有关这一领域的模拟与观测研究正是许多国际前沿研究计划的目标之一（如 CLIVAR 计划）。经典交叉谱分析基于 Fourier 变换技术，仅从频域上考察两个时间序列的耦合振荡，这种信号识别，其局限性是显而易见的，例如，它所提取的信号较为单一，仅只限于频域，对于弱耦合信号的分辨力不强，且不能描述耦合信号在时域上的变动状况。为了更好地揭示各种耦合振荡行为，尤其是它们的时变特征，本文提出一种新的时频域相结合的奇异交叉谱分析（记为 SCSA），这种谱分析方法可以弥补经典交叉谱分析的某些缺陷，更加适应气候诊断和预测的需要。

自从 Vautard 和 Ghil[1] 引入奇异谱分析（SSA）用于气候诊断与预测以来，已经取得显著的应用效果[2,3]，并越来越证明该类方法的重要性[4]。本文提出的 SCSA 正是 SSA 的推广。

1　理论推导

1.1　基于 SVD 的奇异交叉谱

设$\{x_t\}$和$\{y_t\}$（$t=1,\cdots,N_T$）分别为零均值平稳时间序列。为叙述方便，前者称为左序列，后者称为右序列。令两序列长度 N_T 相等。一般情况下，两序列长度 N_T 亦可不等。若对任意正整数 m 和 n（$n\ll N_T$）排列矩阵

$$X=\begin{bmatrix} x_1 & x_2 & \cdots & x_N \\ x_2 & x_3 & \cdots & x_{N+1} \\ \cdots & \cdots & \cdots & \cdots \\ x_m & x_{m+1} & \cdots & x_{N_T} \end{bmatrix}=\begin{bmatrix} x_{it}' \\ m\times N \end{bmatrix} \tag{1}$$

经典

$$Y=\begin{bmatrix} y_1 & y_2 & \cdots & y_N \\ y_2 & y_3 & \cdots & y_{N+1} \\ \cdots & \cdots & \cdots & \cdots \\ y_n & y_{n+1} & \cdots & y_{N_T} \end{bmatrix}=\begin{bmatrix} y_{it}' \\ n\times N \end{bmatrix} \tag{2}$$

显然,这里 $t=i+t'-1$,并且交叉协方差阵

$$\sum_{xy}=\langle XY'\rangle \tag{3}$$

式中〈·〉表示对时间 $t'=1,2,\cdots,N$ 求和取平均。对(3)式作奇异值分解(SVD),就有正交变换[5,6]

$$L'\sum_{xy}G=\begin{bmatrix} \Lambda & 0 \\ 0 & 0 \end{bmatrix} \tag{4}$$

在满足正交条件

$$LL'=I \qquad 和 \qquad GG'=I \tag{5}$$

时,可使两组线性组合序列

$$\begin{cases} A_t=L'X \\ B_t=G'Y \end{cases} \tag{6}$$

的协方差极大化,即有

$$\mathrm{cov}(A_t,B_t)=L'\sum_{xy}G=\max \tag{7}$$

式中

$$A_t=[a_1(t'),a_2(t'),\cdots,a_p(t')]' \tag{8}$$

$$B_t=[b_1(t'),b_2(t'),\cdots,b_p(t')]' \tag{9}$$

在(4)、(5)式中,正交向量 $L=(L_1,L_2,\cdots,L_m)$ 和 $G=(g_1,g_2,\cdots,g_n)$ 分别为对应于左右序列的左右奇异向量,本文称其为左右典型耦合波型向量。而(4)式右端的 $\Lambda=\mathrm{diag}(\sigma_1,\sigma_2,\cdots,\sigma_p)$,$p\leqslant\min(m,n)$,且 $\sigma_1\geqslant\sigma_2\geqslant\cdots\geqslant\sigma_p\geqslant0$ 为非零奇异值。可以证明,全体奇异值 σ_k 正是两序列耦合振荡信号的强度表征,这里我们称其为奇异交叉谱(记为 SCS)。不难看出,这正是单一时间序列奇异谱(SSA)的自然推广。

1.2 SCS 是一种增强信号的广义交叉谱

为推导方便,不失一般性,假定左右序列中分别隐含若干种正弦信号,可分别写为

$$x_t=x_\tau(t')=\sum_{k=-m}^{m}c_k(t')\mathrm{e}^{i\omega_k\tau}+\varepsilon_\tau^{(1)}(t') \tag{10}$$

$$y_t=y_\tau(t')=\sum_{j=-n}^{n}d_j(t')\mathrm{e}^{i\omega_j\tau}+\varepsilon_\tau^{(2)}(t') \tag{11}$$

式中 $\tau=1,\cdots,m$ 或 n,

$$c_k(t')=c_k e^{i\omega_k t'} \tag{12}$$

$$d_j(t')=d_j e^{i\omega_j t'} \tag{13}$$

式中 $k=1,.\cdots,m;j=1,\cdots,n;t'=1,\cdots,N$。这里 c_k,d_j 为相应谐振频率 ω_k,ω_j 所对应的振幅；$\varepsilon_\tau^{(1)}(t')$和 $\varepsilon_\tau^{(2)}(t')$分别为零均值、单位方差的白噪声序列。由 $t=\tau+t'-1$ 也可写为 $\varepsilon_t^{(1)}$ 和 $\varepsilon_t^{(2)}$ 的形式。在上述假定下应有左右典型波型向量

$$\text{时间}\begin{cases} l_h(\tau)=l_{h\tau}=U_h e^{i\omega_h\tau} \\ g_h(\tau)=g_{h\tau}=V_h e^{i\omega_h\tau} \end{cases} \quad h=1,\cdots,p \tag{14}$$

将(6)式改写为关于 $a_h(t')$和 $b_h(t')$的代数表达式，可得

$$a_h(t') = \sum_{\tau=1}^{p} l_{h\tau} x_{\tau t'} \tag{15}$$

$$b_h(t') = \sum_{\tau=1}^{p} g_{h\tau} y_{\tau t'} \tag{16}$$

式中 $h=1,\cdots,p;t'=1,\cdots,N$。

将(10)—(14)式分别代入(15)和(16)式中，并考虑谐振分量正交性及其与噪声的不相关性，在标准化正交情形下，不难得到

$$a_h(t')=U_h c_h e^{i\omega_h t'} \tag{17}$$

$$b_h(t')=V_h d_h e^{i\omega_h t'} \tag{18}$$

式中 $h=1,\cdots,p$。(17)和(18)式表明，第 h 对组合序列 $a_h(t')$和 $b_h(t')$分别为具有频率 ω_h 的谐振耦合分量。换言之，左、右序列的 SVD 运算所得组合序列$\{a_h(t'),b_h(t')\}$已将两个序列中蕴含的耦合振荡分量从噪声中分离出来，且其振幅 c_h 和 d_h 被相应地放大 U_h 和 V_h 倍。根据(4)和(7)式并联系奇异交叉谱 $\sigma_k,k=1,\cdots,p$ 的定义，不难看出，相应的 σ_k 正是各对组合序列的最大协方差或最大相关。将(17)和(18)式代入(7)式就可得到

$$\mathrm{cov}\{a_h(t'),b_h(t')\}=\langle a_h(t')b_h^*(t')\rangle=U_h V_h^* c_h d_h^*=\sigma_h=\max \tag{19}$$

这里，V_h^*，d_h^* 分别为 V_h,d_h 的共轭，$b_h^*(t')$亦同。根据交叉谱理论[7]，$c_h d_h^*$ 即为左右序列的有限 Fourier 变换，又称交叉周期图，其具体形式为

$$I_{xy}(\omega_h)=(a_1^{(h)}a_2^{(h)}+b_1^{(h)}b_2^{(h)})-i(b_1^{(h)}a_2^{(h)}-b_2^{(h)}a_1^{(h)})=c_h d_h^* \tag{20}$$

式中右端第一括号内的实部和第二括号内的虚部分别为未经加窗平滑的协谱和正交谱。根据幅相关系，考虑左右典型波型向量亦有类似属性，不难得到

$$J_{lg}(\omega_h)=(\alpha_1^{(h)}\alpha_2^{(h)}+\beta_1^{(h)}\beta_2^{(h)})-i(\beta_1^{(h)}\alpha_2^{(h)}-\alpha_1^{(h)}\beta_2^{(h)})=U_h V_h^* \tag{21}$$

在(20)和(21)式中，分别有幅相关系式

$$\begin{cases} a_1^{(h)}=c_h\cos\varphi_1^{(h)} \\ b_1^{(h)}=c_h\sin\varphi_1^{(h)} \end{cases} \quad \begin{cases} a_2^{(h)}=d_h\cos\varphi_2^{(h)} \\ b_2^{(h)}=d_h\sin\varphi_2^{(h)} \end{cases} \tag{22}$$

$$\begin{cases} \alpha_1^{(h)}=U_h\cos\theta_1^{(h)} \\ \beta_1^{(h)}=U_h\sin\theta_1^{(h)} \end{cases} \quad \begin{cases} \alpha_2^{(h)}=V_h\cos\theta_2^{(h)} \\ \beta_2^{(h)}=V_h\sin\theta_2^{(h)} \end{cases} \tag{23}$$

上两式中，$\varphi_1^{(h)}$，$\varphi_2^{(h)}$ 和 $\theta_1^{(h)}$，$\theta_2^{(h)}$ 分别为对应于第 h 个谐振分量的原序列初位相和耦合典型波形的初位相。将(20)至(23)式代入(19)式，经化简整理后，就有奇异交叉谱

$$\langle a_h(t')b_h^*(t')\rangle=J_{lg}(\omega_h)I_{xy}(\omega_h)=U_h V_h c_h d_h e^{i(\Delta\theta+\Delta\varphi)}, \tag{24}$$

式中 $\Delta\theta$ 为左右耦合波型向量的位相差 $\theta_1-\theta_2$，$\Delta\varphi$ 为左右序列隐含的 ω_h 耦合分量的位相差

$\varphi_1-\varphi_2$。考虑 $\Delta\theta=0$ 的特例,则(24)式可化为

$$\langle a_h(t')b_h^*(t')\rangle=U_hV_hc_hd_h[\cos\Delta\varphi-i\sin\Delta\varphi] \tag{25}$$

上式表明,若原序列耦合振荡分量为同位相,即 $\Delta\varphi=\varphi_1-\varphi_2=0$,则有

$$\begin{cases}\langle a_h(t')b_h^*(t')\rangle_R=U_hV_hc_hd_h=\max\\ \langle a_h(t')b_h^*(t')\rangle_I=0\end{cases} \tag{26}$$

而若原序列耦合分量的位相差 $\Delta\varphi=\pi/2$ 时,则有

$$\begin{cases}\langle a_h(t')b_h^*(t')\rangle_R=0\\ \langle a_h(t')b_h^*(t')\rangle_I=U_hV_hc_hd_h=\max\end{cases} \tag{27}$$

上述式中,$\langle\cdot\rangle_R$ 和 $\langle\cdot\rangle_I$ 分别为其实部和虚部。在一般情况下,当 $\Delta\theta+\Delta\varphi=0$ 时,(24)式化为(26)式,而当 $\Delta\theta+\Delta\varphi=\pi/2$ 时,(24)式化为(27)式。

综上可见,(24)式所表示的奇异交叉谱实质上是一种增强信号的广义交叉谱,它具有增益因子 $J_{lg}(\omega_h)$。对于显著耦合振荡信号而言,若:

(i)原序列耦合振荡分量位相差与典型耦合振荡波型向量位相差之和 $\Delta\theta+\Delta\varphi=0$(或其特例 $\theta_1=\theta_2,\varphi_1=\varphi_2$),则其协谱 $\langle a_h(t')b_h^*(t')\rangle_R$ 达最大值,而正交谱 $\langle a_h(t')b_h^*(t')\rangle_I$ 为零;

(ii)反之,若 $\Delta\theta+\Delta\varphi=\pi/2$,则情况相反。

利用上述特性就可准确识别显著耦合振荡周期信号。

2 耦合振荡周期信号的识别与描述

根据上面的推导论证,考虑两个实值时间序列 $\{x_t\}$ 和 $\{y_t\}$ $(t=1,\cdots,N_T)$ 的耦合振荡,其SCSA 步骤如下:

(1)由(1)—(9)式,对两序列作 SVD 运算,求得对应于参数 m,n 和 N 的组合序列 $\{a_h(t'),b_h(t)\}$;

(2)计算每一对 $\{a_h(t'),b_h(t')\}$ 的同步相关系数 r_{ab} 及后延相关系数 $r_{ab}(\tau)$,$h=1,\cdots,p$,$\tau=1,\cdots,N-t'$。根据(19)、(24)式并考虑(26)、(27)式及其相应的推证,若有显著耦合振荡信号 ω_h 存在,则 $r_{ab}=\max$(等价于奇异交叉谱值 σ_k),而 $r_{ab}(\tau)=0$ 所对应的 $\tau=T_h/4$;

(3)根据相应的 r_{ab} 极大值和 $r_{ab}(\tau)$ 是否接近于零,即可判定优势耦合振荡周期信号的周期 $T_h=4\tau$。

值得指出的是,由于样本序列的抽样随机性及奇异谱值所代表的耦合振荡信号的强度大小,一般可考察那些奇异交叉谱值 σ_h 较大的各对组合序列 $\{a_h(t'),b_h(t')\}$ 之间的后延相关系数是否接近于零值,即可准确估计出耦合振荡周期长度 $T_h=4\tau$。此外,类似于 SVD 方法[6],可以考察第 h 对典型波型信号所能表示的协方差占两序列总协方差的百分率。

$$p_h=\frac{\sigma_h^2}{\sum_{k=1}^{p}\sigma_k^2} \tag{28}$$

则其前 H 对典型波型信号所占的总协方差百分比即为

$$P_H=\sum_{k=1}^{H}\sigma_k^2\Big/\sum_{k=1}^{P}\sigma_k^2,\qquad P>H \tag{29}$$

为了应用方便，通常取 $m=n$ 来排列(1)和(2)式的资料阵，这对于计算结果并无影响，但却有利于讨论两个序列所代表的耦合振荡机制。

在识别显著耦合振荡周期信号的基础上，如何描述或显示这些信号特征？对此，经典的交叉谱分析只能借助于交叉谱图的形态在频率域上显示它们各自的平均功率分布，但是，经典交叉谱图并不能描述这些频率信号强度在时域上的变动。因此，一般的交叉谱所反映的频率谱结构在时域上不变。严格来说，这种分析结果与序列中实际存在的耦合振荡频率结构往往并不吻合。这主要是因为，即使是平稳序列，其频率—功率结构在时间域上也总是随机摆动的，更何况两个序列本身各自隐含非严格周期或序列为非平稳，其耦合振荡的频率—功率结构总是随时间推移而变动着的。从这个意义上说，奇异交叉谱分析恰好可以弥补经典交叉谱分析的这一缺陷。这就引出下面的两种描述方法：

(1)绘制两序列耦合振荡波系数等值线图

当 SCSA 识别出显著耦合振荡周期信号后，为了展示相应耦合振荡波型信号(相应于 ω_h)在时域上的强度变动，可以绘制以时间 t 为横坐标，周期尺度 T_h 为纵坐标的耦合波系数 $a_h(T_h,t)$ 和 $b_h(T_h,t)$ 的等值线图或演变曲线图(图略)。由(15)和(16)式，改写为连续函数型，就可有

$$a(T_h,t)_* = \frac{1}{F_1}\int L\left\{\frac{s-t}{T_h}\right\}x(s)\mathrm{d}s \tag{30}$$

$$b(T_h,t)_* = \frac{1}{F_2}\int G\left\{\frac{\tau-t}{T_h}\right\}y(\tau)\mathrm{d}\tau \tag{31}$$

式中 $L[(s-t)/T_h]$ 和 $G[(\tau-t)/T_h]$ 为(14)式所描述的左右典型耦合振荡波型函数，其中 t 和 T_h 分别为时间位移参数和频率 ω_h 的耦合周期尺度参数。F_1，F_2 分别为 $x(t)$ 和 $y(t)$ 函数的标准化因子。(30)和(31)式在形式上类似于小波变换式[8]，这种形式上的类比对于上述图示的气候诊断特别有意义。例如，利用(30)、(31)式的离散化形式就可获得各不同时刻 $t=1,\cdots,N$ 上不同周期尺度 T_h(对应于 ω_h)的耦合波型系数的演变信息。当然，从理论上说，小波函数具有严格的数学意义，其基本属性与其波动性、衰减性、对偶性等多种数学性质有关，它与 SCSA 并无直接的联系。

(2)重建耦合振荡分量序列(RCCS)

SCSA 的另一重要功能和描述方法就是按各显著耦合振荡分量重建原序列 $\{x_t\}$ 和 $\{y_t\}$ 的各分量序列，这一描述方法对于气候诊断与预测具有重要的实用价值。

由(6)式的反演式，结合(15)和(16)式，并考虑(1)和(2)式中 $t=i+t'-1$ 的关系，可以推得各耦合分量重建序列(Reconstructed Coupled Component Series)表达式为

$$x_t^{(k)} = \begin{cases} \dfrac{1}{m}\sum\limits_{i=1}^{m} l_{ki}a_{k,t-i+1} \\ \dfrac{1}{t}\sum\limits_{i=1}^{t} l_{ki}a_{k,t-i+1} \\ \dfrac{1}{N-t+1}\sum\limits_{i=t-N+m}^{m} l_{ki}a_{k,t-i+1} \end{cases} \tag{32}$$

$$m \leqslant t \leqslant N-m+1,\ 1 \leqslant t \leqslant m-1,\ N-m+2 \leqslant t \leqslant N,\ k=1,\cdots,p$$

$$y_t^{(k)}=\begin{cases}\dfrac{1}{m}\sum\limits_{i=1}^{m}g_{ki}b_{k,t-i+1}\\ \dfrac{1}{t}\sum\limits_{i=1}^{t}g_{ki}b_{k,t-i+1}\\ \dfrac{1}{N-t+1}\sum\limits_{i=t-N+m}^{m}g_{ki}b_{k,t-i+1}\end{cases}\tag{33}$$

$$m\leqslant t\leqslant N-m+11\leqslant t\leqslant m-1,N-m+2\leqslant t\leqslant Nk=1,\cdots,p$$

上式中 l_{ki} 和 g_{ki} 及 $a_{k,t-i+1}$ 和 $b_{k,t-i+1}$ 意义均同于(15)和(16)式。显然,由前 p 个显著耦合振荡分量即可重建原序列,其中

$$\begin{cases}\tilde{x}_t=\sum\limits_{k=1}^{p}x_t^{(k)}\\ \tilde{y}_t=\sum\limits_{k=1}^{p}y_t^{(k)}\end{cases}\tag{34}$$

这种由 SCSA 而合成的序列$\{\tilde{x}_t\}$和$\{\tilde{y}_t\}$ $(t=1,\cdots,N_T)$实际上是一种耦合的滤波序列,它的实用价值在于:其一,揭示由 SCSA 识别的各耦合分量在时间域上的变动,这在经典交叉谱分析中是无能为力的;其二,可用 RCCS 来研究时间序列的预报问题。由于所提取序列具有单一的振荡特征,并已排除了短时间尺度的噪声干扰,便于采用诸如 AR 模式的低阶预报,且效果较好。文献[9]曾给出由 SSA 和 MSSA(多通道奇异谱分析)的重建序列(RCS),本文导出的 SCSA 重建序列公式正是 SSA 的另一种推广。

3 应用实例

例 1 以北半球 500 hPa 中纬区域(40°～50°N,150°E～150°W)月平均位势高度(1951 年 1 月—1993 年 12 月)作为左序列,记为$\{H_t\}$;同期赤道太平洋海区(10°N～10°S,180°E～80°W)SST 月平均值作为右序列,记为$\{S_t\}$ $(t=1,\cdots,N,N=5,6)$。

首先对两序列分别作标准化预处理,以消除年周期及长期趋势。取参数 $m=n$ 进行各不同的m(又称嵌套维数)值的 SCSA 试验。结果表明,SCSA 识别出的耦合振荡周期始终稳定于某些 m 值域内,其周期长度不变,它们分别是 40.0～44.0(月),60～68.0(月)和 24.0～28.0(月),基本上代表了准 3～4 年、准 5～6 年和准 2 年三种时间尺度的耦合振荡。表 1 和表 2 就是 $m=180,190$ 时检测的结果。由表可见,最显著的耦合周期正是 44 个月,其左右组合序列之间的最大相关 $r_{ab}>0.9$。图 1 为这一对耦合振荡序列$\{a_h(t),b_h(t)\}$的时间变化曲线。由图 1 可见,44 个月振荡在 20 世纪 60 年代中期至 70 年代中期明显加强,其后稍有减弱;80 年代初再度加强,而 90 年代开始减弱。这一结果与分别对同时期$\{H_t\}$和$\{S_t\}$所做的小波分析(图略)十分一致,并且也与文献[8-11]的结果相吻合。图 2 是用上述资料所做的经典交叉谱谱图,图中纵坐标为交叉谱模(P^2+Q^2),P 为协谱,Q 为正交谱,横坐标为波数 L,最大后延 $M=120$。

表 1　$m=180$ 识别的耦合振荡信号

SCS 序号	1	2	3	4	5	6
左右耦合相关系数	0.850	0.904*	0.757	0.727	0.722	0.816
周期/月	40.0	44.0*	68.0	68.0	24.0	24.0
方差贡献	30.0%	28.0%	6.6%	5.0%	3.5%	3.4%

注：* 表示显著耦合周期信号。

表 2　$m=190$ 识别的耦合振荡信号

SCS 序号	1	2	3	4	5	6
左右耦合相关系数	0.800	0.910*	0.780	0.770	0.730	0.861
周期/月	40.0	44.0*	64.0	60.0	28.0	24.0
方差贡献	29.4%	26.0%	7.2%	5.4%	3.6%	3.4 %

注：* 表示显著耦合周期信号。

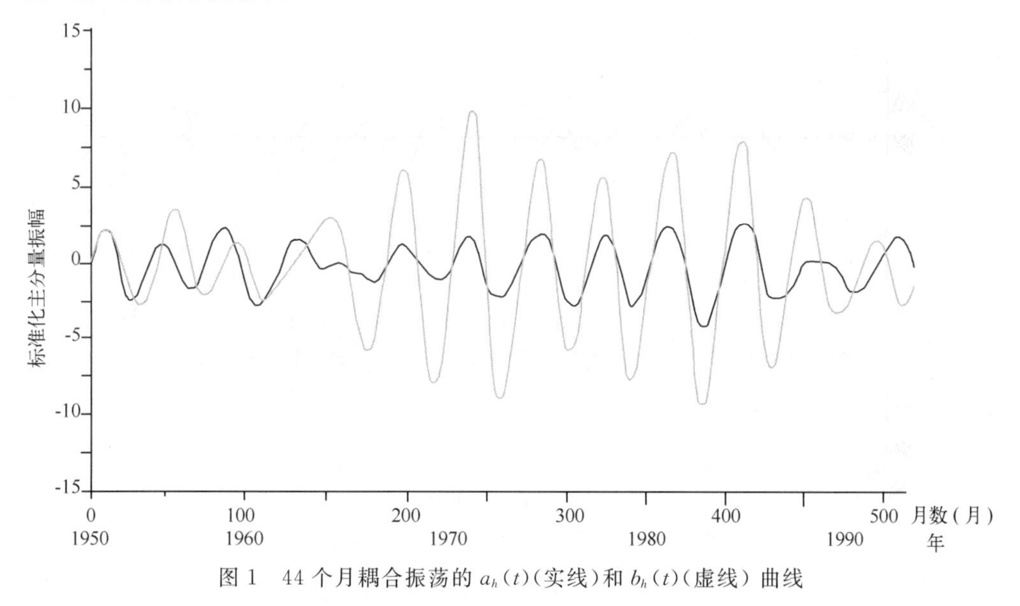

图 1　44 个月耦合振荡的 $a_h(t)$(实线)和 $b_h(t)$(虚线) 曲线

由图 2 可见，SCSA 所识别的 6 个较强信号几乎全集中在波数 3～8 的主峰谱段中而无法区分，其中最大峰值为 $L=5(T=2M/L=48.0)$左右。可见，经典交叉谱虽然总体上看来能够识别出上述 SCSA 分辨的周期，但它不能准确分辨这些周期，更无法显示其时域变化特征。

例 2　将上例中$\{H_t\}$区域改为(10～20°N，150°E～150°W)仍与赤道东太平洋海区 SST 作 SCSA。结果完全与例 1 类似，稳定而显著的耦合周期蕴含于前 6 对组合序列中，其总方差贡献已达 86%。图 3a、b 为按(32)至(34)式重建的 RCCS 时间演变曲线。从图 3 中可获得这些耦合振荡分量随时间变化的种种有用信息，例如波动强度的年际和年代际变化，某种耦合振荡分量位相差异的变化，等等。此外例 2 也作了与经典交叉谱的对比，情况完全类似于例 1。

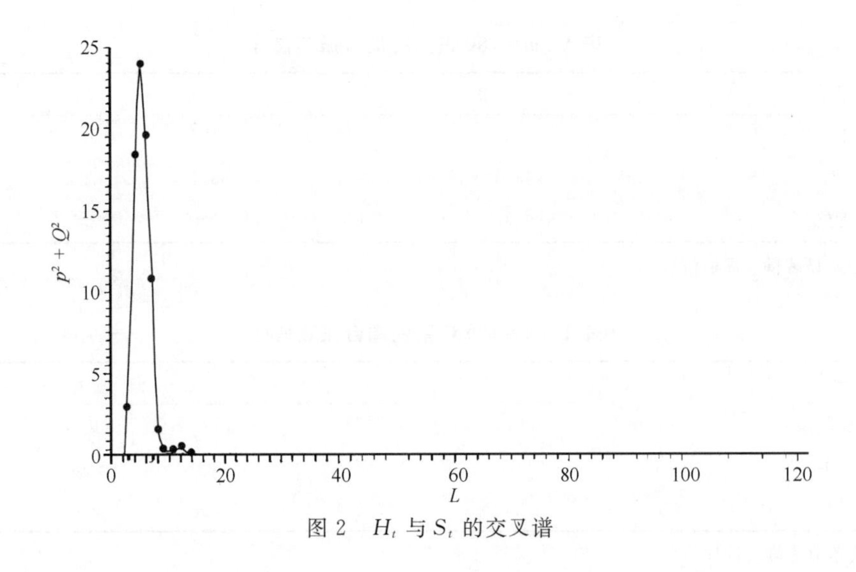

图 2　H_t 与 S_t 的交叉谱

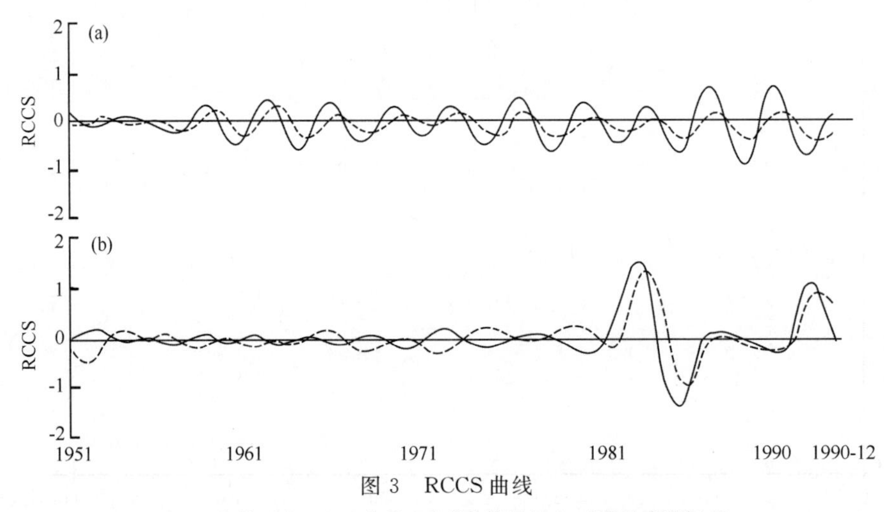

图 3　RCCS 曲线

(a)44 个月；(b)60～68 个月。实线为海温场 S_t，虚线为高度场 H_t

4　结　论

(1)本文提出的奇异交叉谱分析(SCSA)方法是一种时频域分析相结合的广义交叉谱方法，它也是奇异谱分析(SSA)的推广。

(2)理论上可以证明，SCSA 可获得比经典交叉谱更为强化的耦合振荡信号。它不但可将频谱信号以一定方式在时域上识别和描述，而且可按照需要将显著耦合振荡信号在时域上合成和分解，形成 RCCS，这种重建序列等价于各种通道的滤波序列。它们对短期气候预测和成因诊断十分有益。

(3)上述特性是经典交叉谱无法实现的。除此而外，SCSA 比之经典交叉谱分析还有以下几种优良特性：

(1)SCSA 对于耦合周期的分辨力强于一般交叉谱(见实例 1 和 2);

(2)其识别周期的准确性、稳定性高于一般交叉谱。这是由于奇异交叉谱较少受参数 m 的制约,它对 m 的选择不敏感,在很宽的取值域有稳定的耦合振荡显著信号(见实例 1 和 2),而一般经典交叉谱则受谱窗选择的随机影响较多,易产生周期混叠或不稳定谱峰[7];

(3)经典交叉谱基于 Fourier 变换的谐振假定,但 SCSA 却并不一定如此,本文仅为推导方便,以谐振假定作为特例,作者在另文已作类似证明。因此,如同 SSA 一样,SCSA 可识别非线性弱耦合信号。

参考文献

[1] Vautard R, Ghil M. Singular spectrum analysis in nonlinear dynamics, with applications to palee climatic series, *Phys D*, 1989, **35**: 359.

[2] Wallace J M, *et al*. SVD of wintertime sea surface temperature and 500 mb height anomalies. *J Climate*, 1992, **5**: 567-576.

[3] 王绍武. 气候诊断研究进展. 北京:气象出版社,1993:123-124.

[4] 刘健文,周小刚. SSA 方法在气候时间序列分析和预测中的应用. 气候科技,1996,(3):18-22.

[5] Brotherton C S, Smith C. Wallace J M. An intercomparison of methods for finding coupled patterns in climate data. *J Climate*, 1992, (5): 541-560.

[6] 丁裕国,江志红. SVD 方法在气候场诊断分析中的普适性. 气象学报,1996,**54**(3):365-372.

[7] Priestley M B. Spectral analysis and time series, San Diego: Academic Press Inc. 1981, **1**: 184-120.

[8] Meyers S D, Kelly B G, Brien J J. An introduction to Wavelet Analysis in oceanography and meteorology: with application to the dispersion of Yanai waves. *Mon Wea Rev*, 1993, **121**: 2 858-2 866.

[9] Plaut G, Vautard R. Spells of low-frequency osillation and weather regimes in the Northern Hemispere. *J Atmos Sci*, 1994, **51**: 210-236.

[10] 石伟,王绍武. 1957—1987 年南方涛动指数. 气象,1989,(5):29-31.

[11] Zebiak S E, Cane M A. A model El Niio-Southern oscillation, *Mon Wea Rev*, 1987, **115**: 2 262-2 278.

EOF/PCA 诊断气象变量场问题的新探讨

丁裕国[1]　梁建茵[1]　刘吉峰[2]

(1. 南京信息工程大学,南京　210044;2. 中国气象局广州热带海洋气象研究所,广州　510080)

摘　要:进一步论证了经验正交函数/主分量分析(EOF/PCA)在气象变量场诊断中的物理内涵,证明基于 EOF/PCA 的 R 型和 Q 型展开,可描述为气象变量场主要振荡型分解和主要空间分布型分解两种方案。前者表明,气象变量场的准周期振荡可分解为各主分量的周期振荡,它们各自等价于不同网格点(或站点)以其载荷为权重的叠加周期振荡,因此,气象变量场准周期振荡可视为来自不同周期源(网格点或站点)的准周期振荡逐层叠加的结果;后者表明,气象变量场的水平空间分布可视为各种主要空间分布型的叠加,而 Q 型展开才是对各种主要空间分布型的正交分解。由此深化了 EOF/PCA 气象变量场诊断的物理内涵。

关键词:经验正交函数　主分量分析　主要振荡型分解　水平空间分布型分解

引　言

经验正交函数(EOF)或主分量分析(PCA)及其推广形式,如因子分析、典型相关分析或奇异值分解、奇异谱分析、奇异交叉谱分析等等,一般都可归结为时空场降维技术方法。多年来,这类方法一直十分活跃于大气科学及地球科学各领域,成为各学科不可缺少的重要数值分析工具。笔者曾对 EOF/PCA 及其研究成果加以综述,指出这类方法之所以能广泛应用,其本质的原因是它们具有适应各种学科领域的普适性。在数学上,它们具有一定的较为完整的理论框架;在物理上,它能简洁而巧妙地揭示出不同学科领域内各自的物理内涵;在计算方法和描述方式上,它又能适应于其他数学的、动力的、统计学的技巧[1,2],然而,以往 EOF/PCA 用于气象变量场序列的诊断分析,主要是从具有时间和空间分量的时空场如何降维的观点出发加以理解应用。例如,Lorenz[3] 最早将 PCA 用于气象要素场时,仅从降低场变量的维数的观点表明用前 8 个分量已描述了原场总方差的 91%,从而说明用前 8 个分量即可代替原场 64 个变量。又如,对全球和半球气压场的分析,对大气环流场遥相关的研究,等等[4-7],以及国内学者的研究工作[8-10],几乎都强调了降低场变量维数的观点。近年来,我国老一辈气候学家么枕生教授对 EOF 理论和应用有所发展,提出了“载荷相关模式”并将其应用于气候分类区划,更加客观地解释了 EOF/PCA 在气象要素场分析中的作用[11]。

从时间域来看,R 型的 EOF/PCA 实际上是一种提取气象变量场主要振荡信号型的分析方法;从空间域来看,Q 型的 EOF/PCA 可解释为主要空间分布型的分解。而这两者又可相互转化、相互依存。本文将从理论上对 EOF/PCA 展开的物理内涵作进一步探讨,以便更加准确地解释其诊断意义和作用。

1 EOF /PCA 气象变量场诊断新解

1.1 气象变量场主要振荡型分解

假定有气象变量场序列 $X=(x_1,\cdots,x_h,\cdots,x_p)'$，对其作 *EOF* 展开，写成矩阵式，即有

$$X=LY \tag{1}$$

按惯例，对(1)式的解释是：$L=(l_1,\cdots,l_p)$为其典型场(即特征向量，代表各个空间分布型)，它们仅为空间坐标的函数；$Y=(y_1,\cdots,y_p)'$为其相应的时间权重系数(即主分量，代表各典型场随时间变化分量)，它们仅为时间坐标的函数。因此，一般认为 EOF 就是将气象场 X 分解为仅与时间及空间有关的两部分的一种数据处理方法。换言之，气象变量场序列可经 EOF 展开而表示为各按一定(时间)权重加权的不同典型场之线性组合。从理论上说，EOF 本身就是多元统计分析中的主分量分析(PCA)在气象场序列中的应用，其数学模型可表述如下：

设有多元正态变量 $X=(x_1,x_2,\cdots,x_p)'$，它可理解为网格点(或站点)资料序列，也可理解为任何一组具有各种学科意义的多元正态变量。本文特指气象变量场(网格点或站点)序列。以下为叙述方便，仍称为变量。假定已对其作了中心化预处理，它们等价于具有 $E(X)=(\mu_1,\mu_2,\cdots,\mu_P)'=0$ 的多元正态变量，简记为 $X\sim N(0,\Sigma)$。显然，$X=(x_1,x_2,\cdots,x_p)'$的协方差矩阵为

$$\sum=\begin{bmatrix}\sigma_{11} & \sigma_{12} & \cdots & \sigma_{1p}\\ \sigma_{21} & \sigma_{22} & \cdots & \sigma_{2p}\\ \cdots & \cdots & \cdots & \cdots\\ \sigma_{p1} & \sigma_{p2} & \cdots & \sigma_{pp}\end{bmatrix} \tag{2}$$

式中矩阵元素 σ_{ij} 表示第 i 变量与第 j 变量的(总体)协方差；如果存在某种线性组合，则

$$Y=L'X, \tag{3}$$

并使其具有极大化方差，则总可以寻求这样一组系数向量 $L=(l_1,l_2,\cdots,l_p)$，在满足条件 $L'L=LL'=I$ 时，就有 $Y=L'X$ 的极大方差

$$\mathrm{Var}(Y)=\mathrm{Var}(L'X)=\mathrm{diag}(\lambda_1,\cdots,\lambda_p)=\max \tag{4}$$

事实上，要找到这一线性组合，等价于求解矩阵方程

$$(\Sigma-\lambda I)L=0 \tag{5}$$

的特征值和特征向量。由此可求得原变量 $X=(x_1,x_2,\cdots,x_p)'$的新组合变量 $Y=(y_1,\cdots,y_p)'$，其各分量称为原变量的主分量(如(3)式)。不难证明，方程(5)的相应特征值 λ 就是主分量方差，即

$$\mathrm{Var}(Y)=\mathrm{diag}(\lambda_1,\lambda_2,\cdots,\lambda_p) \tag{6}$$

根据矩阵正交变换理论[8,9,11]，上述各主分量为统计上互不相关的分量，而相应的系数向量(即特征向量)$L=(l_1,l_2,\cdots,l_p)$则为解析正交向量，故可将其称为主分量正交变换。由此可见，以(1)式为代表的经验正交函数(EOF)展开，只不过是主分量正交变换的逆形式，两者并无本质区别。事实上，EOF/PCA 分析气象变量场序列时，对任一主分量而言，有

$$y_{jt} = \sum_{1}^{p} l_{hj} x_{ht} \qquad (j = 1,\cdots,p; h = 1,\cdots,p; t = 1,\cdots,n) \tag{7}$$

而对各网格点(站点) 原序列,则有

$$x_{ht} = \sum_{1}^{p} l_{hj} y_{jt} \qquad (h = 1,\cdots,p; j = 1,\cdots,p; t = 1,\cdots,n) \tag{8}$$

为了进一步论证其在气象变量场诊断中的物理内涵,假定各原序列为具有某些谐振分量的正态序列,并从最简情形出发,考虑主分量的正交性,设各个主分量仅为某一中心频率的振荡分量[9],则有简谐振荡序列,

$$x_{ht} = \sum_{k=-m}^{m} C_{hk} \mathrm{e}^{i\omega_k t} + \varepsilon_{ht}, \qquad (h = 1,\cdots,p) \tag{9}$$

$$y_{jt} = G_j \mathrm{e}^{i\omega_j t}, \qquad (j=1,\cdots,p) \tag{10}$$

式中 ε_{ht} 为服从 $N(0,1)$ 的正态标准化白噪声序列,若将(9)、(10)式代入(7)式,就有下列表达式

$$G_j \mathrm{e}^{i\omega_j t} = \sum_{1}^{p} l_{hj} \sum_{k=-m}^{m} C_{hk} \mathrm{e}^{i\omega_k t} + \sum_{1}^{p} l_{hj} \varepsilon_{ht} \tag{11}$$

为了推导方便,假定各站谐波分量的差异仅在于振幅的不同,由于主分量的统计正交性,上式应为关于简谐波的恒等多项式。据恒等多项式原理,必可有若干个

$$\omega_k{}^* = \omega_j, \qquad k^* \in m \tag{12}$$

k^* 为小于 m 的任意正整数。使得(11)式化为

$$G_j \mathrm{e}^{i\omega_j t} = \Big[\sum_{h=1}^{p} l_{jh} C_{hk}\Big] \mathrm{e}^{i\omega_k{}^* t} \tag{13}$$

于是,分别又有表达式

$$G_j = \Big[\sum_{h=1}^{p} l_{jh} C_{hk}\Big] \tag{14}$$

和

$$\mathrm{e}^{i\omega_j t} = \mathrm{e}^{i\omega_k{}^* t} \tag{15}$$

(8)—(15)式表明,各网格点(站点)原序列如果隐含若干个谐振分量,则其主分量必然为具有某一中心频率的振荡分量,而这一中心频率正是从各原变量序列中提取的频率信号,其振幅是以其主分量荷载 l_{jh} 为权重的各原变量序列同一频率谐振振幅的加权平均振幅。

若对(13)式两边同乘 $y_{jt}^* = G_j \mathrm{e}^{i\omega_j{}^* t}$,并取期望运算,就有

$$G_j^2 = \lambda_j = \sum_{1}^{p} l_{hj} C_{hk} \cdot G_j \tag{16}$$

(16)式本质上代表了气象场变量中某一区域原变量序列谐振分量的平均情况。根据文献[11],在标准化变量条件下,荷载值 l_{hj} 代表了主分量振型与原序列振型的相似程度(以相关系数为度量)。换言之,EOF/PCA 实际上是从原变量场序列中逐一提取代表原变量场的各主要振荡信号型。即主分量可以解释为气象场序列振荡型的一种分解,不同的分量序列对应着时间域上不同的振荡型,而其空间函数数值大小则代表了相应振荡分量与哪些地理区域相关密切,表明这种振荡型主要来源于哪些区域(格点或站点),或各站点原序列对该振荡型(主分量)的贡献。在此基础上的分型区划实际代表了气象变量场序列的各种振荡源的空

间分布区域，而不是对气象要素场数值在水平地理空间上分布的分型区划(后文专门对此作出定义)。有鉴于此，以往一般认为 EOF 是“将气象场 X 分解为仅与时间及空间有关的两部分”，或认为气象变量场序列经 EOF 展开后表示成“各按一定(时间)权重加权的不同典型场(即特征向量)之线性组合”等提法，仅仅是从时空场降维意义上来解释 EOF，而并未从气象变量场在时频域上振荡的物理本质来理解，从这个意义上说，以往的提法并不全面。

将(8)—(16)式推广为一般情况，假定各网格点(站点)原序列为隐含谐振分量的正态序列，而其主分量亦为具有某种谐振分量的正态序列，则其相应频率的幅谱可表示为

$$Y(\omega) = \int_{-\infty}^{\infty} y_{jt}\, e^{-i\omega t}\, dt \tag{17}$$

$$X(\omega) = \int_{-\infty}^{\infty} x_{ht}\, e^{-i\omega t}\, dt \tag{18}$$

根据傅立叶变换，将以上两式的反变换式代入(7)式中，经整理后即得

$$Y(\omega) = \sum_{1}^{p} l_{hj} X(\omega) \tag{19}$$

根据功率谱分析理论[12]，各主分量方差可表示为相应的谱展式，

$$\lambda_i = \lim_{T\to\infty} \frac{1}{2T}\int_{-T}^{T} y_j^2(t)\,dt = \int_0^{\infty} G_{y_j}(f)\,df = \sum_{h=1}^{p}\int_0^{\infty} l_{hj}^2 G_h(f)\,df \tag{20}$$

$$j=1,\cdots,p;h=1,\cdots,p.$$

因此，对照(7)式和(16)式，各主分量还可写成相应的功率谱分解式，

$$\int_0^{\infty} G_{y_j}(f)\,df = \sum_h \int_0^{\infty} l_{hj}^2 G_h(f)\,df \tag{21}$$

或有

$$G_{y_j}(f) = \sum_h l_{hj}^2 G_h(f), \qquad j=1,\cdots,p;h=1,\cdots,p \tag{22}$$

由此可见，主分量功率谱是各原变量功率谱的加权线性和，即原变量分解的线性组合谱，其权重为各变量的载荷平方值。从原变量功率谱及其权重配置的结构中不难估计出控制某气象变量场的主要振荡周期信号。换言之，从频率域来看，EOF/PCA 实质是对场的主要振荡型作正交分解，从而将一个具有复杂振荡系统的场序列分解成若干个较为单一的振荡分量系统。另一方面，从线性定常随机系统的观点来考察 EOF/PCA，同样可以证明，它们只不过是线性定常随机系统的一种特例。根据系统在时域上的输入输出关系[13]，一般有

$$y_j(t) = \sum_{1}^{p}\sum_{-\infty}^{\infty} g_{jh}(\tau)\, x_h(t-\tau) \tag{23}$$

$$j=1,\cdots,q;q\leqslant p;\tau=0,\pm1,\pm2,\cdots,\pm\infty$$

式中 $x_h(t-\tau)$ 为具有时间后延的输入变量序列，$y_j(t)$ 为输出变量序列，而 $g_{hj}(\tau)$ 则为对应于输入(输出)的频率响应函数。对照(7)式，不难看出，当 $\tau=0$ 时，即输入变量序列对于输出变量序列在没有时间后延的条件下，频率响应函数仅为常向量，则(23)式退化为(7)式，而相应的频率响应函数就是其荷载向量(即特征向量)。

值得一提的是，这里所谓主要振荡型正交分解与由 Hasselmann[13] 在 20 世纪 90 年代提

出的主振荡模态(POP)方法是不完全相同的两种概念。因为这里未加进原变量的时滞相关过程,但至少有一点是共同的,即都是对场的振荡型态作分解。由此,从这个意义上也佐证了上述观点的正确性。

1.2　气象变量场主要空间分布型的分解

如上所述的 EOF/PCA 展开,主分量可解释为气象场序列的振荡型分解,不同的分量序列对应着时间域上彼此互不相关的振荡型,而其空间函数数值大小(即荷载值)则代表了相应振荡分量与哪些地理区域相关密切,在此基础上的分型区划仅代表了各种振荡型的空间分布区划,而不是针对气象变量场水平地理空间分布的分型区划,这一点在以往的许多应用中并未引起学者们的注意,以至于易将两者混为一谈。为了区别这两种不同性质的区划,我们将前述的 EOF/PCA 展开方案,称之为 R 型展开,而针对气象变量场水平地理空间分布的分型区划,则表述如下:

假定有气象变量场序列 $X=(x_1,\cdots,x_i,\cdots,x_p)'$,$(i=1,\cdots,p)$,对其作转置,就有

$$X_q=X', \tag{24}$$

仿 R 型展开,可写出

$$X_q(t)=L_{qt}Y_q(s), \tag{25}$$

$$Y_q(s)=L'_{qt}X_q(t). \tag{26}$$

(26)式就可称之为 Q 型 EOF/PCA 展开,式中 s 代表空间坐标,t 代表时间坐标;主分量 $Y_q(s)=(y_1^{(q)},\cdots,y_p^{(q)})$的每一分量 $y_j^{(q)}$ 即代表原气象变量场的某种典型的水平空间分布型。而其特征向量 $L_{qt}=(l_1,\cdots,l_n)$的每一分量 l_j 则代表其相应的主分量在时间坐标上的载荷值。从理论上可以证明,由于空间分布型(主分量)相互正交,(25)式代表了各个不同时刻相应的水平空间分布图形的线性组合,其权重是与时间坐标有关的特征向量 $L'_{qt}=(l_1,\cdots,l_n)$。显然,对于各主分量 $Y_q(s)=(y_1^{(q)},\cdots,y_p^{(q)})$,可用一组正交的空间函数来定量描述,例如,假定它们可用不规则格点切比雪夫正交多项式来表示[14],即有

$$Y_h^{(q)}\approx\hat{Y}_h(s_1,s_2)=\sum_0^{k_0}\sum_0^{s_0}A_{ks}(h)\varphi_k(\xi_{1i})\psi_s(\xi_{2j}) \tag{27}$$

式中 $s=(s_1,s_2)$表示水平空间坐标;$\varphi_k(\xi_{1i})\psi_s(\xi_{2j})$为经非线性变换后的二维切比雪夫正交多项式,其中坐标 ξ_{1i},ξ_{2j} 分别代表站点的二维序号。同理,对于各原变量 $X_q(t)=(x_1^{(q)},x_2^{(q)},\cdots,x_n^{(q)})'$,也可写出不规则格点切比雪夫正交多项式表达式,为方便,以下将代表 Q 型展开的上标$^{(q)}$一律省略。

$$X_t^{(q)}\approx\hat{X}_t(s_1,s_2)=\sum_0^{k_0}\sum_0^{s_0}A_{ks}(t)\varphi_k(\xi_{1i})\psi_s(\xi_{2j}) \tag{28}$$

利用(25)、(26)式并结合(17)—(19)式,可以证明

$$\sum_0^{s_{10}}\sum_0^{s_{20}}A_j(s_1,s_2)\varphi_{s_1}(\xi_{1i})\psi_{s_2}(\xi_{2j})=\sum_1^{n}l_{hj}\sum_0^{s_{10}}\sum_0^{s_{20}}A_h(s_1,s_2)\varphi_{s_1}(\xi_{1i})\psi_{s_2}(\xi_{2j}) \tag{29}$$

同样,根据恒等多项式原理,对给定的坐标 $s_1=s_1^*$,$s_2=s_2^*$,可以证明

$$A_j(s_1^*,s_2^*)=B_j(s_1^*,s_2^*) \tag{30}$$

式中

$$B_j(s_1^*, s_2^*) = \sum_{h=1}^{n} l_{hj} A_h(s_1^*, s_2^*) \tag{31}$$

上式表明,若主分量(场)被描述为一种正交函数(如切比雪夫正交多项式),其相应的系数正是各原变量(场)正交函数(切比雪夫正交多项式)系数的加权线性和。根据文献[14],切比雪夫正交多项式系数表明各正交多项式(即所对应的几何图形)对于原变量(场)总方差的方差贡献大小。由此可见,基于切比雪夫正交多项式描述的主分量(场)正是原变量(场)各水平空间分布型方差贡献之线性组合,其权重是各变量(场)的荷载值(特征向量)。从原变量场的组合分布型及其权重配置结构中不难估计控制某气象变量场的主要水平空间分布型(某种正交函数)。可以想象,这与R型展开所得主要振荡型分解十分类似。

显然,(29)式表明,空间主分量与原气象场各不同时刻相应的水平空间分布的相似系数,实质上就是与各空间主分量相对应的分布在时间坐标上的荷载值。换言之,EOF/PCA的Q型分解,等价于从各个不同时刻的水平空间分布场中,提取典型的水平空间分布型,而在时间坐标上的荷载值,等价于它们和各个不同时刻空间分布场之间的相似系数。因此,Q型分解意味着在逐个时次中,提取有代表性的水平空间分布型,作为其典型的水平空间分布型(空间型主分量),而其在时间坐标上的荷载值正好表明各水平空间分布型来源于哪些时段。显然,从水平空间分布型的意义上诊断气象变量场序列,可借助于这种Q型分解,将气象变量场序列看作各个不同的典型水平空间分布型的线性组合,其权重就是它们在时间坐标上的荷载值。

1.3 时空分布的相互转换——EOF/PCA展开的双重意义与物理解释

由于空间点数与时间点数并不相同,Q型分解与R型分解所得主分量数并不一样,因此,某气象变量场序列究竟能分解成几种互不相关的水平空间分布型,并不能从通常的R型EOF/PCA展开得到,而只能借助于Q型EOF/PCA展开。但是,理论上已经证明R型展开与Q型展开(因AA'和$A'A$具有相同的非零特征根)的求解可以相互转换[8,15]。即它们在数学上具有双重意义,而在物理解释上则有不同的内涵。由于R型展开和Q型展开可以相互转换,则还可证明,对Q型展开来说,非规一化的R型展开的特征向量正是Q型展开的主分量。

综上可见,EOF/PCA展开具有双重物理意义,对R型展开,应看作气象场序列随时间变化的主要振荡型分解(如前所述),对于Q型展开,则应看作气象变量场随水平地理空间而变化的主要水平空间型分解。从理论上说,前者的主分量本质上是后者的特征向量,而后者的主分量本质上是前者的特征向量。

2 简单模拟试验

2.1 主要振荡型分解(R型展开)

构造具有不同谐振分量(例如含9个网格点)的仿真变量场序列(序列长度$N=100$)。为简单起见,假定随机生成的各格点仅含有一种谐振周期的场序列(见表1)。由表1可见,整个场序列实际上共有三种基本周期($T=3,7,15$),而各自的振幅有一定差异。对其作R型EOF/PCA得到各主分量(即所谓的EOF时间系数)及其荷载向量(即所谓的典型场)如表2和表3所示。由表2可见,方差贡献最大的主分量PC1(39.97%),其最大熵谱(MES)峰值在$T=15$,而对应的显著的高荷载值恰好在格点6,7,8,9(分别为0.48,0.52,0.52,0.46),主分量PC2(33.31%),其MES峰值在$T=3$,对应的显著的高荷载值恰好在格点1,2,3(分别为0.58,0.58,0.58),主分量PC3(19.41%),其MES峰值为$T=7$,对应的显著高荷载也正好在4,5格点,前三个主分量所占方差已达92.68%,恰好对应着三种基本周期,换言之,它们分别代表该场序列有三种主要振荡型,而这些主要振荡型分别来源于哪些站点或区域,可从表3的各荷载场及其取值分布情况就一目了然。例如,第1主分量(第一振荡型)的高荷载格点序号为6,7,8,9,而第2主分量(第二振荡型)的高荷载格点序为1,2,3,第3主分量(第三振荡型)的高荷载格点序号为4,5,相当有规律,这一试验结果正好与(22)式吻合。利用该式计算各主分量谱得到了完全一致的结果。

表1 试验周期(T)与振幅(G)

格点序号	1	2	3	4	5	6	7	8	9
T	3.000 0	3.000 0	3.000 0	7.000 0	7.100 0	14.900 0	15.100 0	15.200 0	15.500 0
G	4.000 0	4.500 0	5.000 0	7.000 0	8.000 0	5.000 0	9.000 0	10.000 0	11.000 0

表2 各主分量最大熵谱值及其周期(括号内的数值)

PC方差贡献(%)	39.97	33.31	19.41
PC1	277.99(15)		
PC2		226.83(3.0)	
PC3			141.61(7.0)

表3 各荷载场及其取值分布

格点序号	1	2	3	4	5	6	7	8	9
l_1	−0.04	−0.04	−0.04	−0.03	−0.02	0.48	0.52	0.52	0.46
l_2	0.58	0.58	0.58	−0.01	−0.01	0.03	0.03	0.03	0.03
l_3	0.01	0.01	0.01	0.71	0.71	0.03	0.02	0.02	0.00

2.2 水平空间分布型分解(Q型展开)

作Q型EOF/PCA所得各主分量正是各个典型水平空间分布型,其荷载向量则对应于各时刻(逐日)。表4列出前3个主分量(相应的前3个空间分布型,图略),它表明Q型分解就是在逐个时次(逐日)的水平空间分布场型中,提取那些有代表性的水平空间分布场型,作为其典型的水平空间分布型(即空间型主分量),而其逐个时次上的荷载值正好表明各典型水平空间分布型来源于哪些时段。从表4可见,其前3个主分量取值的格点分布大致与表3所列的R型荷载值分布趋势相似,尤其是PC1,PC2与R型荷载值分布的高低值中心最为吻合。这说明 EOF/PCA 的双重物理意义及其解释是合理的。

表 4　Q 型 EOF 的前 3 个主分量及其取值分布

格点序号	1	2	3	4	5	6	7	8	9
PC1	−5.548	−5.613	−5.679	−6.93	−6.687	1.053	7.989	10.072	11.342
PC2	5.283	5.612	5.941	−7.12	−9.582	1.687	0.176	−0.447	−1.549
PC3	−1.06	−1.355	−1.65	0.064	−0.308	5.516	4.279	1.777	−7.262

3　实测气象变量场的诊断举例

3.1　R 型 EOF 展开举例

对均匀分布于我国区域 203 个测站的(2000 年)夏季逐日高温资料场序列(92 天)作 R 型 EOF 展开。结果表明,前 10 个主分量累积方差贡献已达 90%,滤去季节趋势,则前 10 个主分量累积方差贡献可达 50%。将各个主分量功率谱与各相应荷载场高值区的原变量平均序列或其第 1 主分量的功率谱对照,不难发现两者基本吻合。这就表明,各主分量振荡型正是以原变量场序列的某一子场序列振荡型为基础的,图 1 所绘制的是几个主分量与相应子场平均序列的谱图对照,由图可见,主分量谱峰基本上与相应子场序列的谱峰对应。可见,R 型 EOF 展开是气象场序列振荡型的一种分解,不同主分量序列对应着时间域上不同的(互不相关)振荡型,而其空间函数数值大小代表了相应振荡分量与哪些地理区域相关密切,表明这种振荡型源自哪些区域(格点或站点)。换言之,气象变量场整体的振荡可视为来自不同周期源的准周期振荡逐层叠加的结果,而某个站(网格)点的时间序列所形成的复杂周期振荡正是不同来源振荡的叠加。

3.2　Q 型 EOF 展开举例

对上述资料作 Q 型 EOF 展开,表明在逐个时次的水平空间分布场型中,提取那些有代表性的水平空间分布场型作为其典型水平空间分布型(即空间型主分量),而其时间坐标上的荷载值正好表明各典型水平空间分布型来源于哪些时段。表 5 则为对应的各时刻(日)分布型与这些典型水平空间分布的相似系数达到显著性的数量(日数)。

表 5　逐日分布型与典型水平空间分布的相似系数达显著性(信度 0.05)的日数

第 1 型	第 2 型	第 3 型	第 4 型	第 5 型
36	33	12	12	40

值得指出的是,主分量方差贡献,反映出某一主分量对于场序列总方差的贡献大小,它并不表明该主分量所代表的原变量数目的多少或区域的大小。就 R 型来说,主分量方差贡献反映出某一振荡型在总振荡中的贡献,而这一振荡型究竟与哪些区域有关及其区域大小与此并无直接关系,这一振荡型的强弱与否并不取决于原变量场的某一局部区域(载荷),而

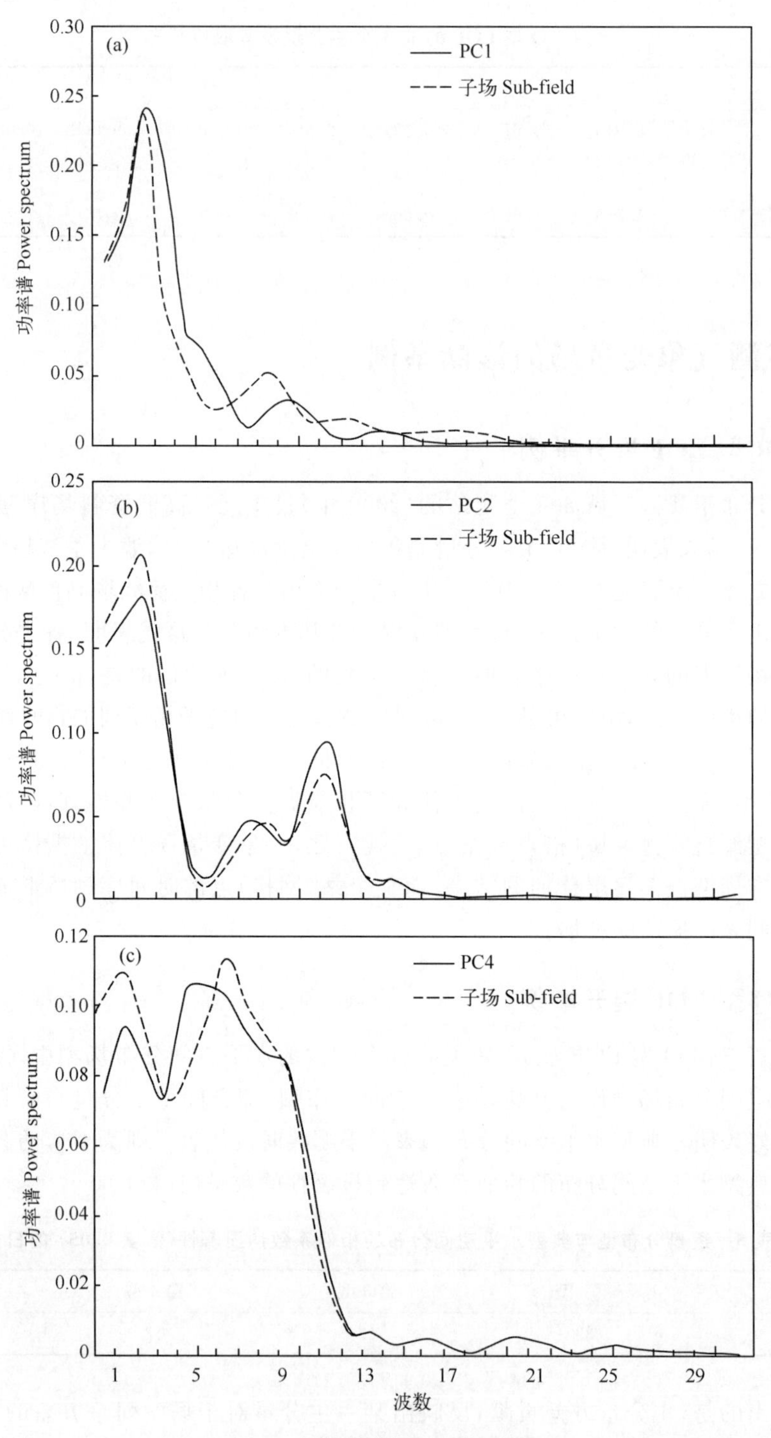

图 1　主分量谱与子场序列谱

(a)PC1;(b)PC2;(c)PC4

是取决于分量所代表的某一振荡型的总能量(方差),即主分量时间序列的平均振幅。就Q型来说,主分量方差贡献反映出某一空间分布型在总空间分布中的贡献,空间分布型的强弱与否取决于该空间型(主分量)的总能量即空间方差大小。而这一空间分布型究竟与哪些时段有关以及时段的长短也与方差贡献并无直接关系。因此,各型的相似时段多少并不与主分量次序一致。

4 结 论

(1)论证了EOF/PCA在气象变量场诊断中的物理内涵,基于EOF/PCA的R型展开是气象场主要振荡型分解,而对气象变量场序列的Q型展开才是对气象场序列的水平空间分布状况所作的主要空间分布型态的分解。其物理内涵包括:1)气象变量场序列整体的准周期振荡可视为是来自不同周期源的准周期振荡的叠加,其中某个站(网格)点的时间序列所形成的复杂周期振荡正是不同来源振荡的叠加结果;2)由于R型和Q型展开可以相互转换,其结果在数学上具有双重意义,而在物理解释上则有不同的内涵;3)通常在应用中,首先应确定是R型展开还是Q型展开,而不能片面理解EOF/PCA展开结果,并在物理内涵上作出符合实际的相应解释。

(2)数值试验表明,上述理论论证与实际结果相符。即R型展开,所得各主分量正是原变量场中某一子场序列的振荡型为主要振荡源(或主要振荡源来自某一地理区域)的结果,这就奠定了可从原变量场序列(复杂的振动系统)的整体来考察其主要振荡源的理论基础。类似的问题,同样适用于Q型展开。

(3)对于以EOF/PCA为基础的其他推广形式或派生方法,根据上述理论,原则上都可深入探讨,我们将在另文叙述。

参考文献

[1] 丁裕国.EOF在大气科学研究中的新进展.气象科技,1993,**3**:10-19.

[2] 周家斌,黄嘉佑.近年来中国统计气象学的进展.气象学报,1997,**55**(3):297-305.

[3] Lorenz E N. Empirical Orthogonal Functions and statistical weather prediction. Sci Rept,No. 1,Statistical Forecasting Project,Cambridge:Mass Inst Tech,Dept of Meteorology:1956:49-50.

[4] Wallace J M,Gutzler D S. Teleconnections in the geopotential height field during the Northern Hemisphere winter. *Mon Wea Rev*,1981,**109**:784-812.

[5] Trenberth K E,Paolio D A. Characteristic patterns of variability of sea level pressure in the Northern Hemisphere. *Mon Wea Rev*,1981,**109**:1 169-1 189.

[6] Parnett T P,Preisendorfer R W. Multifield analog prediction of short term climatic fluctuations using a climatic state vector. *J Atmos Sci*,1987,**35**:1 771-1 787.

[7] Preisendorfer R W. PCA in Meteor. and Oceanography. Amsterdan,Oxford,New York:Elsevier Sci. Publishers,1988:425pp.

[8] 黄嘉佑.气象统计分析与预报方法.北京:气象出版社,1990:182-188.

[9] 么枕生,丁裕国.气候统计.北京:气象出版社,1990:624-629.

[10] 周家斌.关于统计气象学的几个问题.大气科学,1993,17(增刊):1-6.

[11] 么枕生.载荷相关模式用于气候分类与天气气候描述.气候学研究——气候与环境,北京:气象出版社,1998:1-9.
[12] 丁裕国,江志红.气象数据时间序列信号处理.北京:气象出版社,1998:133-166.
[13] Hasselmann K. PIPs and POPs:The reduction of complex dynamical systems using principal interaction and oscillation patterns. *J Geophys Res*,1988,**93**(D9):11 015-11 021.
[14] 周家斌.车贝雪夫多项式及其在气象中的应用.北京:气象出版社,1990:262-264.
[15] Murihead R J. Aspects of Multivariate Statistical Theory. New York:John Wiley & Sons Inc,1982:673pp.

一种新的气候分型区划方法

丁裕国[1]　张耀存[2]　刘吉峰[1]

(1. 南京信息工程大学,江苏省气象灾害重点实验室,南京　210044;2. 南京大学大气科学系,南京　210093)

摘　要:从理论上证明统计聚类检验(CAST)与旋转经验正交函数或旋转主分量分析(REOF/RPCA)用于气候聚类分型区划的关联性。研究表明,CAST 在一定的意义上可认为是 REOF/RPCA 用于气象要素场(气候)分型区划的理论基础。由此,作者提出 CAST 与 REOF/RPCA 相结合的一种新的分型区划方法,并用仿真随机模拟资料和实例计算验证了理论与实际结果的一致性,从而证实了这种分型区划方法的有效性及其优点。

关键词:主分量分析　统计聚类检验　气候区划

引　言

多年来,学者们运用旋转经验正交函数或旋转主分量分析(REOF/RPCA)进行各种气象要素场的分型区划,其效果很好[1-5],但往往并不能解释其数学物理意义。20 世纪 90 年代,么枕生[6]根据气候统计理论提出了一种新的具有统计检验的聚类分析(Cluster Analysis with Statistic Test,简称 CAST)用于气候分型区划。这种更为客观的数值分类法,改进了一般数值分类统计方法中不考虑聚类样品距离系数的统计显著性的重大缺陷[6]。为了更好地发展这一新的学术观点,本文将论证 CAST 与 REOF/RPCA 用于气候聚类分型区划的理论联系。根据“统计聚类检验”思想,我们完全可导出 REOF/RPCA 气候分类区划方法,这样就从理论上找到了用 PCA 一类方法作为气候分类区划的理论依据。同时,也印证出 CAST 与 PCA 用于气象场分类区划具有等价性和互补性的事实。为了减少计算中可能产生的误差,本文将 CAST 与 PCA 相结合,提出了一种新的分型区划方法。

1　理论证明

所谓 CAST 聚类,就是具有显著性检验标准的聚类分析。一般可有两种计算方案:均匀聚类和中心聚类[6,7]。对于地理空间上的气候区划来说,用中心聚类方案更适合。

假设样本容量为 n,具有 p 个网格点(或测站)所构成的某一气象变量场 X(约定序列已标准化),可以证明,其两两格点或测站之间的欧氏距离[6,7]为:

$$d_{ij} = \left\{ \sum_{k=1}^{n} (x_{ki} - x_{kj})^2 \right\}^{1/2} = \{2n(1 - r_{ij})\}^{1/2} \tag{1}$$

式中 x_i 和 x_j 分别为气象场中不同序号 $i=1,2,\cdots,p-1$ 和 $j=1,2,\cdots,p$ 的各变量。而 r_{ij} 为两者的线性相关系数,n 为其样本容量。文献[1]已证明,属于各个同类样品之间的欧氏距离 d_{ij} 为随机变量,其抽样分布具有统计特征量,

$$E(d_{ij}) = \sqrt{2n(1-\rho_{ij})} \tag{2}$$

$$\mathrm{VAR}(d_{ij})=1-\rho_{ij} \tag{3}$$

式中 ρ_{ij} 为理论相关系数(总体相关系数),在同类样品中,由于欧氏距离 d_{ij} 符合正态分布,其极大似然估计值可写为

$$\hat{d}=\sum_{i<j}w_{ij}d_{ij}\Big/\sum_{i<j}w_{ij},\quad i=1,2,\cdots,q-1;\ j=1,2,\cdots,q,(q\leqslant p) \tag{4}$$

式中

$$w_{ij}=\frac{1}{\mathrm{VAR}(d_{ij})}=\frac{1}{1-r_{ij}} \tag{5}$$

由此构造服从自由度为 $\eta-1$ 的 χ^2 分布统计量[1],

$$\chi^2=2n\sum_{i<j}w_{ij}(c_{ij}-\hat{c})^2 \tag{6}$$

式中

$$c_{ij}=\frac{d_{ij}}{\sqrt{2n}}=\sqrt{1-r_{ij}} \tag{7}$$

$$\eta=\frac{1}{2}q(q-1) \tag{8}$$

于是有

$$\begin{cases}w_{ij}c_{ij}-\dfrac{1}{\sqrt{1-r_{ij}}}\\ \hat{c}=\displaystyle\sum_{i<j}w_{ij}\left(c_{ij}\Big/\sum_{i<j}w_{ij}\right)\end{cases} \tag{9}$$

在(4)—(8)式中,q 为同类样品中变量的个数,对于气象变量场 X 而言,q 即为变量场中同一区(型)的网格点数(或站点数)。η 是与自由度有关的(6)式中求和项数。聚类统计检验(CAST)方法就是依据(6)式逐一计算出拟并入该区域的相应站点的 χ^2 统计量,并检验零假设 H_0:$d_{ij}=\hat{d}$ 和备择假设 H_1:$d_{ij}\neq\hat{d}$。在给定信度 α 下,可寻求临界区间

$$\chi^2\geqslant\chi^2_{1-\alpha}(\eta-1) \tag{10}$$

如若

$$\chi^2<\chi^2_{1-\alpha}(\eta-1) \tag{11}$$

则表明该测站可归于同类区域,否则,可在一定信度下判定其不属于该类区域。根据(1)式,我们可直接计算出每两两测站间的相关系数,从而构成相关系数矩阵。在此基础上,选择中心站点,依据(1)—(11)式,就可编制计算程序进行分类。显然,为了并入某一区类,我们希望加入的站点满足 $\chi^2<\chi^2_{1-\alpha}(\eta-1)$,即 χ^2 值越小越好。但 CAST 存在着一个不确定性的问题:即如何选取聚类中心站点并无客观标准。在同一气候区内,如果选择不同的中心站点,其分区结果可能并不完全一致。那么,怎样才能使选出的中心站点更能代表该气候区的典型特征?

文献[8]已经证明,EOF 能客观地识别出同类振荡型的空间分布,即旋转前或旋转后的载荷场上,每一个空间点所对应的变量只与一个主分量存在高相关,那么该向量场的高值区就代表了该区域的典型特征。因此,文献[7]认为具有高荷载的站点就是该气候区的中心,选取其作为聚类分析的中心站点最具代表性。

根据 REOF 理论,可以证明各主分量的最高荷载中心实际上可作为聚类分区的中心站

点。因为上述具有 p 个网格点(或站点)的气象变量场序列 $X=(x_1,x_2,\cdots,x_p)'$,实质上就是具有某种学科意义的多元正态变量。假定对资料已作标准化预处理,即有

$$E(X)=(\mu_1,\mu_2,\cdots,\mu_p)'=0 \tag{12}$$

或者

$$X\sim N(0,\Sigma) \tag{13}$$

式中 Σ 为多元变量的协方差阵。

显然,其各变量间相关系数矩阵式应为

$$R=\begin{bmatrix} r_{11} & r_{12} & \cdots & r_{1p} \\ r_{21} & r_{22} & \cdots & r_{2p} \\ \cdots & \cdots & \cdots & \cdots \\ r_{p1} & r_{p2} & \cdots & r_{pp} \end{bmatrix} \tag{14}$$

由于 $R=R'$ 为实对称矩阵,根据对称阵的对角化和正交变换理论[9],有

$$L'RL=\Lambda \tag{15}$$

定义主分量

$$\widetilde{Y}=L'\widetilde{X} \tag{16}$$

则有

$$\widetilde{Y}\,\widetilde{Y}'=L'\widetilde{X}\,\widetilde{X}'L=LRL'=\Lambda \tag{17}$$

式中 $\widetilde{X}$,$\widetilde{Y}$均为标准化变量。根据(1)和(7)式可得

$$r_{ij}=1-\frac{d_{ij}^2}{2n}=1-c_{ij}^2 \tag{18}$$

考虑(18)式的关系,(17)式又可等价地写为

$$\widetilde{Y}\,\widetilde{Y}'=L'\widetilde{X}\,\widetilde{X}'L=L'RL=L'(J-C)L=\Lambda \tag{19}$$

式中 J 代表了元素全为 1 的方阵,C 代表了元素为 $c_{ij}^2(i,j=1,\cdots,p)$的矩阵,显然,相关系数矩阵 R 是距离系数 c_{ij} 平方的函数矩阵。$\widetilde{Y}$ 为标准化主分量,(19)式中相应的特征值就是标准化主分量方差,

$$\mathrm{VAR}(\widetilde{Y})=L'\widetilde{X}\,\widetilde{X}'L=\widetilde{\Lambda}=\mathrm{diag}(\widetilde{\lambda}_1,\widetilde{\lambda}_2,\cdots,\widetilde{\lambda}_p) \tag{20}$$

由此可见,对气象变量场相关系数矩阵的主分量正交变换即 PCA 的运算过程就等价于对场内各变量所构成的距离系数矩阵的某种函数的正交变换过程。在标准化变量条件下,任一主分量的载荷值 l_{hj} 实质上就是主分量与原变量的相关指标,可以证明 $l_{hj}\sqrt{\lambda_h}$ 代表了主分量振型与原序列振型的相关系数,实际上 PCA 是从原变量场序列中逐一提取代表原气象变量场的各种主要振荡信号型[3,7,8]。气候型的分类区划,实质上就是按载荷值的高低,将与某一主分量最为相似的高相关(或高载荷区)振荡型归为同一类型;反之则属于其他类型。载荷场经过正交旋转变换,可使载荷场方差加大,即载荷值分异性更明显,这就使原来与某一主分量最为相似的高载荷区更加突出,而其余的低值区则相形见绌[5]。采用 CAST 作气候分类,以中心聚类为最优[6]。同一气候区内各站点间彼此相似,其中任何站点的气候特征都可认为是与某一个所谓中心站点的气候特征最为相似。在理论上,总可假定存在某一中心站点的变量序列,其在时间域上的振荡型就是相应的主分量振荡型。如前所述,既然荷载值 l_{hj}

实际上代表了主分量与原变量振荡型的相似程度(以相关系数为度量)。而根据(5)—(8)式可见,站间距离可以直接转化为站间相关系数。因此,利用 χ^2 统计检验对距离系数的检验等价于对相关系数的检验。其聚类判据也是等价的。

此外,任一个气象变量场的 PCA 收敛性都与场的相关结构有关[9],一般来说,场内各站均有高相关,即两两相关密切且均匀,则收敛必然较快(其前 1 或 2 个主分量即可占有相当大的方差百分比),即整个场的随机性减小,反之,如场内各站相关较差,必然使整个场的随机性增大,必然收敛慢。在特殊情况下,假定场内有 p 个变量,其相关矩阵中各变量间的相关系数都很大,接近 1,则可证明其特征方程近似为

$$\lambda^{p-1}(\lambda-p)=0 \tag{21}$$

由此得到

$$\begin{cases}\lambda_1=p\\ \lambda_2=\lambda_3=\cdots=\lambda_p=0\end{cases} \tag{22}$$

即相应的最大特征值已接近或等于其总方差,而其余特征值则接近 0;相反,假定场内 p 个变量,其各变量间的相关系数都很小,接近为 0,则其特征方程近似为

$$(1-\lambda)^p=0 \tag{23}$$

由此得到

$$\lambda_1=\lambda_2=\cdots=\lambda_p=1 \tag{24}$$

即表明该场序列无中心站点可言,区域各站不能聚为一类。由此可见,将已经用 CAST 或 PCA 分类得到的各区域再分别用 PCA 展开,其第 1 主分量特征值(即方差值)必然有上述(22)与(24)式的结果。因此,利用 χ^2 统计检验对距离系数的检验恰好等价于对相关系数的检验,其聚类判据必然也是等价的。因此,由 CAST 或 PCA 聚类所得高相关或高载荷的变量子集,必然满足(22)与(24)式的结果。根据上述理论,针对各主分量所对应的高载荷变量子集(或子场)重新再做二次 PCA 展开,就成为一种对 PCA 与 CAST 聚类结果一致性的验证方法。

当然,根据(14)式,对任一主分量而言,也可将其线性组合式写为下列形式:

$$y_{jt}=\sum_{h=1}^{q}l_{hj}x_{ht}+\sum_{s=q+1}^{p}l_{sj}x_{st} \tag{25}$$

式中 $h=1,\cdots,q$ 为高载荷子集序号,$s=q+1,\cdots,p$ 为低载荷子集序号。这样,主分量与各变量的相关密切程度可按其高低载荷区分为两部分。从理论上,利用线性回归分析,就可建立相应的线性回归方程,以便客观地验证和确定 PCA 与 CAST 聚类结果的一致性,这就是另一种验证方法。因篇幅所限,对此,笔者将另文探讨。

综上可见,基于 PCA 与 CAST 相结合用于气候分型区划的一种新的聚类方法,其步骤可归纳为:(1)对气象变量场作 PCA 或 RPCA/REOF,并以各主分量作为气候区划聚类的中心变量;(2)根据与其相应的荷载场的荷载值大小,采用 CAST 的 χ^2 统计检验,按给定信度确定接受或拒绝的变量逐步引入属于各自的区域;(3)为了对各拟分区域已引入变量子集是否符合 CAST 检验标准作验证或鉴别,重新对各拟分区的变量作新一轮的 PCA,由此最终确定各个分区或聚类的结果。

2 随机模拟数据的聚类试验

假设有气象场 $X=(x_1,x_2,\cdots,x_{12})$ 的仿真随机模拟数据序列，其序列长度为 $n=50$。表1列出了按给定准周期加白噪声而产生的仿真随机数据序列所求得的其相关系数矩阵。首先，对其做PCA展开，并将各主分量作为聚类中心，根据CAST方法，分别按(7)—(9)式计算统计量 c_{ij} 和 $w_{ij}c_{ij}$ 以及 $\hat{c}$ 和 η。由表1可见，序号6—9大致可聚为一类，根据(6)式及(10)、(11)式我们计算了PC1对序号6—9的 χ^2 统计量。结果表明，由于 $\chi^2_\alpha(\eta-1=4)=7.815$，而

$$\chi^2(P_{c1}+6+7+8+9)=2n\sum_{i<j}w_{ij}(c_{ij}-\hat{c})^2=0.5918<\chi^2_\alpha$$

可见，第一主分量 P_{c1} 可作为序号6—9的聚类中心。但如果再加入其他序号，则不能进入。例如，加入序号12，由表1，根据(1)—(6)式计算得到

$$\chi^2(P_{c1}+6+7+8+9+12)=2n\sum_{i<j}w_{ij}(c_{ij}-\hat{c})^2=66.01$$

表1 初始相关矩阵

序号	1	2	3	4	5	6	7	8	9	10	11	12
1	1.00	<u>0.99</u>	−0.02	0.0	−0.01	0.01	0.00	0.00	0.01	0.00	0.00	0.01
2		1.00	−0.03	−0.02	−0.02	−0.02	−0.02	−0.01	−0.02	−0.02	−0.02	−0.01
3			1.00	<u>0.99</u>	<u>0.75</u>	−0.02	−0.04	−0.03	−0.04	−0.03	−0.04	−0.02
4				1.00	<u>0.75</u>	−0.01	−0.03	−0.02	−0.03	−0.02	−0.02	0.00
5					1.00	0.00	−0.02	−0.02	−0.04	−0.03	−0.03	−0.02
6						1.00	<u>0.98</u>	<u>0.94</u>	<u>0.89</u>	0.12	0.06	0.02
7							1.00	<u>0.99</u>	<u>0.95</u>	0.12	0.04	0.06
8								1.00	<u>0.99</u>	0.10	−0.01	0.07
9									1.00	0.07	−0.05	0.09
10										1.00	<u>0.85</u>	<u>0.74</u>
11											1.00	0.34
12												1.00

注：表中有下划线的数值为显著相关。

因为

$$\hat{c}=\frac{18.3207}{77.3423}=0.2369$$

$$w_{1,12}c_{1,12}=\frac{1}{\sqrt{1-r_{1,12}}}=\frac{1}{\sqrt{1.48}}=0.8220$$

$$w_{1,12}=\frac{1}{1-r_{1,12}}=0.6756$$

$$\chi^2_\alpha(\eta-1=5)=11.070$$

$$\chi^2=66.01>\chi^2_\alpha$$

所以，上述结果证明，不能引进序号12。显然，其他序号更不能引进了。

另一方面，由各主分量及其荷载向量（表 2）可见，前 4 个载荷场的高值中心（表中有下划线的）十分明显，基本上其载荷都在 0.50 左右，并与其他载荷分量有明显分异。计算表明，前 5 个主分量的方差百分比总和已达 96.0% 以上，其中第 1～4 主分量分别为 32.73%，22.26%，18.99%，16.64%，总计为 90%左右。这就表明，按前 4 个主分量的荷载值聚类是完全合理的。为此，我们分别将其列于表 2 和表 3 中，显然对主分量荷载场旋转后（表 3），每一主分量高荷载值具有更大的分异。这样，再对其所构成的 4 个子场作新一轮的 PCA 展开，结果表明，它们各自的第 1 主分量方差都达到相当大的百分比，其中变量 6～9 的 PC1 方差为 97.04%，变量 3～5 的 PC1 方差为 89.04%，变量 10～12 的 PC1 方差为 77.23%，变量 1～2 的 PC1 方差为 100%。这正是（28）式和（31）式所表明的一致性结果。如将变量 3～4 作为子场展开，其 PC1 的方差恰好为 100.0%。这就意味着，用 CAST 或 PCA 分类得到的各个区域（高载荷站点）再分别用 PCA 展开，必然得到（28）与（31）式的结果。而上述计算结果中，绝大部分其特征值已接近于 1.0，但也有较小的 PC1 方差，如变量 3～5，一旦去掉第 5 变量，则 3，4 变量的 PC1 方差即达 1.0，可见第 5 变量是处于区域边界过渡带。同理，其他类似情况则相仿。

表 2　PCA 的前 4 个主分量荷载值分布

主分量	载荷值											
	1	2	3	4	5	6	7	8	9	10	11	12
1	0.01	0.00	−0.07	−0.07	−0.07	<u>0.46</u>	<u>0.47</u>	<u>0.46</u>	<u>0.46</u>	−0.22	−0.14	−0.24
2	−0.08	−0.09	<u>0.55</u>	<u>0.54</u>	<u>0.54</u>	0.02	0.00	0.00	0.00	−0.18	−0.17	−0.20
3	−0.06	−0.10	0.15	0.17	0.15	0.15	0.18	0.19	0.20	0.52	0.54	0.46
4	<u>0.70</u>	<u>0.69</u>	0.08	0.10	0.08	0.03	0.02	0.02	0.01	0.03	0.03	0.04

注：其中有下划线的数值表示显著载荷值。

表 3　旋转后 PCA 的前 4 个主分量载荷值分布

主分量	载荷值											
	1	2	3	4	5	6	7	8	9	10	11	12
1	0.01	0.00	−0.15	−0.13	−0.15	0.95	0.95	0.95	0.94	−0.44	−0.29	−0.49
2	−0.14	−0.16	0.94	0.93	0.92	0.03	−0.01	0.01	−0.01	−0.31	−0.28	−0.34
3	−0.10	−0.16	0.24	0.28	0.25	0.24	0.29	0.30	0.33	0.84	0.87	0.74
4	0.98	0.97	0.11	0.14	0.11	0.04	0.03	0.03	0.02	0.05	0.04	0.06

3　实例验证

对我国境内夏季极端高温和冬季极端低温的年际振荡类型采用 CAST 与 RPCA 相结合的方法（站点分布图略）分型区划，现以前者为例，其步骤大致可归结为：（1）取 $n=45$（年），$p=203$（站），首先建立各站夏季极端高温年际记录的相关矩阵。（2）然后对其相关矩阵做 REOF/RPCA，将各主分量及所对应的高荷载区视为选取的聚类中心，根据（1）—（8）式计算相应的 χ^2 统计量，并给出一定信度 α 条件下分区的检验判据。（3）为了更准确合理地分区，对已分的各区边界(尤其是那些边界过渡区或交叉混合区)加以鉴定，检测分区的合理性。从给出的前 12 个主因子旋转后的荷载场空间分布可见，第 1 主分量高荷载区位于我国东北地区，荷载值大部分在 0.6 以上，最大可达 0.954。其余地区的荷载值均比较小。第 2 主分量高荷载区主要以四川盆地为中心，荷载绝对值达 0.91，其余各区荷载值都在 −0.2～0.2 之间。第 3 主分量高荷载区则主要集中在我国的滇南地区，其余各区荷载值更小，大都在 −0.1～0.1 之间，显示出这一地区极端温度变化的独特性。第 4～11 主因子的高荷载区则分别位于我国西北，南疆的东南部及华南沿海、天山及其以北的新疆地区、青藏高原的东南缘和西北地区中部、黄淮流域等地区。(4)对各个分区再作旋转主分量分析(REOF)，就可更准确合理地鉴定出分区的合理性。表 4 列出了夏(冬)季极端高(低)温各分区第一主分量的方差贡献(%)。不难看出，它们基本上符合(20)与(22)式的类似结果，当然，由于实测资料场多频振荡的复杂性，并不一定都能达到那么高的方差比率。图 1 和图 2 绘出了应用该方法对我国夏季极端高温和冬季极端低温的分区结果，图中所标区域序号与表 4 一致。这就从实际应用中证实了 CAST 与 REOF 相结合的方法用于气候分类区划的可行性。

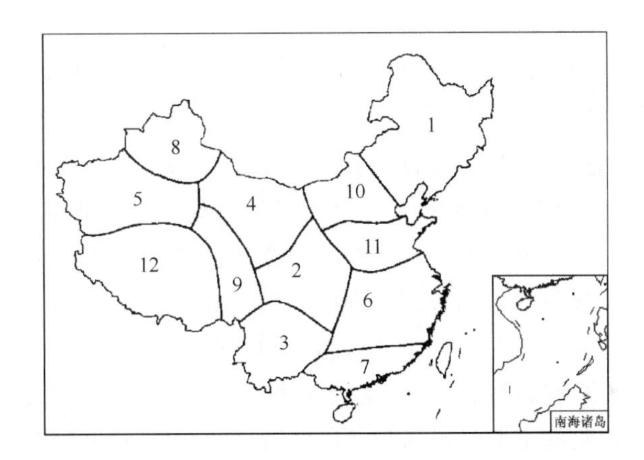

图 1　由新聚类方法得到的我国夏季极端高温区划示意图

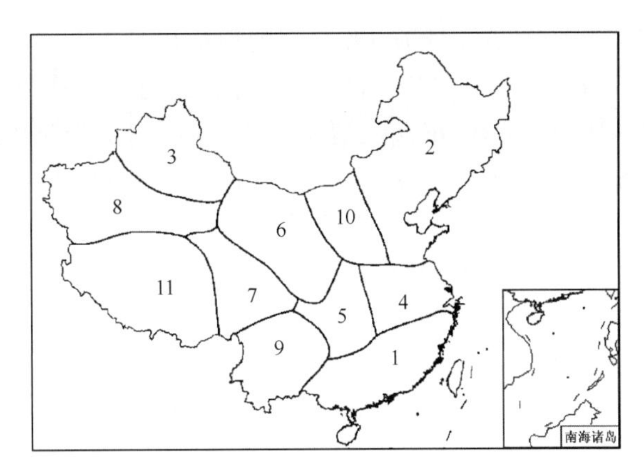

图 2　由新聚类方法得到的我国冬季极端低温区划示意图

表 4 夏(冬)季极端高(低)温区第一主分量方差贡献百分比

高温区 T_{max}	地理位置	方差贡献(%)	高温区 T_{max}	地理位置	方差贡献(%)
1	东北区	58	1	华南及东南沿海	68
2	四川、重庆	62	2	东北及华北东部	72
3	西南地区	51	3	北疆地区	69
4	西北地区中部	54	4	淮河和长江中下游	71
5	新疆南部	72	5	华中区	65
6	华东区	60	6	内蒙古西部及华中北部	70
7	华南沿海区	56	7	青海及西藏东部	68
8	天山及其以北的新疆	61	8	南疆地区	69
9	西藏东南部	56	9	西南地区	67
10	华北北部及内蒙古中部	69	10	华北西部和内蒙古中部	72
11	黄淮流域	73	11	青藏高原区	72
12	青藏高原区	72			

4 结论与评述

(1)由于 REOF 方法本身并不仅仅只用于气候分类区划，正是因为这一点，本文才从 CAST 与 REOF 的联系中阐明 REOF 具有分型区划功能的基本原理与 CAST 方法的内涵完全一致。从理论上证明么枕生[6,7]提出的具有统计检验的聚类分析(CAST)方法恰好可作为通常 PCA/EOF 对气象变量场分型区划的理论基础。文献[8]又证明 PCA 分型区划实际上是对变量场序列各种振荡型的空间分布的区划，利用旋转的 RPCA/REOF 对载荷场所作的旋转变换，则更能达到此目的。理论上总可假定，存在着某一中心站变量序列，其在时间域上的振荡型就是相应的主分量振荡型。既然荷载值 l_{hj} 实际上代表了主分量与原变量振荡型的相似程度(以相关系数为度量)，而站间距离又可以直接转化为站间相关系数。因此，利用 χ^2 统计检验对距离系数的检验就等价于对相关系数的检验，其聚类判据也是等价的。这就是为什么 REOF 可用于气象变量场分型区划的理论基础。

(2)仿真随机数据模拟表明，对气象变量场的分型区划可将上述两种方案结合，第一步，先对其作 PCA/EOF 或 RPCA/REOF；第二步，再用各主分量为聚类中心，通过荷载相关阵用 CAST 方法聚类；第三步，对各高荷载区(或 CAST 聚类)再作新一轮 PCA/EOF，以便最终验证分区的合理性。

(3)实例计算表明，采用统计聚类检验(CAST)与旋转主分量(RPCA)变换方法相结合，就可更准确合理地鉴定出分区的合理性，其分区的可靠性加大。因此，在给定场的各个变量相关系数矩阵的基础上，用各主分量作为聚类中心，借助于 CAST 方法与 RPCA 分类结果完全一致，再以相应分区的子场 PCA 所得第一主分量方差贡献作为验证，就可准确完成聚类区划。

参考文献

[1] Horel J D. A rotated principal component analysis of the inter-annual variability of the Northern Hemisphere 500 mb height field. *Mon Wea Rev*,1981,**109**:2 080-2 092.

[2] Richman M B. Review article rotation of principal components. *J Climate*,1986,**6**(3):293-333.

[3] Preisendorfer R W. Principal Component Analysis in Meteorology and Oceanography. *Amsterdam*: *Elsevier*,1988:425pp.

[4] 黄嘉佑. 气象统计分析与预报方法. 北京:气象出版社,1990:182-188.

[5] 周家斌,黄嘉佑. 近年来中国统计气象学的进展. 气象学报,1997,**55**(3):297-305.

[6] 么枕生. 用于数值分类的聚类分析. 海洋湖沼通报,1994,(2):1-12.

[7] Yao Z S. A new method of cluster analysis for numerical classification of climate. *Theor Appl Climatol*,1997,**57**:111-118.

[8] 么枕生. 载荷相关模式用于气候分类与天气气候描述. 气候学研究——气候与环境. 北京:气象出版社,1998:1-9.

[9] 丁裕国,梁建茵,刘吉峰. EOF/ PCA 诊断气象变量场问题的新探讨. 大气科学,2005,**29**(2):307-313.

[10] 么枕生,丁裕国. 气候统计. 北京:气象出版社,1990:624-629.

非正态分布的天气气候序列极值特征诊断方法研究

程炳岩[1]　丁裕国[2]　汪　方[2]

(1. 河南省气候中心,郑州　450003; 2. 南京气象学院,南京　210044)

摘　要:推广了非正态假设下的交叉理论,且将其用于极值特征的诊断,并从理论上导出了适用性更广的基于 Gamma 分布和负指数分布的极值特征量诊断公式及其样本估计式。以有关降水要素的时间序列为例,说明了这种方法在天气气候诊断与气候影响研究中的应用前景。

关键词:极值　气候诊断　降水量　时间序列

引　言

天气气候的极值或极端气候事件,因其出现机会很少,又无周期或循环性规律可循,往往是预报的难点之一。尤其是关于极值的成因,至今也并无定论[1]。因此,即使采用最先进的数值预报模式,要想准确预报天气气候的极值确实相当困难。由于极端天气气候记录所固有的这种“稀有性”和“不确定性”,使得它比一般的平均天气气候变量更为特殊。但是,从某种宏观意义上看,它们也并非无任何规律可循。

另一方面,研究表明,平均气候状况的任何微小变化都可能引发极端气候特征量的巨大变化[2]。近年来,许多学者已经认识到极端气候事件对于人类社会及其经济发展的危害性。然而,以往人们偏于对平均气候变化的研究较多,而对极端气候变化规律的研究不够,这是亟待改进的。极端气候事件与自然灾害的发生发展确有密切的关系,因此,在全球气候变化的研究中,除了关注平均气候的变化以外,更应当关心极端气候的变化。如何描述和监测气候极值事件,表征气候极值的各种统计特征及其变化规律,目前已经成为全球气候变化研究的焦点问题之一[3]。近年来,一些学者对于影响各地旱涝状况的强降水事件的研究,就是典型的例证[4]。

由于大多的天气气候极值(或极端事件)往往出现于非正态时间序列(如各种短时间尺度降水量、降水日数、旱涝指数或暴雨、冰雹、大风等)中,仅仅用正态序列的极值诊断公式来估计其特征量,可能产生较大误差。20 世纪 90 年代初,Desmond 和 Guy[5]曾指出,各种水平的交叉数和游程总数对模式偏度系数十分敏感,提出了关于非正态交叉理论并将其用于水文学研究河流水位序列的规律性,但并未将其用于极值特征的研究,况且只限于研究几种分布型,如对数正态分布、χ^2 分布等。文献[6]中提出正态条件下天气气候时间序列极值的诊断方法,虽然也涉及非正态条件下的极值特征量诊断问题,但主要仅讨论了正态时间序列极值特征量。实际上,许多气象观测记录序列往往其边际分布为偏态,因此,对于更多的气象要素(如降水、风、天气日数等)来说正态条件下的极值特征量诊断并不被需要。本文目的在于推广文献[5]的非正态交叉理论,将其用于极值特征的诊断,从理论上导出适用性更广的基于Γ分布和负指数分布的极值特征量诊断公式及其样本估计式。

1 理论公式的导出

1.1 Γ分布的极值特征诊断公式

假定$\xi_i(t)$, $i=1,\cdots,n$为相互独立的具有$N(0,\sigma_\xi^2)$同分布的平稳随机过程,其自相关函数为$\rho(\tau)$,若有函数过程[5,7]

$$\eta(t)=\xi_1^2(t)+\cdots+\xi_n^2(t) \tag{1}$$

则$\eta(t)$称为具有χ^2边际分布的平稳过程。显然,上述过程在任一时刻t,必有如下的概率密度函数(以下简记为PDF):

$$f_\eta(x)=\frac{1}{(2\sigma_\xi^2)\Gamma\left(\frac{n}{2}\right)}\left(\frac{x}{2\sigma_\xi^2}\right)^{\frac{n}{2}-1}\exp\left(\frac{-x}{2\sigma_\xi^2}\right) \tag{2}$$

上式表示一种特殊的Γ分布的密度函数,其形状参数$\alpha=n/2$,尺度参数$\beta=2\sigma_\xi^2$,并可记为$\Gamma(n/2,2\sigma_\xi^2)$。

根据Rice[7]所创立的平稳过程交叉理论及文献[8,9]的有关论述,可以推得χ^2分布意义下的高水平轴交叉数期望公式

$$N_\eta(u)=\frac{2}{\Gamma\left(\frac{n}{2}\sigma_\xi\right)}\left(\frac{\lambda_2}{\pi}\right)^{\frac{1}{2}}\left(\frac{u}{2\sigma_\xi^2}\right)^{\frac{n}{2}-1}\exp\left(\frac{-u}{2\sigma_\xi^2}\right) \tag{3}$$

式中$N_\eta(u)$为超过临界值u的平均次数,$\lambda_2=-\sigma^2\rho''(0)$称为$\xi(t)$的2阶谱矩,根据文献[6],因为$\lambda_{2i}=(-1)^i\sigma^2\rho^{(2i)}(0)$, $i=0,1,\cdots$。所以$\lambda_0=\sigma^2=\mathrm{Var}[\xi(t)]$,这里$\mathrm{Var}[\xi(t)]$为$\xi(t)$的方差。对于某个高临界值(极大值)$u$,当超越$u$的点数成串时,可认为是一次极大值过程,并记为“出现一次极大值”,所以,在u值较大的情况下,每两次交叉点之间可假设为“一次极大值”过程,于是,单位时间内平均极大值频数[记作$\mu(u)$]即为

$$\mu(u)=\frac{N(u)}{2}=\frac{1}{\Gamma\left(\frac{n}{2}\right)\sigma_\xi}\left(\frac{\lambda_2}{\pi}\right)^{\frac{1}{2}}\left(\frac{u}{2\sigma_\xi^2}\right)^{\frac{n}{2}-1}\exp\left(\frac{-u}{2\sigma_\xi^2}\right) \tag{4}$$

另一方面,如从平稳过程交叉理论的定义出发,也可证明上述公式的正确性。为了阐明(3)式的数学物理意义,现对照正态条件下的高水平轴交叉数期望公式[7]

$$N_\xi(u)=\frac{\sigma_\xi'}{\pi\sigma_\xi}\exp\left(\frac{-u^2}{2\sigma_\xi^2}\right) \tag{5}$$

显然,由(3)和(5)式可见,对$u>0$前者为其非对称函数,而后者为u的对称函数,其非对称性取决于参数n的大小。根据文献[9],当$n\geqslant 30$已接近对称分布,当$n/2\to 100$渐近于正态分布。可见n越小,相应的分布越偏斜。应用文献[5]的方法,类似地可推得连续两次超过临界值u的“平均间隔时间”和超过临界值u的“平均持续时间”计算公式为

$$E[B_u^+]=\sigma_\xi\left(\frac{\pi}{\lambda_2}\right)^{\frac{1}{2}}\left(\frac{2\sigma_\xi^2}{u}\right)^{\frac{n}{2}-1}\exp\left(\frac{u}{2\sigma_\xi^2}\right)\Gamma\left(\frac{n}{2}\right) \tag{6}$$

$$E[L_u^+]=\mu_u^{-1}P(\xi(0)>u)=\sigma_\xi\left(\frac{\pi}{\lambda_2}\right)^{\frac{1}{2}}\left(\frac{2\sigma_\xi^2}{u}\right)^{\frac{n}{2}-1}\exp\left(\frac{u}{2\sigma_\xi^2}\right)r\left(\frac{u}{2\sigma_\xi^2},\frac{n}{2}\right) \tag{7}$$

上两式中 $E[L_u^+]$和 $E[B_u^+]$分别为超过临界值 u 的“平均持续时间”和“平均间隔时间”，又由(2)式，若给定 $\alpha=n/2,\beta=2\sigma_\xi^2$ 就可将其写为一般 Γ 分布的 PDF，

$$f_\eta(x)=\frac{1}{(\beta)\Gamma(\alpha)}\left(\frac{x}{\beta}\right)^{\alpha-1}\exp\left(\frac{-x}{\beta}\right) \tag{8}$$

由此不难推得，相应的极大值出现频率公式为

$$\mu_\eta(u)=\frac{\sqrt{2}}{\Gamma(\alpha)\sqrt{\beta}}\left(\frac{\lambda_2}{\pi}\right)^{\frac{1}{2}}\left(\frac{u}{\beta}\right)^{\alpha-1}\exp\left(\frac{-u}{\beta}\right) \tag{9}$$

同时指出，本文还从平稳过程交叉理论的定义出发，详细论证了上述公式的正确性，结果表明，两种方法的证明结论完全一致。在给定的临界极大值条件下，还可写出计算相应的“极大值持续时间 L_u”的公式为

$$E[L_u^+]=\left(\frac{\beta}{2}\right)^{\frac{1}{2}}\left(\frac{\pi}{\lambda_2}\right)^{\frac{1}{2}}\left(\frac{\beta}{u}\right)^{\alpha-1}\exp\left(\frac{u}{\beta}\right)\Gamma\left(\frac{u}{\beta},\alpha\right) \tag{10}$$

相应的“极大值间隔时间 B_u^+”公式为

$$E[B_u^+]=\left(\frac{\beta}{2}\right)^{\frac{1}{2}}\left(\frac{\pi}{\lambda_2}\right)^{\frac{1}{2}}\left(\frac{\beta}{u}\right)^{\alpha-1}\exp\left(\frac{u}{\beta}\right)\Gamma(\alpha) \tag{11}$$

由此可见，假如已知某时间序列的边际分布为 Γ 分布，只要估计出相应的参数即可求得其极值特征量。

1.2　指数分布下的极值特征

对(1)式，如令 $n=2$ 则有简化式

$$\eta(t)=\xi_1^2(t)+\xi_2^2(t) \tag{12}$$

利用(2)式，可以证明，这里的 $\eta(t)$化为 $\Gamma(1,2\sigma_\xi^2)$分布。如令 $\sigma_\xi^2=1/2$，(12)式就可化为最简单的 Γ 分布，即 $\Gamma(1,1)$。其形状参数为 1，尺度参数为 1。由(2)式，$\eta(t)$的 PDF 化为

$$f_\eta(x)=\mathrm{e}^{-x} \tag{13}$$

(13)式表明，$\eta(t)$为最简单的指数分布，其参数 $\theta=1$。将(13)式及其参数代入(3)式，就可推得相应的($u>0$)平均超过频率公式

$$N_\eta(u)=\frac{2\sqrt{2\lambda_2}}{\sqrt{\pi}}\mathrm{e}^{-u} \tag{14}$$

则按文献[5]，在单位时间内的平均极大值频数 $\mu(u)$即可写为

$$\mu_\eta(u)=\frac{\sqrt{2\lambda_2}}{\sqrt{\pi}}\mathrm{e}^{-u} \tag{15}$$

作者又从平稳过程交叉理论的定义出发，详细论证了上述公式的正确性，结果表明，两种方法的证明结论完全一致。在实际计算分析中，临界值($u>0$)可由实际情况给定。例如，若令 $u=2\sigma_\eta,u=3\sigma_\eta$，则可有相应的平均极大值频数

$$\mu_\eta(u)=\frac{\sqrt{2\lambda_2}}{\sqrt{\pi}}\mathrm{e}^{-2\sigma} \tag{16}$$

$$\mu_\eta(u)=\frac{\sqrt{2\lambda_2}}{\sqrt{\pi}}\mathrm{e}^{-3\sigma} \tag{17}$$

2 实际样本估计计算公式

如前所述,(9)—(17)式中的 λ_2 只是每一个 $\xi(t)$ 的 2 阶谱矩,这对于实际应用并不方便。因为已知序列 $\eta(t)$ 的边际分布服从 Γ 分布,它的组成变量是每一个 $\xi(t)$,但我们并不确知其构成的原始变量 $\xi(t)$ 及其分布参数。所以要直接计算(9)—(17)式的特征量就有必要将上式改写为由 $\eta(t)$ 的样本序列可直接计算的形式。利用关系式[5,6]

$$\rho_\eta(\tau) = \rho_\xi^2(\tau) \tag{18}$$

和

$$\rho''(0)=2\rho(1)-2 \tag{19}$$

并考虑关系式

$$\lambda_2=-\sigma_\xi^2\rho''(0), \quad \frac{\beta}{2}=\sigma_\xi^2 \tag{20}$$

由(9)式,不难得到

$$\mu_\eta(u)=\frac{\sqrt{-(2\sqrt{\rho(1)}-2)}}{\sqrt{\pi}\Gamma(\alpha)}\left(\frac{u}{\beta}\right)^{\alpha-1}\exp\left(\frac{-u}{\beta}\right) \tag{21}$$

式中 α、β 分别为实际序列的 Γ 分布参数,这里的 $\rho(1)$ 即 $\rho_\eta(1)$(已略去下标 η,后文同此),为 $\eta(t)$ 的样本序列的一阶自相关系数,而 u 则是极大临界值。同理可得

$$E[L_u^+]=\frac{\sqrt{\pi}r\left(\frac{u}{\beta},\alpha\right)}{\sqrt{-(2\sqrt{\rho(1)}-2)}}\left(\frac{\beta}{u}\right)^{\alpha-1}\exp\left(\frac{u}{\beta}\right) \tag{22}$$

$$E[B_u^+]=\frac{\sqrt{\pi}\Gamma(a)}{\sqrt{-2(\sqrt{\rho(1)}-2)}}\left(\frac{\beta}{u}\right)^{\alpha-1}\exp\left(\frac{u}{\beta}\right) \tag{23}$$

显然,在特殊情况下,当 $\alpha=1$,上式实际化为指数分布情形,即(21)式成为

$$\mu_\eta(u)=\frac{\sqrt{2(1-\sqrt{\rho(1)}\,)}}{\sqrt{\pi}}\exp\left(\frac{-u}{\beta}\right) \tag{24}$$

进一步,若令 $\alpha=1$,$\beta=1$,则可以证明上式更简化为

$$\mu_\eta(u)=\frac{\sqrt{2(1-\sqrt{\rho(1)}}}{\sqrt{\pi}}\exp(-u) \tag{25}$$

这就是前面推导的(15)式,上式表明,若气候时间序列为平稳指数分布过程,其自相关越小,它的极大值出现频数越高,相反,其自相关越大,它的极大值出现频数越低。事实上,一般的指数分布其极大值出现机会确实很少,这是符合实际的。

3 应用实例计算与分析

利用南京夏季(4—9 月)逐日降水量及全年各月降水量(1951—1997 年)资料,计算 Γ 分布下,超过给定临界极大值的平均频数 $\mu(u)$并对估计的计算结果作一分析。对于 Γ 分布参数的估计来说,其矩估计公式为

$$\alpha=\frac{\mu_\eta^2}{\sigma_\eta^2} \tag{26}$$

$$\beta=\frac{\sigma_\eta^2}{\mu_\eta^2} \tag{27}$$

一般说来,矩估计误差较大,故也可改用极大似然估计法,根据 Newton 迭代方法,有下列估计公式[9,11]

$$\alpha=\begin{cases} y^{-1}(0.5000876+0.1648852y-0.0544274y^2), & 0<y\leqslant 0.5772 \\ y^{-1}(17.79728+11.968477y+y^2)^{-1}\times \\ \quad (8.898919+9.059950y+0.9775373y^2) & 0.5772<y\leqslant 17 \end{cases} \tag{28}$$

式中
$$y=\ln\left(\frac{\bar{x}}{\tilde{x}}\right),\text{而}\ \tilde{x}=\left(\prod_{t=1}^{N}x_t\right)$$

或

$$y=\ln\bar{x}-\frac{1}{N}\sum\ln x_t \tag{29}$$

则有

$$\beta=\frac{\bar{x}}{\alpha} \tag{30}$$

将上述参数代入公式(21)即可求得超过序列极大值的平均频数 $\mu(u)$。现以南京站逐日降水量为实例,其计算步骤如下:

(1)给定序列 $Y(t)$,检验其分布是否为 Γ 或 χ^2 分布(含指数分布)。

(2)计算参数 α,β,即首先计算其平均值 μ_η 和方差 σ_η^2 及其自相关系数 $\rho(1)$,再以式(26)和(27)计算相应的参数(矩法)或以式(28)—(30)计算相应的参数。

(3)给定临界极大降水量值 u,应用式(21),即可得平均极大值频数 $\mu(u)$。

(4)用实际序列的观测值验证之。同理,再计算另外两个参数"极大值平均持续时间 $E(L_u)$"和"极大值平均间隔时间 $E(B_u^+)$"。

计算结果表明,南京夏季(4—9 月)逐日降水量极大值每年出现次数的理论计算值平均每 10 年相对误差仅为 3%～5%左右(见表 1)。这就是说,假如应用上述理论计算法,我们只要已知其序列平均值和标准差及其一阶自相关系数,就可估计其任何时期的极大值出现次数,若要精确估计其值,则可由式(28)—(30)的极大似然估计求得。

另外,图 1 和图 2 则分别绘出了南京夏季(4—9 月)逐日降水量序列超过 2σ 和 3σ 的极大值频数的年际变化曲线。虽然,极大值频数逐年有一定的变化规律,但由于本文主要目的并不在于研究极大值的年际变化,而只是从图中考察计算的精度。显然,由图可见,其计算精度还是较为理想的。

表 1　南京夏季(4—9 月)逐日降水量序列的极大值(超过 2σ、3σ)的年代平均频数

临界极值	2σ		3σ	
年限	实测值	理论值	实测值	理论值
1951—1960	10.3	9.9	5.4	5.5
1961—1970	9.7	8.1	5.2	5.3
1971—1980	9.5	9.5	5.0	4.9
1981—1990	8.9	8.3	5.6	5.6
1991—1998	8.2	7.9	5.0	6.1
平均	9.3	9.6	5.2	5.5

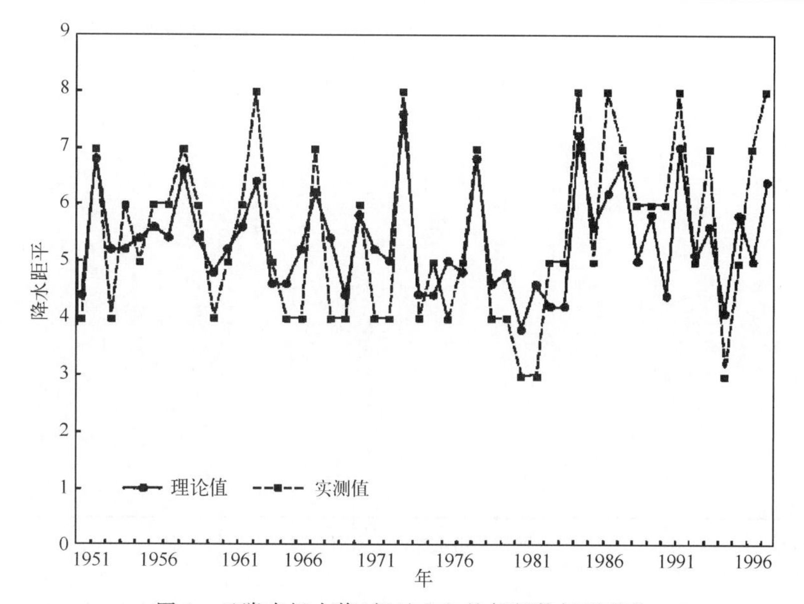

图 1　日降水极大值(超过 3σ) 的年频数年际变化

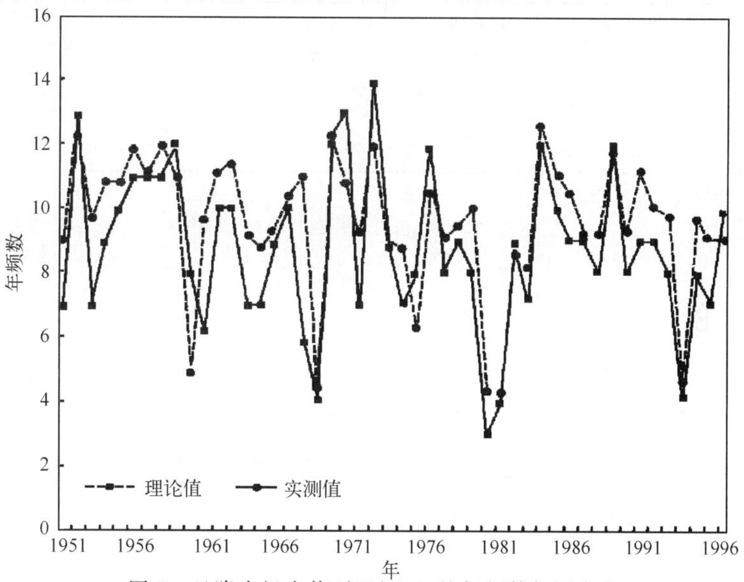

图 2　日降水极大值(超过 2σ) 的年频数年际变化

此外，对南京各月历年降水量序列(即有序列长度各为37)，计算其超临界降水极值(2)理论频数，表2分别列出各月计算结果。由表2可见，其理论计算值与实际观测值的相对误差不太均匀，一般在16%左右，但也有高达28%的月份。而考察历年月降水量序列(长度为444)，则发现，样本序列愈长，估计精度愈高(见表3)。例如表3中，序列长度为444，平均每年超过临界降水极值(2σ)大约1～2次，理论与实测值基本吻合。

表2　南京各月降水量序列的极大值频数理论计算值与实际观测值

月份	实际值	理论值(1)	理论值(2)	相对误差(1)	相对误差(2)
1	8.0	6.3	6.6	0.21	0.18
2	9.0	6.3	7.3	0.30	0.19
3	5.0	4.5	4.0	0.10	0.20
4	5.0	5.7	6.4	0.14	0.28
5	7.0	5.6	5.5	0.20	0.21
6	5.0	6.2	5.6	0.24	0.12
7	8.0	9.9	9.0	0.23	0.12
8	1.10	9.4	10.3	0.15	0.06
9	8.0	7.5	8.2	0.06	0.02
10	11.0	8.6	8.2	0.22	0.23
11	9.0	8.5	9.7	0.05	0.08
12	10.0	7.2	8.3	0.28	0.17
平均	8.0	6.9	7.0	0.18	0.16

注：理论值(1)、(2)及相对误差(1)、(2)分别是指用矩法(1)和用似然法(2)所得结果。

表3　历年月降水量距平序列极大值频数理论计算值与实际观测值比较

实际值	理论值		误差	
	矩法(A)	极大似然法(B)	A	B
75.0	89.3	84.0	0.19	0.12
(1.56)	(1.86)	(1.75)	(0.19)	(0.12)

注：表中括号内数字为每年平均次数。

4　结　论

(1)非正态变量在气候要素中占有重要地位(如降水量、风速、各种天气日数等)，而气候极值事件的统计特征对社会经济与环境及其灾害的影响又至关重要[9-12]。因此，假定已知序列的一般统计特征(如平均值和方差)，就可由本文导出的诊断公式求得其极值特征量，这无疑对于气候诊断和预报具有重要意义。

(2)理论推导和实例计算表明，基于非正态交叉理论的极值特征量诊断方法，具有较好的可行性与可靠性。由于极端天气气候事件的预报十分困难，对于极值规律的分析必然有助于提高预报水平。作者在文献[5]以及本文所给出的分析方法大体上涵盖了具有各种分布型条件下的气候时间序列的极值诊断。这对于进一步开展极值特征的预报具有重要的理论价值和应用前景。

(3)无论是正态或非正态条件下,极值出现次数、持续时间和间隔时间等统计特征的计算公式,对于从理论上研究极端天气气候事件的长期变率特征以及全球气候变化对于区域或局部气候极值的影响即未来各地气候情景预测,都很有实用价值。

参考文献

[1] Hunt B G. Nonlinear influences—A key to short-term climatic pertubations. *J Atmos Sci*, 1988, **45**: 387-395.

[2] Katz R W, Browns B G. Extreme events in a changing climate: Variability is more impotant than averages. *Climatic Change*, 1992, **21**: 289-302.

[3] Kharin V V, Zwiers F W. Changes in the extrames in an ensemble of transient climatic simulations with a coupled atmosphere-ocean GCM1. *J Climate*, 2000, **13**: 3 760-3 788.

[4] Zhang Xuebin, Hogg W D, Mekis E. Spatial and temporal characteristics of haevy pricipitation events over Canada. *J Climate*, 2001, **14**: 1 923-1 936.

[5] Desmond A F, Guy B T. Crossing theory for non-Gaussian stochastic processes with application to hydrology. *Water Resour Res*, 1991, **27**: 2 791-2 797.

[6] 丁裕国,金莲姬,刘晶淼. 诊断天气气候时间序列极值特征的一种新方法. 大气科学, 2002, **26**(3): 343-351.

[7] Rice S O. Mathematical analysis of random noise. *Bell Syst Tech J*, 1945, **24**: 24-156.

[8] Cramer H, Leadbetter M R. Stationary and Related Stochastic Processes. New York: John Wiley, 1967: 1-20.

[9] 么枕生,丁裕国. 气候统计. 北京:气象出版社, 1990.

[10] Kedem B. Binary Time Series, New York: Marcel Dekker Inc, 1980: 1-33.

[11] 丁裕国. 天气气候状态转折规律的统计学探讨. 气候学研究——统计气候. 北京:气象出版社, 1991: 40-49.

[12] Priestley M B. Spectral Analysis and Time Series. London: Academic Press, 1981, **1**: 280-290.

[13] 丁裕国,江志红. 气象数据时间序列信号处理. 北京:气象出版社, 1998: 40-45.

重建历史降水量场的统计模拟方法

丁裕国　冯燕华

（南京气象学院，南京　210044）

摘　要：从相邻地区旱涝分布特征的相互关联性出发，提出一种借助于 Monte-Carlo 随机模拟思想重建历史降水量场的统计模拟方法。据此，首先拟合各级旱涝所对应的降水量条件分布模式，由多次数值试验产生相应于各级旱涝的模拟降水量记录。这些模拟记录在一定程度上重现了历史上大范围降水量场的特征，从而使历史旱涝等级场转化为降水量场。试验表明，重建的降水量场对于气候变化的研究是有益的。

关键词：统计模拟　降水量　旱涝等级

引　言

历史时期气候变化是现代气候变化的背景，历史记载所获得的长年代旱涝（或冷暖）资料信息，可弥补器测记录年代太短的缺陷。20 世纪 70 年代中期，我国气象工作者曾以地方史志为基础，整编出版了各省旱涝历史资料和近五百年旱涝等级分布图集[1]，为研究我国近五百年气候变化规律提供了依据。许多学者在此资料基础上对我国五百年旱涝时空变化作了大量的研究[2-6]，这些研究表明，该资料集具有基本的可靠性。但是，随着气候变化研究的深入，仅借助于旱涝等级资料来研究气候变化似显不足。因为，各地旱涝的实际状况与降水量气候特征有密切关系，同一等级旱（或涝）的降水量在各地并不相同，因此，旱（涝）等级序列往往显示不出各地降水量的气候差异。事实上，我国各地降水量不但其平均值随地理空间分布的差异甚大，且其他多种统计特征（如降水变率、极值、概率等）也随地区而变化。所以，从理论研究或气候预报的角度来看，迫切希望能有一套更为完整具体地反映各地降水量（或距平）变化规律的气象记录。本文基于上述目的，提出恢复历史降水量场记录的一种统计模拟方法。

1　基本资料和模拟方法

统计实验表明，在气候状况基本相近的区域内，旱涝等级记录与降水量记录（它的标准化量）具有时空域上的相关性。例如，我们选取华北区（含 11 个站）、华东区（含 11 个站）和西北区（含 14 个站），近 30 年（1951—1980 年）旱涝等级记录和同期夏季（6—9 月）降水量作为试验样本资料，计算各区域内降水量标准化距平（即标准化量）与旱涝等级的相关系数，结果发现，各区域内旱涝等级资料与降水量标准化距平均有较高的正相关，其中华北区为 0.83，华东区为 0.80，西北区为 0.76。由于降水量已标准化，在同一区域上所选的站点全部有 30 年记录，这等于在时空域上取了一个相当大的样本（即华北区 $N=11\times30$；华东区 $N=11\times30$；西北区 $N=14\times30$）。这种时空域上的高相关实际上表明，就统计总体而言，各等级旱涝分别对应有降水量的一个条件概率分布，其条件方差较小。绘制各区域不同旱涝等级所对应的标准化降水距平的频数直方图就可获得相应等级下的降水量样本条件分布（见图 1—图 3）。

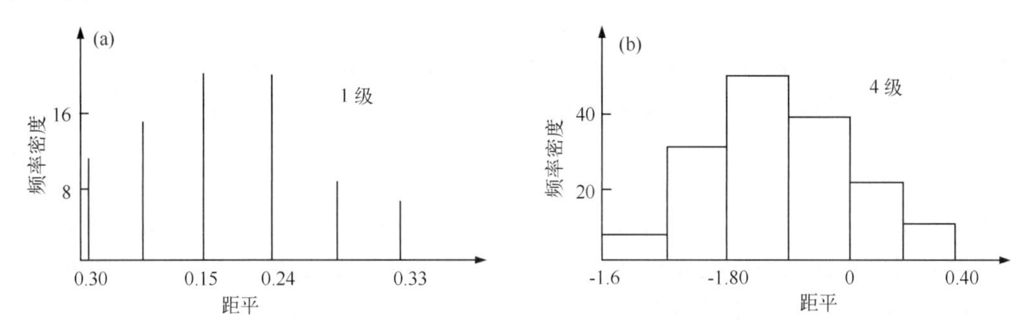

图 1　华北区降水量标准化距平频数

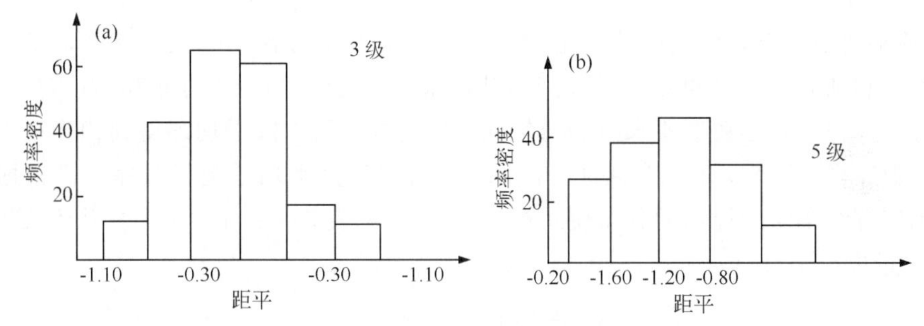

图 2　华东区降水量标准化距平频数

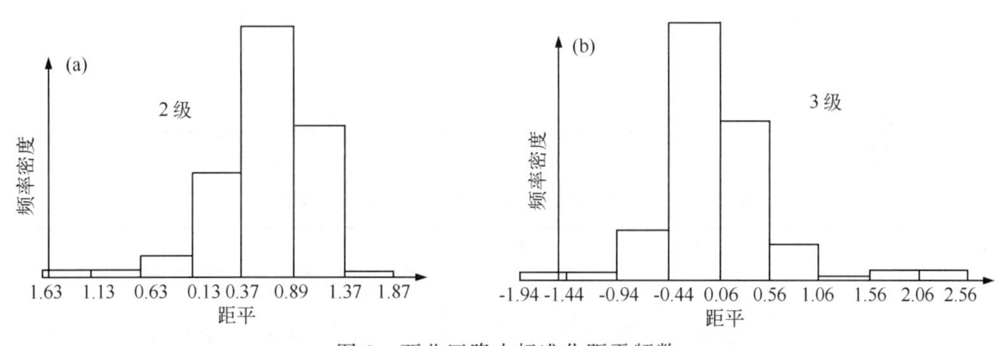

图 3　西北区降水标准化距平频数

根据统计学理论，由已知样本频率（数）分布可适度配合它所服从的某总体概率分布。例如，分析图 1—3 发现，华北区 1、3、4 级，华东区 2、3、4、5 级和西北区 2、3、4、5 级均大致符合正态分布。而 3 个区域的其余等级则可配合均匀分布（图略）。χ^2 拟合度检验表明，这些分布模式的选择基本适当。一般说来，旱涝等级记录应是历史上逐年降水量的一种概括。利用已知样本的条件直方图所拟合的分布模式，原则上代表了历年各级旱涝所对应的降水统计特征。因此，根据这些条件分布模式产生相应的模拟记录（随机数），经多次重复试验就可近似地重现出历史降水量及其区域分布（降水量距平场）序列。这种以条件分布为基础的随机模拟方法（即 Monte-Carlo 试验）是文献[7]提出的随机模拟方法的一个推广。

利用文献[8-10]首先可产生(0,1)均匀分布随机数,再经适当变换就可得到符合各等级旱涝的降水量条件分布模式的模拟值。例如,采用乘同余法产生(0,1)均匀分布随机数 r_1,r_2,…,r_n 后,由反函数法可求任意区间(a,b)上的均匀分布随机数,即由变换公式

$$x_i=a+(b-a)r_i \qquad i=1,2,\cdots,n \tag{1}$$

得到任意区间(a,b)上的均匀分布随机数 x_i。又由中心极限定理,可构造统计量

$$z_i=\frac{\sum_i r_i-\frac{n}{2}}{(n/2)^{\frac{1}{2}}} \qquad i=1,2,\cdots,n \tag{2}$$

当 n 足够大时,z_i 渐近地服从 $N(0,1)$分布。因此,由 z_i 很容易得到非标准化正态变量[9]。

本文在计算中注意到随机数与模式的一致性,取 $n=12$(见文献[10]),求得均匀随机数,同时,在采用乘同余法时,注意到递推公式中

$$x_i\equiv\lambda x_{i-1}(\mathrm{mod}M) \qquad i=1,2,\cdots,n$$

式中参数 x_0(初值),λ(乘子),M(模)的选取要适当,才能更优地符合概型的要求。经验表明,为了使随机数具有较好的统计性能,参数的选取应试验多次。本文最终选取了3组已通过频率检验和独立性检验的参数(见表1),从而求得3列(0,1)均匀分布和 $N(0,1)$正态分布随机数。将3列不同参数下所求得的均匀分布随机数序列加以平均即得到相当稳定的均匀分布随机数序列。同理,对于相应的正态分布也可求得其平均的随机数序列。根据各个试验区域不同等级旱涝所提供的分布模式参数(见表2和表3),便可逐站恢复并延长历年(6—9月)降水量模拟记录。

表1 产生(0,1)均匀分布的参数

序号	M	λ	x_0	L(周期)
1	2^{32}	5^{13}	1	10^9
2	2^{36}	5^{13}	1	2×12^{10}
3	2^{42}	5^{17}	1	10^{12}

表2 各区域不同级(旱涝)的降水正态分布参数*

级别	华北			华东				西北			
	1	3	4	2	3	4	5	2	3	4	5
均值	1.53	−0.08	−0.56	0.71	0.10	−0.53	−1.27	0.63	0.05	−0.53	−0.9
方差	0.72	0.45	0.47	0.42	0.38	0.40	0.36	0.48	0.59	0.59	1.0

注:表中均以降水标准化距平记录统计。

表3 各区域不同级(旱涝)的降水均匀分布参数

级别	华北		华东	西北
	2	5	1	1
a	0.20	1.9	0.7	0.6
b	1.1	−1.0	2.4	2.1

注:表中均以降水标准化距平记录统计。

2 模拟效果分析

统计试验获得的模拟降水量距平场与实测降水量距平场具有相当好的拟合效果。就各站总拟合结果来看，历年(6—9 月)实测降水量与统计模拟降水量一般都有较高的相关性，从表 4 看，相关系数平均维持在 0.84 左右。其中 80% 以上的测站相关系数都在 0.80 以上，有的测站达到 0.90 以上。为了全面考察模拟效果，进一步从时间变化和空间分布两个方面来检查其拟合误差。

表 4 部分测站 30 年实测降水与模拟降水的相关系数 r 值

站名	太原	北京	天津	保定	德州	安阳	洛阳	郑州	济南	临沂	南阳
r	0.81	0.84	0.82	0.78	0.84	0.91	0.89	0.85	0.85	0.75	0.85
站名	信阳	徐州	南京	上海	阜阳	合肥	安庆	杭州	宜昌	武汉	平均
r	0.80	0.82	0.90	0.91	0.81	0.91	0.89	0.79	0.78	0.88	0.84

就时间变化来看，各测站实测降水与模拟降水的年际变化趋势十分一致(参见图 4)。此外，计算各站 30 年中历年实测与模拟降水量的相对误差平均值(百分比)发现，约 90%的站的平均相对误差在 10%以内，其中约 67%的测站相对误差仅在 5%以内，且误差的分布近似

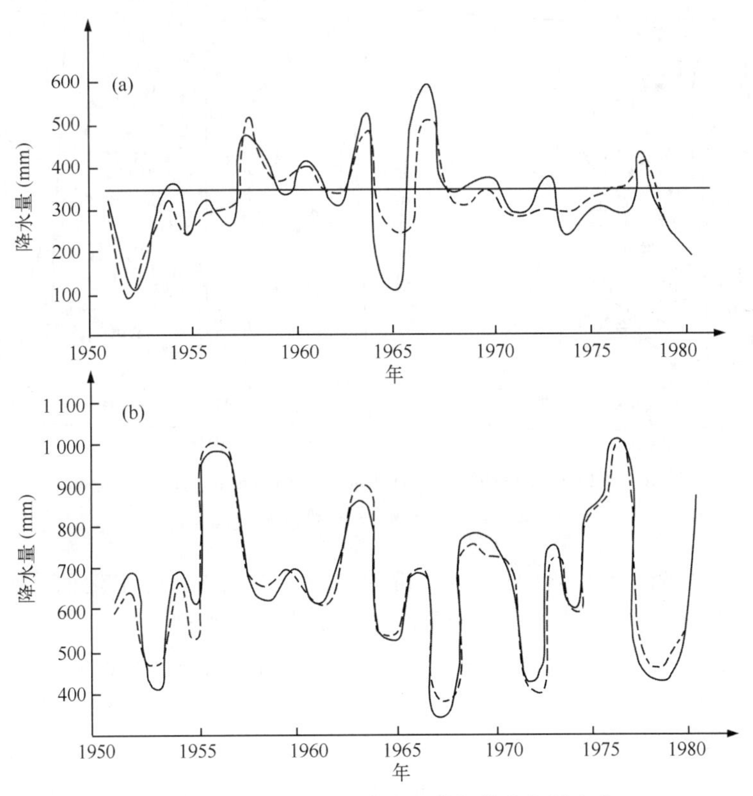

图 4 2 个典型测站的降水量模拟值的年际变化

实线为实测值，虚线为模拟值

于正态(表略)。这种误差的分布状况,除个别测站以外,基本满足恢复历史降水量场所要求的精度。

就空间分布来看,我们可绘制和比较逐年各区域内模拟场与实测场(本文以距平场代表)及旱涝等级场。如我们以 1955 年(西北区)和 1978 年(东部区)为代表绘制了模拟和实测曲线图(略)。可见,该两个年份都能较好地拟合。限于篇幅,本文不再一一列举。

3 资料延长情况下的模拟记录

为了考虑仅有等级记录而无降水记录的重建,对于资料延长情况作了验证和对比。例如,1949 年(偏涝年)、1929 年(偏旱年)的西北区和 1943 年(大旱年),1931 年(大涝年)的东部区这类典型年的验证结果表明,除个别测站旱涝等级记录与模拟记录偏差较大(如 1931 年阜阳)外,以 1943 年、1931 年(东部区)为例,其地理空间的等值线分布趋势和范围与旱涝等级的地理分布的高低值中心和分布状况非常吻合(如图 5a、b)。由此可见,统计模拟方法恢复历史上无降水记录的各个年份的降水量具有一定的功能。换言之,用现有的各个区域上全部测站短年代资料构成样本条件分布,借助于随机模拟就可推断出较长年代的逐年降水量空间分布。

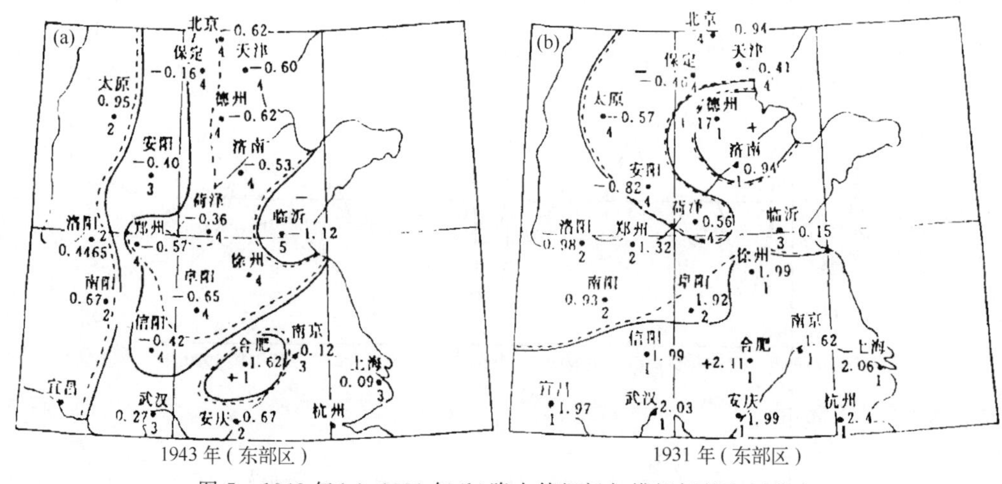

图 5 1943 年(a)、1931 年(b)降水等级场与模拟场的空间分布

——等级场 ……模拟场

同样,对于单个测站来说,恢复相应年份的旱涝等级记录为降水量记录,只要将已有样本条件分布所产生的模拟值按历年旱涝等级逐年确定即可得到。例如,假定上海仅有近 30 年降水记录(即假定 1950 年前仅有旱涝等级记录),利用华东区已获得的参数和分布模式对照上海历史上逐年旱涝等级,分别抽取模拟值(随机数)就可延长到较长的年代。同理,利用华北区已得到的模式和参数对照北京历史上逐年旱涝等级分别抽取模拟值(随机数)就可使北京降水量记录延长。之所以选择上海、北京两站作试验,就是为了实际考察上述方法对于只有旱涝等级、文字记载的那些测站是否可行。图 6 中模拟降水量是假定上海这段年份无降水记录而仅有等级记录,用上述随机模拟方法推断得到的,因此,它等价于对单站降水记

录的恢复。由图 6 可见,无降水记录年代的降水量恢复值与实测值相当吻合。同样,对北京作的验证(1894—1950 年)效果亦佳。表 5、6 给出上海和北京近百年恢复降水量的平均相对误差。由表可见,实际降水记录与模拟记录每 10 年的平均相对误差一般都不太大。最大相对误差不超过 12%。经计算,上海和北京两站模拟值与实测值(以近百年为据)的相关系数分别达到 0.91 和 0.90。

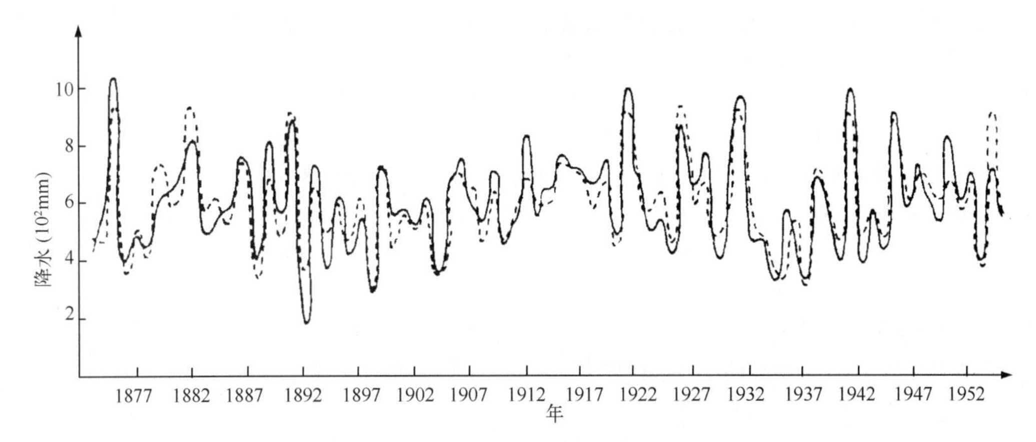

图 6　上海(1873—1950 年)模拟降水量(虚线)与实测降水量(实线)

表 5　上海模拟降水量记录每 10 年相对误差(%)

起止年份	1873—1882	1883—1892	1893—1902	1903—1912	1913—1922	1923—1932	1933—1942	1943—1952	1953—1962	1963—1972
误差	2.0	2.0	1.1	6.0	6.3	4.6	1.3	0.7	6.8	10.9

表 6　北京模拟降水量记录每 10 年相对误差(%)

起止年份	1899—1908	1909—1918	1919—1928	1929—1938	1939—1948	1949—1958	1959—1968	1969—1980
误差	4.8	11.2	6.5	5.1	5.7	8.1	6.5	7.5

4　结论与讨论

(1)本文试验表明,借助于 Monte-Carlo 统计模拟将等级旱涝记录恢复为降水量记录具有良好的效果和一定的可行性。

(2)从理论上说,各级旱涝正是某一时段内(如 6—9 月)降水量分档的一种结果,而每一级旱涝所对应的降水量,就时空域来说,必然对应有一种概率分布模型。假定关于旱涝状况历史记载的概念基本不变(含排除历史记载的不真实性或社会原因),则在某一较长历史时期可认为各级旱涝对应有同一个条件概率分布。从总体上说,同一等级的自然降水量的年际时间分配已经由历史记载确定了,所以,根据它所服从的条件分布模式产生该级(旱涝)的模拟降水量,其气候统计特征(时间平均、方差、极值、概率等)必然符合它原有的分布模式。

众所周知，由实测样本记录所估计的条件概率分布模式在一定的信度下可作为总体概率分布的推断。因此，这就构成了统计模拟恢复历史降水场的理论基础。

参考文献

[1] 国家气象局气象科学研究院. 中国近百年旱涝分布图集. 北京：地图出版社，1981.

[2] 徐瑞珍等. 全国气候变化学术讨论会文集. 北京：科学出版社，1981：52-63.

[3] 柳又春，史慧敏. 江苏省近二百年干旱的基本特征. 南京气象学院学报. 1983，**6**(1)：83-93.

[4] 柳又春，李辑. 气候学研究——"天、地、生"相互影响问题. 北京：气象出版社，1989：80-89.

[5] 盛承禹. 气候学研究——"天、地、生"相互影响问题. 北京：气象出版社，1989：75-79.

[6] 屠其璞. 旱涝指数正交展开的稳定性分析. 南京气象学院学报. 1990，**13**(3)：266-273.

[7] 丁裕国，张耀存. 旱涝指数经验正交展开的稳定性分析. 南京气象学院学报. 1989，**12**(2)：146-155.

[8] Allen D M, Hean C T, *et al*. Stochastic Simulation of Daily Rainfall Research Report. *Univ of kentuckey*. 1975, (72): 1-50.

[9] 黄克中，毛善培. 随机方法与模糊数学应用. 上海：同济大学出版社，1987：208-211.

[10] 张建中，周琴芳等. 常用时间序列分析软件包. 北京：气象出版社，1986：90-100.

用统计模式重建热带太平洋环流场资料的可行性试验

丁裕国　冯燕华　袁立新

（南京气象学院，南京　210044）

摘　要：在一种恢复总辐射场序列的统计模式的基础上，建立由海温场推算同期热带太平洋环流场的统计模式，对1982—1989年期间冬季（1、2、3月）月平均500 hPa高度场资料验证表明，恢复效果稳定。于是利用该地区现有的月平均海温场资料，外推重建了1966年至1978年间冬季（1、2、3月）月平均500 hPa高度场资料。这一试验证明，可进一步利用海温场资料恢复更长时期的热带环流场资料。

引　言

研究大尺度环流系统的年际变化对于长期气候变率的诊断分析具有重要作用[1]。热带环流的演变往往是全球气候变率的强信号[2]，因此，人们对于这一地区大气环流的年际变化尤其关注。但是，目前热带地区的环流场资料十分有限，迫切希望能够以其他代用资料或间接估算方法重建那些缺测的热带地区高度场资料序列，以便更好地利用热带大气环流资料中所蕴含的气候变率信息。

为了获得研究大范围气候变化所必需的均一的气候要素场资料序列，作者之一曾提出用气温场或降水场与环流场建立统计模式以便恢复环流场和总辐射场资料序列[3,4]。本文则依据同期月平均大气环流与海温场的物理联系，建立恢复热带太平洋500 hPa月平均高度场的统计模式，从而验证用这一方法重建热带大气环流场资料序列的可行性。

1　统计模式的建立

研究表明，大尺度海一气相互作用是通过海一气界面间的动力和热力交换而使大气与海洋环流系统耦合在一起的。海洋输送给大气的潜热和感热通量，是大气环流的主要能源，而大气向海洋传输动能及热通量，又成为海洋环流的主要驱动力。尤其在热带地区，海洋与大气间最有效的联系就发生在这里[5]。观测事实表明，海一气环流的这些耦合机制，已经明显地反映在海洋热力结构与大气低层环流的统计相关之中。这种海一气密切相关的观测事实和物理机制正是我们建立恢复热带大气环流资料的统计模式的可靠基础。

在自然现象中，两组具有物理联系的变量，其统计相关关系往往是极为复杂的，人们不可能逐一考察两组变量之间的个别联系，而首先需要从两组变量（例如两个要素场序列）的整体信息出发，建立两者之间的统计关系。典型相关分析方法正是从两组变量之间的整体相关关系出发的一种统计方法。

以向量 $T=(T_1,T_2,\cdots,T_p)'$ 表示某月平均海温距平场，向量 $Z=(Z_1,Z_2,\cdots,Z_q)'$ 表示同期月平均高度距平场，其中 p,q 分别为各场内选取的站点数($p=96,q=140$)。由于两者都具有相当数量的网格点，因而两组变量维数庞大。为了提取主要信息，首先对各个要素场网格点资料应用主分量分析提取主成分，构成维数较少的新变量场。即首先对 T,Z 分别进行下列变换

$$T=\begin{bmatrix}T_1\\T_2\\\vdots\\T_p\end{bmatrix}=\begin{bmatrix}a_{11}&a_{12}&\cdots&a_{1p}\\a_{21}&a_{22}&\cdots&a_{2p}\\\vdots&\vdots&\cdots&\vdots\\a_{p1}&a_{p2}&\cdots&a_{pp}\end{bmatrix}\begin{bmatrix}E_1\\E_2\\\vdots\\E_p\end{bmatrix}\tag{1}$$

$$Z=\begin{bmatrix}Z_1\\Z_2\\\vdots\\Z_q\end{bmatrix}=\begin{bmatrix}b_{11}&b_{12}&\cdots&b_{1q}\\b_{21}&b_{22}&\cdots&b_{2q}\\\vdots&\vdots&\cdots&\vdots\\b_{q1}&b_{q2}&\cdots&b_{qq}\end{bmatrix}\begin{bmatrix}F_1\\F_2\\\vdots\\F_q\end{bmatrix}\tag{2}$$

上式即是 T,Z 场的主成分分解式。其中 E,F 向量分别为相应于 T,Z 场的主成分(等价于正交变换的新变量)，而(a_{ij})与(b_{ij})则分别为对应的特征向量场，又称为典型场。

为了浓缩 T,Z 场的信息，分别以前 r 个主成分$(E_1,E_2,\cdots,E_r)'$和$(F_1,F_2,\cdots,F_r)'$作为代表 T,Z 场大尺度空间特征变化的新变量(正交变量)。显然，$E=E(T)$，$F=F(Z)$。为此，进一步对其作典型相关分析[4]，必有新线性组合 $G(T)=L'E(T)$ 和 $G(Z)=M'F(Z)$，使得满足

$$\begin{cases}\rho=[L'E(T),M'F(Z)]=\max\rho[L'E(T),M'F(Z)]\\V(G(T))=1\\V(G(Z))=1\end{cases}\tag{3}$$

相应地，就可得到一系列典型相关系数

$$\Lambda=\begin{bmatrix}\lambda_1&&&\mathbf{0}\\&\lambda_2&&\\&&\cdots&\\\mathbf{0}&&&\lambda_r\end{bmatrix}=\rho(G(T),G(Z))\tag{4}$$

它们满足条件

$$\begin{cases}L'V_{EE}L=I\\M'V_{FF}M=I\\L'V_{EF}=\Lambda\end{cases}\tag{5}$$

式中 V_{EE},V_{FF},V_{EF} 分别为相应变量的协方差阵，I 为单位矩阵。而 L,M 分别为典型相关变量 $G(T)$ 和 $G(Z)$ 的线性组合系数，可写为矩阵

$$L=\begin{bmatrix}L_{11}&L_{12}&\cdots&L_{1r}\\L_{21}&L_{22}&\cdots&L_{2r}\\\vdots&\vdots&\cdots&\vdots\\L_{r1}&L_{r2}&\cdots&L_{rr}\end{bmatrix}\tag{6}$$

$$M=\begin{bmatrix} m_{11} & m_{12} & \cdots & m_{1r} \\ m_{21} & m_{22} & \cdots & m_{2r} \\ \vdots & \vdots & \cdots & \vdots \\ m_{r1} & m_{r2} & \cdots & m_{rr} \end{bmatrix} \tag{7}$$

据回归理论，我们可以用典型相关变量 $G(T)=L'E(T)$ 来线性表示另一变量 $G(Z)$。由于 E,F 分别为大尺度海温场(T)和高度场(Z)的线性函数，所以最终可以得到用 $E(T)$ 来线性估计 $F(Z)$ 的统计模式[4]

$$\hat{F}(Z)=(M')^{-1}\Lambda L'(E(T)-\overline{E(T)})+\overline{F(Z)} \tag{8}$$

考虑式(5)的关系，上式还可改写为

$$\hat{F}(Z)=V_{FF}M\Lambda L'(E(T)-\overline{E(T)})+\overline{F(Z)} \tag{9}$$

若令

$$R=V_{FF}M\Lambda L' \tag{10}$$

则有

$$\hat{F}(Z)=R(E(T)-\overline{E(T)})+\overline{F(Z)} \tag{11}$$

式(11)中，R 实质上就是广义的回归系数矩阵，由式(1)和(2)，再利用式(11)，最终就可得到用海温场序列恢复热带大气环流场序列的估计值。显然，这里必须有一个假定前提，即必须假定这类统计估计模式稳定。换言之，在式(1)、(2)和(11)中，系数矩阵(a_{ij})，(b_{ij})及 R 必须稳定，才能获得有效的恢复结果。

2 高度(距平)场资料样本的拟合

表1列出本文参加试验的资料概况。为了配合恢复期(1966—1978年)海温场网格点，已将1982—1989年期间(建立统计模式的样本)资料进行了内插处理，网格距不变。

表1 试验资料概况

资料名	来源	年	经度范围	纬度范围	网格距
月平均海温	文献[1]	1982—1989	152.5°E～92.5°W	7.5°N～7.5°S	5°×5°
月平均高度	文献[1]	1982—1989	112.5°E～77.5°W	7.5°N～7.5°S	5°×5°
月平均海温	文献[2]	1966—1978	152.5°E～92.5°W	7.5°N～7.5°S	5°×5°

由于本文收集到的已有的实测500 hPa月平均高度场资料年代较短，为了增加样本容量，将各年1、2、3月份的高度场和海温场资料分别连接起来使用，从而使原有样本扩大三倍。这种处理方法可作如下的合理性验证：取1982—1989年1、2、3月各月的500 hPa月平均高度距平场资料，分别进行经验正交函数展开，并计算各月前三个对应特征向量之间的相似系数(见表2)。可见，各月之间第1特征向量的相似系数均已达到0.99以上，而第2、3特征向量的相似性也相当高。特别是(如表3所列)第1特征向量在全部资料场总方差中其贡献已达到90.7%。因而证明：1、2、3月份的环流场主要特征是十分相似的，而鉴于1、2、3月份海温场也有类似的性质，所以将1、2、3月份的高度场、海温场各自连接并按年排列成一个序列是可行的。

表 2　各月前三个特征向量间的相似系数

相似系数 \ 典型场	第 1	第 2	第 3
$R_{1,2}$	0.997 8	0.680 1	0.645 9
$R_{1,3}$	0.997 6	0.608 5	0.668 7
$R_{2,3}$	0.997 8	0.742 8	0.458 5

注：R 的下角标代表月份。

表 3　高度场(Z)和海温场(T)前 10 个典型场的方差贡献

典型场		1	2	3	4	5	6	7	8	9	10
方差百分比	Z	90.70	3.06	1.51	1.26	0.81	0.54	0.35	0.31	0.23	0.20
	T	49.24	30.10	9.80	3.13	2.38	1.10	0.98	0.69	0.59	0.50

此外为了浓缩高度场(Z)和海温场(T)的信息，首先分析典型场的方差贡献(见表 3)。由表 3 可见，T 和 Z 场的收敛速度都较快，其中高度场(Z)的第 1 特征向量方差贡献已达 90%，海温场(T)的前四个特征向量方差贡献也超过了 90%。因此，为了保持一定的精度，对高度场(Z)和海温场(T)分别各取前 10 个特征向量即可精确地代表原资料场。

根据式(1)—(11)，首先建立 1982—1989 年月平均海温距平场恢复同期 500 hPa 月平均高度距平场的统计模式，然后利用式(11)和(2)，逐一估计 1982—1989 年内的 1、2、3 月份 500 hPa 月平均高度距平场序列。如前所述，这里估计得到的月平均高度距平场序列实际是参加建模样本的拟合值。首先检验这一恢复效果，考察其统计模式的稳定性和可靠性。表 4 和表 5 分别列出各月实测场与恢复场之间相似系数及其频数分配。由表可见，平均相似系数高达 0.86。其中有 54%的月份相似系数在 0.90 以上，有 71%的月份相似系数在 0.80 以上，这充分表明用样本资料作恢复试验(等价于拟合)效果是比较理想的。

表 4　月平均高度场实测值与恢复值之间的相似系数

月份 \ 年份	1982	1983	1984	1985	1986	1987	1988	1989	平均
1	0.576 8	0.992 4	0.974 3	0.701 5	0.976 7	0.614 0	0.893 6	0.984 1	0.83
2	0.610 8	0.992 6	0.990 5	0.952 8	0.860 0	0.732 4	0.525 7	0.962 4	0.83
3	0.826 5	0.994 6	0.909 7	0.893 2	0.729 3	0.985 6	0.945 1	0.959 0	0.90
平均	0.67	0.99	0.96	0.85	0.84	0.78	0.79	0.97	0.86

表 5　实测场与恢复场相似系数统计

等级	＞0.95	＞0.90	＞0.85	＞0.80	＞0.70
月数	10	13	16	17	20
累计频数	42%	54%	67%	71%	83%

值得指出的是，这里所谓相似系数是指各相应月份的实测值与恢复值相似程度的度量，由于本文选取的高度场(Z)网格点数有 140 个，故计算得的各相似系数都是大样本的，根据

样本相关系数检验理论，一般都可达到显著性水平[6]。

由表4选出三个月平均相似系数最差的年份(1982)和最好的年份(1983年)作图比较其恢复效果。图1a和b分别为1982年1—3月三个月平均的实测500 hPa高度距平场和恢复距平场空间分布特征。对比表明，图1a和b上的高低值中心较为吻合，但数值差异较大，不过这仅仅是最差的情况。类似于上述做法，也可绘制出1983年实测与恢复场的空间分布(图略)。对比发现，其中心和数值都较吻合。由此可见，无论相似系数大小，其实测场与恢复场高低中心都对应得很好；而相似系数大的其数值也对应得很好。此外，我们还对各个月相似系数相对最差的年份绘制空间分布图对比其恢复效果。又将多年平均中相似系数最差的2月份绘制成空间分布图。经过多种对比分析发现，一般说来，恢复场基本上保持了实测场的大尺度特征。高低中心区域对应较好，但恢复场的数值比实测场的数值偏小，且等值线的条数减少。由于上述对比是取相似系数最小的年、月份，因而这只是一种最低限度的结果。所以，可认为其总的恢复效果是比较好的。

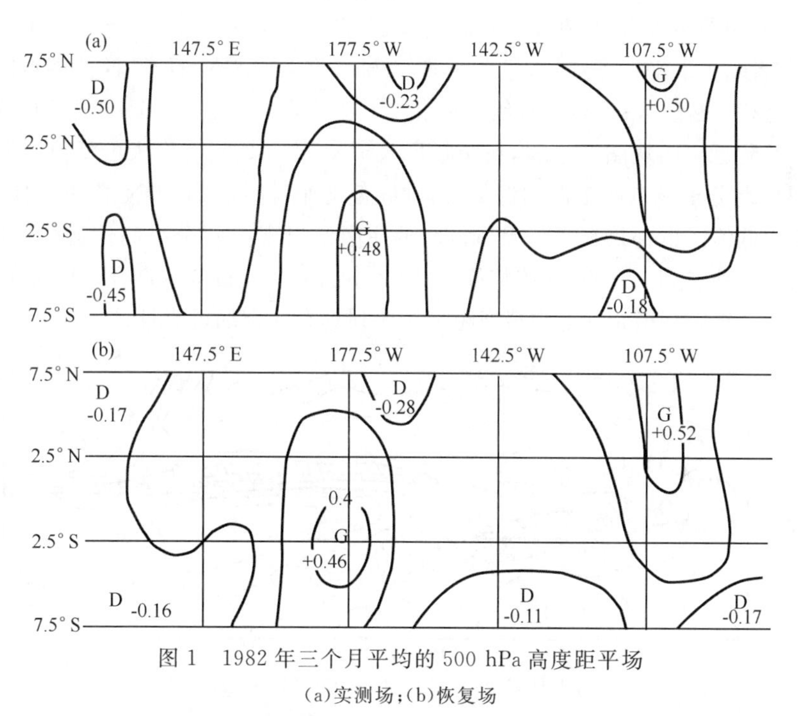

图1　1982年三个月平均的500 hPa高度距平场

(a)实测场；(b)恢复场

3　实际恢复效果的验证

通过对近8年(1982—1989年)1、2、3月份热带太平洋地区500 hPa月平均高度距平场的恢复试验，基本上验证了用海温场恢复环流场的统计模式是稳定的。建立如上的统计模式，其目的则在于：对历史上无高度场记录的年份，利用该统计模式参数的稳定性，以已有的海温场资料序列代入其中，从而逐一(外推)恢复出相应年份的度场资料。为了验证实际恢复效果，本文选取1966—1978年这一段时期作为恢复时期(共计13年)，运用式(1)～(11)给出的统计模式，在1982—1989年样本资料所建模式的基础上，将1966—1978年1—3月份平均海温场前 10 个主成分(相应于前 10 个典型场的时间权重系数)代入统计模式,即可逐一求得这段年份的高度场恢复值。

由于无实测场资料,不能对恢复场与实测场作直接对比,因而只能采用间接方法来考察其恢复效果。众所周知,热带低纬度地区大气环流有其自身的特点。其一是,热带地区气象要素分布较均匀,气压(高度)场的水平梯度比中高纬地区小得多;其二是,中高纬地区近似的地转风、热成风关系在热带地区不明显;其三是,热带低纬地区气象要素年变化小,其气候平均值比中高纬度地区更具有代表性,因而平均热带环流状况占有重要位置[7]。热带气象学的研究和预报经验也表明,卫星云图的若干观测事实对于描述和揭示热带地区环流状况具有重要意义[7]。因此,本文采用已有的多年(1965—1973 年)热带太平洋 1 月平均云量图[8]与恢复的多年(1966—1978 年)1 月平均 500 hPa 高度距平场空间分布图做一简单对比(见图 2、3)。由图可见,热带太平洋上 100°～160°E,10°N～10°S 区域为一大的辐合带云区(图上阴影区正是赤道辐合带的对流云带)。这一事实与图 3 中的高度距平等值线的低值带是十分吻合的。对照两图不难看出,在 160°E 附近,辐合带云系分为两支,一支向北半球偏,一支向南半球偏。前者基本上平行于赤道,呈东西向,其轴线在 5°～8°N,且东、西两端点略偏南,并在 170°～180°E 处有一断裂区;后者其轴线呈西北—东南走向,大约从 5°S,160°E 向东南一直伸展到 20°S,170°W 附近。而从图 3 来看,在 100°E,7.5°N～7.5°S 间有一大的低值区向东伸展,到 160°E 处明显向北分出一东西走向的低值带,轴线偏北半球(在 3°～4°N)附近。向南分支虽不太明显,但南边低值区也伸展到 175°W 附近,再往南便出现由两个小高值区隔开的低值断裂带,南端大约向东伸展到 120°W,这些特征,与图 2 中的云带分布基本吻合。从而间接证明了恢复的 1966—1978 年 500 hPa 月平均高度距平场序列具有一定的可靠性。

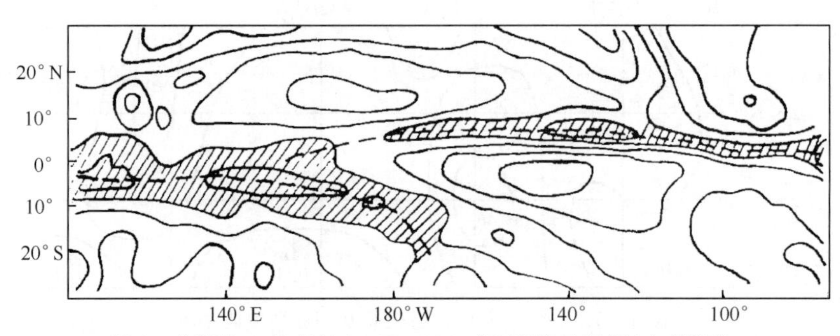

图 2　实测的 1 月多年(1965—1973 年)平均云量图(文献[8])

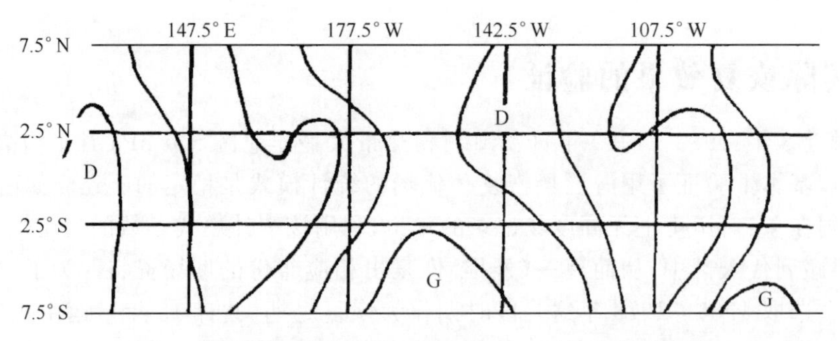

图 3　恢复的 1 月多年(1966—1978 年)平均高度距平图

另一方面，我们还可从恢复场与实测场年际变动的若干特征间接考察1966—1978年期间的恢复效果。图4绘出了1966—1978年（恢复场）、1982—1989年（实测场）多年平均的1月500 hPa高度距平最低、最高中心值的年际变动。由图可见，1982—1989年实测场的最低中心值和最高中心值的年际变动曲线具有相同的变化趋势，即峰谷值的位相相同。两者差值的变幅稳定，其方差为0.35，而两者的相关系数为0.96。对照1966—1978年恢复场的高低中心年际变动曲线，显见，它们几乎具有与1982—1989年实测场完全一致的特征。两者变化趋势一致，差值的变幅也较稳定，方差为1.37，两者的相关系数为0.87。由此可见，实测场的年际变动与恢复场的年际变动具有相当大的一致性。

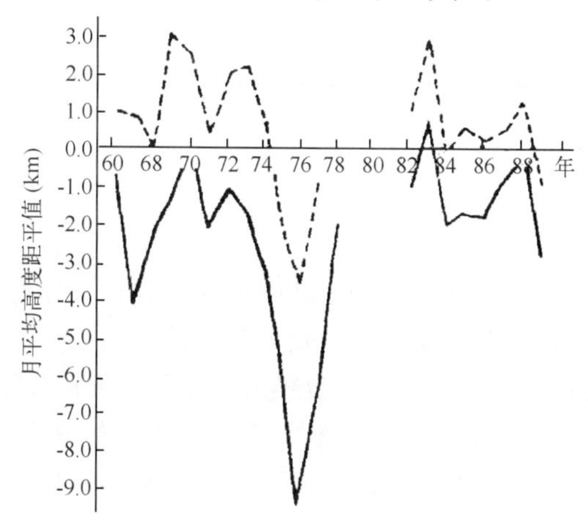

图4　1966—1978（恢复场）、1982—1989（实测场）的高低中心距平值年际变化

说明：- - - -最高值；——最低值。

其次，我们还可通过ENSO现象的年际变化规律来间接说明恢复场的资料可信度。由图5可见[9]，南方涛动指数具有3～5年的振荡周期，而图4所示的曲线基本上具有4年左右的振荡周期。显然，图4、5在变化趋势上也很接近，其峰谷值分别对应着南方涛动指数的上升支或下降支，仅仅只有个别年份的变化不太一致。再则，考察厄尔尼诺年与非厄尔尼诺年分别与图3中1966—1983年间高低中心峰谷值的对应关系，也具有一定的参考价值。表6中列出了这些对应年份恢复场的高（低）中心变动特征。由表可见，最高中心值变动的峰值年往往正是厄尔尼诺年，最低中心值变动的谷值年往往正是非厄尔尼诺年，其对应频次达到80%。可见恢复的高度距平场所反映的历史时期高度场特征是有一定的客观性的，因为就恢复和重建气候场的意义来说，重现无记录年代的年际变化规律，以便更好地研究气候的短期或长期变化，本来就是该项工作的重要目的。从这个意义来说，热带太平洋高度场恢复效果是令人满意的。

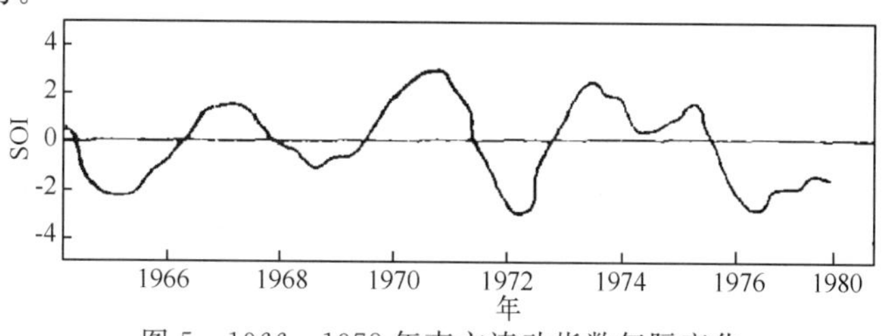

图5　1966—1978年南方涛动指数年际变化

表6 恢复场高(低)中心变动与厄尔尼诺年份的对比

厄尔尼诺年	1965年4月—1966年3月	1969年2月—1970年1月	1972年4月—1973年5月	1976年6月—1977年5月有	1982年9月—1983年8月
最高中心值变化曲线峰年	1966年	1969—1970年	1972—1973年		1983年
非厄尔尼诺年	1967年7月—1968年6月	1970年7月—1971年6月	1973年9月—1974年8月	1975年5月—1976年4月	1984年10月—1985年9月
最低中心值变化曲线峰年	1967—1968年	1971年		1976年	1984年

4 小 结

(1)以海温场长年代资料通过建立EOFs基础上的典型相关分析及其统计恢复模式,用于恢复热带太平洋高度场历史记录,是一种客观的有效的方法。

(2)本文试验表明,在假定建立的统计恢复模式基本稳定的前提下(即海温场、高度场特征向量不变,典型相关关系不变),利用海温场恢复同期热带太平洋500 hPa高度场具有令人满意的效果。高度场样本资料拟合精度较高,其恢复场与实测场相似系数平均可达0.86,其中3月份恢复效果最佳,相似系数平均为0.90。

(3)实际恢复试验选取1966—1978年无高度场资料的时期,采用多种间接途径加以验证表明,恢复或重建的500 hPa(热带太平洋地区)高度场资料序列具有一定的可靠性。证明该方法是可行的。

参考文献

[1] Loon H V, Williams J. The connections between trends of mean temperature and circulation at the surface:Part Ⅰ. Winter,*Mon Wea Rev*,1976, **104**:365-380.

[2] 叶笃正,曾庆存,郭裕福.当代气候研究.北京:气象出版社,1991:215-219.

[3] 戴瑛.恢复亚欧大气环流场的一个统计试验.南京气象学院学报,1989,**12**:373-385.

[4] 江志红,丁裕国.我国近百年(1881—1980年)总辐射场资料的重建试验.气象科学,1990,**10**:22-31.

[5] Rassmuson E M. *Proceeding of the WMO—CAS/JSC expert study meeting on long-range forecasting*,1982,**1**:97-110.

[6] 黄嘉佑,王绍武.利用我国气温、降水场作恢复东半球夏季大气环流场的实验.大气科学,1984,**8**:252-259.

[7] 朱乾根等.天气学原理和方法.北京:气象出版社,1981:328-333,470-476.

[8] 范惠君.用平均云量图分析太平洋热带辐合带.热带气象,1985,**1**:269-276.

[9] Wright P B. *The southern Oscillation-Patterns and Mechanisms of the Teleconnections and the Persistence*,HIG-77-13,Hawaii Institute of Geophysics Publication,1977.

一种基于SVD的迭代方法及其用于气候资料场的插补试验

张永领[1,2]　丁裕国[2]　高全洲[1]　王兆礼[1]

(1. 中山大学地理科学与规划学院，广州　510275；
2. 南京信息工程大学，江苏省气象灾害重点实验室，南京　210044)

摘　要：提出一种基于SVD的迭代对气象场序列缺测记录插补延长的技术方法，对长江流域20个测站1月份气温做插补试验，平均均方误差为0.25，插补精度明显优于迭代EOF，插补效果良好且性能稳定；而且插补站数所占比例越小效果越好。此研究表明，基于SVD迭代的插补方法是一种非常有效的插补途径。

关键词：SVD迭代　气候资料　插补

引　言

研究区域气候的长期变化必须具有连续均一且有相当精度的气象场序列资料。但是，由于各种原因所造成的历史气象记录序列缺测现象却始终存在，其中，有些站点仅有个别年份缺测，而有的站点缺测年份还相当长，对一个气象要素场序列而言，缺测站点的时空分布往往并不是均匀的，这就给某些区域性的长期气候变化研究造成了一定的困难。因此，利用先进的技术方法将缺测资料在时空上加以增补配齐，使之成为较完整的气候资料集，很有必要。

早在20世纪50年代，采用统计方法插补延长单个测站的气象观测记录即已流行。么枕生[1]在1963年就提出气象观测记录序列订正的一系列标准问题，并系统地阐述了这一观点。近40多年来，随着气候变化研究的深入，借助于更为复杂的多元统计方法，已经将单一测站资料插补订正方法推广到气象要素场资料序列的插补延长，并引入树木年轮等资料来重塑历史时期的气候变化，许多学者[2-10]对此作过有益的、必要的探讨，并取得良好的效果，其目的都是探讨关于气象场序列插补延长以及重建历史时期气候资料序列的多种方法、途径，力图寻找最优化方案。

本文的目的在于提出一种新的基于SVD的迭代方法，并用于气象场资料序列的插补延长。

1　基于SVD的迭代方法

奇异值分解(SVD)方法是用以提取两个气象场耦合振荡信号的主要工具之一，被广泛应用于气象、气候的诊断分析和预测等方面[11-18]。丁裕国等[19]也从理论上证明了SVD方法是一种通用的广义诊断分析工具。

设有两个气象要素场，分别记为 X_1 和 X_2，根据 SVD 原理，设 X_1 为左场，X_2 为右场，将其写为矩阵式，应有

$$X_1=\begin{bmatrix} x_{11} & x_{12} & \cdots & x_{1n} \\ x_{21} & x_{22} & \cdots & x_{2n} \\ \cdots & \cdots & \cdots & \cdots \\ x_{p1} & x_{p2} & \cdots & x_{pn} \end{bmatrix}_{(1)} \tag{1}$$

$$X_2=\begin{bmatrix} x_{11} & x_{12} & \cdots & x_{1n} \\ x_{21} & x_{22} & \cdots & x_{2n} \\ \cdots & \cdots & \cdots & \cdots \\ x_{q1} & x_{q2} & \cdots & x_{qn} \end{bmatrix}_{(2)} \tag{2}$$

假定左场 X_1 有部分记录缺测或未知，为推导方便，令其中第 p_1+1 到 p 行，第 n_1+1 到 n 列为缺测或未知，则左场 X_1 又可写成分块阵，

$$X_1=\begin{bmatrix} X_{11} & X_{12} \\ X_{21} & X_{22} \end{bmatrix}_{(1)}=\begin{bmatrix} X_{11} & X_{12} \\ X_{21} & 0 \end{bmatrix}_{(1)} \tag{3}$$

式中子矩阵 X_{11} 为 $p_1\times n_1$ 阵；X_{12} 为 $p_1\times(n-n_1)$阵；X_{21} 为$(p-p_1)\times n_1$ 阵；$X_{22}=0$ 为$(p-p_1)\times(n-n_1)$阵。而相应的右场 X_2 也可写为分块形式，

$$X_2=[X_{11} \quad X_{12}]_{(2)} \tag{4}$$

式中子矩阵 X_{11} 为 $q\times n_1$ 阵；X_{12} 为 $q\times(n-n_1)$阵。根据 SVD 理论，构造交叉协方差矩阵，就有

$$\Sigma_{12}=\langle X_1 X'_2\rangle=\begin{bmatrix} X_{11} & X_{12} \\ X_{21} & \theta \end{bmatrix}_{(1)}\begin{bmatrix} X_{11} \\ X_{12} \end{bmatrix}_{(2)} \tag{5}$$

上式中的下标(1)、(2)分别表示左、右场矩阵。由此，可得对应的奇异值分解式

$$L'\Sigma_{12}M=\begin{bmatrix} \Lambda & 0 \\ 0 & 0 \end{bmatrix} \tag{6}$$

式中 L 和 M 分别为左奇异向量场和右奇异向量场，L'为左奇异向量矩阵的转置矩阵，等式右边为不完全对角阵，分块子阵 Λ 为关于奇异值$\lambda_i(i=1,2,\cdots,\lambda)$的对角阵：

$$\Lambda=\begin{bmatrix} \lambda_1 & & & 0 \\ & \lambda_2 & & \\ & & \cdots & \\ 0 & & & \lambda_h \end{bmatrix} \tag{7}$$

左场即 X_1 场相应的时间权重系数阵即为

$$U_t^{(0)}=L'^{(0)}X_1 \tag{8}$$

式中为方便起见，对每次求得的左奇异向量场及其时间权重系数阵，分别以相应的上标(i)，$i=0,1,2,\cdots,l$，标注第 i 步。式(8)中的 $U_t^{(0)}$ 和 $L'^{(0)}$ 分别表示第 0 步迭代运算中左场的时间权重系数矩阵和左奇异向量场矩阵的转置矩阵，利用左奇异向量场及其时间权重系数阵，就可重建左场即 X_1 的原始场序列，由(8)式可得

$$\underset{P\times N}{\hat{X}_1^{(1)}}=\underset{P\times K^{(0)}}{L^{(0)}}\ \underset{K^{(0)}\times N}{U_t^{(0)}} \tag{9}$$

式(9)中的 $K^{(0)}$ 为第 0 步迭代的截断阶数。根据(3)式，可得到左场重构序列阵的分块阵

$$\hat{X}_1^{(1)}=\begin{bmatrix} X_{11}^{(0)} & X_{12}^{(0)} \\ X_{21}^{(0)} & X_{22}^{(0)} \end{bmatrix} \tag{10}$$

式中 $X_{22}^{(0)}$ 即由首次 SVD 得到的恢复记录。为了提高恢复精度，将恢复结果 $X_{22}^{(0)}$ 代回(3)式，并记为 $X_1^{(1)}$，则

$$X_1^{(1)}=\begin{bmatrix} X_{11} & X_{12} \\ X_{21} & X_{22}^{(0)} \end{bmatrix} \tag{11}$$

这样，在 $X_1^{(1)}$ 既保留了原始场记录信息，又增加了恢复值部分 $X_{22}^{(0)}$，于是，以新一步 $X_1^{(1)}$ 与 X_2，求其交叉协方差矩阵，并作新一次 SVD，从而又得

$$L'^{(1)}\Sigma_{12}^{(1)}M^{(1)}=\begin{bmatrix} \Lambda & 0 \\ 0 & 0 \end{bmatrix} \tag{12}$$

则左场新的相应的时间权重系数阵为

$$U_t^{(1)}=L'^{(1)}X_1 \tag{13}$$

显然，重复(9)式的运算，即可有新一步的重建场序列

$$\underset{P\times N}{\hat{X}_1^{(2)}}=\underset{P\times K^{(1)}}{L^{(1)}}\ \underset{K^{(1)}\times N}{U_t^{(1)}} \tag{14}$$

其中，$K^{(1)}$ 是第 1 步迭代的截断阶数，同理，仿(11)式，$\hat{X}_1^{(2)}$ 可构造成分块矩阵

$$\hat{X}_1^{(2)}=\begin{bmatrix} X_{11}^{(1)} & X_{12}^{(1)} \\ X_{21}^{(1)} & X_{22}^{(1)} \end{bmatrix} \tag{15}$$

$X_{22}^{(1)}$ 就是将上一次恢复结果 $X_{22}^{(0)}$ 代回原矩阵，得到的新的恢复值，其精度要高于 $X_{22}^{(0)}$。同样，为了提高预测精度，依此类推，相应得到 $X_1^{(2)}\to X_1^{(3)}\to\cdots\to X_1^{(i)}\to X_1^{(i+1)}$，等等。显然，对于第 i 步迭代运算，应有

$$\hat{X}_1^{(i+1)}=\begin{bmatrix} X_{11}^{(i)} & X_{12}^{(i)} \\ X_{21}^{(i)} & X_{22}^{(i)} \end{bmatrix} \tag{16}$$

式中 $X_{22}^{(i)}$ 就是第 i 步迭代运算的恢复结果，当满足条件

$$\| X_{22}^{(i)}-X_{22}^{(i-1)} \| < \varepsilon \tag{17}$$

即可终止迭代，以终值阵 $X_{22}^{(i)}$ 作为其恢复的值。式中 $\|\cdots\|$ 为矩阵的范数，ε 则为给定的小量(视其要求的精度而定)。综上可见，所谓 SVD 迭代法，就是利用左、右原始场序列中的已知信息，通过不断地逼近其未知真值区，最终得到左原始场中的未知值。

当上述方法用于气候资料的插补延长问题时，可假定左场 X_1 有部分缺测或未知记录，令其中第 p_1+1 到 p 行，第 1 到 n_1 列记录缺测或未知，故左场 X_1 就可写成如下的分块阵，

$$X_1=\begin{bmatrix} X_{11} & X_{12} \\ X_{21} & X_{22} \end{bmatrix}_{(1)}=\begin{bmatrix} X_{11} & X_{12} \\ 0 & X_{22} \end{bmatrix}_{(1)} \tag{18}$$

式中子矩阵 X_{11} 为 $p_1\times n_1$ 阵；X_{12} 为 $p_1\times(n-n_1)$ 阵；缺测场 $X_{21}=0$ 为 $(p-p_1)\times n_1$ 阵；X_{22} 为 $(p-p_1)\times(n-n_1)$ 阵。再将右场 X_2 写为分块型，即式(4)的形式，共同构造交叉协方差矩阵进行迭代运算。

2　对长江流域 1 月份平均气温的插补试验

选取长江流域 48 个测站 1 月份的平均气温场(1955—2000 年)作插补试验。假设其中

有 20 个随机分布的测站 1955—1964 年 1 月份气温记录缺测，则将这 20 个测站作为插补对象(即左场的子场 $X_{21}=0$)。影响因子的选择也是基于 SVD 迭代方法进行气象序列插补的重要所在，影响长江流域冬季气温的主要原因之一是同期或前期的海温异常，其中冬季黑潮海域海温是影响长江流域冬季气温的关键海域[20]。我们用 EOF 方法把长江流域近 46 年 48 个站 1 月份气温展开，其中第一主分量的方差贡献为 80.3%，远远大于其他各个主分量的方差贡献，用第一主分量的时间系数分别与黑潮区同期 1 月份的海温求相关，选择了相关系数大于 0.45 的 26 个格点资料组成因子场，即右场 X_2。现以插补 1955 年(20 个站)气温为例，说明初始场 X_1，X_2 的具体构成。由式(18)，可将 X_1 构成方块矩阵为

$$X_1=\begin{bmatrix} x_{1,1} & x_{1,2} & \cdots & x_{1,45} & x_{1,46} \\ \vdots & \vdots & \vdots & \vdots & \vdots \\ x_{28,1} & x_{28,2} & \cdots & x_{28,45} & x_{28,46} \\ 0 & x_{29,2} & \cdots & x_{29,45} & x_{29,46} \\ \vdots & \vdots & \vdots & \vdots & \vdots \\ 0 & x_{48,2} & \cdots & x_{48,45} & x_{48,46} \end{bmatrix} \tag{19}$$

式中子矩阵 X_{11} 和 X_{12} 为具有原记录的 28 个测站 1955—2000 年的 1 月份气温。$X_{21}=0$ 则是作为插补对象的初始 0 值，即作为插补对象的 20 个测站 1955 年 1 月份气温初始值为 0。X_{22} 为 20×45 阶矩阵，为作为插补对象的 20 个测站 1956—2000 年 1 月份的气温值。右场 X_2 为 26×46 矩阵，为黑潮区所选 26 个格点 1955—2000 年 1 月份的海温。

基于 SVD 迭代法对气温插补，试验表明迭代精度 ε 即范数 $\| X_{22}^{(i)}-X_{22}^{(i-1)} \|$ 的取值对试验结果也有一定的影响，表 1 给出在对长江流域 20 个测站 1955—1964 年 1 月份气温插补时，当 ε 取不同数据时，原始数据与插补数据大量实验的平均均方误差。显然，当迭代精度 ε 取 0.05 时插补效果最好。

表 1　不同迭代精度下的插补效果

迭代精度 ε	均方误差
0.1	0.344
0.05	0.273
0.02	0.293
0.01	0.354
0.001	0.372

另外，在 SVD 迭代运算中，每次重建原始场序列所选取截断阶数 $K^{(i)}$ 也是影响插补精度的一个主要因素。为了方便，我们每次迭代取统一的截断阶数 K。图 1 对长江流域 20 个站 1955—1964 年 1 月份气温插补的平均均方误差随迭代 K 的变化关系。由图可知当截断阶数 K 取 4 时，插补场的均方误差最小，即当 K 取 4 时精度最高。

表 2 给出当迭代精度 ε 取 0.05 截断阶数 K 取 4 时，SVD 迭代方法对长江流域 20 个测站 1955—1964 年 1 月份气温的插补情况。从表 2 可以看出，在这 10 年的插补试验中平均均方误差为 0.25，仅在 1955 年和 1962 年的平均均方误差高于 0.4，但也低于 0.5，稳定性非常好，插补效果远好于用其他方法[6]。试验证明，用迭代 SVD 的方法对气温插补的应用，其

性能稳定、效果优良。

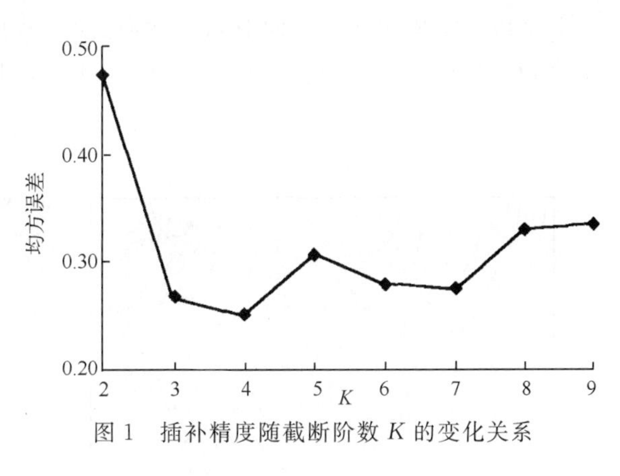

图1 插补精度随截断阶数 K 的变化关系

为了证明其插补效果的优良性，本文也同时试验了其他方法，例如，用基于迭代 EOF 方法，在长江中下游地区 48 个测站中选择相同的 20 个测站，相同的影响因子(同期 1 月份 26 个格点黑潮区的海温资料)做插补试验，表 3 列出了用迭代 EOF 方法对 20 个站 1 月份气温插补场的平均均方误差，1955 年平均均方误差为 0.523，而 1963 年平均均方误差竟为 1.387，10 年平均为 0.387。对比表 2 和表 3 可见，迭代 SVD 方法明显优于迭代 EOF 方法。

表 2 基于迭代 SVD 的 1 月份气温插补场的均方误差(20 站)

年份	均方误差
1955	0.449
1956	0.224
1957	0.125
1958	0.320
1959	0.292
1960	0.091
1961	0.078
1962	0.462
1963	0.387
1964	0.068
平均	0.250

表 3 基于迭代 EOF 的 1 月份气温插补场的均方误差(20 站)

年份	均方误差
1955	0.523
1956	0.324
1957	0.403
1958	0.160
1959	0.182
1960	0.082
1961	0.157
1962	0.449
1963	1.398
1964	0.167
平均	0.384

为了进一步说明插补空间分布的情况，图 2 给出了 1957 年和 1960 年 1 月份气温实际状况场和插补场的比较，从图中可以看出，2 个实况场的温度分布与插补场的温度分布相当一致。

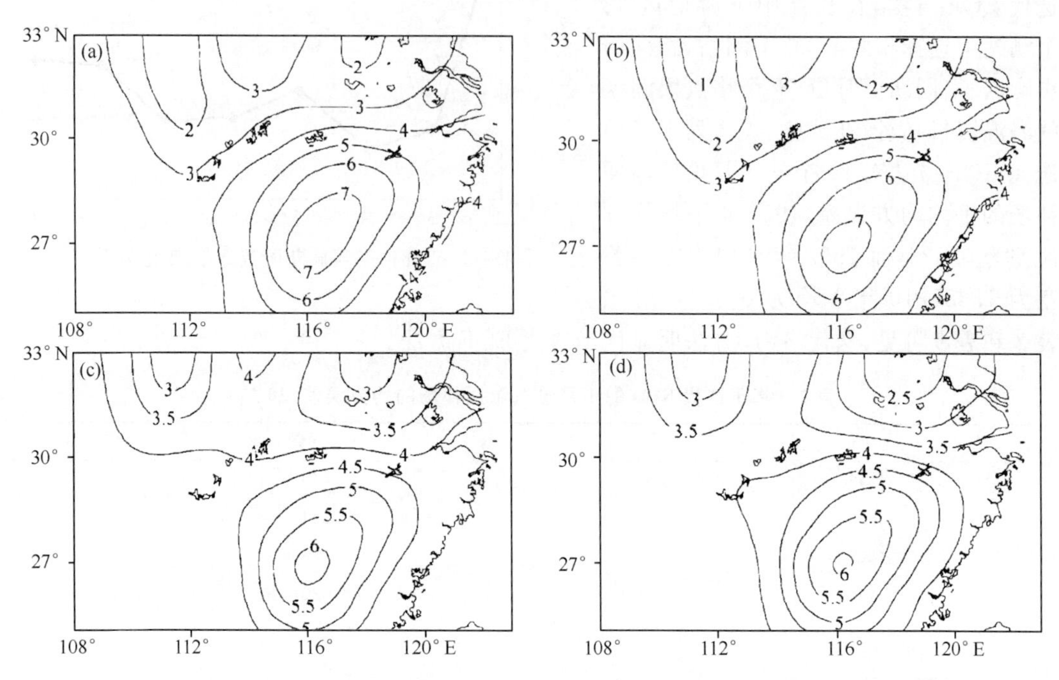

图 2　1957 年(a,b)和 1960 年(c,d)1 月份气温的实况场(a,c)与插补场(b,d) 比较

另一方面，分别随机取 10 个测站和 5 个测站进行插补试验，结果表明，当截断阶数 K 取 4，精度取 0.05 时，效果仍最好(见表 4、5)。在上述试验中，当插补站数比分别约占 40%(20 站)，20%(10 站)，10%(5 站)时，其平均的均方误差分别为 0.250，0.238，0.092。由此可见，插补站数占原资料场的比例越小，效果越好。

表 4　基于迭代 SVD 的气温插补场的均方误差(10 站)

年份	均方误差
1955	0.575
1956	0.166
1957	0.185
1958	0.286
1959	0.115
1960	0.105
1961	0.063
1962	0.217
1963	0.620
1964	0.050
平均	0.238

表 5　基于迭代 SVD 的气温插补场的均方误差(5 站)

年份	均方误差
1955	0.307
1956	0.307
1957	0.136
1958	0.057
1959	0.050
1960	0.045
1961	0.036
1962	0.044
1963	0.097
1964	0.027
平均	0.092

3　结论与讨论

本文设计了基于 SVD 迭代的插补方法,它有良好的数学基础和严密的逻辑推理,把影响因子引入到运算方程中去,通过迭代运算,把前一次的运算结果代回下一次运算中去,这样可使计算精度不断提高,收到良好的效果。在气候插补中,可根据气候规律、观测事实等对缺测资料场进行不同尺度的插补。

本文通过对长江流域 20 个站 1955—1964 年 1 月份气温插补实验表明,当迭代精度 ε 为 0.05,截断阶数 K 取 4 时,插补效果最好,平均均方误差为 0.25,仅有 2 个年份高于 0.4,但也低于 0.5。对同样 20 个缺测站和同样的影响因子,用迭代 EOF 方法进行插补,1955 年均方误差为 0.523,而 1963 年均方误差为 1.387,10 年平均为 0.387。迭代 SVD 方法明显优于迭代 EOF 方法。另外,分别随机取 10 个测站和 5 个测站进行插补试验,结果表明,当截断阶数取 4,精度取 0.05 时,效果仍然最好。其平均的均方误差分别为 0.238 和 0.092。由此可见,当插补站数占原资料场的比例越小,效果越好。故从理论推理上和试验上都证明了基于 SVD 迭代的插补方法是一种非常有效的插补途径。

此外,在认真考虑对预测对象有影响的天气过程并选择合理的预测因子基础上,将 SVD 迭代的方法应用到短期气候预测中去,也能取得良好的效果,对此,我们将另文探讨。总之,基于 SVD 迭代的方法有很好的应用价值和更广阔的应用前景。

参考文献

[1] 么枕生. 概率论基本定理在气候统计中的应用. 气象学报,1963,**33**(2):246-260.
[2] 吴祥定,孙力,湛绪志. 利用树木年轮资料重建西藏中部过去气候的初步尝试. 地理学报,1989,**44**(3):334-342.
[3] 丁裕国,冯燕华,袁立新. 用统计模式重建热带太平洋环流资料的可行性试验. 热带气象,1992,**8**(4):

297-305.
[4] 张邦林,丑纪范,孙照渤. EOF 迭代方案恢复夏季大气环流场的试验. 大气科学,1993,**17**(6):673-678.
[5] 张秀芝,孙安健. 利用车贝雪夫多项式进行资料缺测插补的研究. 应用气象学报,1996,**7**(3):344-352.
[6] 张秀芝,孙安健. 气候资料缺测插补方法的对比研究. 气象学报,1996,**54**(5):625-632.
[7] 江志红,丁裕国,屠其璞. 基于 PC-CCA 方法的气象场资料插补试验. 南京气象学院学报,1999,**22**(2):141-148.
[8] 江志红,丁裕国,屠其璞. 气象场序列几种插补方案的对比试验. 南京气象学院学报,1999,**22**(3):352-359.
[9] 刘洪滨,邵雪梅. 采用秦岭冷杉年轮宽度重建陕西镇安 1755 年以来的初春温度. 气象学报,2000,**58**(2):223-233.
[10] 刘洪滨,邵雪梅. 利用树轮重建秦岭地区历史时期初春温度变化. 地理学报,2003,**58**(6):879-884.
[11] Wallace J M,Smith C,Bretherton C S. Singular value decomposition of wintertime sea surface temperature and 500-mb height anomalies. *J Climate*,1992,**5**:561-576.
[12] Newman M,Sardeshmukh P D. A caveat concerning singular value decomposition. *J Climate*,1995,**8**:352-360.
[13] Cherry S. Singular value decomposition analysis and canonical correlation analysis. *J Climate*,1996,**9**:2 003-2 009.
[14] Mavor T P,Bisagni J J. Seasonal variability of sea surface temperature fronts on Georges Bank. *Deep-Sea Research* Ⅱ,2001,**48**:215-243.
[15] 张礼平,柯怡明,胡江林,等. SVD 方法在场分析和预测中的应用. 热带气象学报,2002,**18**(3):237-244.
[16] 张永领,丁裕国. 我国东部夏季极端降水与北太平洋海温的遥相关研究. 南京气象学院学报,2004,**27**(2):244-252.
[17] 黄嘉佑,刘舸,赵昕奕. 副高、极涡因子对我国夏季降水的影响. 大气科学,2004,**28**(4):517-526.
[18] Li Yuefeng,Luo Yong,Ding Yihui. The relationships between the global satellite-observed outgoing longwave radiation and the rainfall over China in summer and winter. *Advances in Space Research*,2004,**33**:1 089-1 097.
[19] 丁裕国,江志红. SVD 方法在气象场诊断分析中的普适性. 气象学报,1996,**54**(3):365-372.
[20] 周晓霞,王盘兴,祝昌汉,等. 全球海温异常年代际分量的方差贡献及其与中国气候异常的相关. 应用气象学报,2005,**16**(1):96-104.

第二部分

短期气候预测

具有门限的一种非线性随机—动力模式

丁裕国　江志红

（南京气象学院，南京　210044）

摘　要：提出一种附加门限控制的具有非线性反馈作用的随机—动力模式，从而对具有线性反馈的随机—动力气候模式加以改进。从理论上说，这种具有门限的随机气候模式可使气候系统内部反馈机制中的非线性特征更为明显，以便更加客观地模拟和预报短期的气候变化。

关键词：随机—动力模式　线性反馈　非线性反馈　门限

引　言

近10多年来，随机—动力气候模式的研究已有很大的发展。以Hasselmann[1]提出的随机—动力气候模式为例，将气候系统分解为两个部分，其一是快速变化着的“天气”变量，其二是缓慢变化着的“气候”变量，并视天气变量为连续的随机强迫因子，而将气候变量视为这些随机性强迫所产生的响应。由这类构模思想所建立的模式在相当大的程度上既克服了单纯GCM模拟的不足之处，又避免了在EBM中不考虑气候变量的时间变化的缺陷。不少学者对此曾作过多方面探讨。例如Frankignoul等(1977)用它来解释并模拟海温距平变化；Wright(1979)提出一种模拟局地短期气候变化的具有反馈的模式；Ortiz等(1985)提出所谓循环定常随机模式；李麦村等(1984)提出关于海温准三年及半年周期振荡的随机气候模式[2]；黄嘉佑(1988)对此又作进一步改善，模拟了赤道东太平洋海温变化[3]。施永年(1981)最早将随机—动力气候模式介绍到国内，并作为教材来讲授；1982年他又在Wright模式和Hasselmann模式的基础上提出带有线性反馈的随机—动力模式，并利用广东资料推测20世纪80年代广东的冷暖趋势，取得好的效果[4]。

上述所有模式在考虑气候系统反馈机制时都基本假定气候系统内部相互作用为线性的。事实上，气候系统内部相互作用并非是严格线性的，例如，研究海气相互作用时，由于海洋辐射通量、水平风应力等许多物理参量是随季节、地点而变动的，若将代表海气相互作用的各种热力、动力作用所构成的反馈矩阵考虑为线性式，这在一定程度上是会有缺陷的。文献[5]曾设计了一个简单数学模式来证明非线性相互作用足以导致实际气候的各种年(月)际振动。因此，从理论上说，假定系统内部相互作用为线性，这仅仅是一种近似，如果能将系统的反馈机制考虑为非线性，则更为合理。

本文正是从这一观点出发，对带有线性反馈的随机—动力模式提出一种改进的模式。

1　模　式

设气候系统内部共有n个变量，令$Y=(y_1,y_2,\cdots,y_n)'$，每一变量$y_d(d=1,2,\cdots,n)$均假定为距平值；该系统若同时受q个外部因子的影响，则有影响因子向量$S=(s_1,s_2,\cdots,$

$s_q)'$。假定系统内部(或含外部)各变量之间的反馈作用为某种非线性形式,则可建立如下具有门限(threshold)的随机一动力气候模式:

$$\begin{aligned}
\frac{dy_1}{dt}&=c_{11}^{(j)}y_1+\cdots\cdots+c_{1n}^{(j)}+y_n+d_{11}^{(j)}s_1+\cdots\cdots+d_{1q}^{(j)}s_q+r_1^{(j)}\\
\frac{dy_2}{dt}&=c_{21}^{(j)}y_1+\cdots\cdots+c_{2n}^{(j)}+y_n+d_{21}^{(j)}s_1+\cdots\cdots+d_{2q}^{(j)}s_q+r_2^{(j)}\\
\frac{dy_n}{dt}&=c_{n1}^{(j)}y_1+\cdots\cdots+c_{nn}^{(j)}+y_n+d_{q1}^{(j)}s_1+\cdots\cdots+d_{qq}^{(j)}s_q+r_n^{(j)}
\end{aligned} \tag{1}$$

$$j=1,2,\cdots,L;\ y_d\in Q_j(d=1,2,\cdots)$$

上式中参数 L 称为门限数,y_d 称为门限控制变量,它可视为对系统内部反馈最为敏感的那些变量。在模式中 y_d 需要选择或试验后确定,即 d 为待选参数。上式表明,系统内部非线性反馈是通过对反馈系数向量作 L 种分割来实现的。换言之,这种分割是将非线性反馈矩阵化为分段线性反馈矩阵。显然,当 $L=1$,则系统反馈作用仅为线性,此时方程(1)简化为文献[4]的具有线性反馈的随机一动力模式。在一般情况下,对于 y_d 的不同取值$(\omega_0,\omega_1,\cdots,\omega_L)$,$\omega_0<\omega_1<\cdots<\omega_L\leqslant\infty$必对应有值阈 $Q=Q_0\cup Q_1\cup\cdots\cup Q_L=(\omega_{j-1},\omega_j)$,它们确定了 y_d 在实轴上的一种分割[6]。因此,我们总可以求得一簇反馈系数矩阵

$$C^{(j)}=\begin{bmatrix}c_{11}^{(j)} & c_{12}^{(j)} & \cdots & c_{1n}^{(j)}\\ c_{21}^{(j)} & c_{22}^{(j)} & \cdots & c_{2n}^{(j)}\\ \vdots & \vdots & & \vdots\\ c_{n1}^{(j)} & c_{n2}^{(j)} & \cdots & c_{nn}^{(j)}\end{bmatrix},\qquad j=1,2,3,\cdots,L \tag{2}$$

以及一簇相应的影响系数向量和天气扰动(随机扰动)向量:

$$D^{(j)}=\begin{bmatrix}d_{11}^{(j)} & d_{12}^{(j)} & \cdots & d_{1q}^{(j)}\\ d_{21}^{(j)} & d_{22}^{(j)} & \cdots & d_{2q}^{(j)}\\ \vdots & \vdots & & \vdots\\ d_{n1}^{(j)} & d_{n2}^{(j)} & \cdots & d_{nq}^{(j)}\end{bmatrix}=\begin{bmatrix}d_1^{(j)}\\ d_2^{(j)}\\ \vdots\\ d_n^{(j)}\end{bmatrix},\qquad R^{(j)}=\begin{bmatrix}r_1^{(j)}\\ r_2^{(j)}\\ \vdots\\ r_n^{(j)}\end{bmatrix} \tag{3}$$

归纳式(1)—(3),将式(1)等价地表述为向量形式

$$\frac{dY}{dt}=C^{(j)}y+D^{(j)}S+R^{(j)}\qquad 当\ y_d\in Q_j,j=1,2,\cdots,L \tag{4}$$

式中气候系统 Y 内部的相互作用,以反馈系数矩阵簇 $C^{(j)}$ 表示,其外部因子对它的影响效应,以影响系数矩阵簇 $D^{(j)}$ 表示。整个系统变量 Y 的时变受三个分量的制约,即系统内部的非线性反馈、系统外部的某些因子的非线性影响以及其他随机强迫。根据文献[4],$C^{(j)}$ 和 $D^{(j)}$ 从理论上说是可以推得的,但也可据实测资料用统计学方法求得。由于随机项 $R^{(j)}$ 的存在,使我们无法以确定性预报方程的求解方法得到预报结果。不过,按照 Hasselmann (1976)的处理思想,总可将 Y 分解为两部分,即"平均值"和"随机扰动"。对于"平均值"部分,式(4)中的随机项可以略去。当然,我们也可专门考察"随机扰动"的统计特征,不过,我们首先关心的是有关"平均值"部分的预报问题,因此,本文将不主要讨论诸如随机振动统计特征(交叉谱、响应谱)等问题。

对于方程(1)或(4),当不考虑随机项时,应有解析解

$$y_i=\sum_{j=1}^{n}k_{ij}\mathrm{e}^{\lambda_j t}+\sum_{h=1}^{q}e_{ih}S_h \qquad i=1,2,\cdots,n \tag{5}$$

式中为书写方便，暂将作为门限分段的上角标省略了。实际上，式(5)中的特定参数是一簇 $k_{ij}^{(l)}$，$\lambda_j^{(l)}$ 及 $\mathrm{e}_{ih}^{(j)}$($j=1,2,\cdots,n;h=1,2,\cdots,q;l=1,2,\cdots,L$)。根据线性微分方程理论，可将 y_j 的一个特解

$$y_i=k_i\mathrm{e}^{\lambda t}+\sum_{h=1}^{q}e_{ih}s_h \qquad i=1,2,\cdots,n \tag{6}$$

代入式(1)，并略去随机项，于是有

$$\lambda k_i\mathrm{e}^{\lambda t}=\sum_{h=1}^{n}c_{ih}k_h\mathrm{e}^{\lambda t}+\sum_{j=1}^{q}\left(\sum_{h=1}^{n}c_{ih}e_{ij}+d_{ij}\right)s_j \qquad i=1,2,\cdots,n \tag{7}$$

将式(7)写为完整的门限形式，可分别得到确定 λ 和 e_{ij} 的方程组

$$\begin{cases}(c_{11}^{(j)}-\lambda)k_1+c_{12}^{(j)}k_2+\cdots+c_{1n}^{(j)}k_n=0\\ c_{21}^{(j)}k_1+(c_{22}^{(j)}-\lambda)k_2+\cdots+c_{2n}^{(j)}k_n=0\\ \vdots \qquad \vdots \qquad \vdots\\ c_{n1}^{(j)}k_1+c_{n2}^{(j)}k_2+\cdots+(c_{nn}^{(j)}-\lambda)k_n=0\end{cases} \tag{8}$$

$$\text{当 } y_d\in Q_j,\ j=1,2,\cdots L$$

$$\begin{cases}c_{11}^{(j)}e_{1h}+c_{12}^{(j)}e_{2h}+\cdots+c_{1n}^{(j)}e_{nh}+d_{1h}^{(j)}=0\\ c_{21}^{(j)}e_{2h}+c_{22}^{(j)}e_{2h}+\cdots+c_{2n}^{(j)}e_{nh}+d_{2h}^{(j)}=0\\ \vdots \qquad \vdots \qquad \vdots\\ c_{n1}^{(j)}e_{2h}+c_{n2}^{(j)}e_{2h}+\cdots+c_{nn}^{(j)}e_{nh}+d_{nh}^{(j)}=0\end{cases} \tag{9}$$

$$\text{当 } y_d\in Q_j \qquad j=1,2,\cdots L \qquad h=1,2,\cdots,q$$

显然，式(8)和(9)的求解可利用线性代数算法。特别是对式(8)，实际上是求解特征值 λ 和特征向量($k_1,k_2,\cdots,k_n$)。这只要其系数行列式

$$\begin{bmatrix}c_{11}^{(j)}-\lambda & c_{12}^{(j)} & \cdots & c_{1n}^{(j)}\\ c_{21}^{(j)} & c_{22}^{(j)}-\lambda & \cdots & c_{2n}^{(j)}\\ \vdots & \vdots & & \vdots\\ c_{n1}^{(j)} & c_{n2}^{(j)} & \cdots & c_{nn}^{(j)}-\lambda\end{bmatrix}=0 \tag{10}$$

必可求得不全为零的解($k_1,\cdots,k_n$)和与它相应的 n 个特征值 $\lambda_1,\lambda_2,\cdots,\lambda_n$。对式(9)，利用求解回归方程的正规方程组的高斯—约当消去法，不难得到 e_{ih}($i=1,2,\cdots,n;h=1,2,\cdots,q$)。

对于方程(1)或(4)，若不考虑系统外部影响因子，亦可简化为特例情形：

$$\begin{cases}\dfrac{\mathrm{d}y_1}{\mathrm{d}t}=c_{11}^{(j)}y_1+c_{12}^{(j)}y_2+\cdots+c_{1n}^{(j)}y_n+r_1^{(j)}\\ \dfrac{\mathrm{d}y_2}{\mathrm{d}t}=c_{21}^{(j)}y_1+c_{22}^{(j)}y_2+\cdots+c_{2n}^{(j)}y_n+r_2^{(j)}\\ \vdots \qquad \vdots \qquad \vdots \qquad \vdots \qquad \vdots\\ \dfrac{\mathrm{d}y_n}{\mathrm{d}t}=c_{n1}^{(j)}y_1+c_{n2}^{(j)}y_2+\cdots+c_{nn}^{(j)}y_n+r_n^{(j)}\end{cases} \tag{11}$$

$$y_d\in Q_j \qquad d=1,2,\cdots \qquad j=1,2,\cdots,L$$

或写成

$$\frac{dY}{dt}=C^{(j)}Y+R^{(j)} \qquad y_d\in Q_j, d=1,2,\cdots; j=1,2,\cdots,L \tag{12}$$

对于全部系统来说，我们必须事先确定出一簇反馈系数 $C^{(j)}$ 和影响系数 $d_i^{(j)}$，才能分别求得不同门限域中的系统内部变量 y_i 的解。换言之，系统内部各变量之间的非线性影响是以某一变量 y_d 取值域的门限来加以控制的。因此，在求解方程(1)或(4)的平均值部分时，首先需确定不同门限域的反馈特征或影响特征，继而才能求得式(8)、(9)的解，从而得到各个门限域中的模式解(5)或(6)。在不考虑外部影响因素 S 的特例情况下，从式(11)或(12)出发，上述求解过程将相应简化为仅求解与反馈系数相对应的解析解。

如前所述，反馈矩阵既可从物理上推导得到，也可用实际资料由最小二乘法推求。前者的例子如 EBM 所建立的反馈模式，通过微分方程求解白噪声功率谱的响应谱，再由它反求其反馈系数(见文献[7])。本文则主要探讨利用实际资料确定反馈系数矩阵。

为了说明本文改进模式所反映的非线性反馈特性及其气候预报意义，现以一个简单的实例论证其应用的可行性。

2 实例及其预报试验

为讨论方便，考虑系统仅有 $n=2$ 的情形，并略去外部影响 s 的作用，于是模式(1)简化为式(11)，具体又可写为

$$\begin{cases}\dfrac{dy_1}{dt}=c_{11}^{(j)}y_1+c_{12}^{(j)}y_2+r_1^{(j)}\\[2ex] \dfrac{dy_2}{dt}=c_{21}^{(j)}y_1+c_{22}^{(j)}y_2+r_2^{(j)}\end{cases} \tag{13}$$

$$j=1,2,\cdots,L \qquad Y_d\in Q_j$$

式中 L 为门限数，通常取 $L=2$ 或 3；y_d 为门限控制变量，可视具体研究对象的性质而定。就模式(13)而言，假定我们将其具体化为以海温(T_s)和气温(T)为变量的海一气相互作用系统，则模式(13)的物理意义更为明显。

文献[7]曾根据海洋和大气的运动方程及能量平衡方程，经过适当的简化和综合，并运用 Hasselmann(1976)的学术思想，构成一个形如式(13)的海气相互反馈的随机动力气候模式(未考虑门限)。实际上式(13)中的反馈系数代表了海洋和大气相互之间通过感热和潜热以及辐射、水平风应力等热力和动力作用所构成的系统内部反馈机制，而式中 $r_1^{(j)}$，$r_2^{(j)}$ 分别作为施加于大气和海洋的随机外力项。不过，在文献[7]中，全部参数表达最终都纳入一个线性模式中，这在一定程度上是有缺陷的。本文提出的带有门限的反馈系数矩阵，恰好弥补了这方面的不足。从物理意义上说，可以认为海一气相互作用的许多物理参量是随季节、地点或不同取值域的变化而变动的，因而以具有门限的反馈系数矩阵来描述其非线性特征或许更符合客观实际。

为了说明式(13)的建模和求解步骤，我们选取标准化逐月南方涛动指数(SOI)，令其代表海气系统中大气变量(y_1)；选取赤道东太平洋地区(10°N～10°S；170°～100°W)5×5 网格点上的逐月海温距平场第 1 主分量(方差贡献 36%)，令其为海气系统中海洋变量(y_2)。资料年代均取自 1949 年 1 月—1985 年 12 月。根据式(13)，显然以 SOI(即 y_1)和 SST(即

y_2)组成一个海气反馈系统。首先,必须确定具有门限的反馈矩阵。如前所述,采用实测资料由统计学方法来确定反馈矩阵。

略去随机外力项,并将微分改为差分形式[6]约定 $y_{2,t-1}$,为门限控制变量,则有

$$\begin{cases}\Delta y_{1t}=y_{1t}-y_{1,t-1}=c_{11}^{(j)}y_{1t}+c_{12}^{(j)}y_{2t}\\ \Delta y_{2t}=y_{2t}-y_{2,t-1}=c_{21}^{(j)}y_{1t}+c_{22}^{(j)}y_{2t}\end{cases}\tag{14}$$

$$y_{2,t-1}\in Q_j\qquad j=1,2,\cdots$$

由上式可得

$$\begin{cases}y_{1t}=\dfrac{1}{1-c_{11}^{(j)}}y_{1,t-1}+\dfrac{c_{12}^{(j)}}{1-c_{11}^{(j)}}y_{2t}\\ y_{2t}=\dfrac{c_{21}^{(j)}}{1-c_{22}^{(j)}}y_{1t}+\dfrac{1}{1-c_{22}^{(j)}}y_{2,t-1}\end{cases}\tag{15}$$

$$y_{2,t-1}\in Q_j\qquad j=1,2,\cdots$$

令

$$\begin{cases}a_{11}^{(j)}=\dfrac{1}{1-c_{11}^{(j)}},a_{12}^{(j)}=\dfrac{c_{12}^{(j)}}{1-c_{11}^{(j)}}\\ a_{21}^{(j)}=\dfrac{c_{21}^{(j)}}{1-c_{22}^{(j)}},a_{22}^{(j)}=\dfrac{1}{1-c_{22}^{(j)}}\end{cases}\tag{16}$$

则式(15)化为

$$\begin{cases}y_{1t}=a_{11}^{(j)}y_{1,t-1}+a_{12}^{(j)}y_{2,t}\\ y_{2t}=a_{21}^{(j)}y_{1t}+a_{22}^{(j)}y_{2,t-1}\end{cases}\tag{17}$$

$$y_{2,t-1}\in Q_j\qquad j=1,2,\cdots,L$$

可见,确定反馈系数矩阵簇

$$c^{(j)}=\begin{bmatrix}c_{11}^{(j)} & c_{12}^{(j)}\\ c_{21}^{(j)} & c_{22}^{(j)}\end{bmatrix}$$

等价于确定系数矩阵簇

$$A^{(j)}=\begin{bmatrix}a_{11}^{(j)} & a_{12}^{(j)}\\ a_{21}^{(j)} & a_{22}^{(j)}\end{bmatrix}$$

而式(17)中的矩阵簇 $A^{(j)}$,可据实测资料估计,即利用闭环门限混合自回归建模方法[6],取 $L=2$ 或 3,对不同的门限分点 $y_{2,t-1}\in[t_a,t_b]$分别计算 BIC 统计量。根据 BIC 最小准则,可得到最优门限值及相应的门限回归参数 $a_{ij}^{(h)}$,再经式(16)即可反演出反馈系数矩阵簇 $C^{(j)}$。

表 1 给出了由上述方法得到的分段反馈系数矩阵。由表可见,无论海温距平处于何种状态,总有$|c_{11}^{(j)}|>|c_{12}^{(j)}|$,$|c_{22}^{(j)}|>|c_{21}^{(j)}|$。这就意味着在海气反馈过程中,大气的自反馈作用比海洋对大气的互反馈作用大;而海温的自反馈作用也比大气对海洋的互反馈作用强。但是,就自反馈和互反馈的相对大小来说,它们又随海温距平的大小而变化。例如,对海洋而言,其自身反馈(负值)是在前期海温负异常时为最强(见表 1,$c_{22}=-0.650$),而在前期海温正异常时,其自身的负反馈相对较弱(见表 1,$c_{22}=-0.189$)。这一特点与文献[7]的论述是一致的。相反,大气对海洋的反馈作用也是在前期海温为正异常时相对较弱(见表 1)。

表 1　不同门限域中的反馈矩阵及特征根

$y_{2,t-1}$值域	(−2.06,−0.96]		(−0.96,0.71]		(0.71,2.54]	
反馈矩阵	−0.165	−0.155	−0.236	−0.129	−0.145	0.013
	−0.352	−0.650	−0.193	−0.229	−0.096	−0.189
特征根	−0.0704		−0.387		−0.167	+0.027*i*
	−0.744		−0.078		−0.167	−0.027*i*

另一方面,大气对于海温变化的相对贡献则在前期海温处于正常域(见表 1,$y_{2,t-1}\in(-0.96,0.71)$)时为最大。对大气而言,其自身的负反馈也是在前期海温正异常时相对较弱,而海洋对大气的负反馈则在前期海温负异常时表现最强。所有这些不同门限域中的反馈特征都表明:对这样一个简单的海气系统而言,反馈特征随着系统内部条件的变化而变化,呈现出一定的非线性特点,若仅仅用单一的反馈矩阵是反映不清楚的。

此外,从模式(13)的频域响应特征,可以推得在海温影响下的大气运动距平变化方程。对式(13)作二阶微商:

$$\frac{\mathrm{d}^2 y_1}{\mathrm{d}t^2}-(c_{11}^{(j)}+c_{22}^{(j)})\frac{\mathrm{d}y_1}{\mathrm{d}t}+(c_{11}^{(j)}c_{22}^{(j)}-c_{12}^{(j)}c_{21}^{(j)})y_1=r_{(t)}^{(j)}$$

式中 $r_{(t)}^{(j)}=\frac{\mathrm{d}r_1}{\mathrm{d}t}+c_{12}^{(j)}r_2-c_{22}^{(j)}r_1$ 为施加于大气(或海洋)的随机强迫。对于给定的门限域,可考虑在随机外力为白噪声条件下,大气(或海洋)的响应谱。利用线性系统频率响应函数的计算方法[8],不难得到如表 1 的三个门限域下的大气频率响应谱 $H(\omega)$。

图 1 绘出了海温($y_{2,t-1}$)分别为负距平、正距平或正常域时大气的响应谱 $H(\omega)$。由图可见,大气对于海温的响应特征受前期海温距平的取值域(门限)的影响,主要表现为在低频振动上的差异,而在高频振动方面则不同门限差异甚微。在图 2 中,我们给出了从式(13)的模式解得到的多步预报试验结果。由图可见,这类模式的预报效果随着预报的月数增大而衰减。在 6~8 个月内可以达到或超过随机预报(概率为 0.5)的程度。

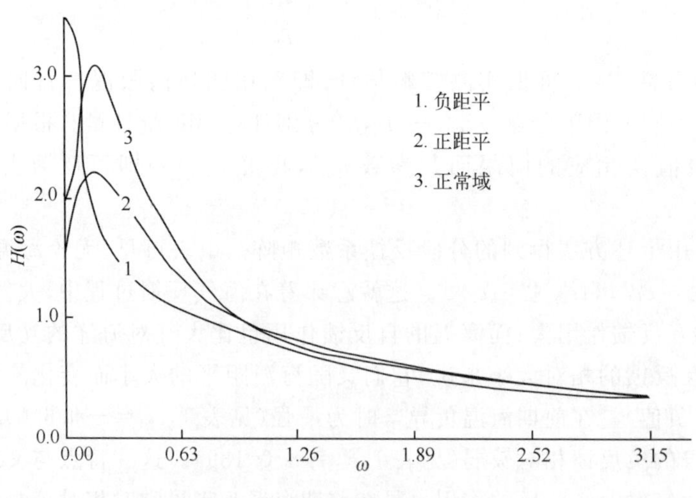

图 1　不同门限域的响应谱特征

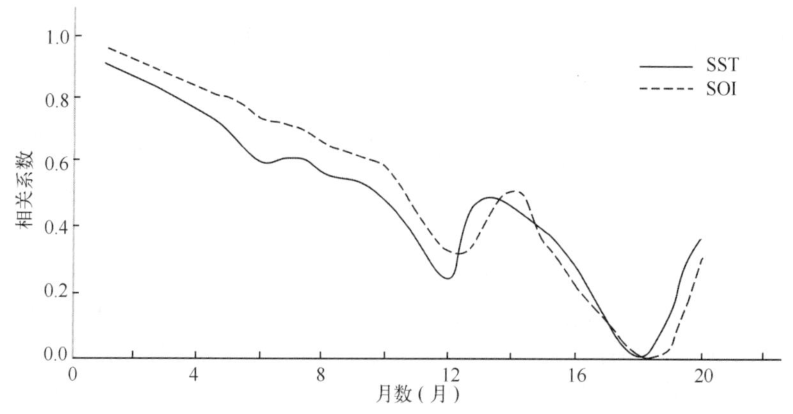

图 2　SOI 与 SST 的预报值和实况值相关系数随预报时效的变化

因此,只要模式内系统变量的物理意义清楚,有效预报一般可在 7 个月内维持在 0.6 以上的可靠性,在 1～4 个月内有较为理想的预报效果。

3 结 论

(1)把门限控制加入到带有线性反馈系数的随机动力模式中,可以使模式参数的非线性特征更为明显。

(2)理论和实例验证均表明,这种模式有较强的物理、动力学基础。对于多变量的随机动力系统采用这类方法模拟其距平变化也具有可行性。

(3)尤其是对非线性反馈很明显的系统,这种改进模式将发挥更好的效果。

参考文献

[1] Hasselmann K. Stochastic climate models,Part 1:Theory. *Tellus*,1976,**28**:473-485.

[2] 李麦村,黄嘉佑.关于海温准三年及半年周期振荡随机气候模式.气象学报,1984,**42**:168-176.

[3] 黄嘉佑.赤道东太平洋地区海温的随机模拟.热带气象,1988,**4**:289-295.

[4] 施永年.带线性反馈的随机一动力气候预报模式.气象科学,1984:**2**:1-8.

[5] Hunt B G. Nonlinear influences—A Key to Short-term climatic perturbations. *J Atmos Sci*,1988,**45**:387-395.

[6] 项静恬,史久恩等.动态和静态数据处理.北京:气象出版社,1991:429-469.

[7] 李麦村,黄嘉佑.海气相互作用的随机气候模型.见:第二次全国概率统计天气预报会议论文集.北京:科学出版社,1986:169-174.

[8] Priestley M B. Spectral analysis and time series. London NW1:Academic Press,1981:671-675.

基于 Bayes 准则的时间序列判别预报模式

丁裕国　江志红

（南京气象学院，南京　210044）

摘　要：根据 Bayes 准则下的多元线性判别分析和时间序列的线性自回归模式，本文提出一种时间序列的判别预报模式。该模式采用两种不同的变量筛选方案，对于气象时间序列的数量记录，由过去的记录判别未来记录的趋势（如正负距平、旱涝等）。在一定的自相关结构下，其判别效果较好。文献[1-4]曾论述用(0,1)两值时间序列建立 AR(p)模式，但 AR(p)模式有其局限性。将时间序列与多元判别分析结合，建立在时间序列基础上的判别模式，用以往各时刻变量作为线性判别因子对未来各时刻的变量取值类型作出判别，既可保留时间序列线性模式的优点，又可利用多元逐步判别筛选因子的计算方法。从气象状况演变的物理机制来看，考虑前期状态演变比单纯考虑前期某一时刻的状态更有意义。

关键词：*Bayes* 准则　时间序列　判别预报模式

1　时序判别模式的建立

设有时间序列$\{x_t\}$，$1\leqslant t\leqslant N$，约定为零均值平稳序列。且若有

$$\left.\begin{matrix} x_{ti}\in A & x_{ti}>x_c=0 \\ x_{ti}\in B & x_{ti}\leqslant x_c=0 \end{matrix}\right\} \qquad i=1,2,\cdots,N$$

则可将 x_t 的值域分为两组（例如 A 和 B 类或 G_1 和 G_2 类）。对于 G_1 类，$x_{ti}>0$，总可有资料向量

$$X_1=(x_{ti}^{(1)}\quad x_{ti-1}^{(1)}\quad\cdots\quad x_{ti-p}^{(1)})\qquad i=1,\cdots,n_1 \tag{1}$$

对于 G_2 类，$x_{ti}\leqslant 0$，总可有资料向量

$$X_2=(x_{tj}^{(2)}\quad x_{tj-1}^{(2)}\quad\cdots\quad x_{tj-p}^{(2)})\qquad j=1,\cdots,n_2 \tag{2}$$

式中 $x_{ti-1}^{(1)}$代表属于 G_1 的样本资料，而相应的前 p 个时刻的取值分别记为 $x_{ti-1}^{(1)}$，$x_{ti-2}^{(1)}$，…，$x_{ti-p}^{(1)}$，同样，$x_{tj-p}^{(2)}$代表属于 G_2 的样本资料，而相应的前 p 个时刻的取值分别记为 $x_{tj-1}^{(2)}$，$x_{ti-2}^{(2)}$，…，$x_{ti-p}^{(2)}$，同样 p 的选取，将在后文中说明。一般说，p 就是要建立的时序判别函数的阶数。由于抽样的随机性，向量式(1)和(2)中的样品个数 n_1 和 n_2 不一定相等。

根据式(1)和(2)，可得相应于 G_1 或 G_2 组的均值向量

$$\overline{x_1}=(\overline{x}_t^{(1)}\quad \overline{x}_{t-1}^{(1)}\quad\cdots\quad \overline{x}_{t-p}^{(1)})' \tag{3}$$

$$\overline{x_2}=(\overline{x}_t^{(2)}\quad \overline{x}_{t-1}^{(2)}\quad\cdots\quad \overline{x}_{t-p}^{(2)})' \tag{4}$$

假定序列为正态平稳，且 G_1 和 G_2 类前期各时刻（设有 p 个时刻）变量的协方差阵相同，则可建立 Bayes 准则下的时间序列判别函数

$$Y_K(x_t)=\ln P_K+c_0^{(K)}+c_1^{(K)}x_{t-1}+\cdots+c_p^{(K)}x_{t-p} \tag{5}$$

$$K=G_1 \text{ 或 } G_2\text{（为叙述方便，设 } G_1=1, G_2=2\text{）}$$

其中

$$c_i^{(K)} = \sum_{i=1}^{p} S^{t-i,t-j} \overline{x}_{t-j}^{(K)} \qquad i = 1,2,\cdots,p$$

$$c_0^{(K)} = -\frac{1}{2}\sum_{i=1}^{p} c_i^{(K)} \overline{x}_{i-j}^{(K)}$$

式中 $S^{t-i,t-j}$ 为后文定义的(组内)协方差阵的逆矩阵相应元素,上角标 $t-i,t-j$ 表示元素的行列位置。

为了确定式(5)中变量及其阶数 p,本文采用两种筛选变量的方法。一种是对前期所有可供选择的时刻 $t-1,t-2,\cdots,t-p$ 按某一准则逐个选入,其判别函数形式上类似于通常的AR(p)模式(即所谓"逐点法");另一种则是对前期所有可供选择的时刻 $t-1,t-2,\cdots,t-p$ 按逐步判别准则筛选,这样就有可能逐步"引进"某些时刻的变量而"剔除"不符合筛选准则的另一些时刻的变量,最终建立非等间隔的前期各时刻变量组成的线性判别函数。其判别函数在形式上类似于疏系数自回归模式(即所谓"选点法")。

对两组变量分别有组内离差(组内协方差)和组间离差(组间协方差)

$$W_{t,t-\tau} = \sum_{i=1}^{n_1} (x_{ti}^{(1)} - \overline{x}_t^{(1)})(x_{ti-\tau}^{(1)} - \overline{x}_{t-r}^{(1)}) + \sum_{i=1}^{n_2} (x_{tj}^{(2)} - \overline{x}_t^{(2)})(x_{tj-\tau}^{(2)} - \overline{x}_{t-\tau}^{(2)}) \tag{6}$$

$$q_{t,t-\tau} = n_1(\overline{x}_t^{(1)} - \overline{x}_t)(\overline{x}_{t-\tau}^{(1)} - \overline{x}_{t-\tau}) + n_2(\overline{x}_t^{(2)} - \overline{x}_t)(\overline{x}_{t-\tau}^{(2)} - \overline{x}_{t-\tau}) \tag{7}$$

式中 $\tau=1,2,\cdots,p$;$\overline{x}_t^{(1)},\overline{x}_t^{(2)}$,分别为时刻 t 的 G_1 类、G_2 类的类均值;$\overline{x}_{t-\tau}^{(1)},\overline{x}_{t-\tau}^{(2)}$ 分别为时刻 $t-\tau$ 的相应于 G_1,G_2 类的类均值;而 $\overline{x}_t$ 则为不分类的序列均值,$\overline{x}_{t-r}$ 亦同。显然,由于 $W_{t,t-r}=W_{t-\tau,t},q_{t,t-\tau}=q_{t-\tau,t}$ 的缘故,组间协方差矩阵和组内协方差矩阵与总协方差矩阵应有关系式

$$T = W + Q \tag{8}$$

式中 T 为全序列的总协方差矩阵,W 和 Q 分别为组内和组间协方差矩阵。类似于文献[5],引入 Wilks 统计量 $U=|W|/|T|$,对给定的前 p 个时刻,有近似公式

$$\chi^2(p) = -[(N-1) - \frac{1}{2}(p+2)]\ln U \tag{9}$$

式中 N 为 x_t 的序列长度(总样本容量),p 即为式(5)中规定的前期可供选择的 p 个时刻变量个数(判别函数的阶数)。根据 χ^2 检验,就可确定逐次引进判别因子的分类效果,以便确定是否继续引进判别因子。一旦确定了判别因子数 p,就可建立式(5)的线性判别函数。为计算方便,本文仍类似于多元线性判别,假定式(5)右端第一项 P_K 为等概率情况。

判别函数式(5)的计算步骤可仿文献[5],最终等价于求解方程

$$C_k W = \overline{X}_k \tag{10}$$

中的判别函数系数向量

$$C_K = (C_1^{(K)}, C_2^{(K)}, \cdots, C_p^{(K)})$$

在两分类判别时 $K=1,2$,上述方程只要借助于多元回归的正规方程求解计算即可得到相应各阶判别系数 $C_i^{(K)}, i=1,2,\cdots,p$。代入式(5)中得到相应的判别函数 $Y_K(x_t)$,就可作出 Bayes 准则下的归类决策。

采用“选点法”建立判别模式，原则上类似于“逐点法”。所不同的是，要将协方差阵(W_{tj})和总协方差阵(t_{ij})按逐步判别方案作“引进”或“剔除”的双重筛选，即利用一维 Wilks 统计量作检验，并按逐步回归算法作消去变换，从而最终获得判别函数(参见文献[5])。

2 计算实例与效果分析

取南方涛动指数(SOI)月际序列(1969—1978 年)为例，采用“逐点法”建立判别模式($N=120$)。据表 1 中的资料，首先将前面 $n=108$ 的 SOI 序列划分为正、负距平两类样品，求得式(1)和(2)相应的资料阵，然后分别计算样本均值向量和序列协方差阵(组内与不分组两种)，最终应用 Wilks 统计量及 χ^2 检验，逐次建立各阶($p=1,2,\cdots,p$)时间序列判别模式并筛选出最佳模式。

表 1 SOI 月际记录序列(1969—1978 年)

年	1	2	3	4	5	6	7	8	9	10	11	12
1969	−0.40	−0.40	−0.60	−0.45	−0.35	−0.50	−0.60	−0.70	−0.60	−0.55	−0.60	−0.60
1970	−0.30	−0.45	−0.47	−0.02	0.00	0.15	0.40	0.60	0.70	0.80	1.00	0.95
1971	1.00	1.20	1.25	1.15	0.85	0.75	0.70	0.85	0.90	0.85	0.75	0.50
1972	0.30	0.00	−0.20	−0.60	−0.80	−1.10	−1.40	−1.10	−1.00	−0.90	−0.85	−0.80
1973	−0.60	−0.60	−0.50	0.25	0.00	0.20	0.40	0.60	0.90	1.10	1.25	1.40
1974	1.75	1.35	1.30	1.00	0.90	0.75	0.78	0.65	0.60	0.50	0.25	0.00
1975	0.10	0.20	0.40	0.50	0.60	0.90	1.25	1.60	1.60	1.50	1.40	1.25
1976	1.20	1.00	0.90	0.70	0.50	0.00	−0.50	−0.70	−0.65	−0.60	−0.40	0.10
1977	0.00	−0.50	−0.55	−0.70	−1.20	−1.22	−1.20	−1.25	−1.20	−1.20	−1.10	−1.22
1978	−1.20	−0.90	−0.60	−0.50	0.10	0.35	0.20	0.00	−0.10	−0.20	−0.25	−0.22

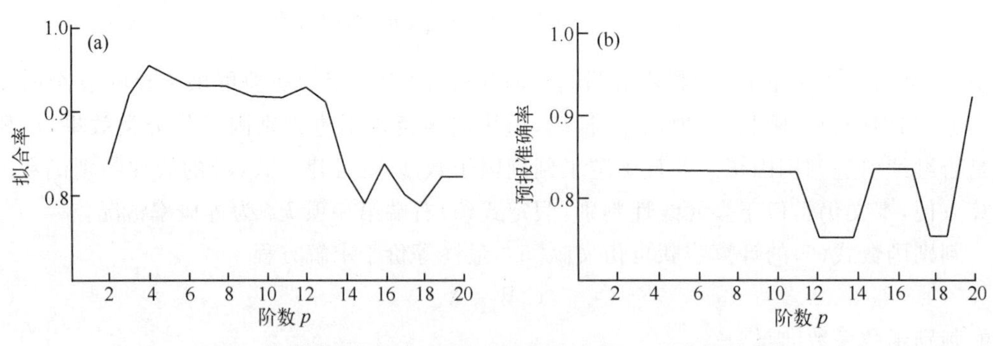

图 1 判别模式的拟合率(a)和预报准确率(b)随阶数的变化

图 1 为各阶判别模式拟合率(前 108 个记录)和预报准确率(后 12 个记录)随阶数的变化。除 $p=2$ 时，拟合率小于 0.85 以外，一般都大于 0.90，当 $p>14$ 时，拟合率虽有下降但也在 0.80 左右；从最后 12 个记录(未建模记录)的判别预报效果来看，当 $p<12$ 时，准确率

均在 0.85 以上，仅当 $p=12$，准确率降至 0.75，以后又有回升，总的说，这样的预报准确率已相当好。不过，试验表明，并非所有时序判别模式都有如此好的效果，无论是“逐点法”还是“选点法”建模，其判别效果优劣主要取决于序列本身的自相关结构。作者以 SOI 序列与南京(1950—1951 年)逐候降水量距平序列(简记 $R \cdot p$ 序列)为例做了对比试验。前者自相关较好，且自相关系数呈负指数衰减，而后者自相关较差，且呈高频起伏(图略)，其时序判别模式的判别效果前者高于后者。这是因为，影响判别效果的主要因素与组内离差阵行列式 $|W|$ 及总离差阵行列式 $|T|$ 之比值有关[6]。显然，前者表明组内不同时刻之间的自相关性；后者表明序列本身不分组时的自相关性，由多元分析知，无论 $|T|$ 或 $|W|$（又称广义方差），其值愈小，意味着相关性愈大，反之则相关性愈小[7]。因此，当广义总方差 $|T|$ 一定时，即序列给定时，据式(9)，$|W|$ 愈小，必然判别效果愈好。换言之，判别效果取决于组内自相关结构。另一方面，从表 2 给出的对比数据还可发现另一个影响因素：分类条件平均差。由表 2 可见，时序判别模式的效果优劣，主要取决于序列内部的自相关结构和分类条件平均差值。

表 2　SOI 与 $R \cdot p$ 序列各阶判别模式拟合率对比

p	统计量 U_n	分类平均差	拟合率	统计量 U_R	分类平均差	拟合率
2	0.346 5	0.748 3	0.89	0.991 2	0.335 8	0.54
4	0.344 4	1.157 9	0.90	0.986 4	0.340 0	0.57
6	0.331 2	1.041 5	0.89	0.984 0	0.018 4	0.56
8	0.332 5	0.755 6	0.90	0.974 8	0.084 8	0.57
⋮	⋮	⋮	⋮	⋮	⋮	⋮
18	0.309 6	0.288 0	0.92	0.893 5	0.156 3	0.65
平均	0.328 7	0.755 7	0.908	0.953 4	0.157 4	0.589

此外，类似于文献[1]，我们还论证了时序判别在两分类时与(0,1)自回归的等价性。利用 SOI 序列资料分别建立(0,1)自回归和时序判别模式，结果表明，两者在建模拟合和预报方面效果虽不相上下，但在高阶情况下，采用时序判别模式要比(0,1)自回归模式计算更为方便。

3　小　结

(1)时间序列判别分析可类似于多元线性判别分析方法，将前期逐个时刻或任意几个时刻作为判别因子选入模式，即“逐点法”或“选点法”。

(2)时间序列判别预报效果主要受序列本身自相关结构的影响，当组内自相关性比较大时，判别效果较好；其次，分组后的条件平均值的差异大小，也是一个重要影响因素。

(3)时序判别模式在两分类时与(0,1)序列自回归有一定的等价意义，但在计算方法上，特别是高阶情况下，时序模式比(0,1)自回归更方便。

参考文献

[1] Kedem B. Binary time series. New York and Basel:Marcel Dekker,1980:45-63.

[2] 项静恬,杜金观,史久恩.动态数据处理.北京:气象出版社,1986:398-426.

[3] 丁裕国.(0,1)两值时间序列分析及其气象应用.广西气象,1987:(5-6):10-12.

[4] 么枕生.气候统计学的研究展望.气象科技,1984,(6):1-8.

[5] 屠其璞,丁裕国等.气象应用概率统计学.北京:气象出版社,1984:308-319.

[6] 中科院计算中心概率统计组.概率统计计算.北京:科学出版社,1979:213-215.

[7] 丁裕国,吴息.经验正交函数展开气象场收敛性的研究.热带气象,1988,**4**(4):316-326.

单站气温信息传递及其可预报性研究

丁裕国[1]　况雪源[2]

（1.南京气象学院应用气象学系，南京　210044；2.广西壮族自治区气候中心，南宁　530021）

摘　要：采用信息传递量作为度量气候可预报性的指标，分别讨论了我国各大气候区的10个代表测站平均气温的可预报性。数值计算表明，各种不同时间尺度（如候、旬、月、年）信息传递量具有不同的衰减特征，其差异反映出实际气候背景的差异，信息传递量较好地代表了可预报性特征。由于实测的信息衰减与模式信息衰减具有一致性，因此，信息传递可作为检验模式可预报性的有益工具。

关键词：信息传递　气候预报　可预报性

引　言

用何种指标描述气候的可预报性，历来是学者们关注的焦点[1,2]。信噪比虽是常用的可预报性指标之一，但也有一些缺陷。例如，信噪比可给出不同初始距平或不同位置（地点）的气候可预报性，但却不能综合给出整个气候的可预报性[3-5]。因为不同地点的信噪比很难作简单的加权平均或内插，尤其是当初始距平为零时，信噪比并不能有效地度量气候可预报性。一般说来，一个量要成为度量可预报性的有效指标，应当是无论初始距平大小，都可检测出它的可预报期限。因为实际大气中，极端距平并不经常出现，必须有一种客观方法，按不同距平出现频率给以不同权重来考虑初始距平的总效应。本文在引入“信息传递”概念的基础上，探讨实际气候可预报性的度量问题。以克服信噪比的某些不足。

1　信息传递及其计算

早在20世纪70年代，文献[3]已经将信息与熵理论用于气象预告问题，本文所引信息传递的概念，等价于文献[4]中所定义的信息概念。

设某系统的熵为 $H(A)=-\sum_{i=1}^{n}P(A_i)\log P(A_i)$，式中，$A$ 表示互斥事件 $A_1,A_2,\cdots,A_n$ 的完备群，对应概率分别为 $P(A_i)$，$i=1,\cdots,n$。当状态出现概率相等时，熵值达最大，系统不确定程度最大。若 B 系统由状态 $B_1,B_2,\cdots,B_m$ 构成，则两个系统同时出现的熵值应为 $H(AB)=-\sum_{i=1}^{n}\sum_{j=1}^{m}P(A_i,B_j)\log P(A_i,B_j)$，同样可写出条件熵的表达式

$$H(A|B)=-\sum_{i=1}^{n}\sum_{j=1}^{m}P(A_i,B_j)\log\frac{P(A_i,B_j)}{P(B_j)}$$

所谓信息传递或信息，是指系统的熵值与条件熵值之差。由于另一系统的存在给本系统带来的信息，消除了若干不确定性，于是有 $I(A,B)=H(A)-H(A|B)$，表示由 B 系统传递给

A 系统的信息，亦可写出其逆形式 $I(B,A)=H(B)-H(B|A)$。利用数学期望公式，不难证明，$I(A,B)$ 的具体形式为

$$I(A,B)=\sum_{i=1}^{n}\sum_{j=1}^{m}P(A_i,B_j)\log[P(B_j/A_i)/P(B_j)]$$

式中 $P(B_j/A_i)$ 为在 A_i 状态下，B_j 出现的条件概率；$P(A_i,B_j)$ 为 A_i 与 B_j 的联合概率。Leung 等[4]（1990）利用简单的热量平衡模式研究可预报性，从理论上导出关于初始距平场 T_0 到某一时间 t 的温度距平 T 之间的信息传递为

$$I(T,T_0)=-\frac{1}{2}\log[1-\exp(-2t/\tau_0)] \tag{1}$$

式中 τ_0 为温度场球谐模振幅的张弛时间（就全球平均温度而言，τ_0 对孤立的空气柱为 58 天，对位于海洋上空的气柱为 4.8 年）。上式表明，全球温度距平的信息传递在 2～3 倍张弛时间内迅速衰减到零，可见模式气候与衰减时间尺度相匹配。但是，在实测气候资料序列中，是否也有类似的性质，其信息传递的衰减特征如何？这正是本文研究的内容。

根据文献[3]，对平稳正态序列拟合自回归模式（记为 AR(P)），利用线性算子的变换运算可以证明，在 τ 时刻后的信息传递为

$$I(\tau)=-\frac{1}{2}\log(1-r_1\alpha_1-r_2\alpha_2-\cdots-r_p\alpha_p)(1+\psi_1^2+\cdots+\psi_{\tau-1}^2) \tag{2}$$

式中 $\psi_1,\psi_2,\cdots,\psi_{\tau-1}$ 为传递系数，$r_1,r_2,\cdots,r_p$ 为各阶自相关系数。在特殊情形下，当序列为马尔科夫链（即红噪声）时，其 τ 时刻后提供的信息量（或信息传递）则为

$$I(\tau)=-\frac{1}{2}\log(1-\mathrm{e}^{-2|\tau|/T}) \tag{3}$$

显然，当序列符合红噪声即 AR(1) 时，随着 τ 的增大，信息量迅速减少。在给定最大步长 T 的情况下，只有 $\tau\leqslant T$ 时才有较大的信息传递。

2　试验方案及资料预处理

选取北京、南京、沈阳、武汉、成都、南昌、广州、南宁、贵阳、兰州等 10 个站的逐月、逐旬、逐候、逐年平均气温资料，除年平均气温取 100 年（1881—1980 年）外，其余资料年限统一取为 30 年（1951—1980 年）。为了资料取舍方便，已验证 1951—1980 年（30 年）与 1951—1990 年（40 年）资料统计特征无明显差异。

首先对月、旬、候资料作标准化处理，消除年变化的影响，其次将每 5，3，2（顺序从大到小）的月、旬、候值构成一个时间序列。而对年平均气温序列则先消除趋势，使序列平稳化。

其次，应用 FPE 准则[5]对各站的所有资料序列选取适当的阶数 K，拟合 AR 模式，并使最终预测误差达到最小。一般说来，气温大多服从正态，因而对实测温度记录，采用(3)式是适当的。本文以各站实测的候、旬、月、年序列为对象，根据序列的自相关结构，试验其适合的自回归模型阶数，并由(2)或(3)式计算相应的信息传递量。

(1)候平均气温　表 1 以成都为例，给出候序列试验结果（每 2 年构成一次试验序列，其中 $N=144$，最大后延 $m=N/12$）。由表可见，候序列的最优 AR 阶数 $P=1$（约占 74%），它的信息传递平均达 $\tau=4\sim5$（候），可衰减至零（其中 $\tau=3$ 时已很小）。表明在绝大多数年份

其可预报限期为 4 候(即在 20 天以内),但在少数年份,由于高阶自回归的影响,信息衰减缓慢,例如 $P=3$ 或 $P=5$,往往至 $\tau=5$(候)仍有一定的信息量在传递。

表 1　成都候序列平均信息传递(单位:比特)

AR(P)	τ				
	1	2	3	4	5
$P=1$(74%)	0.129 0	0.004 0	0.000 2	0.000 0	0.000 0
$P=3$(13%)	0.104 5	0.039 5	0.034 0	0.033 5	0.031 0
$P=5\sim7$(13%)	0.147 0	0.071 0	0.062 5	0.061 5	0.060 5
平均	0.123 1	0.018 0	0.011 0	0.010 7	0.010 1

(2)旬、月平均气温　表 2 所列为 5 个具有优势阶数(AR(1))的测站的旬际序列的平均信息传递量(其余测站类似,从略),抽样显示大多数测站旬际序列都符合马尔科夫链,它们的信息传递平均约持续 $\tau=2$ 或 3 旬,但也有的测站出现阶数为 2,3 或 4 旬的高阶 AR 情形(表中从略)。例如,沈阳(40%的年份)$P=2$,南宁、广州竟有 30%的年份为 $P=3$ 或 2。这些试验序列的信息衰减,因高阶 AR 序列中隐含准周期而十分缓慢。平均约持续 5～6 旬才衰减至零,大多数测站 $P=2$ 或 3 持续至 5 旬即衰减为零。由此可见,在不少年份,因序列中隐含高阶 AR(等价于准周期序列)而使可预报极限期加长。表 3 为 6 站月际序列的优势 AR 序列情形下的信息传递平均量。

表 2　5 个代表测站旬际序列 AR(1)信息传递平均量(单位:比特)

	τ				
	1	2	3	4	5
北京(0.7)	0.012 3	0.000 1	0.000 0	0.000 0	0.000 0
南京(0.9)	0.017 4	0.002 3	0.002 2	0.000 1	0.000 0
成都(0.7)	0.030 6	0.002 6	0.000 3	0.000 0	0.000 0
南昌(0.8)	0.022 1	0.001 3	0.000 0	0.000 0	0.000 0
贵阳(0.7)	0.011 6	0.000 1	0.000 0	0.000 0	0.000 0

注:括号内为该序列出现频数百分比。

计算表明,对绝大多数测站(除贵阳、武汉外)来说,月序列的最优阶 $P=1$,一般都有≥50%的年份,其信息衰减约持续 $\tau=1\sim4$ 月,平均 2～3 月,总的说,高阶 AR 所占比例不大(特殊的只有武汉、贵阳),一般约持续 $\tau=4$ 月。由上可见,月序列信息传递持续时间最可能在 $\tau=2$(月)。换言之,月序列的可预报期限也仅为两个时间步长。只在个别的站点或年份才有可能符合高阶而具有较多的信息传递。

(3)年平均气温　从表 4 可见,除南昌 $P=1$ 信息衰减较快,其他站皆为高阶 AR(P),成都、兰州站尤为显著,且这两站点在 $\tau=1$ 时信息传递量仍较大,而其他各站多属 AR(2),信息传递在 $\tau=1$ 时就较小,以后衰减很缓慢。可见,在年际序列中很可能存在准周期的影响,从而不能简单以 AR(1)拟合。

表 3　6 个代表测站月际序列(AR(1))信息传递平均量

	τ				
	1	2	3	4	5
北京(100%)	0.019 3	0.001 2	0.000 0	0.000 0	0.000 0
南京(83%)	0.051 8	0.008 2	0.001 0	0.000 0	0.000 0
沈阳(100%)	0.010 7	0.000 0	0.000 0	0.000 0	0.000 0
广州(100%)	0.014 0	0.001 0	0.000 0	0.000 0	0.000 0
南宁(100%)	0.064 0	0.000 7	0.000 0	0.000 0	0.000 0
兰州(100%)	0.071 2	0.032 0	0.000 8	0.000 2	0.000 0

注：括号内为该阶数的出现频数百分比。

表 4　各站百年序列信息传递量

τ	1	2	3	4	5
北京(P=2)	0.064	0.031	0.029	0.028	0.028
南京(P=2)	0.027	0.018	0.018	0.018	0.016
沈阳(P=2)	0.048	0.037	0.036	0.036	0.036
成都(P=4)	0.151	0.125	0.124	0.123	0.121
南昌(P=1)	0.041	0.002	0.000	0.000	0.000
南宁(P=2)	0.069	0.039	0.038	0.036	0.036
贵阳(P=2)	0.081	0.043	0.041	0.039	0.039
兰州(P=10)	0.137	0.101	0.099	0.099	0.099

3　信息传递特征的年际变动

本文在资料预处理过程中，采用分段子序列多层抽样方法，使各子序列不但具有大样本，而且均满足平稳性假设。从这个意义上说，增加了同类序列的可比较性(见表 1—3)。

大多年代的子序列，符合 AR(1)，但仍有少数年代子序列属高阶自回归。以成都为例，在月值序列中：1966—1970 年序列为 AR(4)，1971—1975 年为 AR(2)；旬值序列中：1963—1965 年为 AR(9)，1967—1971 年为 AR(6)，1978—1980 年为 AR(2)；候值序列中：1951—1952 年为 AR(5)，1957—1958 年为 AR(3)，1967—1968 年为 AR(7)，1971—1972 年为 AR(3)。其余时间段皆为 AR(1)。这是否由于抽样误差或气候背景的影响，将在后面加以讨论。

4　不同时间尺度信息传递特征的平均差异

从表 1—4 可见，当自回归阶数为 1 时，月值序列的信息传递量衰减很快，各站虽有不同，但基本在 $\tau=2\sim3$ 时衰减至零。旬值序列比月值序列信息传递量衰减慢，虽也约在 $\tau=$

2～3 时衰减至零,但相同 τ 值时的信息传递量明显比月值序列大。候值序列衰减减慢更为明显,约在 $\tau=4\sim5$ 时方衰减至零。还可看到,相同阶数的高阶自回归序列也有此特性。可见随时间尺度的增加,单站同阶同年代的信息传递量衰减总是加快,亦即说明短时间尺度的可预报性一般总比长时间尺度的可预报极限期大些。

此外,将各站不同年代的信息传递量及自相关函数分别求其平均衰减状况(图略),结果发现,在年际序列中,AR(1)的信息衰减最快,其相应的自相关函数围绕时间后延轴呈波动衰减至零,也较迅速。但是,AR(2)的信息传递衰减却很缓慢且趋微弱,而相应的自相关函数也有类似规律。不过,在候、旬、月际序列中,AR 的阶数与自相关函数的关系并不太明显。

5 结 语

对各大气候区 10 个代表测站的平均气温信息传递特征的分析结果表明:

(1)候、旬、月际气温序列,符合 AR(1)的机会为最多,而其信息传递衰减与马尔科夫链的理论基本吻合,绝大多数都在 $\tau=2\sim3$ 时即衰减至零,仅个别序列(如候际序列)稍延迟到 $\tau=5$ 衰减至零,这表明了大致的可预报期限。

(2)信息传递确实对气候可预报性有指示意义。上述结果与 Leung 等人对模式气候的验证结果基本一致,说明了信息传递无论对模式验证或资料检测都有重要价值。

(3)信息传递随时间尺度不同而有不同的衰减特征,尤其是单站同阶同年代序列随时间尺度的增大,其信息传递量衰减加快。这也在一定程度上表明了候、旬、月、年际序列的可预报期限的大致尺度。

由于年、月、旬、候际序列中存在着一定比例的高阶自回归特征,并不能完全以简单 AR(1)拟合,因此可预报期限实际还存在某些年际变动或阶段性,即不确定性。因为它们实际上是与气候的年际振动背景有关的。为了考察这一现象,我们同样对相应年份的降水作自回归拟合的尝试。结果发现,在高阶自回归的年份,降水量的起伏波动很大,而在 AR(1)年代段则相反,降水相对较平稳且离差较小。这从另一侧面反映出气候的年际振动会影响各年份内部的时间序列结构。此外,由于模式和实际资料所计算的信息传递特征在一定程度上具有一致性,因而,计算模式的信息传递特征与实际信息传递特征的吻合程度,将不失为一种评价模式优劣的方法。

参考文献

[1] Leith C B. The standard error of time-average estimates of climatic means. *J Appl Meteor*, 1973, **12**: 1 066-1 075.

[2] Hayashi Y. Confidence intervalues of a climatic signal. *J Atmos Sci*, 1982, **39**: 1 895-1 905.

[3] 张学文. 气象预告问题的信息分析. 北京: 科学出版社, 1981: 1-48.

[4] Leung L Y, North G R. Information theory and climate prediction. *J Climate*, 1990, **3**: 5-14.

[5] 么枕生, 丁裕国. 气候统计. 北京: 气象出版社, 1990: 1-35.

[6] 黄嘉佑. 长期天气过程的可预报性研究的进展. 气象科技, 1992, (3): 30-37.

Study on Canonical Autoregression Prediction of Meteorological Element Fields

Ding Yuguo(丁裕国) and Jiang Zhihong(江志红)

(*Nanjing Institute of Meteorology*, *Nanjing* 210044, *China*)

Abstract: Through extension of canonical correlation to the analysis of meteorological element fields(MEF), a concept from combination of canonical autocorrelation with canonical autoregression(CAR) is developed for short-term climatic prediction of MEFs with a formulated scheme. Experimental results suggest that the scheme is of encouraging usefulness to a weak persistence MEF, i. e. , rainfall field and, in particular, to a strong persistance one like a SST field.

Key words: meteorological element field(MEF), canonical autoregression(CAR), climatic prediction, canonical autocorrelation(CAC)

Introduction

Canonical correlation analysis (CCA) is a useful tool for investigating the statistical correlation between two sets of variables. If their respective linear combinations are found, then only a few optimal linear correlation indices, or canonical correlation coefficients will be needed to describe their ensemble correlation, an approach that has a wide range of applications to problems involving more than two groups of variables. CCA has in recent years been utilized increasingly in the branches of atmospheric sciences[1-4], especially with regard to interaction and relation between MEFs.

With CCA extension to problems of short-term MEF climatic forecasting, a concept of MEF canonical autocorrelation (CAC) is proposed, thereby leading to a CAR model that is capable of describing major features of space/time evolutions of the studied field so that it is likely to make approach to the possibility to use a variety of scenarios for such prediction.

1 MEF Canonical Autocorrelation Function

Assume a MEF series consisting of P stations, or grid-points to be of the form $X(t)=(x_1(t), x_2(t), \cdots, x_p(t))$, $t=1,2,\cdots,n$. And if we regard it as a multivariate second-order-moment stationary temporal series with the associative distribution satisfying normal stationary conditions and zero mean processing of the sequence considered, then an associative covariance function matrix between time t and $t'(=t+\tau)$ takes the form

$$\sum_{(t,t+\tau)} = \begin{bmatrix} \sum_{(0)} & \sum_{(\tau)} \\ \sum_{(-\tau)} & \sum_{(0)} \end{bmatrix} \tag{1}$$

where the piecewise matrix $\sum_{(0)}[\sum_{(\tau)}$ and $\sum_{(-\tau)}]$ stands for the zero(τ and $-\tau$, separately) lagged covariance matrix of the studied series. For a stationary sequence of this type it is easy to prove the lagged covariance $\sigma_{ij}(\tau)=\sigma_{ji}(-\tau), i,j=1,2,\cdots,p$, thus resulting in the related matrix marked by the relation

$$\sum_{(\tau)} = (\sum_{(-\tau)})' \tag{2}$$

and $\sum_{(0)}$, $\sum_{(\tau)}$ and $\sum_{(-\tau)}$ are all positive or non-negative definite matrices. To reveal the ensemble correlation of the series between t and t', we extend CCA and define the corresponding multivariate sequences $F(t)$ and $F(t+\tau)$, separately, in the form of

$$F(t)=U'_t X(t) \tag{3}$$

$$F(t+\tau)=U'_{(t+\tau)} X(t+\tau) \tag{4}$$

or simply denote them as

$$F_t=U'_t X_t=(u_{1t},\cdots,u_{pt})\begin{bmatrix} x_{1t} \\ \vdots \\ x_{pt} \end{bmatrix} \tag{5}$$

$$F_{t+\tau}=U'_{t+\tau} X_{t+\tau}=(u_{1,t+\tau},\cdots,u_{p,t+\tau})\begin{bmatrix} x_{1,t+\tau} \\ \vdots \\ x_{p,t+\tau} \end{bmatrix} \tag{6}$$

where $u_{i,t}$, $u_{i,t+\tau}$ and x_{it}, $x_{i,t+\tau}$ represent vectors containing n observational elements[5]. If, following CCA theory, the linear function group satisfies the unit variance, i. e..

$$\left.\begin{aligned} V(U'_t X_t) &= U'_t \sum_{(0)} U_t = I \\ V(U'_{t+\tau} X_{t+\tau}) &= U'_{t+\tau} \sum_{(0)} U_{t+\tau} = I \end{aligned}\right\} \tag{7}$$

and further if the maximized autocorrelation function coefficients of $F(t)$ and $F(t+\tau)$ can be derived

$$\begin{aligned} \rho(F(t),F(t+\tau)) &= \rho(\tau) \\ &= \frac{COV(U'_t X_t, U'_{t+\tau} X_{t+\tau})}{[V(U'_t X_t), V(U'_{t+\tau} X_{t+\tau})]^{1/2}} \\ &= COV(U'_t X_t, U'_{t+\tau} X_{t+\tau}) \\ &= U_{t+\tau}' \sum_{(\tau)} U_\tau \\ &= (U'_\tau \sum_{(-\tau)} U_{t+\tau})' \end{aligned} \tag{8}$$

we will refer to $\rho(\tau)$ as the MEF canonical autocorrelation function (coefficient) of $X(t)$, with the lag designated by τ and the related variables by $F(t)$ and $F(t+\tau)$. Evidently, suffice it to determine the vectors of coefficients of the sets U_t and $U_{t+\tau}$ if $\rho(\tau)$ in association with τ is required. As with CCA, the use of Lagrange multiplication scheme will produce a system of equations of conditional maxima and finally lead to the characteristic expression for the CAC function

$$Y(\tau)U_t - \upsilon_1(\tau)U_t = 0 \tag{9}$$

$$Z(\tau)U_{t+\tau} - \upsilon_2(\tau)U_{t+\tau} = 0 \tag{10}$$

in which the matrices $Y(\tau)$ and $Z(\tau)$ have the form

$$Y(\tau) = \sum_{(0)}^{-1} \sum_{(-\tau)} \sum_{(0)}^{-1} \sum_{(\tau)} \tag{11}$$

$$Z(\tau) = \sum_{(0)}^{-1} \sum_{(\tau)} \sum_{(0)}^{-1} \sum_{(-\tau)} \tag{12}$$

and for a given τ, the constant

$$\upsilon_1(\tau) = \upsilon_2(\tau) = \lambda^2(\tau) \tag{13}$$

Eq. (9) or Eq. (10) is none other than the formulation for eigenvalue and eigenvector for a specified τ. The obtained eigenvalue $\upsilon_1(\tau)$ or $\upsilon_2(\tau)$, then subjected to root extraction, will be the associated $\rho(\tau)$, equal to $\lambda(\tau)$ in magnitude and the resulting eigenvectors U_t and $U_{t+\tau}$ are the weighting coefficient vectors of $F(t)$ and $F(t+\tau)$ at t and $t+\tau$, respectively. In the light of CCA theory, for a given τ all CAC functions $\lambda_i(\tau)$, $i=1,2,\cdots,q(q\leqslant p)$, have the character similar to canonical correlation[6].

From the foregoing analysis one can see that introduction into $X(t)$ of autocorrelation functions and the related variables will make it possible to explore the MEF's interphase relevance of chief spatial characteristics as a function of time. Insomuch as CCA has the ability to describe the population correlation between two sets of variables by way of a limited number of extracted canonical variables of greater variance contribution and their associated correlation coefficients, the extension of the technique to examine canonical correlation of the MEF's phases at t and $t+\tau$ will provide likelihood to capture the interphase ensemble relevance of the time-dependent major space distribution features, thus eliminating the "noise", so that the evolutions of uncovered space/time patterns are made even clearer, which allows diagnostic research into the MEF's causes in a physical context.

2 Canonical Autoregression Model For MEF Prediction

After $F(t)$ and $F(t+\tau)$ and the associated $\rho(\tau)$ are found, a CAR model can be established for the MEF's phases at t and $t+\tau$ in the way that a regression model is constructed. For example, for the ith pair of variables $F_i(t)$ and $F_i(t+\tau)$ there should be an expression of one-variable linear regression estimation as

$$\hat{F}_i(t+\tau) = b_i F_i(t) \qquad i=1,2,\cdots \tag{14}$$

where b_i denotes the autoregression coefficients for the CAR equation with $F(t)$ as the regression factor and τ as the lag. Following regression theory, it is easy to prove that b_i is none other than the corresponding CAC function, so that

$$b_i=\rho_i(\tau)=\lambda_i(\tau) \qquad i=1,2,\cdots \tag{15}$$

which, if extended to a general form for estimation, can be put into matrix form as

$$\hat{F}(t+\tau)=BF(t) \tag{16}$$

in which

$$F(t+\tau)=[F_1(t+\tau),F_2(t+\tau),\cdots,F_q(t+\tau)]' \tag{17}$$

and

$$F(t)=[F_1(t),F_2(t),\cdots,F_q(t)]' \tag{18}$$

$$B=\begin{bmatrix} b_{11} & b_{12} & \cdots & b_{1q} \\ b_{21} & b_{22} & \cdots & b_{2q} \\ \cdots & \cdots & \cdots & \cdots \\ b_{q1} & b_{q2} & \cdots & b_{qq} \end{bmatrix} \tag{19}$$

Here the autoregression coefficient matrix B is actually a diagonal matrix, viz.,

$$B=\Lambda(\tau)=\text{diag}(\lambda_1(\tau),\cdots,\lambda_q(\tau)) \tag{20}$$

Eq. (16) is a simple (first-order) CAR formulation based on the first q variables of strong autocorrelation. For convenience, Eq. (16) is retrieved with the aid of Eqs. (3), (4) and (8) to the following form

$$\hat{X}(t+\tau)=(U_{t+\tau}U'_{t+\tau})^{-1}U_{t+\tau}\Lambda(\tau)U'_tX_t \tag{21}$$

whose further simplification leads to

$$\hat{X}_{t+\tau}=\sum\nolimits_{(0)}U_{t+\tau}\Lambda(\tau)U'_tX_t \tag{22}$$

Note that Eqs. (21) and (22) represent the original series form of the CAR expression based on CAC, suggesting that for a multivariate stationary temporal sequence X_t, the τ evaluation, $X_{t+\tau}$, can be made through the corresponding CAR equation and the related CAR coefficient matrix determined by the product of matrix $\sum_{(0)}U_{t+\tau}\Lambda(\tau)\overline{U}'_t$. The fact that CAR estimate depends only on the first $q(\leqslant p)$ terms of vigorous CAR for fitting quite well the original MEF time series is equivalent to constructing an autoregression model with the aid of as many principal related signal features as possible extracted out of the original multivariate sequence X_t. Evidently, if all CAC variables are taken to prepare the aforementioned CAR equation, then the autoregression coefficient matrix can be proven to be the usual multivariate autoregression matrix, whose proof is not presented herein. For details readers can refer to Huang[5]. Undoubtedly, that a CAR equation does not need all eigenvalues (CAC functions) to be available for calculation makes the expression greatly reducted. Consequently, the CAR equation established for disclosing the temporal relevance of MEF dominant features is generally of higher applicability than the common multivariate autoregression models.

3 MEF Car Prediction Scheme With Experiments

Generally, information in a MEF observational sequence consists of signals in agreement with the space scale and a variety of random noises. Were all the kinds of message put into a prognostic equation without regard to their relative importance, the predictability would be markedly reduced. In contrast, the filtered information could possibly help. For this reason two forecasting scenarios are suggested in the following:

(1) EOF (or PCA)-based CAR prediction scheme (Scheme Ⅰ)

The first q principal components ($q \leqslant p$) are taken from EOF filtered $X(t)$, with the sum of the contribution explaining, say, 85% or 80% of the total variance. Obviously, the preprocessed series will render small-scale stochastic noise level to decline to some degree. For the observing sites inside the MEF we have

$$\widetilde{X}_{kt} = \sum_{j=1}^{q} \lambda_j^{1/2} \alpha_{jt} e_{jk} \qquad k = 1, \cdots, p; g \leqslant p \tag{23}$$

where e_{jk} denotes the k-th component of the j-th eigenvector (i. e., the principal component load at the k-th gridpoint); a_{jk} the j-th normalized principal component; λ_j the related j-th eigenvalue.

The manipulation of the new variable α_{jt} using the derivative procedure given in Eq. (1) through Eq. (13) will yield (as in the preceding case) the CAC variables $F_i(t)$ and $F_{i(t+\tau)}$, $i = 1, 2, \cdots, q'$ (with $q' \leqslant q \leqslant p$) and $t = 1, 2, \cdots, n$. Correspondingly we find the CAR equation

$$\widetilde{F}(t+\tau) = \bar{b}_i \widetilde{F}_i(t) \tag{24}$$

where $\widetilde{F}_i(t)$ and $\widetilde{F}(t+\tau)$ are, respectively, the PCA-based ACA variable and CAR estimate at τ; b_t the PCA-based CAR coefficient, can be extended into matrix form as in the case of Eq. (14):

$$\widetilde{F}(t+\tau) = \widetilde{B}\widetilde{F}(t) \tag{25}$$

Similarly, as in Eq. (16), we can get the prognostic formulation on the basis of the original MEF subjected to PCA processing

$$\hat{X}^*_{+\tau} = \widetilde{\sum}_{(0)} \widetilde{U}_{t+\tau} \widetilde{\Lambda}(\tau) \widetilde{U}'_t \hat{X}_t \tag{26}$$

where $\widetilde{\Lambda}(\tau)$ denotes the PCA-based MEF CAC coefficient matrix and $\widetilde{\sum}_{(0)}$ the related zero-lagged covariance matrix.

(2) EEOF-based MEF prediction scheme (Scheme Ⅱ)

Scheme Ⅰ is responsible for more or less improved autocorrelation of the phases at t

and $t+\tau$, which is, after all, controlled by the intrinsic properties of the original MEF. To further raise the CAC level, increase predictability information volume and reduce forecasting error, the following procedure is suggested.

Let the MEF $X(t)$ represent a series of monthly mean field of an element, say. SST, 500-hPa height, precipitation, or temperature, which is denoted as $T(t,\tau,n)$ with $t=1,2,\cdots,n$ for the serial number of the year, $\tau=1,2,\cdots,12$ for the month and $\eta=1,2,\cdots,m$ for the grid point. Now, a sequence of successively numbered months for a certain MEF is EEOF expanded[7], i. e., set

$$T(t',s)=\begin{cases} T(t,\tau_1,\eta), & \eta=1,2,\cdots,m \\ T(t,\tau_2,\eta), & \eta=m+1,\cdots,2m \\ T(t,\tau_3,\eta), & \eta=2m+1,\cdots,3m \end{cases} \tag{27}$$

$$s=1,2,\cdots,p;\ t'=1,2,\cdots,n'$$

in which $\tau_1=1,2,\cdots,12$; $\tau_2=\tau_1+1$; $\tau_3=\tau_2+1$; τ_1, τ_2 and τ_3 denote the numbered months of the same year when $\tau_1\leqslant 10$ and those of the next year when $\tau_1\geqslant 11$ (e. g., $\tau_1=11$ (Nov.), $\tau_2=12$ (Dec.) and then $\tau_3=1$ (Jan.) of the following year). In other words, in the newly formed sequence $T(t',s)$, where $s=1,2,\cdots,p$ and $t'=1,2,\cdots,n'$, $3m=p$ grid points are viewed as the "field" time, thus resulting in a series composed of $t=1,2,\cdots,n'$ "field". Next, we take the first q principal components of relatively greater variance contribution, which will explain a largest portion of the total variance. Consequently, we have

$$\widetilde{T}(t',s)=\sum_{j=1}^{q}\lambda_j^{1/2}\beta_{jt'}f_{js} \qquad s=1,2,\cdots,p;t'=1,2,\cdots,n' \tag{28}$$

which represents the EEOF expansion with λ_j denoting the relative eigenvalue, which is, however, different from λ_j of Eq. (23).

As in the case of Scheme Ⅰ, we can find from the new variable β_{jt} the CAC variable $E_i(t')$ and $E(t'+\tau)$, $i=1,2,\cdots,q'$ (with $q'\leqslant q\leqslant p$ and $t=1,2,\cdots,n$). Note that the symbol $E_i(\mathrm{t})$ used here indicates that it differs from the CAC variable $F_i(t)$ aforementioned. Thus, we get

$$\widetilde{E}_i(t+\tau)=\widetilde{b}'_i\widetilde{E}_i(t') \tag{29}$$

where $E_i(t')$ and $E_i(t'+\tau)$ are the EEOFs-based CAC variable and τ lagged CAR estimate, respectively; b_i the CAR coefficient. As in Eq. (14), Eq. (30) has its matrix form

$$\widetilde{E}(t'+\tau)=\widetilde{B}'_i\widetilde{E}(t') \tag{30}$$

which, if to retrieve a CAR equation of a MEF series, will have the same form as Eq. (26). In a special case with $\tau=1$, the following prognostic system will be formed (to illustrate this we take the MEF inter-monthly prediction for example).

At each-step prediction is built on the evolution of the "field" in the previous months in succession as the autoregression factor and the temporal relevance between different time (t and $t+\tau$) in the prognostic equation actually contains autocorrelation on an inter-monthly and inter-seasonal basis. For instance, the CAR prediction formulation base on EEOF expansion of every 3-month evolved field as put in the order shown in Eq. (27) has been found to be more effective than that simply from the EOF expanded inter-monthly sequence. Again, if the field of the 3-month moving (running) field is employed as an evolved one, which is partially overlapped on an inter-monthly basis, the CAR prediction from EEOF analysis is likely to further reduce forecasting error.

Now, only the first mode is used to conduct an experiment with the North Pacific SST field in the following manner. The sea region covering 286 grid points is divided into 15 sectors and an $m=15$ sequence is formed by calculating the 1951—1985 SST monthly mean series for each of the sectors. Figure 1 presents the distribution of these sectors. Next, the EEOF expansion of sequence of every 3-month extended field (the associated seasonal field) is carried out, followed by using the prognostic equation of the types of Eq. (25) or (30), with the result changing to that in relation to the original field.

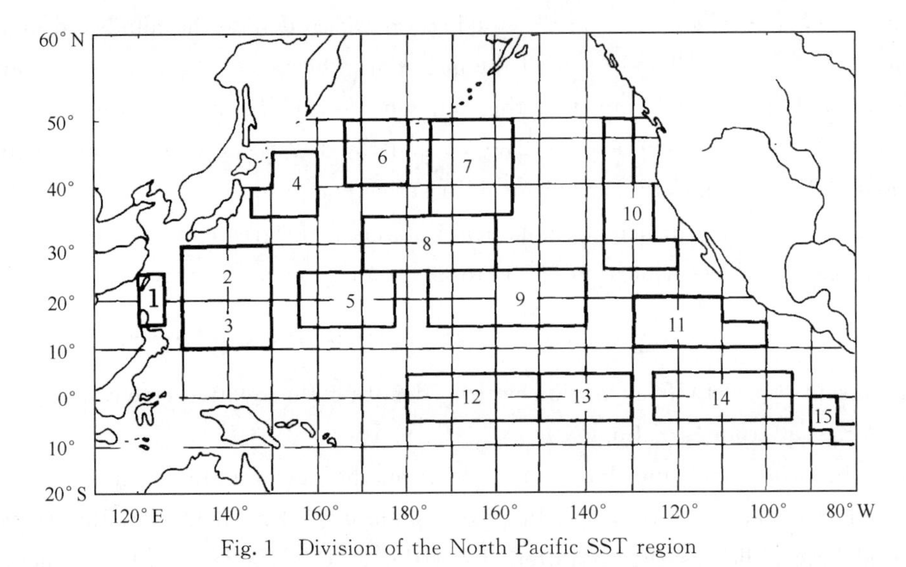

Fig. 1 Division of the North Pacific SST region

EEOF expansions of each 3-month field show that the consideration of the first 7 canonical fields and their time weighing coefficients (principal components) is enough to reach >85% of the total variance. As an example, forecasting experiments are conducted for $\tau=1,2$, and 3, separately, with the aid of Eq. (28) where $q=7$, $p=3$, $m=45$ and $n=140$ (the number of seasons in the 35-year span) are set, whereby a β_{jt} CAR prognostic equation is derived and independent sample experiments are performed with the equation in the following manner: one sample year taken at a time is put into the run till all the samples are applied. Results show that only the first 4 CAC variables used are sufficient to make a forecast of basic spatial characteristics. Put in another way, $q=4$, and $i=1,2,\cdots,4$ are assumed for Eq. (30), followed by deriving the prediction of the original SST field through Eq. (22) or (26). Fig. 2 presents the 1985 SSTA patterns, predicted and observed for comparison. As far as the sign is concerned, its coincidence amounts to 14/15 and as for the

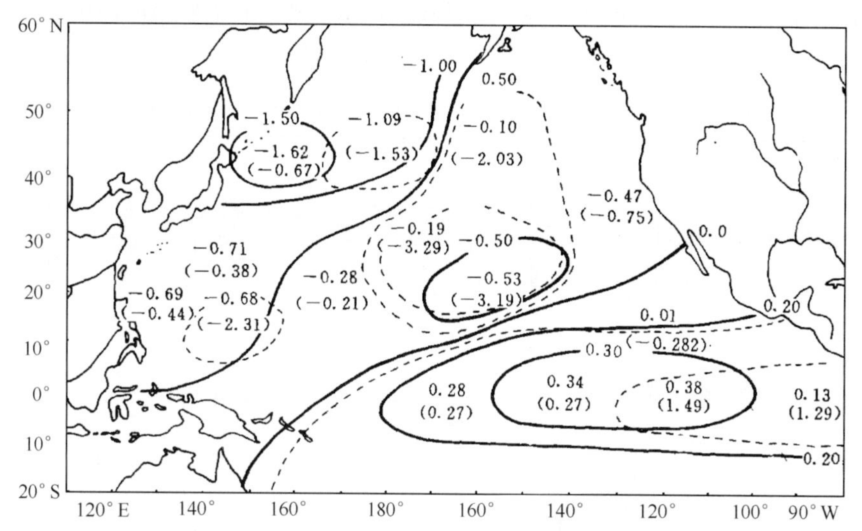

Fig. 2 1985 SSTA patterns of the research area with the bracketed figures denoting the measurements

trend of the magnitude the optimum is found in the equatorial eastern Pacific (the 12—15th segments). Additionally, the values are in closer agreement for the coastal sectors of the eastern and western Pacific except the central and northern portions of the ocean. With regard to the overall effectiveness of these forecasts with $\tau=3$ for the 15 sectors for the winter (DJF), the independent sample experiments show that the result differs from sector to sector all the years, so do the magnitude and coincidence of departure sign (see Table 1). Generally, the coincidence is, on a averagy, >60% for all the segments, with the maximum concentrated in the eastern equatorial Pacific (the 12—15th sectors) and the secondary peak over the coastal eastern Pacific (11—12th sectors) and the central and northern Pacific (the 7 and 8th segments), and then the 2nd sector around the subtropical Kuroshio. Thus, taking together all the EEOF forecasts, we find that the sectors of the SST trend that has been well simulated are those already addressed as the key regions by many investigators[7-9]. On the other hand, the coincidence rate in magnitude of predictions and measurements is maximal for the equatorial eastern and the eastern coastal Pacific (11—15th sectors), with the correlation coefficient, on average, arriving at about 0.71, particularly over the equatorial cold pool and Peruvian coastal region. This suggests that Scheme Ⅱ is most suitable for the sectors of vigorous climatic signals on a global basis. From the perspective of application, the CAR scheme presented here might be of high value to ENSO study. However, the SST field is of strong persistence. To examine the real usefulness of the presented scenario it is worth while to investigate its universal applicability. Now, CAR prediction is made in the context of 1957—1992 monthly rainfall sequence consisting of data from 30 stations in the Changjiang-Huaihe basin, where the 1957—1987 inter-monthly series is used as samples to construct the CAR forecast in terms of the model prepared with Scheme Ⅱ, which is verified against the 1988—1992 summer (JJA) precipitation fields in order to assess the CAR effectiveness (see Fig. 3). Results indicate that the CAR forecasting is of more usefulness even to the less persistent rainfall event.

Table 1 1951—1985 Forecasts for the North Pacific Winter (DJF) SST Field Made by Independent Samples

Sector	*GSN* *	*CC*(*r*) * *	*SC*(*c*) * * *
1	1—5	0.394 7	0.60
2	6—8,11—13,17—19,24—26,32—34	0.405 8	0.71
3	8—10,13—15,19—21,26—28,34—36	0.478 0	0.63
4	16,22,23,29—31,37—39,46—48	0.350 9	0.63
5	41—43,50—52,59—61,68—70,77—79	0.159 3	0.63
6	54—56,63—65,72—74,81—83	0.357 8	0.57
7	94—97,107—110,120—123,133—136,146—149	0.409 7	0.77
8	66—68,75—77,84—86,97—99,110—112,123—125,136—138	0.106 8	0.66
9	99—101,112—114,125—127,138—140,151—153,164—166,177—179,190—192	0.236 4	0.60
10	198—203,211—216,224—227,235—236,244	0.401 6	0.71
11	217—219,216—218,224—227,235—236	0.753 3	0.71
12	90—92,103—105,116—118,129—131,142—144,155—157,168—170	0.772 9	0.74
13	168—170,181—183,194—196,207—209,220—222	0.737 3	0.74
14	231—233,240—242,248—250,255—257,261—263,267—269,272—274	0.700 8	0.83
15	278—280,282—284,286	0.573 6	0.74

Note: * *GSN*=grid serial number.

* * *CC*=correlation coefficient with *r* denoting the CC between prediction and observation.

* * * *SC*=sign coincidence with *c* denoting the coincidence rate of departure sign in both cases.

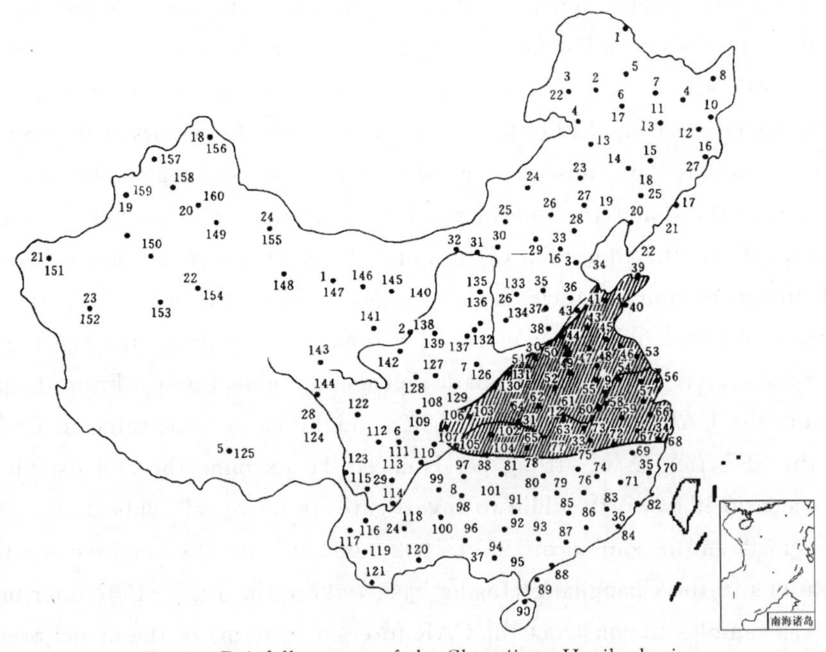

Fig. 3 Rainfall pattern of the Changjiang-Huaihe basin

From the foregoing analysis the following aspects are worth noticing.

(1)From the fittings of the CAR model results, the coincidence rate is quite high between the fitted and observed fields with the 1978—1987 statistics illustrated in Table 2. One can see that for the 10 years, each of which is divided by season or 3 months with which to constitute all basic EEOF fields, it is found that the correlation coefficients attain >0.8 for 62.5% of the fields, predicted and observed, with the sign coincidence of >90% exceeding 0.9. Nevertheless, in view of the 10-year information contained in the modelused samples, this table does not indicate the net forecasting but the fitting effectiveness.

Table 2 The 1978—1987 Fittings of the Rainfall Fields

Field cor. coef.	Freq.	Freq. (%)	Dept. sign coin. rate	Freq.	Freq. (%)	AEM*	Freq.
$r \geq 0.9$	11	27.5	$r_s \geq 0.9$	36	90.0	$e<20$	0
$0.8 \leq r_s < 0.9$	14	35.0	$0.8 \leq r_s < 0.9$	4	10.0	$20 \leq e < 30$	10
$0.7 \leq r_s < 0.8$	9	22.5	$0.7 \leq r_s < 0.8$	0	0.0	$30 \leq e < 40$	10
$0.6 \leq r_s < 0.7$	2	5.0	$0.6 \leq r_s < 0.7$	0	0.0	$40 \leq e < 50$	10
$0.5 \leq r_s < 0.6$	1	2.5	$0.5 \leq r_s < 0.6$	0	0.0	$e>50$	10
$r<0.5$	3	7.5	$r<0.5$	0	0.0		
sum	40	100		40	100		40

Note: AEM=absolute error mean (mm).

(2)Based on the 1988—1992 net (independent sample) predicting experimental findings, the numerical coincidence rate is 0.353 6 of the predicted and measured anomaly fields (with the correlation coefficients as the basic data for calculation) and the sign coincidence averages 0.453 3 (see Table 3), especially in the cases of 1989, 1990 and 1992, the excellent being the 1989 case and the worst being of 1988($r=-0.198\ 8$); however, it reaches the credibility in excess of 0.10, as judged from the mean significance of the correlation. $r=-0.198\ 8$ is inferior in magnitude and sign coincidence to the preceding case of the North Pacific SST field, with average correlation of 0.462 5 and mean sign coincidence of 0.68. Yet it is worth notice that there is some difference in the operating procedure for both experiments: (a) For the SST run one sample year at a time is utilized till the end of the record and, in contrast, the rainfall field is built on the first 31-year data for establishing the model, with the remaining 5-year data for prediction. Hence, the former has a valid time of 35 years and the latter only 5 years for prediction in a statistical context. In a sense, the latter shows higher credibility. (b)Insofar as the whole field is concerned, the results are no equally satisfactory, the optimal being the northern SST; vast difference is found from sector to sector: the significantly good results for some of the key regions are related, to great extent, to strong persistence (high autocorrelation); the same is true of the rainfall, with better outcome resulting from the regions marked by smaller inter-monthly or interannual variability, and v. v.

Table 3 5-Year Forecasting Results and Model CAC Coefficients

Year	POCC*	DSCR**	SN***	CACC**** ρ ($\tau=2$)
1988	−0.198 8	0.333 3	1	0.811 2
1989	0.516 9	0.600 0	2	0.744 3
1990	0.298 4	0.433 3	3	0.626 8
1991	0.244 6	0.366 7	4	0.432 6
1992	0.509 2	0.533 3	5	0.328 0
mean	0.353 6	0.453 3		0.588 5

Note: * prediction/observation correlation coefficient.
* * departure sign coincidence rate.
* * * serial number.
* * * * CAC coeffcient.

Thus, viewing the predictions as a whole, a conclusion is arrived at that the final forecast that has undergone EEOF smoothing and CAR filtering is bound to be considerably superior to that untreated by any means, based on a single station or a MEF dataset.

4 Concluding Remarks

A short-range climatic forecast can be well prepared by using the CAC-built CAR technique and, in particular, with the aid of EEOF preprocessing scheme. In this method, the construction of a prediction model is conducted in virtue of twice-extracted signals of major features of the MEF spatial pattern, leading to appreciable reduction of stochastic noise, which is evidently favorable for the prognosis. The present work demonstrates that the procedure proposed here is of usefulness both to short-lived MEF, such as precipitation and, in particular, to long-lived MEF like SST.

References

[1] Glahn H R. Canonical correlation and its relationship to discriminant analysis and multiple regression. *J Atmos Sci*, 1968, **25**: 23-31.

[2] Fritts H C. Multivariate techniques for calibrating time series used to reconstruct anomalies in paleoclimate. *International Symposium on Probability and Statistics in Atmos Sci*, 1971: 59-61.

[3] Ding Y U, *et al*. Feasibility study on reconstructing data of the tropical Pacific circulation pattern in terms of a statistical model. *J Trop Meteor*, 1992, **8**(4): 297-305. (in Chinese)

[4] Jiang Z H, Ding Yuguo. Experiments in the reconstruction of a dataset of a total radiation field for 1881—1980. *Meteor Sci*, 1990, **10**(1): 22-30(in Chinese).

[5] Huang J Y. *Meteorological Statistical Analysis and Forecasting Meteorology*. Beijing: China Meteor Press, 1990, 245-246(in Chinese).

[6] Rao C R. *Linear Statistical Inference and Its Applications*. New York:John Wiley & Sons Inc,1965:493-498.

[7] Wallace J M, *et al*. SVD of wintertime SST and 500 hPa height anomalies. *J Climate*,1992,**5**:561-576.

[8] Barnett T P, Preisendorfer R. Origins and levels of monthly and seasonal forecast skill for US surface air temperature determined by CCA. *Mon Wea Rev*,1987,**119**:1 825-1 849.

[9] Li M C,*et al*. Relation between East-China monsoon precipitation and equatorial eastern Pacific SST. *Chinese J Atmos Sci*,1987,**1**:365-372(in Chinese).

Nino 海区 SSTA 短期气候预测模型试验

丁裕国[1]　江志红[1]　朱艳峰[2]

(1.南京气象学院,南京　210044;2.南京气象学院 97 届硕士生)

摘　要:采用奇异谱分析(SSA)与自回归(AR)预测模型相结合的方案,对 Nino 海区平均海表温度(SST)逐月距平序列作自适应滤波意义下的超前预报。结果表明,对 1997—1998 年这次强 ENSO 事件的超前预报十分有效;利用相应的历史样本作三次强 ENSO 事件的回溯预报试验,发现均有较高可信度。可见,该方案预报技巧稳定,独立样本试验和实际预报试验都有很高的准确率。将 SSA-AR 方案进一步完善,可望作为 ENSO 业务预报的有效模型。

关键词:奇异谱分析　ENSO 事件　气候预测　自回归模型

引　言

ENSO 事件是全球气候系统的强信号,它实质上表明热带海洋与大气的强相互作用所产生的耦合(季节的或年际的)振荡行为。ENSO 对全球各地的气候几乎都有巨大的影响。目前,人们关注的气候问题,其热点之一,就是如何准确地、超前地预测 ENSO 事件及其影响所产生的 ENSO 气候型态。虽然,借助于某些动力学模式如 GCM 或中间层次模式可进行 ENSO 预测,并已显示出较高的预报技巧,但是,总的说来,其预报结果并不很稳定,预报时效还有待延伸,尤其是时效达 6 个月以上的超前预报,仍有一定困难。研究指出,统计预报模式对 ENSO 现象的预测十分有效。例如,采用 EEOF 与 CCA 相结合的方法,在超前时间不超过一年内已显示出有价值的预报技巧[1-4]。但是,这类预报的目标并非考虑 ENSO 的精确时间,而是预报其特征指标的空间分布,即 ENSO 事件空间分布型的预测。

奇异谱分析(SSA)是近年来流行的气候诊断分析新方法,它早期被称为 Karhunen-Loeve 展开方法[5,6],主要用作一般数字信号处理,其后被推广到生物海洋学、非线性动力学和通信技术中广泛应用。近几年由 Ghil 等人引入气候学诊断和预测研究,取得瞩目的成效[3,6]。作者近年对 SSA 提出若干新的认识,并推广成奇异交叉谱分析(SCSA)[7]。

本文则采用 SSA-AR 技术对 Nino 海区海表温度异常(SSTA)月际序列作短期气候预测试验,取得显著效果。

1　资料和方法

(1)原始资料取自北太平洋 286 个格点逐月海表温度(1951—1995 年),其分辨率为

5°×5°经纬网格，预报对象以Nino(1－4)海区逐月的SST空间平均值构成时间序列，并采用标准化SST距平时间序列(海区位置如图1所示)。

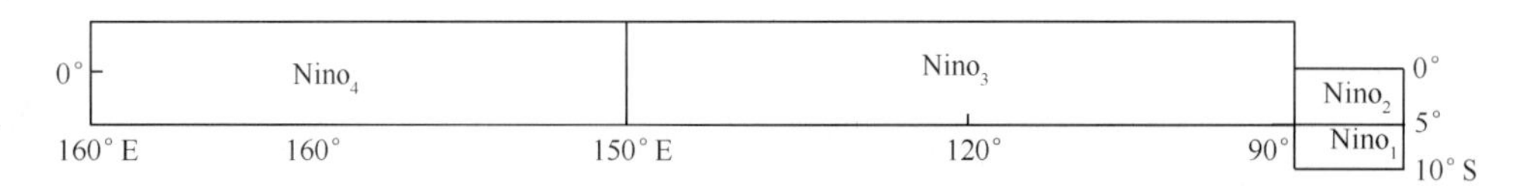

图1 Nino海区示意图

应当指出，采用区域平均SST标准化月际序列可使序列中的多频信号不致被破坏，从而较好地保留那些季节内振荡和季节的及年际的振荡信息特征。以往有些研究采用固定月份的年际序列讨论预报问题，这样势必会舍弃了若干有用的频率信号，即使是研究年际尺度的振荡特征，也是不利的，至少不能充分显示不同尺度(如不同季节或季节内)振荡之间的相互作用。从采样观点来看，月际序列的信息更符合频率信号的采样定理，而减小频率"混淆"[8]。

(2)SSA方法是一种变形的PCA或EOFs。因为通常EOFs是对空间离散的场序列展开，求得对应于空间典型特征型的时间权重系数，即所谓空间主分量。若对一个时间序列$\{X_t\}$，$t=1,\cdots,N$作某种时间滞后(尺度)m的排列，就有

$$X=\begin{bmatrix} x_1 & x_2 & \cdots & x_{N-m+1} \\ x_2 & x_3 & \cdots & x_{N-m+2} \\ \cdots & \cdots & \cdots & \cdots \\ x_m & x_{m+1} & \cdots & x_N \end{bmatrix} = \underset{m\times(N-m+1)}{(x_{it})} \tag{1}$$

对矩阵X作EOFs展开，就称为时间经验正交函数展开(记为TEOFs)。研究表明，TEOFs可用来识别和描述序列中蕴含的各种线性或非线性振荡信号，尤其是较弱的信号[9]。作者在文献[9]中，从理论上证明，SSA即TEOFs其本质就是一种广义的功率谱分析，它有强化信号的功能。

为与空间场EOFs展开区别起见，将SSA得到的特征向量称为典型波型信号，并记为：TEOF1，TEOF2，…，而将它的相应主分量分别记为：TPC1，TPC2，…，等等。SSA的功能在于对原序列$\{X_t\}$分解各TPC，识别其显著周期信号，从而将多种振荡信号由噪声背景上分离成各种单一频率的振荡信号，并借助于各TPC在时域上的变动状况，揭示各频率信号的时变特征。在此基础上，还可利用TPC和TEOF各分量重建对应于各频率振荡信号的分量序列，记为RCs。分量重建是SSA方法的又一特色，它不但使频域上的周期识别转化为时域性的，而且更使得对序列蕴含的强或弱周期信号的诊断问题，进一步转化为预报问题。RCs的具体形式为

$$X_t^{(k)} = \begin{cases} \frac{1}{m}\sum_{i=1}^{m} L_{ki}a_{k,t-i+1} & m \leqslant t \leqslant N-m+1 \\ \frac{1}{t}\sum_{i=1}^{t} L_{ki} & 1 \leqslant t \leqslant m-1 \\ \frac{1}{N-t+1}\sum_{i=t-N+m}^{m} L_{ki}a_{k,t-i+1} & N-m+2 \leqslant t \leqslant N \end{cases} \tag{2}$$

式中 L_{ki} 为第 k 个典型波的第 i 位相分量，$a_{k,t-i+1}$ 为第 k 个主分量的第 $t-i+1$ 时刻取值，p 为前 p 个分量的序号数。式(2)中的前 p 个显著波型或周期分量即可重建原序列，使其近似地有

$$X_t \approx \widetilde{X}_t = \sum_{k=1}^{p} X_t^{(k)} \tag{3}$$

式中 $X_t^{(k)}$ 即为 X_t 的第 k 个分量重建序列，一般记为 RCs－K。

在 SSA 分解 TPCK 的基础上，利用重建分量序列 RCs－K，若建立低阶的 AR(p)模型，即可实现各分量的外推预报，最终实现合成预报。这正是本文分析的主题。

2 SSA 结果分析

对各个 Nino 海区分别作 SSA。结果表明，前 6 个典型波型向量所对应的 TPC(1－6)已占总方差 80%以上(Nino 4 略低为 77.1%)。其中各对主分量所代表的不同典型波型周期信号如表 1 所示，它们分别代表了三种典型周期信号。上述三种显著频率信号恰恰表明了 ENSO 现象的几种年际振荡特征，这已为不少文献所公认。例如 TPC1－2 的 44～48 个月的准 4 年振荡；TPC3－4 的 48～64 个月或 76～88 个月的准 4～5 年及准 6～7 年振荡及 TPC5－6 的准 2～3 年振荡，就是多数学者认识到的 ENSO 循环 3～7 年特征的具体表现。作者们曾详细探讨过中低纬海气相互作用耦合型态的年际振荡特征[1]，证实了 ENSO 事件与中低纬海气相互作用的耦合型态联系紧密，它们有着优势的耦合振荡周期，这些周期随时间推移而变化，甚至表现出年代以上尺度的突变。可见表 1 的结果其物理基础是清楚的。若对各海区的 TPC 分量采用式(2)重建分量序列 RCs，并用式(3)对 RCs1－6 进行合成，则所得 X_t 实质上等价于用一种低通自适应滤波器对原序列 X_t 作低通过滤。图 2 中分别依次绘制了原始序列，RCs1－6 合成序列，RCs1－2 分量序列，RCs3－4 分量序列及 RCs5－6 分量序列。由图 2 可见，它们清晰地显示出序列中被分解的波形信号随着时间的变化。

表 1 各区 TPC1－6 的周期信号(月数)

	TPC1－2	TPC3－4	TPC5－6	方差(%)
Nino 1+2	44.0	76.0～88.0	24.0～28.0	83.6
Nino 3	44.0	48.0～52.0	32.0	87.8
Nino 4	48.0	52.0～64.0	32.0～36.0	77.1

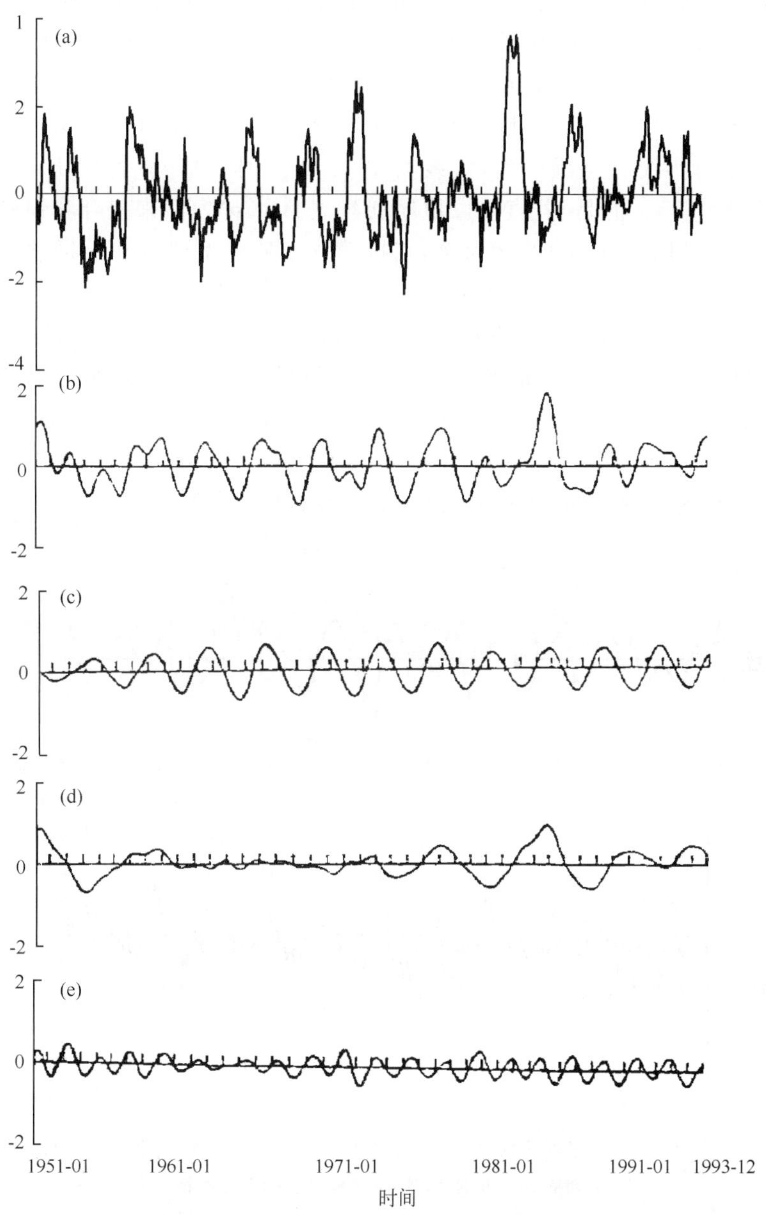

图 2　Nino 1＋2 区 SST 序列各分量重建序列和原序列

(a)原序列;(b)RCs1－6;(c)RCs1－2;(d)RCs3－4;(e)RCs5－6

3　SSA-AR(p)建模及预测

3.1　RC 序列的 AR(p)建模

分别以对应于 TPC1－6 的重建分量序列 RCs1－6,取 1951 年 1 月—1990 年 12 月(N＝480)时段为样本建立 AR 模型,经用 FPE 准则对各海区各 RCs 分量选取最佳阶数

p,结果表明,大多数 RCs 序列符合 AR(1)或 AR(2)模型,且拟合效果相当好。由于模型简单,序列本身的信号单一,因其不受强噪声的干扰,从而给模型外推预测提供了基础。

以 1991 年 1 月—1993 年 12 月共 36 个月作为独立样本试报,结果表明预报值与实况值相当吻合。图 3a 为 Nino 1+2 区前 6 个 TPC 分量重建序列 RCs1－6 分别建模预报再合成的结果。图中实线为合成序列,虚线为 1991 年 1 月—1993 年 12 月预报值,计算两者相关系数达到 0.95。但是,若直接以原序列建立 AR(p)模型来拟合和预测就未必有好的效果。图 3b 就是以 Nino 1+2 区为例,直接建立 AR 模型拟合和外推预报的结果。计算表明,1991 年 1 月—1993 年 12 月间预报与实况相关系数仅为 0.51。这说明不经 SSA 分解直接作 AR 预测,效果较差。不过,值得指出的是,SSA-AR 方案,实际已作了原序列的低通滤波,TPC1－6 占总方差的 83.6%,显然,预报效果的 0.95,实际上只应是对原序列约 0.79 预报准确率,依此与直接建模预报相比,约提高了近 0.30 的准确率。换言之,由于滤波序列消除了原序列背景噪声的影响,客观上使预报效果无形中提高了约 15%左右(0.95～0.79),这充分表明 SSA-AR 预报的优点(详见后文)。

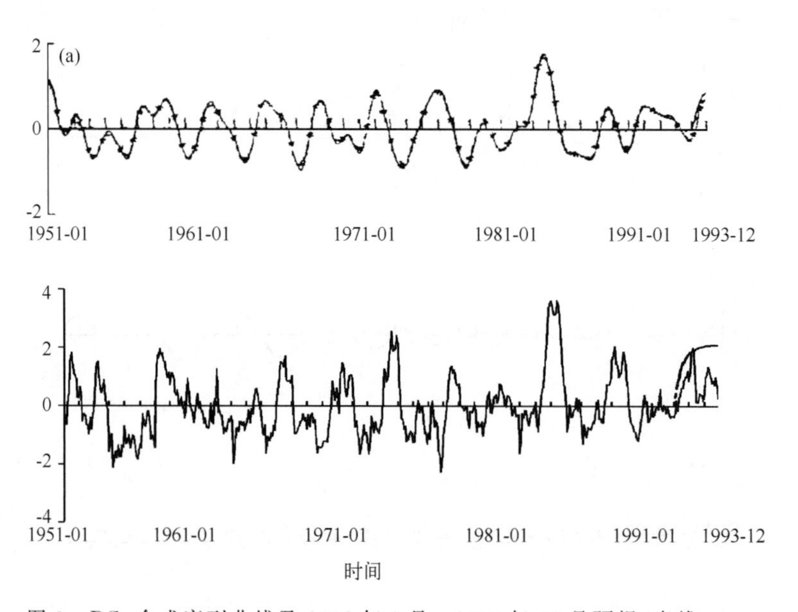

图 3　RCs 合成序列曲线及 1991 年 1 月—1993 年 12 月预报(虚线)(a)、原序列直接 AR 模型预报与实况(虚线为预报)(b)

3.2　各区预报结果比较与评估

为了实施接近业务运行的真实预报,在上述试验基础上,进一步以 1951—1995 年共 45 年(N=540)资料为样本序列,分别对各海区建立由 SSA-AR 方案为基础的预测模型,预测未来 1996 年 1 月—1998 年(3 年)的 SSTA,其结果分别绘制成图 4、5。这些图的未来三年趋势表明,SST 场有明显的暖事件强信号,且具有完整的发生发展和消退阶段,这一结果正与当前各种气候监测公报所公布的 ENSO 信息吻合[10]。换言之,据 1995 年 12 月以前所建 SSA-AR 模型,已能准确预测出未来三年中赤道太平洋海区可能发生

1997—1998年强ENSO事件，至少在主要趋势上相当吻合(截至1998年4月以前实况完全相符)。图4给出Nino 1+2海区的重建序列及对1996—1998年共36个月的SSTA预测。根据经验，一般Nino 1+2区SST异常较Nino 3区复杂，这与赤道太平洋SST响应区自西向东传播不无关系。因此，图5的RCs1－6主要信号特征的预报效果更佳，它呈现出非常自然的低通滤波结果，表明SSA-AR比其他人为规定的滤波器功能更为有效而符合实际。

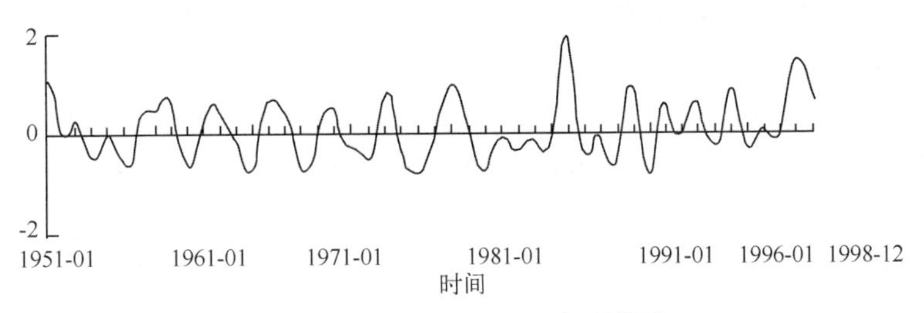

图4　Nino 1+2区RCs序列预测

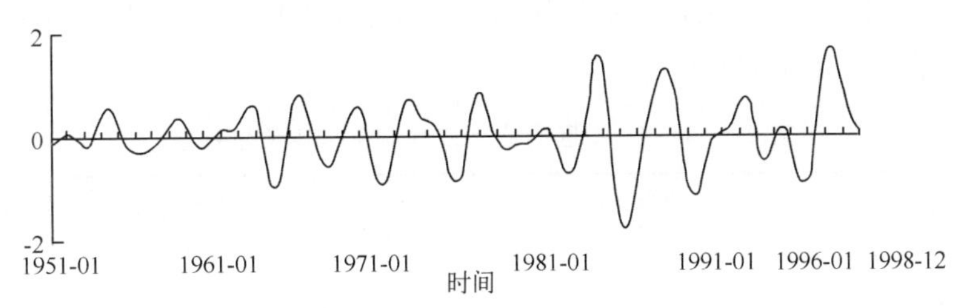

图5　Nino 3区原序列与RCs序列预测

为了验证预测效果的稳定性，本文对历史上另外三次强El Nino事件作了相应的回顾性预测试验。其做法是：

(1)以1951—1973年为样本建模预测1974—1976年Nino各区SSTA;其中1976年为Nino年。

(2)以1951—1979年为样本建模预测1980—1983年Nino各区SSTA,其中1982—1983年为Nino年。

(3)以1951—1983年为样本建模预测1984—1986年Nino各区SSTA,其中1985—1986年为Nino年。

结果表明，包含三次强ENSO年的连续三四年预报，大多数区域都有较高准确率。但有一些区域和年份在强度和细节位相上(指精确到月)都有不同程度的差异。总体上看，SST距平趋势，大多符合实况，即使对于暖事件，其趋势基本上也很吻合，但个别年份或时段有较大出入。分析其原因发现，由于SSA-AR方法是采用重建分量的合成预报，其预报精度取决于各个RCs分量本身。对各个子分量序列RCs1－6预报效果考察的结果显示：由于其中预报优劣及稳健程度不同，直接影响合成分量的预报结果，这正是历次SSTA预报成败的原因。表2、3中分别列出Nino 1+2区总预报效果和分解分量预报效果各项指标，从中不难发现两者之间的联系。表2中“SSA－AR预报效果”是指预报年份时段内，预报与实况的相关系数($n\geqslant36$)，表3中RCs1－6的对应数值同上，而括号内为相应的准周期长度。显然,由表2、3可见,重建分量RCs3－4(对应6－9年准周期振荡)预报效果不稳定,甚至有相反趋势(相关为负);而RCs1－2(对应准4年振荡)则相当稳定且相关极高(大多在0.9以上),RCs5－6(对应准2年振荡),平均准确率也在0.72左右。正是上述原因,使得在表2中,1980—1983年和1984—1986年两个时段预报总效果较差,尤其是④段,相关系数仅有－0.05左右。上述结果对于分析预报优劣是至关重要的。它给我们的启示是:(1)SSA-AR预报ENSO事件,关键在于各个RCs分量的分解预报,假如分量预报准确率高,必然使预报总准确率高;假如某些分量预报准确率低,必然对预报最终结果有影响;(2)不同RCs分量的AR预报效果实际上反映出序列中原有的准周期分量可预报性以及预报模型的合理性,它从一个侧面说明,有些准周期分量预报较差,可能是它们本身的振荡尺度、振幅、位相等因子不稳定的缘故,例如,在ENSO序列中,准6—9年振荡对于准4年和准2年振荡的调制作用,形成了ENSO循环的复杂变化,这与作者在其他文献中的分析结果有一致性。另一方面,各个分量的RCs预报模型AR的优劣也是重要因素。例如在Nino 1－4区共计实施建模方案16项,其中绝大多数为AR(1)或AR(2),但亦有更高阶的如AR(4)。可见,在SSA基础上,如何客观地分解出RCs并寻求更为有效的AR预报方案是一个重要环节。

表2　Nino 1＋2区历史上三次强ENSO预报效果

预报年份	方差百分比(%)	SSA-AR预报效果	AR直接预报效果
1974—1976	90.0	0.940 0	0.38
1980—1983	89.2	－0.044 7	－0.02
1984—1986	87.7	0.332 3	－0.02

表3　(如上)区的分量预报效果各项指标

预报年份	RCs1	RCs2	RCs3	RCs4	RCs5	RCs6
1974—1976	0.99(48月)	0.90(48月)	0.35(96月)	－0.14(96月)	0.77(24月)	0.78(28月)
1980—1983	0.83(44月)	0.77(44月)	－0.69(106月)	0.61(100月)	0.45(24月)	0.58(28月)
1984—1986	0.99(44月)	0.98(44月)	0.21(80月)	－0.95(84月)	0.78(24月)	0.94(24月)

4　小　结

(1)SSA基础上的AR模型预测对ENSO海区SST预报特别有效。其优点是:SSA相当于对原始序列作了低通滤波,不但滤去高频噪声,而且也滤去了非周期弱信号,从而使分量重建序列RCs分别成为单一信号(波型)序列,增强了可预报性;SSA的重建序列RCs不是事先人为给定的任何正交基函数,而是由序列蕴含的波型特征中提取的典型波型向量,其合成序列等价于一种自适应滤波结果,具有时变特点。

(2)这种自适应滤波序列的RCs分量,既保留了简单的单一振荡强信号,又在合成序列中显示ENSO强信号的主要演变特征,其建模阶数低,可预报性强,效果稳定。

(3)若对 SSA-AR 方案进一步从各方面加以完善,可望作为业务 ENSO 预测或超前预测的一种优良方案。

参考文献

[1] Balmaseda M A, Anderson D L T, Davey M K. ENSO prediction using a dynamical ocean model coupled to statistical atmospheres. *Tellus*,1994,**46A**:497-511.

[2] Vautard R, Mo K C, Ghil M. Statistical significance test for transition matrices of atmospheric Markov chains. *J Atmos Sci*,1990,**47**:1926-1931.

[3] Vautard R, Yiou P, Ghil M. SSA: A took it for short, noisy chaotic signals, *Physica D*, 1992,**58**: 95-126.

[4] 江志红,丁裕国.基于 BP-CCA 的 ENSO 海区 SST 季节预报试验,气候学研究—气候与环境,北京:气象出版社,1998:163-170.

[5] Plaut G, Vautard R. Spells of low-frequency oscillations and weather regimes in the Northern Hemisphere. *J Atmos Sci*,1994,**51**:210-235.

[6] Ghil M, Mo K C. Intraseasonal oscillations in the global atmosphere. *J Atmos Sci*,1991,**48**:752-779.

[7] 丁裕国,江志红,朱艳峰.奇异交叉谱分析及其在气候诊断中的应用.大气科学,1999,(1):91-100.

[8] Priestley M B. Spectral Analysis and time series, London, Academic Press,1981,222-226.

[9] 丁裕国,江志红.奇异谱分析的广义性及其应用特色.气象学报,1998,**56**(6):736-745.

[10] 国家气候中心.ENSO 监测简报,1997.2,3,4 期.

Theoretical Relationship between SSA and MESA with Both Application

Ding Yuguo(丁裕国) and Jiang Zhihong(江志红)

(*Nanjing Institute of Meteorology*, *Nanjing* 210044, *Chima*)

Abstract: It is theoretically demonstrated that singular spectrum analysis (SSA) is an equivalent form of Maximum Entropy Spectrum Analysis (MESA) which is essentially a nonlinear estimation of the classical power spectrum. Both methods have respectively some different features in application as a result of the difference of description of manners. The numerical experiments show that SSA possesses some special advantage in climatic diagnosis and prediction, e. g. , to steadily and accurately identify periods and investigate on domain of time in combination with frequency, which cannot be replaced by MESA. Thus SSA has extensive application in the near future.

Key words: Singular spectrum analysis, Maximum entropy spectrum analysis, Climatic diagnosis

Introduction

Singular spectral analysis(SSA), as a new diagnostic method, has been extensively applied in climatic diagnoses and prediction with significant fruits attained[1-3]. In recent years, SSA has been explored to deal with the reconstruction of climatic dynamic system in such a way that it approximately describes macroscopic character and identifies a range of the low-frequency oscillation and the climatic variability on the interannual or interdecadal time scale in atmospheric and oceanic interaction, with focusing on the climatic prediction etc. , which have made significant advances[4-5]. A substantial review on theoretical and applied side has been given by Liu *et al.* [4], which is of great benefit to this development.

The concern of this study is that SSA and maximum entropy spectrum analysis (MESA) combination are used to address the same issue in recent application, probably leading to more and less misunderstanding. We hold that both are theoretically equivalent under certain hypothesis (harmonic), but distinctive in application. It must be noted that SSA is superior to the latter under certain circumstances, which need to examine in an attempt to avoid the misuse of the two methods. Therefore, it is deserved to determine which one is superior and what case both are needful or only one sufficient.

Though dynamic simulations are better explored in the context of present climatic diagnosis and forecast, there is a range of inaccessible problems. For this reason, statistic is still an important tool for investigating the observation and causes of climate, being necessary in combination with the dynamics, with an unreplacement role in operational climatic diagnosis and prediction. However, little attention has been received on how to well-develop in the applied side, an aspect which is objective of this paper.

1 Theoretical Relationship Between SSA and MESA

Suppose that $\{X_t\}, t=1,\cdots,N_T$ is a stationary time series, being written as

$$X_T=\begin{bmatrix} x_1 & x_2 & \cdots & x_m \\ x_2 & x_3 & \cdots & x_{m+1} \\ & \cdots & \cdots & \\ x_N & x_{N+1} & \cdots & x_{NT} \end{bmatrix} \tag{1}$$

and the matrix X_T is expanded as EOFs which is generally called "time delay or time experience orthogonal functions (TEOFs)", from which SSA may be obtained. It may be theoretically proved that the TEOFs of X_T are a particular case of singular value decompose(SVD). According to EOFs and SVD theory, expression (1) can be expressed as

$$X'_T X_T L=\Lambda L \tag{2}$$

or

$$RL=\Lambda L \tag{3}$$

and above expressions may be also written as

$$X_T=F\begin{bmatrix}\sqrt{\Lambda} & 0 \\ 0 & 0\end{bmatrix}L' \tag{4}$$

or

$$X_{T'}=L\begin{bmatrix}\sqrt{\Lambda} & 0 \\ 0 & 0\end{bmatrix}F' \tag{5}$$

Where $L=(l_1,\cdots,l_m)$ is the eigenvector of $R=X'_T X_T$, being also called "right singular vector", and $F=(f_1,\cdots,f_m)'$ is the time principal component(TPC) which is relative to L; then $\sqrt{\Lambda}=\mathrm{diag}(\sqrt{\lambda_1},\cdots,\sqrt{\lambda_s})$, for $s\leqslant\min(N,m)$, and $\sqrt{\lambda_1}\geqslant\cdots\geqslant\sqrt{\lambda_s}\geqslant 0$ are the square root of non-null-eigenvalues also called non-null singularvalues, of which all stand for singular spectrum(SS). In SVD sense, the $F=(f_1,\cdots,f_m)'$ is called "left singular vector". In the work of Ding *et al.*[6], we have examined the method and function of SSA. However, from the viewpoint of MESA, theoretical equivalence between SSA and MESA will be studied in this paper.

Consider that there are only the frequency components with sine wave in the time series X_T, then in terms of the linear prediction and filtering, from formula (1) the prediction equation may be established as follows

$$X_T A=Y \tag{6}$$

where X_T is defined by (1), and vectors

$$A'=(a_1^{(m)},\cdots,a_m^{(m)}) \tag{7}$$

$$Y=(X_{m+1},\cdots,X_{m+N})' \tag{8}$$

and in which A' is a set of coefficients with column vectors which is relative to the linear pulse response function in m order filter of prediction error, and Y is the output of the filter. It may be verified that the minimum norm solution of (6) is the minimum square solution of $AR(m)$ model. Thus, formula (6) may be rewritten as

$$A=(X'_T X_T)^{-1}X'_T Y \tag{9}$$

from (2), and introduce expression (4) we obtain

$$A = L\sum^{-1}F'Y \tag{10}$$

where $\sum^{-1}=\mathrm{diag}(\sigma_1^{-1},\cdots,\sigma_m^{-1})$ and $\sigma_i^{-1}=(\sqrt{\lambda_i})^{-1}, i=1,\cdots,m$ is a reciprocal diagonal matrix of the SS; from (2) to (5), $X'_T X_T$ and $X_T X'_T$ possess identical non-null eigenvalues, and matrix F actually represent the TPC of X_T with relative characteristic vector L. Therefore, it is an equivalent result between the minimum square solution of $AR(m)$ and resolving SS from (1) by SVD operation. Simplifying (10) and using the component form of vectors, we have

$$C_i=f'_i y\sigma_i^{-1} \qquad i=1,\cdots,m \tag{11}$$

Hence, the column vector of prediction error filtering may be written as

$$a_t = \sum_{k=1}^{m} l_{\tau k}C_k \qquad k = 1,\cdots,m;\ \tau = 1,\cdots,m \tag{12}$$

From (11) and (12), C_k is contribution ratio of kth sine wave mode of the series, being substantially a correlation coefficient between kth sine wave mode and series $\{X_t\}$. With the vigorous signal C_k must always occur with great value of magnitude and otherwise, a_t expresses the sum of weighting, namely C_k, on τ the phase of kth wave pattern. Obviously, the signals of typical wave pattern which are represented by $f_k(t')$ and $l_k(\tau)$ or $l_{\tau k}$ have been intensified from the a_τ, in other words, the signals are strongly contained in the coefficient vector $A=(a_1^{(m)},\cdots,a_m^{(m)})'$.

On the other hand, according to MESA, the vector A is also the coefficient of autoregression model $AR(m)$ obtained by Burg recursion method. On the basis of this result, an estimation formula for AR spectrum i. e. the estimation expression of MES may be written as follows

$$H(\omega_k) = \frac{\sigma_m^{2}}{\left|1-\sum_{\tau=1}^{m}a_\tau^{(m)}\mathrm{e}^{-i\omega_k\tau}\right|^2} \tag{13}$$

As above, suppose that there exist components of harmonic fluctuation in the series, then the eigenvector $l_h(\tau)$ or $l_{\tau h}$ represents in fact each components of canonical wave pattern. Assuming that

$$l_{\tau h}=G_h\mathrm{e}^{i\omega_h\tau} \qquad h=1,\cdots,m;\tau=1,\cdots,m \tag{14}$$

and substituting (12) and (14) into (13), then we get

$$H(\omega_k)=\frac{\sigma_m^{2}}{|1-S_k|^2} \tag{15}$$

where

$$S_k = \sum_{\tau=1}^{n} a_\tau^{(m)} e^{-i\omega_k \tau} = \sum_{\tau=1}^{m}\sum_{h=1}^{m} l_{\tau k} C_h e^{-i\omega_k \tau}$$
$$= \sum_{h=1}^{m} G_h C_h \sum_{\tau=1}^{m} e^{-i(\omega_h - \omega_k)\tau} \tag{16}$$

Obviously, from (15) and (16), with $h=k$, S_k must always have maximum value due to the orthogonality, so that the $H(\omega_k)$ will be responded to the maximum value of spectrum peak (SP) in expression (15) or (13). Oppositely, for $h \neq k$, particularly $|\omega_h - \omega_k| = \pi/2$, S_k will have the minimum in such a way that $H(\omega_k)$ will be obviously decreased into a noise level, i. e. $S_K \to 0$, $H(\omega_k) \to \sigma_m{}^2$ (noise variance). To illustrate the meaning of peaks from MES, using (13) and (15), it is rationally explained that the spectrum peaks (SPs) of MES are obviously stronger than the general power spectrum SP because power signals of SP of MES are strengthened with nonlinear manner by the coefficients C_k and G_k. On the other hand, the $f_k(l')$ and $l_k(\tau)$ obtained from original series X_t are just contained in vector $A=(a, \cdots, a_m)'$ according to SSA. But from (11) to (16), those weaker signals may be also enhanced and make MES to form SP in that the periodic signals (PSs) are simultaneously augmented in nonlinear manner, a fact in agreement with the conclusion of SSA which has been proved by the study of Liu *et al.*[4], i. e. the SP of MES just coincides with corresponding periods of $f_k(t')$ detected by SSA using maximum delay correlation. Therefore, above theoretical derivation not only may visually explain the cause of SP from MES, but also prove that PSs with sine wave detected by SSA are just the frequency signals which are calculated by $AR(m)$ with optimum order m corresponding to SP of MES. In other words, it is equivalent that both signals identified by SSA and MESA. However the both are practically different in description manner. The significant signals detected by SSA are obtained using the maximum lag correlation of TPC in time domain, and those by MESA are got by way of the MES figure in frequency domain.

2 Comparison of functions for SSA And MESA

Although SSA and MESA are theoretically equivalent, both are obviously different in description manner. In order to compare the difference of both methods in manner of identifying signals and examine the advantage and disadvantage of two methods using a numerical experiment, the precision and stability of signals detected from SSA are studied as follows.

First, suppose that original series $\{X_t\}$, $t=1, \cdots, N$ and $N=500$ consists of the cycle signals with two different frequencies and powers as well as noise, it may be written as following expression

$$X_t = 5.0\cos\frac{2\pi}{17}t + 20.0\cos\frac{2\pi}{47}t + \varepsilon_t \tag{17}$$

where ε_t is white noise series with $N(0, \sigma_\varepsilon^2)$ distribution. The numerical experiments are operated using SSA and MESA separately under different noise background.

2.1 SSA and MESA with Lower Noise Level

The significant periods identified by first two pairs of TPC are exhibited in Table 1—2 respectively. From these Tables, we may see that first two periods occur steadily about $\hat{T}_1 = 46.0$ and $\hat{T}_2 = 18.0$, respectively. Further from Fig. 1, the oscillations of two PSs change with time.

Table 1 When $m=40\sim60$, $\hat{T}_1$ Identified by SSA

m	40		50		60	
TPC	(1)	(2)	(1)	(2)	(1)	(2)
$\lambda/\sum_i \lambda_i(\%)$	53.7	40.0	49.8	43.9	52.4	41.4
τ	11	12	11	12	11	12
r_τ	−0.990	−0.992	−0.994	−0.999	−0.995	−0.998
$\tilde{T}_1$	44	48	44	48	44	48
$\hat{T}_1$	46.0		46.0		46.0	

Table 2 When $m=40\sim60$, $\hat{T}_2$ Identified by SSA

m	40		50		60	
TPC	(3)	(4)	(3)	(4)	(3)	(4)
$\lambda/\sum_\lambda \lambda_i(\%)$	2.8	2.7	3.0	2.8	2.9	2.8
τ	4	5	4	5	4	5
r_τ	0.994	0.960	0.995	0.961	0.996	0.962
$\tilde{T}_2$	16	20	16	20	16	20
$\hat{T}_2$	18.0		18.0		18.0	

On the other hand, the frequencies and amplitudes of two periods are variable with time, for example, $\hat{T}_1 = 46.0$ it is more stable with time but second period $\hat{T}_2 = 18.0$ possesses more and less change with time in frequency and amplitude, and particularly in the latter. Above phenomenon illustrates that stochastic noise has intense influence on the period $T_2 = 18.0$. As well, the EMS spectrum figures with optimum order $m=46$ are graphed in Figs. 2 a. b. c using Burg calculation method. From this figure, we may see that these periods known by MESA which possesses three different resolution scales (i. e. maximum lags are 50, 60, 70, respectively) have obviously the shift of SP which has been proved by many literatures. Here, so called "peak shift" is a deviation degree of frequency between true and estimated by MESA, which is revealed by way of location move of the peak. Because chosen parameters of resolution scale are different, e. g. chosen maximum time lag in response to $T_k=2\tau_m/k$, the shift phenomenon often exists in MES spectrum graph. With $m_0=46$, each cycle estimated by MESA corresponding to different resolution scales is ranged in Table 3.

Table 3 The Periods Estimated by MESA under Each τ_m ($m_0=46$)

τ_m	50	60	70	80	90	100	110	120	130	140
K_1	2	3	3	3	4	4	5	5	5	6
T_1	50.0	40.0	46.7	53.3	45.0	50.0	44.0	48.0	52.0	46.7
K_2	6	7	9	9	11	12	13	14	15	16
T_2	16.7	17.1	15.6	17.8	16.4	16.7	16.9	17.1	17.3	17.5

For true periods $T_1=47$, $T_2=17$, there are great shifts of SP whose deviations are non-stationary and oscillatory with the resolution scales. In Table 3, to $T_1=47$, its mean deviation is about 5.0, however the T_1 period identified and estimated by SSA is only 0.91, so that the ability of period identification using SSA is stronger than using MESA due to stability and precision of SSA. By the way, SSA possesses stable estimation of periods coincided with true cycles in the wide range of nested dimension e. g. $m=40\sim60$.

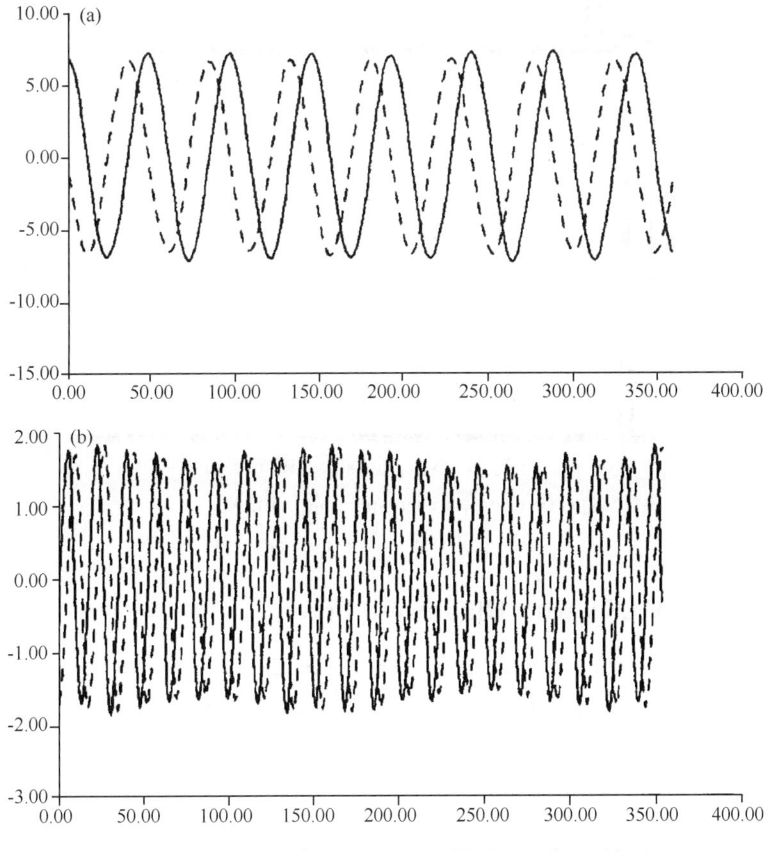

Fig. 1 Oscillation of TPC1-2(a), TPC3-4(b) with time

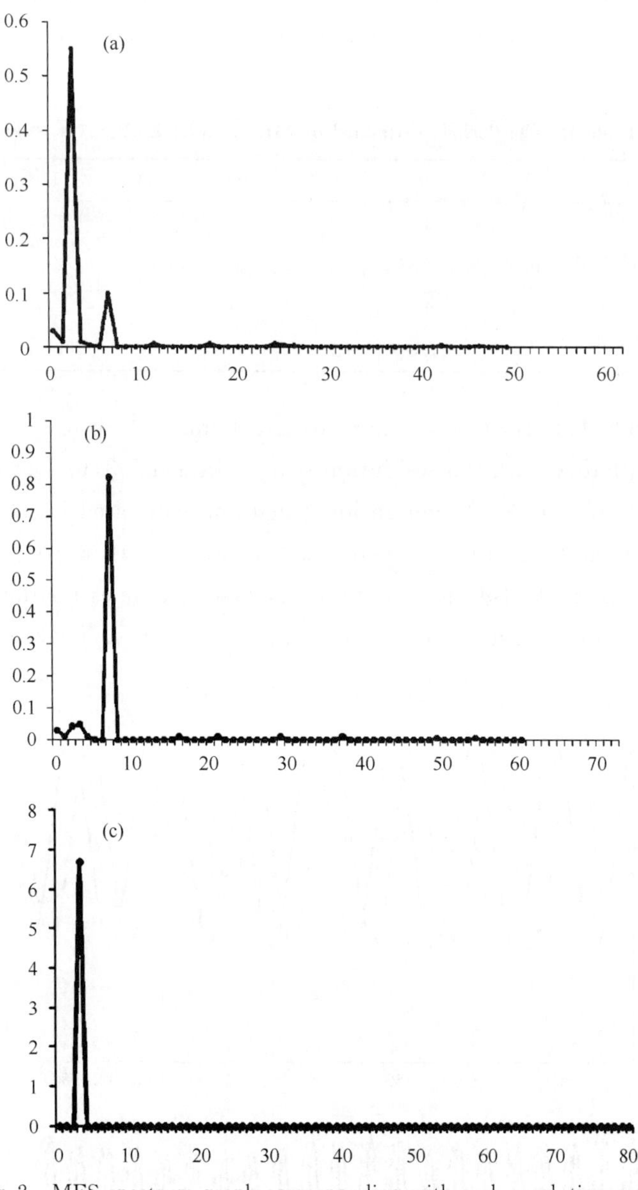

Fig. 2 MES spectrum graph corresponding with each resolution scale

(a) $\tau_m=50$; (b) $\tau_m=60$; (c) $\tau_m=70$

2.2 SSA and MESA with High Noise Level

Further, to research stability and percision of PSs detected by the two methods, the numerical test with high noise level is made with identifying PSs as follows.

(1) Setting $\sigma_\varepsilon{}^2=9$ or 20, 25, 400, 600 etc. which is used as assuming high noise, respectively, these noises are added to original series $\{X_t\}$. The results show that the high noises have not influence on SSA in ability of detecting PS, but have influence on MESA. In

Fig. 3. ,the original series X_t with each random noise (e. g. $\sigma_\varepsilon{}^2=1$ or 9,400,600 etc.) is graphed,individually. Where Figs. 3a and 3b are the cases of high signal noise ratio with lower noise,there exists true period signal $T_1=47$ in the series which is not easily disturbed by the noise,but when $\sigma_\varepsilon{}^2=9$,the signal of $T_2=17$ has been disturbed because the noise variance ($\sigma_\varepsilon{}^2=9$) has closed to the signal variance of $T_2=17$.

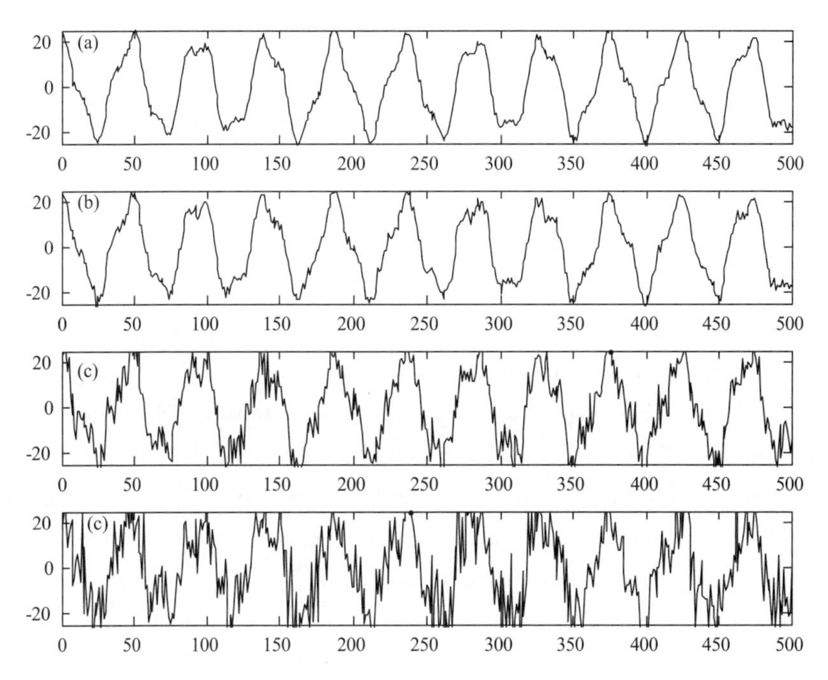

Fig. 3 Original series $\{X_t\}$ under different noise background

(a)$\sigma_\varepsilon{}^2=1$,(b)$\sigma_\varepsilon{}^2=9$,(c)$\sigma_\varepsilon{}^2=400$,(d)$\sigma_\varepsilon{}^2=600$

However,alternative cases with high noise variance,($\sigma_\varepsilon{}^2=400$) has reached or exceeded the most strong signal variance,e. g. Figs. 3c and d,then the periods with $T_1=47$ and $T_2=17$ become relatively weaker signals in original series.

(2)In above cases e. g. $\sigma_\varepsilon{}^2=400$,taking $m=40\sim60$ as nested dimension,to the series $\{X_t\}$,the experiment result from SSA shows that except variance percentages $\lambda/\sum\limits_i\lambda_i$ of TPC1—2 and TPC3—4 decrease minutely,all indexes related to detected PSs (e. g. significant correlation lag τ,correlation coefficient r_τ and estimated period $T=4\tau$ etc.) are almost not any variation. In Table 4,we may see that when $m=60$ the identified PSs ($\hat{T}_1=48.0$ and $\hat{T}_2=16.0$) are similar to the case of lower noise which is represented in Table 1—2 with $m=40\sim60$. And on the other hand,to TPC1—4,there exist some random oscillations with time,particularly which are most obvious to TPC3—4. It is just verified by above facts that the PSs with random disturbances which are concealed in observation time series have certain stochastic fluctuation in amplitude, frequency and phase, this phenomenon which often exists in climatic time sequence.

Table 4 The Periods Estimated by SSA with $m=60(\sigma_\varepsilon{}^2=400)$

TPC	1		2	3		4
$\lambda/\sum_i \lambda_i(\%)$	19.3		15.4	2.24		2.22
τ	11	12	13	3	4	5
r_τ	−0.984 1	0.986 2	−0.971 2	0.882 4	0.977 3	0.944 8
$\tilde{T}$	44	48	52	12	16	20
$\hat{T}$	48			16		

(3) However, under same case of $\sigma_\varepsilon{}^2=400$, consequence from MESA is different from SSA. As shown in Fig. 5, the MESA graph with optimum order $m=36$ which is obtained using Burg algorithm exhibits that there are many estimated SPs (e. g. $k=3,7$ or $\hat{T}_1=2\tau_m/k=40.0$, $\hat{T}_2=2\tau_m/k=17.1$). Except the significant SP, a number of new SPs of MES occur in range of high frequency due to existence of some random factors. Such as above, the shift error of SP from MES is generally greater than that from SSA and is similar to the case of lower noise. Because the SP of MES is non-steady with the shift error and also variates with the resolution scale as well as the random power of SP increases versus noise intensity, thus leading to occur many peaks which overlap and even under more strength noise so as to overcast those peaks of true period e. g. $T_2=17.1$ or even $T_1=47.0$. In this paper, we also take the high noise $\sigma_\varepsilon{}^2=600$ which is added to the original series then the result of the numerical test is given as follows: for MESA, above phenomena really exist, but for SSA, its true PSs are steadily displayed in the vast range of nested dimension. On the other hand, the accuracy of identified periods keeps constant in same test with nested dimension $m=30\sim40$.

Such as above, we may evaluate to SSA and MESA methods as follows.

(1) Theoretically, although the both have close relationship, and under the assumption of harmonic wave, they possess equivalent results, they are also different in description manner. In other words, the SSA is a signal recognition in time domain, and MESA is just in frequency domain, but SSA is really an identification with time combination frequency domain because it is proved that the variance of TPC is just a generalized power spectrum;

(2) SSA has very strength ability in opposition to disturbance, no matter how the noise disturbance may be, it can always identify those PSs which are even weak signals, and contrary, MESA is poor to prevent from disturbance, for example, when noise variance is high value, SP overlaps in MES graph (e. g. Fig. 5) i. e. true and false SPs exist simultaneously, so that those true periods cannot be accurately identified;

(3) As above, in the wide range of nested dimension (m), SSA may detect those PSs and its steady and accuracy have advantages over MESA, just as the results of Table 1—2;

(4) From MESA theory, a most important advantage of MESA is higher resolution,

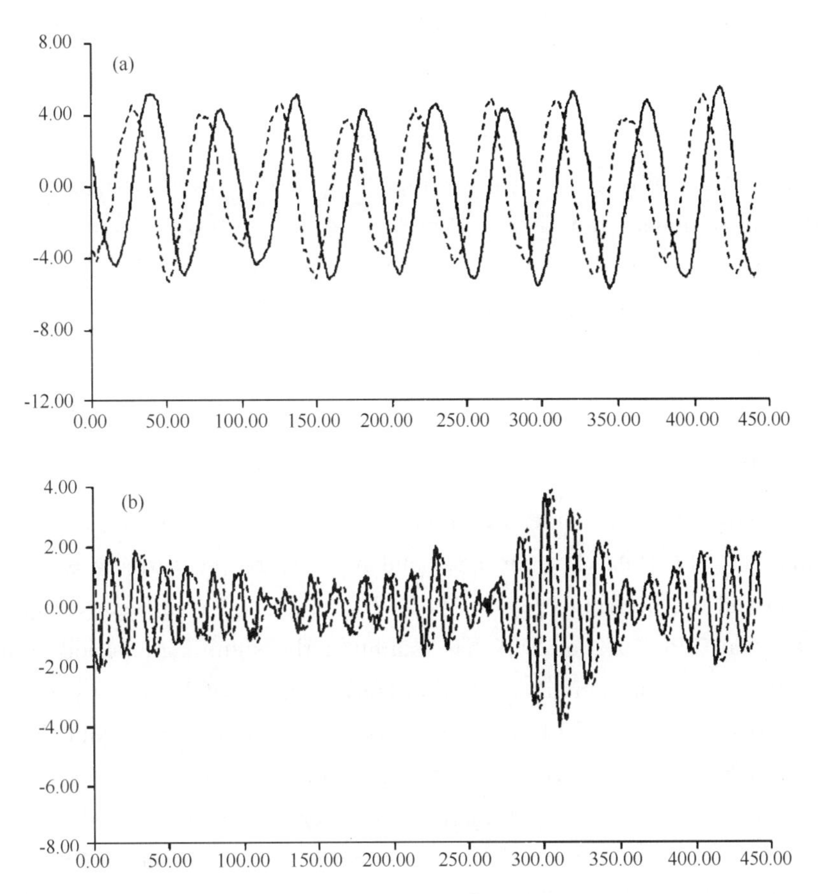

Fig. 4 Oscillation of TPC with time under $\sigma_\varepsilon{}^2=400$(a. TPC1－2, b. TPC3－4)

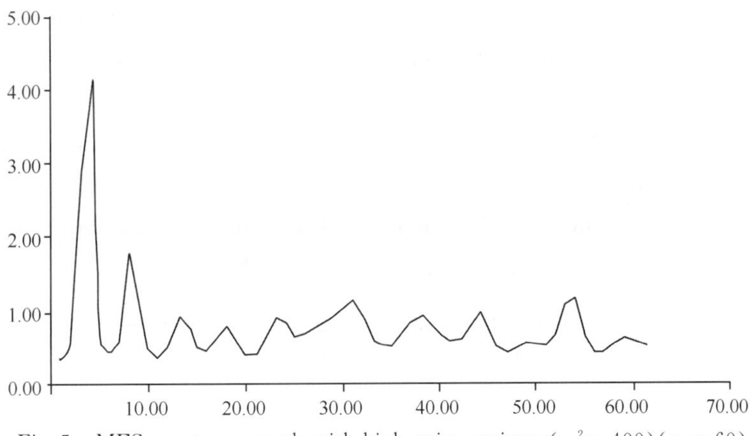

Fig. 5 MES spectrum graph with high noise variance($\sigma_\varepsilon{}^2=400$)($\tau_m=60$)

particularly for those shorter time series. However this is just its serious disadvantage, i. e. it can easily form "frequency shift" and "spectrum line disruption" and can merely identify those PSs under least extent of optimum order $m=m_0$, whose shift error is non-steady. For example $\tau_m=60$, peaks shifted at $k=3,7$, there are $\hat{T}_1=40.0$ and $\hat{T}_2=17.7$, and when $\tau_m=50$, peaks at $k=2,6$, there are $\hat{T}_1=50.0$ and $\hat{T}_2=17.7$ (see Table 4 and Table 3), but the SP value of $\hat{T}_1$ is little (near zero). The other way round, when $\tau_m=70$, the peaks at $k=3,9$ and the power of $\hat{T}_2$ is just near zero (see Fig. 2c). This shows that the shift has not only some deviation in frequency but also in power;

(5)It is more excellent than MESA that SSA can examine the change of detected periods in time domain since SSA may exhibit the variation of TPC with time and MESA shows only the average power of the significant periods.

3 Cases

To verify above, let us consider the inter-monthly series of Southern Oscillation Index (SOI) during 1953.1—1992.12, the SSA and MESA are respectively operated via pre-standardization and pre-filtering ($f_0=0.04$, $f_0/2\leqslant f\leqslant 2f_0$). From Fig. 6, Fig. 7 and Table 5, we may see that TPC1－2 of SSA has exhibited the significant period from 24 to 32 months, i. e. there is quasi-biennial oscillation (QBO) in the SOI series (see Fig. 6a). And in Fig. 6b, the SPs of MESA of filtered series are obviously different from the original series. That is, the SPs of both have clear difference, but to the filtered series, results of MESA and SSA are coincident. For example, in the filtering series detected outstanding PSs are almost among 22.5～30.0 (months), consistently. Although the significant delay correlation of TPC is shifted from TPC1－2 to TPC3－4 and its variance contribution is descended as 12.6% for the original series, its PS detected by SSA is always steady. This real case has exactly verified the rationality of above numerical experiment and assessment. To sum up, outstanding advantages of SSA relative to MESA are its opposite random disturbance so that the hidden cycles signals may be accurately detected. Beyond that, MESA has also the advantages in itself i. e. there is specially high resolution to identification of periods. In the sense of comparison, SSA is stronger than MESA in stability and opposite disturbance of detected PS. On the other hand, SSA is stronger than MESA in description manner which is connected time domain with frequency domain.

Table 5 Oscillation Periods of TPC1－2 and Lag Correlation(SSA)

m	40		50		60		
τ	7	8	7	8	6	7	8
r_τ	0.964	0.932	0.935	0.930	0.937	0.968	0.954
$\tilde{T}_1$	28	32	28	32	24	28	32

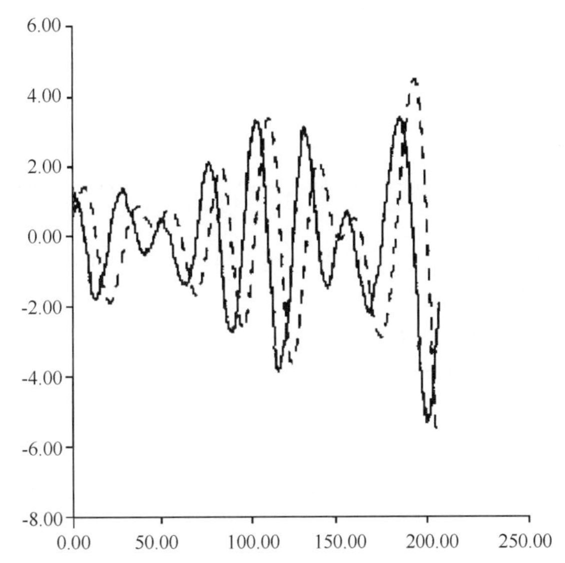

Fig. 6 Oscillation of TPC1—2 with time (solid line is TPC1; dashed line is TPC2)

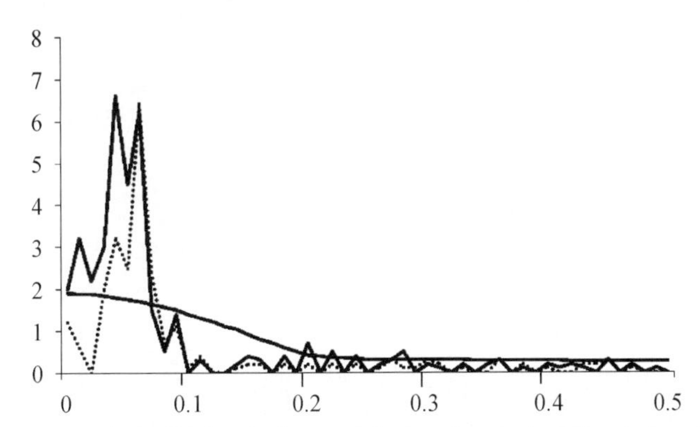

Fig. 7 MES spectrum graph (solid line is from original series; dashed line is based on filtered series)

4 Concluding Remarks

(1) SSA and MESA are theoretically equivalent under certain hypothesis with the former superior on an applied basis.

(2) The chief merits of SSA are as follows: (i) to recognize obvious period on the time domain in such a manner that it can also identify the feeble signal under vigorous noise; (ii) not to intensively depend on m (which is equal to the best order of MESA), thus leading to steadily identify the same period on a large domain of varying m and MESA; (iii) not just to recognize periods on time domain and to investigate their time—changed character.

(3) For the particular merits are given above, SSA can replace MESA under a certain length of time series, making successful climatic forecast in recent years, which is beyond the scope of MESA.

References

[1] Keppenne C L, Ghil M. Adaptive spectral analysis and prediction of the SOI. Proceeding of the Fifteenth Annual Climate Diagnostics Workshop, 1990:30-35.

[2] Vautard R, Ghil M. SSA in nonlinear dynamics with applications to paleo-climatic series. *Phys D*, 1989, (35):395-424.

[3] Plaut G, Vautard R. Spells of low-frequency oscillation and weather regimes in North Hemisphere. *J Atmos Sci*,1994,(51):210-235.

[4] Liu J W, Zhou X G. Application of SSA in analysis and predication of climatic time series. *Meteor Sci and Technol*,1996,**3**:18-22 (in Chinese).

[5] Kumaresan R, Tufts D W. Singular value decomposition and spectral analysis, Hamilton First IEEE ASSP work shop on spectral estimation,1981: pp641.

[6] Jiang Z H, Ding Y G. Generality and applied features for SSA. *Acta Meteor Sinica*,1998,**56**(6):736-745.

MSSA-SVD 典型回归模型及其用于 ENSO 预报的试验

丁裕国[1]　程正泉[1]　程炳岩[2]

(1. 南京气象学院,南京　210044;2. 河南省气象局气候中心,郑州　450003)

摘　要:文中提出了一种基于多通道奇异谱分析(MSSA)的广义典型混合回归模式。其基本思想是,利用 MSSA-SVD 提取预报因子场和预报变量场的显著耦合振荡信号,对它们的前几个显著典型分布型建立多元线性统计气候预报模式。经对 Nino 海区各季海温距平所进行的短期气候预测试验表明,其预报效果优于其他统计预报方案,从而为探索 ENSO 预测方法提供了一种新的思路。

关键词:多通道奇异谱分析　典型混合回归模式　ENSO 预测方法

引　言

众所周知,ENSO 现象乃是目前全球气候系统所能观测到的最强气候信号,它的发生、发展及其演变规律一直是人们关注的焦点,实现对全球 ENSO 气候信号的准确预报,正是当前研究 ENSO 气候型态的一个关键。然而,ENSO 预报既是短期气候预测的研究热点,也是其难点。

目前,统计预报模式仍然是一种花费少、见效快的气候预报途径。在充分考虑物理机制或气候系统某些方面的整体型态基础上,采用适当的统计预测模式,仍不失为行之有效的方案。利用统计学方法对 ENSO 作预测的模式很多,例如典型相关分析(CCA)、主振动型分析(POP)、经验正交函数与主分量分析(EOF/PCA)及线性转置分析(LIM)等都是一些较好的方法。采用这些统计预报模式,一般都能获得较优的预报效果。对此,国际上已取得一定的成果,一些国家已陆续投入业务预报;而中国国内近年来关于 ENSO 预测的统计模式也有了一定的发展[1-5]。丁裕国等提出一种典型自回归预测模式用于气象要素场的预报,在此基础上又提出一种推广的典型自回归气象场预测模式(PC-CCA)用于预报 Nino 海区的 SSTA,取得较好的效果[6]。1998 年丁裕国等引用 SSA 基础上的 AR 模型对 ENSO 海区 SSTA 进行预测,也取得了较好的效果[7]。其后,丁裕国等又提出奇异交叉谱分析(SCSA)方法,用于提取 Nino 海区和南方涛动指数(SOI)的耦合振荡信号,并结合回归分析,对 Nino 各海区平均的 SSTA 月际序列作短期气候预测试验,结果证明,预报试验效果较好[8-10]。

尽管 20 世纪 80 年代以来,各种海一气耦合模式或统计预报模式已能成功地预报赤道太平洋海域的一些关键区 SSTA,但仍有许多不足之处,例如预报效果的稳定性随季节或年代漂移(春季的预报较差,预报水平有较明显的年代际变化,等等)、预报时效的稳定性和预报时效的延伸长度随不同模式有明显差异(超前 6 个月以上的预报仍然非常差),这些都是有待改善的。文中提出一种基于多通道奇异谱分析(MSSA)的广义典型混合回归模式,试图弥补上述缺陷，通过提取预报因子场和预报场的显著耦合振荡信号，结合多元回归统计技术，对各 Nino 海区各季节海温进行了短期气候预测试验，为探索 ENSO 预测方法提供一种新思路。

1 模 型

设 $Y=(y_1,y_2,\cdots,y_q)'$ 和 $X=(x_1,x_2,\cdots,x_q)'$ 分别表示预报变量场和预报因子场。不失一般性，约定 X，Y 中各变量已零均值化，其中 $y_i=y_i(t)$ 和 $x_i=x_i(t)$，$i=1,2,\cdots,q$ 或 p，$t=1,2,\cdots,n$，参数 q,p,n 分别为预报变量数、预报因子数和序列长度。

首先对 X 种 Y 场分别作多通道奇异谱分析（MSSA），由此得到各场相应的重建耦合振荡分量序列（RCCS）。所谓多通道奇异谱分析（MSSA）则是奇异谱分析（SSA）的推广[8,12]，后者仅用于对单一时间序列作时迟 EOF 分解，以便研究序列内不同振荡模态之间的振荡结构。然而，单一时间序列并不足以代表整个场的变化，而现代气候则多着眼于变量场的时空结构特征的研究，即不仅要靠考虑其时间变化，而且要考虑其空间型态变化。因此，类似于 SSA，将预报变量场和预报因子场的资料序列作如下时滞排列

$$X=\begin{bmatrix} x_1^1 & x_2^1 & \cdots & x_{n-m+1}^1 \\ x_2^1 & x_3^1 & \cdots & x_{n-m+2}^1 \\ \vdots & \vdots & \cdots & \vdots \\ x_m^1 & x_{m+1}^1 & \cdots & x_n^1 \\ x_1^2 & x_2^2 & \cdots & x_{n-m+1}^2 \\ \vdots & \vdots & \cdots & \vdots \\ \vdots & \vdots & \cdots & \vdots \\ x_m^N & x_{m+1}^N & \cdots & x_n^N \end{bmatrix}_{(N\times m)\times(n-m+1)} \tag{1}$$

式中矩阵元素 x_i^j，$(i=1,2,\cdots,n;j=1,2,\cdots,N)$ 其下标 i,j 分别为样本序号（时序）和地理空间站点或变量序号，m 为最大时滞步数（又称嵌套维数）。对此矩阵作 EOF 展开，其分量形式为

$$x_{li+j}=\sum_{k=1}^{N\times m} a_i^k E_{li}^k \tag{2}$$

$$a_i{}^k=X_i\cdot E^k=\sum_{l=1}^{N}\sum_{j=1}^{m} x_{li+j}E_{lj}^k \tag{3}$$

式中特征向量 E^k 是 $N\times m$ 维的，分量 E_{lj}^k 是第 k 个特征向量在 l 通道滞后 j 的分量，它既反映了空间型（随 l 变化），也反映了时间演变（随 j 变化），是 N 维向量（空间型）的 m 个不同时间滞后的序列，E^k 又称为空间-时间域的 EOF（即 ST-EOF）。而其时间系数 $a_i{}^k$ 则是第 i 个状态 X_i 在 E^k 上的投影，$a_i{}^k(1\leqslant i\leqslant N-M+1)$ 序列称为第 k 个空间时间主成分（简称 ST-PC）。

显然，SSA 和 PCA 都是 MSSA 的特例，MSSA 中 $N=1$ 就是 SSA，$m=1$ 时就是常规的 PCA。类似于 SSA，当仅使用第 k 个特征成分来重建耦合振荡分量序列（RCCS）时，公式为

$$X_{li}^{k}=\begin{cases}\dfrac{1}{m}\sum\limits_{i=1}^{m}a_{ij}^{k}E_{ij}^{k} & m\leqslant i\leqslant n-m+1\\ \dfrac{1}{i}\sum\limits_{i=1}^{t}a_{ij}^{k}E_{ij}^{k} & 1\leqslant i\leqslant m-1\\ \dfrac{1}{n-i-1}\sum\limits_{j=i-n+m}^{m}a_{ij}^{k}E_{ij}^{k} & n-m+2\leqslant i\leqslant n\end{cases} \tag{4}$$

式中 X_{li}^{k} 表示场中第 l 个变量在第 i 个时次的第 k 个重建分量。显然，在此基础上，可以选取感兴趣的某些特征成分的子集 A 来重建耦合振荡分量序列，

$$X_{li}^{A}=\sum_{k\in A}X_{li}^{k} \tag{5}$$

为了提取预报变量场和预报因子场的显著耦合振荡信号，可分别对 X 和 Y 做 MSSA 后重建上述耦合振荡分量序列(RCCS)，即分别提取其前 k_1 和 k_2 个耦合振荡分量序列作为其主要信号，由此构成新的变量场 X^* 和 Y^*，则它们必然包含了原预报因子场和预报变量场的主要耦合振荡信息。换言之，新变量场 X^* 和 Y^* 可认为是从原预报因子场 X 和预报变量场 Y 经 MSSA 过滤后的主要信号场。若对新变量场 X^* 和 Y^* 作奇异值分解(SVD)[13,14]，就可有

$$U=C'X^* \qquad V=D'Y^* \tag{6}$$

在 C,D 的列向量为正交化向量的条件下，即若

$$CC'=I \qquad DD'=I \tag{7}$$

使得 U,V 之间有极大化协方差

$$\mathrm{cov}(U,V)=C'XY'D=D'YX'C=\begin{bmatrix}\sum & 0\\ 0 & 0\end{bmatrix}=\max \tag{8}$$

式中 $\sum=\mathrm{diag}(\sigma_1,\sigma_2,\cdots,\sigma_p)$，其中 σ_i 为 X^* 和 Y^* 的交叉协方差矩阵的奇异值，这里，称 C 的列向量为交叉协方差矩阵的左奇异向量，称 D 的列向量为交叉协方差矩阵的右奇异向量，而时间系数 U,V 分别表示相应的空间分布型 C,D 随时间的演变。由此可见，奇异向量的线性组合近似地描述了原资料场的主要耦合振荡。即由式(6)—(8)，可有

$$X^*=CU \tag{9}$$

$$Y^*=DV \tag{10}$$

利用左、右奇异向量的正交性，类似于典型相关分析(CCA)方法，可建立两个场之间的回归关系(预报关系)，即

$$Y^*=H'X^* \tag{11}$$

式中 $H'=DVU'(UU')^{-1}C'$；X^* 为预报因子场，Y^* 为预报变量场。很显然，这里的系数矩阵 H' 与原始场 X 与 Y 的 MSSA 的嵌套维数 m、提取重建分量的个数 k_1 与 k_2 以及 SVD 中提取主要模态的个数 k_3 有关。因此，参数(m,k_1,k_2,k_3)的选择直接影响模式(11)的预测估计精度。

2 预报试验方案的设计

上述 X 和 Y 可表示：(1)不同气象变量场的各有限格点的同期观测序列；(2)同一变量场具有不同时间后延的各有限格点的观测序列；(3)某几个气象变量场各自的混合场序列，

等等。

文中考虑的预报变量场是厄尔尼诺各海区(记为 Nino 区,下同)海温的各季节平均值。因此,预报变量场是由 Nino 区海温的某一季节内的每一个月的海温值组成,最后的预报结果由季节内各月预报值的平均值构成。而将前期不同间隔时期的相应 SST 作为其预报因子场,即预报因子场和预报变量场并非两个同期空间场,而是同一变量的两个不同时滞值所构成的场,即(2)的情况。这里,将每个月的 SST 作为一个变量,它等价于空间场的一个格点变量。对某一季节而言(含 3 个月),代表 3 个变量,相当于 3 个空间格点。换言之,假定以 SST 作为预报对象,前期同一区域的 SST 作为预报因子,如再加入其他预报因子,也作同样处理。即将每个月的某一因子作为变量,若以连续 m 个季的 n 个因子作为预报因子场,则相当于有 $3\times m\times n$ 个变量,等价于空间场的 $3\times m\times n$ 个格点。基于上述考虑,其预报试验方案可设计如下:

(1)选取赤道东太平洋 Nino 1+2 区、Nino 3 区和 Nino 4 区某个季节的各月平均 SSTA 构成预报变量场;选取相应海区的前期 SSTA 构成预报因子场或再加入相应时期(如季度)的其他预报因子(如表 1)。

表 1　所用变量的资料情况

预报因子	简记	经纬度	资料长度
Nino 1+2 区 SST	Nino 1+2	0°～10°S,90°～80°W	1951 年 1 月—1997 年 2 月
Nino 3 区 SST	Nino 3	5°N～5°S,150°～90°W	1951 年 1 月—1997 年 2 月
Nino 4 区 SST	Nino 4	5°N～5°S,160°E～150°W	1951 年 1 月—1997 年 2 月
南方涛动指数	SOI		1900 年 1 月—1999 年 2 月
全球月平均气温	GLT		1856 年 1 月—1997 年 12 月

(2)取前期一个季节的要素场作为预报因子场的基本序列,分别按提前 1、2、3、4 个季拟定预报方案,即起报时刻与预报时刻分别差 1、2、3、4 个季度。例如,如果要预报某一年冬季海温,可以分别选取当年秋季(提前 1 季)、当年夏季(提前 2 季)、当年春季(提前 3 季)、前一年冬季(提前 4 季)的要素场作为预报因子场。

(4)设计两种预报试验方案:以原始资料(全部)序列(1951—1996 年共 46 年)为基础资料对有关参数作敏感性试验,并在建立 MSSA-SVD 预报模型的基础上作独立样本的预报试验,用于考察预报效果的一方面依据;以原始资料序列的前 40 年 (即 1951—1990 年共 40 年)为建模资料序列,对 1991—1997 年的各 Nino 区海温进行实际预报试验。

3　模式参数对预报结果的敏感性

MSSA-SVD 预报模式方程为 $Y^{*}=H'X^{*}$,如前所知,其系数矩阵 H' 与预报因子场 X 和预报变量场 Y 的 MSSA 嵌套维数、提取重建分量的个数 k_1 与 k_2 以及 SVD 中提取主要模态的个数 k_3 有关。因此,(m,k_1,k_2,k_3) 参数的选择直接影响模式式(11)的预测估计精度。现分别讨论预报模式对各个参数的敏感性。

3.1　嵌套维数对模式的影响

在 MSSA 分析中适当选取嵌套维数 m 是一个关键。一般说来,m 愈大,谱分辨率愈灵敏。试验表明，m 一般不应超过原序列长度的 $\frac{1}{3}$。为此文中取 $m \leqslant 15$，作参数的敏感性试验，分析 m 取何值时能使模式的预报相关达到最大。试验结果表明，MSSA 的嵌套维数受资料长度限制而不宜取得过大，其最佳取值随不同的海区、不同的季节及不同的预报时效均有所差异，但总的来说当 m 取 3～6 时，预报都能取得较高的相关。表 2 是以 Nino 3 区为例的试验结果。对各 Nino 区各季节的海温做相同的预报试验，也得到类似结论。

表 2　Nino 3 区海温预测的最优参数组合

预报季	1 季	2 季	3 季	4 季
春	(4 1 1 2)	(3 1 1 2)	(3 3 3 4)	(4 1 1 1)
夏	(6 6 6 7)	(3 1 1 1)	(3 1 1 1)	(3 3 3 5)
秋	(6 6 6 2)	(3 1 1 2)	(4 2 2 2)	(4 4 4 2)
冬	(3 3 3 5)	(3 3 3 5)	(3 1 1 2)	(6 3 3 2)

注：表中括号内的 4 个数字依次是 m, k_1, k_2, k_3。

3.2　重建分量数 k_1, k_2 对模式的影响

独立样本预报试验表明，在建模过程中，选取预报因子场和预报变量场的 MSSA 重建耦合振荡分量序列的个数 k_1, k_2 与 MSSA 的嵌套维数有关，一般情况下，其个数大约等于嵌套维数，能取得较好的预报效果。但有的海区季节预测 k_1, k_2 的选取有些差异。MSSA 与 SSA 的差别在于每个空间时间主成分(ST-PC)涉及所有通道的谱性质，所以由 MSSA 的特征成分与时间主成分重建的序列 RCCS 提取的信号包含了所有通道的耦合振荡信息。在建模过程中，预报因子场和预报对象场中 RCCS 个数的选取对预报模式的影响是显然的，过少会使提取的信息不够，预报精度降低；过多则可能使噪声分量增大，信噪比减小，导致预测精度下降。由于文中试验的预报因子场和预报对象场均用海温资料，故 k_1 和 k_2 的选取差别不大，试验也证明了这一点。所以在后文的预报中均取 $k_1 = k_2$。

3.3　SVD 模态数 k_3 对模式的影响

此外，SVD 模态数的选取对预报模式同样有影响。SVD 中模态个数的选取也不宜过大，过大会使历史信息中的噪声分量增大，预测信噪比减小，导致预报精度降低。具体个数的选取与前几个模态的累积平方协方差贡献有关。一般说来，取多少个奇异值(k_3)所对应的典型分布型，可通过各模态对两个场的交叉协方差的贡献来确定，即通过对奇异值的显著性检验(或确定累积平方协方差贡献)来定。在固定参数 m, k_1, k_2 的情况下，从预报效果随 k_3 的变化可见，模式对参数 k_3 也较敏感。当 k_3 取一定的值后能使预报相关较高，随着 k_3 的增大，预报相关反而逐渐降低。这也许是因为 k_3 的增大使得历史资料中的噪声分量增加，预测信噪比减小，导致预测精度降低的缘故(图略)。通过试验，发现当 k_3 取 1～6 时预报就能达到较高的相关。综上所述，模式的 4 个参数(m, k_1, k_2, k_3)对模式的预报效果均有影响，但影响的形式有所不同。在实际建模过程中需要用试验来寻找最优的参数组合。表 3 列出了固定参数 $m^* = 4, k_1^* = k_2^* = 4, k_3^* = 2$ 时 Nino 3 区海温的预报相关和调整参数取得的最优预报相关，由表可见，调整参数后的最高预报相关比固定参数的预报相关在整体上要高得多，当然，各区各季增加的情况有所不同。

表 3　固定参数和调整参数的预报比较(Nino 3 区)

预报季	1季		2季		3季		4季		平均	
春	0.32	0.52	0.43	0.54	0.06	0.36	−0.14	0.27	0.17	0.42
夏	0.64	0.77	0.04	0.30	−0.05	0.11	−0.01	0.02	0.15	0.30
秋	0.86	0.86	0.44	0.72	−0.10	0.21	−0.00	0.00	0.30	0.45
冬	0.87	0.89	0.71	0.77	0.32	0.76	0.06	0.07	0.49	0.62
平均	0.67	0.76	0.40	0.58	0.06	0.36	−0.02	0.09	0.28	0.45

注:表中左列为固定参数的预报相关,右列为调整参数的最优预报相关。

4　各 Nino 海区独立样本预报试验

独立样本预测试验表明,各 Nino 区用 MSSA-SVD 为基础所建立的预报模式,一般都优于其他统计预测方法(如 SSA,CCA 或 SVD 及 PC-CCA),从预报效果看,也与其他方法有类似之处,即不但各 Nino 区预报效果有所不同[12-15],而且各 Nino 区不同季节预报效果也有显著差异。现分述如下:

就本方法与其他方法的比较而言,以 MSSA-SVD 与单独用 SVD 方法的预报对比为例,一般以 MSSA-SVD 方法求得的预报相关高于 SVD 方法,不过对各季和不同的预报时效来说,情况略有不同。

提前 1 季的预报,春季的相关均低于 SVD 方法。因为,一般来说典型的 ENSO 事件往往在春季建立,往往春季海温距平在时间上具有准随机的不可连续性,导致其准周期振荡较弱,故用 MSSA 提取的春季振荡信号较差。MSSA-SVD 方法求得的预报相关低于单纯 SVD 方法可能与此有关。而 MSSA-SVD 方法与 SVD 方法的最大差异在于,提前 2 季以上的预报,前者比后者的预报相关高得多,一般相差达 0.1～0.3,甚至更大。可见对预报时效较长的预报来说,MSSA-SVD 方法要优于 SVD 方法。其次,各 Nino 区海温预报的差异表明,Nino 4 区预报效果最好,Nino 1+2 区预报效果最差,这与文献[9,10]结论一致。其原因可能是,这些预报结果与 ENSO 暖事件随时间在空间上的发展演变特点有关。典型 ENSO 暖事件是冬季和第 2 年春季首先在南美沿岸(Nino 1+2 区)开始出现,之后由东向西发展,大约在第 2 年的夏季和早秋延伸到赤道中太平洋(Nino 3 区、Nino 4 区)。由于典型的 ENSO 事件一般在 Nino 1+2 区建立,使得 Nino 1+2 区的海温异常在时间演变上具有准随机的不可连续性,导致了 Nino 1+2 区的海温预报相关技巧较低,而当海温异常传播到 Nino 3 区、Nino 4 区后 ENSO 事件已经发展起来,因此预报准确性要高于 Nino 1+2 区,尤其是 Nino 4 区预报。预报事件的持续当然要易于预报事件的先兆,这也许能解释为什么 Nino 1+2 区的海温预报效果最差而 Nino 4 区的海温预报效果最好。就预报效果的季节差异来看,在 3 个海区中都以春季效果最差,而预报效果最好的季节在各区有所不同:Nino 1+2 区的秋季预报相关最高,而 Nino 3 和 Nino 4 区则是冬季预报效果最好。从提前 1,2,3 和 4 季的预报来看,各区均较好。但其中 Nino 1+2 区和 Nino 3 区提前 1 季的预报效果较好,而提前 2、3 和 4 季的预报 Nino 1+2 区比较差,Nino 3 区相对较好。图 1a—d 分别是 Nino 3 区提前 1、2、3、4 季的 SSTA 预报与实况比较。

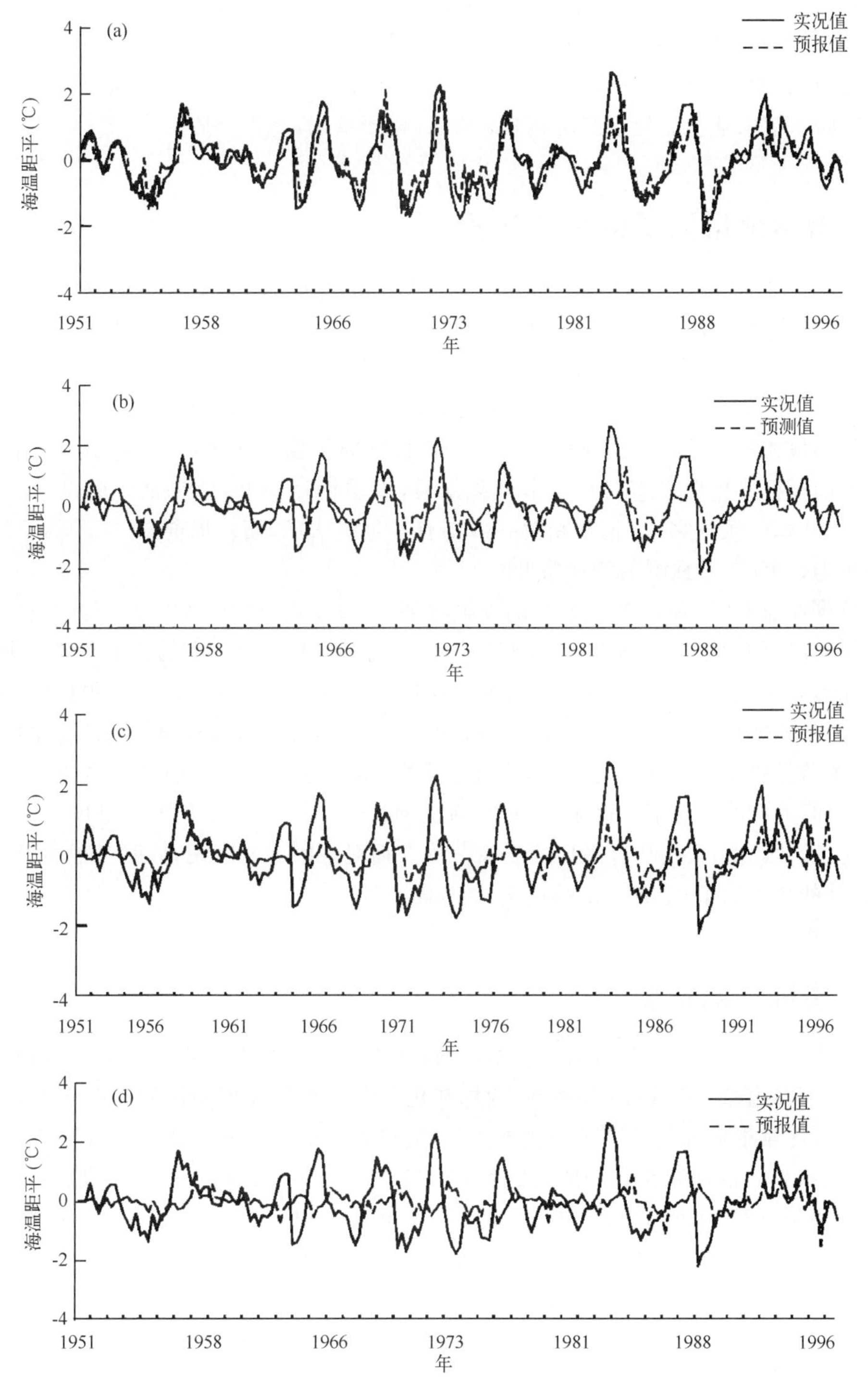

图 1　Nino 3 区提前 1～4 季的预报与实测距平序列对比

(a)、(b)、(c)、(d)分别是提前 1、2、3、4 季对 Nino 3 区海温的独立样本预报试验

由此可见，热带海气耦合系统的可预报性依赖于季节，文献[5]曾指出，以北半球冬季作初始场的预报，其评分低于以春季作初始场的预报，这表明存在着一个北半球春季的“可预报性障碍”。短期 ENSO 预报技巧的季节性差异在其他一些统计或动力预报模式的研究中也有发现，被认为是固有的季节变化对 ENSO 自身循环的影响，已被一些观测研究所证实，本文所试验的结果基本上与这些研究结果吻合，限于篇幅，不作详述[1,2,4,5,11]。

5 增加预报因子的预测试验

ENSO 是全球海气相互作用下的强信号，研究 ENSO 预测有必要引进海气系统的特征量[15-17]。显然，当预报因子场增加其他因子时，新构成的预报因子场其周期振荡可能会发生变化。为此，在原始预报因子场中分别加入全球气温(简记 GLT)、南方涛动指数(SOI)或同时加入 GLT 和 SOI 构成 3 种新的预报因子场。以 Nino 3 区预报为例的试验结果表明，绝大部分的预报相关比单纯考虑前期 SSTA 场作预报因子场有显著提高，其中以提前 3 季和提前 4 季的预报提高更显著。从季节效果来看，春季仍然最差，效果最好的是秋、冬两季。对提前 1～2 季的预报来说，预报相关一般都有一定的增加，而对提前 3～4 季的预报来说，增加得更为显著(冬季预测的增加略低)。

比较仅增加 GLT 和仅增加 SOI 的预报效果，可以发现，增加 SOI 因子时的预报效果略高于增加 GLT 的效果。实际上，增加 GLT 时，提前 1 季和提前 2 季的各个季节预测与单纯考虑前期 SST 场变化不大，有的略微增加，有的反而略低，而增加 SOI 后的预报效果就显著得多，一般都能增加 0.05 左右。若同时增加 GLT 和 SOI 因子，其预报效果的稳定性反而较差，有些季节虽提高很多(如提前 1 季的秋季预测，相关高达 0.934)但是许多的季节预测并无显著增加，而有的甚至下降许多。因此，对提前 1～2 季的 Nino 3 区海温预测来说，引入 SOI 来提高该区的预报技巧有最佳的效果[16,17]。而对某些季节来说，同时考虑 SOI 和 GLT(还有其他的各种因子)也有一定的意义(图表略)。

6 实际预测试验

进一步以 1951—1990 年资料为样本序列，分别对各海区建立 MSSA-SVD 预报模型，对未来 6 年(1991 年春季—1996 年冬季)的标准化 SSTA 作实际预测试验。选定 1951—1990 年的某一海区某季标准化 SSTA 为预报场，以提前 k 季的前期标准化 SSTA 场为预报因子场，求出预报模式的回归系数矩阵，然后将 1990—1995 年的提前 k 季的前期标准化 SSTA 资料代入预报方程，作提前 k 季的标准化 SSTA 预报。以冬季为预报因子为例，将 1990 年冬季标准化 SSTA 代入预报方程，分别提前 1 季预报次年春季、提前 2 季预报次年夏季、提前 3 季预报次年秋季和提前 4 季预报次年冬季共 4 个季度的预报值。仿照这种方法，分别用春、夏、秋和冬 4 个季度作为预报因子作 1991—1996 年的预报，其预报相关分别为 0.574，0.529，0.135 和 0.361。图 2 是 Nino 4 区的预报值和实际值曲线。由图可见，以春季为因子场的预报序列与实测距平序列趋势非常相近，1991—1995 年连续发生的 3 次 El Nino 事件在预报序列中均能较好地反映出来，只是春季的预报值比实测值要小。以夏秋冬 3 季为预

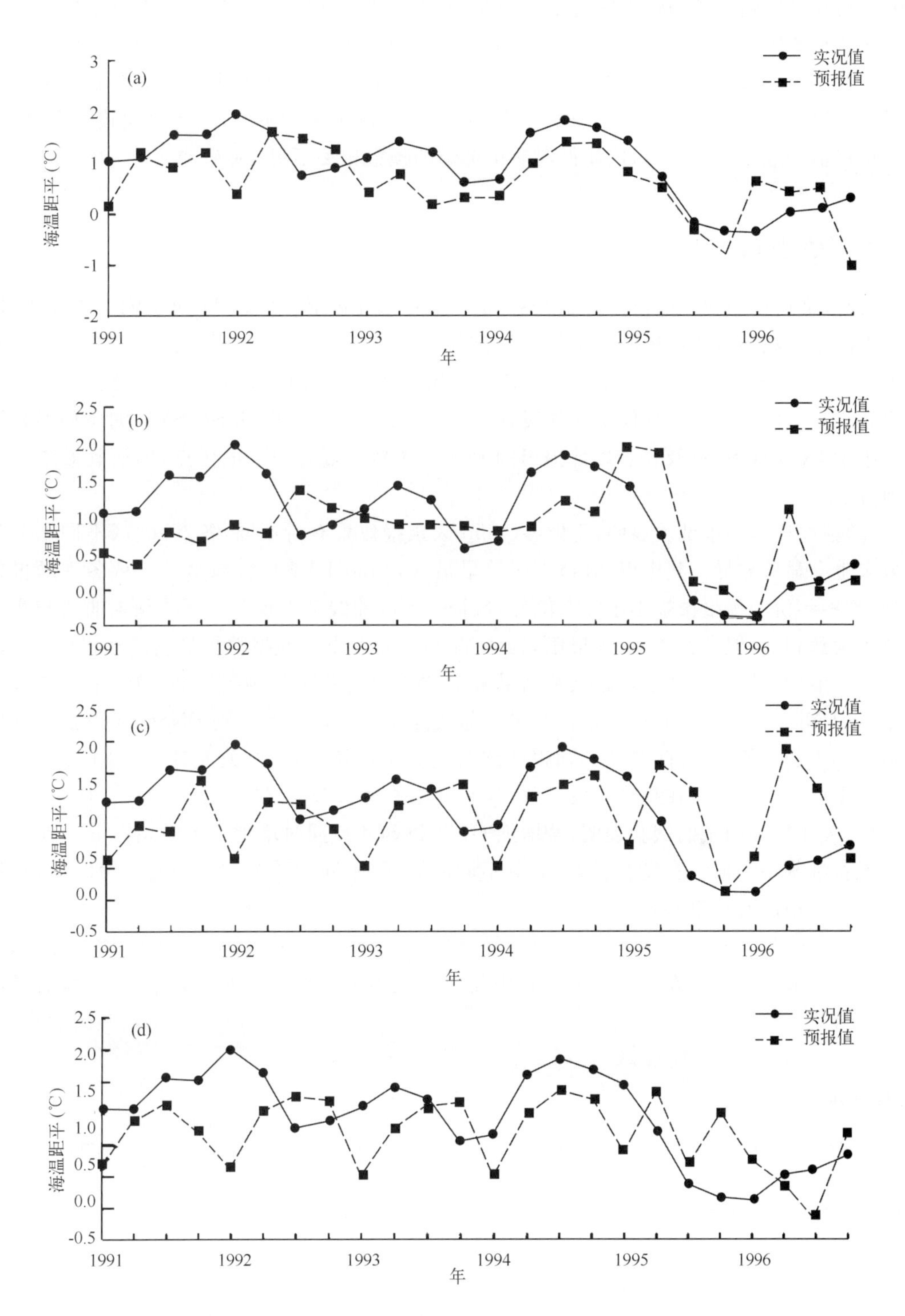

图 2 以 1991—1996 年各季海温为预报因子的 Nino 4 区海温距平预报

(a)春季;(b)夏季;(c)秋季;(d)冬季

报因子的预报序列与实测距平序列差异较大，主要反映在位相上有差异，由于春季的预报值与实际值相差较大，而且提前 4 个季的预报较差，这些原因导致了预报相关较低。而用每个季节提前 1 个季节预报下个季节的值，效果相当好。图 2 是该区提前 1 个季节的预报值与实际值的比较，显然，夏、秋、冬 3 个季节的预报值与实际值差别不大，趋势也大致相同，但春季的预报值一般小于实际值，这使得提前 1 个季的预报相关不高(r=0.55)。

7 结论与评述

(1)本文提出一种多通道奇异谱分析与奇异值分解相结合(即 MSSA-SVD)的方法，提取预报因子场和预报变量场的显著耦合振荡信号，并在此基础上建立一种广义典型混合回归模式用于 ENSO 短期气候预测。对 Nino 海区各季 SSTA 的短期气候预测试验表明，其预报效果在总体上要优于其他统计预报方案。从理论上说，基于 MSSA-SVD 的典型混合回归集中了 CCA 或 SVD 及作者以前提出的 PC-CCA 典型混合回归的优点，因而其效果优于其他方法。

(2)独立样本预报试验表明，不但各 Nino 区预报效果有所不同，各 Nino 区不同季节预报效果也有显著差异。其中以 Nino 4 区效果最好，Nino 1+2 区效果最差。秋冬季预报较好(除某些年份的预报振幅小于实况值外，预报与实况曲线基本重合。夏季预报曲线与实况趋势也大致相同，但在整体上，预报振幅比实况小)；而春季的预报效果最差。从提前 1,2,3 季和 4 季节的各区各季独立预报试验结果来看，提前 1 个季节的预报效果最好(相关在 0.80 以上)，El Nino 事件和 La Nina 事件几乎都与实际一致。仅只有个别 ENSO 年份预报的异常值要小于实际值，而提前 2 季的预报曲线与实况也比较一致，相关大多在 0.61 左右。但提前 3 季以上的预报只在趋势上较一致，其预报相关为 0.53 左右。

(3)关于增加因子的试验表明，若增加 GLT 和 SOI 或同时增加二者时，各 Nino 海区海温的预报准确率一般都有显著提高，但对不同的海区、不同的季节和不同的预报时效，预报相关的变化情况有一定差异。

(4)模式对 4 个参数(m,k_1,k_2,k_3)的敏感性较高，它们对模式的预报效果均有影响，但影响的形式有所不同。在实际建模过程中需要用试验来寻找最优的参数组合，方能有最高的预报效果。

参考文献

[1] Penland C, Mgorian T. Prediction of Nino3 sea-surface temperatures using linear inverse modelling. *J Climate*, 1993, **6**: 1 067-1 076.

[2] 赵宗慈. ENSO 现象及成因的模拟与预测研究进展. 气象科技. 1995, (1): 4-12.

[3] Xu J S, Storch H. Principal oscillation patterns-prediction of the state of ENSO. *J Climate*, 1990, **3**: 1 316-1 429.

[4] Barnston A G, Ropelewski C F. Prediction of ENSO episodes using CCA. *J Climate*, 1992, **5**: 1 316-1 345.

[5] Ding Y G, Jiang Z H. Study on canonical autoregression prediction of meteorological elements fields.

Acta Meteor Sinica, 1996, **10**(1): 41-51.

[6] 丁裕国，江志红，朱艳峰. Nino 海区 SSTA 短期气候预测模型试验. 热带气象学报，1998，**14**(4)：289-296.

[7] 丁裕国，江志红，施能. 奇异交叉谱分析及其在气候诊断中的应用. 大气科学，1999，**23**(1)：91-99.

[8] 江志红，丁裕国，周琴芳. 用于 ENSO 预测的一种广义典型混合回归模式及其预报试验. 热带气象学报，1999，**15**(4)：322-329.

[9] 余锦华，丁裕国. Nino 区 SST 与 SOI 的耦合振荡信号及其预测试验. 南京气象学院学报，1999，**22**(4)：637-643.

[10] 余锦华. 厄尔尼诺海区海温季节预测比较. 南京气象学院学报，1999，**22**(3)：374-380.

[11] Plaut G, Vautard R. Spells of low-frequency osillation and weather regimes in the Northern Hemisphere. *J Atmos Sci*, 1994, **51**: 210-236.

[12] 丁裕国，江志红. SVD 方法在气象场诊断分析中的普适性. 气象学报，1996，**54**(3)：365-372.

[13] Wallace J M, *et al*. SVD of wintertime sea surface temperature and 500 mb height anomalies. *J Climate*, 1992, **5**: 567-576.

[14] 江志红，丁裕国. 奇异谱分析的广义性及其应用特色. 气象学报，1998，**56**(6)：732-745.

[15] Pan Y H, Oort. Global climate variations connected with sea surface temperature anomalies in eastern equatorial Pacific Ocean for the 1958—1973 period. *Mon Wea Rev*, 1983, **111**: 1 244-1 258.

[16] Rasmusson E M, Carpenter T H. Variations in tropical sea surface temperature and surface wind fields associated with the Southern Oscillation/El Nino. *Mon Wea Rev*, 1982, **110**: 354-384.

Nino 区 SST 与 SOI 的耦合振荡信号及其预测试验

余锦华　丁裕国

（南京气象学院环境科学系，南京　210044）

摘　要：应用奇异交叉谱（SCSA）分析方法，提取 Nino 海区各区的平均海温（SST）和南方涛动指数（SOI）之间的耦合振荡信号，由此描述其年际和年代际的时变特征。基于 SCSA，重建耦合振荡分量序列（RCCS），并与回归分析相结合，对 Nino 各海区平均的 SST 月际序列作短期气候预测试验。结果表明，各海区 SST 与 SOI 的显著耦合振荡周期各有特色，其年际或 10 年际变化不尽相同，从而构成了 ENSO 信号在时空演变型态上的复杂性。SCSA 基础上的回归预报模型的预报技巧绝大部分优于 SSA-AR 预报模型，实际预报试验证明效果优良。

关键词：奇异交叉谱分析　耦合振荡信号　气候诊断与预测

引　言

经典的交叉谱分析（CSA）仅能从频域上描述两个时间序列的平均耦合振荡信号，不能揭示其在时域上的变动情况[1]。目前，气候诊断研究特别需要了解的是各种耦合振荡信号随着时间的演变，尤其是某种振荡信号的年际或年代际变率。奇异交叉谱分析（SCSA）方法[2]是一种时域和频域分析相结合的方法，弥补了经典 CSA 的某些缺陷，是气候诊断研究的有效方法。

虽然关于 Nino 海区 SST 的短期气候预测已有各类动力及统计模型进行过大量的试验和应用，但其预报时效仍不能满足客观需要。尤其是时效达半年或一年以上的气候预测，其预报技巧偏低，有的几乎失去预报意义。应用奇异谱分析（SSA）方法重建分量序列并结合 AR 模型作 Nino 海区 SST 预测，已显示出明显的优越性[3]。

然而，利用 SSA-AR 方法仅仅考虑序列自身前期信息对后期的影响，这并不是很全面的。由于实际气候系统内各个子系统之间不但有相互作用和反馈，且其自身亦有振荡，这种相互作用与反馈过程叠加着子系统本身的自持振荡的复杂物理过程，其观测序列的外在表现即是各种不同时空尺度的耦合振荡相互叠加。在观测序列中，各个分量序列的准周期结构特征有很大的差异，其物理本质与海表 SST 本身不但受其自身振荡的影响，而且还受到其上大气系统影响而产生耦合振荡有关。文献[4]考虑 SOI 作为因子的统计预测模型，效果优于单纯的 SST 序列预测，也证实了这一观点。利用 SSA-AR 方法，很难将尽可能多的物理因子的耦合分量引入模型。奇异交叉谱分析（SCSA）方法[2]，既有 SSA-AR 的优点又可克服其不足之处，从而在显著耦合关系的基础上对某一分量序列具有更高的预测技巧。本文正是对 SCSA 的进一步推广应用。其目的在于，对 Nino 海区 SST 与 SOI 的耦合振荡特征进行诊断分析，并重建显著耦合振荡分量序列，纳入回归预测模型，作 Nino 海区 SST 的短期气候预测试验。

1　原理、方法和资料

SCSA 的基本原理及诊断方法详见文献[2]。预测方法是利用重建分量序列 $x_t^{(k)}$ 和 $y_t^{(k)}$，对于相同的 k，建立预测 y_t 的低阶回归预测模型，即可实现 y_t 各分量的外推预报。最后将 p 个显著耦合分量的重建分量序列的预测合成，从而实现合成预报。由于所提取序列具有单一的振荡特征，排除了短时间尺度的噪声干扰，即使采用类似于 AR 简便模型的低阶预报，预报效果也很好。这正是本文分析的另一大主题。

原始资料取自 1951 年 1 月—1995 年 12 月北太平洋 286 个格点逐月海表温度及同期的南方涛动指数。预报对象是 Nino 各海区[3]逐月的海温空间平均值所构成的时间序列。对 Nino 各海区的海温经空间平均后的序列与 SOI 序列都进行标准化预处理。

2　SST 和 SOI 的耦合振荡特征

2.1　各区 SST 与 SOI 耦合振荡主周期

以 Nino 1＋2 区、Nino 3 区及 Nino 4 区的月际平均海温标准化值作为$\{y_t\}$序列，同期的南方涛动指数的月标准化值作为$\{x_t\}$序列，对不同的 m（嵌套维数）作 SCSA 诊断分析。结果表明：SCSA 识别出的有些耦合振荡显著周期稳定于某些 m 值域内，周期长度几乎不变，而有些分量序列的耦合振荡周期随 m 的变化出现变动或在一分量序列中的显著周期不是唯一的（如表 1 的 m＝190 时的第 5 序列）或有变动范围（如表 1 的 m＝170 时的第 5 序列），且不同 Nino 海区的 SST 与 SOI 的显著耦合振荡周期有些差异。由表 1 可见，Nino 1＋2 区 SST 与 SOI 的显著耦合振荡周期有 44 月（第 1，2 成分周期）、60～64 月（第 3，4 成分周期）、28～32 和 80 月（第 5，6 成分周期）。基本上代表了准 4 年、准 5～6 年、准 2～3 年和准 7 年的耦合振荡，这些显著耦合振荡周期决定了 ENSO 具有 2～7 年的准周期变化特征。其中最显著的耦合振荡周期是 44 个月，其相应两组合序列之间的最大相关系数≥0.92。

表 1　Nino 1＋2 区 SST 与 SOI 的显著耦合振荡周期　　（单位：月）

m	SCSA 序号					
	1	2	3	4	5	6
120	44	136	64	48	40	32
130	44	44	60	52	140	32
140	44	44	60	60	132	28
150	44	44	60	64	80	28
160	44	44	64	60	28	28
170	44	44	64	60	80～84	80
180	44	44	60	64	80	128
190	44	44	64	60	32,80	80
200	44	44	60	64	100	28

由表 2 可见，Nino 3 区 SST 与 SOI 的显著耦合振荡周期有：44～48 月（第 1，2 成分周期）、52～56 月（第 3，4 成分周期）、32 和 136～152 月（第 5，6 成分周期），基本代表了准 4 年、准 4～5 年、准 3 年和准 11～13 年 4 种时间尺度的耦合振荡。其中最显著的耦合周期是 44 月，其次是 32 月，两者在 9 次试验中都出现了 13 次，不过前者两对应组合序列之间的最大相关系数≥0.94，后者的≥0.90。

表 2　Nino 3 区 SST 与 SOI 的显著耦合振荡周期　（单位：月）

m	SCSA 序号					
	1	2	3	4	5	6
120	48	48	52	44	148	148
130	48	48	48	48	152	152
140	44	136	52	48	92	32
150	44	44	52	52	32	32
160	44	44	56	52	32	32
170	44	44	56	52	32	32
180	44	44	56	52	32	32
190	44	44	56	52	32	32
200	44	136	56	48	32	32

由表 3 可见，Nino 4 海区 SST 与 SOI 的显著耦合振荡周期有 48～52 月（第 1，2 成分周期）、40～44 和 120～128 月（第 3，4 成分周期）、32～36 和 144～152 月（第 5，6 成分周期）。基本上代表了准 4～5 年、准 3 年、准 10 年和准 12～13 年时间尺度的耦合振荡。最显著的耦合振荡周期是 52 个月，两对应组合序列之间的最大相关 r_{ab}≥0.97，相关很好。Nino 4 区 SST 与 SOI 的耦合振荡有一明显的特点，即同一对组合序列中，包含两个较显著周期，大多一个是年际耦合振荡周期，另一个是年代际耦合振荡周期，这一特点使得 Nino 4 区 SST 与 SOI 的年际耦合振荡比 Nino 3 区和 Nino 1＋2 区都弱。

表 3　Nino 4 区 SST 与 SOI 的耦合振荡周期　（单位：月）

m	SCSA 序号					
	1	2	3	4	5	6
120	52	52	40	144	36	44
130	52	52	36	140	144	112
140	52	152	40	96	144	40,148
150	52	48～52	40,112	40,128	92	36,148
160	48	52	124	44	36	32
170	52	48	124	44	32,92	36,144
180	48,148	52	44,136	48	32,148	32
190	52	52,152	44,128	48,152	32,94	148
200	52	48,148	44,124	40,120	32,148	36

综合上面的分析可知，不同 Nino 海区 SST 与 SOI 的耦合振荡特征存在明显的差异，其主要表现有以下几点。

(1)10 年以下(年际)SST 与 SOI 的耦合振荡信号在 Nino 1+2 区表现得最突出，其显著耦合振荡周期基本覆盖了 2～7 年，而 Nino 3 区 SST 与 SOI 的耦合振荡周期相对集中，其最长的比 Nino 1+2 区的短 24 个月，而最短的却比后者长 4 个月。即其显著耦合振荡周期主要集中于 3～5 年，而不是 2～7 年。Nino 4 区 SST 与 SOI 的耦合振荡年际变化特征与 Nino 3 区的相近。即年际耦合振荡周期主要在 3～5 年，但是没有后者显著。可见，ENSO 的准周期性特征对于不同的 Nino 海区是不同的，Nino 1+2 区 ENSO 的年际振荡最强，具有 2～7 年的准周期性，Nino 3 区和 Nino 4 区 ENSO 的年际振荡却具有 3～5 年的准周期性，且 Nino 4 区 ENSO 的年际振荡最弱。Nino 3 区介于两者之间。

(2)10 年际(年代际)的 SST 与 SOI 的耦合振荡信号在 Nino 4 区表现得最突出，其最显著的耦合振荡周期为 12～13 年，在 Nino 1+2 区表现得最弱。

由此可见，Nino 海区 SST 与 SOI 的耦合振荡的差异不仅表现在年际振荡上，在年代际振荡上也有所体现。Nino 4 区 SST 与 SOI 的 3～5 年耦合周期的年际振荡没有 Nino 1+2 区和 Nino 3 区的显著，而其年代际的耦合振荡却有较明显的表现，这也许正是后者对前者影响的结果。Nino 海区 SST 与 SOI 的耦合振荡周期和它们自身的振荡周期密切相关，如其年际耦合振荡周期(准 4 年及准 2～3 年)与 Keppenne 等[5] 及 Jiang[6] 等的分析结果比较一致，其间的差异主要与嵌套维数 m 取值不同有关。

正如 Nino 区 SST 的季节预报效果与 ENSO 暖事件随时间在空间上的发展演变特点有关，即一般典型 ENSO 暖事件是前个冬季和次年春季首先在南美沿岸(Nino 1+2 区)开始出现，之后由东向西发展，大约在次年的夏季和早秋延伸到赤道中太平洋(Nino 3 区和 Nino 4 区)。Nino 海区 SST 与 SOI 的耦合振荡信号同样也强烈地影响一年时效以上的 Nino 海区 SST 的预报效果，不同 Nino 海区 SST 一年以上的预报技巧表现出的差别也许正是不同 Nino 海区 SST 与 SOI 的耦合振荡特征不同所引起的。

2.2 各区重建分量序列的时变特征

分量序列随时间的演变特征代表了各分量序列所隐含的 SST 与 SOI 显著耦合周期的耦合振荡随时间的变化。由图 1 可见，Nino 1+2 区 44 个月(RCCS 1+2)的耦合振荡在 20 世纪 50 年代较弱，50 年代后期逐渐增强，60 年代后期直到 80 年代末，维持一种强的耦合振荡状态，90 年代开始有所减弱。60～64 月(RCCS 3+4)的耦合振荡随时间的演变与 RCCS 1+2 有较大的差异：50 年代较强，整个 60 年代都很弱，进入 70 年代开始增强，1982—1983 年达到最强，稍有减弱后，90 年代初又有增强的趋势。平均的耦合振荡没有 RCCS 1+2 的强。28 个月(RCCS 5+6)的耦合振荡随时间的演变，与前两者又有些差异：20 世纪 60 年代后期到 70 年代是最弱的时候，其次是 70 年代后期到 80 年代初，1982—1983 年和 1991—1992 年是较强的年份，平均耦合振荡强度比前两者都弱。联系历史上 ENSO 事件发生的年份和相应的强度，不难看出，强 ENSO 事件的发生是由于所有显著周期的耦合振荡都较强而引发的，例如，1982—1983 年的强 ENSO 事件，所有周期的耦合振荡强度在这个时间都处在相对高点，且位相位于正的阶段。如果在某段时间有一耦合振荡很弱，则这段时间一般不会

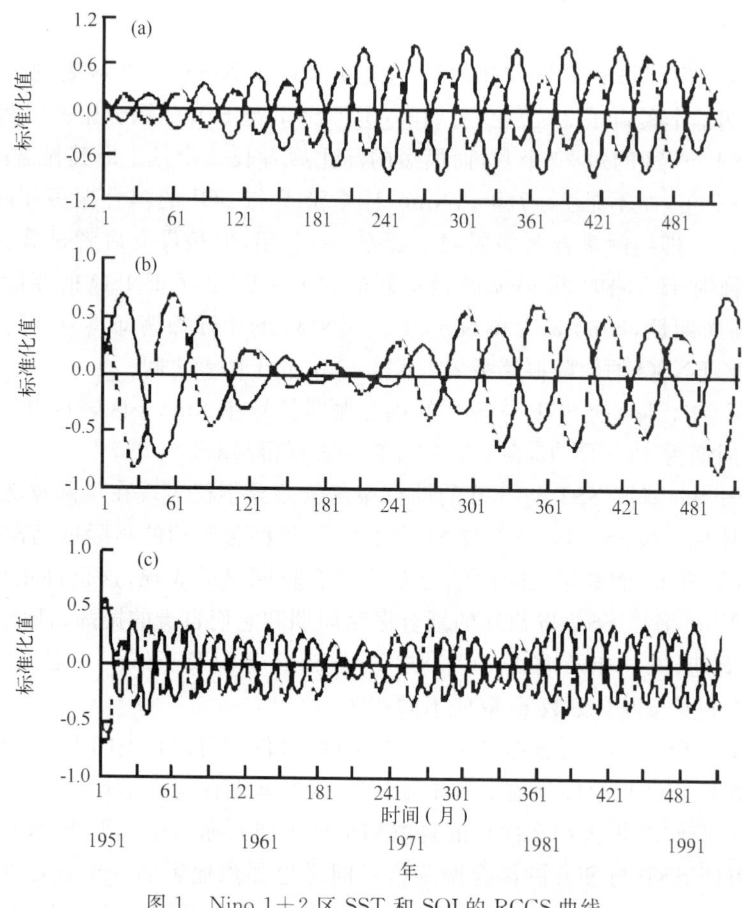

图 1　Nino 1＋2 区 SST 和 SOI 的 RCCS 曲线

(a)RCCS 1＋2；(b)RCCS 3＋4；(c)RCCS 5＋6

实线：SST；虚线：SOI

发生 ENSO 现象。例如，20 世纪 50 年代 44 个月的耦合振荡很弱，60 年代 60～64 个月的耦合振荡很弱，结果 50 和 60 年代都没有显著的 ENSO 事件发生。如果有的耦合振荡较强，而有的较弱，则这种状况产生的 ENSO 事件不会太强。如 70 年代的 1975—1976 年和 90 年代的 1991—1992 年的 ENSO 事件，就没有 1982—1983 年的强。可见 ENSO 事件的发生是各种耦合振荡周期相互叠加的结果。各种耦合周期的耦合振荡强度随时间的演变特点不同，这使得 ENSO 事件的发生变得复杂化。Nino 1＋2 区 44 个月的耦合振荡随时间演变的规律性最好(44 个月的耦合振荡周期最显著)，60～64 个月的耦合振荡强度随时间的变化剧烈(这与该重建分量序列是由 60 个月和 64 个月两种耦合周期相互叠加有关)。28 个月的耦合振荡强度随时间的演变介于前两者之间。Nino 3 区及 Nino 4 区相应的耦合分量序列随时间的变化特征与 Nino 1＋2 区的大体上有些相似但又有不同(图略)。

由图 2 可见，Nino 1＋2 SST 与 SOI 耦合振荡的前 6 项显著周期的 SST 重建分量序列 RCCS 1～6 与相应的原始序列随时间的演变很相似(两者的相关都在 0.85 以上)，它们随时间的变化趋势完全相同，前 6 项的耦合方差(协方差)占总协方差的 85％左右，只是合成序列的值在有些时候比原始序列的小，特别是在原始 SST 出现较大的正或负异常时。重建分量序列实际上相当于对原始序列的滤波，使得 SST 较大的异常以及一些小的波动被过滤掉了，这为后面的预测工作提供了前提。

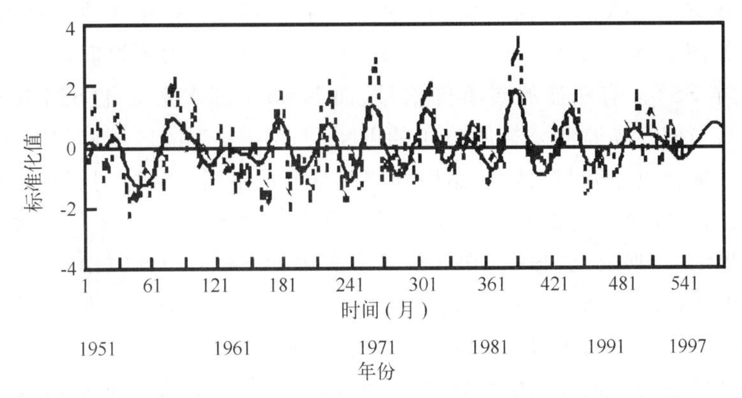

图 2　Nino 1+2 区 SST 的原始序列与重建合成序列及其预测结果
实线：RCCS 1～6 和预测结果(1996 年 1 月—1998 年 12 月)；虚线：原始序列

3　基于 SCSA 的预测模型及试验

3.1　建模试验

分别对应于重建分量序列 RCCS 1～6，取 1951 年 1 月—1990 年 12 月时段为样本建立预测模型。从上面分析已得出各海区 SST 与 SOI 的组合序列之间的相关系数都很高，由各自组合序列与其相应的典型波型向量重建的分量序列必然也存在较好的关系。经用 FPE 准则对各海区各 RCCS 分量选取最佳回归阶数 p，结果表明，大多数 RCCS 序列以 2 阶模型最佳。拟合效果相当好。由于模型简单，序列本身的信号单一，准周期性强，不受噪声的干扰，给模型外推预报提供了基础。

以 1991 年 1 月—1993 年 12 月共 36 个月作为独立样本试报，结果如表 4 所示。Nino 3 区 SST 的 RCCS 1～6 分别建模，预报再合成与 36 个月的原始合成序列的相关系数达到 0.88，比用 SSA-AR 模型高 0.20。Nino 4 区的 SST 的预报与原始合成序列的相关系数达到 0.91，比用 SSA-AR 模型高 0.11。可见，SCSA 混合回归模型预测 Nino 区海温的预报技巧高于 SSA-AR 模型。这与 Nino 区 SST 和 SOI 具有强的耦合振荡有关。

表 4　Nino 3 区和 Nino 4 区 SST 的 36 个月独立样本预测试验

	SCSA	SSA-AR	前 6 项协方差贡献
Nino 3 区	0.88	0.68	85.31
Nino 4 区	0.91	0.80	82.05

3.2 预测试验

在上述试验的基础上，进一步以1951年1月—1995年12月共45年资料为样本序列，分别对各海区建立SCSA回归预测模型，预测未来3年(1996年1月—1998年12月)的SSTA，其结果如图2所示(1996年1月—1998年12月的实线为预报值)。图2显示出Nino 1+2区未来3年SSTA有明显的暖事件信号，而Nino 4区未来3年SSTA有较小的负异常。这些结果与当前气候监测公报所公布的ENSO信号发生的区域和过程相吻合[7-9]。从显著耦合振荡分量合成序列与实际原始序列的关系显示出当实际序列有大的正或负的异常值时，合成序列的正或负异常值总小于实际值。即实际出现的SSTA一般大于SCSA回归预测模型的预报结果，换言之，根据1995年以前所建SCSA回归预测模型，已能较准确地预测出未来3年中秘鲁沿岸和赤道中东太平洋海区可能发生ENSO事件。至于ENSO事件的强度需要通过统计大量的预报值和实况的关系来确定。

为了检验该模型的预报技巧的稳定性，下面再对历史上3次强ENSO事件进行预测试验：(1)以1951年1月—1973年12月为样本建模，预测1974年1月—1976年12月Nino 3，Nino 4区的SSTA；(2)以1951年1月—1980年1月为样本建模，预测1981年1月—1983年12月Nino 3，Nino 4区的SSTA；(3)以1951年1月—1983年1月为样本建模，预测1984年1月—1986年12月Nino 3，Nino 4区的SSTA。

如表5所示，3次强ENSO年的连续3年独立预报试验结果表明，SCSA回归模型的预报与原合成序列的相关都高于SSA-AR(2)模型。当然，有些ENSO事件过程两者的预报技巧相差比较大，如Nino 3区的1974—1976年、1984—1986年，两者相差0.2～0.3；而有的两者则相差较小，如Nino 4区的1974—1976年、1984—1986年，两者相差仅有0.001～0.009。这也许是在这两次ENSO事件过程中，Nino 4区SST自身的持续性较好，而与SOI的耦合振荡比较弱，使SCSA-回归模型与SSA-AR(2)的预测效果相差很小。

表5 Nino 3，Nino 4区历史上3次强ENSO预测结果

		SCSA回归模型	SSA-AR(2)	前6项协方差贡献
Nino 3区	1974—1976	0.761	0.462	86.88
	1981—1983	0.992	0.900	88.53
	1984—1986	0.980	0.806	86.37
Nino 4区	1974—1976	0.678	0.677	88.40
	1981—1983	0.979	0.893	85.05
	1984—1986	0.976	0.967	85.05

这里之所以与SSA-AR(2)比较是因为SSA-AR模型经用FPE准则对各海区RCCS分量选取最佳阶数，结果RCCS分量序列以AR(2)模型的预测效果显著，拟合效果非常好，对所有海区与原始序列的拟合相关都在0.91以上。

另外，由表5可见，历史上3次明显的ENSO事件，Nino区的SST以1974—1976年的预报效果最差，这也许与它建模时间短有关。另外两次ENSO事件，SCSA的预报效果都非常好，RCCS分量预报的合成与原RCCS分量拟合序列的相关在0.97以上。由此可见，SCSA结合回归预测模型对典型ENSO年份的Nino区SST的预报效果很好，预报技巧较高，稳定性好，不失为预测 Nino 海区 SST 的一种行之有效的方法。

4 小 结

(1)由 SCSA 可求出 Nino 海区 SST 与 SOI 的耦合振荡主周期，得到 Nino 各海区 SST 与 SOI 的耦合振荡显著周期不同；Nino 1＋2 区 SST 与 SOI 的显著耦合振荡周期是 2～7 年，Nino 3 区 SST 与 SOI 的显著耦合周期有 3～5 年，而 Nino 4 区 SST 与 SOI 的显著耦合周期有 3～5 年和 12～13 年。年际振荡中以 Nino 1＋2 区的表现最突出，10 年际(年代际)耦合振荡以 Nino 4 区的最显著。

(2)由 SCSA 分析方法，重建显著耦合振荡分量序列，可描述不同 Nino 海区 SST 与 SOI 耦合振荡信号随时间的演变特征及其差异；它们的时变特征反映了各种耦合周期振动的变化，它们时变特征的差异反映了不同 Nino 海区 SST 与 SOI 耦合周期的差别。

(3)SCSA 分析方法结合回归预测模型，作 36 个月的独立样本预测试验、对历史上 3 次强 ENSO 事件的回顾性预测试验以及类似于业务运行的真实预报试验，结果其预报技巧大多高于 SSA-AR 预测模型。

(4)由于重建耦合振荡分量序列(RCCS)合成实际上是一种耦合滤波序列，即将一些绝对值较大的正或负异常值过滤掉了，反映原序列的主要变化特征。基于这样的特点，在做真实业务预报时，怎样将 SCSA 回归预测模型的预报结果换算成更为真实的预报值是一个需要继续探讨的问题。

参考文献

[1] 丁裕国，江志红. 气象数据时间序列信号处理. 北京：气象出版社，1998. 177-188.
[2] 丁裕国，江志红，朱艳峰. 奇异交叉谱分析及其在气候诊断中的应用. 大气科学，1999，**23**(1)：91-100.
[3] 丁裕国，江志红，朱艳峰. Nino 海区 SSTA 短期气候预测模型试验. 热带气象学报，1998，**14**(4)：196-289.
[4] 余锦华. 厄尔尼诺区海温季节预测比较. 南京气象学院学报，1999，**22**(3)：374-380.
[5] Keppenne C L, Ghil M. Adaptive filtering and prediction of the southern oscillation index. *J Geo R*, 1992, **97**(d18)：20 449-20 454.
[6] Jiang N, Neelin J D, Ghil M. Quasi-quadernnial and quasi-biennial variability in the equatorial Pacific. *Climate Dynamics*, 1995, **12**(2)：101-112.
[7] 中国气象局国家气候中心. ENSO 监测简报. 1997，(2)：43.
[8] 中国气象局国家气候中心. ENSO 监测简报. 1997，(3)：43.
[9] 中国气象局国家气候中心. ENSO 监测简报. 1997，(4)：43.

用于 ENSO 预测的一种广义典型混合回归模式及其预报试验

江志红[1]　丁裕国[1]　周琴芳[2]

（1. 南京气象学院，南京　210044；2. 中国气象局国家气候中心，北京　100081）

摘　要：提出一种基于主分量典型相关分析（PC-CCA）的广义典型混合回归模式，用于建立 Nino 海区 SST 预报方案。该模式引入 EOF、PRESS 准则和集成预报等技术思想，在优选物理因子，确定最佳模式参数的基础上，对 Nino 海区海温指数所做的超前 1—4 季度预报试验取得优良效果。试验表明，该模式方案性能稳定，其总体预报技术水平已达到美国 NOAA/NWS/NCEP/气候诊断公报（CPC）所用同类模式水平。而本模式方案预报同类产品所需因子数远少于 CPC 方法。这就有可能为建立我国的 ENSO 业务监测系统提供有益的基础。

关键词：ENSO 预报　典型回归　预测方案

引　言

ENSO 现象是目前全球气候系统所能观测到的最强信号，它的演变规律一直是人们关注的焦点。实现对全球 ENSO 气候信号的预报，正是当前研究 ENSO 气候型态的一个关键。然而，ENSO 预报既是短期气候预测的研究热点，也是其难点。ENSO 的发生发展有多方面标志，而海表温度（SST）的距平变化则是最直接的指标。虽然 20 世纪 80 年代中期以来，采用简单或复杂的海气耦合模式已能成功地预报赤道太平洋海域一些关键区的 SSTA[1]，但仍有许多不足之处，例如预报效果的稳定性随季节漂移，预报时效的稳定性和延伸长度随不同模式而有明显差异，尤其是时效达 6 个月以上的超前预报仍有一定的难度，这些都有待改善。

统计预报模式花费少、见效快。在充分考虑物理机制或气候系统某些方面的整体型态基础上，采用适当的统计预测模式和方案，仍不失为行之有效的途径。研究表明，对于 ENSO 预报，采用诸如典型相关分析（CCA）、主振荡型（POP）、线性逆模方法（LIM）及奇异谱分析（SSA）等统计模式，同样可取得较优的预报效果[2-4]。国内外已取得一定的成果，一些国家已投入业务预报。作者（1996）曾提出一种典型自回归预测模式用于气象要素场预报[5]，本文在此基础上，提出一种广义的典型混合回归模式，并进行 Nino 指数的预报试验。为检验该预测模式方案的性能和效果，我们将给出大量数值试验和实际预报结果，以便为我国气象业务部门"九五"期间研制 ENSO 预测系统提供有益基础。

1　模式及预报方案

1.1　模式

设 $Y=(y_1,y_2,\cdots,y_q)'$，$X=(x_1,x_2,\cdots,x_p)'$，分别表示预报变量场和预报因子场。其中

$y_i=y_i(t), x_i=x_i(t), (i=1,\cdots,q$ 或 $p; t=1,\cdots,n)$。q,p,n 分别为预报变量数、预报因子数和序列长度。不失一般性地，约定 X,Y 中各变量均已零均值化。

为提取主要变化信号，分别对其作主分量分析(PCA)，则预报变量场与预报因子场分别有

$$\begin{cases}\underset{(p\times n)}{\alpha(t)}=\underset{(p\times p)}{E'}\underset{(p\times n)}{X}\\ \underset{(q\times n)}{\beta(t)}=\underset{(q\times q)}{F'}\underset{(q\times n)}{X}\end{cases} \tag{1}$$

式中 $\alpha(t)=[\alpha_1(t),\alpha_2(t),\cdots,\alpha_p(t)]'$，$\beta(t)=[\beta_1(t),\beta_2(t),\cdots,\beta_q(t)]'$，分别为 X 和 Y 的标准化主分量(向量形式，下同)。$E=(e_1,e_2,\cdots,e_p)$，$F=(f_1,f_2,\cdots,f_q)$，为相应的主分量荷载向量。

在适当的准则下，提取前 $p_1<p$ 个主分量作为预报因子场的主要信号，提取前 $q_1<q$ 个主分量作为预报变量场的主要信号，对新变量场 $\alpha(t)=[\alpha_1(t),\alpha_2(t),\cdots,\alpha_{pl}(t)]$ 和 $\beta(t)=[\beta_1(t),\beta_2(t),\cdots,\beta_{ql}(t)]$ 作 CCA，即可获得对应于各个典型相关系数 $\Lambda=\mathrm{diag}(\lambda_1,\lambda_2,\cdots,\lambda_{q^*})$ $[q^*\leqslant\min(p_1,q_1)]$ 的典型相关变量

$$\begin{cases}U(t)=\Gamma'\alpha(t)\\ V(t)=\Phi'\beta(t)\end{cases} \tag{2}$$

式中 $\Gamma=(\gamma_1,\cdots,\gamma_{pl})'$，$\Phi=(\varphi_1,\cdots,\varphi_{ql})'$，为相应的权重系数向量。由(1)、(2)式利用典型相关变量的线性组合，可近似地描述原预报变量场和预报因子场序列。即

$$X\to\widetilde{X}=E(\Gamma')'U(t) \tag{3}$$

$$Y\to\widetilde{Y}=F(\Phi')'V(t) \tag{4}$$

考虑典型相关变量的正交性[5]，则有

$$\widetilde{Y}=HV(t) \tag{5}$$

式中

$$H=YV'(t) \tag{6}$$

根据回归分析理论，在上述关系式的基础上，可推得由预报因子场主要信号来估计预报变量场主要信号的统计预测方程

$$\widetilde{Y}=H\Lambda U(t)=H\Lambda\Gamma'E'X=BX \tag{7}$$

式中 $B=H\Lambda\Gamma'E'$ 是一种回归系数矩阵，其估计值取决于典型相关系数 Λ 及由 X 和 Y 提取的主分量个数 p_1,q_1。显然，这一统计模式正是基于 PC-CCA 的一种典型回归模式。

1.2 预报方案

(1)选取赤道东太平洋 Nino 1+2 区、Nino 3 区、Nino 4 区和 Nino 3,4 区各自连续 3 月滑动平均海温指数序列构成预报场。资料长度为 1951 年 1 月—1997 年 12 月。

(2)预报因子场则分别选取前期南方涛动指数(SOI)、TAHITI 地面气压(TAHITI)、DARWIN 地面气压(DARWIN)、赤道西太平洋 850 hPa 纬向风(WPZW)、中太平洋 850 hPa 纬向风(CPZW)、东太平洋 850 hPa 纬向风(EPZW)、赤道中东太平洋 OLR 指数(OLR)以及赤道太平洋 200 hPa 纬向风(ZW)等多种变量资料(包括前期 SSTA 自身)，其中除 SOI、TAHITI、DARWIN 地面气压的资料长度与海温指数序列相同外，其余序列都自 1979 年 1 月起。

(3)根据式(7),考虑最大限度增加预报信息量和 ENSO 循环中年际以上时间尺度的准周期演变特点,引入集成预报和 EEOFS 思想,取前期连续 4 个季节(以 3 个月滑动平均为代表)的要素场作为预报因子(X_1,X_2,X_3,X_4)的基本场序列。

(4)分别按提前 1、2、3、4 季拟定预报方案,即起报时刻与预报季节分别差 1、2、3、4 季度。例如,若已知当年 3 月前的资料序列,要预报 4 一 6 月各 Nino 海区的平均 SST 指数,可分别取当年 1—3 月(x_1),前 1 年 10—12 月(x_2),前 1 年 7—9 月(x_3)和前 1 年 4—6 月(x_4)的资料作为预报因子构成超前 1 个季度的预测方案,以此类推。

(5)其他因子资料分别按相应季度(月份)加入到预报场。由于各 Nino 海区同时参与构成预报因子场和预报变量场,实际建模的原始场变量个数应为 Nino 海区数的 4 倍,并加入其他因子数。

(6)考虑建模样本长度对预测精度的影响,为方便起见,统一采用滑动 $n=30$(年)作为建模样本长度。考虑到信息传递随时间衰减以及预报性能的统一比较,这样的处理还是合理的。

2 预报模式及方案性能的数值试验

2.1 PRESS 准则下的独立样本试验

在现代回归分析技术中,PRESS 准则的应用已相当广泛。它通常优于残差平方和(RSS)准则,在模式识别、参数选择和预报评估中充分显示了优越性,因此我们引入其技术思想确定最佳参数并评估预测模式的性能[6]。

设在预报量 Y 和预报因子 X 的样本中,依次去掉第 r 个样品(试验点),以其余($n-1$)个样品所构成的样本建模,则原模式

$$\widetilde{Y}=BX \tag{8}$$

可记为

$$\widetilde{Y}(r)=B(r)X(r) \tag{9}$$

这里 $B(r)$ 表示去掉第 r 时记得的预报量场 $Y=(y_1{}^r,\cdots,y_q{}^{(r)})'$ 和预报因子场 $X=(x_1{}^r,\cdots,x_p{}^{(r)})'$后所得的估计系数矩阵。若将第 r 个时刻的预报因子全部代入(9)式,即可得到第 r 个时刻的预报量估计值。为此,从第 1 个样品(第 r 个时刻)开始,依次实施相应的建模预报,即可得到全部样品点(全部时刻预报值)的预报。在全部预测试验样品中,计算具有不同模式参数(p_1,q_1,q^*)全部子集的预测值与实况值的相关系数(等价于 PRESS),选取使相关系数达到最大的参数子集$(p_1,q_1,q^*)_{R_{\max}}$所对应的模式(7)作为最佳预报模式。

由表 1 可见,当 $p_1=5,q_1=1$ 或 $2,q^*=1$ 时预测效果最好,但当这 3 个参数继续增大时精度反而降低,表明参数的某种组合可能使预报模式的信噪比最大(预报最佳)。显然,对不同时效、不同季节或不同因子组合,都可有不同的最佳参数子集(p_1,q_1,q^*)。通过大量试验证明,参数组合为 $p_1=5\sim7,q_1=1\sim2,q^*=1\sim2$ 时,预报效果最佳。

表 1 Nino 海区 12—2 月提前 1 季平均预测效果随模型参数的变化

	$q_1=1,q^*=1$	$q_1=2,q^*=1$	$q_1=1,q^*=2$	$q_1=3,q^*=1$	$q_1=3,q^*=2$	$q_1=3,q^*=3$
$p_1=3$	0.760	0.769	0.754	0.768	0.751	0.741
$p_1=4$	0.770	0.774	0.760	0.779	0.768	0.758
$p_1=5$	0.794	0.794	0.788	0.790	0.782	0.786
$p_1=6$	0.792	0.785	0.786	0.787	0.771	0.782
$p_1=7$	0.781	0.778	0.768	0.780	0.757	0.765

2.2 因子选择及其组合试验

由于除 SSTA、SOI 和 Tahiti、Darwin 气压值外，其余 5 类因子资料仅从 1979 年 1 月开始，因此用以下分类作组合试验。

(1)试验Ⅰ：只引入 SOI 与 Nino 海区前期海温指数构成预报因子场，分别建模预测其后 1～4 季度(滑动 3 个月)的海温指数。显然，采用上述 PRES 准则下的独立样本试验，就可对比引入 SOI 与不引入 SOI 二者的预报效果。表 2 列出详细试验结果。可见不论超前时效多长，加入 SOI 后，平均预报效果都有明显提高，其中尤以超前 2、4 季度的预报效果提高幅度较大，相关系数平均增大 0.1 左右，且对本来预报效果较差的季节如初夏(4—5 月)至盛夏(6—7 月)特别明显。随着预报时效加长，效果提高也更明显，有的竟超过 20%。

表 2 Nino 3,4 区加入 SOI 指数前后的预报效果对比

	提前 1 季		提前 2 季		提前 3 季		提前 4 季	
月份	不加入 SOI	加入 SOI	不加入 SOI	加入 SOI	不加入 SOI	加入 SOI	不加入 SOI	加入 SOI
12—次年 2	0.91	0.93	0.89	0.87	0.68	0.67	0.38	0.36
1—3	0.87	0.92	0.85	0.85	0.72	0.72	0.50	0.49
2—4	0.84	0.85	0.76	0.80	0.70	0.69	0.54	0.54
3—5	0.83	0.85	0.59	0.66	0.61	0.60	0.42	0.44
4—6	0.84	0.85	0.47	0.64	0.38	0.54	0.39	0.45
5—7	0.69	0.67	0.37	0.47	0.21	0.34	0.21	0.29
6—8	0.63	0.71	0.33	0.37	0.15	0.20	0.15	0.16
7—9	0.76	0.83	0.50	0.50	0.10	0.44	0.06	0.35
8—10	0.85	0.90	0.58	0.58	0.32	0.36	0.11	0.29
9—11	0.85	0.91	0.70	0.75	0.34	0.33	0.12	0.24
10—12	0.90	0.94	0.85	0.87	0.55	0.54	0.28	0.49
11—次年 1	0.93	0.96	0.90	0.85	0.62	0.62	0.45	0.46
平均	0.82	0.86	0.60	0.69	0.44	0.50	0.30	0.38

注：独立样本长度为 45 年(1953—1997 年)。

(2)试验Ⅱ：在相同的资料样本长度下(1979 年 1 月—1997 年 12 月)分别引进各类因子建立预报因子场的各种组合试验。结果表明，尽管资料样本年限较短，具有不同物理意义的

因子组合在预报模式中的影响还是有差异的。从表 3 可见，当引入某些物理含义清晰的因子如 SOI 或 CPZW850(赤道中太平洋 850 hPa 纬向风指数)时，无论冬、夏季，各 Nino 海区的预测效果均有明显提高。同时引入上述两类因子时其预报相关系数比单纯考虑 SST 场有显著提高，在表 3 的各类组合试验中达到最高值。这一现象也从一个侧面充分反映出 ENSO 循环的物理机制与热带地区海气相互作用年际振荡的各种强迫密切相关。另一方面，建模样本长度和试验样本长度对预报结果有重要影响。表 3 仅用 16 年样本建模，考察独立样本 17 年，而表 2 用 30 年样本建模，考察独立样本 45 年，其预报水平的评估比表 3 结果更为可靠。但表 3 只是为了考察因子组合的相对最佳性。

表 3　加入各类因子后的超前 3 季预报效果对比

	12—2 月			5—7 月		
	Nino 3	Nino 4	Nino 3,4	Nino 3	Nino 4	Nino 3,4
SST	0.372	0.743	0.535	0.004	0.422	0.126
SST,SOI	0.402	0.743	0.543	0.016	0.525	0.260
SST,CPZW	0.388	0.726	0.544	0.044	0.331	0.094
SST,EPZW	0.409	0.715	0.527	0.002	0.485	0.186
SST,WPZW	0.239	0.633	0.420	−0.012	0.406	0.098
SST,ZW	0.329	0.707	0.493	−0.008	0.387	0.095
SST,OLR	0.289	0.642	0.447	0.085	0.373	0.065
SST,SOI,CPZW	0.467	0.775	0.610	0.108	0.602	0.350
SST,SOI,EPZW	0.417	0.723	0.532	0.020	0.581	0.282
SST,SOI,CPZW,EPZW	0.464	0.749	0.575	0.040	0.574	0.313

注：独立样本长度为 17 年(1981—1997 年)。

2.3　预报效果检验

为了比较预报模式在不同海区、不同季节的预报效果，在上述试验的基础上，选取 SOI、海温指数前期演变作为预报因子场，根据 PRESS 准则，选择最优模式参数，统一取建模样本长度 $n=30$(年)建立预报方案，检验其预报效果。

2.3.1　各 Nino 海区预报效果的对比

图 1 是 Nino 3,4 区 1953—1998 年独立样本预报与实况的对比曲线。从图中可见，季节愈超前，预报效果愈差，但总的来说，提前 1～4 季的平均预报相关系数都比较高(表 4)。在任一海区，提前 1 季以上的预报技巧均高于持续性预报。平均而言 Nino 3,4 区和 Nino 4 区预报效果最好，其提前 1～4 季的预测相关系数分别为 0.85，0.70，0.50，0.35 左右。预报效果最差的是 Nino 1+2 区。进一步对比 20 世纪 80 年代后各海区提前 1～3 季的预报与实况可见(图略)，除 1990—1994 年外，超前 2 个季度的预报与实况在振幅、位相上非常吻合，而超前 3 个季度的预测序列则略有偏差和滞后。

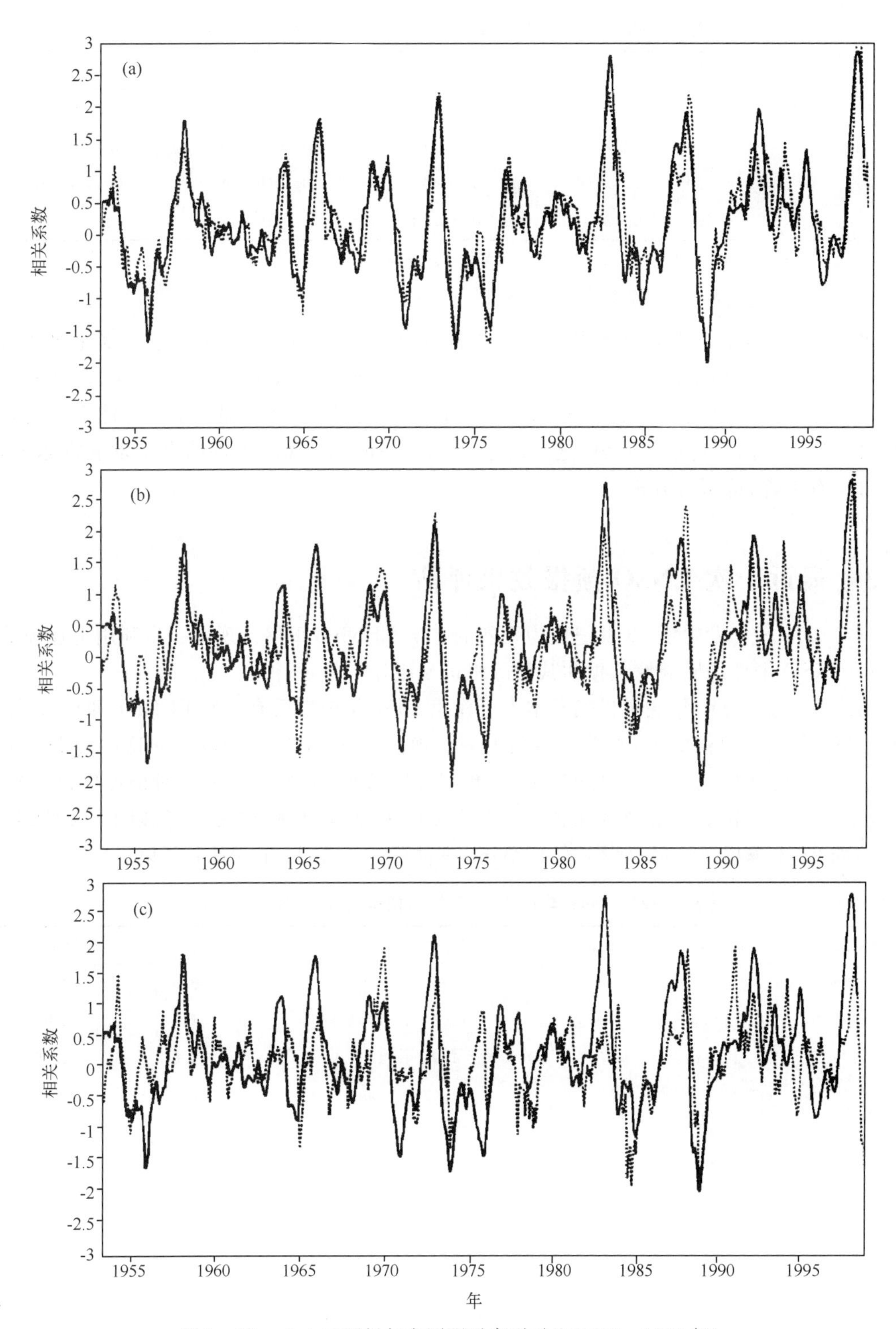

图 1　Nino 3,4 区预报与实测距平序列对比(1953—1998 年)

(a)提前 1 季;(b)提前 2 季;(c)提前 3 季;实线:实测序列;虚线:预报序列

表 4　Nino 海区提前 1～4 季预测值与实况值的相关系数

	Nino 1+2	Nino 3	Nino 4	Nino 3,4
提前 1 季	0.73(0.72)	0.84(0.74)	0.85(0.83)	0.87(0.78)
提前 2 季	0.42(0.35)	0.66(0.37)	0.70(0.57)	0.72(0.42)
提前 3 季	0.17(0.04)	0.42(0.04)	0.50(0.33)	0.50(0.09)
提前 4 季	0.10(−0.12)	0.29(−0.13)	0.35(0.11)	0.37(−0.10)

注：独立样本长度为 45 年(1981—1997 年)，括号内为持续性预测检验。

2.3.2　预报效果的季节变化

将各海区在不同预报时效下的预报效果按逐月(滑动月平均)绘制成季节变化曲线(图略)，可见无论何种预报时效，Nino 1＋2 区都以盛夏至冬季预报效果较好，春季最差，而 Nino 3 区则在初夏预报效果最差，Nino 4 和 Nino 3,4 区则在盛夏到秋季。总体上看，似有一个最低值由东向西传播的趋势，这一现象是否与一般 El Nino 事件的发生发展由东向西传播过程有关，尚待深入分析。

3　最近一次 ENSO 预报效果评估

1997—1998 年发生了 20 世纪最为强烈的一次 El Nino 事件。现进一步利用上述模式，对本次 ENSO 事件的回溯性预报和其后的跟踪预报作一概述。

由表 5 可见，1996 年底本模式基本上可作出 1997 年中期后有一次 El Nino 事件发生的预报，1997 年 3 月以前的 1—4 季超前预报一致地显示 1997 年中期以后的这次强 El Nino 事件。虽然可提前 4 个季度预报 ENSO，但预报强度偏小，例如 1997 年 3 月前做出超前 3 季的 Nino 3,4 区预报，海温距平预报值在 1.2℃以上，但实况更强，约在 2.5℃以上。1998 年 1 月以前的 2～4 季超前预报表明本次 El Nino 事件可能于 1998 年 6 月后结束。

表 5　1997—1998 年 El Nino 事件的预报与实况(Nino 3,4 区)

起报时间(年．月—年．月)	超前时间(季)	预报时间(年．月—年．月)	预报距平值(℃)	实况值(℃)
1996.9—1997.11	4	1997.9—1997.11	>0.5	2.75
1996.10—1997.12	4	1997.10—1997.12	>1.0	2.85
1997.1—1997.3	1	1997.4—1997.6	>0.6	1.06
1997.1—1997.3	2	1997.7—1997.9	>0.7	2.23
1997.1—1997.3	3	1997.10—1997.12	>1.2	2.85
1997.11—1998.1	2	1998.5—1998.7	<−0.2	
1997.11—1998.1	3	1998.8—1998.10	<−1.0	
1998.3—1998.5	2	1998.9—1998.11	<−1.0	
1998.3—1998.5	3	1998.12—1999.2	<−2.2	
1998.6—1998.8	2	1998.12—1999.2	<−2.6	
1998.6—1998.6	3	1999.3—1999.5	<−1.8	

另外，由1998年5月前资料所作出的提前2～3季度预报可明显地看出（表5），预测1998年秋后有较强La Nina发生，并有可能在1999年初达到最强．这已被许多迹象所证实。

4 结 语

（1）独立样本试报、1981—1998年的实际回溯性预报以及1997—1998年的ENSO预报都表明本文提出的模式方案具有优良效果，且性能稳定．以Nino 3，4区和Nino 4区为例，其超前1、2、3、4季的预报相关系数分别在0.85，0.70，0.50，0.35以上。

（2）本模式已接近美国CPC[7]的同类CCA统计模式的预报水平，部分甚至已超过CPC。例如，超前2个季度的预报，美国Basrnston等的CCA模式最高预报准确率在冬季，预报值与实测值的距平相关系数为0.85～0.89，盛夏最低，仅有0.30～0.35，而本模式各季均在0.85～0.87，夏季也有0.37。而且，Barnston等所用的CLA模式选用了全球海平面气压（SLP）、热带太平洋SST场和海平面高度场（SLH）以及20℃等温线深度等占据大量格点的观测资料作为预报因子，而本模式仅用因子变量20个，显然效率较高。

（3）本文的典型混合回归模式，实质上是一种广义疏系数简单典型混合回归模式。引入EEOF思想，考虑前期SST场的历史演变信息，就等价于将前期SST场的变化特征通过CCA与预报时段建立某种相似关系；引进PRESS准则筛选模式参数和因子进行独立样本试验以及采用超前1～4季的滑动起报点，等价于集成预报思想。这些均可使预报效果优良而稳定。提前6个月以上准确预报1997—1998年的ENSO，即可初见端倪。

参考文献

[1] Zebiak，Se E，Cane M A. A model El Nino-Southern Oscillation. *Mon Wea Rev*，1987，**115**：2 262-2 278.

[2] Barnston A G，Ropelewski C F. Prediction of Enso episodes using CCA. *J Climate*，1992，**5**：1 316-1 345.

[3] Xu J S，Storch H. Principal oscillation patterns-prediction of state of ENSO. *J Climate*，1990，**3**：1 316-1 429.

[4] Penland C，Magorian T. Prediction of Nino 3 sea surface temperature using linear inverse modeling. *J Climate*，1993，**6**：1 067-1 076.

[5] Ding Y G，Jiang Z H. Study on canonical autoregression prediction of meteorological element fields. *Acta Meteor Sinica*，1996，**10**（1）：41-51.

[6] 姚棣荣，俞善贤. 基于PRESS准则选取预报因子的逐步算法．大气科学，1992，**16**（2）：129-135.

[7] NOAA/NWS/NCEP. Climate Diagnostics Bulletin. *Department of Commerce*，1997，**3**：45-46.

第三部分

极端气候事件

A Newly-Discovered GPD-GEV Relationship Together with Comparing Their Models of Extreme Precipitation in Summer

Ding Yuguo[1](丁裕国), Cheng Bingyan[2](程炳岩), and Jiang Zhihong[1](江志红)

(1. *National Key Laboratory of Meteorological Diseases of Jiangsu, Nanjing University of Information Science and Technology, Nanjing* 210044;
2. *Climate Center of Chongqing City Meteorological Bureau, Chongqing* 401147)

Abstract: It has been theoretically proven that at a high threshold an approximate expression for a quantile of GEV (Generalized Extreme Values) distribution can be derived from GPD (Generalized Pareto Distribution). Afterwards, a quantile of extreme rainfall events in a certain return period is found using L-moment estimation and extreme rainfall events simulated by GPD and GEV, with all aspects of their results compared. Numerical simulations show that POT (Peaks Over Threshold)-based GPD is advantageous in its simple operation and subjected to practically no effect of the sample size of the primitive series, producing steady high-precision fittings in the whole field of values (including the high-end heavy tailed). In comparison, BM (Block Maximum)-based GEV is limited, to some extent, to the probability and quantile simulation, thereby showing that GPD is an extension of GEV, the former being of greater utility and higher significance to climate research compared to the latter.

Key words: Generalized Pareto Distribution, Generalized Extreme Value, daily rainfall, extreme precipitation, rainstorm

Introduction

Recent modeling studies have reconfirmed that possible future changes of weather and climate extremes are derived by comparing models of natural climate variability and its future state with atmospheric constituents affected by human activity (e. g. , ever-increased greenhouse gases, sulfate aerosols etc.), as reported by IPCC[1]. Consequently, the possible regime of extreme climate/weather events has become a major concern in climate research[1-5].

Rapid advances in climate modeling capabilities have made reality-closer estimate of future mean climate change during the past decade. Current global coupled climate models have improved resolution (grid points typically at $2.5°\times 2.5°$), with more detailed and accurate land surface schemes, and dynamical sea ice formulations. Some have even higher resolution in the ocean near the equator (leading to improved simulations of El Nino).

These changes are coupled with improved techniques to study climate changes and processes at smaller regional scales from GCM results through either embedding high-resolution regional models (with grid points every 50 km or so) in the global models or statistical downscaling techniques. However, direct imitation of extreme climate events and their changes remain rather difficult. The combination of a downscaling method under development with the theory on the distribution of extreme values used in statistical climate has advanced the research into the prediction of possible climate extreme values in a certain return period to follow[1,6,7].

In general, the statistical simulation of the extreme climate values must be given by using the extreme value distribution of each climatic element so that a statistical inference of the future climatic extreme value from above provided future climate projections scenario can be obtained[2,8,9]. Thus, to determine a certain model for extreme value distribution is the foundation of diagnosis and prediction for extreme climate according to a projection of the future climate scenario[2,8,10].

Jenkinson proposed the classical theory[11] on extreme distribution advanced by Fisher and Tippett[12], in which the three kinds of typical extremes distribution were changed into a three-parameter Generalized Extreme Values distribution (GEV) as a new model[13] for applied researches. GEV studies on meteorological extreme value distribution are now popular, especially type-I Gumbel model[11-13]. Pickands introduced Generalized Pareto Distribution (GPD) into hydro-meteorological research[14], which was improved by Hosking and Wallis[15] and is now being diffused[14,16-18]. GPD is capable of extracting the yearly maxima (or minima) above (below) a given threshold from a primitive sequence, e. g., of calendar year, a threshold that falls into a so-called POT (Peaks Over Threshold) sampling scheme[16] so that the needed number of years is greatly decreased and the number of samples is increased for extremes, thereby overcoming the major disadvantage of the BM (Block Maxima) or AM (Annual Maxima) sampling for GEV or Gumbel distribution[8-16]. Since the mid 1960s research into GPD statistical theories and applications have been actively undertaken, leading to rapid advances and new results appearing one after another[19-21]. They made a study on the problems of threshold choice and GPD extremes distribution.

In recent years, it is demonstrated theoretically that at high thresholds there is a close association of parameters between GEV and GPD, which has further improved a stochastic point-process theory proposed by Coles[22] and Katz *et al.*[8], independently. Due to the fact that GPD parameters (threshold, scale and shape) are of generalization, they bear unique relations to the logarithmic, Beta and Pareto distributions at different thresholds, thus making application even easier and more flexible. Currently, GPD finds a variety of uses in hydrology, achieving numerous advances in the distribution of rainstorms and flood water levels as well as the statistical inference for flood likelihood[14]. In contrast, little is reported regarding the utility in atmospheric sciences.

China is a country often hit by local rainstorms that tend to trigger floods. If an exceptionally heavy rain occurred in a return period of decades or even a hundred years, major rivers and lakes would be swollen, making for deluges[23,24]. But previous studies of rainstorm extremes predominantly made use of the classical Gumbel or GEV distribution[11,13], and their indispensable prerequisite is that the maximum value sampling takes just one value per year, i. e., Annual Maximum (AM). In reality, the stochastic variability of a maximum is quite high in the same year, and for different regions having varied wetness, one maximum taken for each year is unjustifiable. For example, there may be more than one extreme rainfall events beyond a set warning level in some years and it is quite possible that just a single rainstorm is observed in others. As a result, the sampling of one maximum per year is likely to lose a considerable amount of useful information. However, for arid or semi-arid areas it is quite probable that practically no such events reach the critical value throughout the year and extraction, if made, is bound to include spurious information on the maximum, a demerit that is inherent in the classical extremes distribution[8,14,22,25,26].

The purpose of the paper is to introduce the latest theory on GEV and GPD models and to further demonstrate theoretically their approximate relation in seeking the quantile at high thresholds. By use of observations we have demonstrated and assessed the merit and demerit of GEV, Gumbel and GPD fitted extreme rainfall amounts and attempted to predict the quantile, whereon an optimal model of the extremes distribution is explored, with which to lay a foundation for better simulating and predicting the statistical features of extreme precipitation event in our country.

1 Linkage between GPD and GEV theories

GPD is essentially an simple primitive distribution model, designed specifically to describe probability distribution features of the whole dataset of observations beyond a given critical value (threshold), for example, floods above a given critical value level, rainfall over a given peak value for an hour, day, pentad, decade or month, temperature higher than a threshold and gust stronger than a set wind speed, and its distribution function is in the form

$$F(X) = 1 - \left[1 - k\left(\frac{x-\beta_1}{\alpha_1}\right)\right]^{1/k}$$

$$k>0, \beta_1 \leqslant x \leqslant \beta_1 + \frac{\alpha_1}{k}$$

$$\text{or } k<0, \beta_1 \leqslant x < \infty \tag{1}$$

$$F(x) = 1 - \exp\left[-\left(\frac{x-\beta_1}{\alpha}\right)\right] \qquad k=0 \tag{2}$$

in which β_1 denotes the threshold, α_1 the scale parameter and k the shape parameter (linear type). If $y=x-\beta_1$ denotes the values of the variable X above the threshold β_1, we are allowed to rewrite the distribution function as $F(y)$. It is seen from Eq. (2) that for $k=0$, the GPD can be simplified to a logarithmic distribution[8,22].

To infer the GPD quantile at a given probability it is necessary to determine the crossing rate $\lambda(>0)$ for variable X over a certain threshold β_1. Theoretically, POT is generally assumed to experience the Poisson process before reaching exceedance that means to be related to a crossing rate over a given threshold, with the unbiased estimate as, where stands for the number of POT and for the number of years of records. Following the theory on the Poisson process, the crossing rates (i. e., exceedances) obey the Poisson distribution[13,27]. From the size of samples with one year as a unit, the annual crossing rates above a certain threshold in years t can be given[8] as

$$\lambda_x = \lambda t[1-F(x)] \tag{3}$$

where λ is a mean over multi-year crossing rates between the given value of an extreme event and the threshold β_1, viz., the expectation value of the number of POT each year. As a result, if the quantile X_T with a return period T (years) is assumed, then $\lambda_x(=1)$ of Eq. (3) is simplified to a unit element 1 (unity). Now we can derive the solution to the quantile from Eqs. (1) and (3)

$$x_T=\beta_1+\frac{\alpha_1}{k}[1-(\lambda T)^{-k}] \qquad k\neq 0 \tag{4}$$

$$x_T=\beta_1+\alpha_1\ln(\lambda T) \qquad k=0 \tag{5}$$

in which λ denotes the yearly mean crossing rate, β_1 the given threshold, α_1 scale parameter, and k the shape parameter (to denote the distribution curve type). Then, the related GPD model and its quantile can be found by obtaining GPD parameters by use of the given estimating method. In a special case with $\lambda=1$, i. e., the POT crossing rate appearing once a year, we simplify Eqs. (4)—(5) to (6)—(7), respectively.

$$x_T=\beta_1+\frac{\alpha_1}{k}(1-T^{-k}) \qquad k\neq 0 \tag{6}$$

$$x_T=\beta_1+\alpha_1\ln(T) \qquad k=0 \tag{7}$$

On the other hand, according to GEV distribution theory proposed by Jenkinson (1955), its distribution function can be written as

$$F(x)=\exp\left\{-\left[1-k\left(\frac{x-\beta}{\alpha}\right)\right]^{1/k}\right\} \qquad k\neq 0 \tag{8}$$

$$F(x)=\exp\left[-\exp\left(-\frac{x-\beta}{\alpha}\right)\right] \qquad k=0 \tag{9}$$

Evidently, for $k=0$, GEV falls into Tippett type I (i. e., Gumbel distribution), into its type II for $k<0$ and into its type III (Weibull distribution) for $k>0$. Given a return period T, we have the relationship between the distribution function and T in the form

$$F(x_T) = 1-\frac{1}{T} \tag{10}$$

from which we obtain the associated quantile with a return period T according to Eqs. (8) and (9).

$$X_T=\beta+\frac{\alpha}{k}\left\{1-\left[-\ln\left(1-\frac{1}{T}\right)\right]^k\right\} \qquad k\neq 0 \tag{11}$$

$$X_T=\beta-\alpha\ln\left[-\ln\left(1-\frac{1}{T}\right)\right] \qquad k=0 \tag{12}$$

Coles[22] and Katz *et al.*[8] have proven, independently, that parameters of GEV and GPD are bound up with each other. With GEV parameters β, $\alpha>0$ and k given for GPD, if we assume the threshold β_1 and scale parameter α_1, then the distribution function of GEV can be approximately written as that of GPD under a high enough threshold, leading to

$$F(x)=1-\left[1-k\left(\frac{x-\beta_1}{\alpha_1}\right)\right]^{1/k} \tag{13}$$

where the parameter k is constant for both, but the parameters between GPD and GEV have the following relations (Coles, 2001)

$$\alpha_1=\alpha+k(\beta_1-\beta) \tag{14}$$

$$\beta_1=\beta+\frac{\alpha}{k}(\lambda^{-k}-1) \tag{15}$$

In Eq. (15), λ denotes the exceedance of Poisson in a randomized point process, which is obtained from the data series by means of the Poisson probability model. Again, from Eq. (15) we have the relation

$$\ln\lambda=-\frac{1}{k}\ln\left[1+k\frac{(\beta_1-\beta)}{\alpha}\right] \tag{16}$$

Obviously, substitution of Eq. (14) into Eq. (16) yields the general expressions of GEV parameters α and β

$$\ln\alpha=\ln\alpha_1+k\ln\lambda \tag{17}$$

Then, taking Eq. (15) into account, we find

$$\beta=\beta_1-\frac{\alpha}{k}(\lambda^{-k}-1) \tag{18}$$

When GPD parameters α_1 and β_1 are given, we are allowed to calculate GEV parameters α and β by means of parameter λ, which is obtained from the data series using the Poisson probability model. It follows that their parameters are acquired by inter-conversion with constant k[8]. We can also see from Eq. (14) that with $\beta_1\rightarrow\beta$, GPD and GEV are equivalent.

2 Approximate relation between GPD and GEV quantiles

We attempt to further prove the relationship between quantiles of GPD and GEV at higher thresholds.

In the logarithmic term on the right-hand side of the expression for GEV quantile of Eqs. (11) and (12) there is $p=1/T$ of small probability in general, where T represents the return period, and by power series expansion, and neglecting the high-order terms, we have an approximate expression in the form

$$-\ln\left(1-\frac{1}{T}\right)\approx\frac{1}{T} \qquad \left|\frac{1}{T}\right|\leqslant 1 \tag{19}$$

Correspondingly, we arrive at the approximate expressions of Eqs. (11) and (12) as follows

$$X_T\approx\beta+\frac{\alpha}{k}[1-(T)^{-k}] \tag{20}$$

and

$$X_T\approx\beta+\alpha\ln T \tag{21}$$

Substituting Eqs. (14) and (15) into above equations, we have approximate expressions for GPD quantile

$$X_T=\beta_1+\frac{\exp[\ln(\alpha_1\lambda^k)]}{k}(2-T^{-k}-\lambda^{-k}) \qquad k\neq 0 \tag{22}$$

$$X_T=\beta_1+\exp[\ln(\alpha_1\lambda^k)][\ln T-\frac{1}{k}(\lambda^{-k}-1)] \qquad k=0 \tag{23}$$

It is evident that at a higher threshold that will lead to the annual crossing rate $\lambda\to 1$. Eqs. (22) and (23) are simplified, respectively, to

$$X_T=\beta_1+\frac{\alpha_1}{k}(1-T^{-k}) \tag{24}$$

$$X_T=\beta_1+\alpha_1(\ln T) \tag{25}$$

indicating clearly that GPD parameters β_1 and α_1 are completely equivalent to GEV parameters β and α so that Eqs. (24) and (25) are the equivalent formulae to the approximate expressions (20) and (21), respectively.

The above approximate expressions show that in seeking GEV quantile, when the yearly crossing rate $\lambda\to 1$ and T is big, Eq. (11) is close to Eq. (20) or Eq. (24) for seeking the GPD quantile and Eq. (12) is close to Eq. (21) or Eq. (25) for seeking the GPD quantile. From the above we see that at higher thresholds as a special case GEV approximately represents GPD, the latter being the more generalized form of the former. It follows that GEV distribution can be viewed as a special case of GPD under certain circumstances, thereby demonstrating theoretically that when a high threshold is assumed, with the decrease in the yearly crossing rate, leading to $\lambda\to 1$, the solutions to the quantile of all types of GPD can be obtained by approximate calculation from those of all types of GEV distribution and vice versa, regardless of whether or not the shape parameter $k=0$. In other words, both the distributions are exchangeable in use under a given condition. If $\lambda T=T^*$ is assumed in Eqs. (4) and (5), then we can give the related forms

$$\chi_T=\beta+\frac{\alpha}{k}(1-T^*)^{-k} \qquad k\neq 0 \tag{26}$$

$$\chi_T=\beta+\alpha(\ln T^*) \qquad k=0 \tag{27}$$

Similarly, substituting the approximate expression (19) into Eqs. (26) and (27), we have

$$X_{T^*} \approx \beta + \frac{\alpha}{k}\left\{1 - \left[-\ln\left(1 - \frac{1}{T^*}\right)\right]^k\right\} \qquad k \neq 0 \tag{28}$$

$$X_{T^*} = \beta - \alpha \ln\left[-\ln\left(1 - \frac{1}{T^*}\right)\right] \qquad k = 0 \tag{29}$$

which indicate that for GEV, the derived quantile in a return period T^* is just equivalent to the extreme obtained in the return interval $T = T^*/\lambda$ from GPD fitting because of $\lambda T = T^*$. Generally speaking, GPD sampling mode is POT, with the yearly crossing rate $\lambda \geqslant 1$ while for GEV its sampling mode is AM, so that the former is more generalized compared to the latter. The utility of Eqs. (28) and (29) lies in that the use of GPD fittings and the above-mentioned relations allows us to derive the GEV parameters and the quantile without specially calculating the counterparts of GEV.

3 An estimation method of parameters: *L* moment estimation based on PWM

Following Hosking and Wallis we can obtain the L moment estimation formulae for GPD parameters as follows[15],

$$\mu_1 = \beta_1 + \frac{\alpha_1}{1+k} \tag{30}$$

$$\mu_2 = \frac{\alpha_1}{(1+k)(2+k)} \tag{31}$$

According to the relation between PWM (Probability Weighed Moment) and L moment we have the following

$$\mu_1 = b_0 \tag{32}$$

$$\mu_2 = 2b_1 - b_0 \tag{33}$$

where μ_1 and μ_2 are, respectively, the first- and second-order L moment, and

$$b_0 = \bar{x} \tag{34}$$

$$b_1 = \sum_{j=1}^{n-1} \frac{(n-j)}{n(n-1)} x_j \tag{35}$$

where x_j is a sequenced statistics of observations, viz., $x_n \leqslant x_{n-1} \leqslant \cdots \leqslant x_1$, suggesting a sequence that is formed by extremes above a given threshold arranged in a decreasing order. Finally we get general expressions for parameters α and k of GPD, viz.,

$$\hat{k} = \frac{b_0}{2b_1 - b_0} - \frac{\beta_1}{2b_1 - b_0} - 2 \tag{36}$$

$$\alpha_1 = (b_0 - \beta_1)\left(1 + \frac{b_0}{2b_1 - b_0} - \frac{\beta_1}{2b_1 - b_0} - 2\right) \tag{37}$$

where in the threshold β_1 denotes a critical value given from a certain condition. For rainfall, a range of standard critical precipitation amounts can be defined for experiment or we can assume one, two and three SD (Standard Deviation) as the critical values for experiments.

4 Case study

4.1 Data

A set of samples for experiment consists of daily rainfall from May to September, 1953—2002, taken out of 10 representative stations, including the Qiqihar, Beijing, Xi'an, Chongqing, Nanjing, Hangzhou, and Guangzhou areas.

4.2 Comparison between fitting accuracies

The parameters of GPD, GEV and Gumbel distribution are estimated using the L moment method of Eqs. (30)—(37), indicating once more the advantages, e. g. , the statistical method being simple and the estimated parameters having greater robustness as well as demonstrating by example that the GPD, GEV and Gumbel distributions show the highest, higher and lowest fitting accuracy, in order, for which three test indices are utilized, which are Kolmogoroff-Smirnoff statistic test (K-S), correlation coefficient (R) and mean square error (MSE)[28]. Table 1 gives the fittings of the 10 representative stations for comparison. But as regards to the calculation of highend quantile they are somewhat similar to each other, still in a decreasing order for the precision. Besides, N denotes the sample size of extreme values for each model in Table 1.

Table 1 Comparison among the fittings from GPD, GEV and Gumbel models

Place	GPD				GEV				Gumbel			
	K-S	R	MSE	N	K-S	R	MSE	N	K-S	R	MSE	N
Qiqihar	0.07	0.99	0.01	31	0.23	0.99	0.03	50	0.94	0.52	0.15	50
Beijing	0.03	1	0	111	0.27	0.98	0.03	50	0.96	0.36	0.18	50
Xi'an	0.06	0.99	0.01	33	0.24	0.98	0.03	50	0.96	0.45	0.17	50
Zhengzhou	0.03	1	0	90	0.18	0.99	0.03	50	0.96	0.42	0.17	50
Yichang	0.07	0.99	0.01	135	0.23	0.98	0.03	50	0.92	0.48	0.15	50
Wuhan	0.04	1	0	197	0.31	0.97	0.04	50	0.94	0.41	0.17	50
Chongqing	0.05	0.99	0	134	0.34	0.96	0.04	50	0.94	0.41	0.17	50
Nanjing	0.04	1	0	143	0.24	0.99	0.03	50	0.92	0.55	0.14	50
Hangzhou	0.05	1	0	157	0.2	0.99	0.03	50	0.98	0.45	0.16	50
Guangzhou	0.01	1	0	260	0.25	0.98	0.03	50	0.92	0.52	0.14	50

From the given examples it is demonstrated that in terms of fitting accuracy, GPD is higher than GEV and Gumbel, with GEV, in turn, superior to Gumbel.

Here we made use of three test criteria, as mentioned above. As shown in Table 1, on average, the biggest correlation coefficient between the Gumbel modeled and measured curves does not exceed 0.55, compared to 0.99 in the case of GPD. In other words, GPD shows the perfect fit between its theoretical and observed curves while Gumbel model gives a good fit only in part of the curves.

To investigate the GPD utility, we have calculated, separately, different sizes of samples and the related parameters of GPD at given thresholds and GEV, as well as Gumbel. Table 2 gives the fittings of these models for comparison in the Hangzhou area as an example. It is seen from Table 2 that the GPD parameters are steadier in all the cases because of their smaller standard deviation, suggesting that their fittings are subject to practically no effect of sample sizes, next being the GEV parameters fittings, and calculated Gumbel parameters show greater dependence upon the sample size, thus producing relatively big mean square error.

Table 2 Comparison of stability fitted models (threshold 50.0 mm for GPD) in Hangzhou area

Model	Parameter	N					Mean	S. D.
		10	20	30	40	50		
GPD	Shape k	−0.02	−0.06	−0.07	−0.07	−0.05	−0.05	0.02
	Scale α_1	21.37	20.53	20.12	20.73	21.4	20.83	0.49
Gumbel	Shape α_2	21.65	34.1	38.28	36.02	24.79	30.97	6.54
	LP β_2	5.14	14.66	28.13	47.89	73.85	33.93	24.59
GEV	Shape k	−0.69	0.33	0.05	0.33	0.04	0.01	0.37
	Scale α	16.89	30.37	38.86	40.26	25.16	30.31	8.70
	LP β	17.63	34.34	50.23	68.68	88.16	51.81	24.83

Now, we take the Guangzhou area for example. The fitting curves of the distribution models are presented in Fig. 1 for GPD and Fig. 2 for GEV, where we can readily visualize considerable difference among the flood-season rainfall fitting precisions from these models in the same size of samples and the same area (see Fig. 1,2).

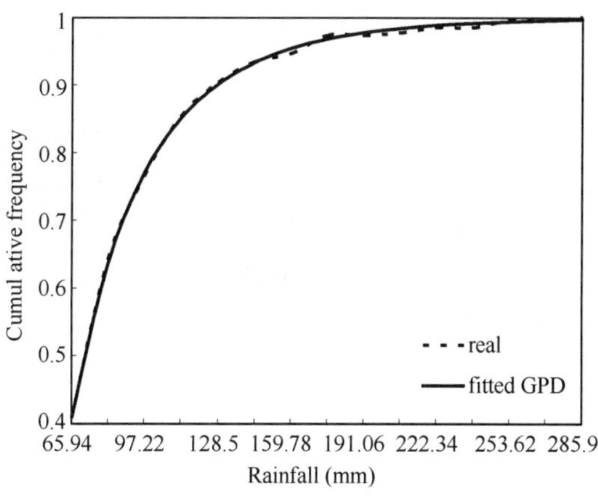

Fig. 1 GPD fitted curve of rainfall for Guangzhou area

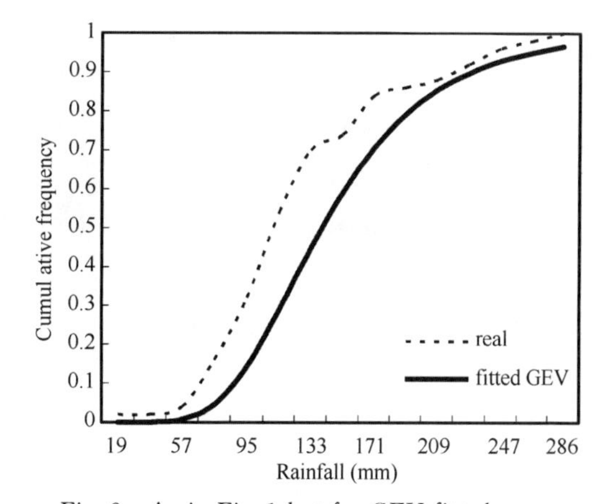

Fig. 2 As in Fig. 1 but for GEV fitted curve

It is seen that the GPD is best suitable for fitting all frequency points, next being the GEV, with the Gumbel fittings relatively better just at a higher or upper boundary of cumulative frequency, whose residual part is, however, very poor. In other words, viewed from the entire course of fitting, GPD result is the best and the Gumbel is the worst among the three cases. However, viewed from predicting the high-end quantile in a given return period, i. e. , the small—probability extreme event, their results may vary little but in comparison, GPD is the optimal.

4.3 GEV Parameters used as GPD ones and vice versa for experiments

To illustrate the inter-conversion we take the Beijing case for example, with the results depending on different thresholds given in Table 3, where we can determine at what thresholds the combinations are optimal. From Table 3 we see that at higher thresholds, the GEV fitted parameters can be used to approximately calculate GPD parameters by means of Eqs. (15) and (16). And with the constant shape parameter[22], the relative error of the scale parameter generally does not exceed 17%, with the minimum error close to zero.

Also, from the table, we see an exceedingly small error of the calculated quantile at the upper part (the thick tail) of the distribution density curve and particularly at higher thresholds the relative error is generally less than 5%, with the minimum on the order of 1%. The asterisk-denoted entries in Table 3 show the relative errors of the estimated parameters and quantiles to be smaller than 5% so that the set thresholds are optimal. The results from the use of GEV fitted parameters instead of the GPD ones are quite comparable for the other chosen stations.

Table 3 Relative errors (Re, %) of the estimated scale parameter and quantile (X_{100}) for a return period of 100-yr in the Beijing area

Threshold	GPD	(GPD)	Re(%)	X_{100}	(X_{100})	Re(%)
62	25.31	29.52	0.17	210.41	186.00	0.12
64	26.53	29.34	0.11	210.41	192.30	0.09
66	26.11	28.63	0.10	210.41	190.45	0.09
68*	29.17	30.5	0.05	210.4	204.00	0.03
70	32.41	28.83	0.11	210.4	217.92	0.04
72	32.84	28.27	0.14	210.4	219.79	0.05
74*	29.00	28.40	0.02	210.4	203.85	0.03
76	27.26	27.44	0.01	210.41	196.80	0.06
78*	30.31	29.16	0.04	210.4	209.28	0.01
80*	29.50	29.43	0.002	210.4	206.17	0.02
82	26.37	27.73	0.05	210.4	194.02	0.08
84	23.12	26.0	0.12	210.4	181.57	0.13

Note: The asterisk-denoted thresholds represent <5% relative errors of the calculated scale parameter and quantile, and bracketed (GPD) designates the GPD scale parameter calculated by use of the GEV equivalent and bracketed (X_{100}) denotes the calculated upper-level quantile, respectively.

4.4 Approximate calculation of quantile

Under a certain high threshold, the quantile for GPD can be approximately estimated from the parameters of fitted GEV, or otherwise, the quantile to GEV is still approximately estimated from the parameters of fitted GPD by using Eqs. (20) and (21) or equivalents to Eqs. (24) and (25) as well as Eqs. (26) and (27). If at higher thresholds parameters derived by GPD or GEV are substituted into the above formulae, the upper-part quantile can be obtained by means of either of them for the other. Tables 4 and 5 indicate the approximate calculations and the relative errors to the different thresholds, respectively, in the Beijing and Nanjing areas.

Table 4 Approximate calculations of GPD quantile (mm) for the Beijing area at a range of thresholds (mm) at $N=50$ years with relative error (Re) presented

Thresholds	60	65	70	75	80
GPD	177.3	191.3	217.9	200.1	206.2
GPD*	167.2	185.9	219.1	204.2	215.7
T^*	64.9	82.0	104.2	116.3	138.9
λ	1.54	1.22	0.96	0.86	0.72
Re	0.06	0.03	0.01	0.02	0.04

Note: The GPD* represent the approximate GPD quantile and the T^* represent the equivalent return period of GEV, and λ is the yearly crossing rate.

Table 5 Approximate calculations of the GPD quantile (mm) for the Nanjing area at $N=50$ years with the threshold in units of mm and relative error denoted as Re

Threshold	60	65	70	75	80	85	90
GPD	212.1	206.6	181.3	230.7	224.9	239.0	241.7
GPD*	192.0	191.9	171.9	227.3	226.1	246.6	255.4
T^*	50	58.8	65.8	*90.9	*104.2	125	147.1
λ	2	1.7	1.52	*1.1	*0.96	0.8	0.68
Re	0.09	0.07	0.05	*0.01	*0.01	0.03	0.06

Note: The GPD* represent the approximate GPD quantile and the T^* represent the equivalent return period of GEV, and λ is the yearly crossing rate.

Figure 3 depicts, separately, the threshold-varying approximate error of the calculated quantile for the Guangzhou, Nanjing and Beijing areas, indicating that the optimal threshold for the quantile in a 100-yr return period depends on regional difference in rainfall climate features. It is also seen from the figure that mean rainfall differs greatly between the three city areas during the flood period, to which the optimal threshold may be related. From this unexpected discovery a new approach is found to further reveal a relationship between the original variable and GPD parameters.

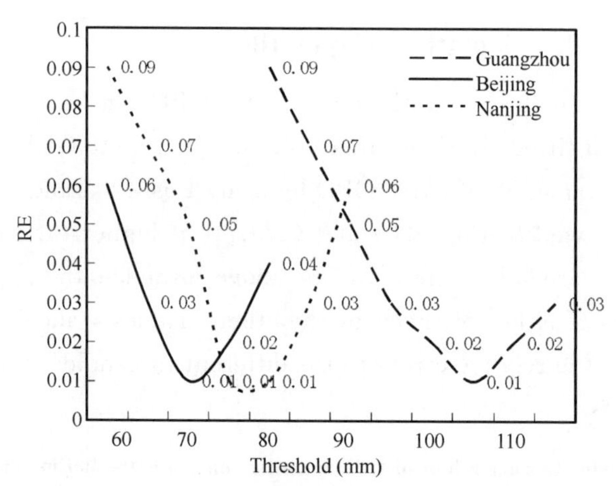

Fig. 3 Threshold—dependent error of approximately calculated quantile for the Guangzhou, Nanjing and Beijing areas

4.5 Selection of thresholds

As stated earlier, for GPD it is required to infer an optimal threshold before seeking a quantile in a certain return period, viz., an extreme event of small probability. As indicated by numerous investigators, the choice of an optimal threshold is related to the sampling independence and the smallest interval between two extreme events, that is, to guarantee the inter-independence of the selected extremes without involving their correlativity. However, it should be noted that the choice of a threshold is related to the purpose, so that the optimal threshold is to make minimal the error of the calculated quantile when examining the approximate estimate of the quantile or inferring it, and the mean square error of the calculated parameters is to be made minimal when considering the accuracy of the calculated model parameters.

5 Conclusions and review

5.1 Comparison of the sampling schemes

GEV distribution is the one of asymptotical extremes derived from primitive distribution when the sequence of an original variable is long enough to require a maximum in the interval of time, say, in a year, as the sample size, i. e., an extreme taken from the series on a yearly basis, which is known as Block Maxima (BM) or Annual Maxima (AM)[8,29]. Obviously, just a few samples of extremes can be taken if the sequence is very short, thus leading to the fact that the number of the extremes is too small to meet the needs. For example, only 10 extremes are available in a 10-yr data series. Evidently, for stations or regions that have shorter periods of records the errors of calculated parameters would definitely be greater, resulting in credibility that is by no means idealized. In fact, it is often against the reality to take annual extremes from a large size as examples. Take the rainfall of a particular station, for example, whose climate may differ from others in that more than one daily rainfall maximum (beyond a critical value) may occur if the station is in a rainy area or year such that not only does annual maximum rainfall exceed a set critical value as an event of intense precipitation but the following one or two extremes may remain intense as well, which are often observed in many places. By contrast, in arid or semi-arid zones or in rainless years, even though the annual maximum may hardly reach the level of heavy rains (actually of moderate rainfall), it is obviously irrational to take one extreme in the year. Furthermore, sampling just one maximum one year will lose much useful information or involve useless information, a major shortcoming that is inherent in GEV and Gumbel distributions. In contrast, GPD has its most prominent merit just in that it extracts all maxima above a given level directly from a set of primitive data (as in many years), known as POT sampling method can lead to bigger sample size of extremes (as maxima) above a given threshold. Hence, the length of years is cut down a lot, but the size of extremes is increased, thus overcoming the demerit of sampling based on BM or AM for GEV and Gumbel distribution. This provides as full meaningful information for extreme value research as possible. As a result, the increased size of samples allows us to have a bigger size of effective samples even for stations and regions that keep shorter-length records, which would greatly improve fitting precision and augment the robustness of calculated parameters. In particular, GPD distribution is featured by its probability better described for the high-end thick tail part compared to GEV and Gumbel distributions.

5.2 Comparison of fitting accuracies of the models

The present study shows that GPD fittings have the highest accuracy so that it is most suitable for the study of rainfall extremes in a rainy season, thus superior to GEV and Gumbel models, the latter of which fails to completely match empirical distribution but provides some information on the quantile calculated for the high-end for reference. The GPD is generally subject to no effect of a size of samples because the volume of POT sampling extremes is larger than that of AM or BM for GEV and Gumbel so that it is especially suitable for stations having shorter length of samples.

5.3 Conclusions

(1) The expressions proposed for the high end quantile in a given return period using GPD for GEV and vice versa to further improve their theoretical inter-relationship and it is thus of higher utility. For instance, the use of GPD fitting and its relation to GEV parameters and quantile permits us to calculate those of GEV without the need to calculate them

specifically.

(2)Using the method for approximately calculating a quantile presented in this paper we can approximately find the GEV quantile at a given return period with the aid of GPD parameters and vice versa. Experiments show that at Poisson exceedance $\lambda \to 1$ and in a large return period T (say, 50 or 100 years) the quantile to be calculated can be of rather high accuracy.

(3)From Fig. 3 we see that the mean rainfall varies vastly for the Guangzhou, Nanjing and Beijing areas and this may be directly associated with the set optimal threshold, an unexpected discovery of a new approach that helps reveal the relationship between the distribution of parameters of an original variable and GPD parameters. This problem will be dealt with in a separate paper.

References

[1] IPCC. Climate Change in the Scientific Basis. Cambridge:Cambridge Univercity Press, 2001:881pp.

[2] Meehl G A, Karl T, Easterling D R. An introduction to trends in extreme weather and climate events: Observations, socioeconomic impacts, terrestrial ecological impacts, and model projections. *Bull Amer Meteor Soc*, 2000, **81**(3), 413-416.

[3] Huang J Y. The response of climatic jump in summer in North China to global warming. *Adv Atmos Sci*, 2000, **17**(2):184-192.

[4] Christensen J H, Christensen O B. Severe summertime flooding in Europe. *Nature*, 2003, **421**: 805-806.

[5] Ding Y H, Zhang J, Song Y. Changes in weather and climate extreme events and their association with global warming. *Meteorological Monthly*, 2006, **28**, 3-7 (in Chinese).

[6] Jones R G, Murphy J M, Noguer M, *et al*. Simulation of climate change over Europe using a nested regional climate model. II:Comparison of driving and regional model responses to a doubling of carbon dioxide. *Quart. J. Royal Meteor. Soc.*, 1997, **123**:265-292.

[7] Ding Y H, Sun Y. Recent advances in climate change science. *Advances in Climate Change Research*, 2006:**2**(4):161-167 (in Chinese).

[8] Katz R W, Brush G S, Parlange M B. Statistics of extremes:Modeling ecological disturbance. *Ecology*, 2005, **86**(5):1 124-1 134.

[9] Easterling D R, Evans L, Groisman P Y, *et al*. Observed variability and trends in extreme climate events: A brief review. *Bull Amer Meteor Soc*, 2000, **81**(3):417-425.

[10] Karl T R, Easterling D R. Climate extremes:Selected review and future research directions. *Climatic Change*, 1999, **42**:309-325.

[11] Jenkinson A F. The frequency distribution of the annual maximum (minimum) values of meteorological elements. *Quart J Roy Meteor Soc*, 1955, **18**:158-171.

[12] Fisher R A, Tippett L H C. Limiting forms of frequency distribution of the largest or smallest member of a sample. *Proceeding of Cambridge Philosophic Society*, 1928, **24**, 180-190.

[13] Gumbel E J. Statistics of Extremes. New York:Columbia University Press, 1958:375pp.

[14] Pickands J. Statistical inference using extreme order statistics. *Annual Statistics*, 1975, **3**:119-131.

[15] Hosking J R M, Wallis J R. Parameter and quantile estimation for the generalized Pareto distribution. *Technometrics*, 1987, **29**: 339-349.

[16] Davison A C, Smith R L. Models for exceedances over high thresholds. *J. Royal Statistical Society*, B, **52**: 393-442.

[17] Abild J, Andersen E Y, Rosbjerg D. The climate of extreme winds at the Great Belt, Denmark. *J Wind Eng Indus Aerodynamic*, 1992: 41-44, 521-532.

[18] Guttman N B, Hosking J R M, Wallis R. Regional precipitation quantile values for the continental United States computed from L moments. *J Climate*, 1993, **6**: 2 326-2 340.

[19] Cunnane C. A particular comparison of annual maxima and partial duration series methods of flood frequency prediction. *J Hydrol*, 1973, **18**, 257-271.

[20] Cunnane C. A note on the Poisson assumption in partial duration series models. *Water Resour Res*, 1979, **15**: 489-494.

[21] Ashkar F, Rousselle J. Partial duration series modeling under the assumption of a Poissonian flood count. *J. Hydrol.*, 1987, **90**: 135-144.

[22] Coles S. An Introduction to Statistical Modeling of Extreme Values. London: UK.: Springer Verlag, 2001: 205pp.

[23] Zhai P M, Sun A J, Ren F M, *et al*. Changes of extreme events in China. *Climatic Change*, 1999, **42**: 203-218.

[24] Wang S W, Cai J, Zhu J, *et al*. The interdecadal variations of annual precipitation in China. *Acta Meteorologica Sinica*, 2002, **60**(5): 637-640.

[25] Yao Z S, Ding Y G. *Climate Statistics*. Beijing: China Meteorological Press, 1990: 954pp (in Chinese).

[26] Ding Y G, Liu J, Zhang Y. Probability-weighed estimate-based modeling experiment with space/temporal distribution of extreme temperatures in China. *Chinese J Atmos Sci*, 2004, **23**(2), 771-782 (in Chinese).

[27] Wang Q J. The POT Model Described by the Generalized Pareto Distribution with Poisson Arrival Rate. *J Hydrol*, 1991, **129**: 263-280.

[28] Hosking J R M. L-moments analysis and estimation of distributions using combinations of order statistics. *Journal of the Royal Statical Society (B)*, 1990, **52**(1): 105-124.

[29] Hosking J R M, Wallis J R, Wood E F. Estimation of the generalized extreme value distribution by the method of Probability-Weighted Moments. *Technometrics*, 1985, **27**: 251-261.

基于多状态Markov链模式的极端降水模拟试验

丁裕国　张金铃　江志红

（南京信息工程大学，江苏省气象灾害重点实验室，南京　210044）

摘　要：文中建立了基于多状态一阶Markov链的逐日降水量随机模式并结合广义帕雷托分布(GPS)产生夏季逐日极端降水量的模拟资料，结果所显示的各种气候特征表明，绝大多数站点（尤其是中国东部多雨地区）都达到较高的精度。分析表明，该模式对中国东部极端降水特征的模拟能力在某些方面优于两状态一阶Markov链模式。对东部6个代表站模拟试验结果表明，月降水均方差、日降水极大值、月平均降水日数、日降水均方差、日平均降水量等指标与实况比较，均证明该模式对逐日降水量的模拟效果较好，基本模拟出降水量的各种特征。对中国东部78个代表站采用的两种模式模拟结果对比发现，除日平均降水量以外，月平均降水日数、日降水平均极大值都与实际观测结果较为一致，总体上优于两状态模式，说明用该模式在全国范围内模拟逐日降水特征尤其是极端降水特征有较高的可行性。例如，由其中6个代表站模拟资料所拟合的极端降水GPD模式具有较高的拟合优度。无论从门限值或重现期值来看都可发现模拟与实测结果有较好的相似性，且两者门限值的误差越小，重现期极值的差距也越小。证明Markov链模式对极端降水的模拟有广泛的适用性。

关键词：极端降水量　模拟试验　Markov链　广义Pareto分布模式

引　言

根据IPCC第4次科学评估报告，全球持续增暖且有加剧的趋势，已成为大多数科学家的共识。鉴于目前以AOGCM(Atmosphere-Ocean General Circulation Models)为基础的全球耦合气候系统模式其空间分辨率的局限性，模式输出信息并不足以有效地描述全球各区域或局地的气候变化特征，如何考察全球变暖背景下各区域（或局地）气候的变化趋势已成为当务之急。目前正在兴起的降尺度技术方法为解决这一难题提供了有力帮助，所谓降尺度方法是基于下述观点：区域气候变化不但受制于全球大尺度（如大陆尺度，甚至行星尺度）气候强迫，而且还受制于本地区（或局地）气候影响下的区域强迫（例如：地形、海岸线、湖泊和陆面特征），因此，通过降尺度方法可将大尺度、低分辨率的AOGCM输出信息转化为区域尺度的地面气候变化信息（如气温，降水），从而弥补AOGCM对区域气候变化情景预测的局限性。目前动力降尺度技术虽然有了进一步发展，但也有不可避免的缺点，统计降尺度技术具有低成本，简便易行，且效果并不亚于动力学方法的优点而为大多数学者所能接受[1-3]。在全球变暖的背景下，区域气候或局地气候的响应变化更加复杂，目前有关这一领域的研究已成为气候科学界关注的焦点之一。当前人们公认的统计降尺度技术主要包括函数转换法、天气分型法、天气发生器3大类方法。后者是一系列可以构建气候要素随机过程的统计模型的总称，它们可以被看作复杂的随机数发生器。其指导思想是通过直接拟合气候要素的观测值，得到统计模型的拟合参数，然后用统计模型（如某种随机过程）模拟生成随机的逐日气候要素时间序列。尽管随机天气发生器方法已经取得了较好的效果，其中很多模拟方法都借助于 Markov 过程，但这些模型中关于逐日气象数据的仿真模拟仍较为粗糙，往往与真实天气气候过程还有一定的差距[4-5]。

20 世纪中期以来，国内外学者早就应用 Markov 链方法在拟合气温、降水等气候要素方面取得了丰硕成果[6-9]。例如么枕生为了改进 Markov 链无后效性的缺点[10]，以原有的各个状态的历史演变来重新定义状态，取得较好效果。周家斌等用 Markov 链预报浙江北部汛期逐日晴雨变化[11]。丁裕国等[12,13]从逐日降水过程干湿日演变的一阶 Markov 链及日降水量的 Γ 分布模式出发，在理论上得到任意给定时期 N 日降水总量及最大日降水量的理论分布函数，同时得到 N 日总降水量和最大日降水量的数学期望与方差，初步证实所得到模式的普适性[14,15]。此外，丁裕国等[12,13]还利用 Markov 链研究中国各大气候区若干代表测站干、湿月游程的统计特征，得到许多有实际应用意义的气候统计信息。利用多状态 Markov 链建立一种能够生成单站逐日降水量模拟记录的随机模式，结果表明，所模拟的气候统计参数同实测结果十分吻合。廖要明等[16]建立了一个适用于中国广大地区的随机天气发生器，以两状态一阶 Markov 链模拟为基础，根据各地不同月份计算的 4 个降水模拟参数对中国各地的逐日降水进行模拟并利用年的实测数据对 30 年模拟结果在统计意义上进行了检验，模拟结果较好。

尽管基于两状态一阶 Markov 链和两参数 Γ 分布的天气发生器取得较理想的结果[16-18]。然而，由于两状态一阶 Markov 链模式过于简化了天气演变过程，并不能很好地分辨逐日降水量的细节特征，因而在此基础上要建立极端降水的统计特征就有一定的困难。本文正是针对这一问题的关键所在，提出一种改进的多状态一阶 Markov 链作为产生随机天气发生器的主要工具基础，借助于这种统计模式建立较为复杂的随机天气发生器，以便模拟出更加符合当地气候条件的逐日气候要素时间序列，从而更加真实地模拟出极端降水量的时间序列[19,20]。

1 模式的建立

任何一个测站的逐日降水过程时间序列，其内部演变规律本质上都包含了两方面因素：其一，干湿日序列的时间分布即承替规律；其二，每一湿日的降水量一般都有大小不同的量级，其总体概率分布可找到一种对应的分布模式。因此，仅用简单的两状态 Markov 链模拟逐日降水量时间序列必然有其局限性。为了更加符合实际，本文从上述两个方面入手，首先将湿日按降水量大小分成若干等级，并规定湿日的 n 个状态为 $s_1,s_2,\cdots,s_n$。显然，连同干日 s_0 就可组成降水过程较为完整的 $n+1$ 个状态的状态空间($s_0,s_1,s_2,\cdots,s_n$)。这种状态划分有利于客观模拟真实的逐日降水过程。

设状态转移符合一阶 Markov 链，并将转移概率矩阵写为

$$\boldsymbol{P}=\begin{bmatrix} p_{00} & p_{01} & \cdots & p_{0n} \\ p_{10} & p_{11} & \cdots & p_{1n} \\ \cdots & \cdots & \cdots & \cdots \\ p_{n0} & p_{n1} & \cdots & p_{nn} \end{bmatrix} \tag{1}$$

式中 $p_{ij}=\boldsymbol{P}(x_t=s_j|x_{t-1}=s_i)$ 表示在第 $t-1$ 时刻(日期),天气处于状态 s_i,经一步转移在第 t 时刻,天气处于状态 s_j 的转移概率。进一步假定 p_{ij} 与转移发生的时间坐标的位置无关,而仅与前后两个时刻之差值有关,即具有平稳转移的均匀 Markov 链。由于湿状态 $s_1,s_2,\cdots,s_n$ 各自对应于不同的降水量级,因而每个 $s_i(i=1,2,\cdots,n)$ 必对应于一种概率分布。丁裕国(1994)曾从理论上详细研究降水量符合 Γ 分布的普适性,并用实测逐日降水资料作了拟合分布的验证。由于 Γ 型逐日降水量的正偏性,出现小降水量或较少降水量的机会较大,而出现极端日降水量的机会很少,特别是由于降水极端值远离坐标原点,使得逐日降水量的这种总体上的 Γ 分布呈现出一种拖尾状或长尾状的分布曲线。因此,降水状态的划分应当以递增区间由小到大排列为宜,即对于小量的降水区间应该取得小一些,随着降水量的增大,日降水量等级区间可逐步扩大,这种不等距划分区间的结果势必会形成一种几何级数的区间分布,其优点在于可使落入各区间的频数不至于差异太悬殊,从而有利于构建均匀 Markov 链。为此,本文采用近似的几何级数作为划分湿状态量级的界限标准,尽管各月降水量平均状况有差异,但基本上都符合几何级数的等级区间。为了计算方便,对所划等级区间也可适当作些调整。此外,为了考虑总体概率分布的正偏态长尾状特点,假设状态 s_0 为两点分布,$s_1,s_2,\cdots,s_{n-1}$ 为均匀分布,而 s_n 则定义为位移指数分布,这在一定程度上都与实测资料相符。之所以考虑上述假设的根据在于,日降水量符合长尾状的 Γ 分布,即使在夏季也基本上呈 L 型分布,其特点是正偏长尾状。因此,除 s_0 和 s_n 以外,其余各状态所对应的概率分布密度直方图显示出较为均匀的频数分布特点,故假定为均匀分布型,而 s_n 则取指数函数逼近其概率密度。

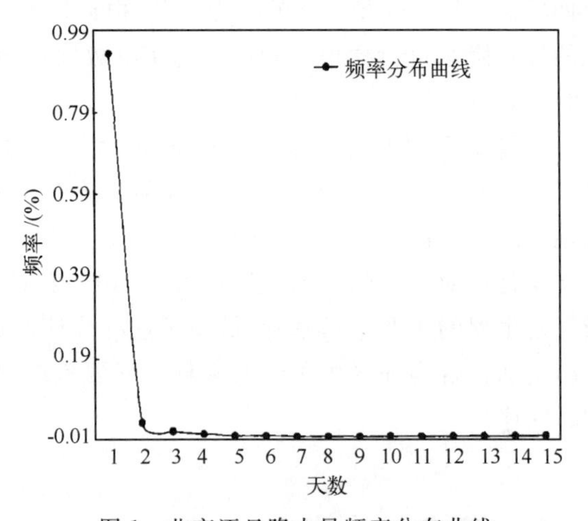

图 1　北京逐日降水量频率分布曲线

北京逐日降水量实测频率分布大体上为正偏长尾状曲线(图 1),其直方图大致反映出上述规律(图 1—3)。处于 $s_1,s_2,\cdots,s_{n-1}$ 状态和最后的第 n 状态 s_n 基本上符合均匀分布和指数分布型。其具体理论模型为:

s_0 状态的概率分布为

$$p_0=\begin{cases}P(X=0.0)=q_{0.0} & \text{无降水}\\ P(X=0.1)=q_{0.1} & \text{微量降水}\end{cases} \tag{2}$$

s_1 至 s_{n-1} 状态近似服从均匀分布密度

$$f_i(x)=\frac{1}{m_i-m_{i-1}} \qquad m_{i-1}<x\leqslant m_i,i=1,2,\cdots,n-1 \tag{3}$$

式中 m_i 为 $x\in s_i$ 的上限。

而 s_n 状态则近似服从下列指数分布

$$F_n(x)=\lambda e^{-\lambda(x-c)} \qquad x\in s_n \tag{4}$$

式中 $F_n(x)$ 又称为位移指数分布函数,式中 λ 为分布参数,而 c 为状态 s_{n-1} 的上限。

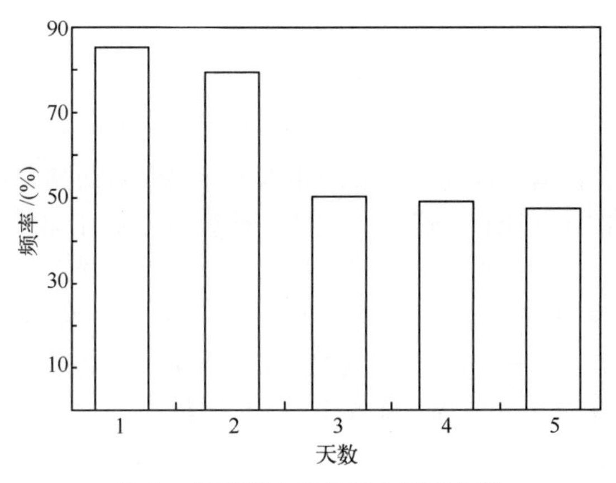

图 2　北京第 4 状态降水量直方图

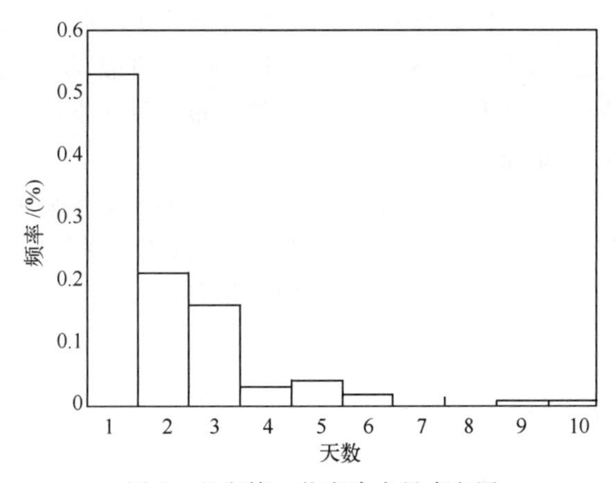

图 3　北京第 n 状态降水量直方图

根据给定的历史资料首先可估计 $s_0,s_1,\cdots,s_n$ 的转移概率矩阵，求得式(1)。然后利用这些历史资料分别估计各状态 s_i 所对应的概率分布。显然，实际上只要知道各状态区间界限，均匀分布即可确定，而指数分布则主要估计参数 λ。在上述基础上，利用离散随机变量的模拟方法[18]即可产生模拟的逐日降水记录。

根据均匀 Markov 链的平稳转移循环公式即查普曼·科尔莫戈洛夫方程[20]，当给定初始状态及其概率向量 $\boldsymbol{p}(0)$时可推求任何 k 步转移概率矩阵，因此，结合式(1)，我们有

$$\boldsymbol{P}^K=\boldsymbol{P}\boldsymbol{P}^{K-1}=\begin{bmatrix} \boldsymbol{p}_{00}^{(k)} & \boldsymbol{p}_{01}^{(k)} & \cdots & \boldsymbol{p}_{0n}^{(k)} \\ \boldsymbol{p}_{10}^{(k)} & \boldsymbol{p}_{11}^{(k)} & \cdots & \boldsymbol{p}_{1n}^{(k)} \\ \cdots & \cdots & \cdots & \cdots \\ \boldsymbol{p}_{n0}^{(k)} & \boldsymbol{p}_{n1}^{(k)} & \cdots & \boldsymbol{p}_{nn}^{(k)} \end{bmatrix}\qquad k=1,2,\cdots \tag{5}$$

将行向量记为 $\boldsymbol{p}_j^{(k)}=(\boldsymbol{p}_{j0}^{(k)},\boldsymbol{p}_{j1}^{(k)},\cdots,\boldsymbol{p}_{jn}^{(k)})$，若已知初始向量 $\boldsymbol{p}(0)=(\boldsymbol{p}_0(0),\boldsymbol{p}_1(0),\cdots,\boldsymbol{p}_n(0))$，则逐日降水过程在 k 步以后转移到各个状态 $s_0,s_1,\cdots,s_n$ 的概率向量必为

$$\boldsymbol{p}(k)=\boldsymbol{p}(0)\boldsymbol{p}(0,k)=\boldsymbol{p}(0)p^k\qquad k=1,2,\cdots \tag{6}$$

其中 $\boldsymbol{p}(0,k)$表示从时刻为 0 到时刻为 k 的转移概率矩阵。或者写为

$$\boldsymbol{p}_j^{(k)}=\boldsymbol{p}(0)\boldsymbol{p}^k \tag{7}$$

其中 $\boldsymbol{p}_j^{(k)}$ 就是式(5)中的行向量，而 $\boldsymbol{p}(0)$则是初始向量，并有 $\boldsymbol{p}_j(0)=1$，而其余为 0，j 可为 $0,1,\cdots,n$ 中任一序号。例如初始状态为 s_1，则有 $\boldsymbol{p}(0)=(0,1,0,\cdots,0)$。

在模拟计算中，笔者根据当地气候季节的年内变化将一年的逐日演变划分成若干阶段，以便消除季节对模拟结果的影响。例如，采用按月计算的方案，即对各月分别用上述模型产生模拟记录。由式(1)—(7)，原则上可采用两种算法确定逐日状态。

(1)对历史观测记录，在干湿多状态划分的基础上计算一阶转移矩阵 $\boldsymbol{P}$，根据给定的初始日状态 $s_i(i=0,1,2,\cdots,n)$，本文中的初始状态是统计了该日多年的状态频率分布之后，确认初始状态为概率最大的状态，利用式(7)并据概率行向量中的最大转移概率确定下一日(最可能)状态 $s_j(j=0,1,2,\cdots,n)$，又由该日状态 s_j 为新的初始日状态，重复利用一阶转移矩阵 $\boldsymbol{P}$ 和式(7)推求再下一日的状态，如此重复运算，逐次求得全部各日所处状态。

(2)对历史观测记录计算一阶转移矩阵 $\boldsymbol{P}$，根据给定的初始概率向量，利用式(6)或(7)，推求任意 k 步的概率向量，从而一次确定全部各日所处(最可能)状态，其中 $k=1,2,\cdots,K$。

在推得逐日状态的基础上，利用两点分布、均匀分布和位移指数分布产生各状态相应的随机数，从而得到逐日模拟记录。

为了使模拟记录更加符合实测记录，对初始状态的选择应考虑其代表性和客观性。统计样本资料中初始状态的频数分布，例如某站初始日状态频率分布为单峰铃形分布，则模拟程序中对初始日的选取即可按这种分布产生初始日状态。

2 模拟试验实例

2.1 资　料

(1)采用齐齐哈尔、北京、南京、郑州、武汉、广州等 6 个代表站 7 月份(1961—1990 年)的逐日降水量资料进行模拟试验，首先，确定干湿状态数以及区间的划分，其次，估计各月逐日转移概率矩阵 $\boldsymbol{P}$ 及位移指数分布参数 λ。状态划分结果表明，当 n 从 6 增至 15，并以等差级数和几何级数不同分级区间进行随机模拟效果比较后，发现取状态数 8 或 9，用几何级数作分级区间界限最为理想，其分级区间界限可用下列经验公式

$$m_h=\frac{(x_{m_1}+x_{m_2})}{2^{n-1}}\ 2^{(h-2)} \tag{8}$$

式中，m_h 为分级区间上界，$h=2,3,\cdots,n-1$，而 $h=1$ 为日降水量不大于 0.1 mm 的特定状态，即 s_0 状态，x_{m_1} 和 x_{m_2} 分别为日降水量的样本极大值和次极大值，n 为分界点数。换言之，s_1,s_2 直到 s_{n-1}的上界均可用上述经验公式来估计。表 1 列出了各代表站 7 月逐日降水量状态划分标准。为了获得稳定的降水模拟记录，我们对齐齐哈尔等 6 个代表站分别重复产生 5 次模拟记录，然后求其平均。

表 1　月各代表站逐日降水量状态划分标准(单位:mm)

状态	s_0	s_1	s_2	s_3	s_4	s_5	s_6	s_7
齐齐哈尔	≤0.1	≤1.17	≤2.35	≤4.69	≤9.38	≤18.78	≤37.55	>37.55
北京	≤0.1	≤1.66	≤3.32	≤6.64	≤13.29	≤26.58	≤53.15	>53.15
郑州	≤0.1	≤2.50	≤5.01	≤10.02	≤20.04	≤40.07	≤80.15	>80.15
南京	≤0.1	≤2.72	≤5.45	≤10.89	≤21.79	≤43.58	≤87.15	>87.15
武汉	≤0.1	≤2.76	≤5.53	≤11.06	≤22.11	≤44.22	≤88.45	>88.45
广州	≤0.1	≤1.54	≤3.07	≤6.15	≤12.29	≤24.59	≤49.17	>49.17

2.2　与两状态 Markov 链模式的对比试验

若将降水天气随机发生器以两状态 Markov 链为基础。其模拟可分为两步:(1)确定干湿日出现的概率。根据输入的气候数据,该模型就可以确定某天的干湿(有雨或者无雨)情况,如果无降水则数值为 0;如果有降水则转到第 2 步。(2)模拟降水量。用来描述逐日降水的概率分布模式主要有偏态分布和负指数分布。基于两状态 Markov 链模型的降水发生器其主要缺点就是对雨日的模拟处理过于简单化,尤其在多雨地区,因降水有强弱不同,而降水日数又往往较多,可能会出现较大的误差。本文用两状态 Markov 链产生的模拟结果与多状态 Markov 链产生的模拟结果作了比较,发现尽管两种模型的模拟记录与实测记录在各个降水量等级都有一致性,不同模型对不同区域的降水虽都有一定的模拟能力,但是对逐日强降水的模拟却有较大差异,除个别测站(如齐齐哈尔、北京等少雨地区)外,多状态 Markov 链模式的模拟效果比两状态 Markov 链的模拟效果好。这就表明多状态模式对极端降水有更好的模拟效果。

由表 2 可见,平均日降水量的模拟效果差异并不明显,但是,日极大降水量及其相对误差和月平均雨日数相对误差大都以多状态模式效果较好,平均相对误差都比两状态模式小。究其原因,可能是由于多状态模式对降水量的详细描述,使得所模拟的雨日状况的细节有所改善。为了更好地说明这一特点,进一步采用中国东部地区 78 个测站的逐日降水资料借助于上述两种模式模拟逐日降水量,基于上述两种模式进一步针对极端降水量作 GPD 拟合,结果表明,所模拟的夏季(7 月)逐日极端降水量序列,一般都具有较高的精度。对所模拟的资料统计其各种气候特征量表明,绝大多数测站都达到较高的精度,其中多状态模式对中国东部极端降水特征的模拟能力基本上优于两状态模式,平均相对误差一般都小于两状态模式。实况与模式模拟的结果在一定精度上非常相似,多状态和两状态的模拟方法都基本能模拟出降水量的各种特征。其中日降水均方差的模拟效果最好。但是多状态 Markov 链模式模拟的日降水极大值、月平均降水日数明显优于两状态 Markov 链的效果,特别是对中国多雨地区的模拟。说明多状态的 Markov 链更适用于对极端降水的模拟。图 4 中绘出了 30 个测站,多状态 Markov 链模式模拟的平均极大日雨量相对误差比较图。表 3 列出了模拟降水极大值相对误差小于 15%的大部分站点名称,它们约占总站数(78 站)的 40%左右。

表 2　主要降水气候指标的模拟与实测结果对比（括号内为相对误差）

站名	平均日降水量			日降水极大值			月平均降水日数		
	实测	多状态	两状态	实测	多状态	两状态	实测	多状态	两状态
齐齐哈尔	4.51	8.13(0.80)	7.24(0.64)	77.8	58.3(0.25)	96.0(0.23)	10.3	9.3(0.10)	11.1(0.08)
北京	6.55	10.0(0.54)	6.77(0.03)	84.9	71.4(0.16)	93.4(0.10)	12.6	13.9(0.10)	10.1(0.20)
郑州	4.86	11.6(1.38)	5.37(0.10)	100	83.0(0.17)	140.0(0.40)	9.7	11.4(0.18)	7.8(0.20)
南京	5.69	8.68(0.52)	6.94(0.22)	114	124.0(0.08)	102(0.10)	9.9	12.3(0.24)	7.6(0.23)
武汉	9.6	11.5(0.19)	6.35(0.34)	222	198(0.11)	101(0.54)	10.6	13.7(0.29)	7.1(0.33)
广州	9.02	12.2(0.35)	7.42(0.18)	75.1	72.8(0.03)	96.0(0.28)	17.6	16.6(0.05)	10.4(0.43)

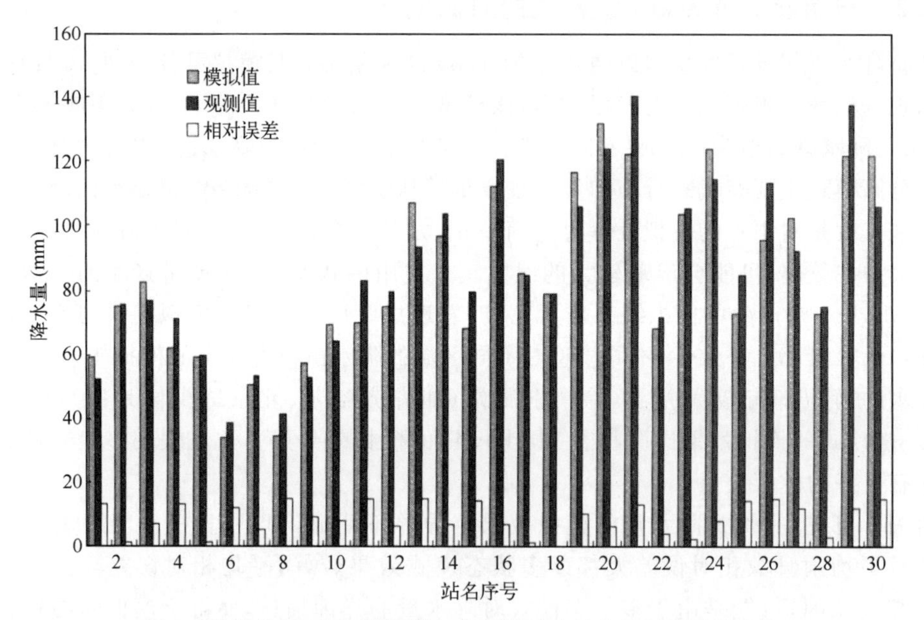

图 4　多状态 Markov 链模拟与实测的平均极大日雨量误差比较

表 3　相对误差<15%的站名序号表

站名	序号	站名	序号	站名	序号
嫩江	1	牡丹江	11	莒县	21
克山	2	通辽	12	信阳	22
齐齐哈尔	3	四平	13	恩施	23
佳木斯	4	长春	14	衡阳	24
白城	5	鞍山	15	淮阴	25
靖远	6	沈阳	16	南京	26
华家岭	7	承德	17	浦城	27
银川	8	兴城	18	柳州	28
榆林	9	北京	19	百色	29
西峰镇	10	潍坊	20	广州	30

3 多状态模拟降水数据的极值分布模式及其概率特征

对于 Markov 链模式模拟逐日降水的总效果，虽已作了充分的验证，结果表明，利用该模式可以较好地模拟出日降水量，但我们更加关注的是，该模式对于极端降水量的模拟效果究竟如何？在文献[19]的研究中已经发现，广义 Pareto 分布（简记为 GPD）对极端降水有较好的拟合效果，相比之下，优于 GEV 和 Gumbel 分布。假如应用由多状态 Markov 链模式生成的模拟日降水量序列抽取极值，是否完全符合 GPD？为此，我们验证 Markov 链对极端降水的模拟效果。

仍以齐齐哈尔、北京、南京、郑州、武汉、广州等 6 个代表站 7 月份（1961—1990 年）30 年的逐日降水量为例，并用模拟资料和实测资料所拟合的 GPD 特征作对比，如前所采用的柯尔莫哥洛夫检验、相关系数、均方差等 3 种检测指标，对模拟和实测结果作对比分析（如表 4），由表 4 可见，多状态 Markov 链所模拟的日降水量完全符合 GPD 模式，并具有较高的拟合优度。经过多状态 Markov 模拟结果所得的 GPD 均能通过柯尔莫哥洛夫检验，这就充分说明了模拟和实际观测的 GPD 特征量十分相近。这一试验的进一步意义和价值在于，一旦我们拥有全球数值模拟的输出信息，经过降尺度技术处理就能取得某一区域或局地平均气候信息，在此基础上借助于平均气候与极端气候的关系或者直接利用 Markov 链模拟逐日气候资料序列，就可推求 GPD 的特征量及其极端值概率和分位数，从而预估未来气候极值的一系列特征。

此外，选取模拟和实况数据的门限值及 50 和 100 年重现期值来分析两者（模拟和实况）拟合 GPD 的情况（表 5），结果发现，模拟值和实测值的 50 和 100 年重现期值非常相似，但模拟结果普遍高于实测值的结果，从相对百分误差可以看出其差别很小。而门限值的对比结果表明，模拟资料的门限值高于实际资料的门限值，并存在一定的误差。这也表明，模拟和实测门限值的误差越小，重现期极值的差距也越小。说明多状态 Markov 链模式模拟的极端降水与实况非常相似，即该方法能较好地模拟中国的极端降水。

表 4 多状态 Markov 链模拟的日降水量 GPD 拟合效果检验

效果检验		齐齐哈尔	北京	郑州	南京	武汉	广州
柯氏检验	模拟值	0.11	0.12	0.12	0.14	0.09	0.12
	实测值	0.14	0.07	0.12	0.08	0.08	0.08
相关系数	模拟值	0.97	0.92	0.97	0.98	0.98	0.96
	实测值	0.94	0.99	0.98	0.99	0.99	0.99
均方差	模拟值	0.01	0.03	0.02	0.01	0.01	0.02
	实测值	0.02	0.01	0.01	0.01	0.01	0.01

表 5　Markov 链模拟的日降水量与观测数据的 GPD 拟合效果比较

站名		齐齐哈尔	北京	郑州	南京	武汉	广州	平均百分误差
门限值	模拟值	38.0(19%)	52.0(16%)	44.0(22%)	54.0(17%)	48.0(17%)	48.0(14%)	17%
	实测值	32.0	45.0	36.0	45.0	41.0	42.0	
50 年重现期极值	模拟值	63.9(5%)	99.7(3%)	91.2(23%)	178.3(11%)	146.1(1%)	134.8(7%)	8.3%
	实测值	60.9	96.9	118.2	160.5	144.6	126.4	
100 年重现期极值	模拟值	69.9(10%)	107.1(1%)	117.8(11%)	196.3(8%)	171.6(5%)	149.6(6%)	6.8%
	实测值	63.3	106.3	133.0	181.1	163.1	141.00	

4　结　论

(1)利用多状态一阶 Markov 链产生逐日降水序列的模式,对中国东部 6 个代表站进行模拟试验,其结果表明,月降水均方差、日降水极大值、月平均降水日数,日降水均方差、月平均降水日数、日平均降水量等指标与实况比较,证明该模拟方法对未来的逐日降水量的模拟效果较好,能基本模拟出降水量的各种特征。

(2)对中国东部 78 个代表站采用的两种模式模拟结果对比发现,除日平均降水量以外,月平均降水日数、日降水平均极大值都与实际观测结果较为一致,且总体上优于两状态 Markov 模式的模拟结果,说明用该模式在中国范围内模拟逐日降水特征尤其是极端降水特征有较高的可行性。

(3)多状态 Markov 链模式,对所选取的 6 个代表站逐日降水量模拟资料所拟合的极端降水 GPD 模式具有较高的拟合优度。无论从门限值或是 50 和 100 年重现期值来看都可发现模拟结果与实测结果有较好的相似性,且模拟和实测结果的门限值误差越小,重现期极值的差距也越小。证明用 Markov 链模式对极端降水的模拟有广泛的适用性。

参考文献

[1] Wilby R L, Wigley T M L. Downscaling general circulation model output: a review of methods and limitations. *Progress Physi Geography*, 1997, **21**: 530-548.

[2] Wilks D S. Multisite downscaling of daily precipitation with a stochastic weather generator. *Climate Res*, 1999, **11**: 125-136.

[3] Wilks D S, Wilby R L. The weather generation game: A review of stochastic weather models. *Progress Physi Geography*, 1999, **23**: 329-357.

[4] Gregory J M, Wigley T M L, Jones P D. Application of Markov models to area-average daily precipitation series and interannual variability in seasonal totals. *Climate Dynamics*, 1993, **8**: 299-310.

[5] Palutikof J P, Goodess C M, Watkins S J, *et al*. Generating rainfall and temperature scenarios at multiple sites: examples from the Mediterranean. *J Chimate*, 2002, **15**: 3 529-3 548.

[6] 么枕生,丁裕国. 气候统计. 北京:气象出版社,1990,698-721.

[7] Gabriel K R,Neurpann J. A Markov chain model for daily rainfall occurrence at Telaviv. *Quart J Roy Met Soc*, 1962,**188**:90-95.
[8] Katz R W. Computing probabilities associated with Markov chain model for precipitation. *J Appl Meteor*, 1974,**13**:953-954.
[9] Gates,P Tong H. On Markov chain modeling to some weather data. *J Appl Meteor*, 1976,**15**:1145-1151.
[10] 么枕生.湿日与干日随机变化的概率.气象学报,1966,**36**(2):249-256.
[11] 王宗皓,李麦村.天气预报中的概率统计方法.北京:科学出版社,1974:116-128.
[12] 丁裕国,张耀存.降水气候特征的随机模拟试验.南京气象学院学报,1989,**12**(2):146-154.
[13] 丁裕国,牛涛.干、湿月游程的 Markov 链模拟.南京气象学院学报,1990,**13**(3):286-297.
[14] 张耀存.N 日降水量的随机分布模式.南京气象学院学报,1990,**13**(1):23-30.
[15] 张耀存,丁裕国.我国东部地区几个代表测站逐日降水序列统计分布特征.南京气象学院学报,1990,**13**(2):194-203.
[16] 廖要明,张强,陈德亮.中国天气发生器的降水模拟.地理学报,2004,**59**(5):698.
[17] 丁裕国.降水量分布模式的普适性研究.大气科学,1994,**18**(5):552-560.
[18] 徐钟济.蒙特卡罗方法.上海:上海科学技术出版社,1985:324pp.
[19] Ding Y G,Cheng B Y,Jiang Z H. A newly-discovered GPD-GEV relationship together with comparing their modelings of extreme precipitation in summer. *Adv Atmos Sci*, 2008,**25**(3):507-516.
[20] 么枕生.概率论基本定理在气候统计中的应用.气象学报,1963,**33**(2):245-255.

未来极端降水对气候平均变暖敏感性的蒙特卡罗模拟试验

江志红　丁裕国　蔡　敏

(南京信息工程大学·气象灾害省部共建教育部重点实验室,南京　210044)

摘　要:利用 Weibull 分布拟合逐日降水的原始分布模式,并基于统计降尺度和蒙特卡罗随机模拟方法,对中国东部区域各站逐日极端降水量在未来气候变暖条件下的响应特征进行统计数值试验。结果表明,在全球变暖背景下,区域平均温度的改变即可导致区域极端降水概率分布特征的变动。从两个典型代表区域的预估结果中可见,长江中下游南部平均降水量对平均温度升高有正响应,模拟得到的区域极端降水概率分布曲线有明显的向右平移,导致大量级的极端降水的再现期缩短即概率增大。山东及渤海湾区域平均降水量对平均温度升高有负响应,模拟得到的区域极端降水概率密度分布尺度参数变小更明显,即方差增大,表现为左右两侧概率密度增加,同样导致大量级的极端降水再现期缩短即概率增大。本文仅考察了气候均值改变条件下,未来区域气候极端值的概率预估的可行性方案。对于未来气候方差的变化并未进行试验,但理论上已经证明,未来气候极端值的概率对于气候方差变化的敏感性可能更大。由于目前尚未整理出考察方差变化的较为完整的实际观测资料,该问题还有待进一步深入研究。

关键词:极端降水　概率分布　随机模拟

引　言

近年来,全球变暖背景下极端气候事件的变化已引起广泛关注。但由于极端降水事件是一种稀有事件,不但时空尺度较小而且具有突发或转折性,各种气候模式对极端气候模拟仍具有相当大的不确定性,极端降水未来变化情景的预估更有相当大的难度。而从统计意义上说,气候变量可视为随机变量,极端气候变量本质上是随机变量的某种函数,因此,20世纪 80 年代以来,不少学者通过统计模拟的方法,研究全球气候变化情景下的气候极值问题,如 Means 等[1]研究指出,气候要素原始分布的均值变化可导致极值频率和强度呈非线性变化,即平均气候的微小变化可能引发极端气候值出现频率的很大变化;Katz 等[2]则从理论上证明,原始分布的方差变化对于极值频率的影响比平均值的影响大得多;Groisma 等[3]及 Easterling 等[4]都指出,由于降水量为 Γ 分布,不但平均值的变化改变其方差,而且降水方差的变化又影响极端降水发生的次数,从而造成总降水量增加时降水极值会呈现非线性增大。近年来,丁裕国等[5]用 Weibull 分布拟合中国冬夏季逐日高(低)温原始分布模式,并由此推测未来平均气温升高及冬夏极端高(低)温的概率分布特征。结果表明,在均值改变条件下,极端气温概率有一定的变动规律可循。不过,以往的研究并未涉及未来区域极端降水概率特征的模拟。

目前国内对极端天气气候事件的研究虽已取得了丰硕成果[6-9]。但其研究重点主要集中在极端气候的历史观测资料诊断分析方面,而基于全球变暖背景下的极端事件概率特征和分布模式的模拟及预估研究尚不多见[10]。关于极值的理论分布模型,如 Gumbel 分布、Weibull 分布或广义极值分布(GEV)通常都可用于研究天气气候的极值概率分布,国际上在这一领域的研究一直都很活跃[11-13]。国内近 10 多年来,有关气候极值分布的研究论文尚不多见,孟庆珍等[14](2004)、王柏均等[15]等曾分别作过有益的探讨(Kappa 分布、三参数 Weibull 分布及 Gumbel 分布等)并取得一些新进展。至于日降水量的原始分布模式,20 世纪 80—90 年代,张学文等[16]就已提出了负指数分布,并从熵理论给予其成因的客观物理解释,其后他们在降水概率分布领域所做的大量研究都很有普遍意义[17]。因此,利用极端降水事件与平均气候的关系,借助于 Monte-Carlo 统计模拟方法模拟现代或未来极值的概率分布,有可能为预估未来不同气候情景下极端降水事件及其概率特征的变化提供一条新的途径。目前,数值模式的气候情景预估是国内外研究的热点之一,但是,粗分辨率的全球气候模式只能给出全球尺度的月(季、年)平均气候状况,而更为细化的区域尺度气候特征及其极端气候情景预估,必须通过降尺度技术获得其信息[10,18]。研究表明,统计降尺度方法不仅方案相对简便易行,而且其精度并不亚于动力方法,其研究区域及具体实施方案又有较大的灵活性,因此,本文基于上述思路,利用中国近 50 年逐日降水资料,将 Monte-Carlo 统计模拟方法首先用于建立现代气候条件下的逐日降水原始分布模型。在此基础上,着重运用统计随机模拟方法对区域未来极端降水的概率变化特征进行模拟试验[19,20]。从而考察即使仅仅改变区域降水的均值是否对于未来极端降水概率分布参数产生一定的影响,以便进行未来极端降水事件变化的预估。当然,理论上也已经证明,原始分布的方差变化对于极值频率的影响比平均值的影响大得多,因此,本文仅仅是考察原始概率分布的第一步,关于方差变化对于极值频率的影响将在另文研讨。

1 基于逐日降水量原始分布的极端降水随机模拟

由于 Weibull 分布型对不同形状频率分布具有很强的适应性,它不但已被广泛用于描述极端气候要素(如风速、风能资源、极端温度)的频率分布,而且它也完全能用于各种气候要素的原始分布模型[13,20]。本文用 Weibull 分布来作为逐日降水的原始分布模型,其相应的分布函数及概率密度函数可写为

$$F(x)=1-\exp\left[-\left(\frac{x}{b}\right)^{a}\right]x>0 \tag{1}$$

$$f(x)=\frac{a}{b}x^{a-1}\exp\left[-\left(\frac{x}{b}\right)^{a}\right] \tag{2}$$

式中 a 为形状参数,b 为尺度参数,根据 Weibull 分布的样本均值和标准差与其参数的关系,利用矩估计方法,不难得到其相应的参数 a,b。我们以齐齐哈尔、北京、南京、广州 4 个代表站历年 5—10 月的逐日降水量资料分月拟合结果为例,可以看到,各代表站各月逐日降水量基本上符合 Weibull 分布模式。在此基础上,利用 Monte-Carlo 模拟方法,就可产生当代气

候条件下各站原始分布的模拟值,即假定各站形状和尺度参数不变,利用 Monte-Carlo 模拟产生符合 Weibull 分布的逐日随机降水序列[5,18]。这种统计模拟是一类十分有用的模拟试验方法,它把某一现实或抽象系统的某种特征或部分状态,用统计模拟模型来代替或模仿,通过统计实验,求出模型参数或特征量的估计值,得出所求问题的近似解。它已普遍应用于各个学科。在气象上,最早用它与 Markov 过程相结合研究逐日降水概率分布,后来被用于模拟逐日天气型和降水气候特征,现已成为统计降尺度技术中模拟随机天气发生器的主要工具[5,19]。

表 1　各代表站(6—8 月)日降水量 Weibull 分布参数拟合值与随机模拟值的比较

站名	月份	形状参数		尺度参数		相对误差(%)	
		实际拟合值	统计模拟值	实际拟合值	统计模拟值	形状	尺度
齐齐哈尔	6	0.664	0.663	4.640	4.574	0.00	0.02
	7	0.720	0.709	7.952	7.617	0.02	0.04
	8	0.711	0.669	7.005	6.615	0.06	0.06
北京	6	0.531	0.496	4.630	3.996	0.07	0.14
	7	0.632	0.602	10.059	9.120	0.05	0.09
	8	0.622	0.565	11.303	9.989	0.09	0.12
南京	6	0.661	0.659	12.251	12.062	0.00	0.02
	7	0.628	0.597	11.452	10.344	0.05	0.10
	8	0.636	0.582	8.837	7.921	0.08	0.10
广州	6	0.643	0.637	11.557	11.281	0.00	0.02
	7	0.678	0.658	11.744	11.021	0.03	0.06
	8	0.624	0.568	10.271	9.096	0.09	0.11

表 1 分别列出北京、南京、广州、齐齐哈尔等代表站 6—8 月 Weibull 分布参数的拟合值与统计模拟值的误差对比。由表可见,两者相当一致。其中形状参数的相对误差,大多数月份和站点都接近于零,最大相对误差不超过 9%,而尺度参数相对误差较大,最大的是北京 6 月达到 14%,而一般都不超过 10%,平均约为 5%左右。这些结果表明,利用已知的原始分布参数估计值(由实测值得到)借助于 Monte-Carlo 模拟方法,即可准确地得到符合原始分布的逐日模拟资料序列。由上述模拟资料出发,提取模拟序列的逐年极值,利用 Gumbel 分布,就可拟合得到极值的模拟概率分布,这里,仍然采用 L-矩参数估计方法[13],求得 Gumbel 模拟分布参数。从上述 4 个代表站的实测极值分布与模拟极值分布参数计算结果(表 2)可见,模拟分布基本上都较为理想,模拟与实测资料基本一致。这说明采用随机模拟方法完全可以模拟出符合当前气候条件的极端日降水序列。因此,不难想象,只要知道未来气候背景下降水均值或方差的变化情况,完全可以对各站极端降水进行未来气候情景的预估。例如,若知道未来气候情景下降水量的均值和方差变化,便可利用 Weibull 分布模式构成随机数发生器,模拟生成未来逐日降水的原始分布,在此基础上,进一步用 Gumbel 分布模拟预测未来气候情景下极端降水量的概率特征及其变动。

表 2　代表站极端降水的实测值与模拟值的分布拟合结果

站名	形状参数		尺度参数		拟合标准差		拟合相对偏差		柯氏拟合度	
	实际	模拟	实际	模拟	实际	模拟	实际	模拟	实际	模拟
齐齐哈尔	0.073	0.073	42.15	49.514	1.516	2.684	0.021	0.029	0.445	0.524
北京	0.034	0.032	65.78	63.552	12.240	6.827	0.059	0.049	0.502	0.434
南京	0.034	0.035	78.37	78.919	4.536	8.508	0.033	0.050	0.438	0.711
广州	0.023	0.022	98.63	100.310	10.476	10.024	0.064	0.054	0.707	0.616

2　东部地区逐日降水的客观分区

根据中国东部(105°E 以东)210 站近 50 年(1953—2002 年)5—10 月逐日降水资料，借助于旋转经验正交分解(REOF)[20]，将其划分为 12 个具有不同时空特征的降水区域。结果表明，REOF 分析得到的前 12 个旋转空间型的累计方差贡献率已经达到 65.77%，说明这 12 个空间型基本上代表了中国东部地区降水的空间分布特征。其中旋转后的第一因子高荷载区位于中国的蒙古东部及华北北部地区，荷载值在 0.45 以上。第 2、3、6、8 旋转因子的高荷载区分别位于长江中下游南部、江淮区域、华南和东北东部，高荷载值在 0.7 以上，其余地方均在－0.2～0.2，由此显示出这 4 个地区降水变化的独特性。第 4、5、7、9、10、11、12 旋转因子的高荷载区分别位于华北北部及蒙古中部、华中地区、辽东半岛、山东及渤海湾区域、川贵区域，东北的西北部和桂黔区域，它们的荷载值基本都在 0.45 以上。通过以上分析，本文选取使得各区域之间的重叠部分最少且荷载绝对值大于 0.4 作为分区标准，将中国东部分为 12 个区(图 1)，其中 1 区：华北北部及内蒙古东部区；2 区：长江中下游南部；3 区：江淮区域；4 区：华北北部及内蒙古中部；5 区：华中地区；6 区：华南地区；7 区：辽东半岛区；8 区：东北的东部；9 区：山东及渤海湾区；10 区：川贵区；11 区：东北的西北部；12 区：桂黔区。上述分区基本上符合中国东部降水的分布特征，由于大陆东部主要受东亚季风影响，雨带基本上呈纬向分布，而经向差异较大，且沿海与内陆之间也有很大差异。此外，根据丁裕国等[5]的方法，采用逐日选取区域内所有测站前 3 个最极端记录的平均值表示该区域的年极端气温值研究区域极端温度的经验，本文在此基础上，做了如下改进：

考虑到某一区域内降水量的空间非均匀性较强，首先选取区域内逐日降水量空间方差最大的当日，然后选取该日区域内所有测站前 3 个最极端记录求其平均值作为区域极端降水量。由此再用 Gumbel 分布拟合各区的极值分布，试验显示出良好的效果，最后，根据概率分布函数求得各个区域给定重现期的极值分布(表 3)。结果表明，这样比仅仅选取一个极端值为各年的极值其分布拟合优度较高，估计的概率及其分位数的稳定性也较好。

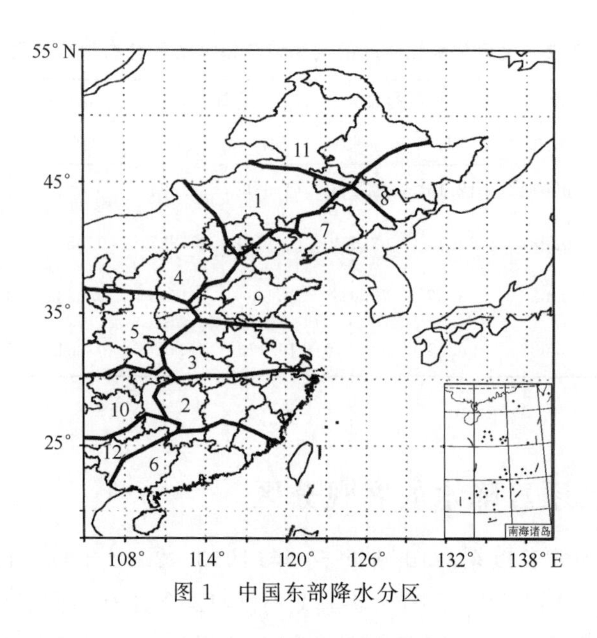

图 1　中国东部降水分区

表 3　区域极值拟合检验及重现期极值

区域号	拟合检验			重现期极值(mm)	
	拟合标准差	拟合相对偏差	科氏拟合度	50 年	100 年
1	3.666	0.046	0.495	110.64	121.550
2	5.702	0.024	0.410	219.31	235.180
3	4.099	0.030	0.594	214.36	232.740
4	1.476	0.028	0.431	94.13	103.560
5	3.436	0.025	0.693	175.83	190.680
6	7.750	0.027	0.476	314.74	338.010
7	7.221	0.039	0.643	220.55	241.710
8	3.576	0.038	0.509	121.05	133.518
9	4.526	0.030	0.509	202.83	222.780
10	2.900	0.025	0.580	157.95	169.587
11	3.042	0.031	0.445	96.68	105.410
12	4.354	0.028	0.537	145.91	159.080

3　区域极端降水的 Monte-Carlo 模拟

(1)对前已定义的区域极端降水量代表值序列直接拟合 Gumbel 分布，并用 L-矩估计其参数，用拟合标准差、拟合相对偏差和柯氏拟合优度对拟合结果进行检验，结果表明，各区域都通过了 0.01 的信度检验(表 3)。相对于单站极值拟合，区域极值的拟合效果更好，原因是这种区域极端极值的选取跟单站相比更趋极端，在理论上更接近极值分布(图 2)。由区域极值的实测值和理论值的概率密度曲线可更清楚地说明区域极值的拟合效果。这说明极端降水变率较小的区域极值的随机变化过程的概率稳定性要好于沿海的极端降水变率较大的区域。

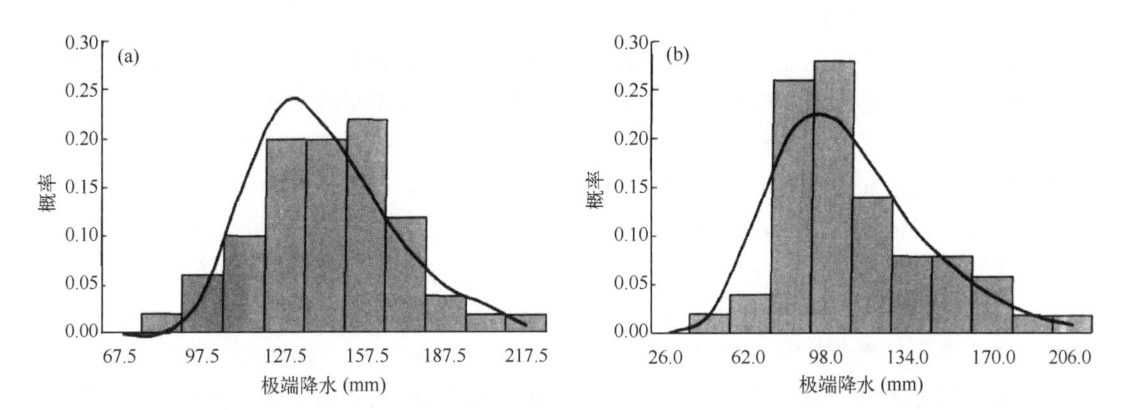

图 2 极端降水概率分布拟合

(a)2 区;(b)9 区;实测:直方图;曲线:Gumbel 分布

(2)对区域各站分别拟合逐日降水量的原始分布(Weibull 分布),再应用 Monte-Carlo 模拟方法产生符合各站 Weibull 分布参数的随机逐日降水序列,结果表明拟合曲线与实测频率直方图较为一致(基本拟合效果与表 1 中所列相同,不再一一绘图)。在此基础上,应用上述区域极值的定义,抽取模拟的区域(年)极端值序列,拟合得到相应的符合 Gumbel 分布模式的模拟极值分布。

4 模拟的区域极端降水对气候变暖的敏感性

由于温室气体增加等原因,全球气候变暖趋势已确定无疑,而目前这一趋势仍然在继续。各国科学家使用了多种全球气候系统模式,在不同温室气体排放方案情景下,预估了未来 50—100 年的全球气候变化。虽然各模式预测的结果不尽相同,也包含有相当的不确定性,但都一致地表明,温室气体的增加是 21 世纪气候变化的最强因子,IPCC 第 4 次评估报告预计 2090—2099 年全球平均气温将比 1980—1999 年时升高 1.1~6.4℃,而极有可能介于 1.8~4.0℃。本文假定北半球平均温度增加 1℃。首先,根据北半球平均气温与区域平均降水的相关系数,分别以第 2 区(长江南部)和第 9 区(渤海湾区域)两个与北半球平均气温相关显著的区域为例(其相关系数分别为 0.24 和-0.28,都达到了 0.1 的显著性水平),考察未来气候变暖条件下,区域逐日极端降水的概率分布模型的变动特征。具体试验方法如下:首先构建北半球平均温度与区域年平均降水量的线性回归方程以及区域内各站平均降水与区域平均降水之间的线性回归方程,例如,2 区、9 区区域平均降水量与北半球平均温度的线性回归方程分别为

$$R=1553.1+322.8T \tag{3}$$

$$R=650.5-140.4T \tag{4}$$

为了验证其正确性,同时我们也建立了全球平均温度与 2 区和 9 区区域平均降水量的

类似关系，结果表明，不但上述线性回归方程在形式上完全一致，而且其降尺度变化趋势也完全一致。显然，据式(3)和(4)，当北半球平均温度增加1℃时，第2区和第9区(5—10月)平均降水将分别增加19.5%和减少25.7%，即第2区内各站的平均降水都有不同程度的增长，第9区内各站平均降水均有减少。由此又可得到未来平均气温增加1℃气候情景下，区域各站由于降水年均值变化所导致的逐日降水 Weibull 分布概率模型参数的变化值，其次，利用 Monte-Carlo 统计随机模拟方法对区域内各站求得未来极端降水的概率分布模型和区域的未来极端降水概率分布模型。进而利用 Monte-Carlo 模拟方法就可求得符合参数变动后的新的 Weibull 原始分布逐日模拟资料序列。由此再用 Gumbel 分布拟合新数列的极值而得到未来气候情景下极端降水概率分布模型。

表4列出了当前和未来气候条件下区域极端降水的拟合值及其精度检验结果，由表可见，区域极端降水概率分布参数的当前值和未来预测值有一定的差异，例如，第2区的位置参数的变化要比尺度参数明显，第9区的尺度参数变化幅度较大。丁裕国等[5]曾指出，尺度参数与标准差为倒数关系，即标准差大的地区尺度参数小，而位置参数是均值与标准差的线性函数，从公式来看均值对位置参数有正效应，标准差对其有负效应，相比之下均值对位置参数的影响要大于方差。这可从图3更为直观地表明，第2区模拟结果与观测资料的极值概率密度曲线有明显的向右位移，形状变化不大，对应为位置参数有明显增大，尺度参数变动较小。表现为右侧概率增加，实质上表明，强极端降水的再现期缩短，强降水出现的频率增大。第9区位置参数变小，概率密度曲线有向左的位移，但偏移较小；相对而言，尺度参数变小更明显(即方差增大)，表现为左右两侧概率密度均增加，同样可导致强极端降水的再现期缩短，强降水出现的频率增大。

表4　区域极端降水的拟合值及其精度检验

		尺度参数	位置参数	拟合标准差	拟合相对偏差	柯氏拟合度
2区	现在	0.044	130.632	5.702	0.024	0.058
	未来	0.048	148.746	4.471	0.021	0.076
9区	现在	0.035	91.349	3.576	0.038	0.509
	未来	0.028	88.215	6.498	0.035	0.606

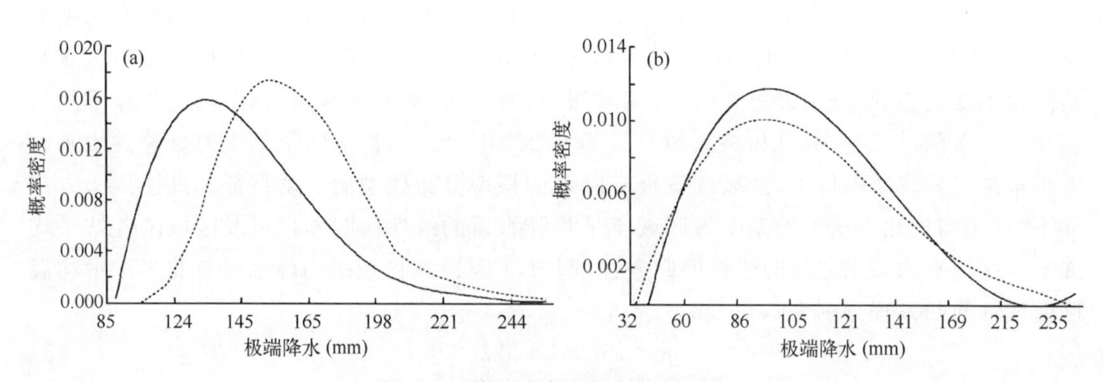

图3　区域极端降水概率密度变化

(a)2区；(b)9区；实线：现在；虚线：未来

为了更清楚地展示预估效果，在图4中绘出了现在和未来极端降水累积概率分布变化曲线，图中清楚地显示，第2区(长江中下游南区)，未来极端降水(90%分位数)超过180 mm的日降水量概率，将可能由原来的10年一遇(10%概率)的出现机会增加到接近5年一遇(19%分位数)。第9区(山东及渤海湾区)未来极端降水(90%分位数)超过158 mm的日降水量概率，将由原来的10年一遇(10%概率)的出现机会增加约6个百分点，显然这些都表明，随着全球变暖，未来极端降水出现机会将会增大，这一结果与Guttman等[11]的结论相一致。许吟隆等[21]的研究指出，应用最新版本的PRECIS区域模式(英国Hadley中心发展的RCM)，在给出的B2情景下，20世纪80年代中国7大区域的平均地面气温和降水的变化可以看出，未来东北、华北和西北地区夏季增温大而降水增加少，暖干趋势较明显；华中、华东和华南的夏季降水增加明显而冬季增加较少，尤其是华南冬季降水明显地减少，这表明这些地区夏季的洪涝和冬季的干旱会同时加重。这正好与本文所选的两个区的变化趋势吻合。

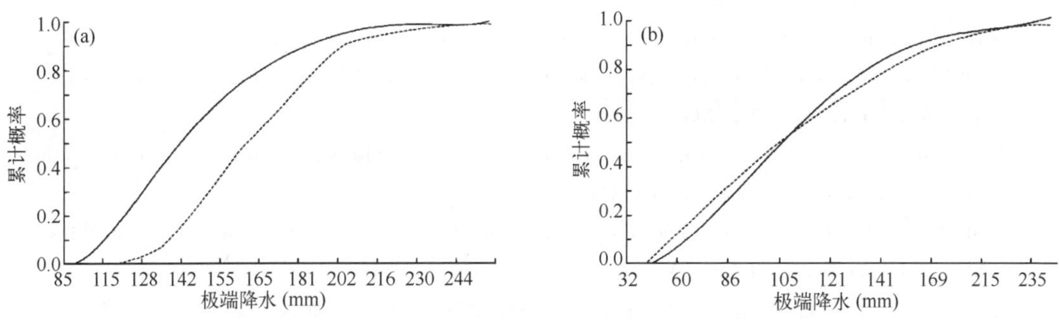

图4 区域极端降水累积概率分布的变化

(a)2区；(b)9区；实线：现在；虚线：未来

5 结论与讨论

(1)本文利用适应性较强的Weibull分布拟合中国东部逐日降水的原始分布，在此基础上，借助Monte-Carlo随机模拟方法可间接产生现在气候背景下极端降水的模拟资料序列。利用全球变暖与区域降水量变化的关系，可模拟出未来气候条件下(若平均气温升高1℃)，代表性区域的极端降水序列，从而为研究未来区域极端降水的概率变化特征提供了可能途径。

(2)引入Monte-Carlo统计随机模拟方法对未来气候条件下极端降水的概率特征进行随机模拟。结果显示，在全球变暖背景下，区域平均温度的改变即可导致代表性区域的极端降水概率分布特征的变动。从两个典型代表区域的预估结果中可见，第2区平均降水量对平均温度升高有正响应，模拟得到的区域极端降水概率分布曲线有明显的向右平移，导致大量级的极端降水的再现期缩短即概率增大。第9区平均降水量对平均温度升高有负响应，模拟得到的区域极端降水概率密度分布尺度参数变小更明显，即方差增大，表现为左右两侧概率密度增加，同样导致大量级的极端降水再现期缩短即概率增大。

(3)本文仅考察了气候均值改变条件下,未来区域气候极端值的概率预估的可行性方案。对于未来气候方差的变化并未进行试验,但理论上已经证明,未来气候极端值的概率对于气候方差变化的敏感性可能更大。由于目前尚未整理出考察方差变化的较为完整的实际观测资料,该问题还有待进一步深入研究,将另文加以探讨。此外,从统计降尺度的角度来看,只有对大尺度气候模拟输出信息具有高度敏感性的那些区域的平均气候,才有可能得到较好的预估结果。换言之,当统计降尺度区域与大尺度气候模拟输出信息的相关性达不到显著性标准时,其极端气候的预估效果可能并不太好,这是应用这一方法时值得注意的问题。此外,有学者利用 ECMWF 1979—1983 年再分析数据验证了 PRECIS 对中国区域气候的模拟能力。这些结果在很大程度上佐证了用统计降尺度方法所得到的区域气候细节及未来预估的可信度。

参考文献

[1] Mearns L O, Katz R W, Schneider S H. Extreme high temperature events: changes in their probabilities with changes in mean temperature. *Clim Appl Metor*, 1984, **23**: 1 601-1 613.

[2] Katz R W, Browns B G. Extreme events in a changing climate: Variability is more important than averages. *Climatic Change*, 1992, **21**: 289-302.

[3] Groisman P Ya, *et al.*, Changes in the probability of heavy precipitation: Important indicators of climatic change. *Climatic Change*, 1999, **42**: 243-283.

[4] Easterling D R, Evans J L, Groisman P Y, *et al*. Observed variability and trends in extreme climate events: a brief review. *Bull Amer Meteor Soc*, 2000, **81**(3): 417-425.

[5] 丁裕国,刘吉峰,张耀存. 基于概率加权估计的中国极端气温时空分布模拟试验. 大气科学,2004,**28**(5):771-782.

[6] Zhai P M, Sun A J, Ren F M, *et al*. Changes of climate extremes in China. *Climatic Change*, 1999, **42**: 203-218.

[7] Zhai P M, Zhang X B, Wan H, *et al*. Trends in total precipitation and frequency of daily precipitation extremes over China. *J Climate*, 2005, **18**: 1 096-1 108.

[8] Zhai P M, Ren F M. Changes of China's maximum and minmum temperatures in 1951—1990. *Acta Meteor Sinica*, 1999, **13**: 278-290.

[9] 翟盘茂,任福民,张强. 中国降水极值变化趋势检验. 气象学报,1999,**57**(2):208-216.

[10] 范丽军,符淙斌,陈德亮. 统计降尺度法对未来区域气候变化情景预估的研究进展. 地球科学进展,2005,**20**(3):320-329.

[11] Guttman N B, Hosking J R M, Wallis R. Regional precipitation quantile values for the continental United States computed from L moments. *J Climate*, 1993, **6**: 2 326-2 340.

[12] Zwiers F W, Ross W H. An alternative approach to the extreme value analysis of rainfall. *Atmos Ocean*, 1991, 29: 437-461.

[13] Wilks D S. Statistical Methods in the Atmospheric Sciences. London: Academic Press, 1995, 1-467.

[14] 孟庆珍,王增武等. 重庆地面最高气温与最大风速年极值的渐近分布. 成都信息工程学院学报,2004,**19**(3):436-441.

[15] 王柏均,陈刚毅. 渐近极值理论在气候极值降水预测中的应用. 成都气象学院学报,1994,**9**(2):30-34.

[16] 张学文,马力. 熵气象学. 北京:气象出版社,1992:205pp.

[17] 马力.降水过程中的一个指数关系.新疆气象,1990,**13**(9):19-21.
[18] 江志红,丁裕国,陈威霖.21 世纪中国极端降水事件预估.气候变化研究进展,2007,**3**(4):202-207.
[19] 丁裕国,张耀存.降水气候特征的随机模拟试验.南京气象学院学报.1989,**12**(2):146-154.
[20] 蔡敏,丁裕国,江志红.我国东部极端降水时空分布及其概率特征.高原气象,2007,**26**(2):309-318.
[21] 许吟隆,黄晓莹,张勇,等.中国 21 世纪气候变化情景的统计分析.气候变化研究进展,2005,**1**(2):80-83.

极值统计理论的进展及其在气候变化研究中的应用

丁裕国　李佳耘　江志红　余锦华

（南京信息工程大学，江苏省气象灾害重点实验室，南京　210044）

摘　要：着重论述极值统计分布在极端天气气候事件和重大工程设计中的重要意义，综述该领域国内外研究进展。例如，基于超门限峰值法（POT）的广义帕累托分布（GPD）和基于单元极大值法（BM）的广义极值分布（GEV）及其参数间的理论关系；采用极值分布模型与多状态一阶Markov链相结合构建降尺度模型模拟局地极端降水事件，推算一定重现期的极端降水量的分位数；探讨极值分布模型分位数估计误差问题，多维极值分布理论及其应用等问题。

关键词：广义帕雷托分布　广义极值分布　二维极值分布　强降水

引　言

近十多年来，极端天气和气候事件频发，引起了公众和社会各界的广泛关注，学者对极端气候及其变化的研究更加重视[1-4]。尽管目前气候模式能模拟出较为逼真的平均气候状况及其变化，然而，直接模拟极端气候及其变化仍有相当多的不确定性和困难。气候极值是一种不稳定的、难以预测的复杂随机变量，目前正在发展的降尺度方法与气候极值分布理论相结合，推估一定重现期的未来可能气候极值已有了新的进展[5-7]。极端气候的预测，必须首先对各种气候要素的极值分布模型进行恰当的统计模拟，以便在未来平均气候预测背景下推断极值的各种统计特征，这是解决极端气候事件诊断和预测的基础。近半个世纪以来，国内外气象水文及地学领域在极值统计理论和应用方面已经开拓了不少新的模型、研究方法和思路[8-15]。

本文从以下几方面综述近几十年来极值统计理论的进展。

1　单变量极值理论及其应用

早在20世纪初，Fisher与Tippett就已证明当取样足够长时，极值的渐近分布可概括为与原始分布有关的三种模型[1]。其后，有学者从理论上证明并将上述三种经典极值分布概括为三参数的广义极值（Generalized Extreme Value）分布，记为GEV分布[16]。目前应用较多的是第Ⅰ型分布，即Gumbel分布[14-17]。

近年来，广义帕累托分布（GPD）得到广泛应用，尤其在水文气象学研究中[18,19]，Coles[20]和Katz等[21]进一步发展了该模型的应用。其最大优点在于，它并不直接从原始序列中抽取“单元极值”（BM）的极大（极小）值或“年极值”（AM），而是用“超门限峰值”（peaks over threshold）方法来抽取极值，通常记为POT方法。这样，所需资料的年限就可大大缩短，从而增加极值的样本量，克服了 AM 或 BM 抽样方法的缺点。Coles[20] 和 Katz 等[21] 分别从理论上证明，在高门限条件下，GEV 与 GPD 两者参数存在密切联系并将其深化为随机点过程理论。Ding 等[22] 在此基础上进一步证明两者分位数公式在特定条件下的近似关系。由此出发，推算出一定重现期的极端降水量分位数，全面比较了两者的应用效果。大量数值试验表明，GPD 不但计算简便，而且基本不受样本量的影响，具有全部取值域的高精度稳定拟合（包括高端厚尾部）。相比之下，GEV 在概率和分位数模拟上有一定的局限性。GPD 具有较高实用性及理论研究价值。目前，GPD 的应用相当广泛，尤其在暴雨、洪水水位序列的分布和洪水推断方面[19-26]。

近年来，由于暴雨、暴雪、暴风、洪涝、干旱、低温、热浪等极端天气气候事件所引发的灾害不断，出现几十年乃至上百年一遇的极端事件引发的自然灾害[5-7,27-37]。由于同一年份中出现极大值的随机变率相当大，每年抽取一个最大值并不符合实际。例如，有的年份可能出现超过警戒水平线的大暴雨多次，有的年份可能一次也没有。因此，每年取一个最大值的抽样方法，势必会遗弃相当多的有用信息，尤其是对干旱或半干旱区来说，很可能全年几乎达不到临界值。如按 AM 抽样方法，虽也抽取了一个最大值，但又混入一些虚假的极值信息，这是经典极值分布抽样方法的一个重大缺点，诸如此类，还有许多类似问题值得深入探讨。

国内大气科学界在单变量极值理论方面也有不少进展和应用，大多采用经典模型，例如，利用近 40 年广州短时降雨资料（如 5，10，…，120 分钟）研究降水极值分布，发现其遵循皮尔逊 III 型分布[12]；将 Gumbel 分布用于极端气候的拟合，首次引入简便高效的概率加权法（PWM）参数估计代替极大似然法[13]；探讨 Gumbel 分布拟合我国西北地区降水极值的适用性[14]；对长江三角洲强降水过程年极值分布特征作详细研究[29]；利用近 40 年我国东部（105°E 以东）210 站降水资料，用 Gumbel 分布和 GPD 模型拟合逐日降水，并进一步借助随机模拟方法预估未来气候情景下极端降水的概率特征[17,19]。Gumbel 分布能较好地拟合极端降水的分布。目前，在动力气候模式尚不能较准确地预测极端气候事件及其概率的情况下，采用各种降尺度方法和随机模拟对气候极值发生的可能性进行推测，仍然不失为一种有效的途径[2,7,30,31]。此外，Ding 等[26]还利用多状态 Markov 链模拟我国东部地区夏季极端降水概率特征。

以上所述仅仅是单变量极值分布理论在气候变化研究中应用的部分成果。该领域进展迅速，除了水文、气象部门以外，在重大工程设计方面，如水电工程、建筑工程、环境工程，以及在经济领域中的应用也相当普遍。以建筑工程设计为例，许多规范细则都必须从安全性和可靠性出发，详细了解当地包括气象条件在内的各种自然极值，如最大风速风压荷载和持续时间、最小持续阻抗等参数[32]。

2　极值分布模型的估计误差

气候极值推断的不确定性主要来自于推断极值的统计理论本身所造成的不确定性、全球气候模式的不确定性及各种降尺度方法的不确定性。后两者所产生的不确定性不仅影响极端气候推断，还影响区域或局地平均气候的推断。仅就第 1 项而言，为了考察分位数估计的置信区间，引入 GEV 分布模式的分位数估计误差，计算其抽样标准误差。试验表明，样本容量大小是影响 GEV 的分位数标准差的最主要因素，而随着重现期增长(概率变小)，其分位数标准误差必然增大，因此直接影响置信区间，即估计的可信度。

自 20 世纪 90 年代中期以来，国际科学界一直关注平均气候的变化可能引发极端气候的各种非线性变化问题，不少研究已经取得共识。例如，目前全球海－陆－气耦合模式模拟的各种排放情景下的未来气候虽已具有时间上的高分辨率，但其空间分辨率仍有待细化，在全球不同地区采用嵌套区域模式或各种降尺度方法已经成为研究区域气候的有力工具，但其模式输出信息也仅对平均气候变化有较高的置信度。极端气候变化则复杂得多，迄今尚不能完全由动力气候数值模拟直接寻求其变化规律，必须借助于统计极值分布模式或随机模拟等各种理论和方法。根据历史气候记录提取气候极值信息并诊断其变化规律更离不开各种统计手段，借助优良的气候模式输出结果，预测各种情景下由气候极值引发自然灾害的风险也取得了一些新进展[4,34,35]。但正如人们所知，研究气候系统(或其任何一个子系统)不能回避气候具有概率性，即不确定性的一面。而研究极端气候更需要考虑不确定性。从统计学出发，一般可将气候变量视为随机变量，而气候极值就是这种随机变量的复杂函数。气候观测记录所记载的过去气候变化中某些极端气候指标早已存在，它们不但具有比平均气候变化更显著的长期变化特征，还受到各种偶然因素的影响。其研究意义在于：(1)为保证工程建设设计安全，必须计算重现期极值在一定信度下的置信区间，选取极值置信上限为设计参考基准；(2)重现期极值是原分布的样本统计量，它是总体分位数的一个抽样，具有抽样分布，重现期极值具有抽样误差。因而，探讨极值推断的统计理论本身所造成的不确定性，必然要求估计重现期极值的抽样误差。

理论和实践证明，目前我们预估的未来气候极值，只是在一定可信度条件下所作的一种带有置信区间的估计。

3　多变量极值理论及其应用

20 世纪 80 年代中期，多变量极值分布及其统计推断理论有了很大发展。所谓多变量极值分布是指几个相关联的变量所组成的多元极值向量的联合分布，是正则化分量的极端值的渐近联合分布。但这种定义有时并不合理，往往限制了多元极值分布在实际中的应用，为此，Coles 等[20]提出至少在一个分量上达到极值的极限点过程理论。多变量极值理论的价值还在于它能提高一元分析的准确度，以便于计算每一分量所构成的极值组合的概率。而边际分布和变量间的相关结构则决定了多元极值的联合概率。换言之，假定我们有某个多元极值分布，其一元边缘分布必为经典极值分布中之一种型态，且其相互转换可由变量变换来实现，故不妨设为 Gumbel 分布。此外，由 Gumbel 提出的 Logistic 模型是众多模型中讨论较多且最为简单的[38]。在一般情况下，P 维极值分布密度可写为

$$g(x_1, x_2, \cdots, x_p) = \left[\prod_{i=1}^{P} \frac{S_i^{1/\alpha}}{\sigma_i}\right] u^{1-p/\alpha} Q_p(u,\alpha) \mathrm{e}^{-u}$$

式中 α 为相关参数向量，$\alpha=1$ 表示各边缘分布相互独立，而 $\alpha \to 0$ 则表示它们彼此为完全函数关系。二维 Gumbel-Logistic 分布模型较适于描述强降水过程的两个主要特征(暴雨量及其过程雨量)。极端降水过程往往既有降水的强度特征又有持续性特征[38-40]，严格地说，应

该是持续时间(分辨率最好达到 1 h 甚至 1 min),但往往只能获得较粗的观测值如日雨量;所以,用暴雨量及其过程雨量来代替有局限性,若用过程雨日的平均雨量来代替可能有所改善。对于某一地区某一时段而言,其强降水特征可表现为多方面,如强降水总量、强降水持续时间、强降水所占区域面积。余锦华等[41]利用二维 Gumbel-Logistic 分布,模拟了夏季各站强降水的联合概率特征,结果表明,对中国区域几个代表性测站的二维 Gumbel-Logistic 模型拟合和模拟试验效果十分理想。

多元极值分布估计的难点在于参数多,估计难度大。目前常用的仍是经典矩方法和极大似然方法。一般来说,利用多元极值分布模式描述气象水文极端事件具有较好的效果[38],因为极端天气气候和水文事件往往涉及两三个变量构成的随机事件,如最大降水量、最长降水时间、最高洪峰、最大流量及其持续时间。所以,多元极值分布比通常只用单一变量来描述极端气象或气候事件更有代表性。

4 若干新进展

21 世纪以来,国际上关于极值分布理论不断有新成果问世[40,42,43]。在极值分布参数估计方面,Adiouni 等[44]将非平稳序列的广义极值分布参数估计的极大似然方法用于水文气象资料分析;而 Koutsoyiannis[45]从理论上证明了广义极值分布中的 I 型分布,即 Gumbel 分布对于极端降水量的拟合最佳(当参数 $K=0.15$ 时),并用实际资料验证了欧洲和北美的 169 个具有百年以上降水记录的站点资料。

5 结论与评述

统计极值理论及其推断历来就是气候统计学的重要研究内容,在工程设计和建设方面有重要意义。近半个世纪以来,在水文气象应用领域发挥了重要的作用。

由于气候变化和极端气候研究的需要,极值统计的各种问题一直受到大气科学家的重视。许多新的研究结果也进一步丰富了极值统计理论。尽管目前国际上对于极端气候事件频发的原因解释不一,但其变化规律仍然离不开极值统计理论中的规律性研究。因此,有必要在加强气候变化研究的同时继续加强极端气候事件统计规律(如极值统计理论)的研究。

参考文献

[1] Fisher R A, Tippett L H C. Limiting forms of the frequency distribution of the largest or smallest members of a sample. *Proc Cambridge Philos Soc*, 1928, **24**: 180-190.

[2] 丁裕国,江志红. 极端气候研究方法导论. 北京:气象出版社,2010:232.

[3] Meehl G A, Karl T R, Easterlling D R, *et al*. An introduction to trends in extreme weather and climate events: observations, socioeconomic impacts, terrestrial ecological impacts, and model projections. *Bulletin of the American Mathematical Society*, 2000, **81**(3): 413-416.

[4] Easterlling D R, Evens L, Groisman P Y, *et al*. Observed variability and trends in extreme climate events: a brief review. *Bulletin of the American Mathematical Society*, 2000, **81**(3): 417-425.

[5] 任国玉,封国林,严中伟. 中国极端气候变化观测研究回顾与展望. 气候与环境研究,2010,**15**(4):337-353.

[6] 么枕生,丁裕国. 气候统计. 北京:气象出版社,1990:48-51.

[7] 江志红,丁裕国,陈威霖. 21 世纪中国极端降水事件预估. 气候变化研究进展,2007,**3**(4):202-207.

[8] Mearns. Extreme high-temperature events in their probabilities changes in mean temperature. *Climate and Appl Meteo*,1984,**23**(2):1 601-1 613.

[9] Katz RW,Browns B G. Extreme events in a changing climate:variability is more important than averages. *Climatic Change*,1992,**21**:289-302.

[10] Abild J,Andersen E Y,Rosbjerg D. The climate of extreme winds at the great belt,Denmark. *J Wind Eng Ind Aerodyn*,1992,41-44:521-532.

[11] Greedwood J A. Probability weighted moments:definition and relation to parameters of several distributions expressible in inverse form. *Water Resource*,1979,**15**(5):1 049-1 054.

[12] 毛慧琴,杜尧东,宋丽莉. 广州短历时降水极值概率分布模型研究. 气象,2000,**30**(10):3-6.

[13] 丁裕国,刘吉峰,张耀存. 基于概率加权估计的中国极端气温时空分布模拟试验. 大气科学,2004,**23**(5):771-782.

[14] 魏锋,丁裕国,白虎志. 基于概率加权估计的西北地区极端降水时空分布模拟试验. 地球科学进展,2005,**20**(特刊):65-70.

[15] Hosking J R M. L-Moments analysis and estimation of distributions using linear combinations of order statistics. *J Royal Statistical Soc*,1990,**52**(2):105-122..

[16] Pickands J. Statistical inference using extreme order statistics. *Ann Stat*,1975,**3**:119-131.

[17] 蔡敏,丁裕国,江志红. 我国东部地区极端降水时空分布及其统计概率特征. 高原气象,2007,**27**(6):507-603.

[18] Hosking J R M,Wallis J R. Parameter and quantile estimation for the generalized pareto distribution. *Technometrics*,1987,**29**:339-349.

[19] 江志红,丁裕国,张金铃,等. 利用广义帕雷托分布拟合中国东部极端降水的试验. 高原气象,2009,**29**(3):573-580.

[20] Coles S. An introduction to statistical modeling of extreme values. London UK:Springer Verlag,2001.

[21] Katz R W,Brush G S,Parlange M B. Statistics of extremes:modeling ecological disturbances. *Ecology*,2005,**86**(5):1 124-1 134.

[22] Ding Y G,Chen B Y,Jiang Z H. A newly-discovered GPDGEV relationship together with comparing their models of extreme precipitation in summer. *Advances in Atmospheric Science*,2008,**25**(3):1-10.

[23] Smith R L,Weissman I. Estimating the extremal index. *J R Stat Soc Series B*,1994,**56**:515-528.

[24] Buishand T A. Statistics of extremes in climatology. *Statistica Neerlandica*,1989,**43**:1-31.

[25] Coles S G,Walshaw D. Directional modelling of extreme wind speeds. *Appl Stat*,1994,**43**:139-157.

[26] Ding Y G,Zhang J L,Jiang Z H. Experimental simulations of extreme precipitation based on the multi-status Markov Chain model. *Bulletin of the American Mathematical Society*,2010,**24**(2):484-491.

[27] Palutikof T P,Holt T,Brabson B B,*et al*. Methods to calculate climate extremes. IPCC workshop on changes in extreme weather and climate events,1987:1-9.

[28] Hosking J R M,Wallis J R,Wood E F. Estimation of the generalized extreme value distribution by the method of probability-weighted moments. *Technometrics*,1985,**27**:251-261.

[29] 谢志清,姜爱军,丁裕国,等. 长江三角洲强降水过程年极值分布特征研究. 南京气象学院学报,2005,**28**(2):267-274.

[30] 许吟隆,黄晓莹,张勇,等. 中国21世纪气候变化情景的统计分析. 气候变化研究进展,2005,**1**(2):80-83.

[31] 范丽军,符淙斌,陈德亮. 统计降尺度法对未来区域气候变化情景预估的研究进展. 地球科学进展,2005,**20**(3):320-329.

[32] 江志红,刘冬,刘渝,等. 导线覆冰极值的概率分布模拟及其应用试验. 大气科学学报,2010(4):385-394.

[33] 王绍武,龚道溢,陈振华. 近百年来中国的严重气候灾害. 应用气象学报,1999,**10**(1):43-53.

[34] 严中伟,杨赤. 近几十年中国极端气候变化格局. 气候与环境研究,2000,**5**(3):267-272.

[35] 周家斌,黄嘉佑. 近年来中国统计气象学的进展. 气象学报,1997,**55**(3):297-305.

[36] IPCC. Climate change 2001:the scientific basis. Cambridge:Cambridge University Press,2001:881.

[37] IPCC. Climate change 2007: the physical scientific basis. Cambridge: Cambridge University Press,2007.

[38] Gumbel E J,Mustafi C K. Some analytical properties of bivariate extreme distributions. *J Am Stat Assoc*, 1967,**62**:569-588.

[39] Coles S G,Tawn J A. Modeling multivariate events. *J R Statist Soc B*,1991,**53**:377-392.

[40] 谢敏,丁裕国,江志红. 运用 Gumbel-Logistic 模式模拟区域暴雨的试验. 沙漠与绿洲气象,2011,**5**(1):1-5.

[41] 余锦华,李佳耘,丁裕国. 利用二维极值分布模拟我国几个代表站的强降水概率特征. 大气科学学报,2012,**35**(6):652-657.

[42] Osborn T J,Hnhne M,Jones P D,*et al*. Observed trends in the daily intensity of United Kingdom precipitation. *Int J Climatol*,2000,**20**:347-364.

[43] Zhao Z C,Akimasa S,Chikako H,*et al*. Detection and projections of floods/droughts over East Asia for the 20th and 21st centuries due to human emission. *World Resource*,2004,**16**(3):312-329.

[44] Adiouni S E,Quarda T,Zhang X,*et al*. Generalized maximum likelihood estimators for the nonstationary generalized extreme value model. *Water Resouces Research*,2007,**43**:1 029-1 397.

[45] Koutsoyiannis D. Statistics of extremes and estimation of extreme rainfall:I. theoretical investigation. *Hydrol Sci J*,2004,**49**(4):575-590.

基于概率加权估计的中国极端气温时空分布模拟试验

丁裕国[1] 刘吉峰[1] 张耀存[2]

(1. 南京气象学院,南京 210044;2. 南京大学大气科学系,南京 210093)

摘 要:引入一种计算简便、有效性高,并可代替极大似然法的优良参数估计方法——概率加权法(PWM),利用Gumbel分布对中国极端气温时空变化特征作“当前”与“未来”气候的模拟试验。结果表明,这种方法具有较高的拟合优度。利用适应性较强的Weibull分布拟合中国逐日高(低)气温的原始分布,在此基础上,借助于蒙特卡洛随机模拟产生未来平均气候情景下的极端高(低)气温统计概率特征。模拟试验表明,在未来气候条件下,若平均气温升高1.0℃,中国各大区域极端高(低)气温的概率有一定的变动规律可循。

关键词:极端气温 概率加权法 随机模拟

引 言

在全球气候变化研究中,“极端气候”研究仍是一个薄弱环节。如何描述和监测极端气候或表征气候极值的各种统计特征及其变化规律,已经成为气候变化研究的重要课题之一[1,2]。长期以来,人们主要偏重于对平均气候变化的研究,而对极端气候变化规律的研究还相当不够。人们很早就已注意到气候极值问题的研究。这类问题不仅具有理论意义,而且在国民经济建设中也有其重要应用价值。任何气候要素的极值实质上是一种复合型的气候随机变量,它们在数值上虽无稳定性可言,但其在时空域上出现的概率却具有某种相对稳定性。因此,利用相应的概率模式(如极值分布函数)来模拟研究气候极值的出现机遇及其分位数大小,并在预测未来气候情景的基础上模拟未来气候极值出现机遇的变化将是十分有意义的工作。

理论上已证明有三种类型的渐近极值分布可用于气候要素极值的频数分配拟合,其中第一型(又称Gumbel分布型)应用最为普遍[3]。但是,以往的研究仅仅考虑在全球气候背景不变(即平均气候不变)条件下,气候极值的概率问题。自20世纪70—80年代以来,气候极值研究的新进展在于,将气候极值与气候变化相联系,提出了全球气候背景变化情景下的气候极值问题。Leadbetter等[4]利用统计极值分布研究10～100年一遇的气候极值与平均气候统计参数的关系。Mearns等[5]指出,气候要素原始分布的均值变化可导致气候极值频率和强度呈非线性变化,平均气候的微小变化可能引发极端气候出现频率的很大变化,Katz和Brown[6]则从理论上证明,原始分布的方差变化对于极值频率的影响比平均值的影响大得多,Groisman等[7]及Easterling等[2]都指出,由于降水量为Γ分布,不但平均值的变化可改变极端降水发生的次数,而且方差的变化也影响极端降水发生的次数,从而造成总降水量增加时,降水极值会呈现非线性增大。不少学者注意到,未来气候增暖背景下,气候极值频率可能增大。但到目前为止，就世界范围而言，一方面尚缺乏关于气候极值的高质量的长期观测资料（包括全球及区域性的），而使人们对各地或不同区域的气候极值统计特征及其长期变率知之甚少；另一方面从理论上对于气候极值成因机制及其模拟试验和预测模型的研究都还未很好开展。虽然 20 世纪 90 年代以来，一些学者已注意到平均气候变化与气候极值的关系，但其研究还缺乏系统性和深度[1,2]。

极端气候的许多统计特征量（如频率，强度等）与平均气候及其变率的非线性关系已经有了较多的理论研究基础[8,9]，各种气候数值模式模拟的最新结果也表明，气候强迫敏感性试验与观测结果已相当一致。因而，借助于气候数值模式输出结果，预测未来气候情景下出现极端气候的概率及其区域型态特征，已具备基本的理论和观测基础[1,8,10]。

本文正是对上述问题进行了一次尝试性研究。采用先进的概率加权法（简称 PWM）估计统计分布函数的参数，探讨 Gumbel 分布拟合我国极端最高（低）气温的适用性，并用蒙特卡洛方法对全球变暖情景下，我国极端最高（低）气温的概率及其重现期作模拟预测试验。

1 资料及其预处理

选取均匀散布于我国境内的 203 个测站（1957—2001 年）资料作为研究样本，采用逐年选取前 3 个最极端记录的平均值表示该年度的极端气候值。试验表明，这样处理比通常仅取一个极端值作为各年的极值，其参数拟合优度高，所估计概率及其分位数的稳定性较好。关于这种选取极值的方法，本文在小结中还将作一些必要的讨论。对于任一区域而言，选取区域极值，也采用上述方法，即选取每个区域内所有测站逐日最高气温的前 3 个最大值的平均值作为逐日最高气温的区域值，然后，再从该区域逐日最高气温序列中选取前 3 个最大值的平均值作为区域的年极端气温，在此基础上，利用 Gumbel 分布，对区域极值进行拟合。极端低温序列建立过程类似，只不过取的是最低温度序列中最小的 3 个值的平均。

2 Gumbel 分布及其概率加权法参数估计

Gumbel 分布是描述极值统计分布的一种理论模式，当其用于极大值分布时，其分布函数可写为

$$F(x)=\exp\left[-\exp\left(-\frac{x-x_0}{B}\right)\right] \tag{1}$$

式中 $B>0$ 为尺度参数，x_0 为位置参数。对于极小值，Gumbel 分布函数可写为

$$F(x)=1-\exp\left[-\exp\left(\frac{x+x_0}{B}\right)\right] \tag{2}$$

以往人们习惯于用经典的矩法、极大似然法或最小二乘法等方法对 Gumbel 分布作参数估计。尽管这些估计方法已沿用多年，但它们毕竟各有其缺点。例如，经典的矩法过于粗糙，精度和效率都不及极大似然法；而极大似然法，虽有较高精度和参数估计的优良特性，但其计算较为复杂，需要迭代求解。研究表明，概率加权法（PWM）是一种更为有效的普适性很强的优良估计方法[7]，它不需要迭代求解，且计算方法又较极大似然法简便易行，而其精度

与极大似然法相当，并且在理论上也较为完善，故能普遍适用于各种分布密度参数的估计[11]。现以Gumbel分布为例，其参数估计公式可简单推导如下：设有任一概率分布函数$F(x)=P(X<x)$，若其逆形式$x=x(F)$存在，则定义概率加权矩为

$$M_{l,j,k}\equiv E[X^{l}F^{j}(1-F)^{k}] \tag{3}$$

式中假定下标变量l,j,k是实数，不难看出，当$j=k=0$，且l为非负整数时，则$M_{l,0,0}$表示经典的l阶原点矩，可见概率加权法是通常经典矩的推广，而经典矩则是概率加权矩的特例[7,11]。当k为非负整数时，可导出自由度为$n-k$的某种分布参数的概率加权矩的无偏估计式[7,11]

$$\hat{M}_{(k)}=\frac{1}{n-k}\sum_{i=1}^{n-k}x_i\binom{n-i}{k}\Big/\binom{n-1}{k} \tag{4}$$

式中$x_i(i=1,\cdots,n)$表示一个有序样本取值，即从小到大顺序排列的样本取值；$\binom{n-i}{k}$为组合数的表达式。

根据上述定义，可导出Gumbel分布参数估计式[7,11]

$$\hat{B}=[\hat{M}_{(0)}-2\hat{M}_{(1)}]/\ln(2) \tag{5}$$

$$\hat{x}_0=\hat{M}_{(0)}-C\hat{B} \tag{6}$$

式中$C=0.57722$，为欧拉常数；$\hat{B}$和x_0分别为尺度参数和位置参数；$\hat{M}_{(0)}$为数学期望的样本估计值即样本均值。若令$\hat{B}=\hat{a}$，$\hat{M}_{(0)}=\hat{m}$，于是得到x的拟合值$\hat{x}$为

$$\hat{x}(F)=\hat{m}-C\hat{a}-\hat{a}\ln[-\ln(F)] \tag{7}$$

式中$\hat{x}(F)$就是极大值的估计。同样，对于极小值，$\hat{B}$不变，$\hat{x}_0$变为

$$\hat{x}_0=-\hat{m}+C\hat{B} \tag{8}$$

为了保证参数估计值的有效性，本文选择拟合标准差、拟合相对误差、科尔莫戈洛夫拟合优度等三种指标对所试验的有序样本资料计算结果作拟合优度的度量。

3　当前气候条件下中国极端气温空间分布

计算结果表明，无论是最高气温还是最低气温，各站拟合标准差、拟合相对误差及科尔莫戈洛夫拟合优度，除极少数几站外，绝大多数台站都通过了信度为0.05的显著性检验。比较各站拟合标准差及拟合误差的大小发现，最高气温拟合效果一般优于最低气温的拟合效果，可见最低气温年极值的随机变化其概率稳定性不如最高气温年极值强。分析极端气温各段拟合值与实际值的差别可见，对于极端低温来说，高分位数(70%以上)的拟合误差均为正值，极端高温情形则相反。上述结果表明，Gumbel分布拟合我国各地极端气温是适宜的。文献[12]也曾对我国地面气温极值作过拟合试验，认为Gumbel分布仅对我国部分地区适宜，这可能是由于当时所用实测资料序列较短(仅有32年)，而参数估计方法不同所造成的不同结论。相比之下，由于本文所选年极值资料为45年，且采用了PWM法估计参数，从而使其拟合优度有较大提高。

3.1 Gumbel分布参数的空间分布特征

根据经典矩估计，无论对于极大或极小值，Gumbel分布的数学期望(即理论均值)μ_x与标准差σ_x分别与位置参数x_0及尺度参数B具有密切的关系[3,5]。由(5)、(6)式可见，对于概率加权矩估计，也有类似的性质，因此，它们的气候意义十分明显。

由式(6)并结合图1可见，极端高温的位置参数的空间分布特征与均值的空间分布特征十分一致。同时，极值变率愈大的地区，其位置参数愈小。这说明无论是均值还是均方差都会对位置参数产生影响，两者相比，均值对位置参数的影响要大于方差，无论从图上还是根

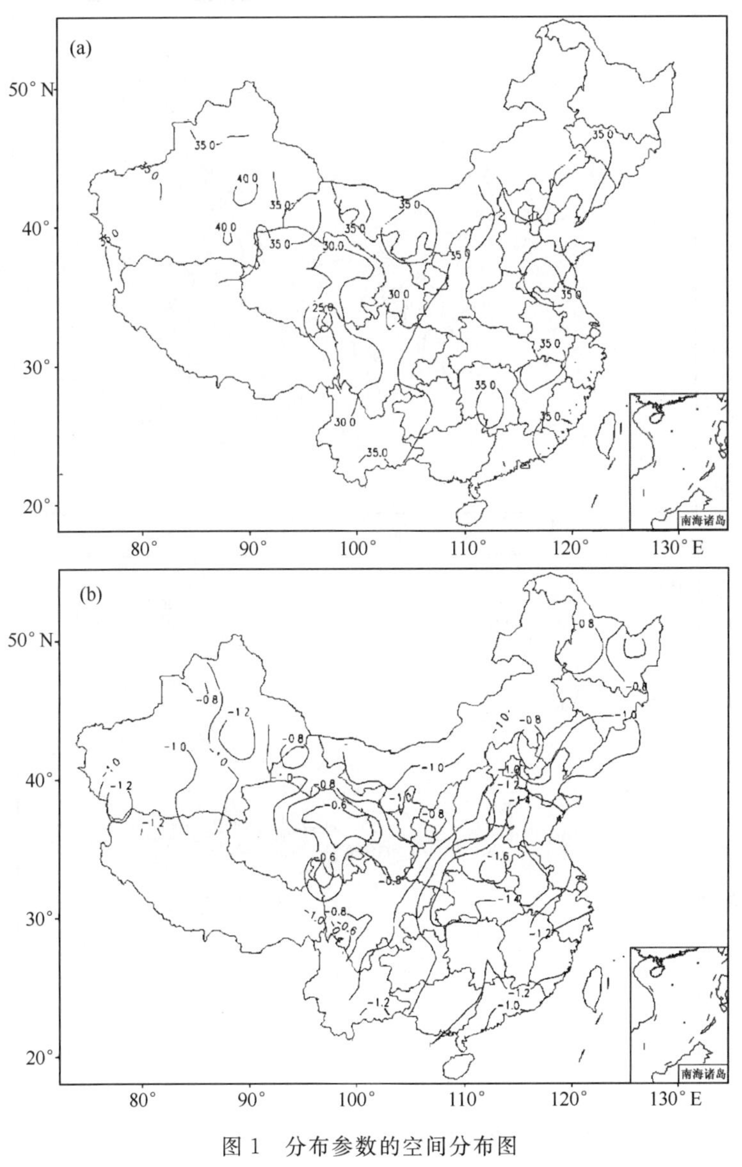

图1　分布参数的空间分布图
(a)位置参数;(b)尺度参数

据公式(6)都容易得出这个结论。而尺度参数则直接受方差的影响。对于极端低温来说，位置参数的空间分布特征与最低温度绝对值的空间分布特征是一致的。

3.2 给定临界极值的概率及其空间分布(或重现期极值)

根据所计算的逐年极端气温样本记录，拟合出极端气温所服从的 Gumbel 分布。图 2 及图 3 给出了 50 年一遇的重现期极值及其相应的界限气温极值的概率在水平空间上的分布图，而 100 年一遇的重现期极值情况与前者空间分布特征基本相似，只不过范围和数量级略有不同而已。

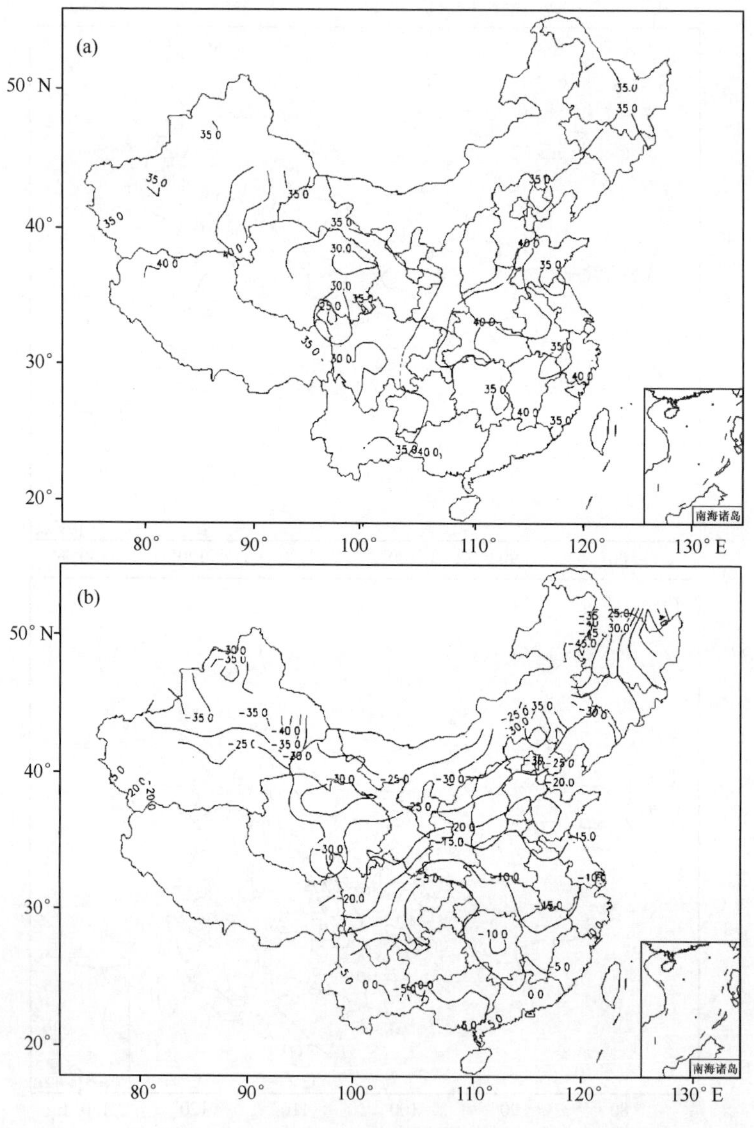

图 2　50 年一遇极值的空间分布图(单位:℃)

(a)极端高温;(b)极端低温

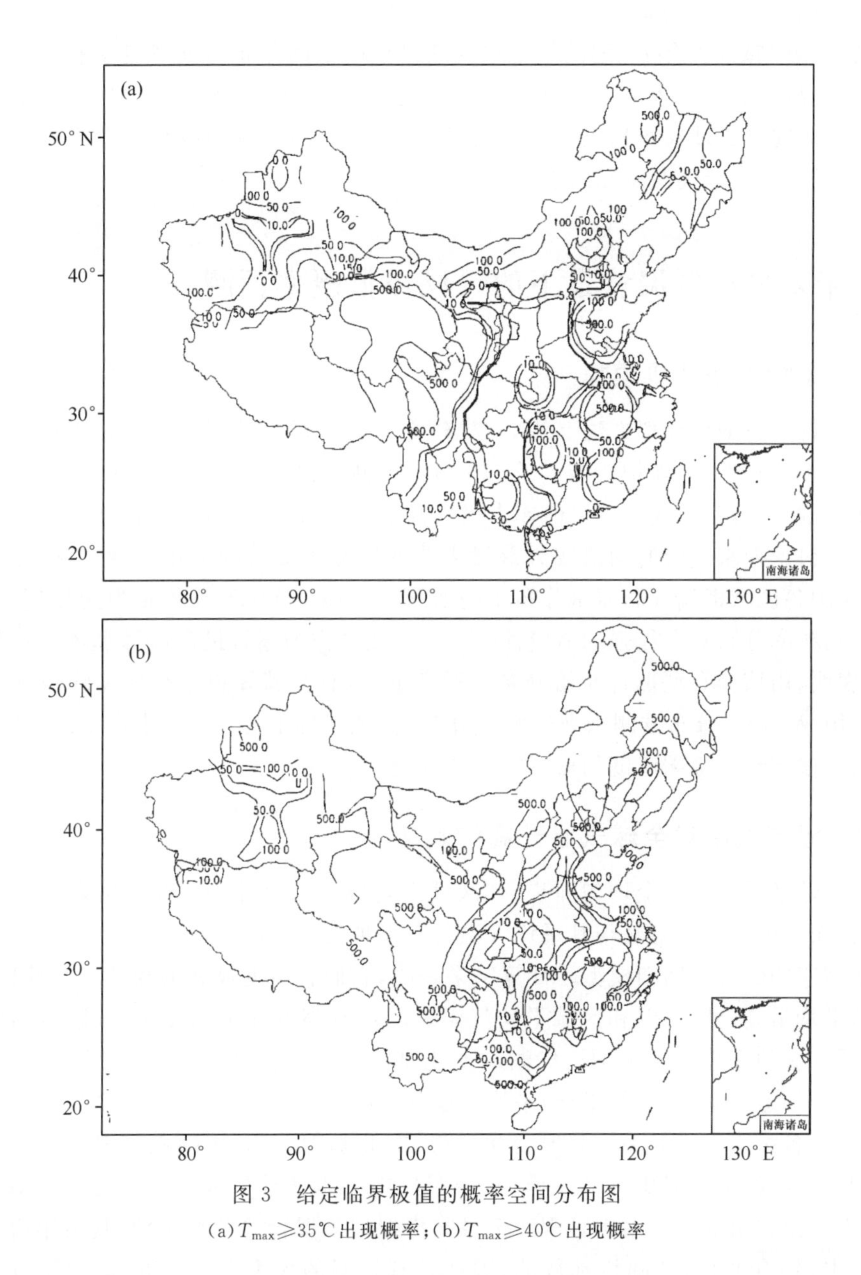

图 3　给定临界极值的概率空间分布图

(a) $T_{max} \geqslant 35℃$ 出现概率；(b) $T_{max} \geqslant 40℃$ 出现概率

由图 2 可见，重现期为 50 年的极大值与极小值空间分布特征有很大差异。如夏季，大部分地区高温中心都超过 35℃，有几个地区在 40.0℃以上，主要集中在我国长江流域及其东南沿海的少部分地区、新疆东北部、西南部等，这一分布特征与我国夏季普遍高温尤其是南方高温的特点十分吻合；除华南少数地方外，受海洋性气候的影响，沿海地区很少超过 40.0℃。冬季则不同，全国气温极值都低于 0.0℃，极值空间分布表现出明显的纬度地带性。气温由北向南递增，气温的海洋性特征并不明显，反映出我国冬季受亚洲高压的影响是相当明显的。由图 3 可见，各种界限温度的概率其空间分布也基本上反映出图 2 的大致趋势，不过这里的概率值是用概率的倒数标出的。

总之,50 年(或 100 年)一遇的气温重现期极值的空间分布特征冬夏季有所差异。对于极端高温来说,大部分地区都有超过 35.0℃的趋势;而极端低温都在 0℃以下,这一温度界限无论对人体健康还是农作物生长都是有害的。由此可见,我国极端气温灾害是比较严重的,这更加说明了极端气温研究的重要性。

4 未来平均气温背景下的气候极值概率预测

4.1 蒙特卡洛随机模拟

根据蒙特卡洛随机模拟方法[13,14],首先建立现代气候条件下全国各站逐日最高(低)气温的原始概率分布模型,模拟生成符合这种分布的随机序列,并对其统计特征进行精度检验。在此基础上,对各站或区域极值作未来气候情景模拟预测,根据均值或方差与分布参数之间的关系讨论未来气候的均值或方差发生改变后分布参数的变化,以此来研究全球变暖背景下,我国各区域极端气温概率分布型的变化。考虑到 Weibull 分布为指数型分布,它对不同形状的频率分布具有很强的适应性[3]。本文用其作为逐日最高(低)温度的原始分布模型,试验表明,用该分布型拟合原始分布是适宜的。因此,若知道未来气候均值和方差的变化便可利用 Weibull 分布推测未来的原始分布,在此基础上,进一步利用 Gumbel 分布模拟预测未来气候情景下极端温度的概率特征及其变动。

4.2 极端气温对全球气温升高的响应

由于全球增暖并非完全均匀同步,各区域平均气温与全球平均气温增幅存在着一定的统计相关,而各地极端气温又与其平均气温具有某种局地相关关系[10,15]。因此,针对我国各区可建立相应的的线性回归模型。计算结果表明,它们有高度显著的相关。与此同时,求得区域各站平均最高(低)气温和区域平均气温之间也有高度显著的相关,各区域内各站平均最高、最低气温的变化与区域平均气温的变化基本上是同步的,这与文献[15]的结果较为一致。显然,若知道未来全球(北半球)平均气温预测结果,结合各大区域对全球气候变暖的响应,就可推求各站未来气候平均状况变化趋势,在此基础上,利用随机模拟方法就可给出未来气候情景下的极端气温概率分布模型(分布),进一步估计未来极端气温的概率特征。限于篇幅,表 1 仅列出部分台站实际观测记录与模拟记录拟合的参数比较,其中年份是根据观测资料样本(45 年)客观地随机抽取的,因此具有较好的代表性。可见,运用随机模拟方法完全可以对各站逐日资料进行未来气候情景的预测。

利用单站资料模拟结果,按如前所述的区域极值选取方法,得到模拟的区域极值,对模拟结果同样用 Gumbel 分布进行拟合,并与区域实际拟合对比(表 2 为极端高温)。由表 2 可见,对模拟资料进行拟合得到的区域分布参数和原参数差别很小,且拟合优度也很高。其概率密度曲线有很好的一致性。极端低温区域模拟结果与极端高温区域类似,精度也很高(表略)。这说明用随机模拟方法对未来气候情景下的区域极端温度变化进行模拟预测是可行的。

表 1　部分测站(逐日高温)实际与模拟数据的原始分布拟合结果比较

站号	年份	尺度参数		形状参数	
		实际值	模拟结果	实际值	模拟结果
多伦	1997	5.392 3	5.611 6	66.074 9	65.654 2
松潘	1982	11.942 7	12.066 2	66.537 1	66.688 9
沾益	1987	19.344 3	19.334	74.727 5	74.802 2
贵德	1984	8.053 6	7.485	68.623 9	68.247 1
乌洽	1998	8.046 3	7.761 2	68.963	69.523 1
宜昌	1977	8.980 8	8.162 4	75.626 5	74.890 5
信宜	1960	18.136 6	17.158 6	79.835 8	79.602 6
伊宁	1963	6.713 6	6.782 5	72.060 9	71.967 4
甘孜	1999	12.303 9	12.818 1	67.949 3	67.841 9
东胜	1967	5.102 7	4.928 1	65.664 5	66.502 8
南阳	1964	7.882	7.798 2	73.412 4	73.310 5
索县	1987	10.376 1	10.297 5	63.122 4	62.978 7

表 2　极端高温区域实际与模拟数据拟合结果比较

区号	尺度参数		形状参数		标准偏差		相对误差		科尔莫戈洛夫检验优度	
	实际	模拟	实际	模拟	实际	模拟	实际	模拟	实际	模拟
1	36.967	37.047	1.117	1.168	0.250	0.225	0.004	0.004	0.605	0.609
2	38.010	38.010	0.966	0.952	0.376	0.242	0.008	0.004	0.832	0.644
3	38.280	38.330	0.611	0.591	0.142	0.115	0.00	0.002	0.576	0.470
4	39.091	39.055	0.811	0.835	0.308	0.264	0.006	0.004	0.988	0.533
5	38.137	38.122	0.922	1.026	0.204	0.26	0.004	0.004	0.620	0.461
6	38.636	38.606	0.753	0.860	0.140	0.227	0.002	0.004	0.584	0.70
7	35.925	35.829	0.506	0.560	0.142	0.131	0.00	0.002	0.492	0.505
8	41.422	41.58	0.841	1.183	0.288	0.340	0.004	0.006	0.598	0.740
9	27.397	27.459	0.645	0.727	0.153	0.205	0.004	0.004	0.936	0.509
10	35.501	35.447	0.910	1.20	0.224	0.281	0.004	0.006	0.603	0.727
11	38.915	38.874	0.875	1.035	0.242	0.289	0.004	0.005	0.737	0.473
12	20.730	20.761	0.651	0.667	0.129	0.151	0.004	0.005	0.463	0.472

4.3　区域极端温度变化的预测

假定未来北半球平均气温上升 1.0℃，利用北半球平均气温与区域平均气温之间的线性回归方程及各站平均最高(低)气温与区域平均气温之间的线性回归方程，即可求得各站和各区域极端气温上升幅度估计值，如表 3 所示。与此同时，利用随机模拟对区域内各站就可得到未来极端气温概率分布模型和区域的未来极端气温概率分布模型。

表 3 区域极端温度变化

区域	1	2	3	4	5	6	7	8	9	10	11	12
高温区	1.590	−0.014	0.876	1.525	1.313	0.574	1.535	1.631	1.043	2.840	1.371	1.167
低温区	0.554	2.921	2.408	0.836	0.103	2.023	1.426	1.350	2.675	1.510	1.167	—

表 4 列出了几个代表区域的极端高(低)温“现在”和“未来(预测)”参数的变化及所有各区域拟合或模拟的平均误差。由表 4 可见,极端气温概率分布参数的当前值和未来(预测)值有一定的差异,各区极端气温概率参数的变动并不完全同步,且与平均气候值的变化相比也不是线性的。与其对应的未来(预测)极值概率密度函数曲线特征的差异就更为明显而直观(从图 4～7 看得更为清楚)。

表 4 极端高温(T_M)与极端低温(T_m)区域拟合值及其精度评估

区号	尺度参数		位置参数		拟合平均标准差		拟合平均相对误差		科尔莫戈洛夫拟合平均优度	
	现在	未来	现在	未来	现在	未来	现在	未来	现在	未来
3 区(T_M)	38.280	38.901	0.611	0.604	0.410	0.389	0.017	0.012	0.676	0.604
5 区(T_M)	38.137	39.452	0.922	0.932						
6 区(T_M)	28.080	27.031	1.235	1.340	0.448	0.425	0.019	0.013	0.738	0.659
9 区(T_M)	5.132	5.014	0.5341	0.562						

注:(1)因篇幅所限,尺度、位置参数只抽选了几个代表区;

(2)拟合平均标准差、拟合平均相对误差、科尔莫戈洛夫拟合优度是所有各区域的平均误差情况。

限于篇幅,本文省略了大量图表。这里图 4—7 举例绘出几个区的区域极值的概率密度图,从中可见一斑。纵观全国各大区域在未来全球变暖背景下的极值出现概率的变化,其响应特征并不相同,大致可归纳为以下几种类型:

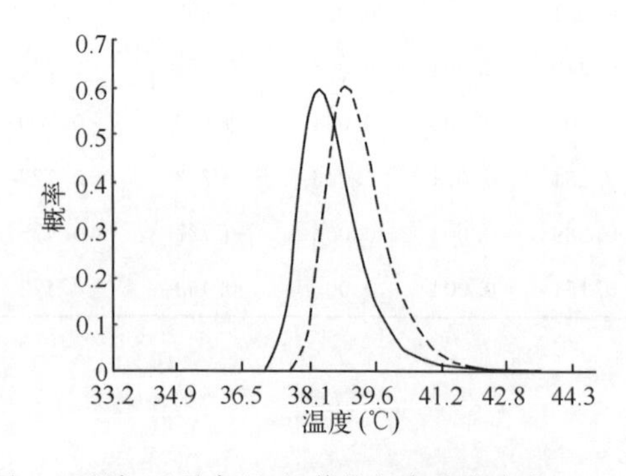

图 4 区域(日最高温)极值的概率密度变化(3 区)
实线:现在;虚线:未来

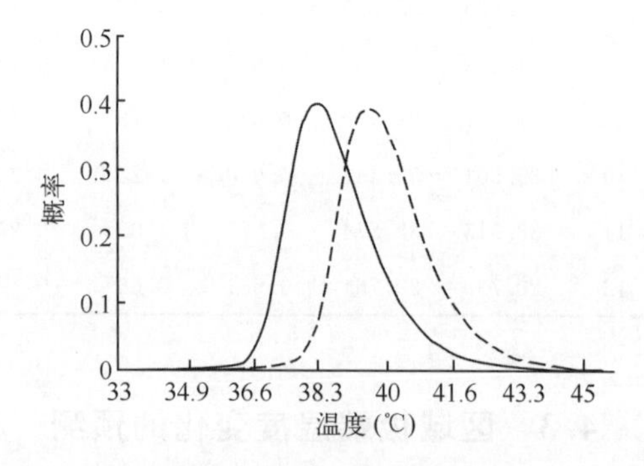

图 5 区域(日最高温)极值的概率密度变化(5 区)
实线:现在;虚线:未来

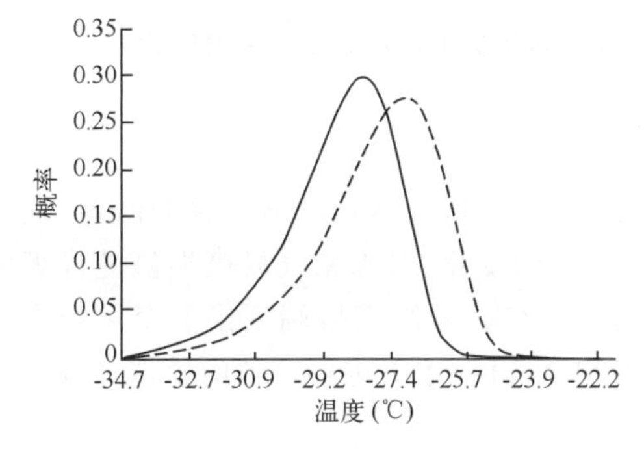

图 6　区域(日最低温)极值的概率密度变化(6 区)
实线:现在;虚线:未来

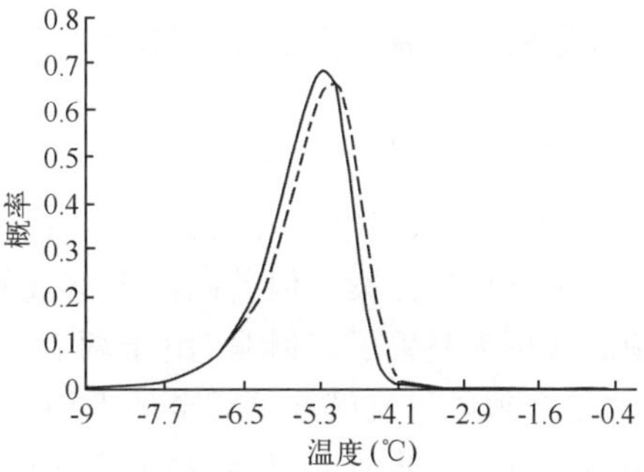

图 7　区域(日最低温)极值的概率密度变化(9 区)
实线:现在;虚线:未来

(1)增加型:尤以 3、4、5、7、9、10 区为显著,表现为右侧极值概率明显增加,高温极值的再现期缩短,危险率增加。这在大规模区域建设和农业生产规划中应当予以重视。(2)稳定型:主要有 2、8 区,随全球气候变暖,区域极值特征比较稳定。(3)减小型:1、6、10、11 区。表现为左侧概率增加,高温极值的再现期延长。观察概率密度图还可看出,现代气候条件下的极值概率密度曲线与未来模拟极值概率密度曲线其位置参数的变动所受影响较大,但其形状并未发生变化,这是因为仅作了均值升高的假定,而方差并未改变。事实上,我们也可考察均值升高,方差有一定变化的气候情景下,区域极端高(低)温概率的变动。尽管 Katz 等[6]曾有较为详细的理论讨论,但并未就如此大范围区域未来气候情景加以研究。同极端高温相比,最低气温对气候变暖的响应非常明显。除了 5 区和 9 区的极值右侧概率增加不明显之外,其他各区都表现为明显增加,这也反映出我国冬季变暖显著的特点,说明未来我国冬季极端气温上升的可能性将以增加为主,未来几十年,我国农业种植带有可能会继续北移,这对于安排农业生产具有重要的意义[16]。

5　结论与讨论

5.1　结　论

(1)引入参数的概率加权法,利用 Gumbel 分布对我国极端气温的时空变化特征作当前与未来气候的模拟试验。结果表明,这种方法具有较高的拟合优度,且计算简便、有效性高,并可代替极大似然法。在当前气候条件下,50 年一遇气温极值的空间分布,其冬夏季差异较大。夏季全国内陆大范围地区高温都有可能超过 35.0℃,但其高温中心主要在我国东南部及新疆东北部和西南部,这些地区都在 40.0℃以上,但除华南少数地方外,受海洋性气候的影响,沿海地区很少超过 40.0℃。而冬季极端低温则低于 0℃,表现出明显的纬度地带性,极端低温由北向南递增,气温的海洋性特征并不明显,反映出我国冬季亚洲高压的作用是相当明显的。

(2)利用适应性较强的 Weibull 分布拟合我国逐日高(低)气温的原始分布。并在此基础上借助于蒙特卡洛随机模拟可推测出未来平均气候情景下的极端高(低)气温概率分布及其特征。模拟试验表明,在未来气候条件下,若平均气温升高 1.0℃,全国各大区域极端高

(低)气温的概率有一定的变动规律可循,全国各大区域的变动各有特点,并不同步。

5.2 讨 论

(1)本文仅仅考察了在气候均值改变的条件下,未来气候极端值的概率预测问题,证明这是一种可行的方案。但若同时考察气候均值和方差的变化,对未来气候极端值进行概率性预测就更为完善了。但是,由于两者之间具有相互影响,最终使极端气候的变化较为复杂,这里必须寻找气候方差对全球平均气候变化的响应特征,才能进行有效的模拟,因此,该问题尚有待进一步研究,作者将另文探讨。

(2)如前所述,对于单个测站采用逐年选取前3个最极端记录的平均值来表示该年度的极端气候值。经大量数据试验表明,这样处理的优点在于,取三个极端值的平均数作为其年极值,可以减少因个别站点某一次观测的随机误差而造成的最终拟合误差,因此,这样拟合的Gumbel分布参数的精度高于取一个极端值的情况(表5、6分别给出了达到一定精度的区域数百分率和站数百分率)。由此所拟合的Gumbel分布的概率及其分位数的稳定性必然也优于取一个极值的情况。

表5 区域极值拟合分布检验对比(对区域极值而言)

	T_{max}		T_{min}	
	前3个最大(小)值	前1个最大(小)值	前3个最大(小)值	前1个最大(小)值
(1)标准误差	83.5	27.3	8.3	0.0
(2)相对偏差	100.0	27.3	41.7	18.2
(3)科尔莫戈洛夫检验	100.0	100.0	50.0	27.3

注:精度标准:(1)<1.3;(2)<0.015;(3)<1.0。

表6 单站极值拟合分布检验对比(对单站极值而言)

	T_{max}		T_{min}	
	前3个最大(小)值	前1个最大(小)值	前3个最大(小)值	前1个最大(小)值
(1)标准误差	91.1	88.2	72.0	60.0
(2)相对偏差	33.5	31.5	74.0	70.0
(3)科尔莫戈洛夫检验	38.0	36.5	40.0	34.0

注:精度标准:(1)<1.0;(2)<0.01;(3)<1.0。

(3)对于区域极端值的选取,本文提出将"区域极值"定义为用区域内前三个极大(小)值的平均值来作为该区的区域极值。只是一种简化方法的尝试,不过这样处理效果还比较好。表5比较了取前3个最大(小)值与用第1个最大(小)值作为区域极值,两者效果差距明显。当然,对于区域上的某要素而言,严格地说从理论上,应将其看作为具有空间分布的多元变量的样本,这不但涉及到多元变量的极值分布问题,而且要考虑空间抽样问题。本文将一种复杂的多元变量样本简化为一元变量样本。既然是简化,必然可以有各种方案,本文只不过是其中的一种。实际上,这一问题已构成另一课题。由于问题的复杂性及篇幅所限,对此本文未能一一探讨。

参考文献

[1] Meehl G A Karl T R, Easterlling D R, *et al*. An introduction to trends in extreme weather and climate events: observations, socioeconomic impacts, terrestrial ecological impacts, and model projections. *Bull Amer Meteor Soc*, 2000, **81**(3): 413-416.

[2] Easterlling D R, Evens L, Groisman P Y, *et al*. Observed variability and trends in extreme climate events: a brief review. *Bull Amer Meteor Soc*, 2000, **81**(3): 417-424.

[3] 么枕生,丁裕国. 气候统计,北京:气象出版社,1990:48-51.

[4] Leadbetter M R, Lindgren G, Rootzen H, Extremes and Related Properties of Random Sequences and Process. Berlin Springer-Verlag, 1983: 336pp.

[5] Mearns L O, Katz R W, Schneider S H, Changes in the probabities of extreme high-temperature events with changes in global mean temperature. *J Climate Appl Meteor*, 1984, **23**(2): 1601-1612.

[6] Katz, R W, Browns B G. Extreme events in a changing climate: Variability is more impotant than averages. *Climatic Change*, 1992, **21**: 289-302.

[7] Greedwood J A. Probability Weighted Moments: Definition and Relation to Parameters of Several Distributions to Expressable in Inverse Form. *Water Resource*, 1979, **15**(5): 1 049-1 054.

[8] 丁裕国,唐鑫. 我国冬半年局地气温对北半球增暖响应的特征分析. 南京气象学院学报,1997,**20**(2): 259-264.

[9] 丁裕国,金莲姬,刘晶淼. 诊断天气气候时间序列极值特征的一种新方法. 大气科学,2002,**26**(3): 344-351.

[10] Karl T R, Kukla G, Razuvayev V N, *et al*. Global warming: evidence for asymmetric diurnal temperature change. *Geophys Res Lett*, 1991, **18**(12): 2 253-2 256.

[11] Landwehr J M. Probability Weighted moments compared with some traditional techniques in estimating Gumbel parameters and quantiles. *Water Resource*, 1979, **15**(5): 1 054-1 064.

[12] 曲延禄,阎书源,张程道. 我国近地面气温极值合地面最大风速极值的渐近分布. 气象学报,1988,**46**(2): 187-193.

[13] 徐钟济. 蒙特卡洛方法. 上海:上海科技出版社,1985:1-50.

[14] 丁裕国,张耀存. 降水气候特征的随机模拟试验. 南京气象学院学报,1989,**12**(2): 146-154.

[15] 屠其璞,丁裕国,侯淑梅,等. 中国平均气温升高时极端温度的变化,气候学研究——气候理论与应用. 北京:气象出版社,1997:128-134.

[16] 沈雪芳,丁裕国. 全球变暖对我国亚热带北界的影响. 南京气象学院学报,1996,**19**(3): 370-373.

极端气候对平均气候变化的非线性响应及其敏感性试验

程炳岩[1]　丁裕国[2]　郑春雨[2,3]　申红艳[2,4]

(1. 重庆市气候中心,重庆　401147;2. 南京信息工程大学大气科学学院、江苏省气象灾害国家重点实验室,南京　210044;3. 东北电力设计院环保处,长春　130021;4. 青海省气候中心,西宁　810000)

摘　要:平均气候与极端气候两者发生的概率具有密切联系。从理论和观测事实两方面证明一地平均气候与其极端气候的对应概率存在着明显的非线性关系。假定气候变量有对称概率分布和非对称概率分布两种状况,从理论上证明,平均气候变化前后所对应的极端气候概率具有非线性变化;通过对若干个代表站及气候场资料的平均值与所对应极值概率计算结果,证明理论符合观测事实。进一步借助于数值试验考察了概率分布模式的各个参数之变化对极端气候概率的影响。根据观测事实的举例,也表明了不同概率分布条件下,基本上都有如此变化规律。

关键词:平均气候　极端气候　概率及其分布模式　非线性关系

引　言

未来全球气候变化情景预估一直是全球变化研究的重要前沿[1]。全球气候系统模式(AOGCM)对未来气候的预估乃是目前数值预估模拟中最为可信的。AOGCM 对大部分气候变量的模拟相当可信[2],从时间尺度来看,它们所提供的信息具有精细而规则的分辨率,然而,由于其空间分辨率较低,直接将其模拟结果作为区域尺度或局地尺度气候变化的预估信息尤其是极端气候变化的预估信息并不适宜[1]。预估未来气候情景下的极端气候有一个重要前提:即如何将细化的区域平均气候信息转换为极端气候信息?换言之,首先必须考察和认识平均气候变化与极端气候变化的关联性。以往的研究仅仅考虑在全球气候背景不变(即平均气候不变)条件下,气候极值的概率问题。自 20 世纪 70—80 年代以来,气候极值的研究已有新的进展,不少学者将气候极值与气候变化问题相联系,提出了全球气候背景变化下的气候极值问题。利用统计极值分布研究 10—100 年一遇的气候极值与平均气候统计参数的关系[3],气候要素原始分布的均值变化可导致气候极值频率和强度呈非线性变化,平均气候的微小变化可能引发极端气候出现频率的很大变化[4],则从理论上证明,原始分布的方差变化对于极值频率的影响比平均值的影响大得多[5],研究表明,降水量一般为 Γ 分布,不但平均值的变化可改变极端降水发生的次数,而且方差的变化也影响极端降水发生的次数,从而造成总降水量增加时,降水极值会呈现非线性增大[6]。不少学者注意到,未来气候增暖背景下,气候极值频率可能增大。但到目前为止,就世界范围而言,尚缺乏关于气候极值的高质量的长期观测资料(包括全球及区域性的),而使人们对各地或不同区域的气候极值统计特征及其长期变率知之甚少。从理论上对于气候极值成因机制及其模拟试验和预测模型的研究都还未很好开展。虽然 20 世纪 90 年代以来,一些学者已经注意到平均气候与气候极值的关系，但其研究还缺乏系统性和深度。从理论上说，如何估计平均气候的线性变化对极端气候出现概率的影响？在大范围气候场上平均气候值的变化与极端气候出现概率的定量化关系，迄今尚未进行理论和实际两方面的有力推证，本文目的正在于对此做出论证。在全球气候变化的背景下，人类社会对极端气候事件的反应比对平均气候状况的变化更为敏感。在对平均气候变化有了一定认识后，对与其相应的极端气候变化的认识就具有特别重要的现实意义。因此，从理论和观测事实两个方面讨论平均气候与极端气候出现概率的关系，证明两者的非线性特征，对评估平均气候变化的影响，有一定的学术意义和应用价值。

1 理论证明

1.1 气候变量的概率分布为对称分布

设有气象变量 x 的分布密度和分布函数分别为 $f(x)$ 和 $F(x)$，假定为正态对称分布，则一般应有

$$F(x_a) = \int_{-\infty}^{x_a} f(x)\mathrm{d}x = \int_{-\infty}^{x_a} \frac{1}{\sigma\sqrt{2\pi}}\mathrm{e}^{\frac{(x-\mu)^2}{2\sigma^2}}\mathrm{d}x \tag{1}$$

1.1.1 均值变化的影响

若气候变量的均值增大，即有一中心位移

$$\mu=\mu_0+\Delta\mu \tag{2}$$

显然增幅为

$$\Delta\mu=\mu-\mu_0 \tag{3}$$

假如分布密度的形态不变，这时等价地应有

$$x'=x+\Delta\mu \tag{4}$$

$$\Delta\mu=x'-x \tag{5}$$

即原变量也有一个增量（位移）$\Delta\mu$，现设定 x_b 为变量 x 的高端取值（高端极值），则原变量的极值分位数所对应的概率为

$$\Phi(x_b)=P(X\geqslant x_b)=B \tag{6}$$

式中 B 代表了正态分布密度曲线下所对应的分位数 x_b 上端的概率面积。很明显，位移 $\Delta\mu$ 后，分位数 x_b 所对应的面积增加是非线性的。后文我们还从非对称的 Γ 分布曲线对于分布参数变化的响应作了类似的证实（见图 1）。

1.1.2 方差变化的影响

$$F(x_a) = \int_{-\infty}^{x_a} f(x)\mathrm{d}x = \int_{-\infty}^{x_a} \frac{1}{\sigma\sqrt{2\pi}}\mathrm{e}^{\frac{(x-\mu)^2}{2\sigma^2}}\mathrm{d}x \tag{7}$$

若标准差 σ 有一增量 $\Delta\sigma$ 则上式写为

$$F(x'_a) = \int_{-\infty}^{x'_a} f(x)\mathrm{d}x = \int_{-\infty}^{x'_a} \frac{1}{(\sigma+\Delta\sigma)\sqrt{2\pi}}\mathrm{e}^{-\frac{(x-\mu)^2}{2(\sigma+\Delta\sigma)^2}}\mathrm{d}x \tag{8}$$

设相应的标准化变量为

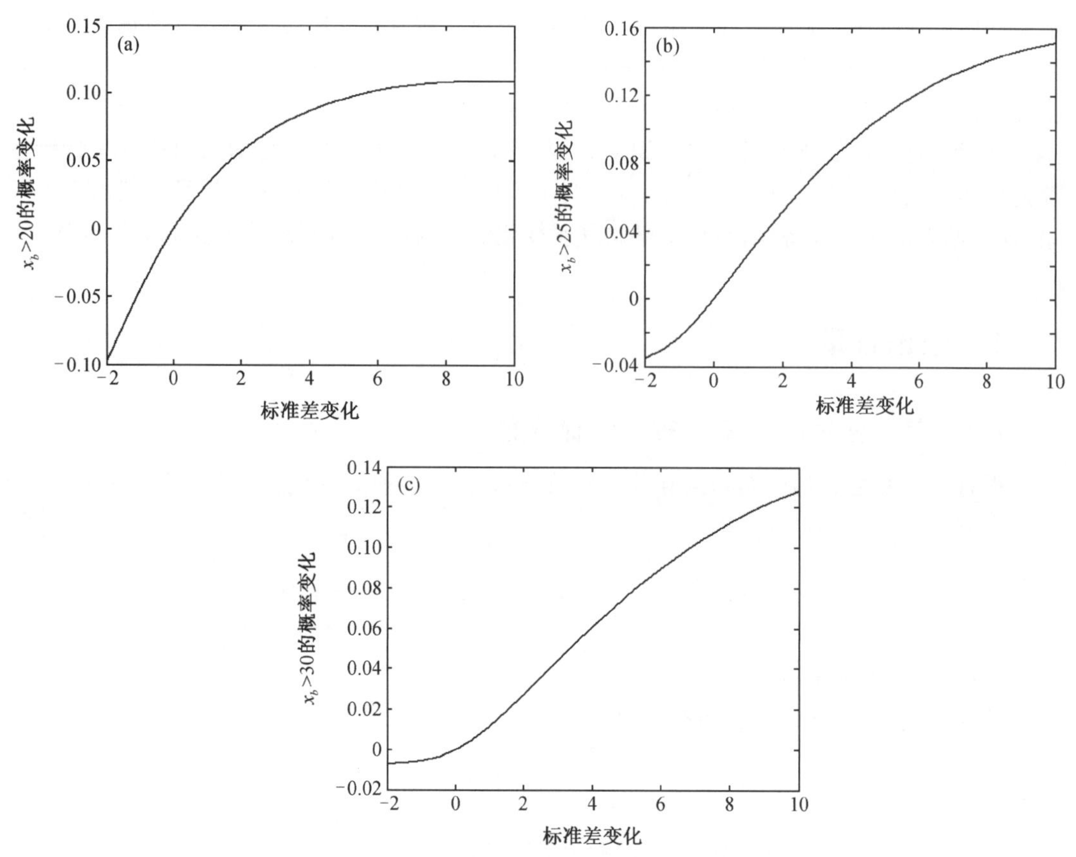

图1　当 $\mu_0=15$ 以及 $\sigma^2=25$ 时，标准差的各种变化引起的不同阈值极端事件的概率变化（Γ 分布）

(a)$b_x>20$；(b)$b_x>25$；(c)$b_x>30$

$$t_a=\frac{x_a-\mu}{\sigma},t_a'=\frac{x_a-\mu}{\sigma+\Delta\sigma},\tag{9}$$

相应的分布函数为

$$F(t_a)=F\left(\frac{x_a-\mu}{\sigma}\right),F(t'_a)=\left(\frac{x_a'-\mu}{\sigma+\Delta\sigma}\right)\tag{10}$$

显然，标准差 σ 变化前后所造成的分布函数变动的差值可描述为分布函数的余函数差值，它直接表示了相应的极端值概率的差值，$\Delta P_{\sigma+\Delta\sigma,\sigma}$ 为

$$\Delta P_{\sigma+\Delta\sigma,\sigma}=1-F\left(\frac{x_a-\mu}{\sigma+\Delta\sigma}\right)-1+F\left(\frac{x_a-\mu}{\sigma}\right)\tag{11}$$

故有

$$\Delta P_{\sigma+\Delta\sigma,\sigma}=F\left(\frac{x_a-\mu}{\sigma}\right)-F\left(\frac{x_a-\mu}{\sigma+\Delta\sigma}\right)\tag{12}$$

由上式不难看出，因 $F(x)$ 为非降函数，必有 $\Delta P_{\sigma+\Delta\sigma,\sigma}\geqslant0$ 即若标准差增大，必有相应的极端值概率增大。很明显，在变量的平均值不变的情况下，变量的方差变化要比平均值变化的影响大。事实上，我们从(12)式不难看出，假定 μ 的增量与 σ 的增量相等，即 $\Delta\mu=\Delta\sigma$，由于，前者仅只在分子上减少1个 Δ 量，而后者则在分母上缩小1个 Δ 量。两者的作用必然是后者

大于前者。以下可通过数值试验证明。

1.2 气候变量的概率分布为非对称分布

同样,上述规律也适用于非对称分布,例如,Γ 分布或 Weibull 分布。

(1)设有变量 x 服从 Γ 分布,其密度函数为

$$f(x)=\frac{\beta^{\alpha}}{\Gamma(\alpha)}x^{\alpha-1}\exp(-\beta x) \tag{13}$$

或写为

$$f(x)=\frac{\beta^{-\alpha}}{\Gamma(\alpha)}x^{\alpha-1}\exp(-\beta^{-1}x) \tag{14}$$

上述两式都是 Γ 概率分布表达式(PDF),仅仅是尺度参数互为倒数而已。为了推导方便,我们取用(13)式,根据矩估计理论,形状参数 α 和尺度参数 β 与均值 μ 和方差 σ^2 之间的关系如下:

$$\alpha=\frac{\mu^2}{\sigma^2} \tag{15}$$

$$\beta=\frac{\mu}{\sigma^2} \tag{16}$$

若仅考虑均值 μ 所发生的变化,令未变化前的均值为 μ_0,变化量为 $\Delta\mu$,则(气候)变量的均值变化为

$$\mu=\mu_0+\Delta\mu \tag{17}$$

式中 μ 代表变化后的均值,于是变化后的参数有

$$\alpha=\frac{(\mu_0+\Delta\mu)^2}{\sigma^2}=\frac{\mu_0^2+2\mu_0\Delta\mu+(\Delta\mu)^2}{\sigma^2} \tag{18}$$

上式经整理后可写为

$$\alpha=\frac{\mu_0^2+2\mu_0\Delta\mu+(\Delta\mu)^2}{\sigma^2}=\alpha_0+\Delta\alpha \tag{19}$$

式中变化前的

$$\alpha_0=\frac{\mu_0^2}{\sigma^2} \tag{20}$$

参数改变量为

$$\Delta\alpha=\frac{2\mu_0\Delta\mu+(\Delta\mu)^2}{\sigma^2} \tag{21}$$

同理,若未变化前的尺度参数为 β_0,变化后的为 β,则有

$$\beta=\beta_0+\Delta\beta \tag{22}$$

式中

$$\beta_0=\frac{\mu_0}{\sigma^2} \tag{23}$$

$$\Delta\beta=\frac{\Delta\mu}{\sigma^2} \tag{24}$$

为了区别于初始分布(气候)变量,将气候平均值改变后的分布密度写成 $F(x_b)=\int_0^{x_b}f(x)\mathrm{d}x$ 。根据分布函数及其分位数概率表达式,我们有初始分布:

$$F_0(x_b)=\int_0^{x_b} f_0(x)\mathrm{d}x \tag{25}$$

显然,对上式中的被积函数(分布密度)经化简整理后可得

$$F_0(x_b)=\int_0^{\beta x_b} t^{\alpha-1}\mathrm{e}^{-t}\mathrm{d}t=\frac{1}{\Gamma(\alpha_0)}\gamma(\alpha_0,\beta x_b)=I_{\alpha_0}(\beta x_b) \tag{26}$$

式中 $I_{\alpha_0}(\beta x_b)$定义为标准化不完全Γ函数,即有

$$I_{\alpha_0}(\beta_0 x_b)=\frac{1}{\Gamma(\alpha_0)}\int_0^{\beta x_b} t^{\alpha-1}\mathrm{e}^{-t}\mathrm{d}t \tag{27}$$

于是,分位数 x_b 的高端概率,应有

$$\Phi_0(x_b)=1-F_0(x_b)=1-I_{\alpha_0}(\beta_0 x_b) \tag{28}$$

当气候变量仅有均值 μ 变化时,即有(11)式成立时,则形状参数 α 就有(13)式的变动,而尺度参数 β 就有(16)式的变动。同理,可得到相应的

$$\Phi(x_b)=1-F(x_b)=1-I_{\alpha}(\beta x_b) \tag{29}$$

显然可以推得其极端值的概率变化幅度为

$$\Delta\Phi=\Phi(x)-\Phi_0(x) \tag{30}$$

最终可得

$$\Delta\Phi=\Phi(x)-\Phi_0(x)=I_{\alpha_0}(\beta_0 x_b)-I_{\alpha}(\beta x_b) \tag{31}$$

若给定变量的分位数(即某一临界值),再给定其均值的变幅,我们就可进行各种数值试验。

同样,也可推导出由于方差的变化所引起的极端值概率变化幅度。

根据(13)式,为推导方便,令

$$\alpha'=\frac{1}{\alpha}=\frac{\sigma_0^2}{\mu_0^2}+\frac{2\sigma_0\Delta\sigma+\Delta^2\sigma}{\mu_0^2}=\frac{1}{\alpha_0}+\frac{1}{\Delta\alpha}=\alpha_0'+\Delta\alpha' \tag{32}$$

同理可以得到

$$\beta'=\frac{1}{\alpha}=\frac{\sigma_0^2}{\mu_0^2}+\frac{2\sigma_0\Delta\sigma+\Delta^2\sigma}{\mu_0^2}=\frac{1}{\beta_0}+\frac{1}{\Delta\beta}=\beta'_0+\Delta\beta' \tag{33}$$

利用(19)—(24)式的推证,PDF 采用(13)式,同样可得相应的类似推算公式

$$\Delta\Phi=\Phi(x)-\Phi_0(x)=I_{1/\alpha_0}(\beta_0 x_b)-I_{1/\alpha}(\beta x_b) \tag{34}$$

(2)设有变量 x 服从 Weibull 分布,其分布密度为

$$f(x)=\frac{\beta}{\alpha}\left(\frac{x-\nu}{\alpha}\right)^{\beta-1}\exp\left[-\left(\frac{x-\nu}{\alpha}\right)^{\beta}\right]\qquad x\geqslant\nu \tag{35}$$

分布函数为

$$F(x)=1-\exp\left[-\left(\frac{x-\nu}{\alpha}\right)^{\beta}\right]\qquad x\geqslant\nu \tag{36}$$

对于降水量而言,$\nu=0$,所以上式可简化为

$$f(x)=\frac{\beta}{\alpha}\left(\frac{x}{\alpha}\right)^{\beta-1}\exp\left[-\left(\frac{x}{\alpha}\right)^{\beta}\right]\qquad x\geqslant 0 \tag{37}$$

$$F(x)=1-\exp\left[-\left(\frac{x}{\alpha}\right)^{\beta}\right]\qquad x\geqslant 0 \tag{38}$$

根据矩的定义,Weibull 分布的均值和方差与参数 α,β 的关系为:

$$\mu=\alpha\Gamma\left(1+\frac{1}{\beta}\right) \tag{39}$$

$$\sigma^2=\alpha^2\left[\Gamma\left(1+\frac{2}{\beta}\right)-\Gamma\left(1+\frac{1}{\beta}\right)^2\right] \tag{40}$$

利用类似的分析方法，同样可得到，由于变量均值和方差的变化而引起参数 α,β 有某种改变时，其相应的分位数 x_b 的高端概率变化量，应有，

$$\Phi_0(x_b)=1-F_0(x_b)=\exp\left[-\left(\frac{x_b}{\alpha_0}\right)^{\beta_0}\right] \tag{41}$$

$$\Phi(x_b)=1-F(x_b)=\exp\left[-\left(\frac{x_b}{\alpha}\right)^{\beta}\right] \tag{42}$$

$$\Delta\Phi=\Phi(x)-\Phi_0(x)=\exp\left[-\left(\frac{x_b}{\alpha}\right)^{\beta}\right]-\exp\left[-\left(\frac{x_b}{\alpha_0}\right)^{\beta_0}\right] \tag{43}$$

2　数值计算结果(以 Γ 分布为例)

2.1　均值变化的数值试验

当 $\mu_0=15$ 以及 $\sigma^2=25$ 时，按照 Γ 分布函数的公式(13)—(31)，可以计算得到偏态分布下均值的各种变化所引起的极端事件的概率变化(见表 1)，而表 1 中所列变化幅度则是假定值(以下各表均相同)。

同理，当 $\mu_0=10$ 以及 $\sigma^2=25$ 时，按照 Γ 分布函数的公式(13)—(31)，可以计算得到偏态分布下均值的各种变化所引起的极端事件的概率变化(见表 2)。

表 1　均值的各种变化引起的极端事件概率变化($\mu_0=15,\sigma^2=25$)

均值变化(℃)	形状参数	尺度参数	概率变化		
			$x_b>20$	$x_b>25$	$x_b>30$
−2	6.76	0.52	−0.063 318	−0.016 191	−0.002 95
−1	7.84	0.56	−0.035 515	−0.009 372	−0.001 73
1	10.24	0.64	0.044 3	0.012 747	0.002 465
2	11.56	0.68	0.098 1	0.029 864	0.005 958

表 2　均值的各种变化引起的极端事件的概率变化($\mu_0=10,\sigma^2=25$)

均值变化(℃)	形状参数	尺度参数	概率变化		
			$x_b>15$	$x_b>20$	$x_b>25$
−2	2.56	0.32	−0.058 01	−0.015	−0.002 85
−1	3.24	0.36	−0.032 78	−0.008 72	−0.001 72
1	4.84	0.44	0.041 589	0.011 931	0.002 484
2	5.76	0.48	0.092 95	0.028 004	0.006 001

2.2 方差变化的数值试验

此外，当 $\mu_0=15$ 以及 $\sigma^2=25$ 时，按照 Γ 分布函数的公式(13)—(31)，可以计算得到偏态分布下，标准差的各种变化所引起的极端事件的概率变化(见表 3)。

当 $\mu_0=10$ 以及 $\sigma^2=25$ 时，按照 Γ 分布函数的公式(13)—(31)，标准差的各种变化引起的极端事件的概率变化(见表 4、图 2)。

表 3　标准差的各种变化引起的极端事件的概率变化($\mu_0=15,\sigma^2=25$)

标准差变化	形状参数	尺度参数	概率变化		
			$x_b>20$	$x_b>25$	$x_b>30$
−2	25	1.666 7	−0.097 5	−0.035 295	−0.007 02
−1	14.063	0.937 5	−0.04378	−0.022 762	−0.005 8
1	6.25	0.416 67	0.032 808	0.026 383	0.0115 37
2	4.591 8	0.306 12	0.056 846	0.051 784	0.026 942

表 4　标准差的各种变化引起的极端事件的概率变化($\mu_0=10,\sigma^2=25$)

标准差变化	形状参数	尺度参数	概率变化		
			$x_b>20$	$x_b>25$	$x_b>30$
−2	11.111	1.111 1	−0.090 15	−0.038 97	−0.010 23
−1	6.25	0.625	−0.039 23	−0.023 79	−0.007 96
1	2.777 8	0.277 78	0.027 809	0.025 146	0.013 242
2	2.040 8	0.204 08	0.046 859	0.047 733	0.028 951

3　实际观测资料验证

对于实测资料，对称分布自不必再做验证，那是必然的。为此，这里只对于非对称分布加以验证。选取南方各站如重庆、合肥、南京、武汉、上海、广州、杭州等站 6—8 月总降水量分别拟合 Γ 分布，然后利用上述公式。给定各不同的临界值 x_b 计算各自 $\Delta\Phi$。

3.1 夏季月降水量的 Γ 分布验证(以南京站和重庆站为例说明)

图 3 给出了南京站和重庆站的频率直方图以及 Γ 分布拟合的概率密度曲线(Γ 分布的拟合参数置信度为 95%)，可以看出两个测站的夏季月降水量满足 Γ 分布，对于其他测站均有类似发现(从略)。

3.2 均值变化的实例验证

(1)均值的各种变化导致夏季月降水量大于 75%分位数概率的变化(见表 5)。

(2)均值的各种变化导致夏季月降水量大于 90%分位数概率的变化(见表 6)。

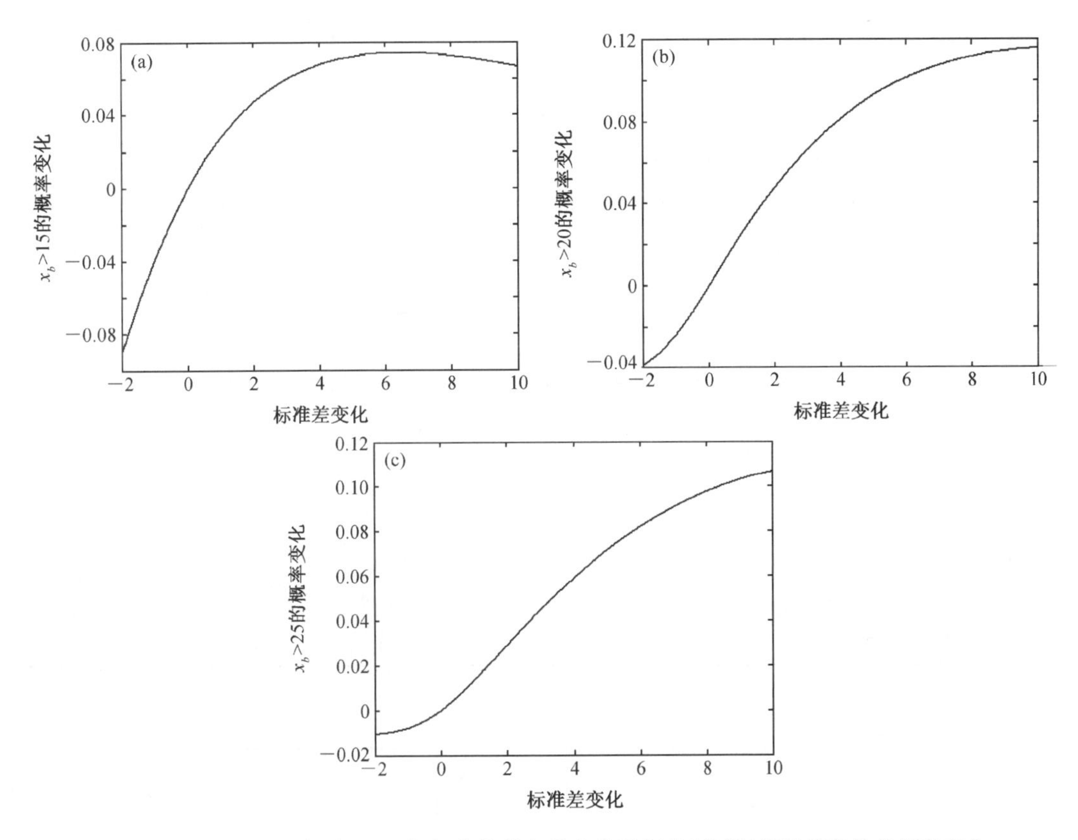

图 2　当 $\mu_0=10$ 以及 $\sigma^2=25$ 时，标准差的各种变化引起的不同阈值极端事件的概率变化

(a)$x_b>15$；(b)$x_b>20$；(c)$x_b>25$

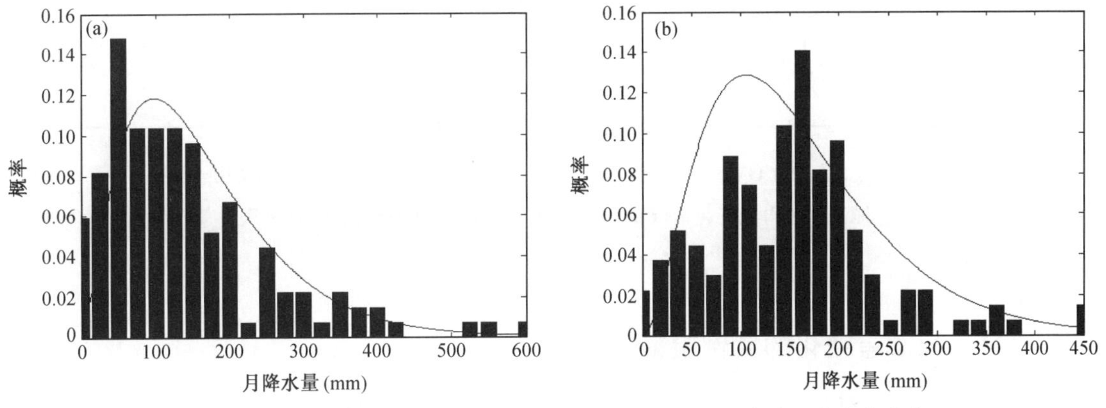

图 3　南京站(a)和重庆站(b)的频率直方图以及 Γ 分布拟合的概率密度曲线

图 4 和图 5 分别为重庆和南京地区由均值变化引起的大于 75％和 90％临界分位数的概率变化曲线。

表 5　均值变化百分比对夏季月降水量 x_b>75%分位数概率的影响

均值变化	x_b>75%分位数的概率变化					
	南京	重庆	武汉	合肥	广州	杭州
−20%	−0.084 995	−0.097 582	−0.076 635	−0.076 321	−0.093 21	−0.094 387
−10%	−0.045 589	−0.053 652	−0.040 618	−0.041 44	−0.051 89	−0.051 05
10%	0.051 795	0.063 524	0.045 297	0.048 318	0.063 041	0.058 68
20%	0.109 37	0.136 1	0.095 063	0.103 42	0.136 76	0.124 24

表 6　均值变化百分比对夏季月降水量 x_b>90%分位数概率的影响

均值变化	x_b>90%分位数的概率变化					
	南京	重庆	武汉	合肥	广州	杭州
−20%	−0.028 966	−0.050 015	−0.022 11	−0.028 742	−0.039 36	−0.034 79
−10%	−0.016 021	−0.028 232	−0.012 057	−0.016 028	−0.02258	−0.019 451
10%	0.019 65	0.035 852	0.014 421	0.019 979	0.029 775	0.024 336
20%	0.043 488	0.080 332	0.031 57	0.044 568	0.068 147	0.054 324

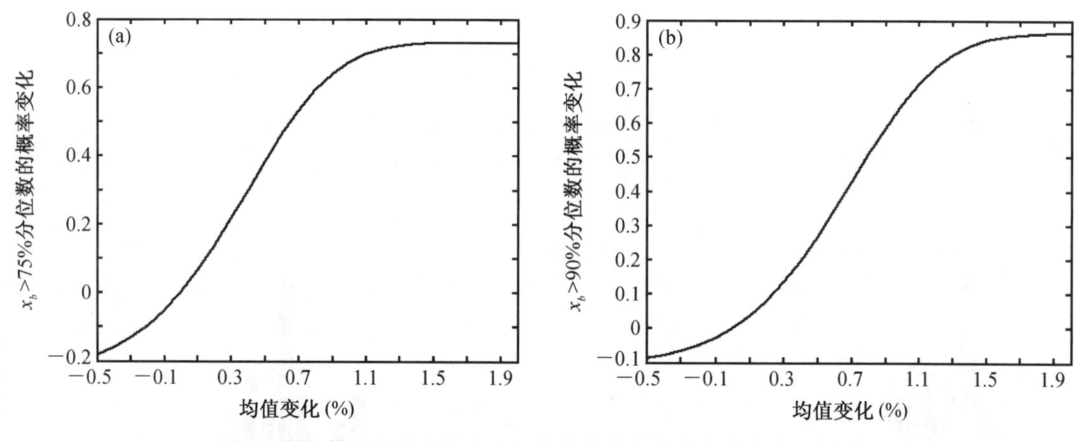

图 4　由均值变化引起的大于临界分位数的概率变化曲线(重庆)

(a)x_b>75%；(b)x_b>90%

3.3　标准差变化的实例验证

(1)标准差的各种变化导致夏季月降水量大于 75%分位数概率的变化(见表 7)。

(2)标准差的各种变化导致夏季月降水量大于 90%分位数概率的变化(见表 8)。

图 6 和图 7 分别为重庆和南京地区由标准差变化变化引起的大于 75%和 90%临界分位数的概率变化曲线。

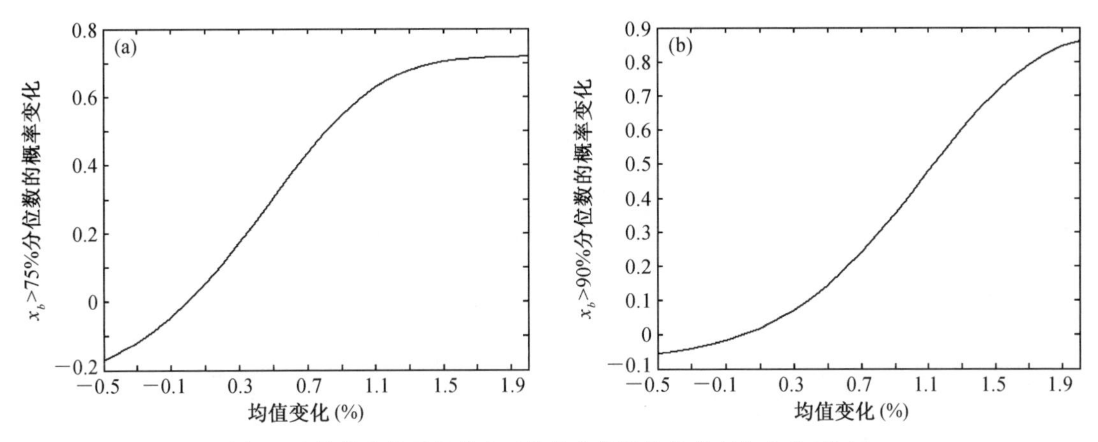

图5　由均值变化引起的大于临界分位数的概率变化曲线(南京)

(a)x_b>75%;(b)x_b>90%

表7　标准差变化百分比对夏季月降水量 x_b>75%分位数概率的影响

标准差变化	x_b>75%分位数的概率变化					
	南京	重庆	武汉	合肥	广州	杭州
−20%	−0.014 467	−0.024 954	−0.009 785 7	−0.024 628	−0.031 51	−0.016 53
−10%	−0.005 624	−0.010 623	−0.003 378 6	−0.010 408	−0.013 78	−0.006 640 7
10%	0.003 221 6	0.007 787 8	0.001 143 5	0.007 465 1	0.010 671	0.004 208 8
20%	0.004 615 5	0.013 373	0.006 100 7	0.012 632	0.018 875	0.0 065 598

表8　标准差变化百分比对夏季月降水量 x_b>90%分位数概率的影响

标准差变化	x_b>90%分位数的概率变化					
	南京	重庆	武汉	合肥	广州	杭州
−20%	−0.033 986	−0.038 729	−0.031 154	−0.034 254	−0.037 28	−0.035 908
−10%	−0.011 597	−0.017 982	−0.014 625	−0.016 272	−0.017 92	−0.016 9
10%	0.013 767	0.015 315	0.012 534	0.014 29	0.016 085	0.0146 46
20%	0.025 409	0.028 214	0.023 033	0.026 589	0.030 259	0.027 126

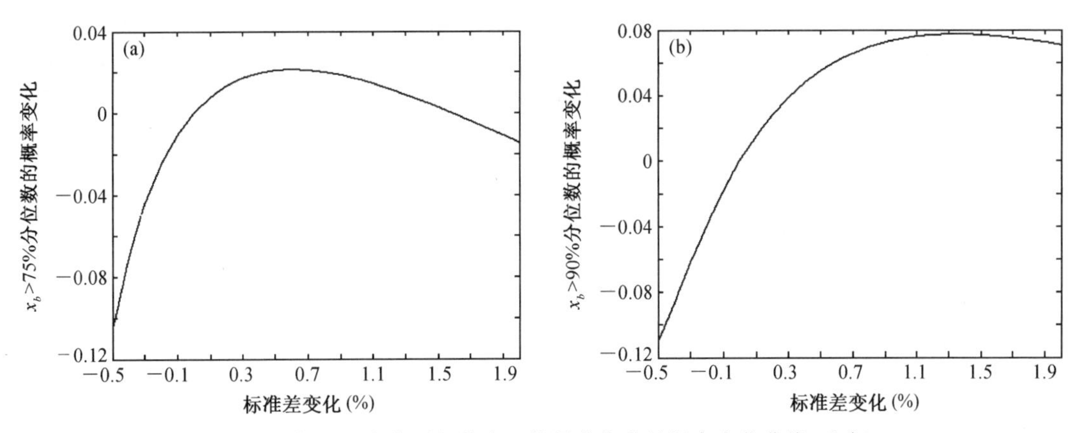

图6　由标准差变化引起的大于临界分位数的概率变化曲线(重庆)

(a)x_b>75%;(b)x_b>90%

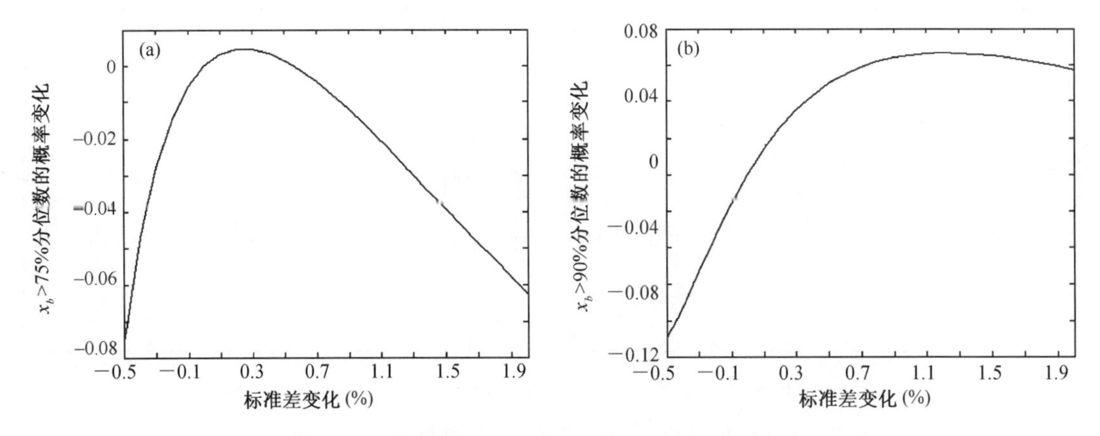

图 7 由标准差变化引起的大于临界分位数的概率变化曲线(南京)

(a)$x_b>75\%$;(b)$x_b>90\%$

4 极端气候的概率变化对统计参数响应的敏感性

就变量的理论分布函数而言,引发极端气候变化不外乎两种情况:尺度参数变化(如变率或标准差变化)、位置参数变化(如均值或众数变化)。这些参数改变的重要意义在于,它们都使得气候变量的 PDF 曲线两端的概率密度取值发生明显的变化,从而影响了极端事件发生的概率。一般我们对下列两类极端气候事件感兴趣:

(1)超过某个临界值的极端事件,记为 $E_1=\{x>c\}$;

(2)序列中大于某个临界值的极端事件,记为 $E_2\{\max(x_1,x_2,\cdots,x_n)>c\}$。

针对上述两类极端气候事件,可将极端事件概率 $P(E)$写成位置参数 μ 和尺度参数 σ 的函数。于是,极端事件对 μ 和 σ 的敏感率又可写为

$$S(P,\mu)=\frac{\partial P(E)}{\partial\mu}\frac{1}{P(E)}\text{或 }S(P,\sigma)=\frac{\partial P(E)}{\partial\sigma}\frac{1}{P(E)} \tag{44}$$

一般而言,$P(E_1)=1-F_X(c)$或 $P(E_2)=1-[F_X(c)]^n$,为此可写出

$$\frac{\partial P(E)}{\partial\mu}=F'_x(c) \tag{45}$$

$$\frac{\partial P(E_i)}{\partial\sigma}=\left(\frac{c-\mu}{\sigma}\right)F'_x(c) \tag{46}$$

或

$$\frac{\partial P(E_i)}{\partial\sigma}=\left(\frac{c-\mu}{\sigma}\right)\frac{\partial P(E_i)}{\partial\mu} \tag{47}$$

类似于工程问题,可构造危险率函数 $H(x)$为

$$H(x)=\frac{F'(x)}{1-F(x)} \tag{48}$$

考虑敏感率的定义式,直接由(36)式,可以证明

$$\left[\frac{\partial P(E)}{\partial\mu}\right]\frac{1}{P(E)}=H(c) \tag{49}$$

上式表明,极端事件对 μ 的敏感率是随着界限温度增加而增大的。因此,令 $\partial P(E_i)/\partial\mu\cdot$

$1/P(E_i)=H(c)$为增函数。只要计算出危险率函数，就知道$E_i(i=1,2)$对均值的敏感率是否随着临界温度或降水的增加而增大。通过均值敏感率与标准差敏感率的关系式，还可从$E_i(i=1,2)$对均值的敏感率计算出$E_i(i=1,2)$对标准差的敏感率。类似地，可以定义小于某个值的极端事件$E_i(i=1,2)$，其中：(1)小于某个临界值的气温或降水发生概率，记为$E_1=\{x<c\}$；(2)某一极端事件(序列中的极值小于某个临界值)发生的概率，记为$E_2\{\min(x_1,\cdots,x_n)>c\}$，相应地也可有$E_i(i=1,2)$对均值及对标准差的敏感率公式。

图8和图9分别以重庆和南京为例，计算并绘出了对均值、标准差的敏感率随月降水量阈值变化的关系曲线，由图可见，两者都呈略有非线性的正相关关系。即月降水量愈大，其相应的敏感率愈高。至于低端分位数及其概率对参数变动的响应，本文未做相关试验。但从理论上说，可能对称分布有相反的结果，但对于非对称分布则要另当别论。

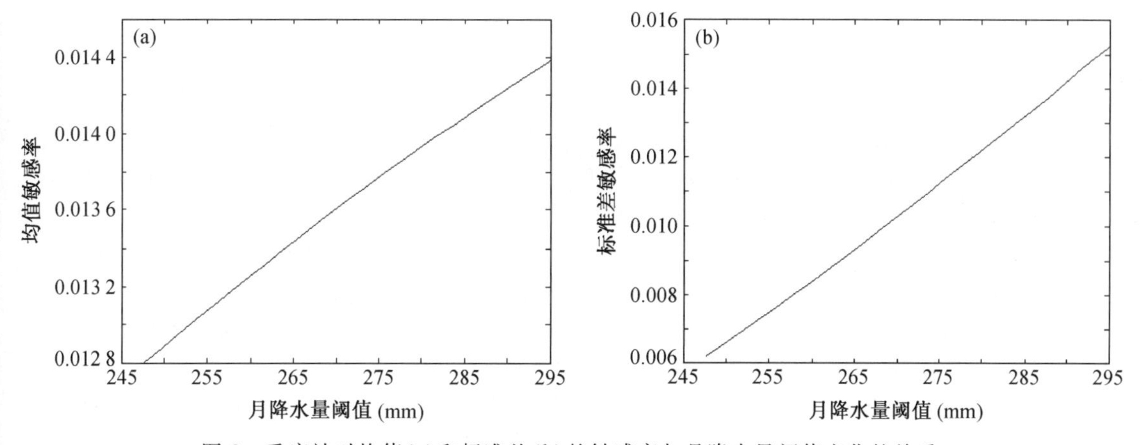

图8　重庆站对均值(a)和标准差(b)的敏感率与月降水量阈值变化的关系

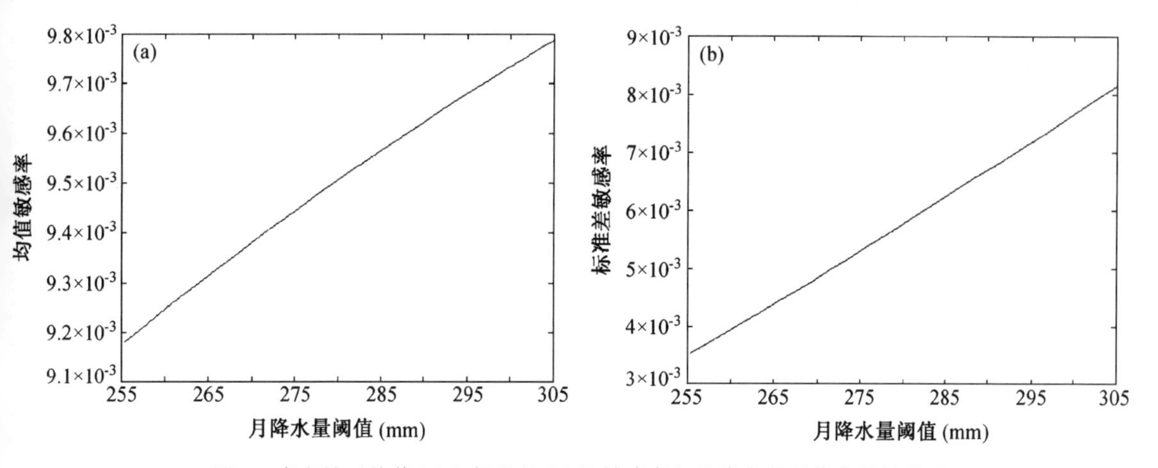

图9　南京站对均值(a)和标准差(b)的敏感率与月降水量阈值变化的关系

5 结论

(1)本文从理论上证明,平均气候变化前后,它所对应的极端气候概率具有非线性变化;无论变量服从对称型分布还是非对称型分布,其平均气候参数(如均值或方差)的微小变化都可能导致极端值或大或小的变化。

(2)通过对若干个代表测站及气候场资料的平均值与所对应极值概率计算结果,证明理论符合观测事实。

(3)借助于数值计算作者也考察了概率分布模式各个参数的变化对极端气候概率的影响。换言之,气候极端值的概率对于均值或标准差的敏感率都是随着临界月降水量的增大而增大的。

参考文献

[1] IPCC. Contribution of Working Group 1 to the Fouth Assessment Report of the Intergovernmental Panel on Climate Change (AR4). *Climate Change*, 2007:237-338.

[2] IPCC. Contribution of Working Group 1 to the Third Assessment Report of the Intergovernmental Panel on Climate Change. *Climate Change*, 2001:155-164.

[3] Leadbetter M R, Lindgren G, Rootzen H. 1983. Extremes and Related Properties of Random Sequences and Process. New York: Springer-Verlag, 336.

[4] Mears L O, Katz R W, Schneider S H. 1984. Extreme high temperature events: changes in their probabilities with changes in mean temperature. *J Appl Meteor*, **23**(12): 1 601-1 613.

[5] Katz R W, Brown B G. Extreme events in a changing climate: variability is more important than averages. *Climate Change*, 1992. **21**(3): 289-302.

[6] Easterling D R, Evans J L, Groisman P Y, *et al*. Observed variability and trends in extreme climate events: a brief review. *Bull Amer Meteor Soc*, 2000. **81**(3): 417-425.

第四部分

陆-气相互作用

Land Surface Hydrology Parameterization over Heterogeneous Surface for the Study of Regional Mean Runoff Ratio with Its Simulations

Liu Jingmiao(刘晶淼)[1], Ding Yuguo(丁裕国)[2],
Zhou Xiuji(周秀骥)[1] and Wang Jijun(王纪军)[2]

(1. *Chinese Academy of Meteorological Sciences*, *Beijing* 100081, *China*
2. *Nanjing Institute of Meteorology*, *Nanjing* 210044, *China*)

Abstract: An analytical expression for subgrid-scale inhomogeneous runoff ratios generated by heterogeneous soil moisture content and climatic precipitation forcing is presented based on physical mechanisms for land surface hydrology and theory of statistical probability distribution. Thereby the commonly used Mosaic parameterization of subgrid runoff ratio was integrated into a statistical-dynamic scheme with the bulk heterogeneity of a grid area included. Furthermore, a series of numerical experiments evaluating the reliability of the parameterization were conducted using the data generated by the simulation method. All the experimental results demonstrate that the proposed scheme is feasible and practical.

Key words: Land surface process, Hydrology, Subgrid scale, Heterogeneous distribution, Probability distribution density

Introduction

Land surface hydrology is a key link in the land surface process model (LSPM). In reality, runoff, infiltrability and evapotranspiration associated with rainstorms or intense rainfall events are not distributed evenly at any regional scale[1-4]. Hence, the inhomogeneity of the land surface hydrological fluxes and their description remain one of the unsolved frontier problems hitherto in the context of LSPMs[5,6]. Theoretically, land surface hydrology is an innegligible link of land-atmosphere hydrological cycle. In the framework of runoff theories of Dunne and Horton[7,8] the runoff is strongly and nonlinearly dependent upon atmospheric rainfall forcing and hydraulic properties of land surface of soils. On one hand, the spatial/temporal heterogeneities of precipitation provide similar mechanisms of water sources for runoff generation. On the other hand, stochastic and complicated physical properties of surface and status are undoubtedly responsible for heterogeneous distribution of runoff. It has been recognized by the meteorological community[5,6,9-13] that the interactions of these processes lead to random complexity of a land surface hydrological process.

Since the precision of averaged regional runoff is adversely affected by the inhomegeneous distribution of precipitation and soil moisture, those big-leal-type models suffer from the basic assumption that grid area is uniformly covered by one kind of vegetation[9]. The typical example of such models are BATS (Biosphere-Atmosphere Transfer Scheme) and SiB/SSiB models[10,12], although these models offer relatively elaborated biological description.

Because the inhomogeneous distribution of related atmospheric and surface parameters. e. g., precipitation and soil moisture, adversely affect the calculation precision of regional averaged runoff, it is evidently inadequate if only the homogeneity assumption of a big-leaf-type model is met.

Surface heterogeneities at any scale[5,6,13] result essentially from the interactions among diversity of the ecosystem, intricate terrain, spatial variability of soil properties, human activities and inhomogeneous distribution of regional precipitation. Generally, such inhomogeneities exist at any scales. In GCM models, for instance, rainfall is calculated based on a coupled atmospheric condensation and moist convective scheme, leading to an actually assumed homogeneous distribution of precipitation falling onto a grid area with the consequence of a general underestimate of instantaneous rainfall intensity inside, which is unrealistic because a precipitating system or storm only covers a fraction of the grid area with different rainfall intensities at different grid.

To overcome these weaknesses, two particular probability density functions (PDF) are applied to describe the horizontal distribution of precipitation and regional soil water content respectively for grid scale surface in the present study. For this study we assume that the actual precipitation area constitute only a part of the entire grid box and the horizontal function (PDF) at any time step, applies as a method equally to the study of horizontal distributions of regional soil water content and other surface parameters.

As for area-averaged fluxes over a heterogeneous surface, the Mosaic method is used in computing the fluxes of momentum moisture and heat in the subgrid regions. Obviously this method evidently means that a large quantity of calculations has to be performed (and thus costly) and the ensuing objective effective synthesis of those mean fluxes is not so easy. Fortunately, in recent years a promising[5,6] "statistical-dynamic" technique has been developed for land surface process parameterization. The present work will mainly improve analytic expressions of inhomogeneous runoff ratio with which to resolve the intricate mechanism of a surface hydrological event into integral expressions for flux contributions of top-layer soil water saturation and unsaturation in the subgrid area. It is theoretically demonstrated that the grid mean runoff ratio calculating can be simplified into these fluxes weighting over subgrid dissimilar surfaces or soil properties.

1 Heterogeneous runoff and dimensionless runoff ratios

According to Horton and Dunne (refer to Pielke[7] and Zhou[8]), surface runoff normally consists of two events: 1) runoff production due to the excess of precipitation intensity P over soil infiltrability f (i. e., $P>f$) in the case of unsaturated soil (soil water saturation $S<1$). 2) runoff production due to the occurrence of precipitation over saturated or supersaturated surfaces ($S\geqslant 1$) and impermeable surface. In the second case all precipitation P turning into runoff[13,14]. The corresponding runoff expression is given as

$$r=\{P-f|P>f,S<1\}\cup\{P|S>1\} \tag{1}$$

Although not all related variables are entirely independent of each other, for a short time (e. g., a few minutes or more) it is likely to approximately assume S and P to be independent at the point where the effect of previous soil moisture is not included.

With this assumption, runoff ratio $E(r)/k$ at any unit time—step may be written as

$$\frac{E(r)}{k}=\int_0^1\int_f^x (P-f)f_P(P)f_S(S)\mathrm{d}P\mathrm{d}S+\int_1^x\int_0^x Pf_P(P)f_S(S)\mathrm{d}S\mathrm{d}P \tag{2}$$

where $f_P(P)$ and $f_S(S)$ denote the PDF of precipitation intensity and relatively effective saturation of soil moisture respectively, and k is the fraction of the grid area affected by precipitation. This k has been studied theoretically and observationally[15-17]. Assuming that over fraction k of the GCM grid area, the mean runoff ratio is $E(P)/k$ [11], the probability of precipitation intensity P, is exponentially distributed as the following form:

$$f_P(P)=\frac{k}{E(P)}\exp\left[-k\frac{P}{E(P)}\right] \tag{3}$$

where $E(P)$ is the expectation of precipitation over the entire grid area. The regional mean of actual precipitation strength expressed by $E(P)/k=E^*(P)$. Eq. (3) may be rewritten as

$$f_P(P)=\frac{1}{E^*(P)}\exp\left[-\frac{P}{E^*(P)}\right] \tag{4}$$

The negative exponent pattern of spatial distribution density for the PDF of precipitation has been confirmed[1-4,11]. Ding[3] has also demonstrated from the statistical-physical perspective that at grid points, the temporal frequencies of rainfall is probably Γ distributed. So the Γ distribution is applied to spatial and temporal rainfall distribution.

As mentioned earlier, the runoff event is not only closely related to the horizontal distribution of rainfall but also to surface or soil hydraulic properties with comprehensive factor represented by soil wetness. Therefore, in the surface layer, effective relative soil saturation defined by $S=\theta/\theta_{sat}=\theta/n$, where θ is the active volumetric soil moisture content and θ_{sat} is the saturation magnitude (equivalent to effective soil porosity n). As a first-order approximation a two-parameter Γ PDF[13] as follows is applied to describe the heterogeneity of surface soil water content

$$f_S(S)=\frac{\lambda^\alpha}{\Gamma(\alpha)}S^{\alpha-1}\exp(-\lambda S) \qquad \lambda,\alpha>0, S\geqslant 0 \tag{5}$$

where α and λ denote the shape and scale parameter of PDF respectively.

Normally, soil infiltrability depends on soil moisture content and the vertical infiltration, mainly on the gradients of the capillary and gravity forces[8,11]. So some empirical expressions are applied to describe single-point infiltration[8]. Mathematically, the depiction of infiltration remains unsolved. To address this problem, applying the expression of vertical water potential in porous media, which agree with physical interpretation and Darcy's law, to moisture yields:

$$q=L(S)\left(\frac{\partial\psi}{\partial Z}+1\right) \tag{6}$$

where $L(S)$ is the unsaturated hydraulic conductivity of the soil at relative soil saturation S and ψ is the matric potential. When the top-layer soil interface is saturated due to abundant precipitation or foreign origin followed by vertical infiltration, the top-later infiltration has the form

$$f=L_1\left[\frac{\partial\psi}{\partial S}\bigg|_{S=1}\frac{\partial S}{\partial Z}+1\right] \tag{7}$$

with (7), the saturation and the vertical infiltration almost (slightly affected by soil texture structure) take place synchronously.

The approximate form of (7) is

$$f\approx L_1\left[\frac{\Delta\psi}{\Delta S}\bigg|_{S=1}\frac{\Delta S}{\Delta Z}+1\right] \tag{8}$$

where L_1 is the hydraulic conductivity of saturated surface-layer soil evidently. If only the top-layer soil is taken into account, then the infiltration expression can be given empirically by

$$f=L_1+L_1 v(1-S) \tag{9}$$

where $v=\left(\frac{\Delta\psi}{\Delta S}\bigg|_{S=1}\frac{1}{\Delta Z}\right)$ is the S-relative change rate of water potential for top-layer saturation. (9) indicate that the infiltration f hinges on the soil moisture S, top-layer hydraulic conductivity L_1 and also v. Given constant L_1 and v at $S\ll 1$, f will be bigger. In this case f is dependent on capillary, gravity hydraulic conductivity as well as soil physical properties and its texture. With soil moisture close to saturation. i. e., $S\to 1$, f approaches L_1, implying that the minimum f is only associated with soil physical properties and texture.

Substituting (3), (5) and (9) into (2) an appropriate integration yields

$$\frac{E(r)}{k}=\frac{E(P)}{k}\frac{\lambda^{\alpha}}{\Gamma(\alpha)}\int_0^1 S^{\alpha-1}\mathrm{e}^{-kf|E(P)^{-\alpha s}|E(S)}\mathrm{d}S+\frac{E(P)}{k}\left[1-\frac{\gamma(\alpha,\lambda)}{\Gamma(\alpha)}\right] \tag{10}$$

where $\gamma(*,*)$ denotes an incomplete Γ function, and $\Gamma(\alpha)$ is a complete one. Introducing the dimensionless runoff ratio R

$$R=\frac{E(r)}{E(P)} \tag{11}$$

a further integration of (10) gives

$$R=\frac{\mathrm{e}^{H_1}}{\left(1-\frac{H}{\lambda}\right)^{\alpha}\Gamma(\alpha)}\gamma\left[\alpha,\lambda\left(1-\frac{H}{\lambda}\right)\right]+\left[1-\frac{\gamma(\alpha,\lambda)}{\Gamma(\alpha)}\right] \tag{12}$$

where

$$H=\frac{kL_1v}{E(P)}=\frac{L_1v}{E^*(P)} \tag{13}$$

$$H_1=L_1v+H \tag{14}$$

$$\lambda=\frac{\alpha}{E(S)} \tag{15}$$

and

$$E^*(P)=\frac{E(P)}{k} \tag{16}$$

(12) shows that the runoff ratio R is usually dependent upon two possible factors as given be low:

(1)The second term on the right hand side (*rhs*) of (12) $1-\gamma(\alpha,\alpha/E(S))/\Gamma(\alpha)$ indicates that with less infiltrated or a saturated fraction ($S>1$), all precipitation is transformed into runoff. Mathematically. $\gamma(\alpha,\alpha/E(S))/\Gamma(\alpha)\leqslant 1$ suggests runoff genesis, irrespective of the magnitudes of $E(S)$ and α.

(2)The first term on the *rhs* of Eq. (12) $e^{-H_1}/[(1-H/\lambda)^{\alpha}\Gamma(\alpha)]\gamma(\alpha,\lambda(1-H/\lambda))$ shows that with $S\ll 1$, runoff occurs only under the condition of $P>f$. (16) reveals that when $E(S)$ is unchanged, the bigger the shape parameter α, the bigger the scale parameter λ Given the mean rainfall intensity $E(P)$ and constants v, L_1 and k. $E(S)$ depends on the order of magnitude of α and S.

The shape parameter α is expressed by the statistical theory[18] as

$$\alpha=\frac{E^2(S)}{\sigma^2}=\left(\frac{1}{C_\nu}\right)^2 \tag{17}$$

where C_ν is a variation coefficient. As a result, the spatial variability of S (soil moisture content) influences runoff greatly. Especially when S-relative water potential change rate equals zero ($\nu\to 0$). Eq. (12) becomes

$$R=\frac{\gamma\left(\alpha\cdot\frac{\alpha}{E(S)}\right)}{\Gamma(\alpha)}+1-\frac{\gamma\left(\alpha\cdot\frac{\alpha}{E(S)}\right)}{\Gamma(\alpha)}=1 \tag{18}$$

$R=1$ means that all rainfall becomes runoff under the condition that the surface is impermeable or supersaturated.

2 The reliability of the runoff scheme

In the present study, the rainfall event in the Henan Province on July 6—9. 1999 is investigated in order to test the reliability of the runoff scheme presented above. The result shows that from 00:00-23:00 BT(Beijing time) July 7, the rainfall frequency distribution is of natural negative exponents (Fig. 1).

No theoretical proof has been developed to concern the spatial pattern of the relative soil moisture saturation S, but S in Eq. (1) is mathematically equivalent to the volumetric

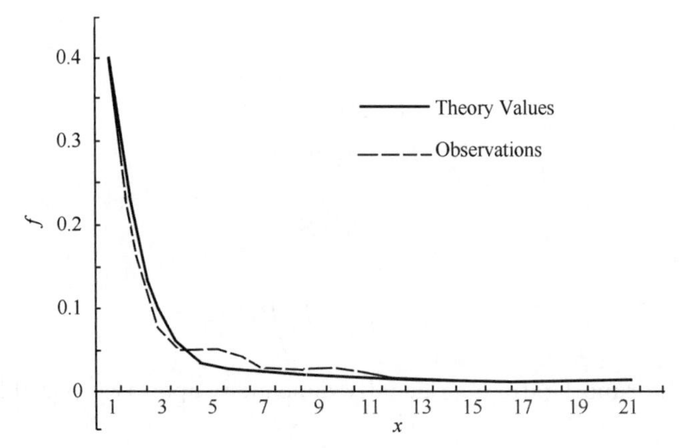

Fig. 1 24-hr rainfall frequency distribution (with the abscissa scaled by $S(x-1)$ mm), 7th July, 1999 in Henan Province.

weight of the moisture[19] W_v, that is

$$S \approx W_v = d_p W \tag{19}$$

where W is the volumetric weight of total soil, $d_p (=\rho_p/\rho_w)$ is the relative density of soil particles, ρ_w is moisture soil density, ρ_p is dry soil density. Since there exists a linear relationship between W and the real thermal inertia (RTI)[18,20-22] and a nearly linear relationship between W and the apparent thermal inertia (ATI), considering the relation between S and W_v in (19), therefore S can be written as a function of PTI or ATI

$$S_w = a + b(\mathrm{ATI}) \tag{20}$$

$$S_w = a + b(\mathrm{RTI}) \tag{21}$$

Some authors have indicated that the relationship can be expressed approximately as a power function[18,20,21], but it is demonstrated that the parameters involved in the relation (as in Eq. (21)) are linked in a linear form that is, when the RTI has a Γ distribution (with distribution parameters α and λ). the S_n also has the Γ distribution, and the following parameters are related as

$$\lambda^* = \lambda / b. \tag{22}$$

$$\alpha^* = \alpha. \tag{23}$$

Based on (20) or (21), the soil moisture S can be indircctly derived through the corresponding RTI or ATI.

The NOAA satellite data from September 13, 1999 was used to derived the ATI for the Yangtze delta sector, and the ATI frequency distribution and its density curve are shown in Fig. 2a with the distribution parameters of $\alpha = 5.9$ and $\lambda = 1.67$. The agreement between the calculated and observed distributions is at exceedingly high confidence level, in full conformity to a Γ distribution. The frequency distribution of soil moisture derived from the ATI is almost the same as what of the analog of Fig. 2 Γ. Observation practice shows that the soil moisture with steady infiltration at any time intervals normally maintains a Γ pattern. Greater details about this will be given in a separate paper. All these provide sufficient observational evidence for our theoretical research.

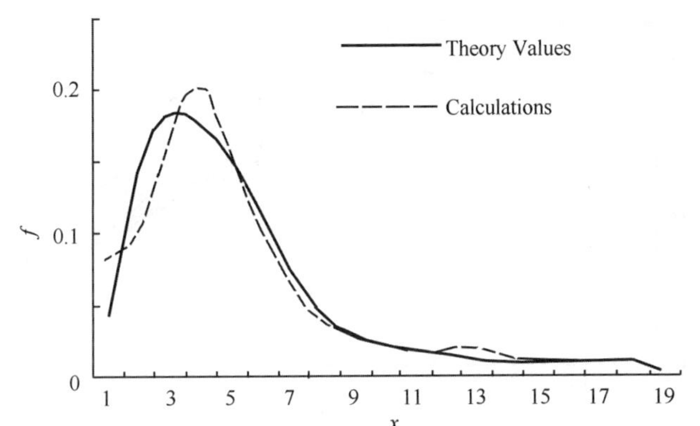

Fig. 2 ATI frequency distribution on September 13,1999 with the abscissa scaled by $(\alpha=96)\%$

3 Experiments on the feasibility and sensitivity of the parameterization scheme

3.1 Experiments on the feasibility

A simple numerical simulation was done to demonstrate the physical implication of the parameterization scheme proposed. Fig. 3 shows variations of R as a function of soil moisture saturation $E(S)$ over unsaturated loam and sand fractions. It is seen that with a small α (for example, $\alpha=1$), the runoff ratio R decreases dramatically with the increase of $E(S)$, particularly when $E(S)>0.2$; but for a larger α (for example, $\alpha=5\lambda$), the contribution of $E(S)$ to R reduces slowly versus growing $E(S)$. Inspection of Figs. 3a and 3b indicates that although the order or magnitude of R in unsaturated loam belt is bigger than that of in sand belts, the variations are the same in both loam and sand belts. These results indicate that heterogeneous distribution of soil moisture (e. g. , the distribution shape of parameter α) influence the strength of grid mean runoff directly.

The contribution of the saturated sandy fraction to R is studied with R as a function of $E(S)$ at different $\alpha(\alpha-1,2,5)$ (Fig. 4). Fig 4 shows that in saturated area, the increase of R with the increase of $E(S)$ becomes faster with smaller α. With $\alpha=5$. $E(S)$'s contribution to R shows down with increase of $E(S)$. This indicates that in a unsaturated area (i. e. , a small α), the contribution of $E(S)$ to R remains limited, while in a saturated area, the contribution of $E(S)$ to R is considerable. Comparison also shows that the high $E(S)$ means greater wetness of soil, having bigger contribution to runoff, regardless of the magnitude of α. This also suggests that the mechanism for the generation of local runoff is associated with distributed rainfall intensity. Since the Horton-type (Dunne-type) runoff production occurs largely in a saturated (unsaturated) belt, the heterogeneously distributed precipitation intensity (P) has a critical effect on the regional mean runoff ratio R. Fig. 3

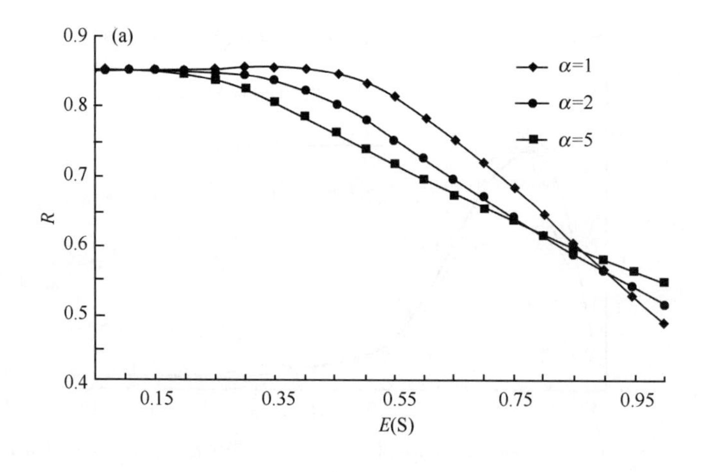

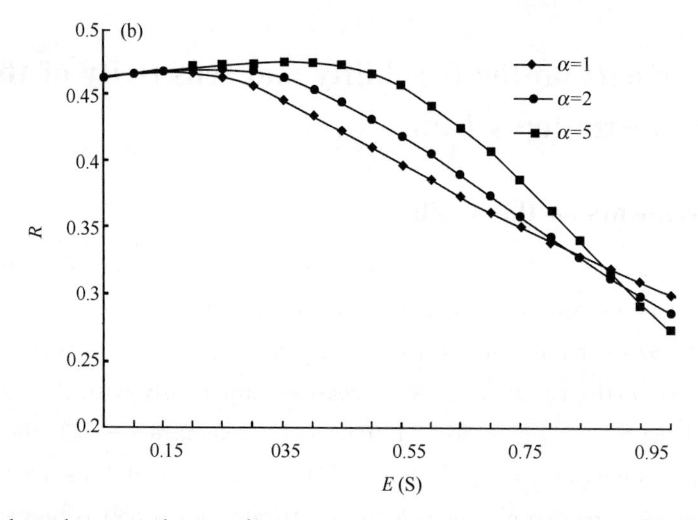

Fig. 3 $E(S)$-dependent contribution of an unsaturated loam area (a) and sand band area (b) to R

and 4 respectively present the two components of regional mean runoff ratio R, that is the first and second rhs terms in (12).

This study shows that for the distribution of soil moisture, a small $E(S)$ indicates a drier condition of the whole grid region and, consequently, most of runoff is produced actually through water exfiltration in an unsaturated belt (the Dunne component). Since saturated area is rather small and not necessarily the region experiencing the highest rainfall intensity, the saturation-related runoff makes less contribution to the total runoff in the whole concerned area.

A higher $E(S)$ suggests greater wetness observed in the grid on the whole and, irrespective of the value of α, the saturation-generated runoff makes relatively greater contribution in contrast to the slightly reduced share from the unsaturation-produced counterpart. Moreover, the experiment on the relation of unsaturation runoff ratio and the precipitation parameter k reveals that small area with high rainfall strength leads to smaller contribution

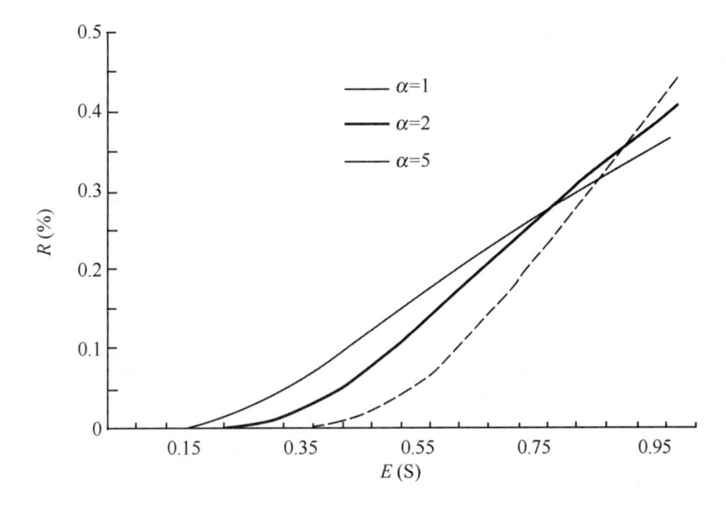

Fig. 4 $E(S)$-varying contribution of moisture-saturated sands to runoff ratio R

to runoff production.

Generally, the conditions of soil moisture in saturated and unsaturated belts are steadyly adjusted by instantaneous distribution of atmosphere precipitation, the surface runoff is crucially associated with inhomogeneities of rainfall intensity and soil water distributions.

3.2 Sensitivity experiment

To conduct sensitivity experiments on area mean runoff over a heterogeneous region, a stochastic technique is adopted in numerical calculation[23-25]. The procedure is as follows:

(1) The dimensionless runoff ratio is evaluated with (12) (refer to columns 8 in Tables 1 and 2). The samples of S and P (S and P follow Γ and negative-exponent distribution respectively) are randomly put onto subgrid points for computing runoff ratio by Mosaic scheme (refer to columns 9 in Tables 1 and 2), then the difference of calculations by the proposed scheme and the Mosaic scheme is examined. The experiment is repeated to produce error expectation: $E|R-R^*|<\varepsilon$, where ε is the critical error.

Table 1 Runoff ratios obtained from stochastic experiments (the parameters slightly changed)

Code	Rainfall		Soil water		Runoff		Runoff ratio		
	k	$E(P)$	α	λ	α	λ	TV	SA	RE(%)
001	0.334 90	0.491 2	3.838 28	14.793 7	0.387 1	0.930 4	0.913 7	0.847 2	7.278
002	0.330 80	0.472 2	3.782 38	14.672 2	0.363 0	0.910 2	0.912 8	0.844 7	7.461
003	0.342 60	0.474 3	3.782 81	14.673 3	0.367 1	0.917 1	0.911 9	0.844 1	6.908
004	0.342 30	0.498 2	3.820 91	14.759 2	0.394 8	0.933 4	0.913 4	0.848 8	7.072
005	0.329 30	0.496 8	3.806 76	14.723 2	0.386 1	0.922 9	0.914 2	0.848 9	7.143
Average	0.335 98	0.486 5	3.806 23	14.724 3	0.379 6	0.922 8	0.913 2	0.846 7	7.172

Note: TV=theoretical value; SA=subgrid average; RE=relative error(%).

Table 2 The same as Table 1 but for more markedly changed parameters

Code	Rainfall		Soil water		Runoff		Runoff ratio		
	k	$E(P)$	α	λ	α	λ	TV	SA	RE(%)
001	0.331 70	0.496 8	1.943 15	10.625 9	0.382 3	0.921 5	0.911 4	0.835 0	8.291
002	0.502 00	0.975 0	3.744 38	14.590 8	0.830 6	0.944 3	0.920 4	0.902 2	1.977
003	0.433 00	0.755 4	2.803 91	12.527 2	0.602 7	0.922 5	0.916 6	0.876 4	4.386
004	0.387 60	0.603 6	3.257 09	13.522 0	0.494 5	0.953 1	0.914 6	0.859 5	6.024
005	0.383 10	0.361 0	3.558 18	12.001 3	0.278 4	0.951 3	0.895 7	0.810 6	9.501
Average	0.407 48	0.636 4	0.061 34	12.653 4	0.517 7	0.938 5	0.911 7	0.856 7	6.036

Note: TV=theoretical value; SA=subgrid average; RE=relative error(%).

(2) Variations of the R are investigated as a function of $E(S)$ and $E(P)$ with different values of k and α (Tables 1 and 2).

(3) The Clapp-Hornberger scheme for hydraulic models[26] is applied with given parameters L_1, ψ_1, b and γ for different types of soil Table 3). Fig 5 and 6 show the frequency histograms of soil moisture saturation (S) and precipitation (P) with respective space distribution paramenters.

Table 3 Values of L_1, p, t and ψ_s(cm) (saturation water potential) taken from Pielke (1990) for different types of soil

Soil type	L_1(cm/s)	ψ_s(cm)	b	ψ
Sand	0.017 60	−12.1	4.05	49.005
Siltyclay loam	0.000 17	−35.6	7.75	276.256
Loam	0.000 70	−47.8	5.39	275.642
Clay loam	0.000 25	−63.0	8.51	257.642
Clay	0.000 13	−40.5	0.482	19.521

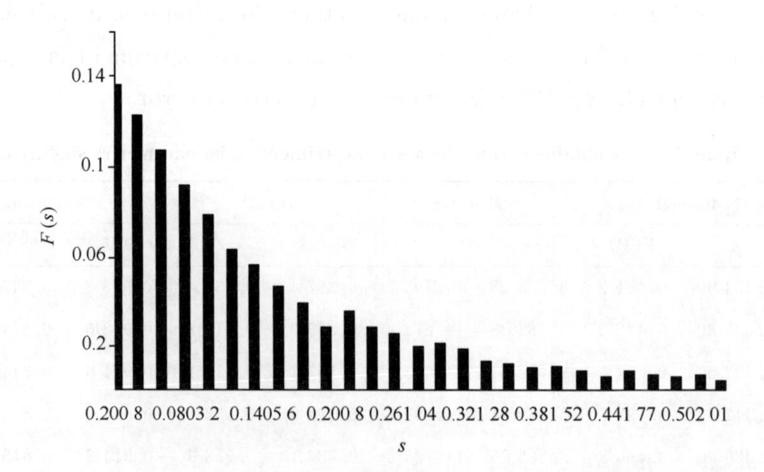

Fig. 5 Frequency histogram of soil moisture saturation indices S

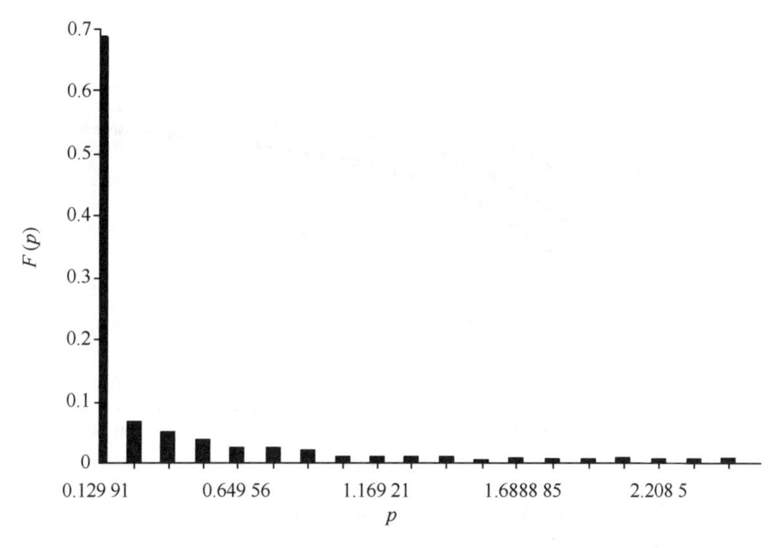

Fig. 6 The same as Fig. 5 except for precipitation P

Table 1 shows that given the rainfall parameters $k \approx 0.33$. $E(P) \approx 0.48$ and the soil water spatial distribution parameters $\alpha = 3.80623$ and $\lambda = 14.7243$, the theoretical value of R is 0.913 3 and subgrid points averaging R^* is 0.846 7, with a relative error of 7.172% averaged over five runs for the runoff ratios on clay loam land.

Table 2 shows that with remarkably changed parameters k, $E(P)$, α and λ, the mean relative error is about 6.0%, the maximum relative error below 10% and the minimum around 2%(the last column) from five out of more than 30 runs performed. This suggests that the area mean (R) obtained by the theoretical expressions differs very little from that obtained by the Mosaic scheme, regardless of the change of parameters. Thereby, the theoretical runoff ratio that is expressed by (12) is reliable and feasible.

Furthermore, numerical experiments for runoff ratios with each of the 12 kinds of soil land lead to the following conclusions.

(1) As a function of the area average rainfall strength $E(P)$, the maximum of related ratio R is associated with clay soil and minimum of R with sandy clay soil when $E(P)$ is fixed. And all ratios display slow rise for any of the soil types with the increase of $E(P)$ (Fig. 7).

(2) The mean runoff from Mosaic calculation is more sensitive to the change of precipitation parameter k than that from analytical expressions (12). With a smaller k, the Mosaic scheme gives great relative error related to the analytic expression.

(3) Since it is on a regional scale, different kinds of soil generate different values of R with the maximum (minimum) from clay (sand) land, the runoff ratio R increases with $E(S)$ under the condition of rainfall intensity fixed, despite permeability varying from one kind of soil to another.

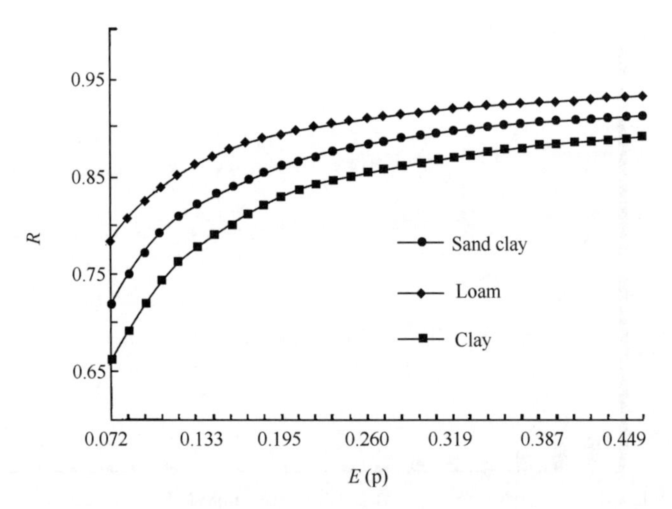

Fig. 7 Variations of runoff ratio with $E(P)$

(4) The runoff contributions from saturated and unsaturated land are respectively examined through calculating the two rhs terms in (12) with the stochastic analogue-yielded data. Results show that their vales are in quite good concord with the theoretical results of subsection 3. 1. For instance, higher rainfall intensity over a small area (small α) makes small contribution to the whole area. Especially, for a smaller $E(S)$, much runoff over the whole grid region is actually from unsaturated land.

4 Summary

Starting from the physical mechanism of land surface hydrological processes in conjunction with statistical distribution theory, a analytical expression for runoff ratio is derived for subgrid-scale inhomogeneous land generated through heterogeneous soil moisture distribution and precipitation, thus simplifying the parameterization which is the so-called Mosaic scheme. The unique merit of this expression for runoff ratio is that a sensitivity experiment can be undertaken by means of a few parameters for describing heterogeneous land either in on-line or off-line state. Clearly, it favors, to great extent, the real time operation of air-land coupling models.

From the theoretical expressions, the intricate mechanism of land surface hydrology (e. g. , runoff) can normally be presented in terms of integral components for flux contribution under the stress of top-layer saturated and unsaturated areas (similarly, intense and weak rainbelts). Hence, the calculation of grid area mean fluxes can be converted into the integration of weighted fluxes in subregins with dissimilar soil properties. This subgrid treatment can be extended to the estimation and simulation of the exchange of various kinds of fluxes.

Experiments on the feasibility and sensitivity of the expression yield some useful conclusions. (1)If the $E(P)$ is fixed, the runoff ratio is relatively low on the land surfaces with higher permeability (such as sand). (2)The wetted soil surface (higher $E(s)$) has bigger contribution to surface runoff in the whole region regardless of the value of λ and α. 3)The runoff ratio R varies with soil properties, with the Maximum R in clay, minimum in sand soil and moderate in loam's analog soil. The runoff ratio from theoretical calculation agrees well with the mosaic regional mean runoff ratios with relative errors of 6.0%~7.0%, on the average. (4)With the increase of area mean moisture, the runoff ratio is enhanced for all kinds of soil. That is with the same rainfall intensity, R intensifies as regionally averaged soil humidity is reinforced although permeability differs from soil to soil. (5)The regional mean surface runoff is mainly affected by the heterogeneous soil-water distribution and unevent rainfall distribution.

References

[1] Zhang X W. Laws of specific humidity distribution in the atmosphere. *Acta Meteor Sinica*, 1987, **45**(3):251-253 (in Chinese).

[2] Zhang X W, Ma L. *Entropy of Meteorology*. Beijing: China Meteorological Press, 1992:53-158 (in Chinese).

[3] Ding Y G. Study on universality of precipitation distribution models. *Scientia Atmosphertca Sinica*, 1994, **18**(5):552-560 (in Chinese).

[4] Zhang Z Q, Li Wethang. Entropy theory and parameterization of nonuniform distribution of preciptitation. *Acta Meteorologica Simca*, 1998, **12**(3):334-344.

[5] Avissar R. Conccptual aspccts of a statistical-dynamic approach to represent landscape subgrid-scale heterogeneities in atmospheric models. *J Geophys Res*, 1992, **97**:2 729-2 742.

[6] Giorgl P. Approach for the representation of surface heterogeneity in land surface models Part Ⅰ: Theoretical framework. *Mon Wea Rev*, 1997, **125**:1 885-1 899.

[7] Pielke R A. *Modelings of Meso-Scale Meteorology*, translated by Zhang Xingzhen and Yang Changxin. Beijing: China Meteorological Press, 1990:425-426 (in Chinese).

[8] Zhou G Y. Principles of Ecosystem's Moisture and Heat with Applications. Beijing: China Meteorological Press, 1997:118-127 (in Chinese).

[9] Dikinson R E, Kennedy P J, *et al*. Biosphere-Atmosphere Transfer Scheme (BATS) for the NCAR community climate model, NCAR Tech Note. NCAR/TN-275+STR, 1986:69.

[10] Sellers P J, Mintz Y, Sud Y C, *et al*. A simple Biosphere Model (SiB) for use with general circulation models. *J Atmos Sci*, 1986, **43**:505-531.

[11] Warrilow D A, Sangster A B, Slingo A. Modeling of Land surface Processes and There Influence on European Climate. U K: Meteor Office DCTN, 1986:38, 94pp.

[12] Xue Y K, Sellers P J, Kinter J L, *et al*. A simplified biosphere model for global climate studies. *J. Climate.*, 1991, **4**:345-364.

[13] Avissar R. Observations of leaf stomatal conductance at the canopy scale: An atmospheric modeling perspective. *Bound Layer Meteor*, 1993, **64**, 127-148.

[14] Entekhabi D, Eagleson P S. Land surface hydrology parameterization for AGCM including subgrid scale spatial variability. *J Climate*, 1989, **2**: 816-830.

[15] Eagleson P S. The distribution of catchment coverage by stationary rainstoms. *Water Resour Res*, 1984, **20**(5): 581-890.

[16] Eagleson P S, Wang Q. Moments of catchment storm area. *Water Resour. Res*, 1985, **21**(8): 1 185-1 194.

[17] Eagleson P S, Fennessey N M, Wang Q, *et al*. Applications of spatial Possission models to air mass thunderstorm rainfall. *J Geophys Res*, 1987, **92**(D8): 9 661-9 678.

[18] Tian G L. Techniques for Telemetrically monitoring soil water. *Environmental Remote Sensing*, 1991, **6**(2): 89-98.

[19] Olkin I, Gleser L J J, Derman C. Probability Models and Applications. USA: Macmillan Publishing Co. Inc, 1980: 262-274.

[20] Xiao Q C, Chen W Y, Sheng Y W, *et al*. Experimental research of weather satellite monitoring soil moisture. *J Appl Meteor*, 1994, **5**(3): 312-318.

[21] Yu T, Tian G L. The use of thermal inertia in the monitoring of variations in top-layer soil moisture. *J Remote Sensing*, 1997, **1**(1): 24-31.

[22] Ma A N. Remote Sensing Information Models. Beijing: Peking University Press, 1998: 45-60 (in Chinese).

[23] Larsen G A, Pense R B. Stochastic simulation of daily climate data for agronomic models. *Agr. J.*, 1982, **74**: 510-514.

[24] Allen D M, Haan C T, *et al*. Stochastic simulation of daily rainfall, *Res Rep*, 1975, **82**: 2-21.

[25] Ding Y G, Zhang Y C. Stochastic modeling experiments on precipitation's climate characteristics. *J Nanjing Inst Meteor*, 1989, **12**(2): 19-29 (in Chinese).

[26] Clapp R B, Hornberger G M. Empirical equations for some soil hydraulic properties. *Water Resour Res*, 1978, **117**(1): 311-314.

地表非均匀性对区域平均水分通量参数化的影响

刘晶淼[1]　丁裕国[2]　周秀骥[1]　汪　方[2]

(1.中国气象科学研究院,北京　100081;2.南京气象学院,南京　210044)

摘　要:次网格尺度地表非均匀性对于网格区平均通量具有重要影响。若将网格区视为均一地表,并不能真实描述地一气通量交换过程,且可造成很大误差。文中从理论上证明,区域平均水分通量的变化率可分解为两部分:第一部分为区域水分通量的算术平均变化率;第二部分为非均匀性所引起的水分通量变化率扰动,它与区域内土壤水分空间分布的变差系数有关。数值试验表明,地表土壤水分的水平空间变差系数集中反映了区域内土壤水分分布的非均匀程度,不同土壤对同样的非均匀程度其敏感性是不同的。变差系数愈大,非均匀性愈强,在相同的土壤水分平均值下,不同土壤类型对地表非均匀程度的敏感性并不相同。例如沙土和黏土受非均匀性的影响就可相差数十倍。

关键词:地表非均匀性　次网格尺度　地一气平均通量　统计特征值

引　言

现有的陆面过程模式(LSPM)对网格区下垫面大多采用均一性、单一性假定,即认为网格区只有一种植被均匀覆盖其上,并在均匀分布大气条件下,实现地一气交换过程,这显然并不能准确地描述陆面过程并精确地估计其通量交换。因为真实陆面的构成既非单一又非均匀,它们相当复杂;而大气条件也不可能是均匀分布的,在此基础上所产生的热力、动力和水分3通量必然在次网格尺度上具有非均匀性[1]。据研究,由于地表参量的实际非均匀性可能造成新的附加中尺度环流并引发附加的中尺度通量,现有的LSPM不但对陆面过程的描述欠真实,而且所计算的区域平均通量有较大误差。特别是陆面过程中的非线性项对地表参量的非均匀性最为敏感,明显地影响着陆一气之间的动量、水分和能量的交换[2,3]。因此,如何有效地描述LSPM中网格区内和网格区之间的非均匀性,降低平均通量计算所造成的误差,是一个关键性问题。这也正是当前国内外在陆面过程模式与大中尺度大气模式耦合中亟待解决的前沿课题。诚然,近十多年来,关于陆面过程非均匀性及其对陆一气相互作用的重要影响,已受到各国学者的高度重视,相继提出了一些描述非均匀地表陆面过程参数化的方法,如拼图(Mosaic)法,统计一动力方法等[2,4]。但至今仍有许多值得探讨的问题未引起足够重视,例如非均匀性对网格区平均通量在数值上的影响究竟有多大,是否所有地表参量(如地表温度、土壤水分、地表反照率、地形高度、坡向坡度、植被指数、地面粗糙度等)的次网格尺度变率都会对平均通量有影响,其影响程度有何差异,地表参量非均匀性是否对所有陆面过程通量中的非线性项都有不可忽略的影响,同一下垫面的非均匀性及不同下垫面的非均匀性对陆面通量的影响在量级上有无区别,哪些非均匀性所造成的误差是可忽略的,哪些则必须考虑等,都有深入研究的必要。

地表非均匀性之所以对地一气通量输送有相当大的影响，是因为热量、动量和水分3通量的输送几乎都是地表反照率、土壤热通量、地面温度、土壤湿度、地形、植被、地表粗糙度、地表面风应力等一系列下垫面物理和动力特性的某种函数，尤其是土壤水分和反照率，更是调控地一气反馈的关键性因子。土壤水分往往决定了次网格尺度上的波恩比(感热与潜热之比)大小；而反照率则是控制地表有效辐射的关键参数。土壤水分本身又是地表反照率的主要影响因子，这种复杂的作用关系，使得土壤水分成为几乎一切陆面过程中的关键性因子[5-7]。因此，它在次网格尺度上的非均匀分布特征往往间接地表征了地表各种通量输送的非均匀性。

本文目的在于，以土壤水分通量为例，从平均通量的理论或经验表达式出发，定量估计出实际地表土壤水分分布的非均匀性对土壤水分通量计算的影响程度，以及通量本身的非线性程度与地表非均匀性的相互关系。以便说明仅仅采用地表条件为均匀单一的假定，可能对土壤水分通量计算造成不容忽略的误差。

1 理论证明

1.1 基本假定

设任一给定区域(如网格区)内，某一地表物理参量为 X，显然，对于水平地理空间而言，它可表示为

$$X=x(\varphi,\lambda,h) \tag{1}$$

式中自变量 φ,λ,h 分别是纬度、经度、海拔高度。严格地说，陆地表面或地表层中各种参量都随上述自变量而变。从宏观上看，这些参量可视为相应空间尺度上的确定性变量，但就更小的空间尺度而言，在次网格或甚次网格上，自然地理系统和自然生态系统的复杂多样性以及大气强迫，人类活动的综合影响，地表物理参量在地理空间域上的数值分布可表征为一种随机变量的连续型函数[8,9]。因此，任一给定区域(如网格区)内，某一地表物理参量 x，在给定时刻，每一地理空间坐标点的取值，可写为

$$x(\varphi,\lambda,h,t)=\bar{x}(t)+x'(t) \tag{2}$$

式中 $\bar{x}$ 为区域总体均值，x' 为由于非均匀性所引起的扰动值或偏差值。上式表明，任一格点地表物理参量总可分解为两部分：区域总体均值和局地偏差值。

1.2 土壤水分通量的参数表达式

假定地一气通量是某一物理参量的函数，则其通量的取值就受到上述两方面各自的影响。为了进一步证明这一论点，现引入土壤水分通量的参数表达式为例，推证如下：

根据土壤水分通量方程[4]，一般地有

$$W=D_{\eta}\rho_{\mathrm{w}}\frac{\partial\eta}{\partial Z}+K_{\eta}\rho_{\mathrm{w}} \tag{3}$$

并有

$$D_{\eta}=K_{\eta}\frac{\partial\Psi}{\partial\eta} \tag{4}$$

式中 D_{η} 为与液压传导率 K_{η} 和土壤水分势 Ψ 有关的参数，η 为土壤容积水分含量，ρ_{w} 是水

密度。引进 Clapp-Hornberger 参数化方案中的经验公式

$$K_\eta = K_{\eta s}\left(\frac{\eta}{\eta_s}\right)^{2b+3} \tag{5}$$

$$\Psi = \Psi_s\left(\frac{\eta_s}{\eta}\right)^{b} \tag{6}$$

式中 $K_{\eta s}$ 为饱和条件下液压传导系数，η_s 为土壤疏松度（常数）。由式(6)可得

$$\frac{\partial \Psi}{\partial \eta} = \frac{\partial}{\partial \eta}\left[\Psi_s\left(\frac{\eta_s}{\eta}\right)^{b}\right] = -b\Psi_s\eta_s^b\eta^{-(b+1)} = \frac{-b\Psi_s}{\eta}\left(\frac{\eta_s}{\eta}\right)^{b} \tag{7}$$

将式(5)和(7)代入式(4)，经整理后，就有

$$D_\eta = -\frac{b\Psi_s K_{\eta s}\eta_s}{\eta\eta_s}\left(\frac{\eta}{\eta_s}\right)^{b+3} = -b\Psi_s K_{ws}\left(\frac{\eta}{\eta_s}\right)^{b+2} \tag{8}$$

式中定义 $K_{ws} = K_{\eta s}/\eta_s$，相应地，式(5)可改写为

$$K_w = \frac{K_\eta}{\eta_s} = \frac{K_{\eta s}}{\eta_s}\left(\frac{\eta}{\eta_s}\right)^{2b+3} = K_{ws}\left(\frac{\eta}{\eta_s}\right)^{2b+3} \tag{9}$$

为了推导方便，后文我们将 D_η 也写成 D_w。假定地表上层较薄的土层内，$\frac{\partial \eta}{\partial Z} \approx \lambda$（常数）[6]，并考虑式(8)和(9)的关系，于是式(3)可改写为

$$W = -b\lambda\Psi_s K_{ws}\left(\frac{\eta}{\eta_s}\right)^{b+2}\rho_w + K_{\eta s}\left(\frac{\eta}{\eta_s}\right)^{2b+3}\rho_w \tag{10}$$

若令 $S = \frac{\eta}{\eta_s}$ 表示土壤水分饱和度（%），式(10)还可进一步写为

$$W = -b\lambda\Psi_s K_{ws} S^{b+2}\rho_w + \eta_s K_{ws} S^{2b+3}\rho_w \tag{11}$$

或

$$W = D_w\lambda\rho_w + \eta_s K_w\rho_w \tag{12}$$

另一方面，当略去水质平流及降水的源汇项时，可将土壤容积水分含量 η 对时间 t 的局地微商写为

$$\frac{\partial \eta}{\partial t} = \frac{1}{\rho_w}\frac{\partial W}{\partial Z} \tag{13}$$

将式(12)代入式(13)，并按 $\lambda \approx \frac{\partial \eta}{\partial Z}$ 的假定，经整理后就可得到

$$\frac{\partial \eta}{\partial t} = \frac{\partial}{\partial Z}\left(\eta_s K_w + D_w\frac{\partial \eta}{\partial Z}\right) \tag{14}$$

由于区域内各地初始土壤水分含量为非均匀分布，考虑式(8)和(9)的关系，土壤水分含量的非均匀分布必导致相应的地表参量 K_w 和 D_w 为非均匀分布。因此，就区域平均而言，由式(14)可得

$$\left\langle\frac{\partial \eta}{\partial t}\right\rangle = \frac{\partial}{\partial Z}\left(\eta_s\langle K_w\rangle + \left\langle D_w\frac{\partial \eta}{\partial Z}\right\rangle\right) \tag{15}$$

式中〈·〉表示求区域总体平均。式(15)中，由于假定 $\frac{\partial \eta}{\partial Z} \approx \lambda$（常数）[6]，于是

$$\langle K_w\rangle = K_{ws}\langle S^{2b+3}\rangle \tag{16}$$

$$\langle D_w\rangle = -bK_{ws}\Psi_s\langle S^{2b+3}\rangle \tag{17}$$

根据式(2)的思路，对上两式利用泰勒级数展开，并略去高阶项，可有

$$\langle S^{2b+3} \rangle \approx \overline{S}^{2b+3} + H_1 \overline{S}^{2b+1} V(S) \tag{18}$$

$$\langle S^{b+2} \rangle \approx \overline{S}^{b+2} + H_2 \overline{S}^{b} V(S) \tag{19}$$

其中 $V(S)$ 为土壤水分饱和度在区域上非均匀分布的水平空间方差，而常数

$$H_1 = \frac{(2b+3)(2b+2)}{2} \tag{20}$$

$$H_2 = \frac{(b+2)(b+1)}{2} \tag{21}$$

将式(16)—(21)代入式(15)中，经化简整理后，最终得到下列关系式

$$\langle \frac{\partial \eta}{\partial t} \rangle = \frac{\partial}{\partial Z}\left[\eta_s \overline{K_w} + \overline{D_w} \frac{\partial \overline{\eta}}{\partial Z} \right] + \frac{\partial}{\partial Z}\left[\left(\eta_s K_{ws} H_1 \overline{S}^{2b+a} + K_{ws} \Psi_s b H_2 \frac{\partial \eta}{\partial Z} \right) V(S) \right] \tag{22}$$

引入 S 的变差系数 C_{VS}，还可将式(22)改写为下列形式

$$\langle \frac{\partial \eta}{\partial t} \rangle = \frac{\partial}{\partial Z}\left[\eta_s \overline{K_w} + \overline{D_w} \frac{\partial \overline{\eta}}{\partial Z} \right] + \frac{\partial}{\partial Z}\left[\left(H_1 \eta_s \overline{K_w} + H_2 \overline{D_w} \overline{S}^{b} \frac{\partial \overline{\eta}}{\partial Z} \right) C_{VS}^2 \right] \tag{23}$$

其中参数

$$\overline{K_w} = K_{ws} \overline{S}^{2b+3} \tag{24}$$

$$\overline{D_w} = -K_{ws} \Psi_s b \overline{S}^{b+2} \tag{25}$$

显然，式(23)的第一项为区域平均水分通量的变化率，第二项为非均匀性所引起的各格点水分通量偏差对应的通量变化率。假如区域各格点土壤含水量的水平空间方差 $V_{ar}(S) \to 0$ 或变差系数 $C_{VS} \to 0$，即土壤水分的水平空间变率为零，或者区域上的土壤水分分布趋于均一，它等价于其概率密度函数(PDF)为单点分布[9]，则区域平均通量的计算式简化为

$$\langle \frac{\partial \eta}{\partial t} \rangle = \frac{\partial}{\partial Z}\left[\eta_s \overline{K_w} + \overline{D_w} \frac{\partial \overline{\eta}}{\partial Z} \right] \tag{26}$$

显然，上式表明，假如次网格尺度上，水分分布均一，网格区由各格点地表参量的平均值所构成的通量方程必然代表区域平均通量方程。然而，实际土壤水分分布由于各地地表的地形、土质、土壤类型及大气气候强迫等因素所引发的非均匀性，使得区域内次网格尺度上水分分布具有一定的空间变率。所以式(26)并不能真实代表区域平均水分通量。因为它至少不如式(23)更接近实际。式(23)中第二项正是地表非均匀性引起的各格点水分偏差所对应的通量变化率，这就是所谓附加的中尺度通量项。

地表参量非均匀性也并非对所有陆面过程通量中的非线性项都有不可忽略的影响，非均匀性对网格区各种平均通量在数值上的影响也并非一样，各种地表参量(如地表温度、土壤水分、地表反照率、地形高度、坡向坡度、植被指数、地面粗糙度等)的次网格尺度变率对于平均通量的影响程度也不完全一样。对此我们在另文加以探讨。另外，值得指出的是，地表非均匀性对土壤水分通量的影响是多方面的，本文仅着重探讨初始土壤水分含量对于土壤水分通量的影响，这只是一种典型情况的研究。

2　对比数值试验

根据式(23)，在非均匀地表条件下，区域平均水分通量的变化率，实际上取决于两个分量的影响，其第一项为平均水分通量的变化率，第二项为非均匀性所引起的偏差项。对各类土壤分别进行如下的试验：采用美国农业部颁布的 11 类土壤参数(外加 1 类泥炭土)

函数值(见表 1)。

表 1　11 类土壤(外加 1 类泥炭土)的土壤参数(引自文献[5])

土壤类型	η_s(cm/cm^3)	Ψ_s(cm)	$K_{\eta s}$(cm/s)	b	η_{wilt}(cm^3/cm^3)	$\rho_i c_i$(J/(cm^3·℃))
沙地	0.395	−12.1	0.017 6	4.05	0.677	1.47
混沙沃土	0.41	−9.0	0.015 63	4.38	0.750	1.41
多沙沃土	0.435	−21.8	0.003 41	4.9	0.114 2	1.34
淤泥沃土	0.485	−78.6	0.000 72	5.3	0.179 4	1.27
沃土	0.451	−47.8	0.000 7	5.39	0.154 7	1.21
砂质黏土	0.42	−29.9	0.000 63	7.12	0.174 9	1.18
淤泥黏土	0.477	−35.6	0.000 17	7.75	0.218 1	1.32
黏沃土	0.476	−63.0	0.000 25	8.52	0.249 8	1.23
沙黏土	0.426	−15.3	0.000 22	10.4	0.219 3	1.18
淤泥黏土	0.492	−49.0	0.000 1	10.4	0.283 2	1.15
黏土	0.482	−40.5	0.000 13	11.4	0.286 4	1.09
泥炭土	0.863	−35.6	0.000 8	7.75	0.394 7	0.84

由土壤水分的再分布可知,在较薄的土层内,容积水分含量 η 随深度的增加基本呈线性递减[8],故不妨设$\frac{\partial\eta}{\partial Z}=\lambda$,因而,对于某一固定的区域,可认为水分含量的区域平均值 $\bar{\eta}$ 随深度的变化近似为一常数,即可设:

$$\frac{\partial\bar{\eta}}{\partial Z}\approx\lambda_1 \tag{27}$$

又据式(24),(25),对式(23)的第一、二项分别令为 A,B,则有

$$\begin{aligned}A&=\frac{\partial}{\partial Z}\left(\overline{K_w}+\overline{D_w}\frac{\partial\widetilde{W}}{\partial Z}\right)\\&=\frac{\partial}{\partial Z}(K_{ws}\widetilde{W}^{2b+3}-K_{ws}\Psi_s\widetilde{bW}^{b+2}\lambda_1)\\&=(2b+3)K_{ws}\widetilde{W}^{2b+2}\lambda_1-b(b+2)K_{ws}\Psi_s\widetilde{W}^{b+1}\lambda_1^2\end{aligned} \tag{28A}$$

$$\begin{aligned}B&=\frac{\partial}{\partial Z}\left[\left(H_1K_{ws}\widetilde{W}^{2b+1}-bH_2K_{ws}\Psi_s\widetilde{W}^b\frac{\partial\widetilde{W}}{\partial Z}\right)S^2W\right]\\&=[(2b+1)H_1K_{ws}\widetilde{W}^{2b+2}\lambda_1-b^2H_2W_{ws}\Psi_s\widetilde{W}^{b+1}\lambda_1^2]C_V^2\end{aligned} \tag{29A}$$

或

$$\begin{aligned}A&=\frac{\partial}{\partial Z}\left(\eta_s\overline{K_w}+\overline{D_w}\frac{\partial\bar{\eta}}{\partial Z}\right)\\&=\frac{\partial}{\partial Z}(\eta_sK_{ws}\bar{S}^{2b+3}-K_{ws}\Psi_sb\bar{S}^{b+2}\lambda_1)\\&=(2b+3)K_{ws}\bar{S}^{2b+2}\lambda_1-b(b+2)K_{ws}\Psi_s\bar{S}^{b+1}\frac{\lambda_1^2}{\eta_s}\end{aligned} \tag{28B}$$

$$B=\frac{\partial}{\partial Z}\left[\left(H_1K_{ws}\bar{S}^{2b+1}-bH_2K_{ws}\Psi_s\bar{S}^b\frac{\partial\eta}{\partial Z}\right)V(S)\right]$$

$$=\left[(2b+1)H_1K_{ws}\overline{S}^{2b+2}\lambda_1-b^2H_2K_{ws}\Psi_s\overline{S}^{b+1}\frac{\lambda_1^2}{\eta_s}\right]C_{VS}^2 \tag{29B}$$

式中，非均匀扰动项 B 与区域平均水分通量项 A 的比值为：

$$\frac{B}{A}=\frac{\left[(2b+1)\eta_s H_1\overline{S}^{b+2}-b^2 2H_2\Psi_s\overline{S}^{b+1}\lambda_1\right]C_{VS}^2}{(2b+3)\eta_s\overline{S}^{b+2}-b(b+2)\Psi_s\overline{S}\lambda_1} \tag{30}$$

参考表 1 的参数计算 B/A 值，结果发现，在不同的土壤条件下，由于非均匀地表所形成的扰动项 B 对于区域平均水分通量的影响并不一样，它们又因区域内平均水分状况的不同而有所不同(如图 1,2 所示)。

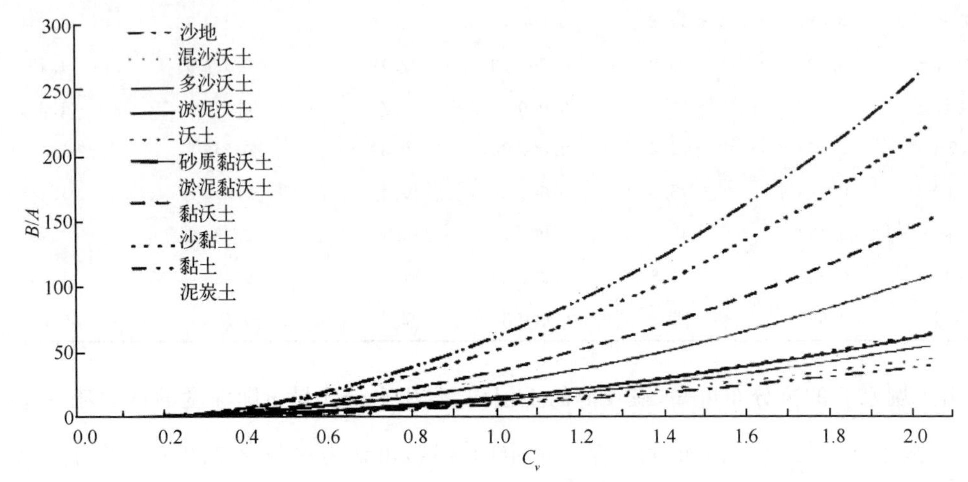

图 1　各种土壤 B/A 随 C_V 的变化($\overline{S}=0.5$)

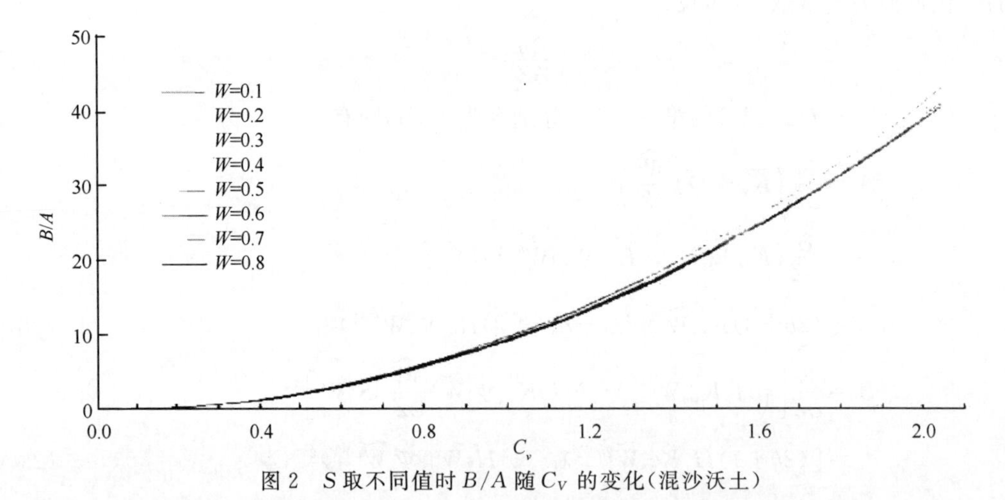

图 2　S 取不同值时 B/A 随 C_V 的变化(混沙沃土)

表 2 列出的不同土壤条件下，非均匀地表土壤水分变差系数与扰动项 B 的关系(以 B/A 值为指标)。由表可见，尽管黏土受非均匀性影响最小，但当 $W=0.5$，变差系数达到 1.8 时，非均匀扰动项对区域平均值的影响也可达到 36%；而沙土受非均匀性影响最大，一般非均匀扰动项对区域平均值的影响可达到 7.57 倍。换言之，地表土壤水分变差系数反映了区域内土壤水分分布的非均匀程度，不同土壤对同一种非均匀程度的敏感性却是不同的。在同样的平均水分条件下(如 $W=0.5$)，黏土敏感性最小，沙土敏感性最大。可见，区域地表非均匀

性对于地一气通量的影响，并不能一概而论，必须具体问题具体分析。

表 2　当 W=0.5 时，不同土壤的非均匀性影响(B/A 值)

C_{VS}	沙土	沃土	黏土	淤泥沃土
0.2	0.89	0.11	0.00	0.01
0.4	1.34	0.17	0.03	0.06
0.6	2.23	0.29	0.05	0.18
0.8	3.12	0.40	0.10	0.26
1.0	4.01	0.51	0.19	0.33
1.2	4.90	0.63	0.23	0.40
1.4	5.79	0.74	0.27	0.47
1.6	6.68	0.86	0.31	0.55
1.8	7.57	0.97	0.36	0.62

3　讨论与结论

3.1　讨　论

根据式(23)，若已知区域平均土壤含水量和区域土壤含水量的标准差，则可估算出区域水分通量局地变化率。目前卫星遥感技术已经有条件获取较为丰富的地表物理参数的信息，尽管其反演土壤水分的微观结构尚未达到较高的精度，但从宏观尺度来看，较准确地估计其平均值与标准差并不困难[11,12]。因此，从这个意义上说，借助于式(23)的理论公式，利用卫星遥感资料(如 AVHRR)，对非均匀地表区域平均土壤水分通量可以作出较为准确的估计。

如前所述，在式(9)，(10)及其后的式(27)中，假定土壤水分垂直梯度为常数，其主要依据是:(1)容积水分含量 η 随深度的增加，在较薄的土层内，基本呈线性递减[10]；(2)实测资料统计研究认为，在地势基本平坦，土质为壤土，原土中含水量小于田间持水量，一次降水小于 18 mm 时降水与水分渗透深度有一定的线性关系，约合渗透率 0.8[11]；(3)根据作者对淮河试验资料中鲇鱼山、梅山和蒋集等 3 站点近百天的逐日土壤水分观测资料统计结果发现，0 和 15 cm 两层土壤的含水量数据具有近似同步变化趋势，波峰和波谷配合较一致，土壤水分垂直梯度基本稳定在某一数值。其不同站点间的土壤水分垂直梯度的相关系数较高。显然，这一假定对于地势基本平坦且有同一种土质结构的地区较为适合。尽管如此，它仍有一定的局限性，尤其对于网格区内包含不同土质或不同下垫面时，因土壤水分垂直梯度的水平分布仍可能有较大的非均匀性，其误差较大。不过，本文研究目的在于强调初始土壤水分含量本身的非均匀性对土壤水分通量的影响，上述假定可以更好地突出初始土壤水分含量本身的非均匀性对土壤水分通量的影响，况且目前由于观测资料的局限，我们还无法对多种地表参量非均匀性的共同影响作出综合性评价，这也是今后应深入研究的方向。

3.2 结 论

(1)本文从理论上证明,地表初始土壤水分空间分布的次网格尺度非均匀性对于网格区平均水分通量的计算具有重要影响。若将网格区视为均一地表(或仅利用简单算术平均计算区域通量),并不能真实描述地一气通量交换过程,且可能造成很大误差。从理论上说,区域平均水分通量的变化率,可分解为两部分:第一部分为区域水分通量的算术平均变化率;第二部分则为由地表非均匀性所引起的各格点水分通量的偏差所对应的水分通量变化率。这就是说,地表非均匀性可造成附加的中尺度通量项。

(2)为了考察上述地表非均匀性(即附加的中尺度通量)的影响,数值试验表明,土壤水分的空间变差系数集中反映了区域内土壤水分水平空间分布的非均匀程度,不同土壤对同一种非均匀程度的敏感性却是不同的。变差系数愈大,非均匀性愈强,在同样的土壤水分平均值下,不同土壤对地表非均匀程度的敏感性并不相同。例如沙土和黏土受非均匀性的影响就可相差数十倍。

(3)地表参量非均匀性并非对所有陆面过程通量中的非线性项都有不可忽略的影响,非均匀性对各种平均通量在数值上的影响也并非一样,各种地表参量(如地表温度、土壤水分)的次网格尺度变率对于平均通量的影响程度也不完全一样。

参考文献

[1] 孙菽芬,金继明.陆面过程模式研究中的几个问题.见:陶诗言,陈联寿,徐祥德,萧永生主编.第二次青藏高原大气科学实验理论研究进展(二).北京:气象出版社,2000:76-84.

[2] Flippo G. An approach for the representation of surface heterogeneity in land surface models. Part Ⅰ: Theoretical framework. *Mon Wea Rev*,1997,**125**:1 885-1 899.

[3] Flippo G. An approach for the representation of surface heterogeneity in land surface models. Part Ⅱ: Validation and sensitivity experiments. *Mon Wea Rev*,1997,**125**:1 900-1 919.

[4] 魏和林,符淙斌.下垫面非均匀性的模拟.气候与环境研究,1997,**2**(2):106-114.

[5] Pielke R A.中尺度气象模拟.张杏珍,杨长新译.北京:气象出版社,1990:422-429.

[6] 刘晶淼,周秀骥,余锦华等.长江三角洲地区水和热通量的时空变化特征及影响因子.气象学报,2001,**60**(2):139-145.

[7] 曹晓彦,张强.西北干旱荒漠戈壁陆面过程的数值模拟.气象学报,2002,**61**(2):219-225.

[8] 么枕生,丁裕国.气候统计.北京:气象出版社,1991:11-35.

[9] 张学文,马力.熵气象学.北京:气象出版社,1992:9-16.

[10] 王馥棠,冯定源等.农业气象预报概论.北京:农业出版社,1991:380-381.

[11] 马蔼乃.遥感信息模型.北京:北京大学出版社,1998:165pp.

[12] 肖干广,陈维英.用NOAA/ AVHRR资料监测土壤湿度.遥感信息,1990,**5**(1):22-25.

基于降水气候强迫的一种地表径流估计方法

刘晶淼[1]　丁裕国[2]　周秀骥[1]　李　云[2]

（1.中国气象科学研究院，北京　100081；2.南京气象学院，南京　210044）

摘　要：文中从地表水分平衡的物理机制出发，引进降水概率统计分布理论，推导出一种由降水气候强迫形成的次网格尺度非均匀径流率计算方法。应用于 Mosaic 方案，可进一步计算区域平均径流及产流和汇流。试验证明，对于不同物理性质的地表而言，由于其土壤入渗能力的差异，相同降水气候强迫所能生成的径流量及其相对比值是不同的，例如干旱区与湿润区就有很大差异。

同时，不同空间分布概率的降水量，不同站点的地表性质、土壤水力学条件等物理因素的千变万化，可使径流特征的空间分布具有很大变异性。因上述各种因素的综合影响，由降水气候强迫所形成的地表径流具有特定的非均匀分布是必然的。文中用实测资料验证了其可靠性与可行性。

关键词：陆面过程　水文过程　次网格尺度　非均匀分布　概率分布密度

引　言

地表水分平衡直接影响地表热量平衡各分量，从而影响着整个陆一气之间的一系列能量、动量、物质的交换过程，因此，研究陆面水文通量参数化，具有重要的理论和应用价值。迄今为止，关于非均匀地表陆面水分循环过程（包括降水、径流、蒸发、土壤含水量等）的区域描述，仍然是困扰陆面过程模拟的一个挑战性难题。常用的非均匀地表通量计算方法之一是将模式网格区分成若干次网格区逐一计算其动量、水分和能量通量，由此，再计算网格区平均通量，这就是 Mosaic 方法。换言之，Mosaic 方法是将网格区内具有空间变率的地表通量以“拼图”的方法加以描述，把大尺度网格区细分为若干次网格区（点）或按照不同下垫面（即 Patch）分块计算出其各自的通量，从而最终求得其区域平均通量。虽然这类方法仍有一定的缺点，但它毕竟能较为真实地描述和估计网格区平均通量。

地表径流是地表水分平衡的一个关键分量，它在很大程度上是一地降水、蒸发与土壤水力学性质的函数。如何有效地估计降水、土壤湿度和径流，这一论题不仅对于大气科学具有重要意义，而且对于水文学、水利水电工程、农业用水、水土保持和土壤学等许多应用领域也都具有重要意义。鉴于陆面水文过程本身的复杂性，关于地表径流的估算，一直是具有重要价值的难题。地表径流的瞬间过程是一种强烈依赖于大气降水、地面蒸发与下渗以及土壤水力学特性的非线性过程，由于地表自然状态的随机复杂性，如土壤孔隙的渗入和渗出、土壤类型、结构、质地、透水性、坡度、高度和土壤含水量等等，使得地表径流往往在地表面呈非均匀分布。一般说来，土壤水分的入渗能力是随土壤水分含量而变化的，水分的垂直入渗过程又与水流下渗时所受作用力有关，主要有重力、毛细管作用力等[1-3]。因此，通常将单点入渗归纳为某些经验公式，如 Horton 方程，Green 和 Ampt 公式等[4]。到目前为止，关于土壤入渗过程的数学描述,仍然是一个难题。考虑到数学描述与物理解释的一致性,大多数研究者都是引入多孔介质的垂直水分势方程,根据 Darcy 定律,由水分通量方程推导出水分入渗公式。Eagleson 等[3]从描述土壤水分和降水空间概率分布的 PDF 出发,提出估计区域平均径流率公式。Liu[5]从陆面水文过程的物理机制出发,引进概率统计分布理论,推导出一种由非均匀土壤含水量及降水气候强迫所形成的次网格尺度非均匀径流率计算公式,用于估计区域平均径流率。本文的研究思路在于,将任一单点(即网格点)所代表的次网格区域瞬间径流率考虑为降水在地表的分配与地表(土壤)层水分吸收过程的余项。根据降水量的理论概率分布函数,利用实测资料拟合其 PDF,结合土壤入渗过程的数学描述及其经验公式,首先精确地估计出地表水分的土壤吸收率,在此基础上建立降水气候强迫下的地表径流率估计公式。这一工作的意义在于,将任一地点的地表径流率表征为当地降水的 PDF 参数及地表土壤物理特性参数的多元函数,若将其纳入陆面水文模式,则从理论上可由此进行各种外部强迫下的地表径流率敏感性试验。由于各地降水量记录(如逐日 24 h 降水量)目前已较完整,从这一途径实现这一目标的可行性较高。

1 瞬时降水强度的 PDF 及土壤吸收率估计公式

众所周知,地表径流过程乃是地面水分平衡的一个子过程,无论是瞬时或长时段的径流,其产流过程归根结底是与大气降水的气候强迫息息相关的。假设在 GCM 网格区内某个格点上,其雨量强度 P 服从 Weibull 分布,并有概率密度函数(PDF)

$$f_P(x)=\left(\frac{\beta}{\alpha}\right)\left(\frac{x}{\alpha}\right)^{\beta-1}\exp[-(x/\alpha)^{\beta}] \tag{1}$$

式中 β 为形状参数,α 为尺度参数。现假定一日(24 h)的降水强度 P 符合上述分布,根据 Weibull 分布,利用极大似然估计理论,可以证明其参数具有下列关系

$$\mu=\alpha G(1+1/\beta) \tag{2}$$

式中 μ 为平均降水强度(变量 P 的总体均值),G 为 Γ 函数。研究表明,对于连续逐日降水过程,第 k 日的总降水量,其分布仍为 Weibull 分布,但其参数则为(α_k,β)并有相应的 PDF

$$f_{P_k}(x)=\left(\frac{\beta}{\alpha_k}\right)\left(\frac{x}{\alpha_k}\right)^{\beta-1}\exp[-(x/\alpha_k)^{\beta}] \tag{3}$$

其参数估计式为

$$\mu_k=\alpha_k G(1+1/\beta) \tag{4}$$

或写为

$$\alpha_k=\frac{\mu_k}{\Gamma(1+1/\beta)} \tag{5}$$

值得指出的是,本文以 Weibull 分布拟合雨量强度 P,而不用通常人们熟悉的 Γ 分布。其原因在于,用 Weibull 分布拟合短历时降水量不但其参数估计精度高,且较 Γ 分布更易计算,而其拟合效果非常好,该分布型的适应性也特别强。丁裕国[1]曾利用 Γ 分布的特例(负指数分布)及 Weibull 分布分别拟合中国范围内各站逐日降水概率分布,发现大部分区域内虽然逐日降水量可用负指数分布拟合,但有些测站为左偏单峰型,如改用 Weibull 分布来拟合,其效果更好,可见逐日降水量的分布型用 Weibull 分布更具广泛性。从理论上可以证明,当

$\beta=1$ 时,Weibull 分布可简化为负指数分布,当 $\beta=3.6$ 时,Weibull 分布可化为正态分布,因此,Weibull 分布是一种广义分布型。而通常短历时降水量(如日降水或数小时降水量),绝大多数都符合负指数分布或 Γ 分布[6,7],当然也完全可拟合 Weibull 分布。上述这些优良特性,正是选用该分布型推求地表径流的基础。

根据 Horton 和 Dunne 径流理论[2,3],径流产生于两种相容的可能机制:(1)降水强度超过土壤入渗(吸收)率,但土壤为未饱和状态而产生径流;(2)土壤为过饱和状态,但入渗(吸收)率较小或趋于零,降水几乎完全转变为径流(例如降水落在不透水或饱和地表面上)。综合上述两方面因素,可从另一角度来考虑径流产流的问题。

令 P_{m} 为土壤可能吸收的最大降水比率(mm/d),则地表径流率为零的概率可写为

$$D_f=\int_0^{P_{\mathrm{m}}} f_P(x)\mathrm{d}x \tag{6}$$

式(6)等价于地表层土壤达到最大吸收率的可能性(即最大可能广义下渗率)。根据式(1),积分式(6),不难得到

$$D_0=\int_0^{P_{\mathrm{m}}} f_P(x)\mathrm{d}x=1-\exp[-(P_{\mathrm{m}}/\alpha)^\beta] \tag{7}$$

由上可知,某地任一日中,当 $x<P_{\mathrm{m}}$ 时,地表水分的土壤吸收率的统计平均(理论值)应为

$$S_0=\frac{1}{D_f}\int_0^{P_{\mathrm{m}}} xf_P(x)\mathrm{d}x=\frac{\beta}{1-\exp[-(P_{\mathrm{m}}/\alpha)^\beta]}\cdot\int_0^{P_{\mathrm{m}}}\left(\frac{x}{\alpha}\right)^\beta\exp[-(x/\alpha)^\beta]\mathrm{d}x \tag{8}$$

另一方面,当 $x\geqslant P_{\mathrm{m}}$ 时,地表土壤水分零吸收率(即降水完全生成径流)的概率应为

$$D_{\mathrm{r}}=\int_{P_{\mathrm{m}}}^{\infty} f_P(x)\mathrm{d}x=\exp[-(P_{\mathrm{m}}/\alpha)^\beta] \tag{9}$$

则相应的地表吸收率应取极限值

$$S_{\mathrm{r}}=P_{\mathrm{m}} \tag{10}$$

因此,对于某地任意一日由降水造成的平均吸收率可写为

$$S=D_0S_0+D_{\mathrm{r}}S_{\mathrm{r}}=\beta\int_0^{P_{\mathrm{m}}}\left(\frac{x}{\alpha}\right)^\beta\exp[-(x/\alpha)^\beta]\mathrm{d}x+P_{\mathrm{m}}\exp[-(P_{\mathrm{m}}/\alpha)^\beta] \tag{11}$$

式(11)表明,地表土壤对于大气降水的吸收可视为两部分吸收率的加权平均:(1)当地表层未达饱和时($x<P_{\mathrm{m}}$),土壤可最大限度地吸收地表水(下渗过程);(2)当地表层达到饱和时($x\geqslant P_{\mathrm{m}}$),土壤基本上不可能吸收地表水(已形成径流)。显然,对于任一地点的任何一次(某日)降水过程而言,平均的吸收率应是这两部分的加权平均值。

2 网格点瞬时径流率估计计算

对于任一地点而言,其瞬时地表径流应满足水分平衡[8],并有

$$\mathrm{d}R=P(t)\mathrm{d}t-\mathrm{d}I-\mathrm{d}E-S(t)\mathrm{d}t \tag{12}$$

式中,P 为降水;I 为地表截留水;E 为地表蒸发;S 为(地表吸收)下渗;R 为地表径流。对于某一固定地点而言,日降水量或连续数日总降水量 P 大到一定程度时,其总截留为常数,经

过一段时间可达到饱和，因此有 $dI=0$，而通常因降雨过程中蒸发很少，可令，$dE\to 0$，故近似地有[1]

$$dR\approx P(t)dt-S(t)dt \tag{13}$$

对于时段 $t=t_2-t_1$，应有

$$R\approx\int_{t_1}^{t_2}[P(t)-S(t)]dt \tag{14}$$

上式表明，某一地点在 $t=t_2-t_1$ 时段内，地表径流近似等于降水量 P 与地表土壤层水分吸收量(即下渗量)S 之差值。

从理论上说，据式(14)，并结合式(11)即可计算地表径流。但事实上，在式(6)—(11)中，并未给出积分限 P_m。土壤向大气的水分输送过程(即地表水蒸发过程)往往是首先满足植被表层覆盖需水(截留水)和地表蒸发需水[9]，其所剩余的水分形成土壤层水分储存。而大气降水向地表层输送水分的过程则是，首先满足植被表层覆盖需水(截留水)和地表层土壤入渗需水以外，其多余的降水量形成地表径流。因此，无论是蒸发或径流过程，其中都有一个重要环节即地表(土壤)层需水量问题。这就是土壤相对饱和度的参数化问题。

3 土壤层相对饱和度的参数化

根据土壤水质输送理论，可导出土壤水分通量方程[10]：

$$\frac{\partial\eta}{\partial t}=\frac{\partial}{\partial Z}\left(K_\eta+D_\eta\frac{\partial\eta}{\partial Z}\right) \tag{15}$$

这里 $D_\eta=K_\eta\dfrac{\partial\Psi}{\partial\eta}$为土壤水分扩散率，$K_\eta$ 为水力传导率，Ψ 为水分势。假定初始和边界条件为

$$S(Z,0)=\eta_0/\eta_{sat}=S_0 \tag{16}$$

$$S(0,t)=\eta_1/\eta_{sat}=S_1 \tag{17}$$

根据式(15)—(17)，当 $S_1\ll S_0$，可得方程(15)的近似解，其中所得的土壤入渗率与时间 $t^{-\frac{1}{2}}$ 成比例。表达式可写为[4]

$$f_e=\frac{1}{2}S_e t^{-\frac{1}{2}}-\frac{1}{2}K(S_0) \tag{18}$$

这里 f_e 为入渗率，它是土壤毛细管吸附力和重力的函数。而 S_e 为土壤毛细管吸附率，$K(S_0)$为与土壤初始水分含量有关的水力学传导率。显然，在积分时间 T 内，土壤水分的平均入渗率为[4]

$$\overline{f}_e=S_e T^{-\frac{1}{2}}-\frac{1}{2}K(S_0) \tag{19}$$

根据 Parlange 等[11]提出的土壤吸附水分和释放水分的解吸附率(即入渗率)S_e 的经验公式

$$S_e=\left[\frac{8\eta_s K_s\Psi_s}{3(1+3m)(1+4m)}\right]^{\frac{1}{2}}S_0^{\frac{1}{2m}+2} \tag{20}$$

将其代入式(18)，即可得土壤层顶部水分向下的平均入渗率公式

$$\overline{f}_e=K_s\Omega S_0^{\frac{1}{2m}+2}-K_s S_0^{\frac{2}{m}+3} \tag{21}$$

上式表明，水分由土壤层顶部被向下吸收的数量多少，取决于平均入渗率 $\overline{f}_e$。在给定的土壤(或下垫面)条件下，它是土壤水力学参数(如 K_s，η_s，Ψ_s，m)及初始土壤湿度 S_0 的函数。这里，无量纲参数

$$\Omega=\left[\frac{8\eta_s\Psi_s}{3K_sT(1+3m)(1+4m)}\right]^{1/2} \tag{22}$$

就陆面水分循环的物理过程而言，地表入渗现象是在一定的下垫面特性基础上，由一定的水分供应源而形成的。为了确定平均入渗率，必须首先确定初始土壤湿度 S_0。为此不妨从地表土壤水分的蒸发散过程来考查，通常土壤水分的蒸发散过程由两部分加权平均构成：(1)土壤未达饱和临界值 S^* 时($S<S^*$)，由土壤解吸附力(desorption)的大小所控制的土壤蒸发作用(即土壤控制蒸发)；(2)土壤达到临界饱和值 S^* 以上时 $S\geqslant S^*$，由土壤水分蒸发力大小控制的土壤蒸发作用(即气候控制蒸发)。研究表明，当土壤层内含水量超过临界饱和值 S^* 时($S\geqslant S^*$)，地表空气湿度达100%，此时土壤“蒸发力”与水面蒸发近似或稍大，一般它与土壤中含水量的大小无关。而当土壤层内含水量低于临界饱和值 S^* 时，土壤蒸发量大小就与土壤层内含水量密切相关，一般当土壤层内含水量很低时，土壤蒸发量大小取决于土壤底层向表层输送水分的能力。与此过程相反，地表水的入渗过程正好相伴而行，当土壤中含水量未达到临界饱和值 S^* 时，就有相应的入渗，一般当土壤层内含水量很低时，土壤蒸发量大小取决于土壤底层向表层输送水分的能力，同时入渗也会加大。通常地表层最大蒸发率 E^p 是不依赖于土壤内部物理特性(湿度)的独立变量。它本质上可根据Penman公式来计算(当然也可由其他途径给出)。根据式(21)，当 $\overline{f}_e=E_p$ 时即可由下式确定 S^*

$$E_p=K_s\Omega S^{*\frac{1}{2m}+2}-\frac{1}{2}K_sS^{\frac{2}{m}+3} \tag{23}$$

若已知 E_p 的情况下，就可反求 S^*。利用文献[12]的Mosaic方法求得区域各格点蒸发量，结合土壤参数，大致可估算不同土壤的 S^* 取值。例如，数值试验结果表明，黏土的 S^* 最大，一般为0.60～0.85；沃土的 S^* 取值在0.35左右，一般取0.38～0.65；沙土的 S^* 最小，一般为0.3～0.55，最小可达0.2以下。由此再结合各种土壤特性推算其降水深度，即可达到原式的要求。

将上述结果代入式(11)，就可解得土壤水分平均吸收率 S。于是有

$$\begin{aligned}R &= \int_0^{\infty} xf_P(x)\mathrm{d}x-\beta\int_0^{P_m}\left(\frac{x}{\alpha}\right)^{\beta}\exp[-(x/\alpha)^{\beta}]\mathrm{d}x-P_m\exp[-(P_m/\alpha)^{\beta}] \\ &= \beta\int_{P_m}^{\infty}\left(\frac{x}{\alpha}\right)^{\beta}\exp[-(x/\alpha)^{\beta}]\mathrm{d}x+P_m\exp[-(P_m/\alpha)^{\beta}]\end{aligned} \tag{24}$$

4 实例计算与数值试验

4.1 雨日平均径流估计试验

分别选取长江三角洲地区(以南京站为代表)、淮河流域(以梅山站为代表)和黑河地区(以瓦坊城为代表)作为不同下垫面及不同季节降水强迫下的典型地表径流率的试验对象。

表 1 列出各自相应的资料说明。

表 1　逐日降水资料起止时段

站点(地区)	资　料
南京(长江三角洲地区)	秋季(1951—2000 年 9 月)
梅山(淮河流域)	夏季(1998 年 5 月 1 日—9 月 15 日)
瓦坊城(黑河地区)	全年雨日(1990—1991 年)

由于地表层最大蒸发率 E_p 各月取值不同,计算出的 S^* 也不同,它们随着 E_p 而变。但 S^* 有一个变化的区间,且夏季大,冬季小。为此,首先据式(23)估计 S^*,其中 K_S,m 为土壤参数(K_S 单位为 cm/s,m 为无量纲参数)。为了使试验更接近实际,式中的 E_p 分别采用:(1)用文献[12]的 Mosaic 方法所计算的长江三角洲逐月蒸发量换算为日蒸发量(南京),单位为是 mm/d;(2)用实际观测的土壤日蒸发量(淮河、黑河地区)。而土壤参数则根据文献[10]所给。

如前所述,黏土的 S^* 取值为 0.60～0.85;沃土为 0.38～0.65;沙土取值为 0.3～0.55。参考上述试验值,结合本文的具体试验,几种典型土壤的 S^* 取值如表 2 所列。表 3 则是计算结果。由于每一个站及各月的降水资料不同,计算出的 Weibull 分布参数不同,另外蒸发通量的值也影响 S^* 的取值,使得平均入渗率可能也不同,P,S,R 及各部分比例都会有所变化。

表 2　由各地蒸发量推算的土壤平均水分最大吸收率(mm/d)

土壤种类	最大吸收率(mm/d)	土壤饱和度	S^*
黏土	3.332	0.69～0.98	0.700
沃土	2.706	0.50～0.85	0.600
沙土	1.876	0.35～0.69	0.475

表 3　各代表站点平均径流率计算结果

区(站名)	β	α	P(mm)	S(mm)	R(mm)	R/P(%)	S/P(%)
南京	0.566	5.127	8.37	2.059	6.311	75.38	24.62
淮河	0.844	17.736	19.38	2.426	16.95	87.50	12.50
黑河	0.883	2.288	2.43	0.892	1.54	63.36	36.64

图 1 为用瓦坊城逐日降水资料拟合的 Weibull 分布 PDF(β=0.883,α=2.288);图 2 为用梅山逐日降水资料拟合 Weibull 分布 PDF(β=0.844,α=17.736)。图 3 为所计算的南京各月平均雨日土壤下渗量和雨日平均径流率及其相关的年内变化曲线。由图可见,南京各月平均雨日降水及其径流都存在明显的年变化,这是与实际观测相符的。

为了验证计算方法与结果的合理性和可行性。本文做了如下的数值试验:(1)对于干旱区,以瓦坊城为例,其雨日平均降水量仅有 2.4 mm/d,方差为 7.444 mm/d 平均情况下由蒸发量推算的土壤最大水分吸收率仅为 1.876 mm/d,大于 6.0 mm/d 的降水量出现概率仅为 0.48%左右,即使出现地表最大径流,其量也仅有 5.0～6.0 mm/d。(2)但对于湿润区,以淮河流域(梅山)为例,平均降水量为 19.0 mm/d,其形状参数 β=0.844 4,而尺度参数 α=17.736 2。图 4 为各级降水量出现概率,当土壤最大水分吸收率一旦给定时,即可估计出现各种径流量的概率大小。表 4 即为各级径流量出现概率。由上述试验结果可见，不同概率降水量对应于不同的径流量，而由于季节不同或站点地理位置及地表性质、土壤水力学条件等物理因素的千变万化，可使各地径流特征具有很大变异性，因此，对于一个给定的网格区来说，即使在同一种天气气候条件下，由于上述各种因素的综合影响，由降水气候强迫所形成的地表径流必然具有一定的非均匀分布。

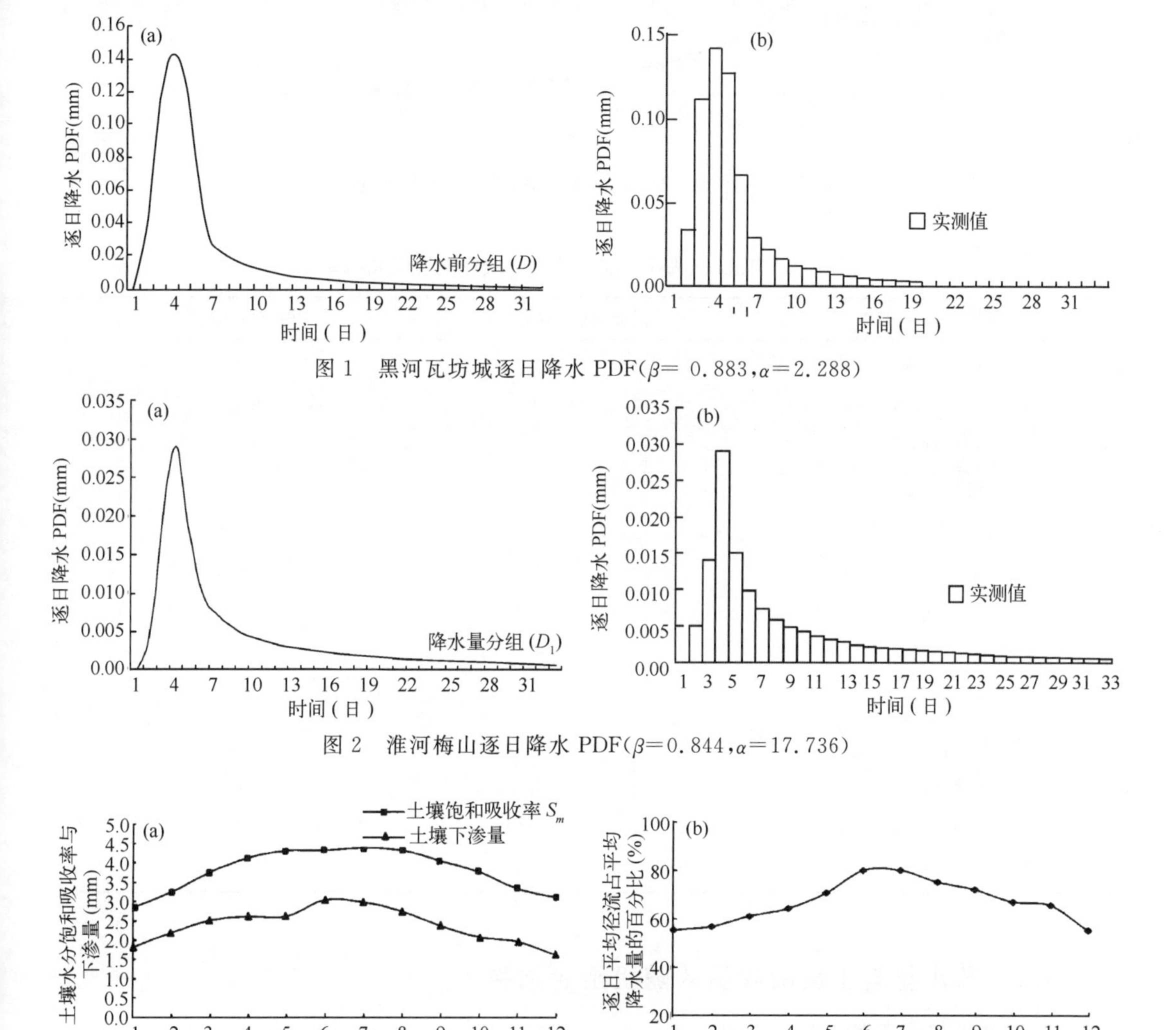

图 1 黑河瓦坊城逐日降水 PDF(β= 0.883,α=2.288)

图 2 淮河梅山逐日降水 PDF(β=0.844,α=17.736)

图 3 南京各月平均水文参量的年变化

(a)土壤水分饱和吸收率与下渗量；(b)逐日平均径流占平均降水的百分比；(c)平均雨日降水量及径流量

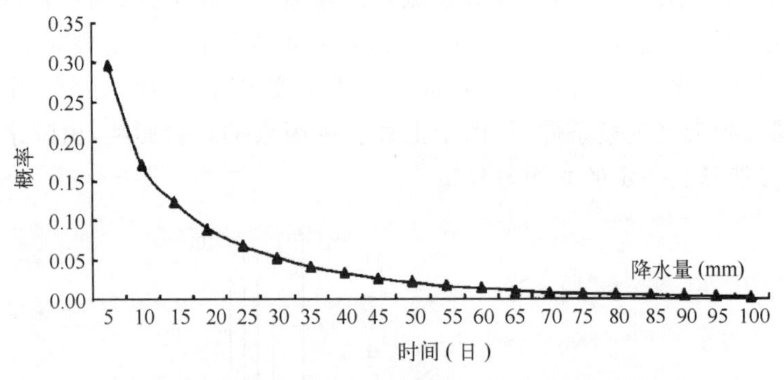

图4　淮河流域(梅山)夏季各级日降水量出现概率

表4　淮河流域(梅山)夏季地表各级径流量及其概率

降水量(mm/d)	径流量(mm/d)	相应概率(%)
0.0～3.0	0.0	20.2
3.1～10.0	0.6～7.6	26.3
10.1～15.0	7.7～12.6	12.2
15.1～20.0	12.7～17.6	8.9
20.1～25.0	17.7～22.6	6.8
25.1～30.0	22.7～27.6	5.3
30.1～35.0	27.7～32.6	4.1
35.1～40.0	32.7～37.6	3.3
40.1～45.0	37.7～42.6	2.6
45.1～50.0	42.7～47.6	2.1
50.1～70.0	47.7～67.6	4.9
70.1～90.0	67.7～87.6	2.2
90.1～100.0	87.7～97.6	0.6

4.2　降水量与土壤吸收量的随机组合试验

上述结果仅为平均状况的模拟试验，在一般情况下，任意一日降水，所能产生的径流，必然是各种随机因素综合作用的结果。为此，特做下列随机试验：

由式(14)可知，在降水气候强迫下，地表径流的瞬时值，主要取决于瞬时降水量与瞬时土壤水分吸收量两者的差值。假如已知两者在时间上的分布律，即可求得其相应的地表径流分布律，由此可作各种随机模拟试验。如前所述，Weibull 分布可以较好地拟合各站降水量，同样，本文已用实测资料证明，土壤饱和度的 PDF 湿润区为 β 分布，干旱区为 Γ 分布。根据分布函数理论[13-16]，地表径流的分布(PDF)，对干旱区而言，假定日降水量为负指数分布(Weibull 分布的特例)，土壤水分饱和度的分布为 Γ 分布，则可以证明，当地逐日地表径流的 PDF 为(推导见附录 A)。

$$f(R)=\frac{\beta\lambda^{\alpha}}{(\beta+\lambda)^{\alpha}}\exp(-\beta R) \tag{25}$$

式中 β 为降水量(负指数分布)的统计分布参数;α,λ 为土壤饱和度(Γ 分布)的统计参数。对湿润区而言,假定日降水量为负指数分布(Weibull 分布的特例),土壤水分饱和度的分布为 β 分布,则可以证明,当地逐日地表径流的 PDF 近似地可表为(推导见附录 A)。

$$f(R)=\frac{\Gamma(\alpha)}{B(\alpha,\lambda)\beta^{\alpha-1}}\left[1-(\lambda-1)\frac{\alpha}{\beta}\right]\exp(-\beta R) \tag{26}$$

式中 β 为降水量(负指数分布)的统计分布参数;α,λ 为土壤饱和度(β 分布)的统计参数。其中 $B(*,*)$ 为完全 β 函数,$\Gamma(\alpha)$ 为完全 Γ 函数。

式(25)和(26)表明,在干旱区与湿润区,假定已知降水和土壤饱和度的统计分布,就可间接求得当地逐日地表径流的 PDF,它们分别是同期降水量及土壤饱和度统计参数的函数。利用这种分布模式即可做各种统计数值试验。表 5 列出干旱区日平均径流率的统计模拟数值试验结果。由表可见,在一定的样本量及其稳定的参数条件下,降水量及其土壤饱和度的统计平均基本保持稳定,则其相应的地表径流也较为稳定。

表 5 干旱区统计模拟数值试验结果(日平均径流率)

试验序号	样本量	β	α	P(mm)	S(mm)	R(mm)	R/P(%)
1	1 000	0.446 3	0.801 0	2.238	0.818	1.423	63.6
	5 000			2.522	0.809	1.713	67.9
	10 000			2.492	0.813	1.679	67.4
2	1 000	0.448 8	0.831 0	2.262	0.784	1.479	65.4
	5 000			2.606	0.858	1.748	67.1
	10 000			2.379	0.821	1.558	65.5
3	1 000	0.445 6	0.852 8	2.411	0.834	1.577	65.4
	5 000			2.525	0.862	1.663	65.9
	10 000			2.502	0.825	1.679	67.1
4	1 000	0.451 0	0.842 9	2.489	0.803	0.686	67.7
	5 000			2.556	0.852	1.704	66.7
	10 000			2.488	0.837	1.651	66.4
平均方差		0.448 0	0.832	2.456	0.826	1.547	66.3
				0.012	0.000 5	0.076	1.406

5 结 论

(1)从地表水分平衡的物理机制出发,引进降水概率统计分布理论,导出一种由降水气候强迫形成单个网格点径流率的计算方法。由此可用于 Mosaic 方案,进一步计算出非均匀地表区域内的平均径流及区域产流和汇流。

(2)对于不同物理性质的地表而言,由于当地土壤入渗能力的差异,降水气候强迫不同所能生成的径流量及其相对比值也不完全相同。例如干旱区与湿润区就有很大差异。

(3)不同概率的降水量对应于不同的径流量,由于季节不同或站点地理位置及地表性质、土壤水力学条件等等物理因素的千变万化,可使各地径流特征具有很大变异性,因此,对于一个给定的网格区来说,即使在同一种天气气候条件下,由于上述各种因素的综合影响,由降水气候强迫所形成的地表径流具有特定的非均匀分布是必然的。

参考文献

[1] Giorgi P. An approach for the representation of surface heterogeneity in land surface models part I: Theoretical framework. *Mon Wea Rev*, 1997, **125**: 1 885-1 899.

[2] Avissar R. Conceptual aspects of a statistical-dynamical approach to represent landscape subgrid-scale heterogeneities in atmospheric models. *J Geophys Res*, 1992, **97**: 2 729-2 742.

[3] Dunne T, Black R D. Partial area contributions to storm runoff in a smoll New England watershed. *Water Resour Res*, 1970, **6**(5): 1 296-1 311.

[4] Entekhabi D, Eagleson P S. Land surface hydrology parameterization for AGCM including subgrid scale spatial variability. *J Climate*, 1989, **2**: 816-830.

[5] Liu J M, Ding Y G, Zhou X J, *et al*. Land surface hydrology parameterization over heterogeneous surface for the study of regional mean runoff ratio with its simulations. *Adv Atmos Sci*, 2002, **19**(1): 89-102.

[6] 张学文,马力.熵气象学.北京:气象出版社,1992:53-158.

[7] 丁裕国.降水量分布模式普适性的研究.大气科学,1994,**18**(5):552-560.

[8] 邓孺孺,陈晓翔,胡细凤等.遥感和 GIS 支持下的平原河网区暴雨产流模型研究.水文,1999,**3**:19-24.

[9] 王馥棠等.农业气象预报概论.北京:农业出版社,1991:374-383.

[10] Pielke R A.中尺度气象模拟.张杏珍,杨长新译,程麟生,丑纪范校.北京:气象出版社,1990:422-426.

[11] Parlange J Y, Vauclin M, Haverkamp R, *et al*. The relation between desorptivity and soil-water diffusivity. *Soil Science*, 1985, **139**: 458-461.

[12] 刘晶淼,余锦华,周秀骥等.长江三角洲地表水和热通量时空变化特征.气象学报,2002,**60**(2):139-145.

[13] Olkin I, Gleser L T J, Derman C. Probability models and applications. New York: Macmillan Publishing, 1980: 259-298.

[14] 么枕生.气候统计学基础.北京:科学出版社,1984:1-120.

[15] 丁裕国.降水量概率分布的一种间接模式.南京气象学院学报,1987,**10**(4):407-415.

[16] 谢志清,丁裕国,刘晶淼.几种典型下垫面土壤含水量时空变化特征的对比分析.南京气象学院学报,2002,**25**(5):625-632.

附录:单个网格点(局地)径流率 PDF 的推证

设任一地点,降水量(日,时,分)为 P,径流量为 R,土壤含水量(或饱和度)为 S,根据文中证明,近似地有关系式

$$R=P-S \tag{A1}$$

利用二元随机变量函数的分布式,可证,对于 P 和 S,应有

$$f(R)=\int_0^{\infty}g(S,R+S)\mathrm{d}S \qquad S\geqslant 0 \tag{A2}$$

假定 P 与 S 近似相互独立(研究表明,虽然前期降水对于后期土壤湿度有一定的影响,但从更长的时间后延考察,其影响并不很大,大范围降水对于单点土壤湿度的影响及其反馈,都有较大的不确定性),因而可认为单站降水与土壤湿度近似相互独立,于是有

$$f(R)=\int_0^{\infty}g_1(S)g_2(R+S)\mathrm{d}S \qquad S\geqslant 0 \tag{A3}$$

研究表明,在干旱区,S 的 PDF 可假定为 Γ 分布,但降水 P,无论在干旱或湿润区都为负指数分布,所以,在干旱区可以有

$$f(R)=\int_0^{\infty}\frac{\gamma^{\alpha}}{\Gamma(\alpha)}S^{\alpha-1}\mathrm{e}^{-\gamma S}\beta\mathrm{e}^{-\beta(R+S)}\mathrm{d}S \tag{A4}$$

对上式积分后,经整理化简,得到

$$f(R)=\frac{\beta\gamma^{\alpha}}{(\beta+\gamma)^{\alpha}}\ \mathrm{e}^{-\beta R} \tag{A5}$$

显然,在干旱区,径流 R 的 PDF 仍为负指数分布。其分布密度所确定的概率,实际上,降水 P 的统计参数 β,以及土壤含水量 S 的统计参数 α,β 的函数。

而在湿润区,研究表明,其 S 的 PDF 最适为 β 分布,所以,式(A3)可具体写为

$$f(R)=\int_0^{\infty}\frac{1}{B(\alpha,\lambda)}S^{\alpha-1}(1-S)^{\lambda-1}\beta\mathrm{e}^{-\beta(R+S)}\mathrm{d}S \tag{A6}$$

进一步,又可写为

$$f(R)=\int_0^{\infty}\frac{\beta}{B(\alpha,\lambda)}S^{\alpha-1}\mathrm{e}^{-\beta S}(1-S)^{\lambda-1}\mathrm{e}^{-\beta R}\mathrm{d}S \tag{A7}$$

为了方便,对式中 $(1-S)^{\lambda-1}$ 的取一阶近似,就有

$$(1-S)^{\lambda-1}\approx 1-(\lambda-1)S \qquad (S\leqslant 1) \tag{A8}$$

由此,式(A7)简化为

$$\begin{aligned} f(R)&=\int_0^{1}\frac{\beta}{B(\alpha,\lambda)}S^{\alpha-1}\mathrm{e}^{-\beta R}[1-(\lambda-1)S]\mathrm{e}^{-\beta S}\mathrm{d}S \\ &=\frac{\beta\mathrm{e}^{-\beta R}}{B(\alpha,\lambda)}\int_0^{1}S^{\alpha-1}(1-\lambda S+S)\mathrm{e}^{-\beta S}\mathrm{d}S \end{aligned} \tag{A9}$$

利用分项积分,经化简整理后,可得

$$f(R)=\frac{\Gamma(\alpha)}{B(\alpha,\lambda)\beta^{\alpha-1}}\left[1-(\lambda-1)\frac{\alpha}{\beta}\right]\mathrm{e}^{-\beta R} \tag{A10}$$

由上可见,在一阶近似意义上,湿润区径流 R 的 PDF 仍为负指数分布型。其分布密度所确定的概率,实际上是降水 P 的统计参数 β,以及土壤含水量 S 的统计参数 α,λ 的函数。

地形非均匀性对网格区地面长波辐射通量计算的影响

张耀存[1]　丁裕国[2]　陈　斌[2]

(1.南京大学大气科学系,南京　210093;2.南京信息工程大学,南京　210044)

摘　要:从理论和数值试验两个方面证明地形的非均匀性(如海拔高度)对网格区地面长波辐射通量的计算有重要影响,海拔高度场的区域平均值及其变差系数是影响网格区地面长波辐射通量的主要因素,仅仅用地表均匀假定下的区域平均参量(如平均海拔高度和平均温度)所计算的网格区地表有效辐射通量值与其真实值之间存在着一定的误差。由于地表有效辐射通量是海拔高度的非线性函数,在特定情况下,其影响相当大,可产生不容忽略的误差。相对而言,海拔高度自身非均匀性对误差的影响远大于地表温度非均匀性项及其混合扰动项所产生的误差。对于不同的地形平均高度,地形非均匀性影响的程度并不相同。平均高度较小时,非均匀性的影响几乎可以忽略,但随着地形平均高度的增加,地形非均匀性的影响程度呈非线性增长趋势。因而,在复杂地形区域,考虑次网格地形的热力作用非常必要。

关键词:地形非均匀性　海拔高度　地表温度　地面长波辐射

引　言

目前,在数值模式中虽然能较好地描述宏观大尺度地形对大气的机械强迫、动力阻塞、摩擦作用等动力效应以及由于地形范围和海拔高度不同所引起的大尺度热源热汇的空间分布、季节变化及其天气气候效应的差异,但由于水平分辨率较低等原因,次网格地形的作用主要是考虑地形对大气的动力作用[1-5]。作为微观地形因素的局地海拔高度、地形坡度、坡向、地形屏障、遮蔽等参数所形成的次网格地形热力效应在国内外各种类型的天气气候数值模式中尚未较好地考虑。

研究表明,各种地表物理参量的次网格尺度变率几乎对地一气之间的所有通量交换过程(感热、潜热和动量等)都有不同程度的影响。从严格的意义上说,地表的非均匀性首先是地形的非均匀性。在一个网格区内,地形高度以及坡度坡向等地形因素的次网格尺度变率即地形非均匀性对于平均辐射通量的影响也不可低估。近些年来,尽管不少学者对于地表物理参量(如地表温湿度、反照率)的非均匀性及其对区域水热通量或水文过程的影响等问题作过许多研究[6-11]。但关于地形的非均匀性对于辐射过程和地一气通量输送过程的直接与间接影响以及由此而产生的气候模式的种种不确定性,尚未深入细致地探讨。因此,有必要研究地形高度及坡向坡度等地形非均匀性对于辐射通量的影响程度和特征。例如,地表长波辐射对于地形特征的敏感性如何,从理论和数值模拟试验的意义上,论证地形高度连同其他地表物理参量的非均匀性对地表长波辐射通量的影响,将是十分有意义的研究课题。

本文目的在于探讨地形非均匀性和其他地表参量非均匀性对于地表长波辐射通量的综

合影响，以便为气候数值模式中如何进一步考虑次网格尺度地形的热力效应及其参数化问题提供可靠的理论依据。

1 理论基础

目前所提出的考虑地表非均匀性的陆面过程参数化方案不外乎两类[12]：其一，将一个大尺度网格区细分成若干个具有更高分辨率的次网格元，并假定次网格元为均匀地表。对每一个次网格元计算它们各自的地表通量值，然后采用某种平均方法（如面积权重平均）获得大尺度网格区平均通量值，这就是地表通量的分布式（distributed）计算。这种计算方案虽考虑了地表非均匀性，但计算工作量大。在没有地表区域平均通量值的情况下，可将其计算结果视为“真实值”。例如，所谓 Mosaic 方法即是其中的一种，它对网格区内的通量变率采用“拼图”描述方法，将大尺度模式的网格区细分为若干次网格区，或按不同下垫面（即 Patch）计算其各自的通量，最终求得其平均通量。其二，将地表物理参量水平空间分布的非均匀特征采用某种概率密度函数（简记为 PDF）加以描述，并将其纳入模式方程组内，从而把地表非均匀特征的描述转化为少数统计特征参量的数值表征。最终借助于某种非均匀积分算子表达式来计算非均匀地表的区域平均通量，这就是所谓“统计－动力学”方案。当然，假如不考虑地表的非均匀性，通常把整个大尺度网格区物理参量及其地表通量视为地理空间上分布均一的变量，直接用网格区该物理参量的平均值来计算地表通量（例如使用算术平均值），则所得通量值即为大尺度网格区的平均通量值。这就是通量的块式（lumped）计算方案。可见，块式计算就是假定地表均一，不考虑地表非均匀性的参数化方案。例如计算大尺度网格区地表长波辐射通量时，块式计算将区域温度参数作为均匀分布取其定值，直接用这一温度值求得地表辐射通量值作为格元的辐射通量值，而考虑非均匀性的分布式计算则对不同的次网格元取不同的相应参数值，计算各次网格元上的辐射通量，然后取其均值。显然上述两者结果必有差异。

现假定水平地理空间上任一给定区域（如大尺度网格区）内的某一地点，其某一地表物理参量设为 X，它可表为纬度、经度、海拔高度及时间的函数

$$X=\phi(\varphi,\lambda,h,t) \tag{1}$$

式中 φ,λ,h,t 分别是纬度、经度、海拔高度及时间。严格地说，陆面或地表层中各种物理参量都随上述自变量而变。从宏观上看，这些参量可视为相应空间尺度上的确定性变量；但就更小的空间尺度而言，由于次网格上的自然地理及生态系统的复杂多样性、大气强迫与人类活动的综合影响，地表物理参量在地理空间域上的数值分布可表征为一种（随机变量）连续型函数。因此，任一给定网格区内，给定时刻 t 的每一地理空间坐标点的某一地表物理参量 x，又可简记为

$$x(t)=\bar{x}(t)+x''_t \tag{2}$$

式中 $\bar{x}(t)$ 表示地表物理参量的区域总体均值，而 x''_t 则代表非均匀性所引起的扰动值或偏差值。上式表明，任一格点地表物理参量总可分解为两部分：即水平地理空间区域的总体均值和局地地点对于区域平均的偏差值。假定陆面某一通量可表示为若干个地表物理参量 $x_1,x_2,\cdots,x_n$（例如，地表温度、土壤湿度、海拔高度等）的某种函数 $\Psi(x_1,x_2,\cdots,x_n)$。则网

格区的区域平均通量，按前文所述的分布式计算方法，可写为

$$W_{\mathrm{d}} = \langle \Psi(x_1, x_2, \cdots, x_n) \rangle = \frac{1}{m}\sum_j \Psi_j(x_1, x_2, \cdots, x_n) \qquad j = 1, 2, \cdots, m \tag{3}$$

式中，W_{d} 代表某区域平均地表通量〈·〉代表求区域平均。对于每一格点的 $\Psi_j(x_1, x_2, \cdots, x_n)$，若应用式(2)的关系(略去格点序号)作泰勒展开，并略去二阶以上的高阶项，就可得到近似表达式

$$W_{\mathrm{d}} = \langle \Psi(x_1, x_2, \cdots, x_n) \rangle \approx W + \widetilde{W}$$

$$\approx \langle \Psi(\bar{x}_1, x_2, \cdots, x_n) \rangle + \left\langle \frac{1}{2}\left[x''_1 \frac{\partial}{\partial x_1} + x''_2 \frac{\partial}{\partial x_2} + \cdots + x''_n \frac{\partial}{\partial x_n} \right]^2 \Psi(\bar{x}_1, \bar{x}_2, \cdots, \bar{x}_n) \right\rangle \tag{4}$$

式(4)表明，用分布式计算的网格区平均通量可视为两部分通量叠加的结果：(1)区域内地表物理参量为均匀分布所计算的区域平均通量项 W(右端第1项)；(2)由区域内地表物理参量的次网格尺度非均匀性所引起的附加扰动项 $\widetilde{W}$(右端第2项)。由此可见，地表非均匀性所引起的通量计算误差，也就是分布式计算与块式计算之差，可表述为

$$\widetilde{W} \approx W_{\mathrm{d}} - W = \left\langle \frac{1}{2}\left[x''_1 \frac{\partial}{\partial x_1} + x''_2 \frac{\partial}{\partial x_2} + \cdots + x''_n \frac{\partial}{\partial x_n} \right]^2 \Psi(\bar{x}_1, \bar{x}_2, \cdots, \bar{x}_n) \right\rangle \tag{5}$$

进一步可写为

$$\widetilde{W} \approx W_{\mathrm{d}} - W = \frac{1}{2}\sum_{j=1}^{n} \frac{\partial^2}{\partial x_j^2}\Psi(\bar{x}_1, \bar{x}_2, \cdots, \bar{x}_n) S_j^2 + \frac{1}{2}\sum_i \sum_j \frac{\partial^2}{\partial x_i \partial x_j}\Psi(\bar{x}_1, \bar{x}_2, \cdots, \bar{x}_n) S_{ij} \tag{6}$$

这里，右端的 S_j^2 和 S_{ij} 分别表示各物理参量的次网格方差和各物理参量之间两两协方差。式(6)表明，次网格尺度非均匀性对网格区地表平均通量的影响主要在于非均匀性所引起的附加次网格尺度项。它们实际上又包含着两部分影响：(1)由各个地表物理参量次网格变率(即方差或变差系数)所引起的误差；(2)由各个地表物理参量两两非均匀性所引起的协变率即混合扰动偏差。若考虑陆面通量仅受两个物理参量影响的简单情况(例如，地表温度、海拔高度等)，则式(6)还可简化为

$$W_{\mathrm{d}} - W \approx \frac{1}{2}\frac{\partial^2}{\partial x_1^2}\Psi(\bar{x}_1, \bar{x}_2) S_1^2 + \frac{1}{2}\frac{\partial^2}{\partial x_2^2}\Psi(\bar{x}_1, \bar{x}_2) S_2^2 + \frac{1}{2}\frac{\partial^2 \Psi(\bar{x}_1, \bar{x}_2)}{\partial x_1 \partial x_2} S_{12} \tag{7}$$

或者写成

$$\frac{W_{\mathrm{d}} - W}{W} \approx \frac{(C_{v1}\bar{x}_1)^2 \dfrac{\partial^2 \Psi(\bar{x}_1, \bar{x}_2)}{2\partial x_1{}^2} + (C_{v2}\bar{x}_2)^2 \dfrac{\partial^2 \Psi(\bar{x}_1, \bar{x}_2)}{2\partial x_2{}^2} + \langle x_1'' x_2'' \rangle \cdot \dfrac{\partial^2 \Psi(\bar{x}_1, \bar{x}_2)}{2\partial x_1 \partial x_2}}{\langle \Psi(\bar{x}_1, \bar{x}_2) \rangle} \tag{8}$$

式中 C_{v1}，C_{v2} 分别为参量 x_1 和 x_2 的次网格尺度变差系数，它们描述了地表物理参量在区域上分布的离散程度。而协方差 $\langle x_1'' x_2'' \rangle$ 表征两个地表物理参量非均匀分布可能存在的相关性大小，其物理意义表明了两者的某种混合扰动项所可能产生的偏差。如果两者相互独立，则式(7)或(8)右端第3项为零。

2　地表温度非均匀性对长波辐射通量的影响

根据上述一般原理，探讨网格区地表长波辐射通量对地表物理参量非均匀分布的敏感

性。在大气环流模式中，常用的地面有效辐射计算方案为

$$R=IR\uparrow-IR\downarrow=\delta\sigma T_g^4+\delta\sigma T_a^4 \tag{9}$$

式中，$IR\uparrow$ 为地表长波辐射，$IR\downarrow$ 为大气逆辐射，σ 为斯蒂芬—玻尔兹曼常数，一般取 $\sigma=5.67\times10^{-8}\ \mathrm{J/(s^2\cdot m^2\cdot K^4)}$，$\delta$ 为比辐射系数，T_g 为地表温度，T_a 为近地层大气温度。

目前，最常用的地表向大气的长波辐射（IR）的计算式可表示为

$$R=IR\uparrow=\delta\sigma T_g^4 \tag{10}$$

对于给定的地表类型，比辐射系数 δ 主要为地表土壤水含量的函数。假定地表温度和比辐射系数在地理空间为非均匀分布。根据式（6）和（7），不难得到

$$\overline{R}_L-\overline{R}_L=6\delta\sigma C_{VT_g}^2\overline{T}_g^2+2\sigma\overline{T}_g^3\langle T_g''\delta''\rangle \tag{11}$$

$\overline{R}_{LD}$，$\overline{R}_L$ 分别为区域平均长波辐射通量的分布式计算值和模式计算值（其余符号与前同），则区域平均长波辐射通量的相对误差可表示为

$$E=\frac{\overline{R}_{LD}-\overline{R}_L}{\overline{R}_L}=\frac{6C_V{T_g}^2}{\overline{T}_g^2}+\frac{2\langle T_g'\delta'\rangle}{\bar{\delta}\cdot\overline{T}_g} \tag{12}$$

式中，右边第一项为地表温度的次网格尺度非均匀性所引起的相对误差，它取决于区域温度场变差系数与区域平均温度。第二项为地表温度与比辐射系数的非均匀性所引起的混合扰动项。

3　海拔高度与地表温度非均匀性对有效辐射通量的交叉影响

3.1　理论分析

有效辐射随海拔高度的变化受到两个相反因素的影响，一方面主要因大气柱中水汽含量的减少和气温的降低，使到达地面的大气逆辐射急剧减少；而另一方面却因地面温度的降低而减少地面向上放射的长波辐射。地形高度对辐射通量计算的影响，有不同的计算公式，但其量级相当。这里采用对地面有效辐射具有普适性的半经验公式[13]

$$R=IR\uparrow-IR\downarrow=\sigma\delta\{T_g^4-T_a^4[1.035-0.295\exp(-0.166\omega)]\}\cdot[1-0.54\exp(0.02z^2)N]0.965\exp(0.18z) \tag{13}$$

式中 R 为净辐射，z 为海拔高度（km），N 为总云量，其他符号同前。而 ω 又可按下式确定

$$\omega=(0.1045+0.1513e_d)\exp(0.06z) \tag{14}$$

式中 e_d 为饱和水汽压。引用式（13）的目的只是为了考察地形高度及其他物理参量（例如地表温度）非均匀性对区域有效辐射计算的影响。若考虑简单情况，例如在晴空条件下（$N=0$），仅考虑海拔高度和地表温度的非均匀性，并且不计水汽压的影响，则式（13）可以简化为

$$R=IR\uparrow-IR\downarrow=\sigma\delta[T_g^4-T_a^4]0.965\exp(0.18z) \tag{15}$$

利用式（6），（7）的分析结果，对式（15）作泰勒展开，并略去高阶项，取其区域平均，最终可得

$$\overline{R}_d=0.965\delta\sigma\Big[(\overline{T}_g^4-\overline{T}_a^4)e^{0.18\bar{z}}+0.0162\times(\overline{T}_g^4-\overline{T}_a^4)e^{0.18\bar{z}}C_{Vz}^2\bar{z}^2+6(\overline{T}_g^4-\overline{T}_a^4)e^{0.18\bar{z}}\cdot({C_{VT}}_g^2{C_{VT}}_a^2)+0.36(\overline{T}_g^3-\overline{T}_a^3)e^{0.18\bar{z}}\cdot(\langle T_g''z''\rangle-\langle T_a''z''\rangle)\Big] \tag{16}$$

式中 C_{Vz} 为区域内次网格尺度海拔高度的变差系数。由上式可见，就地形非均匀性的影响而言，一方面，单点的地面有效辐射随地形高度的增加呈指数增长；另一方面，次网格地形的非

均匀分布对于网格区有效辐射值的计算也存在一定影响。就地表温度来说,它的次网格尺度变率的影响叠加在气温变率的影响之上,并与海拔高度及其非均匀性的影响交叉混合成复杂的非线性函数关系。为了更清楚地描述这些非均匀性对网格区有效辐射计算的影响,进一步仿式(8),用相对误差式表示为

$$E = \frac{\overline{R}_d - \overline{R}}{\overline{R}} \times 100\% \tag{17}$$

式中

$$\overline{R} = 0.965\delta\sigma(\overline{T}_g{}^4 - \overline{T}_a{}^4)\mathrm{e}^{0.18\overline{z}} \tag{18}$$

于是有

$$E = \Big[0.0162C_{Vz}^2\overline{z}^2 + 6(C_{VT_g}^2 - C_{VT_a}^2) + 0.36(\overline{T}_g^3 - \overline{T}_a^3)(\langle T_g{}''z''\rangle - \langle T_a{}''z''\rangle)\cdot (\overline{T}_g^4 - \overline{T}_a^4)^{-1}\Big] \times 100\% \tag{19}$$

为叙述方便,将上式右端,简记为

$$E = R_H + R_T + R_{HT} \tag{20}$$

上式表明,在区域内若考虑次网格尺度非均匀性的(平均有效辐射)真实值,则均匀性假定下所计算的平均有效辐射的相对误差往往是由下列 3 种地表物理参量的综合影响叠加而成:(1)区域平均海拔高度;(2)区域内次网格尺度地表温度和气温各自的变差系数(实际主要是地表温度的空间变率);(3)温度与海拔高度的协变率及其平均温度水平分布的相对影响。换言之,假如不考虑地形的非均匀性而简单地处理为均一网格区的区域有效辐射平均通量,所产生的虚假计算值与真实值的相对误差,就如式(19)和(20)右端所示:它们依次为:(1)地形高度非均匀性所引起的扰动项(R_H);(2)地表温度非均匀性所引起的扰动项(R_T);(3)地形高度与温度非均匀性相互作用引起的混合扰动相关项(R_{HT})。显然,若假定区域内的地表温度为均匀分布,即处处为常值,则上式的右边第 2,3 项即可略去,在此特殊情况下,式(19)还可简化为

$$E = 1.62C_{Vz}^2\overline{z}^2 \tag{21}$$

这就表明,在不考虑地表温度分布非均匀性的前提下,相对误差 E 仅仅只是海拔平均高度与地形非均匀性(由于海拔高度地理分布不均)所产生的变差系数之函数。

3.2 地形非均匀性的影响特征

$$T_{gi} = \overline{T} - 6.5\times(z_i - \overline{z}) \tag{22}$$

实际上,式(21)各项的相对大小或贡献并不一定相同,有可能相差几个量级。在实际计算中有的小项就可忽略,从而简化计算。为了分析式(21)中各项相对贡献大小,我们以一些典型实际地形及其温度场的分布特征考察其规律性。

3.2.1 地形高度场的分布特征

选用有代表性的高分辨率地形高度场资料(区域为 22°~40°N,75°~102°E,地形分辨率为 5′×5′)。该区包括整个青藏高原、中国大部分地区、西西伯利亚平原以及印度平原一部分,为全球地形最为复杂、地形起伏变化最大的区域之一。图 1 为该区域的海拔高度场地形分布(分辨率为 5′×5′),从图中可以看到,该区域地形海拔高度变化较大。

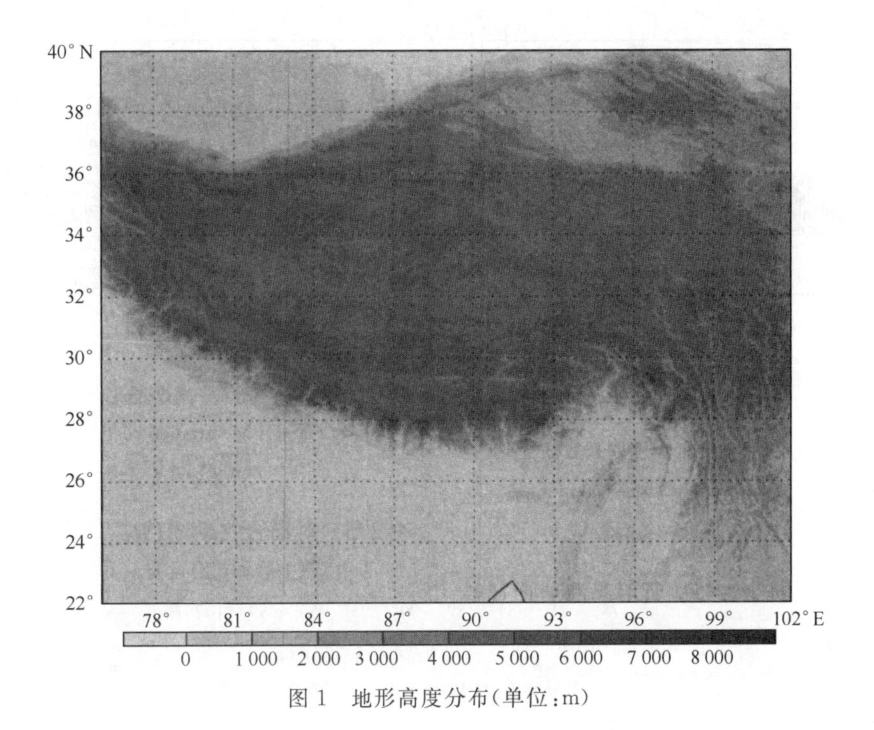

图 1　地形高度分布(单位:m)

将整个区域按不同的分辨率划分成 1°×1°,2°×2°和 4°×4°共 3 种网格尺度类型,由高分辨率(5′×5′,代表次网格)地形高度资料计算每种网格尺度地形高度场的变差系数,图 2 分别给出了 1°×1°,2°×2°和 4°×4°共 3 种网格尺度地形高度场变差系数分布。

计算结果表明,地形高度场变差系数的分布和地形的变化相吻合,在地形变化较大的地区其变差系数相应也较大,如平原和山地、高原的过渡区域。低分辨率的网格划分方法可能会掩盖高分辨率的更精细区域地形特征,使得所计算的局地变差系数存在差异,但是它们和地形高度场的分布是分不开的。比较图 2a—2c 可知,海拔高度场的整体地形变差系数分布相当一致。根据现有资料我们计算了全球地形高度场的变差系数分布,其取值范围为 0.0~1.3。最大值在青藏高原南坡为 1.3。

图 3 给出了式(22)中第一项 R_H 的相对贡献(%)随地形平均高度和区域变差系数的变化。由图可见,地形高度的次网格尺度非均匀性对于计算偏差的影响是不可低估的,尤其是当区域地形高度场的变差系数很大时(数值约为 1.0),若区域平均海拔高度较大,其对第一项 R_H 的相对贡献(%)的影响也大。

例如,地形平均高度为 5.0 km 的区域,其变差系数达到 1.4 时,R_H 值可达 43.8%。此时地形高度非均匀性引起的计算偏差很大,不可忽略。不过,也应该看到地形高度的非均匀性所引起的地形偏差主要受地形平均高度的制约,在地形平均高度为 1.0 km,变差系数达到 1.4 时,R_H 值才刚刚达到 2.73%,但随着平均高度的增长其影响程度将愈来愈大。

3.2.2　地形引起的地表温度场的分布特征

地表温度和空气温度的高低主要取决于该地区所处纬度、地形等因素。对于典型的气

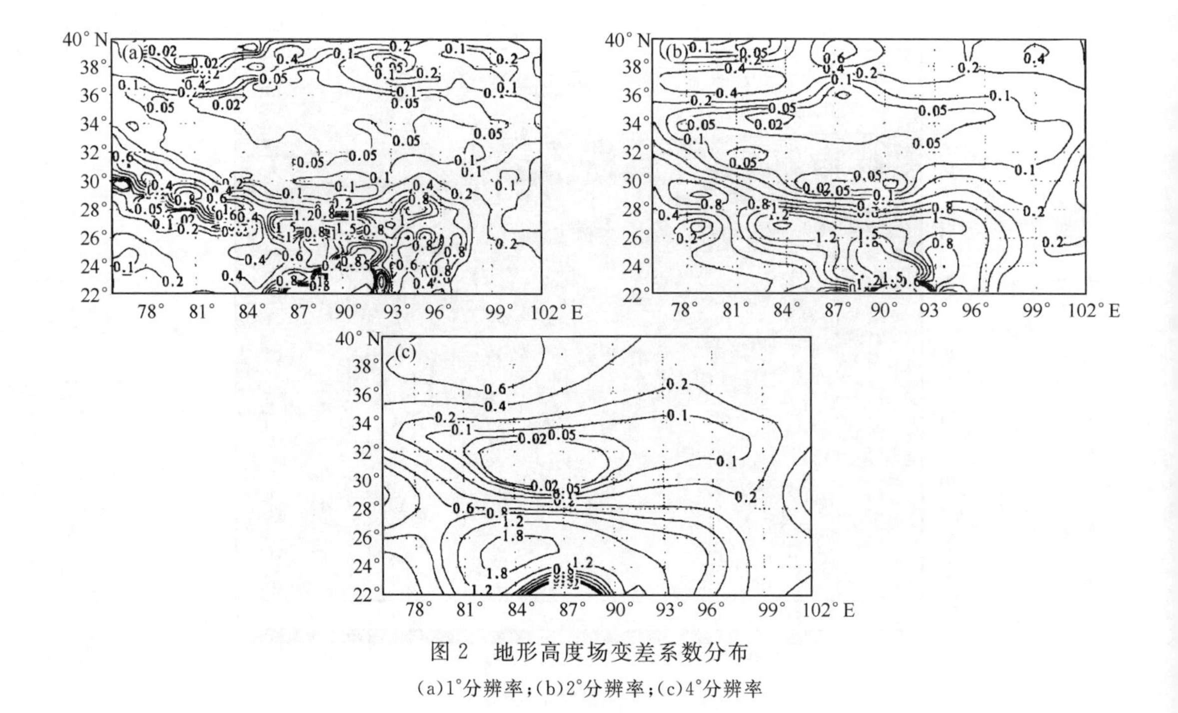

图 2 地形高度场变差系数分布

(a)1°分辨率;(b)2°分辨率;(c)4°分辨率

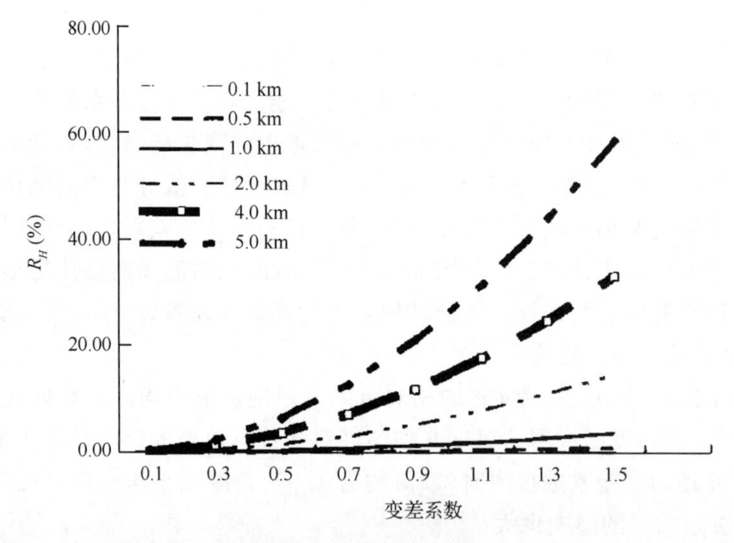

图 3 R_H 项随平均海拔高度和区域变差系数的变化

候模式网格区而言,其大小约为几百平方千米,在这样的区域内,地理纬度的影响很小。地表温度和空气温度的变化主要受地形等小气候效应的制约。地表温度的变化范围一般不超过 10 K,空气温度的变化则更小。为了在数值上做一个粗略的验证,假设在理想情况下,地表温度只是海拔高度的函数,温度直减率为每上升 1 km 下降 6.5℃,即有

$$T_{gi}=\overline{T}-6.5\times(z_i-\overline{z}) \tag{22}$$

若设地表区域平均温度 $\overline{T}=290$ K,则由地形高度场资料可以产生相应的温度场,求得温度

场变差系数，图 4 给出了对应于次区域分辨率为 2°×2°的温度场变差系数。由图可见，区域地表温度变差系数的分布和地形高度的变差系数分布较一致，计算的最大值为 0.025，地形相对平坦区一般为 0.05 左右，这和用遥感资料反演的地表温度场的特征基本吻合。即使假定温度随海拔高度变化达到 10 ℃/km，求得的最大变差系数仅为 0.045。由以上分析和式(22)的描述可知，地面温度场的变差系数一般很小，一般情况下温度的次网格非均匀性所产生的扰动项误差贡献的量级也很小(约为 10^{-2})，可以略去不计。

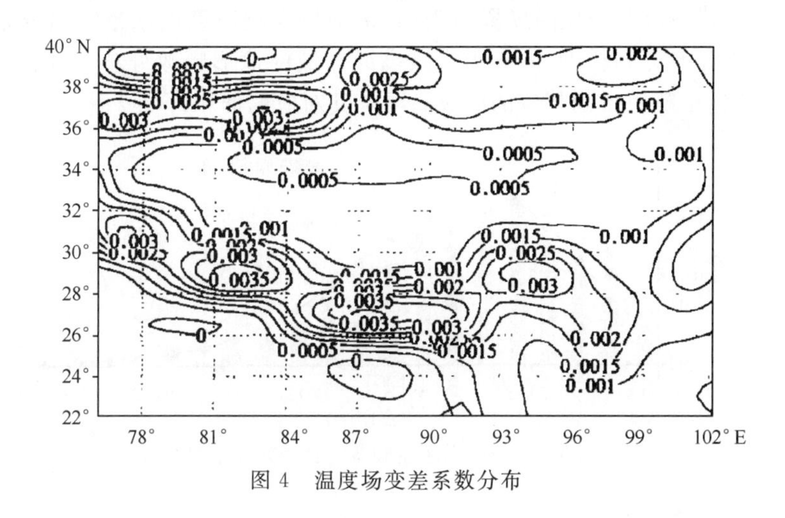

图 4 温度场变差系数分布

3.2.3 对混合扰动项(R_{HT})的定性分析

由式(19)和(20)，R_{HT} 可写为

$$R_{HT}=\frac{0.36(\overline{T}_g^3-\overline{T}_a^3)\ (\langle T_g''z''\rangle-\langle T_a''z''\rangle)}{\overline{T}_g^4-T_a^4}\times 100\% \tag{23}$$

如前所述，空气温度在一个大小为几百平方千米的模式网格区内变化很小，为简单起见，不仿假定空气温度为常值，于是，上式可简化为

$$R_{HT}=\frac{0.36\langle T_g''z''\rangle}{\overline{T}_g}\times 100\% \tag{24}$$

若取最大情形，$T_g''<10$ K，$z''<2$ km，$\overline{T}_g$ 取 290 K，显然，即使这样，其计算得到的 R_{HT} 对误差 E 的影响也很小。可见，R_H，R_T 与 R_{HT} 大小量级不同，且量级的相对大小取决于实际地形状况，一般来说应有 $R_H>R_{HT}>R_T$。从以上分析可知地形高度的次网格尺度非均匀性对网格区有效辐射的影响主要取决于式(19)或式(20)中的第 1 项。

4 数值模拟试验

为了验证理论分析结果，假定某大尺度模式网格区内不同地形的各个次网格区相互独立，且忽略水平方向的各种作用过程，则该区域有效辐射通量可以表示为

$$\overline{R}_{\mathrm{d}}=\sum_{i=1}^{n}A_iS_i\Big/\sum_{i=1}^{n}S_i \tag{25}$$

n 表示划分的地形高度区的数目；A_i 是区域中第 i 种次网格地形区的平均有效辐射通量，S_i 是区域中第 i 种次网格地形区（下垫面）所占有的面积；$\bar{R}_d$ 是区域内各种次网格地形区（下垫面）的总体平均有效辐射通量，它实为考虑地形非均匀性的区域平均通量，如果次网格划分得足够细，可以认为 $\bar{R}_d$ 等价于区域"真实值"。

4.1 试验设计

考察多个区域的地形海拔高度资料表明，由地形海拔高度的水平空间分布所拟合的频数分布基本上符合 Γ 分布模型（图 5 为青藏高原区域的地形频数分布）。因此，给定均值和方差，即可由 Γ 分布模型得到相应的海拔高度及其对应的面积。

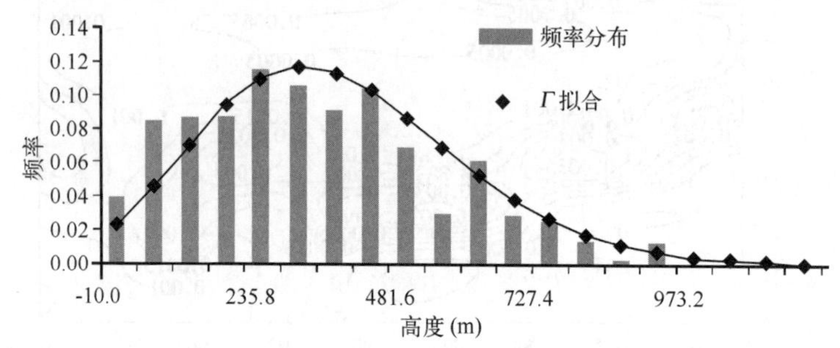

图 5　青藏高原区地形高度的频数分布拟合

根据 Γ 分布概率密度函数[14]

$$f(x) = \frac{|\beta|}{\Gamma(\alpha)}[\beta(x-a_0)]^{\alpha-1}\mathrm{e}^{-\beta(x-a_0)} \tag{26}$$

式中 α（恒大于零），β 及 a_0 分别为形状、尺度及位置参数。由于均值 μ、变差系数 C_{VZ}（或标准差 S_Z）、偏态系数 C_{SZ} 与上述参数的关系为[14]

$$\alpha = \frac{4}{C_{SZ}^2} \tag{27}$$

$$\beta = \frac{2}{S_Z C_{SZ}} \tag{28}$$

$$a_0 = \mu\left(1 - \frac{2C_{VZ}}{C_{SZ}}\right) \tag{29}$$

根据上述关系，若取定偏态系数（如取 $C_{SZ}=0.5$），并分别取平均海拔高度为 0.1，0.5，1.0，2.0，4.0，5.0 km 等 6 种情况，而相应海拔高度场的变差系数从 0.2 逐渐增加到 1.5（间隔 0.1）共 14 种类型，则可利用上述 Γ 分布模式模拟计算各区域（共有区域总数为 14×6＝84 个）次网格点的海拔高度，从而得到各次网格区域模拟的地形高度场。图 6 即是由各个模拟网格区海拔高度场得到的平均高度为 1.0 km 的 13 种不同变差系数的地形高度场频数分布。

4.2 模拟计算及结果分析

根据所模拟的高度场即可由式(24)近似得到相应的地表温度场（由于气温的空间变化较小，忽略不计）。在此基础上，结合对式(22)的分析结果，对各个模拟区分别取式(20)右端

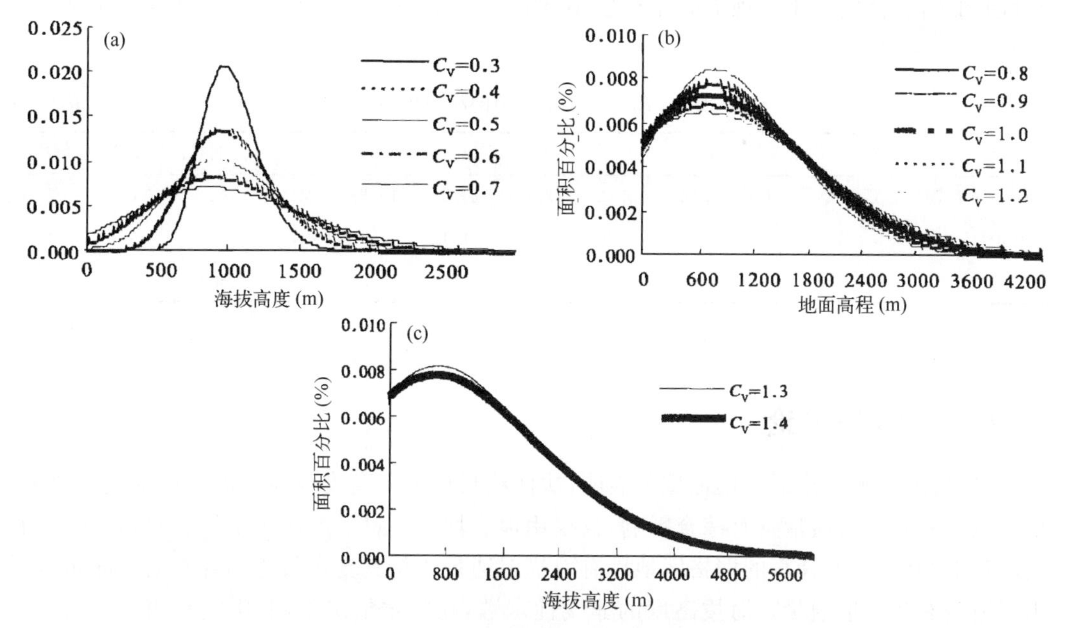

图 6　不同变差系数的地形高度场频数分布

(a) 1°分辨率；(b) 2°分辨率；(c) 4°分辨率

前两项计算区域平均有效辐射“真实值”$\bar{R}_d$ 和考虑均匀分布假定下由区域平均高度和温度所计算的有效辐射值 $\bar{R}$。

图 7 为模拟计算的绝对误差百分比值随不同地形高度变差系数和平均高度的变化，由图可见，它与图 6 十分相似。模拟计算表明，当次网格非均匀地形高度的变差系数达到 1.4，平均高度为 5.0 km 时，非均匀性引起的区域平均通量计算结果的相对误差百分比约为 40%。

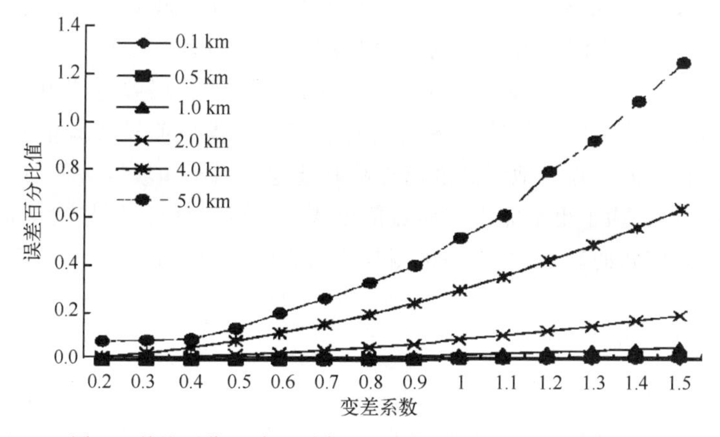

图 7　误差百分比随不同高度变差系数及平均高度的变化

表 1 给出了地形平均高度为 3.0 km、平均温度为 280 K 时，地形(R_H)和地表温度(R_T)及其混合作用(R_{HT})各项所产生的影响量级之相对大小(其中平均项大小设为 100)。由表可见，地形非均匀性对地面长波辐射通量的影响，主要是海拔高度非均匀性 R_H 所引起。温

度和地形的混合偏差相关项 R_{HT} 相对较小，约为前者的 1/5。而温度非均匀性自身 R_T 的影响更小，约为 R_H 项的 1/14。

表 1 R_H，R_T 与 R_{HT} 项的相对大小比较 （单位：%）

C_V	0.3	0.4	0.5	0.6	0.7	0.8	0.9	1.0	1.1	1.2	1.3	1.4
R_H	1.78	3.18	4.96	7.14	9.72	12.7	16.0	19.8	24.0	28.5	33.5	38.9
R_T	0.13	0.25	0.35	0.51	0.69	0.90	1.14	1.40	1.70	2.03	2.38	2.76
R_{HT}	0.35	0.623	0.97	1.40	1.91	2.49	3.16	3.90	4.71	5.61	6.59	7.68

5 小结和讨论

（1）借助于理论论证和模拟试验表明，次网格尺度地形高度与地表温度的非均匀性对网格区地表有效辐射通量具有综合影响，仅仅用地表均匀假定下的区域平均参量（如平均海拔高度和平均温度）所计算的网格区地表有效辐射通量值与其真实值之间存在着一定的误差。由于地表有效辐射通量是海拔高度的非线性函数，在特定情况下，其影响相当大，可产生不容忽略的误差。

（2）不同假设条件下，非均匀地表所产生的次网格尺度扰动项有所不同。海拔高度的非均匀性、地表温度的非均匀性以及温度与高度非均匀性的交互作用都可对计算结果的误差有贡献，但其量级并不相同，海拔高度自身非均匀性对误差的影响远大于地表温度非均匀性项及其混合扰动项所产生的误差。

（3）平均海拔高度对计算偏差起了决定性作用。对不同的地形平均高度而言，地形非均匀性影响的程度并不相同。平均高度较小时，非均匀性的影响几乎可以忽略，但随着地形平均高度的增加，地形非均匀性的影响程度呈非线性增长趋势。

上述分析结果表明，如在平原地区，由于其平均海拔高度及其变差系数都较小，用网格区的平均高度和平均地表温度所计算的地表长波辐射通量和实际值的误差可以忽略不计，然而，对于平均海拔高度及其变差系数相对较大的山区，计算误差可能很大，应当在大气数值模式设计中给予充分考虑。尽管上述结论对于完善气候数值模式有重要参考价值，但本文的研究仅仅是初步的。除了地形高度以外的其他地形因子如坡度坡向对于辐射通量的影响，还需进一步探讨。为了更加完善气候数值模式，完整地考虑次网格尺度地形的各种因子对辐射通量参数化问题的影响，并逐一检测其相对贡献都很有必要。

参考文献

[1] Wallace J M, Tibaldi S, Simmons A J. Reduction of systematic forecast errors in the ECMWF model through the introduction of an envelope orography. *Q J R Meteor Soc*, 1983, **109**: 683-718.

[2] Li L, Zhu B Z. The modified envelope orography and the air flow over and around mountains. *Adv Atmos Sci*, 1990, **7**: 249-260.

[3] Qian Y F, Dong L. Effects of the envelope degree of orography on the simulated climate properties. *Acta Meteor Sinica*, 1995, **9**: 302-312.

[4] Palmer T N, Shutts GJ, Swinbank R. Alleviation of a systematic westerly bias in general circulation and numerical weather prediction models through an orographic gravity wave drag parameterization. *Q J R Meteor Soc*, 1986, **112**: 1 001-1 039.

[5] McFarlane N A, Girard C, Shantz D W. Reduction of systematic errors in NWP and general circulation models by parameterized gravity wave drag. *J Meteor Soc Japan*, 1987, **65**(suppl): 713-728.

[6] 刘晶淼,周秀骥,余锦华等. 非均匀地表条件下区域蒸发散通量计算方法的研究. 应用气象学报, 2002, **13**(3): 288-298.

[7] 刘晶淼,丁裕国,周秀骥等. 地表非均匀性对区域平均水分通量参数化的影响. 气象学报, 2003, **61**(6): 712-717.

[8] Seth A, Giorgi F, Dickinson R E. Simulating fluxes from heterogeneous land surfaces: Explicit subgrid method employing the Biosphere-Atmosphere Transfer Scheme (BATS). *J Geophys Res*, 1994, **99**: 18 561-18 667.

[9] Giorgi F. An approach for the representation of surface heterogeneity in land surface models. Part I: Theoretical framework. *Mon Wea Rev*, 1997, **125**: 1 885-1 899.

[10] Giorgi F, Avissar R. Representation of heterogeneity effects in earth system modeling: Experience from land surface modeling. *Rev Geophys*, 1997, **35**: 413-438.

[11] Giorgi F, Francisco R, Pal J. Effects of a subgrid-scale topography and land use scheme on the simulation of surface climate and hydrology, Part I: Effects of temperature and water vapor disaggregation. *J Hydrometeor*, 2003, **4**: 317-333.

[12] Hu Z, Islam S. Effect of spatial variability on the scaling of land surface parameterization. *Boundary-Layer Meteor*, 1997, 83: 441-446.

[13] 翁笃鸣,高建芸. 青藏高原地表净辐射的气候研究. 南京气象学院学报, 1993, **16**(4): 464-470.

[14] 么枕生,丁裕国. 气候统计. 北京: 气象出版社, 1990, 278-279.

湿润气候区非均匀地表平均蒸散发率参数化方案研究

刘晶淼[1]　丁裕国[2]　周秀骥[1]　汪　方[2]

(1.中国气象科学研究院,北京　100081;2.南京信息工程大学,南京　210044)

摘　要:从水文过程的物理机制出发,提出湿润气候区平均蒸散发率的一种统计一动力参数化方案。将陆面蒸散发过程的复杂机制分解为地表层裸土及植被两种下垫面的土壤水分饱和区与非饱和区影响下的通量贡献。从理论上推导出考虑土壤含水量次网格尺度非均匀性的区域蒸散率解析表达式。根据湿润气候区土壤水分空间分布PDF的特点,给出适用于湿润气候区的平均蒸散发计算式。以长江三角洲为例进行的数值试验证明其合理性与可行性。

关键词:湿润气候　区域平均蒸散发率　参数化方案　非均匀地表　概率密度函数

引　言

蒸发通量是陆一气通量的一个重要组成部分。从地表水量平衡的观点出发,蒸散发量的参数化,一般可认为,主要是将其表示为土壤水分的经验函数。普通的大气环流模式(General Circulation Model,GCM)对网格区地表蒸发散量往往采用其效率函数进行参数化,即它代表了当土壤水分充盈的条件下,由土壤表层向大气的水汽输送潜力[1]。地表蒸发不仅受大气条件(热力和动力条件)而且受下垫面水分供应条件的影响。但在稳定大气强迫下,若土壤储水层无渗漏,存储水分的消耗主要是由地表向大气以气态形式输送水分的过程,即通常形成的土壤表层与植被覆盖向大气的蒸散发过程。一般来说,当土壤很湿(或饱和)时,土壤层在大于或等于大气水汽输送能力的条件下,水分从土壤深层经表层向大气的发送往往具有足够的潜能。此时实际蒸发力等于由大气状况所确定的潜在蒸发力,这种蒸发可称为"气候控制"蒸发。然而,假定在正常气候条件下,若继续耗尽土壤存储水分使其减少到某一临界值以下,即土壤水分已下降到潜在蒸发力需求量以下(土壤层出现低湿状态),这种蒸发又可称为"土壤控制"蒸发。基于上述物理意义,地表蒸发散过程可视为土壤水分向大气的一种扩散过程。

为了改进非均匀地表区域平均蒸散发率的解析表达式[2],在充分考虑大气条件并借助于卫星遥感(RS)及地理信息系统(GIS)资料,引进以Penman公式为基础的K-B模式[3]计算潜在蒸发力的前提下,提出一种普适性强的适用于不同气候区(湿润区或干旱区)土壤湿度分布型的蒸发散率解析表达式。本文首先探讨适用于湿润气候区的参数化方案。

1　非均匀地表区域平均蒸散发率的解析表达式

假设GCM网格区内任意一个次网格点的蒸散发率为B_e,它可视为土壤水分相对饱和度S的函数。由于区域地表土壤水分的水平空间分布具有非均匀性,借助于概率理论,利用描述在区域内水平地理空间非均匀分布的概率密度函数(Probability Density Function, PDF)$f_S(S)$,结合水文过程和水力学性质,就可写出用于非均匀地表的区域平均蒸散发率的理论表达式[4]。鉴于裸土和植被覆盖两种地表的蒸散发过程不尽相同,故其区域平均蒸散发率可写成

$$E(B_e)=\int_0^{\infty}B_e f_e(S)\mathrm{d}S=a_1E(B_e^{(1)})+a_2E(B_e^{(2)}) \tag{1}$$

式中 $B_e^{(1)}$ 为裸土蒸发率;$B_e^{(2)}$ 为植被覆盖蒸腾率。a_1,a_2 分别为区域内裸土和植被的面积权重,%。其中,对于裸土区而言,可有

$$E(B_e^{(1)})=\int_0^{S^*}\overline{f}_e f_S(S)\mathrm{d}S+\int_{S^*}^{\infty}e_p f_S(S)\mathrm{d}S \tag{2}$$

式中 $\overline{f}_e$ 为裸土区土壤水分的释放函数(土壤水分吸附力和重力因子的函数);e_p 为最大蒸发率,它是不依赖于土壤物理特性的独立变量,因此,可根据 Penman 公式或由其他途径给出具体公式实现计算。而 $\overline{f}_e$ 则可依据土壤水分吸附力和重力影响因子经验地给定。上式表明,区域平均裸土蒸散发由两部分加权平均构成,其一,土壤水分未达饱和临界值 S^* 时($S<S^*$),由土壤解吸附力(desorption)所控制的土壤蒸发作用,又可称为土壤控制蒸发,即式(2)右边第一项;其二,土壤水分达到临界饱和值 S^* 以上时($S>S^*$),由土壤水分蒸发力所控制的土壤蒸发作用,故又称为气候控制蒸发,即式(2)右边第二项。研究表明,当土壤层内含水量超过临界饱和值 S^* 时($S>S^*$),相应的地表空气湿度达 100%,此时土壤"蒸发力"与水面蒸发近似或稍大,一般它与土中含水量的大小无关。而当土壤层内含水量低于临界饱和值时,土壤蒸发量大小就与土壤层内含水量密切相关,当土壤层内含水量很低时,土壤蒸发量大小取决于土壤底层向表层输送水分的能力。其关键问题是能否找出表达这两种控制的函数形式。由式(2)可见,既然 e_p 不依赖于土壤物理特性,对于植被覆盖区的平均蒸发散率则可有

$$E(B_e^{(2)})=\int_0^{S^*}\overline{f}_v f_S(S)\mathrm{d}S+\int_{S^*}^{\infty}e_p f_S(S)\mathrm{d}S \tag{3}$$

式中 $\overline{f}_v$ 为植被覆盖区土壤水分的释放函数,其余均与式(1)、式(2)相同。

1.1 裸土蒸发和植被蒸腾的数学描述

根据 Intekhabi 和 Eagleson 在文献[2]中的做法,就某一单点(次网格点)而言,土壤水分通量方程的 Philip 近似解可简化为

$$f_e\approx S_e t^{-\frac{1}{2}}-\frac{1}{2}K(S_0) \tag{4}$$

上式表明,当地表土壤水分相对饱和度很小时(即 $S\ll S_0$),在重力与毛细管力的共同作用下,入渗率可近似地有上述关系。式中 f_e 等价于土壤水分向上的释放函数。换言之,土壤水分向上(地表面)的蒸发率与时间 $t^{-\frac{1}{2}}$ 成比例,其比例常数为 S_e,一般称为土壤毛细管吸附率(或解吸附率),而 $K(S_0)$是与土壤初始水分含量有关的水力学传导率。显然,在积分时间 T 内(一般 GCM 时间步长 1 h)裸土区土壤水分的平均蒸发率(即释放函数)可近似地表

达为

$$\overline{f}_e = S_e T^{-\frac{1}{2}} - \frac{1}{2} K(S_0) \tag{5}$$

式中 S_e 又有经验公式[5]

$$S_e = \left[\frac{8 \eta_s k_s \Psi_s}{3(1+3m)(1+4m)} \right]^{\frac{1}{2}} S_0^{1/2m+2} \tag{6}$$

代入式(5),即可得到裸土区土壤水分的平均蒸发率为

$$f_e = K_s \Omega S_0^{1/2m+2} - K_s S_0^{2/m+3} \tag{7}$$

式中

$$\Omega = \left[\frac{8 \eta_s \Psi_s}{3K_s T(1+3m)(1+4m)} \right]^{1/2} \tag{8}$$

式(5)—(8)表明,水分由土壤层顶部向大气的输送量大小,取决于土壤毛细管吸附率 S_e,在给定的土壤(或下垫面)条件下,它又是土壤水力学参数(如 K_s,η_s,Ψ_s,m)及初始土壤湿度 S_0 的函数。引入上述公式的目的在于,能够设定一种符合实际的概率密度函数(PDF)表明,地表水分在水平空间上的非均匀分布,并由 PDF 所构成的非均匀积分算子纳入区域平均蒸散发通量的解析表达式中,从而通过对空间域的积分得到区域平均蒸散发通量。由于尚未加入时间变量及其积分,因而并不影响引用 Philip 近似解。

对于有植被覆盖地表来说,土壤水分的平均向上的吸附率即水分的释放函数,可近似地假定为[2]

$$\overline{f}_v = \begin{cases} 0 & 0 \leqslant S \leqslant S_W \\ e_p \dfrac{S - S_W}{S^* - S_W} & S_W < S < S^* \\ e_p & S^* \leqslant S < 1 \\ 0 & S \geqslant 1 \end{cases} \tag{9}$$

式中 $\overline{f}$ 为植被覆盖区土壤水分释放函数;S_W 为当植物仅有最低水分含量时,导致植物凋萎的土壤水分相对饱和度;e_p 为土壤的潜在蒸发率;S^* 为土壤水分相对饱和度的临界值,当低于此值时,土壤向大气的水分输送即是植被的蒸腾过程,而当其高于此值时,土壤向大气的水分输送为土壤的潜在蒸发过程。这里 S_W 可由文献[2]的经验公式计算,即

$$S_W = \left(\frac{\Psi_{\text{wilt}}}{\Psi_s} \right)^{-m} \tag{10}$$

式中 Ψ_{wilt} 为植物凋萎水分势;Ψ_s 为土壤饱和水分势。当然,式(9)也完全可推广到多层土壤的情况。由于本文仅仅在于试验如何将非均匀地表描述函数纳入到计算区域平均蒸散发通量解析表达式中,所以,为简便起见,以下的试验仅采用一层土壤的有植被覆盖区。在此基础上,并不难推广到多层土壤的条件下。

1.2 湿润区土壤水分相对饱和度的 PDF

由于 GCM 及许多大中尺度网格目前所能达到的次网格精度等问题的局限,加之单站土壤湿度观测还相当稀少,用常规观测资料来反映区域土壤水分特征又有很大局限性,而目前尚无力考虑微地形非均匀性问题等缘故,利用卫星遥感 AVHRR 资料,反演土壤水分的空间分布并拟合其空间分布的 PDF 仍不失为一种行之有效的方法。文献[6]曾用 Γ 分布拟

合土壤水分饱和度的PDF,但据笔者研究,该分布并不适用于湿润气候区,而只适用于干旱半干旱气候区。例如,对淮河流域土壤水分观测资料的研究表明,夏半年湿润区以右偏的β分布或Weibull分布为主[5]。最近笔者的研究更加支持了这一观点。借助于热惯量方法,利用覆盖于长江三角洲(29°～34°7′N,117°～122°7′E)近似矩形区域内的NOAA-AVHRR卫星遥感图像资料(空间分辨率0.01°×0.01°,格点数为512×512),我们反演了该地区的热惯量,并建立了该地区土壤热惯量与土壤水分之间的遥感信息模型,结果表明,反演的长江三角洲地区土壤水分的水平空间分布是一种右偏的分布型[7]。图1即为反演得到的该区土壤水分频率分布图,用β分布和Weibull分布对其分别拟合的结果表明,前者拟合效果最佳,其PDF可写为

$$f_s(S)=\frac{S^{\alpha-1}(1-S)^{\lambda-1}}{B(\alpha,\lambda)} \qquad 0<S<1 \tag{11}$$

式中$S=(\eta/\eta_s)$为土壤水分相对饱和度。

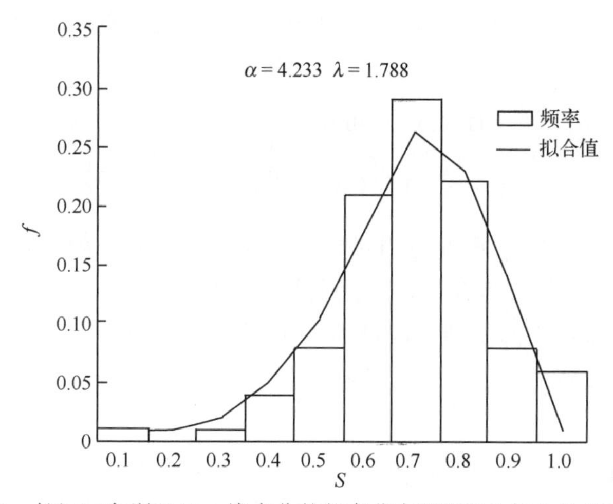

图1 长江三角洲地区土壤水分的频率分布图(1999年9月13日)

1.3 湿润区的蒸散发率解析表达式

(1)裸土蒸散发率 将式(7)和式(11)代入式(2)并对其积分,可得湿润区区域平均蒸发散率表达式(对裸土)

$$E(B_e^{(1)})=e_p[1-{}_S^*(\alpha,\lambda)]+\frac{K_S\Omega}{B(\alpha,\lambda)}H \tag{12}$$

式中

$$H=\left[B\left(\frac{1}{2m}+\alpha+2,\lambda\right)\beta_S\cdot\left(\frac{1}{2m}+\alpha+2,\lambda\right)-\Omega^{-1}B\left(\frac{2}{m}+\alpha+3,\lambda\right)\beta_S^*\left(\frac{2}{m}+\alpha+3,\lambda\right)\right] \tag{13}$$

式中$B(\alpha,\lambda)$为β函数;$\beta_{S^*}(\alpha,\lambda)$为不完全$\beta$函数。式(12)即为湿润区非均匀土壤湿度条件下区域平均蒸发散率表达式。其第1和第2项就是式(2)中的气候控制蒸发和土壤控制蒸发。由式可见,当$S\geqslant S^*$时,$E(B_e)$主要取决于第1项,而当$S<S^*$时,则$E(B_e)$主要取决于第2项。可见,在一个网格区内各个次网格点对蒸发散率的贡献并不均一,即$E(B_e)$由两部

分加权平均构成，对于第1项，主要受土壤水分空间分布的形状参数 α 和尺度参数及土壤水分饱和水平的影响；对第2项，除受 α,λ 影响外，还受到非饱和水力学性质如 K_s,η_s,Ψ_s,m 等参数的影响。值得指出的是，第2项中，T 一般是指有限的GCM积分步长时间。显然，由上式可见，$E(B_e)$ 主要受气候控制蒸发（式(12)第1项）和土壤控制蒸发（湿润程度）的影响。因此，由式(12)，在一般情况下，区域裸土平均蒸发主要取决于土壤水分的区域分布均匀性及其气候蒸发力。

(2)植被覆盖区蒸散发率　由式(3)及式(9)～式(10)，类似于式(12)，可得植被覆盖区蒸散发率公式为

$$E(B_e^{(2)}) = \int_{S_w}^{S^*} \frac{S - S_w}{S^* - S_w} e_p f_S(S)\mathrm{d}S + \int_{S^*}^{\infty} e_p f_S(S)\mathrm{d}S \tag{14}$$

经积分化简并整理后，就有下式

$$E(B_e^{(2)}) = 1 + E(S)[\beta_{S^*}(\alpha+1,\lambda) - \beta_{S_w}(\alpha+1,\lambda)] - \frac{1}{S^* - S_w}[S^*\beta_{S^*}(\alpha,\lambda) - S_W\beta_{S_w}(\alpha,\lambda)] \tag{15}$$

式中参数 S_W 可由式(10)求得，而由式(7)可得

$$S^* = \left(2\Omega - \frac{2e_p}{k_s}\right)^{\frac{2m}{3+2m}} \tag{16}$$

式中参数 Ω 已在式(8)给出，e_p 可通过引进以Penman公式为基础的 K-B 修正模式计算潜在蒸发力或其他途径求得[7]。K_s,Ψ_s,m 分别是土壤水力学参数。利用长江三角洲土壤水分反演资料及由Penman公式基础上改进的K-B模式所计算的潜在蒸发率，我们验证了上述式(12)和式(15)的可靠性与可行性。

2　数值试验

2.1　S^* 和 S_W 的确定

根据Mosaic方法求得的长江三角洲区域蒸发量[8]，在 e_p 已知的情况下，由式(16)可求 S^*，结合土壤参数，大致估算针对不同土壤的 S^* 取值。结果表明，砂土的 S^* 最小，平均不足0.2，沃土 S^* 取值在0.35左右，黏土 S^* 最大，在0.6～0.65。另一方面，据式(10)，可求得植被覆盖区的 S_W。

2.2　蒸散发率随 β 分布参数的变化

利用长江三角洲土壤水分反演资料及由Penman公式基础上改进的 K-B 模式所计算的潜在蒸发率，验证了上述公式的可靠性与可行性。

由于长江三角洲的土壤结构介于沃土和黏土之间，因此可取 S^* 为0.3～0.7，对沃土和黏土两种土壤进行数值实验。β 分布参数的选择主要考虑 $1<\lambda<\alpha$，并参考长江三角洲部分时次土壤水分分布拟合参数值。e_p 参考由Mosaic方法计算的长江三角洲区域年平均值。

对湿润气候区而言，区域蒸散发率随 β 分布参数及 S^* 的变化，随着 S^* 增大，气候控制

蒸发贡献减小，但呈线性下降的趋势幅度并不大；显然，这是由于当 S^* 变大时，区域相对饱和区所占区域面积的比重虽说减少，但因湿润区水分的平均空间变率比干旱区要小得多，因而土壤控制蒸发贡献随着 S^* 增大而增大的幅度仍较大，气候控制蒸发率呈线性下降的趋势幅度则很小。这是与干旱气候区土壤水分的 Γ 分布所不同的。

从 β 分布随参数 α，λ 的变化（图2和图3）可以看出，当 β 分布的参数 α 越大、λ 越小，β 分布右偏越明显，即饱和区所占区域面积比重越大，造成气候控制蒸发随 α 增大、λ 减小而增大，而土壤控制蒸发随 α 增大、λ 减小而减小（图4、图5、图6）。图中还可看出，气候控制蒸发明显大于土壤控制蒸发，说明湿润区区域平均蒸发主要由气候控制蒸发引起，而土壤控制蒸发很小。

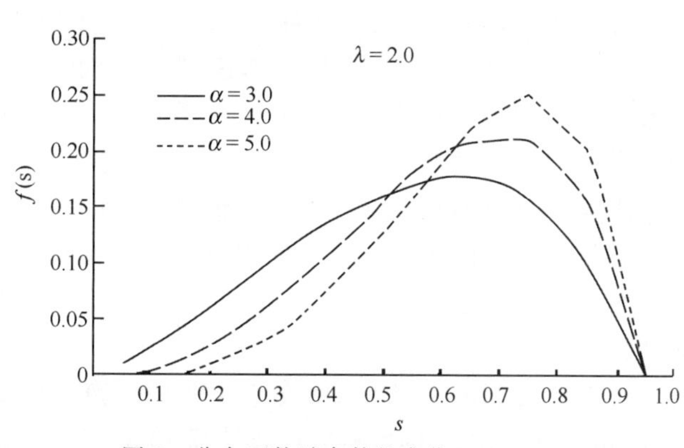

图2　分布函数随参数的变化（λ= 2.0）

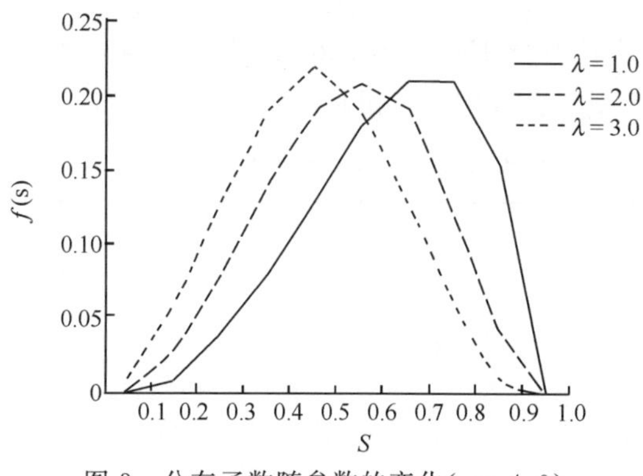

图3　分布函数随参数的变化（α= 4.0）

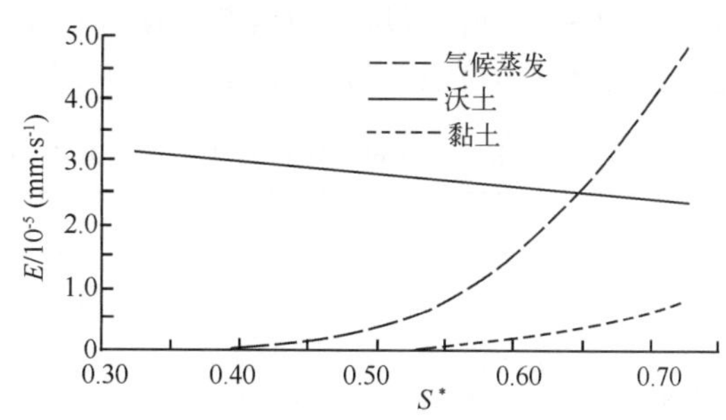

图4　湿润区气候控制蒸发及土壤控制蒸发（沃土）随 S^* 的变化（α=4.0，λ=2.0）

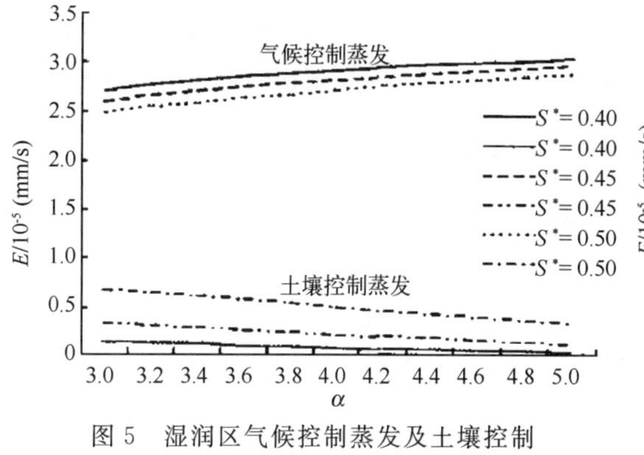

图5　湿润区气候控制蒸发及土壤控制蒸发（沃土）随 α 的变化（λ= 2.0）

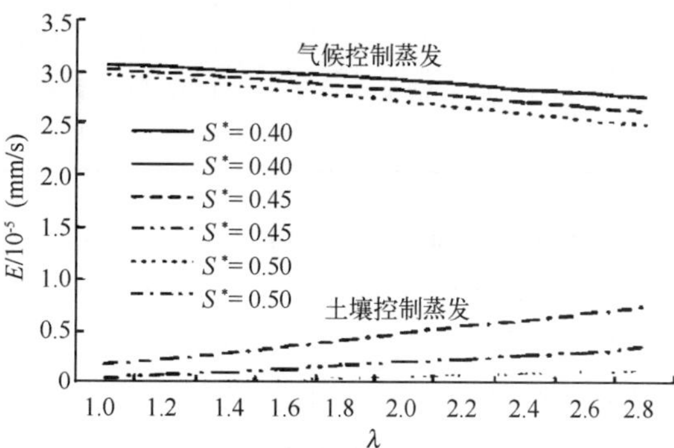

图6　湿润区气候控制蒸发及土壤控制蒸发（沃土）随 λ 的变化（α= 4.0）

2.3 个例试验

由于卫星遥感高级甚高分辨率辐射仪(Advanced Very-High Resolution,Radiometer,AVHRR)资料所限,无法得到1996年9月份整月平均的长江三角洲土壤水分空间分布,而只能获取其中某些晴朗天气条件下(如1999年9月13日)的地表水分分布图像并拟合β分布(参数为$\alpha=4.233$,$\lambda=1.788$),考虑到区域的月平均土壤水分空间分布,可能在这两个参数附近变动。从水分平衡的观点来看,降水大的年份,其径流也大,因而对于长江三角洲这样的湿润气候区来说,对于蒸发有直接影响的土壤储水量,一般说来,假定无显著的人为影响且下垫面物理结构不变的情况下,其月平均效应的年际变化并不大。因此,可以假设长江三角洲区域9月份土壤水分空间分布具有稳定的平均特征,而所选用9月13日的土壤水分分布也仅在这一稳定阈限内变动,可近似作为9月份土壤水分空间分布的代表图象。

首先根据Mosaic方法,用改进后的K-B模式计算出该区域平均蒸发量(1996年9月为82.6 mm);再用本文的解析表达式计算1996年9月长江三角洲月蒸散发量,并与上述方法的结果进行比较[3,9,10]。根据长江三角洲土质结构,主要由黏沃土构成,土质介于黏土和沃土之间,结合长江三角洲土地利用类型资料,取S^*为0.2~0.7。试验结果表明,当S^*取值介于0.3~0.5时,区域平均蒸散发量解析表达式计算值$E(B_e)$与Mosaic方法计算值相差最小,相对误差(Err(%))均在10%以下,而当S^*取0.4左右时,相对误差达到最小(表1)。

表1 不同β分布参数下本文方法的蒸发散计算结果与Mosaic计算的比较

α	λ	B_e	$Err/(\%)$	α	λ	B_e	$Err/(\%)$	α	λ	B_e	$Err/(\%)$
3.95	1.65	88.0	6.5	4.10	1.65	88.3	6.9	4.25	1.65	88.6	7.3
3.95	1.75	87.7	6.1	4.10	1.75	88.0	6.6	4.25	1.75	88.4	7.0
3.95	1.85	87.4	5.8	4.10	1.85	87.8	6.2	4.25	1.85	88.1	6.7
3.95	1.95	87.0	5.4	4.10	1.95	87.5	5.9	4.25	1.95	87.8	6.3
3.95	2.05	86.7	5.0	4.10	2.05	87.1	5.5	4.25	2.05	87.6	6.0
4.00	1.65	88.1	6.6	4.15	1.65	88.4	7.0	4.30	1.65	88.7	7.4
4.00	1.75	87.8	6.3	4.15	1.75	88.2	6.7	4.30	1.75	88.5	7.1
4.00	1.85	87.5	5.9	4.15	1.85	87.9	6.4	4.30	1.85	88.2	6.8
4.00	1.95	87.2	5.5	4.15	1.95	87.6	6.0	4.30	1.95	88.0	6.5
4.00	2.05	86.9	5.1	4.15	2.05	87.3	5.7	4.30	2.05	87.7	6.2

值得一提的是,由于Mosaic方法是将不同次网格下垫面的蒸发作加权平均的结果,它本质上仍是将每个次网格块(patch)下垫面假定为均一,因而在计算蒸发时考虑土壤水分分布非均匀性并不完全。从这个意义上说,与本文的PDF方法相比,低估了非均匀地表区域蒸散发量,这也与上面的试验结果相吻合。对此,作者在另文从理论上证明了这一点[6]。

为了验证,我们还改用干旱气候区的蒸散发率解析表达式(假定其土壤水分分布为Γ分布),对湿润气候区(以长江三角洲为例)平均蒸散发量进行计算,结果表明,无论α和λ如何变化(1.1~2.0和0.1~1.0)其相对于Mosaic方法的相对误差都在80%以上(表略)。从而反证了长江三角洲地区土壤水分空间分布为右偏的β分布(或 Weibull 分布)是符合实际的。同理,当β分布参数满足$\lambda>\alpha>1$,即β分布呈左偏态情形,其相对误差为60%~70%。可见土壤水分空间分布为左偏形态的假定并不适用于长江三角洲等湿润地区。

综上可见,基于β分布的区域蒸发散率解析表达式对长江三角洲区域的计算具有较好的效果,不同气候区尤其是干旱区和湿润区,由于其下垫面土壤水分分布型的差异使次网格尺度非均匀性的影响不尽相同,因而区域平均蒸发散量的参数化表达式并不完全一致。

3　结论与评述

(1)本文从陆面水文过程的物理机制出发,引进概率统计分布理论,推导出一种由非均匀土壤含水量次网格尺度空间变率所形成的非均匀蒸散发率解析表达式,从而将通常的次网格尺度地表蒸散率的参数化方案(Mosaic 方法),改进为考虑网格区整体非均匀性的统计一动力参数化方案。该方案以区域内土壤水分在水平空间上分布的非均匀性和相对饱和区地表蒸发力为基础,在已知土壤水分水平空间分布律的概率密度函数(PDF)和饱和区地表蒸发力的前提下,实现区域平均蒸散发量的计算。

(2)根据区域土壤水分空间分布的不同特点,推导了湿润气候区(β分布)的区域平均蒸散发量解析表达式。对理论式作了初步的数值模拟试验,得到许多有规律性的结论,表明其合理性与可行性。用长江三角洲土壤水分反演资料和改进后的 K-B 模式计算结果,对解析表达式(β分布)进行了试验,通过与 Mosaic 方法及与干旱气候区进行比较,表明该表达式较 Mosaic 具有较大的优越性,适用于长江三角洲(湿润气候区)的区域平均蒸发散量的计算。

(3)基于本文所提出的适用于湿润气候区非均匀地表的区域蒸散率解析表达式,一方面,充分考虑土壤表层水分状况和水力学特性,计算土壤水分吸附力;另一方面,又充分考虑大气条件,引进以 Penman 公式为基础的 *K-B* 模式(加以改进)计算潜在蒸发力。从而将非均匀地表区域的蒸发过程的复杂机制分解为地表层土壤水分饱和区与非饱和区影响下的通量贡献积分式,从理论上证明,网格区平均蒸散率的计算可简化为不同性质的区域加权平均。数值试验及长江三角洲个例试验表明,这种统计一动力参数化方案具有较大的优越性。由于资料的限制,对区域蒸散发量解析表达式的计算,尚属于试验性的。在地表层土壤水分资料问题得以解决的情况下,该方法将得以进一步完善。

参考文献

[1] Entekhabi D, Eagleson P S. Land Surface Hydrology Parameterization for AGCM including Subgrid Scale Spatial Variability. *J Climate*, 1989, **2**:816-830.

[2] Parlange J Y M, Vauclin R, Haverkamp, *et al*. Note: The relation between desorptivity and soil-water diffusivity. *Soil Science*, 1985, **139**:458-461.

[3] Liu J M, Kazuo Kotoda. Estimation of Regional Evapotrancpiration from Arid and Semi-Arid Surfaces. *J of the Ame Wat Reso Asso*, 1998, **34**(1):27-41.

[4] Avissar R. Conceptual Aspects of a Statistical-dynamical Approach to Represent Landscape Subgrid-scale Heterogeneities in Atmospheric Models. *Geophys Res*, 1992, **97**:2 729-2 742.

[5] 杨宝钢,丁裕国,刘晶淼,等.考虑植被指数的热惯量法反演地表土壤湿度的一次试验.南京气象学院学报,2004,**27**(2):218-223.

[6] Sud and Fennessy. An observational-data-based evapotranspiration function for GCM. *Atmos Ocean*, 1982,**20**:301-316.

[7] Kotoda K. Estimation of River Basin Evapotranspiration. Environmental Research Center Paper,*University of Tsukuba*,1986,**8**:1- 66.

[8] 刘晶淼,丁裕国,周秀骥,等.地表非均匀性对区域土壤水分通量参数化的影响.气象学报,2003,**61**(6):712-717.

[9] Toya T,Yasuda N. Parameterization of Evaporation from a Non-Saturated Bare Surface for Application in Numerical Prediction Models. *J Meteor Soc Japan*,1988,**66**:729-739.

[10] Yasuda N,Toya T. Evaporation from Non-Saturated Surface and Surface Moisture Availability. *Pap Meteor Geophys*,1981,**32**:89-98.

非均匀地表陆面过程参数化研究

陈　斌[1,2]　丁裕国[1]　刘晶淼[2]　张耀存[3]

（1.南京信息工程大学，南京　210044；2.中国气象局中国气象科学研究院，北京　100081；
3.南京大学大气科学系，南京　210093）

摘　要：地表固有的非均匀性影响近地层大气的垂直结构，甚至改变局地天气条件，亦使得大气数值模式大尺度网格面积水热通量的计算对其具有较强的敏感性。为了提高气候模式性能，非均匀陆面过程参数化已是当前大气边界层和陆面过程模式研究的热点和难点问题之一。本文在调研国内外大量文献的基础上，综述了近年来非均匀地表陆面过程参数化的研究现状，分析和比较了不同的参数化方法的优缺点以及数值模式模拟结果对它们的响应，提出了目前尚待继续探讨和解决的几个关键性问题。

关键词：陆面过程参数化　非均匀性　次网格通量

引　言

陆一气相互作用对天气气候类型以及气候系统的物质和能量循环具有重要影响[1,2]。目前人们已经认识到区域模式或GCM模式预报的准确性在很大程度上取决于陆面过程参数化的有效性，即地一气间热量、水汽、辐射、动量交换等的描述是否真实[3-5]。由于自然的陆面特征（地表土壤类型、土壤湿度、植被分布、地形等）以及人类因素（城市下垫面和土地利用类型的改变）等的影响，使得地表陆面存在着多重尺度的非均匀性特征。陆面各种特征参量的时空非均匀性及陆面过程本身高度非线性的特征可造成大气边界层结构和运动状态在时空域上的重大差异，明显地影响陆面与大气之间的动量、水分和能量交换[6]。

陆面模式和陆面参数化的核心内容是对地表过程进行详细的描述，准确计算各种通量，为大气（气候）模式提供合理的下边界条件。所以，与气候模式耦合的陆面过程模式，不仅需要确定单点或一定尺度的均匀陆面通量，更需要确定包含多种陆面类型的某一区域的面积平均通量。例如，全球环流模式网格尺度的陆面通量参数化方案是建立在均匀下垫面经典的大气边界层理论基础上的，在均匀分布大气条件驱动下，实现自身内部过程[7,8]。国际陆面模式比较计划（PILPS）[9]，通过对不同模式的比较，发现模式对均匀地表区模拟效果要好于非均匀地表区，因此，精确估计地一气界面的物质和能量交换，发展时空非均匀下垫面上的陆面过程参数化方案，已成为目前气候模拟和大气边界层研究的热点，也是国内外当前在“新一代陆面过程模式及其与大中尺度模式耦合”等研究中亟待解决的问题[10-14]。虽然考虑空间非均匀性的参数化方案是陆面过程模式下一步发展的方向[15,16]，国内外学者也发表了一些非均匀陆面过程研究的成果[17,18]，但在这方面的研究还处于起步阶段，尤其是东亚地区下垫面的地形地貌，土壤植被变化十分复杂，研究发展针对次网格尺度的非均匀陆面过程模式，对于改进我国乃至东亚地区的气候模拟效果以及研究下垫面的改变对气候的影响等问题都具有重要实际意义。

1　陆面非均匀性对近地层大气的影响

陆一气相互作用是通过一系列发生在地表的复杂动力、物理、生物和水文过程来实现的,且大多具有高度非线性特征。陆面次网格尺度非均匀性及其相关的次网格过程不但影响边界层的垂直结构而且明显影响中尺度和GCM尺度过程[19-22]。例如,近地层的风速随着地面状况的改变而改变,地面状况的信息向上扩散可以达到一定高度。为了研究陆面非均匀性对大气边界层的影响,学者们引进了混合高度的概念[23]即在这一高度之上大气的状态近似均匀,不再依赖于地表非均匀的水平分布和位置,也可以认为混合高度是地表非均匀性的影响小于某一阈值的高度。

对于与单个的粗糙单体相联系的小尺度的非均匀性(<10 km),由于湍流的混合作用,其混合高度在近地层之内(100 m左右),其对边界层大气的影响较小[24]。所以,小尺度的地表非均匀性的影响一般局限在近地层之内,其主要影响表现在对地表通量的计算上,而对近地层大气的影响并不特别显著。

对于大尺度(>10 km)的非均匀性,其混合高度可以达到甚至超出边界层顶,详细分析可参见文献[25,26]。由于不同下垫面对外界大气强迫有不同响应,造成不同下垫面上热力条件极大差异,会引起如同海陆风那样的中尺度环流,它既干扰了原有湍流的特性,并给网格上空垂直平均通量增加了一项所谓中尺度通量,其强度与不同下垫面分布形式及它们内部水热条件密切相关。在低层大气,陆面上小尺度的变化可以引起空气对流产生,所产生的中尺度通量和陆面上的感热通量的方差成正比[27,28]。地表非均匀性引起的地面通量的空间变化继而又显著影响降水、土壤温湿度和大气环流[6,15]。研究表明,非均匀地表通过影响水汽的空间分布可以使浅层对流降水增强;植被覆盖、土壤湿度、地表粗糙度通过影响边界层的发展可以改变对流单体的位置等等。由于表面能量的次网格变化和它们对对流单体的影响,可引起次网格大气的运动,提高陆面模式和大气模式的分辨率都可在一定程度上改善模式中的通量估计[29]。

2　模式计算的面积通量对地表非均匀性的敏感性

陆面过程的非线性使得模式通量的计算并不只是地表参数的简单平均。只要非均匀性尺度达到边界层厚度的大小时,均会对地面通量计算产生影响。研究地表非均匀性对模式通量计算的影响以及如何求得模式网格的面积平均通量仍是一个未解决的问题。

2.1　理论分析和数值计算试验

最近10年来,面积平均通量计算结果在地表非均匀性的敏感性问题上,很多学者已做了大量的理论分析和数值试验[3,18,30-35]。地表非均匀性对近地层大气的影响取决于其水平尺度的变化,依据尺度大小,Avissar[36]利用大气方程组,首先在理论上将模式次网格通量可以划分为中尺度通量和小尺度的扰动通量贡献两部分,也即后来所称的区域通量影响的动力效应和聚集(Aggregation)效应[37-39]。Hu等[37]给出了一个次网格变化对尺度转换中通量计算影响的理论分析框架，表明大尺度模式网格内的平均通量和网格内的地表次网格非均匀特征有很大关系。胡隐樵等[14]根据大气线性热力学基本理论指出，对于非均匀陆面过程，除了湍流输送外也还应包括大气辐散和辐合对能量垂直输送的贡献。

对于大尺度的地表非均匀性（>10 km），虽然针对非均匀陆面过程的动力影响，有人提出了中尺度通量的参数化[36]。同时，人们借用中尺度数值模式的数值模拟表明，在许多大气背景条件下由非均匀性强迫所引起的中尺度环流造成的次网格通量和湍流通量具有相当的量级[27,28]。但实际情况远远复杂得多，就目前研究而言，中尺度通量参数化并没有实际应用到天气气候模式中去。受观测条件限制，甚至对于真实情况下中尺度通量的大小我们都不能确定。诸如地形作用、海陆风、城市热岛环流这类中尺度环流引起中尺度通量输送过程及其参数化对非均匀地表陆面过程是一个极大的挑战。但是，随着计算机计算能力的提高，气候模式的分辨率在逐步提高，使得此问题的解决已成为可能。

而有的学者认为，对于小尺度的非均匀性（<10 km），由于湍流混合的作用，近地层大气并不具有明显的非均匀性特征，面积平均通量对地表特征的非均匀性并不敏感[40,41]。但更多的研究表明，地表非均匀性的影响不可忽略。Avissar[42]发现陆面面积平均通量对地表反照率和粗糙度长度的非均匀性最敏感，而像叶面指数的变量可以简单的平均方法来求得。比较用不同参数和参数平均计算的两种面积通量，发现潜热通量对小尺度非均匀性最为敏感，而辐射通量最不敏感[21]，这与 Hu 等[37]分析的结果类似。Bonan 等[20]认为潜热通量的计算结果和地表的变化特征有很大相关性。Grotzner 等[43]研究了网格点尺度海－冰非均匀性对大气环流的影响，结果发现用块（Lumped）模式计算的感热通量总是比用分布（Distributed）模式要小。除了水平方向的地表非均匀性研究外，张耀存等[30]首次考虑了垂直方向上地形高度的非均匀性对地表长波辐射通量计算的影响。结果表明在特定情况下，其影响相当大，可产生不容忽略的误差，考虑次网格地形的热力作用非常必要。

在所有陆面非均匀性的特征中，土壤湿度非均匀性对模式网格平均的地表通量密度以及近地层气象条件的影响已成为热点。研究发现，地表湿度存在非均匀性时，用地表参数的平均值计算网格的感热通量和潜热通量就会和实际通量存在很大误差。湿条件下的整体方法过高地估计潜热通量，而干条件下，情况则相反。另外，土壤湿度的空间变化还影响季节性的水文平衡[44,45]。Ronda 等[16]用整体（bulk）和准分布式方法（quasi-distributed）探讨了土壤湿度非均匀性的影响。刘晶淼等[46]研究了地表非均匀性对区域平均水分通量参数化的影响。

这些非均匀尺度研究都试图了解通量从小尺度细网格到大尺度网格转换的可能机制。但大多数的研究还只是对通量影响的敏感试验的定性研究，并没有给出地表非均匀通量的定量描述。

2.2 外场观测数据的验证

随着外场观测试验的开展，飞机等观测手段的应用，人们有机会利用实测资料去研究非均匀陆面参数化方案的有效性。Mahrt 等[47]利用 4 个不同外场飞机观测的资料，研究了不同空间尺度（模式网格大小）和拖曳系数、交换系数的关系。研究表明，拖曳系数对空间尺度具有依赖性，而水热的交换系数和空间尺度的关系不大。他们指出，如果有效交换系数对空间平均尺度大小的依赖性很小，那么相似理论就可以用来计算面积平均通量。Frech 等[48]用 NOPEX (NOrthen hemisphere land-surface climate Processes EXpriment)飞机观测资料，通过比较 4 种不同的“聚集”方法得到的面积通量，验证了不同方法在此研究区计算面积通量时的适用性。Mahrt 等[49]利用 BOREAS (BOReal Ecosystem-Atmosphere Study)的铁塔和飞机观测资料计算了此区域的面积平均通量，检验了面积平均通量对不同假设条件和外部气象条件的依赖性。发现计算的面积平均通量对净辐射的敏感性很强，也就是对云的多少很敏感。另外，面积权重和植被类型的影响也很重要。这些研究都表明，地表非均匀性对模式网格通量的计算具有某种程度的影响。最近，Ma 等[50]利用中国几个不同的外场观测资料，发现陆面非均匀性导致地表不同的热力学和动力学参数，这也表明非均匀性必将影响通量计算的结果。

3 非均匀地表陆面过程参数化方案

由前文所述，非均匀地表对模式网格面积通量的计算具有重要的影响，但目前非均匀下垫面的理论并没有很好的建立，为了准确地计算非均匀下垫面的面积通量，改进陆面模式、天气和气候模式的模拟效果，不同的研究者提出了不同的参数化方法。

3.1 马赛克(Mosaic)方法

目前国际上流行的是用 Mosaic 方法[19,21,51-53]来简单处理陆面过程的非均匀性问题。对次网格之间的变率采用“拼图”描述，将一个大尺度模式的网格区依据陆面类型[3,19]和地形高度[51]等特征不同细分为若干个均匀的次网格(Sub-grid)。面积平均通量可由各个次网格面积权重的加权平均得到，然后耦合大气模式。

Mosaic 方法已被应用于一些“离线”(offline)陆面模式[39,54]、边界层和中尺度模式[17,51,55-58]甚至 GCM[59-61]中。最初的 Mosaic 参数化方案中，假定近地层的大气条件是均匀的，即同一模式网格内不同的次网格具有相同的大气强迫(相同辐射、降水和近地层参考高度上的大气变量)，它忽略了大气边界层的垂直变化。原则上，通量计算的参考高度应取在混合高度上[24,51]，但目前的数值模式中一般设为模式最底层高度[62]。对于大尺度(>10 km)的陆面非均匀性，影响的高度通常高于近地层之上甚至可以超过混合高度[25,63]。此时参考高度低于混合高度，用于计算陆气间交换通量的大气强迫变量在网格上并不是均匀的，利用网格平均值计算网格面积通量必然带来计算上的误差。在相当于 GCM 模式网格大小的面积上，用中尺度模式输出的局地风速、温度和面积平均的风速、温度计算的网格的感热通量相比较，发现相对误差可达 30%[64]。因此，Mahrt[25]明确指出，Mosaic 方法只适用于小尺度的陆面非均匀性。为克服上述局限性，Arola[65]提出了“ExtendMosaic”方法，利用稳定状态的对数修正廓线关系来确定每个次网格参考高度上的风速、空气温度和定压比湿，分别计算次网格上的耦合通量，再取加权平均。显式的“精细网格”(fine-mesh)参数化方法[66]，考虑到大气强迫变量(尤其是降水)的非均匀性。与 GCM 耦合时，首先将大气强迫变量(温、湿等)和辐射通量分解(disaggregation)或者降尺度(downscaling)到高分辨率的精细陆面网格点上，再将高分辨率的陆面格点通量加权平均后提供给大气模式。“扩展(Extended) Mosaic"(EM)方法[39,67,68]考虑陆面多尺度非均匀性对边界层的垂直影响,就是使得网格可分辨过程(水平平流、垂直对流、辐射加热和积云对流)和次网格过程(湍流混合)相互作用,并使得在垂直方向上这种作用可达到行星边界层顶。

Mosaic 方法简单易行,在一定程度上描述了陆面的非均匀性,改善了次网格通量的估计,但其最大缺点是增加了计算量,且不能从网格整体上解析地描述陆面一大气之间的交换过程,有悖于模式参数化的初衷。另外,对于湍流通量而言,这种面积的加权平均在物理上的合理性还有待于进一步的研究。

3.2 统计一动力学参数化方法

为了减少计算量,以便于从整体上分析地表非均性的特征,很多人提出统计一动力方法,即用概率密度函数(PDF)来描述陆面非均匀性[21,41,69-71],把陆面气象要素在空间点上的取值看作随机变量,在统计大量观测数据的基础上,给出适合地表参数的分布函数后求网格区上的平均值。Giorgi[72,73]用 Mosiac 方法描述次网格间变化,而用 PDF 描述小尺度次网格内的变化,提出了在陆面模式中地表非均匀性的一种理论描述方法——对称的概率分布函数拟合某一气象要素的分布,用数学解析解的方法求解通量,并应用 HAPEX 和 ARME 的实验资料,对这种方案的有效性和敏感性进行了试验。Zeng 等[74,75]发展了 Giorgi 的参数化方法,提出了"结合(Combine)"法,并做了对夏季风影响的敏感性试验。

统计一动力学参数化方法和 Mosaic 方法在实质上是相同的,可以认为 PDF 实质上是 Mosaic 方法的一种连续形式的描述,但是统计一动力学参数化方法有自己的独特优势,陆面特征和地表通量的非线性关系使得使用 PDF 更为合适。另外,解析方法可以避免繁琐的数值积分,相对减少了计算量。同样,它也可以代替有效参数或者其他的特定平均方法。

但需要指出的是,由于统计样本的不足,统计一动力法中概率密度函数的选取往往具有不确定性。尤其是连续型 PDF 的数学表达式往往较为复杂,如何选择恰当的 PDF 作为陆面变量非均匀性的描述函数是一个值得研究的问题。不同的研究者采用不同的形式,如描述土壤水分和径流的就有高斯分布[42]、指数分布[69]、Γ 分布[70,71,76,77]等,准确的确定地表变量和降水等的 PDF 形式需要较多的观测事实或外场观测资料。研究还发现不但地表参数的空间分布型对陆表通量的计算有影响,即使对同一地表参数采用相同的概率密度函数,由于偏度的不同使得计算的区域通量值存在误差[21]。另外,计算解析积分往往又涉及特殊函数的计算,这就在某种意义上增加了此种方案的难度和计算量[78]。为简化问题,刘晶淼等[79]和王纪军等[80]提出了简化的对称和不对称 PDF,曾新民等[81]用对称的余弦函数表述陆面特征的非均匀性,从而避开了特殊函数,这些工作都从一定程度上简化了计算。

以上问题往往限制了统计一动力学参数化方法在业务化气候模式中的应用。且它将地表参数空间分布非均匀性用某种概率密度函数解析地加入到模式方程组内,从而将地表非均匀性对区域平均通量的影响加以定量化,可进行各种地表非均匀性影响的敏感性试验,为非均匀参数化理论研究提供了一种方法。

3.3 有效参数方法

为了将单点或局地尺度上建立起来的陆面过程与天气气候模式耦合,最简明的思路就是在非均匀陆面上仍然保存均匀陆面上的通量参数化计算方法，在某些条件限制下（如面积通量守恒），建立有效参数与平均通量之间的关系，从而将问题转化为模式大网格尺度有效参数的求取问题，这就是有效参数方法。如有效粗糙度[23,24,51]、有效气孔阻抗[44]。这里所谓的有效参数是指通过某种计算方法修正后，可以给出接近面积平均通量的地表参数值，即用此参数计算的网格面积通量和各次网格通量的加权平均相一致。GCM 网格上的热量、水分和动量的面积平均通量是由网格平均的温、湿和风速的平均梯度来求得。这类似于均匀地表上用局地通量和局地梯度的相关来求通量的参数化方法。

第二次大气模式比较计划（AMIP）的大多数 GCM 采用了有效参数方法来刻画陆面次网格的变化[82-85]。然而，由于地表通量和陆面特征参数的非线性关系，陆面平均参数计算的面积平均通量并不等同于局地计算的通量的面积平均，因此，有效参数的求取仅仅是将次网格地表参数简单的线性平均。与不同陆面类型上计算的通量面积加权平均相比，由叶面指数（LAI）、土壤水含量简单的线性平均值计算的感热通量偏高，潜热通量偏低。不稳定情况下，面积线性平均粗糙度计算的潜热通量偏高，而感热通量偏低，在大气稳定条件下，则反之。因此，针对模式中的有效参数，人们提出了许多不同的计算方法[26,86,87]。混合高度在一定程度上可以修正非均匀通量估计中的平流作用影响。当混合高度在近地层之内时，可给出有效粗糙度[88]；但当非均匀尺度较大且近地层大气状态不稳定时，混合高度可以达到甚至超过对流边界层，基于相似理论的通量计算方法不能用于此高度[25]。另外，湍流通量和垂直平均廓线之间的非线性关系使得有效参数方法并不适用于地表非均匀性变化强烈的区域[44]。如地表面水、雪、冰共存时，控制热量和水汽通量的物理机制不同。对于＞10 km 的非均匀性导致中尺度环流，有时这种中尺度次网格通量甚至相当或大于湍流通量，此时有效参数方法也不适用[86]。

4　不同陆面参数化方案的比较及其模拟结果对非均匀参数化的响应

4.1　不同参数化方案的比较

比较非均匀陆面参数化的不同方法可从它们各自的优劣点出发，这样有利于了解非均匀性对边界层及气候的影响。例如，Arain 等[89]比较了“优势植被法”和“有效参数法”，他们用 CCM3 模式对全球区域进行了 10 年积分模拟，发现后者比前者在模拟地表通量和温度方面可能存在较大差别，它提高了撒哈拉沙漠和喜马拉雅山地区的模拟精度。Klink[55]比较了 Mosaic 和有效参数方法，对美国东部中心的模拟表明，前者提高了区域气候模拟的精度。Molders 等[57]做了类似的比较，同样发现 Mosaic 方法比细网格模式模拟结果可能低估了潜热通量，同时发现不同方法对北半球中高纬地区的模拟差别很大，而对诸如沙漠相对均匀的地区，不同参数化方法对模拟结果影响不大。Cooper 等[90]、Van 等[91]、Arola 等[31]及 Polcher 等[92]比较了 Mosaic 方法和有效参数法从春季到夏季的北半球局地模拟效果。这些研究结果大都表明，Mosaic 方法计算的潜热通量偏低，而感热通量偏高，对地面通量的模拟更加精确。但总体上说，Mosaic 方法与实际情况更接近。

4.2 数值模拟结果对非均匀参数化方法的响应

大多数的数值模拟结果显示,考虑陆面的次网格变化可以提高天气气候模拟的效果。Hahmann 等[93]在全球气候模式中应用 Seth 等[94]的 Mosaic 方案时发现,夏季热带非洲气候模拟结果对非均匀性的响应较大,但他的工作并没有考虑大气强迫(即温度、相对湿度、降水等)的非均匀性。因此,Andrean[95]和 Giorgi 等[66]做了更细致的研究工作。Andrean[95]假定降水服从指数分布,提出了一个空间解集(disaggreation)方案,并耦合于 CCM3,检验了气候对其参数的敏感性。Giorgi 等[66]用类似于 Mosaic 参数化方法,依据次网格地形高度的不同将大气强迫变量采用降尺度方法(Downscaling)应用到细网格上,又将 LSM 模式模拟的结果再聚集(Aggregation)到大气模式中。通过数值模拟研究了地形高度和陆面类型的次网格变化对气候模拟结果的影响。结果发现,Mosaic 方法可以提高对地表温度和积雪量的模拟精度。

Desborough 等[54,61]、Essery 等[62]及 Becker 等[96]研究发现,即使采用相同的陆面参数,由于陆一气之间的相互反馈机制,采用 Mosaic 方法的(offline)陆面模拟结果和耦合 GCM 模式时的结果有很大差异。Gendy 等[97]考虑地形引起的土壤湿度非均匀性,研究气候模拟结果对次网格土壤湿度的敏感性,“offline”和“online”模拟结果都表明,模式中对次网格土壤湿度的描述可以改进模拟结果。Dery 等[98]研究了次网格雪盖的非均匀性对气候模拟的影响。左洪超等[99,100]研究了绿洲和沙漠的非均匀性,给出了由于非均匀性而引起的逆湿现象的物理图像,并且通过数值模拟,对此进行了研究。所有研究都表明,引进考虑陆面过程的非均匀性的参数化方案可在一定程度上提高数值模拟的精度。

5 非均匀地表参数化研究的关键问题和展望

5.1 卫星遥感技术的应用

获取真实的陆面过程研究资料是进行各种研究的基础。截至目前,缺乏完整的适合模型所需各种时空分辨率的基础资料仍然是限制陆面模式发展的一个重要原因。虽然我国已经开展了几次陆面过程的外场观测试验,但从获得资料的时空分辨率来看,对非均匀陆面过程的研究还是远远不够的。值得注意的是,遥感技术为获取陆面和大气状态数据提供了一个有效途径[101],陆面过程研究中的一些地表参数可以直接由遥感数据获得,如地表温度、叶面指数、归一化植被指数等,还有一些参数亦可通过遥感技术反演数据间接获得。

我国很多学者对此也作了大量的研究[102-105],对揭示不同时间和空间尺度陆面过程的能量、水分、动量和物质的生物地球化学循环起到重要作用。就目前的研究而言,卫星遥感结合地面观测获取通量值的方案仍有许多方面依赖于经验,遥感反演参数的精度还有待于进一步提高。如目前遥感卫星反演降水量的精度不超过 50%,土壤湿度和叶面积指数(LAI)的反演精度也有待于提高。

5.2 次网格面积通量的定量研究

由于下垫面的非均匀性和复杂性,使陆面与大气之间能量、水分及 CO_2 等交换过程非常复杂，不仅随下垫面不同而变化，还随时间和空间而变化。研究陆面非均匀性的最终目标应是：提出二维或三维的中尺度、具有良好验证性的、面积积分的参数化方案，对不同时空尺度的能量和物质循环进行定量描述。从而较为真实地描述土壤—植被—大气的界面过程。然而，目前发展的非均匀地表通量计算方法只能在一定程度上解决由点到面的三通量集合问题。如近年来，地形因素对地表长波辐射通量计算影响理论分析和定量化研究[30,106]，Garrigues 等[107]采用变差函数模型定量化研究了归一化植被指数非均匀性的影响。但是地表非均匀性是多样的，今后应当进一步定量化研究地表非均匀分布对次网格通量的影响，发展和完善不同尺度的计算网格平均或体积平均通量的理论，全面考虑非均匀地表的影响(包括地形地貌、水文、大气－陆面时间尺度的协调性等)。

5.3　大尺度地表非均匀性(>10 km)引起的边界层通量变化研究及其参数化

针对非均匀陆面过程的动力影响，Avissar 等[36]提出了中尺度通量的参数化。但是目前中尺度通量参数化并没有实际应用到天气气候模式中去。人们借用的工具大都是中尺度数值模式，研究中尺度通量的一些相似规律。而对于真实情况下中尺度通量的量级及其变化规律的研究却需要大量的野外实地观测，一般这类实验需要空间上密集布站或利用飞机观测，因此这类野外实验会耗资巨大。地形作用、海陆风、城市热岛环流这类中尺度环流引起中尺度通量输送，对这些环流在大尺度中的作用研究是以后要发展的一个方向。在观测资料和数值试验的基础上，总结出中尺度通量随这些参数的变化规律，最终将中尺度通量参数化，直接应用于大尺度的数值模式中。

需要指出的是，文中所涉及的非均匀陆面参数化方法大都考虑了空间上的非均匀性，而在数值模拟过程中时间上的非均匀性如何同时加以考虑，也是下一步研究中需要解决的一个问题。

参考文献

[1] Dickinson R E. Land-atmosphere interaction. *Rev Geophys*, 1995, **33**(Suppl.): 917-922.

[2] Pielke R, Avissar R. Influence of landscape structure on local and regional climate. *Landscape Ecol*, 1990, **4**: 133-155.

[3] Koster R D, Suarez M J. Modeling the land surface boundary in climate models as a composite of independent vegetation stands. *J Geophys Res*, 1992, **97**(D3): 2697-2715.

[4] Milly P, Dunne K A. Sensitivity of global water cycle to the water holding capacity of land. *J Climate*, 1994, **7**: 506-526.

[5] Polcher J, Cox P, Dirmeyer P, *et al*. GLASS: Global Land Atmosphere System Study. *GEWEX News*, 2000, **10**: 3-5.

[6] Avissar R, Verstraete M M. The representation of continental surface processes in atmospheric models. *Rev Geophys*, 1990, **28**: 35-52.

[7] 孙菽芬，金继明. 陆面过程研究中的几个问题//第二次青藏高原大气科学试验理论研究进展(二). 北京：气象出版社，2000：76-85.

[8] 张强，胡隐樵. 热平流影响下湿润地表的通量廓线关系. 大气科学，1995，**19**(1)：8-20.

[9] Henderson-Sellers A, McGuffie A K, Pitman A. The project for intercomparison of land-surface param-

eterization schemes (PILPS). *Climate Dyn*,1996,**12**:849-859.
[10] 牛国跃.陆面过程研究的现状与发展趋势.地球科学进展,1997,**12**(1):12-25.
[11] 张强.简评陆面过程模式.气象科学,1998,**18**(3):295-304.
[12] 王介民.陆面过程实验和地气相互作用研究——从 HEIFE 到 IMGRASS 和 GAME-Tibet/TIPEX.高原气象,1999,**18**(3):280-294.
[13] 刘红年,刘罡,蒋维楣,等. 关于非均匀下垫面大气边界层研究的讨论.高原气象,2004,**23**(3):412-416.
[14] 胡隐樵,左洪超.边界层湍流输送的若干问题和大气线性热力学.高原气象,2004,**23**(2):132-138.
[15] Polcher J. Sensitivity of tropical convection to land surface processes. *J Atmos Sci*, 1995, **52**:3143-3165.
[16] Ronda R J,Ronda B J,Hurk J M,*et al*. Spatial heterogeneity of the soil moisture content and its impact on surface flux densities and near-surface meteorology. *J Hydrometeror*,2002,**3**:556-570.
[17] 阎宇平,王介民,Menenti M,等.黑河实验区非均匀地表能量通量的数值模拟.高原气象,2001,**20**(2):132-139.
[18] 高艳红,吕世华.非均匀下垫面局地气候效应的数值模拟.高原气象,2001,**20**(4):354-361.
[19] Avissar R, Pielke R A. A parametrization of heterogeneous land surfaces for atmospheric numerical models and its impact on regional meteorology. *Mon Wea Rev*,1989,**117**:2 113-2 136.
[20] Bonan G B,Pollard D. Influence of subfrid-scal heterogeneity in leaf area index,stomatal resistance,and soil moisture on grid-scale land-atmosphere interactions. *J Climate*,1993,**6**(10):1 882-1 897.
[21] Li B,Avissar R. The impact of spatial variability of land-surface characteristics on land-surface heat fluxes. *J Climate*,1994,**7**:527-537.
[22] Chen F,Avissar R. The impact of land-surface wetness heterogeneity on mesoscale heat fluxes. *J Appl Meteor*,1994,**33**:1 323-1 340.
[23] Wieringa J. Roughness-dependent geographical interpolation of surface wind speed averages. *Quart J Roy Meteor Soc*,1986,**112**:867-889.
[24] Mason P J. The formation of areally-averaged roughness lengths. *Quart J Roy Meteor Soc*,1988,**114**:399-420.
[25] Mahrt L. Surface heterogeneity and vertical structure of the boundary layer. *Boundary Layer Meteor*,2000,**96**:33-62.
[26] Henderson-Sellers A,Pitman A J. Land-surface schemes for future climate models:Specification,aggregation,and heterogeneity. *J Geophys Res*,1992,**97**:2 687-2 696.
[27] 桑建国.不均匀地表产生的中尺度通量的数值模拟试验.大气科学,2000,**24**(5):694-702.
[28] 牛国跃,洪钟祥,孙菽芬.沙漠绿洲非均匀分布引起的中尺度通量的数值模拟. 大气科学,1997,**21**(4):385-395.
[29] Shao Y,Sogalla M,Kerschgens M,*et al*. Effects of land-surface heterogeneity upon surface fluxes and turbulent conditions. *Meteor Atmos Phys*,2001,**78**(4):157-181.
[30] 张耀存,丁裕国,陈斌.地形非均匀性对网格区地面长波辐射通量计算的影响. 气象学报,2006,**64**(1):39-47.
[31] Arola A, Lettenmaiter D P. Effects of subgrid spatial heterogeneity on GCM-scale land surface energy and moisture fluxes. *J Climate*,1996,**9**(6):1 339-1 349.
[32] Wetzel P J, Chang J T. Evapotranspiration from non-uniform surface:A first approach for short-term numerical weather prediction. *Mon Wea Rev*,1988,**7**:393-397.

[33] Wood E F, Lettenmaier D P, Zartarian V. A land surface hydrology parameterization with subgrid variability for general circulation models. *J Geophys Res*, 1992, **99**(D7): 2 717-2 726.

[34] Bonan G B. Sensitibvity of a GCM simulation to subgrid infiltration and surface runoff. *Climate Dyn*, 1996, **12**(4): 279-285.

[35] 张正秋,周秀骥,李维亮.陆面气象要素非均匀分布对模式计算的影响及其参数化初步探讨. 应用气象学报, 2002, **13**(6): 641-649.

[36] Avissar A, Chen F. Development and analysis of prognostic equations for mesoscale kinetic energy and mesoscale (subgrid scale) fluxes for large-scale atmospheric models. *J Atmos Sci*, 1993, **50**: 3 571-3 774.

[37] Hu Z, Islam S. Effect of spatial variability on the scaling of land surface parameterization. *Boundary Layer Meteor*, 1997, **83**: 441-446.

[38] Avissar R. Recent advances in the representation of land-atmosphere interactions in global climate models. *Rev Geophys*, 1995, **33**: 1 005-1 010.

[39] Molod A, Salmun H, Waugh D W. A new look at modeling surface heterogeneity: Extending its influence in the vertical. *J Hydro*, 2003, **4**: 810-825.

[40] Garratt J R, Pielke R A, Miller W F, *et al*. Mesoscale model response to random, surface-based perturbations—A sea—breeze experiment. *Boundary Layer Meteor*, 1990, **52**: 313-334.

[41] Wood E F, Lakshmi E. Scaling water and energy fluxes in climate systems: Three land-atmospheric modeling experiments. *J Climate*, 1993, **6**: 839-875.

[42] Avissar R. Conceptual aspects of a statistical-dynamical approach to represent landscape subgrid-scale heterogeneities in atmospheric models. *J Geophys Res*, 1992, **97**: 2 729-2 742.

[43] Grotzner A, Sausen R, Claussen M. The impact of sub-grid scale sea-ice inhomogeneities on the performance of the atmospheric general circulation model ECHAM3. *Climate Dyn*, 1996, **12**: 477-496.

[44] Blyth E M, Dolman A J, Wood N. Effective resistance to sensible and latent heat flux in heterogeneous terrain. *Quart J Roy Meteor Soc*, 1993, **119**: 423-442.

[45] Ronda B J, Van Denhurk J M, Holtslag A A M. Spatial heterogeneity of the soil moisture content and its impact on surface flux densities and near-surface meteorology. *J Hydrometeror*, 2002, **3**: 556-570.

[46] 刘晶淼,丁裕国,周秀骥,等.地表非均匀对区域平均水分通量参数化的影响. 气象学报, 2003, **61**(6): 712-717.

[47] Mahrt L, Sun J. Dependence of surface exchange coefficients on averaging scale. *Quart J Roy Meteor Soc*, 1995, **121**: 1 835-1 852.

[48] Frech M, Jochum A. The evaluation of flux aggregation methods using aircraft measurements in the surface layer. *Agricultural and Forest Meteorology*, 1999, **98-99**: 121-143.

[49] Mahrt L, Vickers D, Sun J, *et al*., Calculation of area-average fluxes: Application to BOREAS. *J Appl Meteor*, 2001, **40**: 915-920.

[50] Ma Y, Menenti M, Feddes R, *et al*. Analysis of the land surface heterogeneity and its impact on atmospheric variables and the aerodynamic and thermodynamic roughness lengths. *J Geophys Res*, 2008, 113, D08113, doi: 10. 1029/2007JD009124.

[51] Claussen M. Estimation of areally-averaged surface fluxes. *Boundary Layer Meteor*, 1991, **54**: 387-410.

[52] Ducoudr N I, Laval K, Perrier A, *et al*. A new set of parametrizations of the hydrological exchanges at the land-atmosphere interface within the LMD atmospheric general circulation model. *J Climate*, 1993,

6:248-273.

[53] Koster R D, Suarez M J, Ducharne A, *et al*. A catchmentbased approach to modeling land surface processes in a general circulation model. Part 1:Model structure. *J Geophys Res*,2000,**105**:24 809-24 822.

[54] Desborough C E. Surface energy balance complexity in GCM land surface models. *Climate Dyn*,1999, **15**,389-403.

[55] Klink K. Surface aggregation and subgrid-scale climate. *Int J Climatol*,1995,**15**:1 219-1 240.

[56] Blyth E M. Using a simple SVAT to describe the effect of scale on aggregation . *Boundary Layer Meteor*,1995,**72**:2 113-2 136.

[57] Molders N, Raabe A, Tetzlaff G. A comparison of two strategies on land surface heterogeneity used in a mesoscale beta meteorological model . *Tellus*,1996,**48**A:733-749.

[58] Essery R L H. Modeling fluxes of momentum,sensible heat and latent heat over heterogeneous snow cover. *Quart J Roy Meteor Soc*,1997,**123**:1 867-1 883.

[59] Koster R D, Suarez M J. The influence of land surface moisture retention on precipitation statistics. *J Climate*,1996,**9**:2 551-2 567.

[60] Rosenzweig C, Abramopoulos F. Land-surface model development for the GISS GCM. *J Climate*, 1997,**10**:2 040-2 054.

[61] Desborough C E, Pitman A J, McAvaney A. Surface energy balance complexity in GCM land surface models. Part II:Coupled simulations. *Climate Dyn*,2001,**17**:615-626.

[62] Essery R L, Best M J, Betts R A,*et al*. Explicit representation of subgrid heterogeneity in a GCM land surface scheme. *J Hydrometeor*,2002,**4**:530-543.

[63] Claussen M. Flux aggregation at larger scales:On the limits of variability of the concept of blending height . *J Hydrology*,1995,**166**:371-382.

[64] Doran J C, Zhong S. Variation in mixed-layer depths arising from inhomogeneous surface conditions. *J Climate*,1995,**8**:1965-1973.

[65] Arola A. Parameterization of turbulent and mesoscale fluxes for heterogeneous surfaces. *J Atmos Sci*, 1999,**56**:584-598.

[66] Giorgi F, Francisco R, Pal J. Effects of a subgrid-scale topography and land use scheme on the simulation of surface climate and hydrology. Part I:Effects of Temperature and Water Vapor Disaggregation. *J Hydrometeor*,2003,**4**:317-333.

[67] Molod A, Salmun H, Waugh D W. The impact on a GCM climate of an extended Mosaic technique for the land atmosphere coupling. *J Climate*,2004,**17**(20):3877-3891.

[68] Salmun H,Molod A,Ira A. Observational validation of an extended mosaic technique for capturing subgrid scale heterogeneity in a GCM. *Tellus* B,2007,**59**(3):625-632.

[69] Moore R J, Clarke R T. A distribution function approach to rainfall runoff modeling. *Water Resour Res*,1981,**17**:1367-1382.

[70] Entekhabi D, Eagleson P S. Land surface hydrology parameterization for AGCM including subgrid scale spatial variability. *J Climate*,1989,**2**:816-837.

[71] Famiglietti J S, Wood E F. Multi-scale modeling of spatially-variable water and energy balance processes. *Water Resour Res*,1994,**30**(11):3 061-3 078.

[72] Giorgi F. An Approach for the representation of surface heterogeneity in landsurface models. Part Ⅰ: Theoretical framework. *Mon Wea Rev*,1997,**125**:1 885-1 899.

[73] Giorgi F. An approach for the representation of surface heterogeneity in land surface model s. Part Ⅱ: Validation and sensitivity experiments. *Mon Wea Rev*,1997,**125**:1 900-1 919.

[74] Zeng X M,Zhao M,Su B K. A numerical study on effects of land-surface heterogeneity form"Combined Approach" on atmospheric process. Part 1: Principle and method. *Adv Atmos Sci*, 2000, **17**(1): 103-120.

[75] Zeng X M,Zhao M,Su B K. A numerical study on effects of land-surface heterogeneity form"Combined Approch" on atmospheric process Part Ⅱ. :Coupling model simulations. *Adv Atmos Sci*,2000,**17**(2): 241-255.

[76] Liu J M,Ding Y G,Zhou X J,*et al*. Land surface hydrology parameterization over heterogeneous surface for the study of regional mean runoff ratio with its simulation. *Adv Atmos Sci*,2002,**19**(1): 89-102.

[77] 刘晶淼,丁裕国,周秀骥,等.基于降水气候强迫的一种地表径流估计方法[J].气象学报,2004,**62**(6): 285-292.

[78] Leung R L, Ghan S J. A subgrid parameterization of orographic precipitation. *Theor Appl Climatol*, 1995,**52**:95-118.

[79] 刘晶淼,王纪军,丁裕国.计算非均匀地表通量的一种简化 PDF 及其应用[J].高原气象,2002,**21**(6): 583-590.

[80] 王纪军,刘晶淼,丁裕国.用于非均匀地表通量估计的一种积分算子[J].高原气象,2004,**23**(5): 605-611.

[81] 曾新民,赵鸣,苏炳凯."组合法"表示的下垫面问世非均匀对夏季风气候影响的数值试验[J].大气科学,2002,**26**(1):41-56.

[82] Pan H L, Mahrt L. Interaction between soil hydrology and boundary layer development. *Boundary-Layer Meteor*,1987,**38**:185-202.

[83] Xue Y,Sellers P J, Kinter J K. Asimplified biosphere model for global climate studies. *J Climate*, 1991,**4**:345-364.

[84] Verseghy D L, McFarlane N A, Lazare M. CLASS—A Canadian land surface schene for GCMs,II Vegetation model and coupled runs. *Int J Climatol*,1993,**13**:347-370.

[85] Mahfouf J F, Manzi A O, Noilhan J,*et al*. The land surface scheme ISBA with the Meteo-France climate model ARPEGE,I,Implementation and preliminary results. *J Climate*,1995,**8**:2 039-2 057.

[86] Noilhan J, Lacarrére P. GCM grid-scale evaporation from mesoscale modeling. *J Climate*,1995,**8**:206-223.

[87] 钟中,苏炳凯,赵鸣.大气数值模式中有效粗糙度计算的一种新方法[J].自然科学进展,2002,**12**(5): 519-523.

[88] 牛国跃,洪钟祥,孙菽芬,等.陆面面积平均通量的参数化问题[J].气候与环境研究,1997,**2**(3): 210-221.

[89] Arain M A, Burke E J, Yang Z L,*et al*. Implementing surface parameter aggregation rules in the CCM3 global climate model: Regional responses at the land surface. *Earth Syst Sci*,1999,**3**(4): 463-476.

[90] Cooper H J, Smith E A,Gu J,*et al*. Modeling the impact of averaging on aggregation of surface fluxes. *J Geophys Res*,1997,**102**(29):235-292.

[91] Van den Hurk B J, Beljaars A C. Impact of some simplifying assumptions in the new ECMWF surface scheme. *J Appl Meteor*,1996,**35**:1 333-1 343.

[92] Polcher J, Laval K, Dumenil D, *et al*. Comparing three land surface schemes used in general circulation models. *J Hydrology*, 1996, **180**: 373-394.

[93] Hahmann A N, Dickinson R E. A fine-mesh land approach for general circulation models and its impact on regional climate . *J Climate*, 2001, **14**: 1 634-1 646.

[94] Seth A, Giorgi F, Dickinson R E. Simulating fluxes from heterogeneous land surfaces: Explicit subgrid method employing the biosphere-atmosphere transfer scheme (BATS). *J Geophys Res*, 1994, **99**: 18 561-18 667.

[95] Andrean H. Representing spatial subgrid-scale precipitation variability in a GCM. *J Hydrometor*, 2003, (4): 891-900.

[96] Becker F, Li Z. Surface temperature and emissivity at various scales: Definition, measurement and related problems. *Remote Sens Rev*, 1995, **12**: 225-253.

[97] Gendy N, Cox P M . Spatial heterogeneity of the soil moisture content and its impact on surface flux densities and near-surface meteorology. *J Hydrometor*, 2003, **4**: 1 265-1 275.

[98] Dery J, Crow W, Stieglita M, *et al*. Modeling snow-cover heterogeneity cover complex. Arctic terrain for regional and global climate models. *J Hydrometor*, 2004, **5**: 33-48.

[99] 左洪超, 吕世华, 胡隐樵. 非均匀下垫面边界层的观测和数值模拟研究(I) 冷岛效应和逆湿现象的完整物理图像[J]. 高原气象, 2004, **23**(2): 155-162.

[100] 左洪超, 吕世华, 胡隐樵, 等. 非均匀下垫面边界层的观测和数值模拟研究(II) 逆湿现象的数值模拟[J]. 高原气象, 2004, **23**(2): 163-170.

[101] Lang S, Shuey C J, Russ A L, *et al*. Narrowband to Broadband conversion of land surface albedo-II: Validation . *Remote Sens Environ*, 2002, **84**: 25-41.

[102] 马耀明, 王介民. 非均匀陆面上区域蒸发(散) 研究概况[J]. 高原气象, 1997, **16**(4): 446-452.

[103] Ma Yaoming, Wang Jiemin, Huang Ronghui, *et al*. Remote sensing parameterization of land surface heat fluxes over arid and semi-arid areas. *Adv Atmos Sci*, 2003, **20**(4): 530-539.

[104] Ma Y, Zhong L, Su Z, *et al*. Determination of regional distributions and seasonal variations of land surface heat fluxes from landsat-7 enhanced thematic mapper data over the central Tibetan Plateau area. *J Geophys Res*, 2006, 111, D10305, doi: 10. 1029/ 2005JD006742.

[105] 马耀明, 戴有学, 马伟强, 等. 干旱半干旱区非均匀地表区域能量通量的卫星遥感参数化[J]. 高原气象, 2004, **23**(2): 139-146.

[106] 陈斌, 张耀存, 丁裕国. 地形起伏对模式地表长波辐射计算的影响[J]. 高原气象, 2006, **25**(3): 406-412.

[107] Garrigues S, Allard D, Baret F, *et al*. Quantifying spatial heterogeneity at the landscape scale using variogram models. *Remote Sens Environ*, 2006, **103**: 81-96.

降水气候强迫下非均匀地表区域平均径流的一种参数化方案

刘晶淼[1]　丁裕国[2]　周秀骥[1]　李　云[2]

（1.中国气象科学研究院，北京　100081；2.南京信息工程大学资源环境系，南京　210044）

摘　要：将任何一个中尺度区域的平均瞬间径流率考虑为区域平均降水量和地表土壤层水分渗透量的余项。根据降水量在地理空间上分布的实测资料拟合其空间概率密度函数（PDF），并结合土壤入渗物理过程的数学描述及其经验公式，精确估计出地表土壤渗透率及其空间分布，由此建立区域地表径流率的统计－动力学估计方案。换言之，区域内地表产流率可视为区域平均降水量与区域平均的土壤下渗量之差值，而区域内土壤的平均下渗量又可分为非饱和区和饱和区两部分的下渗量来分别计算。就陆面水分循环的物理过程而言，地表入渗现象是在一定的下垫面特性基础上，由一定的水分供应源而形成的。根据大气降水向地表层输送水分的物理过程，在满足植被表层覆盖需水（截流水）和地表层土壤入渗水基础，多余的降水量才会形成地表径流。因此，推求地表产流率的主要关键在于地表土壤层需水量。为此本文根据土壤水分通量方程推导出水分入渗公式。又从描述土壤水分和降水的空间 PDF 出发，推导出非均匀土壤含水量及降水气候强迫所形成的次网格尺度区域平均径流率计算公式。利用长江三角洲地区 1996 年降水量和土壤特性等实测资料建立区域平均地表径流率的估计公式，并对其影响因素进行敏感性试验。结果表明，该方法与用 Mosaic 方法计算的区域径流率（或产流率）结果十分接近。由此可见，该文提出的降水气候强迫下非均匀地表区域平均径流的这种统计－动力参数化方案，具有相当的可靠性与可行性。

关键词：区域平均径流　地表非均匀性　概率密度函数　大气降水强迫

引　言

地表径流的瞬间过程是一种强烈依赖于大气降水、地面或土壤水力学特性的非线性过程，由于地表自然状态的随机复杂性（如土壤空隙的渗入和渗出、土壤类型、结构、质地、透水性、坡度、高度、和土壤含水量等等）使得地表径流往往在地表面呈非均匀分布。一般来说，土壤水分的入渗能力是随土壤水分含量而变化的，水分的垂直入渗过程又与水流下渗时所受作用力有关，主要有重力、毛细管作用力等。因此，通常将单点入渗归纳为某些经验公式，如 Horton 方程[1]。到目前为止，关于土壤入渗过程的数学描述，仍然是一个难题。有鉴于此，考虑到数学描述与物理解释的一致性，大多数研究者都是引入多孔介质的垂直水分势方程，根据 Darcy 定律，由水分通量方程推导出水分入渗公式[2]。Entekhabi 等[3]从描述土壤水分和降水空间概率分布的 PDF 出发，提出估计区域平均径流率公式。刘晶淼等[4,5]则从陆面水文过程的物理机制出发，研究了地表非均匀性对区域平均水分通量参数化的影响，其后，又引进空间概率统计分布理论，推导出一种由非均匀土壤含水量及降水气候强迫所形成的次网格尺度非均匀径流率计算公式，用于估计区域平均径流率[1-3,5]。近年来，张述文等[6]

利用变分法原理估算地表热通量和近地层土壤含水量取得了新的进展。

鉴于陆面水文过程本身的复杂性，迄今仍有许多难题亟待解决。事实上，地表径流是地表水量平衡的一个关键分量，在很大程度上，它是区域降水、蒸发与土壤水力学性质的函数。如何有效地估计降水、土壤湿度和径流，这一论题不仅对于大气科学研究具有重要意义，而且对于水文学、水利水电工程、农业用水、水土保持和土壤学研究等许多应用领域也都具有重要意义。

本文研究的思路在于：将任一区域（中尺度区域）内所代表的瞬间径流率考虑为降水在地表的分配与地表（土壤）层水分吸收过程的余项。根据降水量的理论概率分布函数，利用实测资料拟合其 PDF，结合土壤入渗过程的数学描述及其经验公式，从而精确地估计出地表土壤吸收率，以此建立地表径流率的估计公式。由于各地降水量记录较为常规，尤其是逐日（24 小时）降水量资料目前已较丰富，实现这一目标具有较高的可行性。

1　瞬时降水强度的 PDF 及土壤吸收檬估计公式

根据 Entekhabi 等[3]提到的 Horton 和 Dunne 径流理论，对任一地点而言，其地表径流率产生于两种相容的可能机制（事件）：其一，降水强度 P 超过土壤入渗率 $f(P>f)$，而土壤处于未饱和状态（$S<1$），产生径流；其二：当土壤饱和或过饱和（$S\geqslant1$），入渗率 $f\rightarrow0$，降水 P 几乎完全转变为径流。一般地说，后者意味着降水落在不透水地面或饱和地表面，而产生径流，即表层土壤被降水或下层的上渗水所饱和，例如低洼浅滩或湖泊沼泽地[5]。由此可综合上述两方面因素来考虑径流产流的问题。

众所周知，地表径流过程乃是地面水量平衡的一个子过程，无论是瞬时或长时段的径流其产流过程归根结底是与大气降水的气候强迫息息相关的。假设网格区内，格点雨量强度为 P，对于任一时间步长而言，由于降水具有显著的水平空间变率所造成的非均匀性，一般地说，网格区内降水在水平空间上的概率密度函数（PDF）可近似地写为两参数 Weibull 分布型（由于降水最小值为零）

$$f_p(x)=\left(\frac{k}{c}\right)\left(\frac{x}{c}\right)^{k-1}\exp\left[-\left(\frac{x}{c}\right)^k\right] \tag{1}$$

式中 $f_P(x)$ 为雨量强度 P 所服从的 PDF，k 为形状参数，c 为尺度参数。这里用 Weibull 分布而不用通常熟悉的 Γ 分布来拟合日降水雨量强度 P 的原因在于，Weibull 分布拟合短历时降水量不但具有非常好的效果，且它的线型适应性特别强，且其参数估计精度又较高。可以证明，当形状参数 $k=1$ 时，Weibull 分布简化为负指数分布，而通常日降水量或短历时降水量，无论在时间域或空间域上绝大多数都符合负指数分布[7-12]。另一方面，还可证明，当 $k=3.6$ 时，Weibull 分布即转化为正态分布，这些优良特性正是本文由降水强迫推求地表径流的基础[7]

假定一日降水强度 P 在水平空间上符合上述分布，根据 Weibull 分布，利用极大似然估计理论，可以证明其参数具有下列关系

$$\mu=c\Gamma\left(1+\frac{1}{k}\right) \tag{2}$$

式中 μ 为区域平均降水强度（变量 P 的总体均值），k 为形状参数，c 为尺度参数，Γ 为 Γ 函

数。区域内平均降水就是各格点降水强度分布的数学期望(以 PDF 表达式积分)

$$\bar{P}=\int_0^{\infty} x f_P(x)\mathrm{d}x \tag{3}$$

如果令 S_m 为土壤可能吸收的最大降水比率(mm/d),则区域内地表径流为零的概率 D_f 可写为

$$D_f=\int_0^{S_m} f_P(x)\mathrm{d}x \tag{4}$$

上式等价于区域内地表土壤达到最大吸收率的可能性即区域内广义下渗率最大可能性。根据式(1),积分上式,不难得到

$$D_f=\int_0^{S_m} f_P(x)\mathrm{d}x=1-\exp\left[-\left(\frac{S_m}{c}\right)^k\right] \tag{5}$$

由上式可知,某区域任一日中某一时刻,非饱和区($x<S_m$)地表土壤水分吸收率的统计平均理论值 S_f 应为

$$S_f=\frac{1}{D_f}\int_0^{S_m} x f_P(x)\mathrm{d}x=\frac{k}{1-\exp\left[-\left(\frac{S_m}{c}\right)^k\right]}\int_0^{S_m}\left(\frac{x}{c}\right)^k\exp\left[-\left(\frac{x}{c}\right)^k\right] \tag{6}$$

对于饱和区($x\geqslant S_m$)地表土壤水分零吸收率(即降水完全生成径流)的概率应为

$$D_r=\int_{S_m}^{\infty} f_P(x)\mathrm{d}x=\exp\left[-\left(\frac{S_m}{c}\right)^k\right] \tag{7}$$

则相应的地表吸收率应取极限值

$$S_r=S_m \tag{8}$$

因此,对于某区域任意一日由降水造成的平均吸收率可写为

$$S=D_fS_f+D_rS_r=k\int_0^{S_m}\left(\frac{x}{c}\right)^k\exp\left[-\left(\frac{x}{c}\right)^k\right]\mathrm{d}x+S_m\exp\left[-\left(\frac{S_m}{c}\right)^k\right] \tag{9}$$

上式表明,地表土壤对于大气降水的吸收(地表平均下渗)可视为两部分吸收率的面积加权平均:其一,地表层未达饱和($x<S_m$)的区域,土壤可最大限度地吸收地表水(即降水的下渗过程),又称为非饱和区下渗,它可视为降水在某一阈值内的平均(期望);其二,地表层达到饱和($x\geqslant S_m$)的区域,土壤基本上不可能吸收地表水(即降水已成径流)。饱和区下渗可认为是饱和区最大持水量的加权。

2 区域瞬时径流率估计计算

对于任意区域而言,其地表水量平衡方程为:

$$R=P-I-E-S \tag{10}$$

或

$$P=R+I+E+S \tag{11}$$

式中 P 为降水;I 为地表截留水;E 为地表蒸发;S 为下渗(地表吸收);R 为地表径流。对于

某一固定区域而言，日降水量或连续数日总降水 P 达到一定程度时，其总截留量 I 为常数，通常因降雨过程中蒸发很少，可令 $E\to 0$
因此近似有

$$R=P-S \tag{12}$$

对于区域平均来说

$$\bar{R}=\bar{P}-\bar{S}=\int_0^{\infty} xf(x)\mathrm{d}x-k\int_0^{S_{\mathrm{m}}}\left(\frac{x}{c}\right)^k\exp\left[-\left(\frac{x}{c}\right)^k\right]\mathrm{d}x-S_{\mathrm{m}}\exp\left[-\left(\frac{S_{\mathrm{m}}}{c}\right)^k\right] \tag{13}$$

上式表明,某一区域的瞬时平均地表径流率等于区域平均降水量 P 与地表土壤层平均吸收量(平均下渗)S 之差值。

从原则上说,根据式(13)即可计算地表径流。但事实上,在上面所给出的方程式中,并没有给出积分限 S_{m}。杨维军等[8]指出,对于降水过程而言,土壤水分向大气的输送过程(即地表蒸发过程)往往是按照首先满足植被表层覆盖需水(截留水)和地表径流需水,其所剩余的降水量形成土壤层水分储存。然而,大气降水向地表层输送水分的过程则是,首先满足植被表层覆盖需水(截留水)和地表层土壤入渗需水以外,其多余的降水量形成地表径流。因此,无论从哪一方面来说,其中都有一个主要关键即地表(土壤)层需水量问题,这就是土壤相对饱和度的参数化问题。

3 土壤层相对饱和度的参数化

根据土壤水质输送理论,可导出土壤水分通量方程[12]

$$\frac{\partial\eta}{\partial t}=\frac{\partial}{\partial Z}\left(K_\eta+D_\eta\frac{\partial\eta}{\partial Z}\right) \tag{14}$$

这里 $D_\eta=K_\eta\dfrac{\partial\psi}{\partial\eta}$为土壤水分扩散率,$K_\eta$ 为液压(水力)传导率;$\psi=\dfrac{p}{g\rho_w}$为土壤水分势。假定初始边界条件为:

$$S(Z,0)=\frac{\eta_0}{\eta_{\mathrm{sat}}}=S_0 \tag{15}$$

$$S(0,t)=\frac{\eta_1}{\eta_{\mathrm{sat}}}=S_1 \tag{16}$$

根据上面 3 个公式，当 $S_1\ll S_0$ 时，可得第一个方程的近似解[1,2],其中所得的土壤解吸附率与时间 $t^{-1/2}$ 成比例，比例常数正是土壤水分吸收率 S_{e}。于是土壤水分入渗表达式可写为

$$f_{\mathrm{e}}=\frac{1}{2}S_{\mathrm{e}}t^{-\frac{1}{2}}-\frac{1}{2}K(S_0) \tag{17}$$

式中 f_{e} 称为入渗率，它是土壤毛细管吸附力和重力的函数,其中 S_{e} 为土壤毛细管吸附率,$K(S_0)$为与土壤初始水分含量有关的水力学传导率。显然,在积分时间内(T),土壤水分的平均入渗率为

$$\overline{f_{\mathrm{e}}}=S_{\mathrm{e}}T^{-\frac{1}{2}}-\frac{1}{2}K(S_0) \tag{18}$$

根据 Entekhabi 等[3]提出的土壤吸附水分和释放水分的解吸附率经验公式确定

$$S_e=\left[\frac{8\eta_s k_s\psi_s}{3(1+3m)(1+4m)}\right]^{\frac{1}{2}}S_0^{\frac{1}{2m}+2} \tag{19}$$

式中 η_s 为土壤疏松度参数(cm^3/cm^3)，k_s 土壤水传导率(m/s)，ψ_s 为土壤水分势(m)，m 为与土壤性质有关的无量纲参数。将上式代入式(18)，可得土壤层顶部水分向下的平均入渗率公式

$$\overline{f_e}=k_s\Omega S_0^{\frac{1}{2m}+2}-\frac{1}{2}k_s S_0^{\frac{2}{m}+3} \tag{20}$$

上式表明，水分由土壤层顶部被向下吸收的多少，取决于平均入渗率$\overline{f_e}$，在给定的土壤(或下垫面)条件下，平均入渗率是土壤水力学参数(如 k_s,η_s,ψ_s,m)及初始土壤湿度 S_0 的函数。

$$\Omega=\left[\frac{8\eta_s\psi_s}{3k_s T(1+3m)(1+4m)}\right]^{\frac{1}{2}} \tag{21}$$

式中就陆面水分循环的物理过程而言，地表入渗现象是在一定的下垫面特性基础上，由一定的水分供应源而形成的。为了确定平均入渗率，必须首先确定初始土壤湿度 S_0。为此我们不妨从地表土壤水分的蒸发蒸散过程来考察，通常土壤水分的蒸发蒸散过程由两部分加权构成，其一，为土壤未达到饱和临界值 S^* 时($S<S^*$)，由土壤解吸附力(desorption)的大小所控制的土壤蒸发作用(即土壤控制蒸发)；其二，为土壤达到临界饱和值 S^* 以上时($S\geqslant S^*$)，由土壤水分蒸发力大小控制的土壤蒸发作用(即气候控制蒸发)。研究表明，当土壤层内含水量超过临界饱和值 S^*($S\geqslant S^*$)，地表空气湿度达 100%，此时土壤“蒸发力”与水面蒸发近似或稍大，一般它与土中含水量的大小无关。而当土壤层内含水量低于临界饱和值 S^* 时，土壤蒸发量大小就与土壤层内含水量密切相关，一般当土壤层内含水量很低时，土壤蒸发量大小取决于土壤底层向表层输送水分的能力。所以当土壤饱和度达到某一临界值 $S=S^*$ 时，$\overline{f_e}=E_p$(潜在蒸发率)。通常地表层最大蒸发率(潜在蒸发率)E_p 是不依赖于土壤内部物理特性(湿度)的独立变量，它本质上可根据 Penman 公式实现计算(当然也可由其他途径给出)。根据式(19)，当$\overline{f_e}=E_p$ 时即可由下式确定 S^*[3]

$$E_p=k_s\Omega S^{*\frac{1}{2m}+2}-\frac{1}{2}k_s S^{*\frac{2}{m}+3} \tag{22}$$

式中 k_s,m 为土壤参数，若已知 E_p 的情况下，就可反求 S^*。利用 Mosaic 方法求得区域各格点蒸发量的方法，结合土壤参数，大致可估算针对不同土壤的 S^* 取值[13]。S^* 为土壤的临界饱和度，根据土壤饱和度公式

$$\eta/\eta_s=S(\%) \tag{23}$$

结合土壤参数中相应的 η_s(土壤疏松度 cm^3/cm^3)，所以

$$\eta=S\eta_s \tag{24}$$

根据上面求出的土壤饱和度 S^*，可求得积分上限 S_m。

4 实例计算

选取长江三角洲地区(29.005°～34.115°N，117.005°～122.115°E)近似矩形区域的逐日降水资料(共 32 个代表站)，首先对其作 Weibull 分布拟合。为了精确地拟合分布，对日降水量资料做了插值(插值前后的区域降水平均值相差不大，如 1996 年 6 月 4 日，正是梅雨时节，降水基本遍布本区，插值前为 11.28 mm，插值后为 11.34 mm，表明插值效果较好，完

全可代表日降水量在水平空间域上的分布型。将1996年1—12月中的日降水遍布全区的日期选出来，对这些时间内的逐日降水资料水平空间分布型用Weibull分布拟合，经柯尔莫哥洛夫检验(形状参数值 k 为0.724 66，尺度参数 c 为9.255 96)完全符合Weibull分布模型，其信度已达到0.01。本文中计算区域是长江三角洲区域，由于该区土壤以黏质为主，根据文献[3]提供的土壤参数(表1)，计算出长江三角洲地区各月区域平均蒸发散通量值，利用其计算结果和式(22)计算得到不同土壤的 S^* 值。结果表明，沙土的 S^* 最小，其值在0.1～0.2；沃土的 S^* 取值在0.15～0.30；黏土 S^* 最大，其取值在0.35～0.55；并且各种土壤的 S^* 值都是夏季7月最大，冬季1月最小(图1)。说明各种土壤的吸收率随着季节的变化而变化；而不同土壤对于降水的吸收率也是不同的。

表1　各类土壤的水力学参数(Entekhabi, *et al.*, 1989)

	k(cm/s)	ψ_s(cm)	B	η_s
沙土	0.017 6	−12.1	4.05	0.395
沃土	0.000 7	−47.8	5.39	0.451
黏沃土	0.000 25	−63.0	8.52	0.476
黏土	0.000 13	−40.5	11.4	0.482

表2列出了长江三角洲地区1996年各月蒸发通量 E_p(mm/月)及其他参数。由表可见，不同蒸发通量计算出的各月平均值 S^*(黏沃土)随着 E_p 增大而增大，且 S^* 有一个0.27～0.4的变化区间。其所产生的平均径流(mm/d)虽然没有特别明显的起伏(图2)，但总体趋势也是在夏季较大，冬季较小，径流所占降水的比例(%)其逐月计算值大体上呈现出夏季占总降水的90%左右，春、冬季节只占80%左右。其次，各月实例计算还发现：由降水造成的平均吸收量 S_m 总是在1～2 mm，其所占降水比率随平均降水量的多少而改变。图2表明了区域平均日降水、径流与下渗量三者之间关系的年变化。

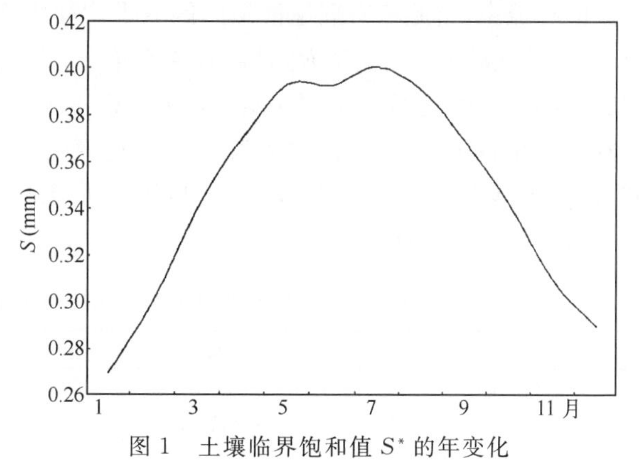

图1　土壤临界饱和值 S^* 的年变化

表2　长江三角洲区域平均各月蒸发通量及其他参量(1996年)

月份	1	2	3	4	5	6	7	8	9	10	11	12
E_p	11.0	21.5	52.1	91.0	125.0	123.9	137.5	126.1	82.6	52.4	26.0	16.8
S^*	0.27	0.30	0.34	0.37	0.393	0.392	0.40	0.39	0.368	0.342	0.31	0.29
S_m	1.27	1.41	1.63	1.78	1.87	1.867	1.90	1.87	1.75	1.63	1.46	1.36
平均下渗(mm)	0.996	1.15	1.56	1.62	1.60	1.56	1.66	1.45	1.57	1.39	1.21	0.92
平均降水(mm)	5.97	6.36	12.30	6.49	14.53	11.35	18.32	10.90	8.88	13.77	8.31	5.61
平均径流(mm)	4.98	5.21	10.71	4.87	12.9	9.79	16.79	9.45	7.32	12.38	7.10	4.99
平均径流比(%)	83.30	81.90	87.30	75.06	88.98	86.20	90.90	86.70	82.30	89.90	85.40	84.40

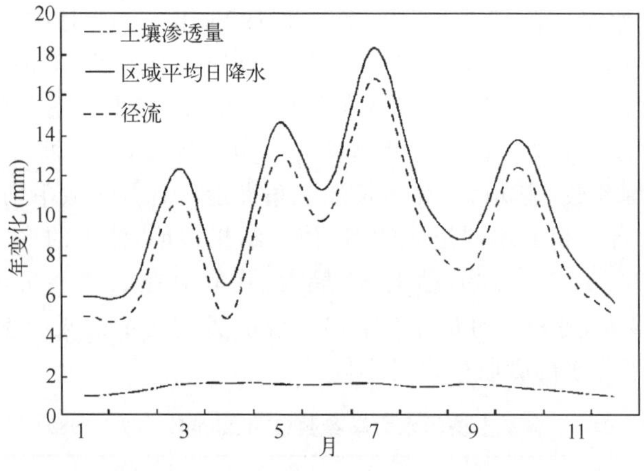

图 2 区域平均日降水、径流与下渗量的年变化

为了估计非均匀地表区域平均径流对其影响因素的敏感性，采用随机试验并借助于Mosaic方法得到如下有意义的结果：首先，利用式(12)求得无量纲径流率 R(表 3)，将抽样得到的降水量(服从 Weibull 分布)记录，随机分配于各个次网格点上，并计算各次网格区(点)的径流率，由此考察理论模拟的区域平均径流率 R 与用 Mosaic 方法(即由各个次网格点)计算的区域平均径流率 R^* 这两者的差异。重复试验多次并取其误差期望值 $E|R-R^*|<\varepsilon$(临界误差)。由表可知，用 Mosaic 方法计算的区域产流率与用本文的统计一动力学方法所计算的结果很接近，它们的误差都不大。这就表明，本文所提出的非均匀径流率解析表达式，即由土壤下渗量及非均匀降水气候强迫所形成的次网格尺度非均匀径流率公式具有相当的可靠性与可行性。

表 3 本文方法和 Mosaic 方法所得区域平均径流实验结果比较

日期	区域 R	Mosaic 方法 R^*	误差
6 月 4 日	0.862 30	0.858 80	0.010
7 月 5 日	0.898 50	0.899 20	0.001
7 月 10 日	0.923 03	0.923 50	0.001
10 月 7 日	0.942 40	0.933 20	0.010
10 月 25 日	0.652 40	0.660 67	0.010

上面计算的平均下渗是饱和区和非饱和区的总和，试验表明，饱和区的下渗量较大，非饱和区下渗量较小，说明非饱和区的径流贡献率较大，饱和区径流贡献率较小(图略)；也许是因为所选取的有降水日期都是降水较丰富的时刻，加之长江三角洲本身地处湿润区域，在平均降水量 $E(p)$ 较大时，饱和区的下渗量也大，而非饱和区却相反，如在 10 月降水较多时，非饱和区吸收率较少，可是在降水较少时，非饱和吸收率就变得较多，即饱和区的径流贡献率在降水较丰富的地区(湿润区)贡献率较小，而未饱和区的径流贡献率很大。而在降水较少时，非饱和区的下渗量却较多，饱和区正相反，说明在降水较少的季节，非饱和区的径流贡献率小于降水较多时径流贡献率，而饱和区的径流贡献率较大。根据干旱地区计算的地表下渗量来看，非饱和区的下渗量与干旱区的区域平均降水强度呈相反的变化，区域平均降水大时，非饱和区的下渗量小，反之，非饱和区的下渗量大，说明在干旱地区的非饱和区的产流

率较大。整体上看,区域平均下渗量随着区域平均降水量的变化而变化,区域降水量大,则区域整体下渗量也大,但是产流率也随着区域平均降水量的增大而增大[3,13]。

5 结论与评述

中尺度区域地表径流可以通过下列途径参数化,即将区域内的瞬间径流率考虑为降水在地表的分配与地表(土壤)层水分吸收过程的余项。区域内地表产流率可视为区域平均降水量与区域平均土壤下渗量的差值,区域土壤平均下渗又可分为非饱和区和饱和区两部分下渗量来分别计算;根据降水量的理论概率密度函数(以 Weibull 分布的 PDF 为代表),利用长江三角洲地区 1996 年的实测资料拟合其水平空间分布的 PDF,结合土壤入渗过程的数学描述及其经验公式,通过利用区域蒸发通量值,从而精确地估计出地表土壤吸收率,建立了区域平均地表径流率的估计公式。为了估计非均匀地表的区域平均径流并对其影响因素进行敏感性试验表明,用 Mosaic 方法计算的区域产流率与用本文的用统计动力学方法的计算结果很接近,它们的误差都不大。这就表明,本文所提出的非均匀径流率解析表达式,即由土壤下渗量及非均匀降水气候强迫所形成的次网格尺度非均匀径流率公式具有相当的可靠性与可行性。

参考文献

[1] 周国逸. 生态系统水热原理及其应用. 北京:气象出版社,1997:118-127.

[2] Pielke R A. Mesoscale Meteorological Modeling (in Chinese). Beijing:China Meteorology Press,1990:425-426.

[3] Entekhabi D,Eagleson P. Land surface hydrology parameterization for AGCM including subgrid spatial variability. *J Climate*,1989,(2):816-830.

[4] 刘晶淼,丁裕国,周秀骥,等. 地表非均匀性对区域平均水分通量参数化的影响. 气象学报,2003,**61**(6):712-717.

[5] 刘晶淼,丁裕国,周秀骥,等. 基于降水气候强迫的一种地表径流估计方法. 气象学报,2004,**62**(3):285-293.

[6] 张述文,邱崇践,张卫东. 估算地表热通量和近地层土壤含水量的变分方法. 气象学报,2007,**65**(3):440-449.

[7] 么枕生,丁裕国. 气候统计. 北京:气象出版社,1990:945pp.

[8] 杨维军,王斌. 二参数 Weibull 分布函数对近地层风速的拟合及应用. 应用气象学报,1999,**10**(1):118-122.

[9] 王馥棠,等. 农业气象预报概论. 北京:农业出版社,1991:372-383.

[10] Lawless J F. Statistic model and methods for lifetime data. New york:John Wiley and Sons,Inc. ,1982

[11] Olkin l,Gleser L T J,Derman C. Probability models and applications. New York:Macmilan Publishing,1980:259-298.

[12] Warrlow D A,Sangster A B,Slingo A. Modelling of land surface processes and their influence on European climate. UK:Meteor Office DCTN,1986:38,94.

[13] Liu J M,Ding Y G,Zhou X J,*et al*. Land surface hydrology parameterization heterogeneous surface for the study of regional mean runoff ratio with its simulations. *Adv Atmos Sci*,2002,**19**(1):89-102.

论著目录

期刊文献：

[1] 丁裕国.长江上游地区气候干(湿)期分析及其前期环流因子的统计普查.南京气象学院学报,1978,(00):81-90.

[2] 丁裕国. 500毫巴平均高度场与旬降水量的交叉功率谱分析.南京气象学院学报,1979,(2):116-123.

[3] 丁裕国.气象要素的多频振动对相关性影响的初步探讨.南京气象学院学报,1980,(2):157-167.

[4] 丁裕国.介绍一种预报短期气候振动的方法.气象教育与科技,1980,(4):47-55.

[5] 丁裕国.经验正交函数展开气象场的几个问题.广西气象,1985,(1):5-9.

[6] 丁裕国,孙风英.小麦田水平风速的湍流统计特征.南京气象学院学报,1986,(1):38-46.

[7] 丁裕国.气象时间序列的自相关性对抽样相关系数的影响.南京气象学院学报,1986,(3):239-248.

[8] 丁裕国.(0,1)两值时间序列分析及其气象应用.广西气象,1987,(6):9-12.

[9] 丁裕国.气象变量间相关系数的序贯检验及其应用.南京气象学院学报,1987,**10**(3):340-347.

[10] 丁裕国.降水量概率分布的一种间接模式.南京气象学院学报,1987,**10**(4):407-415.

[11] 丁裕国,吴息.经验正交函数展开气象场收敛性的研究.热带气象,1988,**4**(4):316-326.

[12] 丁裕国,江志红.气候状态向量在短期气候变化研究中的应用.气象科学,1989,**9**(4):369-377.

[13] 丁裕国,张耀存.降水气候特征的随机模拟试验.南京气象学院学报,1989,**12**(2):146-155.

[14] 江志红,丁裕国.我国近百年(1881-1980年)总辐射场资料的重建试验.气象科学,1990,**10**(1):22-31.

[15] 刘晶淼,丁裕国.北太平洋SST场的客观区划及其时频相关性.热带气象,1990,**6**(1):38-45.

[16] 张耀存,丁裕国.我国东部地区几个代表测站逐日降水序列统计分布特征.南京气象学院学报,1990,**13**(2):194-204.

[17] 丁裕国,牛涛.干、湿月游程的Markov链模拟.南京气象学院学报,1990,**13**(3):286-297.

[18] 丁裕国,江志红.近百年中国总辐射场变化的基本特征.气象科学,1991,**11**(4):345-354.

[19] 张耀存,丁裕国.降水量概率分布的一种Γ型通用模式.气象学报,1991,**49**(1):80-84.

[20] 刘晶淼,丁裕国.北半球500百帕高度场遥相关型的季节特征.南京气象学院学报,1991,**14**(2):242-249.

[21] 丁裕国,柳又春,戴福山.超长波波谱参数持续和转折规律的统计研究.南京气象学院

学报,1991,**14**(3):308-315.

[22] 丁裕国,冯燕华.重建历史降水量场的统计模拟方法.南京气象学院学报,1992,**15**(4):485-492.

[23] 丁裕国,施能.气象场经验正交函数不同展开方案收敛性问题的探讨.大气科学,1992,**16**(4):436-443.

[24] 丁裕国,冯燕华,袁立新.用统计模式重建热带太平洋环流场资料的可行性试验.热带气象,1992,**8**(4):297-305.

[25] 丁裕国,江志红.具有门限的一种非线性随机-动力模式.热带气象学报,1993,**9**(2):97-104.

[26] 丁裕国,江志红.基于 Bayes 准则的时间序列判别预报模式.气象学报,1993,**51**(1):98-102.

[27] 丁裕国,江志红.气象场相关结构对 EOFs 展开稳定性的影响.气象学报,1993,**51**(4):448-456.

[28] 丁裕国. EOF 在大气科学研究中的新进展.气象科技,1993,(3):10-19.

[29] 丁裕国.降水量 Γ 分布模式的普适性研究.大气科学,1994,**18**(5):552-560.

[30] 江志红,丁裕国.近 40 年我国降水量年际变化的区域性特征.南京气象学院学报,1994,**17**(1):73-78.

[31] 王振会,丁裕国,周胜鹏.利用 PRESS 准则和岭回归方法建立大气遥感最优反演方程.南京气象学院学报,1994,**17**(1):101-109.

[32] 吴息,丁裕国,周会平.极端气温频率与强度的统计模拟试验.气象科学,1995,(3):281-287.

[33] 丁裕国,江志红.非均匀站网 EOFs 展开的失真性及其修正.气象学报,1995,**53**(2):247-253.

[34] 江志红,丁裕国.我国夏半年降水距平与北太平洋海温异常的奇异值分解法分析.热带气象学报,1995,**11**(2):133-141.

[35] Ding Y G, Tu Q P, Wen M. A Statistical Model for Investigating Climatic Trend Turning Points. *Advances in Atmospheric Sciences*,1995,**12**(1):47-56.

[36] 丁裕国,况雪源.单站气温信息传递及其可预报性研究.南京气象学院学报,1996,**19**(3):348-353.

[37] 沈雪芳,丁裕国,石明生.全球变暖对我国亚热带北界的影响.南京气象学院学报,1996,**19**(3):370-373.

[38] 金莲姬,丁裕国.年际气候变化的一种概率预测模式及其试验.气象科学,1996,**10**(2):130-134.

[39] 丁裕国,江志红. SVD 方法在气象场诊断分析中的普适性.气象学报,1996,**54**(3):365-372.

[40] 江志红,余锦华,丁裕国.一种公平技术评分方法在台风业务预报评估中的应用.热带气象学报,1996,**12**(4):365-371.

[41] Ding Y G, Jiang Z H. Study On Canonical Auto regression Prediction of Meteorologi-

cal Element Fields. *Acta Meteorologica Sinica*, 1996, **10**(1): 41-51.

[42] 吴息，丁裕国，王少文. 对城市热岛长期变化趋势分析方法的进一步探讨. 南京气象学院学报，1997，**20**(1)：131-135.

[43] 唐鑫，丁裕国. 我国冬半年局地气温对北半球增暖响应的特征分析. 南京气象学院学报，1997，**20**(2)：118-123.

[44] 江志红，丁裕国，金莲姬. 中国近百年气温场变化成因的统计诊断分析. 应用气象学报，1997，**18**(2)：48-58.

[45] 余锦华，丁裕国. 我国江淮流域温度和降水持续性变化的研究. 南京气象学院学报，1998，**21**(1)：145-151.

[46] 余锦华，丁裕国. 气候集成预报的初步探讨. 南京气象学院学报，1998，**21**(4)：670-676.

[47] 江志红，丁裕国. 近35年江苏沿海气温变化对北半球增暖的响应. 南京气象学院学报，1998，**21**(4)：743-749.

[48] 丁裕国，金莲姬，江志红. 近百年江苏中部和南部地区气温趋势及其变化率估计. 气象科学，1998，**18**(3)：248-255.

[49] 江志红，丁裕国. 奇异谱分析的广义性及其应用特色. 气象学报，1998，**56**(6)：736-745.

[50] 李建云，丁裕国，史久恩. 台风路径预报集成方法的一个试验. 热带气象学报，1998，**14**(3)：258-262.

[51] 丁裕国，江志红，朱艳峰. Nino 海区 SSTA 短期气候预测模型试验. 热带气象学报，1998，**14**(4)：289-296.

[52] 江志红，丁裕国，宋桂英. 黄淮流域夏半年旱涝概率时空分布的研究. 自然灾害学报，1998，**71**(1)：96-104.

[53] Ding Y G, Jiang Z H. Theoretical Relationship between SSA and MESA with Both Application. *Advances in Atmospheric Sciences*, 1998, **15**(4): 541-552.

[54] Li J Y, Ding Y G, Shi J W. An Experiment with the Consensus Forecast of Typhoon Track. *Journal of Tropical Meteorology*, 1998, **4**(2): 215-219.

[55] 丁裕国，江志红，施能，等. 奇异交叉谱分析及其在气候诊断中的应用. 大气科学，1999，**23**(1)：91-100.

[56] 江志红，丁裕国，屠其璞. 基于 PC-CCA 方法的气象场资料插补试验. 南京气象学院学报，1999，**22**(2)：141-148.

[57] 施晓晖，丁裕国，屠其璞. 中国东部降水年际变化的随机动力诊断. 南京气象学院学报，1999，**22**(3)：346-351.

[58] 江志红，丁裕国，屠其璞. 气象场序列几种插补方案的对比试验. 南京气象学院学报，1999，**22**(3)：352-359.

[59] 施晓晖，屠其璞，丁裕国. 中国东部降水的随机动力预测初步研究. 南京气象学院学报，1999，**22**(4)：596-601.

[60] 余锦华，丁裕国. NINO 区 SST 与 SOI 的耦合振荡信号及其预测试验. 南京气象学院学报，1999，**22**(4)：637-644.

[61] 朱艳峰，丁裕国，何金海. 奇异交叉谱在海气相互作用诊断研究中的应用. 热带气象学

报,1999,**15**(2):120-127.

[62] 江志红,丁裕国,周琴芳. 用于ENSO预测的一种广义典型混合回归模式及其预报试验. 热带气象学报,1999,**15**(4):322-329.

[63] 江志红,丁裕国. 近百年上海气候变暖过程的再认识—平均温度与最低、最高温度的对比. 应用气象学报,1999,**10**(2):151-159.

[64] 丁裕国,江志红. 中国近50年严冬和冷夏演变趋势与区划. 应用气象学报,1999,(S1):89-97. 第10卷. 增刊88-96.

[65] 江志红,丁裕国,屠其璞. 中国近50年冬夏季极端气温场的年代际空间型态及其演变特征研究. 应用气象学报,1999,(S1):98-104. 第10卷. 增刊97-103.

[66] 江志红,丁裕国,周学锋,等. 一种气候分析服务系统的研制与开发. 南京气象学院学报,1999,**22**(1):75-81.

[67] Ding Y G, Jiang Z H, Zhu Y F. Experiments with Short-term Climate Prediction Models on SSTA over the NINO oceanic region. *Journal of Tropical Meteorology*, 1999,**5**(1):1-8.

[68] Zhu Y F, Ding Y G, He J H. Singular Cross Spectrum Applied on Diagnostic Analysis of Air-Sea Interaction. *Journal of Tropical Meteorology*,1999,**5**(2):163-170.

[69] Jiang Z H, Ding Y G, Zhai P M. A Generalized Canonical Mixed Regression Model for ENSO Prediction with its Experiment. *Journal of Tropical Meteorology*,1999,**5**(2):189-198.

[70] 邓自旺,丁裕国,陈业国. 全球气候变暖对长江三角洲极端高温事件概率的影响. 南京气象学院学报,2000,**23**(1):42-47.

[71] 余锦华,丁裕国,江志红. 我国近百年气温变化的奇异谱分析. 南京气象学院学报,2000,**23**(4):586-593.

[72] 丁裕国,余锦华,施能. 近百年全球平均气温年际变率中的QBO长期变化特征. 大气科学,2001,**25**(1):89-102.

[73] 余锦华,丁裕国,刘晶淼. 近百年全球平均地面气温准周期信号及其长期演变特征的分析. 大气科学,2001,**25**(6):767-777.

[74] 刘晶淼,丁裕国,王纪军. 利用任意时刻AVHRR资料近似估计区域地表温度日较差的试验. 南京气象学院学报,2001,**24**(3):323-329.

[75] 丁裕国,刘晶淼,余锦华. 近百年全球平均气温年际变化型态的低频变率特征. 热带气象学报,2001,**17**(3):193-203.

[76] 谢志清,丁裕国,刘晶淼. 不同下垫面条件下土壤含水量时空变化特征的对比分析. 南京气象学院学报,2002,**25**(5):625-632.

[77] 刘吉峰,丁裕国,程炳岩. 利用随机模拟研究极值天气的预报模型试验. 南京气象学院学报,2002,**250**(6):823-829.

[78] 何卷雄,丁裕国,姜爱军. 江苏省月平均最高、最低气温周期振动的谱特征. 气象科学,2002,**22**(2):159-166.

[79] 汪方,丁裕国,范金松. 江苏夏季逐日降水极值统计特征诊断研究. 气象科学,2002,**22**

(4):435-443.

[80] 刘晶淼,周秀骥,余锦华,丁裕国.长江三角洲地区水和热通量的时空变化特征及影响因子.气象学报,2002,**60**(2):139-145.

[81] 丁裕国,程正泉,程炳岩.MSSA-SVD典型回归模型及其用于ENSO预报的试验.气象学报,2002,**60**(3):361-369.

[82] 何卷雄,丁裕国,姜爱军.江苏冬夏极端气温与大气环流及海温场的遥相关.热带气象学报,2002,**18**(1):73-82.

[83] 朱艳峰,丁裕国,何金海.中低纬海气相互作用的耦合型态及其年代际振荡特征研究.热带气象学报,2002,**18**(2):139-147.

[84] 况雪源,丁裕国,施能.中国降水场QBO分布型态及其长期变率特征.热带气象学报,2002,**18**(4):359-367.

[85] Liu J M, Ding Y G, Yu J H. Low frequency variability of interannual change oatterns for global mean temperature during the recent 100 Years. *Journal of Tropical Meteorology*,2002,**8**(1):44-55.

[86] Zhu Y F, Ding Y G, He J H. Coupling patterns of air-sea interaction at middle and lower latitudes and their interdecadal oscillation. *Journal of Tropical Meteorology*,2002,**8**(2):132-140.

[87] 丁裕国,程正泉.关于ENSO及其统计预测方法评估.山东气象,2002,**22**(3):6-9.

[88] 丁裕国,金莲姬,刘晶淼.诊断天气气候时间序列极值特征的一种新方法.大气科学,2002,**26**(3):343-351.

[89] 刘晶淼,王纪军,丁裕国.计算非均匀地表通量的一种简化PDF及其应用.高原气象,2002,**21**(6):583-590.

[90] Liu J M, Ding Y G, Zhou X J, *et al*. Land surface hydrology parameterization over heterogeneous surface for the study of regional mean runoff ratio with its simulations. *Advances in Atmospheric Sciences*, 2002,**19**(1): 89-102.

[91] 程炳岩,丁裕国,汪方.非正态分布的天气气候序列极值特征诊断方法研究.大气科学,2003,**27**(5):920-928.

[92] 刘晶淼,丁裕国,黄永德,等.太阳紫外辐射强度与气象要素的相关分析.高原气象,2003,**22**(1):45-50.

[93] 张永领,程炳岩,丁裕国.黄淮地区降水极值统计特征的研究.南京气象学院学报,2003,**26**(1):70-75.

[94] 王大钧,程炳岩,丁裕国.气候平均状况的变化对气候极值出现概率的影响.南京气象学院学报,2003,**26**(2):263-269.

[95] 李云,丁裕国,刘晶淼.降水量水平空间分布非均匀性的普适分布律探讨.南京气象学院学报,2003,**26**(2):275-280.

[96] 查书平,丁裕国,于红博,等.基于RS与GIS的长江三角洲土地利用变化分析.南京气象学院学报,2003,**26**(6):815-820.

[97] 程炳岩,丁裕国,何卷雄.全球变暖对区域极端气温出现概率的影响.热带气象学报,

2003,**19**(4):429-435.

[98] 尤凤春,丁裕国,周煜,等.奇异值分解和奇异交叉谱分析方法在华北夏季降水诊断中的应用.应用气象学报,2003,**14**(2):176-187.

[99] 刘晶淼,丁裕国,周秀骥,等.地表非均匀性对区域平均水分通量参数化的影响.气象学报,2003,**61**(6):712-717.

[100] 丁裕国.统计气候诊断与预测方法的重要性.山东气象,2003,**23**(1):13-16.

[101] 尤凤春,丁裕国,周煜,等. 奇异值分解和奇异交叉谱分析方法在华北夏季降水诊断中的应用. 应用气象学报,2003,**17**(1):65-78.

[102] 杨宝钢,丁裕国,刘晶淼,等.考虑植被的热惯量法反演土壤湿度的一次试验.南京气象学院学报,2004,**27**(2):218-223.

[103] 张永领,丁裕国.我国东部夏季极端降水与北太平洋海温的遥相关研究.南京气象学院学报,2004,**27**(2):244-252.

[104] 余锦华,刘晶淼,丁裕国.青藏高原西部地表通量的年、日变化特征.高原气象,2004,**23**(3):353-359.

[105] 刘晶淼,丁裕国,周秀骥,等.基于降水气候强迫的一种地表径流估计方法.气象学报,2004,**62**(3):285-293.

[106] 丁裕国,刘吉峰,张耀存.基于概率加权估计的中国极端气温时空分布模拟试验.大气科学,2004,**28**(5):771-782.

[107] 王纪军,刘晶淼,丁裕国.用于非均匀地表通量估计的一种积分算子.高原气象,2004,**23**(5):605-611.

[108] 刘晶淼,丁裕国,李云,等.一种度量区域旱涝灾害严重性的指标.自然灾害学报,2004,**13**(5):16-19.

[109] 陈斌,丁裕国,刘晶淼.土壤湿度的一种统计预报模型初步试验.气象科学,2005,**25**(3):231-237.

[110] 魏锋,丁裕国,白虎志,等.甘肃省近 40 a 汛期无雨日数异常的气候特征分析.气象科学,2005,**25**(3):249-256.

[111] 魏锋,丁裕国,杨金虎,等.中国西北地区雨季降水与 500 hPa 高度场的 SVD 分析.干旱气象,2005,**23**(4):17-23.

[112] 刘吉峰,李世杰,丁裕国,等.一种用于中国年最高(低)气温区划的新的聚类方法.高原气象,2005,**24**(6):966-973.

[113] 丁裕国,梁建茵,刘吉峰. EOF/PCA 诊断气象变量场问题的新探讨.大气科学,2005,**29**(2):307-313.

[114] 谢志清,刘晶淼,丁裕国,等.干旱及高寒荒漠区土壤温湿度特征及相互影响的分析.高原气象,2005,**24**(1):16-22.

[115] 丁裕国,刘吉峰,张耀存.基于概率加权估计的中国极端气温时空分布模拟试验.2004,**28**(5):771-782.

[116] 张耀存,丁裕国,陈斌.地形非均匀性对网格区地面长波辐射通量计算的影响.气象学报,2006,**64**(1):39-47.

[117] 张永领,吴胜安,丁裕国,等. SVD 迭代模型在夏季降水预测中的应用. 气象学报,2006,**64**(1):121-127.

[118] 丁裕国. 探讨灾害规律的理论基础——极端气候事件概率. 气象与减灾研究,2006,**29**(1):44-50.

[119] 张永领,高全洲,丁裕国,等. 长江流域夏季降水的时空特征及演变趋势分析. 热带气象学报,2006,**28**(2):161-168.

[120] 程正泉,梁建茵,丁裕国,等. 全球气温与 ENSO 多年际耦合振荡关系的初步研究. 热带气象学报,2006,**22**(2):169-175.

[121] 刘晶淼,丁裕国,周秀骥,等. 湿润气候区非均匀地表平均蒸散发率参数化方案研究. 水科学进展,2006,**17**(2):252-258.

[122] 张永领,丁裕国,高全洲,等. 一种基于 SVD 的迭代方法及其用于气候资料场的插补试验. 大气科学,2006,**37**(3):526-532.

[123] 陈斌,张耀存,丁裕国. 地形起伏对模式地表长波辐射计算的影响. 高原气象,2006,**25**(3):406-412.

[124] 于新文,丁裕国. 中国东部地区暴雨的概率特征— 基于泊松分布的统计模拟. 自然灾害学报,2006,**15**(4):13-18.

[125] 刘波,马柱国,丁裕国. 中国北方近 45 年蒸发变化的特征及与环境的关系. 高原气象,2006,**25**(5):840-848.

[126] 丁裕国,张耀存,刘吉峰. 一种新的气候分型区划方法. 大气科学,2007,**31**(1):129-136.

[127] 魏锋,丁裕国,王劲松. 西北地区 5-9 月极端干期长度的概率特征分析. 中国沙漠,2007,**27**(1):147-152.

[128] 蔡敏,丁裕国,江志红. 我国东部极端降水时空分布及其概率特征. 高原气象,2007,**26**(2):309-318.

[129] 黄艳,丁裕国. 东北地区夏季土壤湿度垂直结构的时空分布特征. 气象科学,2007,**27**(3):259-265.

[130] 江志红,丁裕国,陈威霖. 21 世纪中国极端降水事件预估. 气候变化研究进展,2007,**3**(4):202-207.

[131] 彭小燕,刘晶淼,丁裕国. 湿润气候区无资料站点土壤湿度插补及预报试验. 气象科学,2007,**27**(4):400-406.

[132] 刘吉峰,丁裕国,江志红. 全球变暖加剧对极端气候概率影响的初步探讨. 高原气象,2007,**26**(4):837-842.

[133] 蔡敏,丁裕国,江志红. L-矩估计方法在极端降水研究中的应用. 气象科学,2007,**27**(6):597-603.

[134] 丁裕国. 气候概率分布理论的新内涵及其展望. 沙漠与绿洲气象,2007,**23**(2):1-5.

[135] 丁裕国. 当代大气科学方法论及其展望述评. 沙漠与绿洲气象,2007,**10**(4):1-4.

[136] 丁裕国,郑春雨,申红艳. 极端气候变化的研究进展. 沙漠与绿洲气象,2008,**21**(6):1-5.

[137] 王冀,江志红,丁裕国,等. 基于全球模式对中国极端气温指数模拟的评估. 地理学报,2008,**63**(3):227-236.

[138] Ding Y G, Cheng B Y, Jiang Z H. A newly-discovered GPD-GEV relationship together with comparing their models of extreme precipitation in summer. *Advances in Atmospheric Sciences*,2008,**25**(3):507-516.

[139] 王冀,江志红,丁裕国,等. 21 世纪中国极端气温指数变化情况预估. 资源科学,2008,**30**(7):1084-1092.

[140] 陈斌,丁裕国,刘晶淼,等. 非均匀地表陆面过程参数化研究. 高原气象,2008,**27**(5):1172-1180.

[141] 程炳岩,丁裕国,张金铃,等. 广义帕雷托分布在重庆暴雨强降水研究中的应用. 高原气象,2008,**27**(5):1 004-1 009.

[142] Zhang Y L, Ding Y G, Wang J J. SVD Iteration Model and Its Use in Prediction of Summer Precipitation. *Acta Meteorological Sinica*,2008,**22**(3):375-382.

[143] 江志红,丁裕国,蔡敏. 未来极端降水对气候平均变暖的敏感性蒙特卡罗试验. 气象学报,2009,**67**(2):272-279.

[144] 丁裕国,张金铃,江志红. 基于多状态 Markov 链模式的极端降水模拟试验. 气象学报,2009,**67**(1):20-27.

[145] 刘晶淼,丁裕国,周秀骥,等. 降水气候强迫下非均匀地表区域平均径流的一种参数化方案. 气象学报,2009,**67**(1):28-34.

[146] 江志红, 丁裕国, 蔡敏. 未来极端降水对气候平均变暖敏感性的蒙特卡罗模拟试验. 气象学报,2009,**67**(2):272-279.

[147] 丁裕国,申红艳,江志红,等. 气候概率分布理论及其应用新进展. 气象科技,2009,**37**(3):257-262.

[148] 江志红,丁裕国,朱莲芳,等. 利用广义帕雷托分布拟合中国东部日极端降水的试验. 高原气象,2009,**28**(3):573-580.

[149] Liu J M, Ding Y G, Zhou X J,*et al*. A Parameterization Scheme for Regional Average Runoff over Heterogeneous Land Surface under Climatic Rainfall Forcing. *Acta Meteorological Sinica*,2010,**24**(1):116-122.

[150] 陈斌, 徐祥德, 丁裕国, 等. 地表粗糙度非均匀性对模式湍流通量计算的影响. 高原气象,2010,**29**(2):340-348.

[151] 申红艳,丁裕国,张捷. 华北冬季气温年代际变化及大气环流分析. 气象科学,2010,**30**(3):338-343.

[152] Ding Y G, Zhang J L, Jiang Z H. Experimental Simulations of Extreme Precipitation Based on the Multi-Status Markov Chain Model. *Acta Meteorological Sinica*,2010,**24**(4):484-491.

[153] 谢敏,江志红,丁裕国. 运用 Gumbel-Logistic 模式模拟区域暴雨的试验. 沙漠与绿洲气象,2011,**5**(1):1-5.

[154] 申红艳,刘晶淼,丁裕国,等. 基于气候资源向量的相对气候生产潜力模型研究. 气候

与环境研究,2011,**16**(3):369-377.

[155] 丁裕国,李佳耘,江志红,等. 极值统计理论的进展及其在气候变化研究中的应用. 气候变化研究进展,2011,**7**(4):248-252.

[156] 刘晶淼,丁裕国,申红艳. 我国农业气候资源区划研究进展与述评. 气象科技进展,2011,**12**(1):30-34.

[157] Jiang Z G, Ding Y G, Zheng C Y, *et al*. An Improved, Downscaled, Fine Model for Simulation of Daily Weather States. *Advances in Atmospheric Sciences*,2011,**28**(6):1 357-1 366.

[158] 李佳耘,丁裕国,余锦华. 近 20 年来地理科学研究述评. 沙漠与绿洲气象,2011,**5**(5):1-6.

[159] 柴波, 余锦华,丁裕国,等. 东北地区夏季旬土壤水分推算模型的初步探讨. 气象科学,2012,**32**(4):430-436.

[160] 司波,余锦华,丁裕国. 四川盆地短历时强降水极值分布的研究. 气象科学,2012,**32**(4):403-410.

[161] 余锦华,李佳耘,丁裕国. 利用二维极值分布模拟我国几个代表站的强降水概率特征. 大气科学学报,2012,**35**(6):652-657.

[162] 程炳岩,丁裕国, 郑春雨,等. 极端气候对平均气候变化的非线性响应及其敏感性试验. 气候与环境研究, 2013,**18**(1): 135-144.

论文集:

[1] 丁裕国,佘军. 我国近百年气温变化的周期特性与成因探讨//气候学研究——“ 天、地、人”相互影响问题. 北京:气象出版社,1989:15.

[2] 程正泉,丁裕国. 全球气温与 ENSO 耦合振荡的初步分析//大气科学发展战略——中国气象学会第 25 次全国会员代表大会暨学术年会论文集. 中国气象学会,2002:4.

[3] 丁裕国,程正泉,程炳岩. MSSA—SVD 典型回归模型及其用于 ENSO 预报的试验//新世纪气象科技创新与大气科学发展—中国气象学会 2003 年年会“气候系统与气候变化”分会论文集. 中国气象学会,2003:4.

[4] 王大钧,陈列,丁裕国. 近 40 年来中国降水量、雨日变化趋势及与全球温度变化的关系//中国气象学会 2005 年年会论文集. 中国气象学会,2005,8.

[5] 郜彦娜,丁裕国. 江淮流域近 30 年冬夏气温变率的时空分布规律//S2 短期气候预测. 中国气象学会,2012:22.

[6] 丁裕国. 天气气候状态转折规律的统计学探讨//气候学研究——统计气候. 北京:气象出版社,1991:40-49.

科普类:

[1] 丁裕国,范家珠. 从科技文献动态看 80 年代世界大气科学进展. 气象科技,1991,(1):1-7.

[2] 李江风,丁裕国. 著名气象学家:统计气候学的奠基人——么枕生教授. 沙漠与绿洲气

象,2007,**1**(6):61-63.
[3] 丁裕国.要充分考虑不确定性因素. 中国气象报,2008-02-29,004.
[4] 丁裕国.科学创见之漫谈. 发明与创新(综合版),2009,(7):7.
[5] 丁裕国.再论科学与技术不能混为一谈. 发明与创新(综合版),2009,(4):11.
[6] 丁裕国.错误的科学概念易误导读者. 大众科技报,2009-04-21A03.
[7] 丁裕国.故纸堆中的那些风花雪月. 国学,2010,(3):52-54.

专著:

[1] 屠其璞,丁裕国.气象应用概率统计学. 北京:气象出版社,1984:308-319.
[2] 么枕生,丁裕国.气候统计. 北京:气象出版社,1990:594.
[3] 丁裕国,江志红.气象数据时间序列信号处理. 北京:气象出版社,1998:40-45.
[4] 丁裕国,江志红.极端气候研究方法导论. 北京:气象出版社,2009:25-31.
[5] 丁裕国.积疑起悟,学博渐通. 北京:气象出版社,2010:35-47.
[6] 丁裕国.回眸成长,感悟人生. 北京天禾佳诚国际文化传媒有限公司.2013:15-30.